高等学校设计类专业教材

用户体验设计导论

王晨升　陈　亮　编著

机械工业出版社

本书旨在系统地介绍"用户体验设计"这门跨学科新兴技术的全貌，以拓展创新思维、启迪体验设计智慧。全书分为基础篇、原理篇、应用篇、实战篇和发展篇。基础篇介绍了人类感觉的要素、产品因素、环境因素和人类行为与交互等与体验息息相关的要素的科学定义、构成及其研究方法，主要涉及心理学、生理学和市场营销学等学科；原理篇是对现有用户体验设计原理与方法的科学总结，介绍了从 KANO 模型到用户体验五层设计法，从定性到定量的用户体验测试与评价方法；应用篇介绍了在不同领域应用体验设计原理时，对不同思维方式的理解和对相关知识索引的建立；实战篇通过对成功企业体验设计案例的剖析，帮助读者去思考如何建立属于自己的、最适合的创新体验设计方法；发展篇介绍了体验设计领域的专家和有影响力的一线设计师从不同视角对用户体验设计未来发展的展望，分析了智能化技术对体验设计的影响。本书的目的不是为某种产品或某个行业提供量身定制的解决方案，而是在厘清学科边界的基础上，通过对学科内涵的系统剖析，引导正确体验设计思维的建立，为设计师针对特定应用创造属于自己的、适用的个性化体验设计方案提供一般的遵循及知识索引。

图书在版编目（CIP）数据

用户体验设计导论 / 王晨升，陈亮编著. —北京：机械工业出版社，2020.8（2023.1重印）

高等学校设计类专业教材

ISBN 978-7-111-65955-6

Ⅰ. ①用…　Ⅱ. ①王…　②陈…　Ⅲ. ①人-机系统-系统设计-高等学校-教材　Ⅳ. ①TP11

中国版本图书馆CIP数据核字（2020）第109861号

机械工业出版社（北京市百万庄大街22号　邮政编码100037）
策划编辑：舒　恬　责任编辑：舒　恬　何　洋
责任校对：王　欣　封面设计：张　静
责任印制：邰　敏
北京盛通商印快线网络科技有限公司印刷
2023年1月第1版第2次印刷
184mm×260mm·29.25印张·652千字
标准书号：ISBN 978-7-111-65955-6
定价：75.00元

电话服务	网络服务
客服电话：010-88361066	机 工 官 网：www.cmpbook.com
010-88379833	机 工 官 博：weibo.com/cmp1952
010-68326294	金 书 网：www.golden-book.com
封底无防伪标均为盗版	机工教育服务网：www.cmpedu.com

序 一

Foreword

——兼论可持续环境设计

王晨升博士早年求学于荷兰代尔夫特理工大学，获设计学博士，归国后长期从事设计领域的教学与科研工作。近闻王博士新作《用户体验设计导论》（以下简称该书）即将付梓，特邀余作序，遂慨然允之。

21世纪是"体验经济"时代，是继农业经济、工业经济和服务经济阶段之后的第四个人类经济的发展阶段。事实上，早在20世纪70年代，美国著名未来学家阿尔文·托夫勒（Alvin Toffler）在其《未来的冲击》一书中就已预言了体验经济时代的来临。美国《哈佛商业评论》给出的定义："体验经济就是企业以服务为舞台，以商品为道具，以消费者为中心，创造能够使消费者参与、值得记忆的活动。其中的商品是有形的，服务是无形的，而创造出的体验是令人难忘的。"体验经济的出现宣告了企业凭借技术发明、功能革新或"垄断"来建立竞争门槛、获取超额收益时代的终结。特别是以体验制胜的史蒂夫·乔布斯（Steve Jobs）领导的美国苹果公司的成功，使用户体验设计受到了业界前所未有的重视。

设计学博大精深，是一门既有自然学科特征又有人文学科特色的综合性专门学科，包括设计史、设计理论和设计批评三个分支。作为设计理论在体验经济时代的一个重要研究方向，用户体验设计也具有典型的多学科融合特点。它不仅涉及人类感觉的生理、神经系统、心理机制，也与产品与服务、物质及社会文化环境、交互等要素及其关联作用息息相关。好的产品体验设计贵在理解用户，解决痛点，为用户提供愉悦和惊喜，通过创新赋予产品以灵魂，依靠真诚去俘获用户的"芳心"。要真正做到这些并非易事，不仅需要系统掌握用户体验设计理论及方法，有时还需要突破技术的局限，从设计哲学、方法论的高度去把握。这或许正是该书的作用所在。

古希腊先哲普罗泰戈拉（Protagoras）认为："人，是万物的尺度，是一切事物存在的尺度，是一切不存在的事物不存在的尺度。"文艺复兴时期，英国著名作家、哲学家弗朗西斯·培根（Francis Bacon）提出："人应当是世界的中心，整个世界万物都在协调一致地为人效劳。"应该说这些早期朴素的人本主义思想，构成了后来在设计领域出现的"以用户为中心"的人本设计理念的思想基础，而由此发展出的用户体验设计，则可以看作是从初级认识到高级认识自然进化的结果。值得一提的是，正如该书中所言，在设计伦理方面，学界素有"以人为中心"的设计理念会导致纵容消费，不利于环境保护和社会可持续发展等种种质疑，因此，正确把握用户体验设计的度也是每个设计师所必须注意的。老子《道德经》第三十七章云"道常无为而无不为"，说的是道法自然，遵循自然、顺应自然运行之理。《易经·系辞上传》曰"一阴一阳之谓道，继之者善也，成之者性也"，认为事物都有阴阳两个方面、两种力量，类似于矛盾的对立统一体，二者相辅相成，相互推移转化，不可偏废，构成了事物的本性及其运行的法则。人从天道变化中得到了善，人性使天道赋予人的这种善得以完成和显现。无论自然、人事，都表现此道。《易经·系辞下传》曰"《易》之为书也，广大悉备。有天道焉，有人道焉，有地道焉。兼三才而两之，故六。六者，非它也，三才之道也"，则指出了天、地、人"三才"是构成世间万物循行的核心要素，由此演化出了人与自然和谐相处的中国古代朴素哲学思想。《论语·雍也》曰"中庸之为德也，其至矣乎"，讲的是儒家中庸之道，指不偏不倚、折中调和的处世态度，是儒家哲学的核心观点之一。用户体验设计中所应把握的度，或许就蕴含在这些哲理之中。

今天，互联网的快速普及，大数据、物联网及人工智能等新技术的爆发正在重塑新一轮社会经济格局，中西方哲学思想的碰撞正爆发出更加耀眼的智慧火花，而融汇了中西方哲学精粹的设计哲学也得到了前所未有的丰富。以景观设计为例，早期充满工业化雕琢痕迹的设计正在被人与自然和谐共生的可持续生态设计理念所取代。面对日益严峻的生态环境危机，我们应该践行生态文明的理念，摆脱缺乏实用价值的形式美，摈弃过度设计，转而回归作为生存艺术的景观设计美学。应从国土生态安全的高度去认识景观设计的重要性，要从自然、人类文明和生态等多方面去平衡和调整人地关系，放下"大发展"和"大破坏"这些斩杀大地"女神"的屠刀，重拾土地的伦理，用生态文明的全新设计思维再造秀美山川，再现山清水秀、充满乡土气息的宜居"桃花源"。这并非无所作为，而是对景观设计做更高层面上的思考，是对新技术发展和社会物质文明进步在更广阔范围内的全面平衡协调。"绿水青山就是金山银山"，一个可持续的景观设计是生态上健康、经济上节约、有利于人类的文化体验和人类自身发展的可持续景观。所以，本质上，当代景观设计的理念与该书中所刻画的用户体验全局观不谋而合。

纵观历史，设计学的内涵总是在随社会文明的进步而演变，不断汲取新的科学技术、先进的人文思想来丰富学科自身。"授人以鱼，不如授人以渔"，王晨升博士等所编撰的该书，从体验设计的理论基础到专题应用、案例剖析，体系完整，内容全面，在启迪体验设计智慧、为设计师针对特定应用定制个性化的体验设计方案提供一般遵循及知识索引等方面定会有所帮助，同时，也会对丰富设计学理论方法宝库有所贡献。或许书中某些观点有待商榷，但这仍不失为一本值得业内人员研读的优秀著作。

传承了五千年的中华文化，不仅是我们取之不尽、用之不竭的思想源泉，也为设计学理论提供了可资借鉴的哲学方法论指导。有各行业有识之士的参与,有无数潜心向学的志士学者的无私奉献,必能为新时代的设计理论贡献出中国智慧。当然,一本好书的编撰不仅需要作者拥有渊博的知识、对技术敏锐的洞察力、广阔的国际视野,还需要反复锤炼。在"体验为王"的新经济时代,相信该书的出版,将对体验设计理论的发展与成熟起到有益的推动作用。

俞孔坚

北京大学教授

美国艺术与科学院院士

2019 年 7 月 12 日于燕园

序 二

Foreword

　　我与王晨升博士相识很久了。他早在 20 世纪 90 年代就加入我的团队，主要负责三维 CAD/CAM 系统的研发，后留学荷兰代尔夫特理工大学，获设计学博士。王博士在国内外航空工业、科研院所及大学都有丰富的科研和工作经历，回国后长期专注于与设计相关的跨学科学术研究与教学。今闻其《用户体验设计导论》（以下简称该书）即将付梓，也在意料之中。

　　我从事人机交互研究已然数十载，主要研究成果"笔式人机交互关键技术及应用"于 2017 年获得国家科技进步二等奖，至今仍在辛苦工作，希望在用户体验与人机交互方面走出一条新路。纵观人机交互研究的发展历史，大体可分为四个时期：一是初创期，以 1959 年美国学者布莱恩·沙克尔（Brain Shackel）发表的被认为是人机界面的第一篇论文《关于计算机控制台设计的人机工程学》和 1969 年在英国剑桥大学召开的第一次国际人机系统大会，以及第一份专业《国际人机研究杂志》（*International Journal of Man-Machine Study*，*IJMMS*）的创刊为标志；二是奠基期，以 1970 年英国拉夫堡大学的 HUSAT 研究中心和美国施乐公司的帕罗奥图（Palo Alto）研究中心的成立为标志，后者提出了 WIMP（Window，Icon，Menu，Pointing Device）图形用户界面，沿用至今；三是发展期，以 20 世纪 80 年代初期人机交互学科的理论体系和实践范畴架构的形成为标志；四是提高期，以 20 世纪 90 年代后期出现的"以人为中心"的交互技术，以及随着技术的进步而出现的自然交互技术的研究为代表。其间经历了人适应机器、人 – 机相互适应，到机器适应人、"以人为中心"的转变。特别是脑科学和人工智能的发展，更使得机器通过学习来理解人、辅助人做出正确的交互决策成为可能，将人机交互技术的研究推升到了人机共生阶段。

　　尽管对人机交互技术的研究正如火如荼，不少学者已开始思考未来的人机交互将以何种形态存在，会向何方发展，这也是业内人员普遍关心的问题。唯物主义哲学观认为，任何事物的发生和发展都离不开特定的历史条件，人机交互技术的发展也不例外。美国著名未来学家阿尔文·托夫勒（Alvin Toffler）早在 20 世纪 70 年代，就在其著作《未来的冲击》中预言了体验经济时代的到来。21 世纪是"体验经济"的时代，是继农业经济、工业经济和服务经济之后的第四个人类社会经济生活的发展阶段。美国学者约瑟夫·派恩（B. Joseph Pine II）和詹姆斯·吉尔摩（James H. Gilmore）在其于 1999 年出版的《体验经济时代》（*The Experience Economy*：*Work is Theatre & Every Business a Stage*）一书中，也对体验经济的内涵进行了深入的刻画。或许未来交互技术发展的脉络就蕴含其中。

无交互不体验。体验是"亲自处于某种环境而产生认识"（《辞海》）。用户体验则是指用户在特定环境中，与产品、系统或服务交互过程中建立起来的一种纯主观感受，它既包括经验、情感、人机交互的意义与价值，也包括产品所有权等方方面面。可见，交互是体验产生的前提，而体验则是交互的结果，是人机交互研究的更高阶段。长期以来，对人机交互的研究囿于人、机、环境等有限且可量度的技术要素范畴，而对"人"这一兼具思维和意识以及情感的核心对象的研究尚显薄弱。例如，对交互操作效果的评判不仅仅只有可用性、易用性等技术功能指标，还有成功带来的愉悦和过程中的享乐等纯心理感受的主观效用，而这正是体验设计研究的核心之所在。从这种意义来看，人机交互更像是一门技术，而体验设计则更像是一门艺术。

目前国外、国内已经有了一批用户体验设计的专著，学界也相继发表了大批相关研究论文，形成了一个全新的、跨学科的知识体系。在此基础上，王晨升博士等编撰的该书，致力于集现有体验设计研究之大成，"博观而约取，厚积而薄发"，对相关内容进行精心梳理，并以一种相对完整且清晰的脉络呈现，系统性地介绍了用户体验设计这门跨学科新兴技术的科学基础、原理与方法，以及成功的实践。尽管书中的某些观点似有待完善之处，但可以肯定的是，该书的出版对完善学科的理论体系、开拓创新创造思维、启迪体验设计智慧，无疑会起到有益的作用。

戴国忠
中国科学院软件技术研究所研究员
于中关村软件园
2019 年 7 月 8 日

序 三

Foreword

得知自己被邀请为王晨升博士和陈亮合著的新书《用户体验设计导论》作序的时候，我的第一反应是荣幸，之后便感到一丝惶恐。因为已从学校毕业多年，一直在美国硅谷从事用户体验设计的实践工作，对学术界，特别是国内学术界的动态和发展不甚了解，该如何下笔？幸得也是该书编撰者之一的好友陈亮建议，我便从业界用户体验的现状和展望为切入点，"班门弄斧"了。

当多数人听到"设计"一词的时候，大概都免不了会称赞一句："那是艺术啊！"每当这时，我都会不厌其烦地解释："设计不是艺术，而且可以说和艺术相去甚远。"艺术，是艺术家自己世界观、人生观、价值观和情感的表达，可以含蓄如潺潺溪水，可以深邃如宇宙星空；可以和缓如春风细雨，也可以炽烈如火山迸发。艺术的载体和成品终究是艺术家自己的，他们有着足够的自由度来向受众传情达意。那么，什么是设计？简而言之，设计是在一定的初始条件限定下，为了解决生产生活中的实际问题，达成清晰的目标，不断试错、改进和完善的过程。设计的过程既不依赖直觉，也不关注设计师本身情感的宣泄。设计自身有着极强的逻辑性、工具性和实用性。在很多企业招聘的网站上，艺术家和设计师在职级和分工上也泾渭分明。例如，在著名美国游戏公司动视暴雪的招聘广告中，艺术家的职责是负责游戏模型的美工、场景的视觉塑造以及动画的特效等，而设计师则负责用户界面的交互、故事线的发展以及整体游戏的内容编排等。当然，不可否认，设计和艺术有很强的共通点：二者都是一个从无到有的过程，并且人类的创意和创新都在其中扮演着不可或缺的重要角色。

用户体验设计在国外经过多年的发展和不同流派的变迁，已经形成了一整套学科体系，有较为完善的实践机制和欣欣向荣的就业市场。然而，我经常听说国内一些产品经理或者其他与设计师打交道的职业，常常把设计师叫作"美工"，或者将其当成美工来用：今天头脑风暴有个新想法，把设计师叫来出一版设计稿；明天某个业务细节变了，把设计师叫来重新做一版设计；后天主管要求高端大气的视觉，又把设计师叫来再重新设计一遍……在社交媒体上或者私底下，不少设计师对这种状况苦不堪言，但又深感无能为力，甚至通过画漫画、写段子的方式开启自嘲模式。国内各公司体验设计师的际遇也大体相似。

这种状况固然有大环境下市场竞争激烈、分工不明、文化缺失的原因，但也和艺术与设计没有被足够区分，人们对设计的认识停留在"如何画得好看"的阶段，对设计内在的原理和流程不甚理解有关。特别是对像用户体验设计师这样的新兴职业来说，这种认识上的模糊，从正面的角度来看，其实是用户体验设计行业还在发展，国内的用户体验设计教育体系还未建立起来的表现。现实中，很多的体验设计从业人员都是从美术学院、艺术院校毕业的，有着深厚的艺术功底和强烈的感官表达能力，但是真正能够熟练把握用户体验科学的思维方法和流程的却不是很多。还有不少体验设计从业人员接触这个行业，是从眼花缭乱的网上素材库、七零八碎的文献资料或者良莠不齐的速成课程开始的。从这方面来看，作为一个新兴的交叉学科，用户体验设计的健康发展，也亟须从全局的视角出发，对系统的理论体系和应用经验做一个全面的梳理。

细审一遍该书的目录不难看出，将用户体验设计和艺术设计区分开来，并作为一门严谨的学科来统筹介绍，正是王晨升博士在该书里要表达的核心思想之一。用户体验设计是一种科学的思维方式——一套以用户为中心、以解决用户的真实需求为目标、结合商业战略和市场环境、不断地打磨和完善产品的方法论。

该书是一本多方面、多角度、跨学科的集大成之作，在国内业态现状下显得弥足珍贵。即便已在本行业浸淫多年，在合上该书之后，我仍深深感到自己的知识体系得到了充实和系统化的完善。这也让我重新审视、反思了多年来做过的体验设计项目，收获颇丰。同时我也感慨，要是在过去的求学岁月中，自己也能有一本这样的书在手，那该多好，可以少走很多弯路。回想起当年，课程虽丰富，但是并没有一本书能帮助我全面梳理用户体验行业的理论基础、各种方法及其相应的实践。该书兼容并包，对于有志于学习体验设计的学生，或是需要充电提升的业界设计师来说，都是不可多得的夯实基础知识、建立起清晰的体验设计"思维地图"的好工具。

我希望读者能利用从该书所学的知识，深化对用户体验设计的理解，并以创新的体验设计思维更多地去实践，在解决实际问题中成长。回想起来，我在美国密歇根大学学习用户体验设计，最值得回味和引以为豪的便是学校的实践课程。学校的设计学院和当地各行各业的组织和公司合作，将真正的业界项目引入课堂，既帮助有需要的人解决了问题，又让学生的实战能力得到了极大的提升。在这里，各位读者一定要认识到，实践并不等同于正式的工作——生活和学习中本身就存在着很多被忽视的设计课题。例如，怎样帮助长辈记住无处不在的密码？为什么有完整标识系统的地铁，依然需要各式各样的临时指示牌？怎样在社团活动中以新社员为中心设计新手入门手册？怎样在课程的最终展示上引入以用户为中心的思考方式？怎样从潜在雇主的角度考虑，组织和展现自己的设计案例集？等等。只要保持同理心（Empathy）和好奇心，有一双发现问题的眼睛，那么，从以用户为中心出发去思考和实践的机会及案例俯拾皆是。

我特别期望看到，作为互联网大国，中国的设计师乃至整个用户体验行业，能够走出"画图"的困局。设计师应具备全局的视野，本着人本理念去发现和解决实际问题，给用户带来更优秀的体验，给产品带来更多的价值。这样，也能让整个用户体验行业站在战略高点，拥有更大的话语权；产品经理才能够不用兼职设计，而能够更多地去思考其本该关注的商业问题。同时，我也真诚地相信，该书将体验设计作为一门严谨的学科来研究和布道，是实现此愿景最重要的第一步。

曾浩
谷歌高级用户体验设计师
于谷歌公司，华盛顿西雅图
2019 年 7 月 5 日

前　言

Preface

　　21世纪将是"体验经济"的时代，它是服务经济的延伸。在这个由于互联网高度发达而日趋扁平化的世界，物联网、大数据、人工智能、云计算……日新月异的技术突破正在重塑着社会的业态，各行各业都在上演着"体验"。美国学者约瑟夫·派恩和詹姆斯·吉尔摩在《体验经济时代》（*The Experience Economy*：*Work is Theatre & Every Business a Stage*）一书中写道："每一种产品和服务，最后都将因成本降低而降价，最后演变成价格战。若要避免这个结局，还有什么其他方法呢？就是体验经济。"今天，产品用户体验的好坏，已成了决定企业成败的关键。

　　对于一个产品或一种服务的体验，一百个设计师会有一百种理解，一千个用户会有一千种期望和感受。这导致市场上关于用户体验设计的书籍杂然纷呈、百花齐放。世界各国的体验设计师及设计教育和研究人员，都在努力寻找一个答案：究竟什么是用户体验？其学科范畴及相关理论基础究竟有哪些？公说公有理、婆说婆有理的现状，带来的是盲人摸象般的困局，即每个人讲得都有道理，都有事实依据和数据支撑，但结论却大相径庭，甚或谬之千里。现在，是时候来重新审视用户体验设计这一学科的内涵了。只有界定了定义域，再来讨论问题，才不至于出现疏漏和谬误，发散的创造性思维才能找到正确的归宿。这也是编写本书的根本动因。

　　美国经济学家、耶鲁大学前校长理查德·查尔斯·莱文（Richard Charles Levin）曾说过："如果一个学生从耶鲁大学毕业后，仅仅是拥有了某种很专业的知识和技能，这是耶鲁教育最大的失败。"他认为耶鲁教育目的的核心是通识，是培养学生的批判性思维和独立思考的能力，是对心灵的滋养，是自由的精神、公民的责任和为社会、为人类的进步做出贡献的远大志向。这多少与我国古训"授人以鱼，不如授人以渔"有些相似。在这里，所谓的"渔"，其实就是对用户体验相关的科学基础、原理和方法的全面了解与洞察，从而培养创造性思维和灵活运用的能力。鉴于此，本书致力于集现用户体验设计研究成果之大成，对相关内容进行精心梳理，并以一种相对完整且清晰的方式呈现。本书从结构上划分为基础篇、原理篇、应用篇、实战篇和发展篇，旨在系统性地介绍用户体验设计这门跨学科新兴技术的科学基础、原理与方法及成功的实践，开拓创新创造思维，启迪体验设计智慧。本书编写的目的，不是为某种产品或某个行业提供量身定制的体验设计解决方案，而是在厘清用户体验设计学科边界的基础上，通过对其核心内涵的剖析，达到"授人以渔"的目的，为设计师针对特定应用创造属于自己的、适用的、具体化的、个性化的体验设计方案，提供一般的遵循和知识索引。

1. 基础篇

基础篇介绍了人类感觉的要素、产品因素、环境因素和人的行为与交互等与体验设计息息相关的因素的科学定义、构成及其研究方法。这对于之前没有经过相关专业训练的读者建立系统的学科基础和拓展知识面来说，是不可或缺的，也是十分有益的，而这也正是目前市面上同类书籍所普遍忽视的。基础篇的内容主要涉及生理学、心理学、人机交互和市场营销学等学科。

2. 原理篇

原理篇是对现有用户体验设计原理与方法的科学总结，从 KANO 模型、格式塔原理到用户体验五层设计法，从定性的研究到定量的用户体验质量测试与评价方法，虽不能说面面俱到，但也基本概括了常用的体验设计方法论。对开展用户体验与系统创新设计来说，这些原理和方法提供了基本的思维和遵循。当单一方法不能满足某一具体设计的要求时，也许多种方法的综合运用就是问题的解决之道。原理篇的关键在于，通过对体验设计原理的学习，建立正确的体验设计思维，提升对现象的洞察力，培养综合应用、创造性地解决问题的能力。

3. 应用篇

每个行业、每个产品或每种服务的体验设计都有其自身的特点，这是由具体事物的特殊性所决定的。产品设计、视觉设计、互联网产品设计和服务设计是目前最受关注的几个体验设计应用领域，研究其体验设计的特点与方法，为读者提供基本的设计思考遵循是十分必要的。尽管不同行业领域的设计项目各有特色，但是其创造性地应用体验设计的基本原理与方法去解决具体问题的精髓却是相通的。应用篇是选读内容，读者可以根据自己的喜好和从业需要，有选择地研读学习。应用篇学习的关键在于，对在不同领域应用体验设计原理时，对不同的思维方式的理解与把握。

4. 实战篇

他山之石，可以攻玉。以典型的成功案例为素材，步入这些在业界有影响力的企业的设计过程，通过解剖、分析和反思，追随高手的思维逻辑，去理解其体验设计的成功之道，体会其法则，或许会带来更多的惊喜和感悟。苹果、谷歌、IDEO 都是人们耳熟能详的世界知名企业，在其成功之道中体验设计的作用也是每个同行始终感到好奇的。实战篇收集整理了相关内容，通过对这些成功企业体验设计方略的剖析，旨在传递一个信息：良好的体验设计方法，应该是对企业或产品来说最适合的方法。在掌握基本原理的基础上，任何设计师或企业都可以因地制宜、创造性地制定自己的体验设计策略。实战篇是选读内容，读者可以根据自己的兴趣和需要，有选择性地阅读。实战篇的精髓在于，通过对成功企业体验设计过程和案例的剖析，帮助读者去思考，针对具体问题，应该如何建立属于自己的、最适用的创新体验设计方法。

5. 发展篇

古罗马喜剧作家泰伦提乌斯（Publius Terentius Afer），曾说过："真正的智慧不仅在于能明察眼前，而且还能预见未来。"未来对于人类来说，总是充满着诱惑和不确定性，那是一种期盼与恐惧杂糅的感觉。但无论如何，好奇心还是驱使人们渴望能对未来有所洞见，对用户体验设计来说也是一样。发展篇收集了体验设计领域知名的专家、学者，在自己长期实践经验的基础上，从不同角度对用户体验设计未来发展进行的展望。这或许能对希望对体验设计的未来有所了解的读者有所助益。发展篇是选读内容，读者可以根据自己的偏好进行选读。发展篇的重要性在于，通过对体验设计未来的思考与展望，指明体验设计创新的方向，激励设计师有的放矢，以面向未来的创新性思维去开拓崭新的属于体验经济重要组成部分的体验设计新时代。

本书由王晨升、陈亮编著，胡柳婷、刘康轩、赵黎畅、王攀凯、罗希、张立鑫、余盈辰、靳雨涵等同学参加了资料收集和制图，梁子寒、田洪源、张亚星、唐若凡、李彦江、钱芷璇、敬学良、李阳光等同学参加了书稿整理，林志环女士对全书进行了统筹和审校。在本书的编撰过程中，得到了来自教育界、科研机构的专家学者，和在体验设计与互联网市场有影响力的公司同行的大力支持，机械工业出版社也对本书的出版给予了极大的帮助。在此，对他们为本书做出的贡献一并表示衷心的感谢。此外，在本书的编撰过程中，收集、参考了不少国内外研究文献、精彩的专业资料和图片，在此也对这些文献资料和图片的作者表示衷心的感谢。

纵观科学技术发展史，古往今来，任何学科的发展都经历了不断总结、不断完善的过程，相信用户体验设计作为一门新兴的、跨领域的交叉学科也不例外。鉴于编著者能力所限，本书对用户体验设计及其相关学科内容的梳理或不足以刻画其全貌，在此诚邀各界专家学者和体验设计从业人员，对书中存在的不足之处乃至错误不吝指正、赐教。

在本书的编撰过程中，编著者也颇有感悟：一曰再次感受做学问之不易，前情后果、左右关联，兢兢业业尚恐对问题的解析不到位，其间酸甜苦辣，唯亲历方能感受；二曰世事繁华，有定力才能做学问。人情冷暖、兴衰烟云、得失之间，唯超凡不足以入世。这里的入世其实是排除杂念，本着求实的态度对事物本源的探究与洞察。些许心得，与知者共勉。

王晨升 博士
于北京中关村

陈亮
谷歌用户体验设计师
于谷歌公司，华盛顿西雅图

目 录

Contents

原理篇——用户体验设计的原理与方法

应用篇——用户体验设计的应用

实战篇——用户体验设计案例分析

发展篇——用户体验设计的未来

第1章 绪论

早在 20 世纪 70 年代，美国著名未来学家阿尔文·托夫勒（Alvin Toffler）在其著作《未来的冲击》中就曾预言："来自消费者的压力和希望经济上升的人的压力，将推动技术社会朝着体验生产的方向发展……继服务业之后，体验业将成为未来经济发展的支柱。"美国《哈佛商业评论》于 1998 年指出，在服务经济之后，体验经济（Experience Economy）时代已经来临。长期以来，在商业世界流行着一个永恒的话题，那就是如何向用户提供独特而有价值的产品或服务，以建立对手无法企及的商业优势。过去，许多企业可以凭借技术上的发明、革新乃至"垄断"建立竞争门槛，或是为产品增添各式各样的功能来创造差异。但是，今天越来越多的企业发现，技术的同质化使得在产品特性上的投资回报越来越低了。史蒂夫·乔布斯（Steven Jobs）领导的美国苹果公司（Apple Inc.）的成功，使企业界认识到关注人们如何接触和使用产品，理解用户在使用产品过程中每一个步骤的期望并设法满足，进而创造高效的用户体验，是建立难以复制的竞争优势的有效手段。因此，用户体验设计再次成为业界备受重视的热点。

1.1 体验与用户体验

1.1.1 体验

英文的体验（Experience）一词源于拉丁文 Experientia，意指尝试的行为。《大英百科全书》（*Encyclopedia Britannica*）对体验的定义是"通过观察或参与获得实用的知识或技能"；《辞海》中体验一词的定义是"亲自处于某种环境而产生认识"。在哲学领域，古希腊哲学家亚里士多德（Aristotle）认为，体验是感觉记忆，是由多次同样的记忆在一起形成的经验；而在心理学领域，体验则被定义为一种受外部刺激影响导致的心理变化，即情绪。由此可见，体验是人在特定的外界条件作用下产生的一种情绪或者情感上的感受，它包括四个要素，即主体（人）、感知（观察或参与）、感受（获得知识或认识）和环境（物质和非物质的）。上述定义也决定了体验具有参与性、互动性、差异性、情境性、延续性和沉浸性的特点。

体验与人类的社会和经济状况紧密相连。就其本质来看，人们的日常生活从衣、食、住、行到工作、学习、科学研究，从休闲、娱乐到购物、消费，都可以被认为是一个体验的过程。

■ 1.1.2 用户体验

用户体验（User Experience，UX或UE）是指用户使用一个产品、系统或服务时的心情，是在使用过程中建立起来的一种纯主观感受。它包括体验、情感、人机交互的意义与价值以及产品所有权等方方面面。此外，它也包括一个人（用户）在与产品或服务互动过程中形成的看法和感受，如程序的实用性、系统的易用性和效率等。由于用户体验的本质是主观感受，这也决定了它只可诱发、不可强加这样一个客观属性。

学术界对用户体验的定义也不尽相同。按美国信息架构师杰西·加瑞特（Jesse James Garrett）的说法，用户体验包括用户对品牌特征、信息可用性、功能性、内容性等方面的感受。美国认知心理学家唐纳德·诺曼（Donald Arthur Norman）又将用户体验扩展到用户与产品互动的各相关方面。芬兰学者莱纳·阿尔希帕伊宁（Leena Arhippainen）则认为用户体验包括使用环境信息、用户情感和期望等内容。德国学者马克·哈森查尔（Marc Hassenzahl）曾对用户体验中非技术特征的一些方法进行了区分，提出为了更好地理解用户的体验，应注意到情感因素的作用。在此基础上，他把非技术特征分成了三类，即享受、美学和娱乐。芬兰学者杨尼·马克拉（Jani A. Mäkelä）和美国设计师简·苏瑞（Jane Fulton Suri）认为，用户体验是在特定环境下受一定动机激发而产生的行为结果。以色列学者诺姆·崔克廷斯基（Noam Tractinsky）的研究把用户体验界定为在交互过程中用户内在状态（倾向、期望、需求、动机、情绪等）、系统特征（复杂度、目标、可用性、功能等）与特定情境（或环境）相互作用的产物。维基百科（Wikipedia）则将用户体验定义为"描述用户使用一个产品或系统所获得的全部感受和满意度"。

国际标准ISO 9241-210：2010对用户体验的定义是：人们对于使用或期望使用的产品、系统或服务的认知印象和反馈。此定义指出了用户体验的两个特点：①用户体验是主观的；②用户体验注重实际应用效果。此定义也说明用户体验包含用户在使用一个产品或系统之前（期望）、使用期间和使用之后的全部感受，包括情感、信仰、喜好、认知印象、生理和心理反应、行为和成就感等各个方面。该标准第三条还暗示了可用性（Usability）也属于用户体验的一个方面，即可用性标准可以用来评估用户体验的一些方面。不过该标准并没有进一步阐述用户体验和可用性之间的具体关联，显然，这两者的概念有相互重叠的部分。

所谓可用性，是指产品在特定使用情境下被特定用户用于特定用途时所具有的有效性、效率和使用的主观满意度（ISO 9241-11：1998）。因此，可用性通常可以用效用（Effectiveness）、效率（Efficiency）和满意度（Satisfaction）三个维度来进行衡量。可用性与用户体验的区别在于：前者看重产品（系统或服务）的实用性方面（要完成一个任务）；而后者更关注受系统实用性和使用享受感等因素所约束的用户的情感。可用性偏重理性、更客观，强调如何让产品更易于使用，内有逻辑可循。例如诺曼就在其《设计心理学》（*The Design of Everyday Things*）一书中提出了用预设功能、限制因素、自然匹配、即时反馈等几大原则来考虑可用性设计；相对而言，用户体验更偏重感性，涉及用户的主观情感层面，关注用户的使用感受（Feeling）。因此对于设计者来说，可用性像是一门技术，而用户体验则更像是一门艺术。

美国战略地平线公司的创始人约瑟夫·派恩（B. Joseph Pine II）和詹姆斯·吉尔摩（James H. Gilmore）于1998年最先提出了体验式营销的概念。此后，美国的伯德·施密特（Bernd Herbert Schmitt）博士在其1999年出版的《体验式营销》（*Experiential Marketing*）一书中将用户体验具体化为五个方面，即感官（Sense）体验、情感（Feeling）体验、思考（Thinking）体验、行动（Action）体验和关联（Relation）体验（见图1-1），认为用户在消费时是理性与感性兼具的，其体验应包括消费前、消费时和消费后体验的总和。

感官体验强调用户的视觉、听觉、触觉、味觉、嗅觉方面的感受；情感体验注重以某种设计方法激发用户的内在情绪，使其与产品在情感上产生共鸣；思考体验是通过某种创意引起用户的兴趣，对问题进行思考、分析，从而创造地认知和解决问题的体验；行动体验是以用户参与的方式使其与产品进行互动，丰富他们的生活；关联体验则是强调事物之间的关联性，引导用户产生丰富的联想，如个人与理想自我、他人或文化之间产生的关联等。同时，在影响用户体验的五个方面之间，也存在着辩证的、相互关联的、彼此影响的关系。

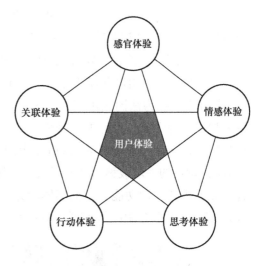

图 1-1　用户体验的五个方面及其关联

从时间上来看，有时也把用户长期使用一个系统所获得的感受称作全局体验；相对地，用户在使用系统的某个特定时段或完成某个特定任务的体验被称作瞬间体验。瞬间体验会影响全局体验。全局体验在时序上是由一系列瞬间体验所构成的，但全局体验并不等于瞬间体验的简单累加，因为总会有某些瞬间体验所带来的正面或负面效果比其他瞬间体验更为突出，有时甚至会影响其他瞬间体验的效果。此外，全局体验还会受到外部因素实际作用的影响，如品牌、价格、朋友的意见、媒体的报道等。

用户体验研究中有多个分支，其中的一个分支着重于研究用户情感，专注于互动过程中的瞬间体验；还有一个分支则侧重于分析和理解用户体验和产品价值之间的长远联系。在实际应用中，按时间长短把用户体验划分为瞬间体验、情境体验和长期体验的做法是十分普遍的，但是设计和评估这几种体验的方法却有着很大的差别。

1.2　用户体验设计

用户体验设计（User Experience Design，UXD 或 UED）是涵盖了用户对特定系统（产品或服务）体验的各个方面的综合性设计，包括系统的界面、图形、工业设计、物理交互、情感交互、售后服务，甚至用户手册等。它不仅包含传统的人机交互设计，而且通过强调用户所能感知的产品或服务的所有方面，拓展了人机交互设计的范畴。

用户体验设计的特点在于，把用户（人）这一关乎产品成败的决定性因素纳入设计过程中来，直接参与并影响设计，与设计师和设计对象形成互动，全面地分析和透视用户在使用某个系统或服务时的感受，以达到设计出具有良好体验的产品或系统的目的。在用户体验设计中，设计的重点不再仅仅局限于系统的功能和性能（物性），同时要强调系统所带来的愉悦度和价值感（感性）。换言之，产品的体验是用户体验设计的核心。诺曼在《情感化设计》（*Emotional Design*）一书中写道："产品具有好的功能是重要的；产品让人易学会用也是重要的；但更重要的是，这个产品要能够使人感到愉悦。"在一次采访中他说道："我意识到我自己就常常会买回一些很吸引人的产品——我喜欢它们，哪怕它们并不好用、哪怕它们要人花点时间才能弄明白——因为我不在乎。它们让我觉得高兴。"可见，带给用户良好的感受——体验，对一个产品是多么的重要。

图 1-2 所示为法国艺术家雅克·卡洛曼（Jacques Carelman）设计的一款咖啡壶，他称之为"专为受虐狂设计的咖啡壶"——由于壶嘴和壶柄在同一侧而几乎无法使用，但它却是一件被许多人珍视的收藏品；图 1-3 所示为法国设计师菲利普·斯塔克（Philippe Starck）设计的一款被称为"外星人"的榨汁机，其外星生物一般的外观、流畅的线条还有貌似可用的榨汁功能，在情感体验方面颇受好评。但让人大跌眼镜的是，这款榨汁机最大的特点竟是"除了榨汁功能不好使，其他方面都好"。

图 1-2　卡洛曼的咖啡壶

图 1-3　"外星人"榨汁机

1.2.1　用户体验设计的起源与发展

对用户体验设计的尝试，可以追溯到公元 1430 年意大利文艺复兴时期的天才科学家、发明家、绘画大师达·芬奇（Leonardo Di Serpiero Da Vinci）为米兰公爵设计的高端宴会专属厨房。他将高超的技术和体验元素融入整个厨房的细节设计里，比如用传送带输送食物，并首次在厨房的安全设计中加入了喷水灭火系统。但不幸的是，这样一个貌似周全的设计最终却毁于一场火灾——起火时才发现灭火系统根本不能用。这次尝试也因此被称为"厨房噩梦"。尽管达·芬奇的这次尝试令厨房化为噩梦，但是作为用户体验设计的早期实践，却有着无比重要的历史意义。

从渊源来看，用户体验设计的概念起源于 20 世纪初期的"以用户为中心的设计"（User-Centered Design，UCD），即人本设计思想，并随着人机交互（Human Computer Interaction，HCI），特别是可用性研究的深入得以完善和成熟。早在 1911 年，美国著名经济学家、科学管理之父弗雷德里克·温斯洛·泰勒（Frederick Winslow Taylor），在其《科学管理原理》（*The Principles of Scientific Management*）一书中就提出了劳动者和工具之间高效协同交互的早期模式。20 世纪 40 年代后期，功效学（Ergonomics）和人因学（Human Factors）研究就已经开始关注人与机器和使用环境之间的交互，以设计出具有良好交互性的，即良好用户体验的系统。日本丰田公司就是这方面的代表，该公司于 1948 年建立了人性化的生产系统，在生产过程中，装配工人受到了更多的关注，几乎不亚于对技术的重视，人与技术之间的交互被提升到重要的位置。但是，受当时社会条件的局限，系统功能和性能因素始终是设计师追求的重要目标，用户体验终归处于从属地位。1955 年，美国著名工业设计师亨利·德雷福斯（Henry Dreyfuss）在其《为人的设计》（*Designing for People*）一书中，将"人本设计"的理念提到了前所未有的高度。20 世纪 90 年代初期，随着计算机和网络技术的普及，产品软硬件功能日益庞杂，与使用交互之间的矛盾日益突出，用户体验逐渐成为设计师关注的头等大事。1988 年，诺曼在其《设计心理学》系列丛书中明确提出了"用户体验设计"的思想，对这一概念的推广起到了重要的作用。

1. 以人为本设计思想的起源

"以人为本"源于西方哲学思想，尤其是自法国哲学家、数学家勒内·笛卡儿（René Descartes）提出主客二分法以来，把自然放在了人的对立面，认为自然界中的一切都要为人的利益服务，人是宇宙自然一切的中心。古希腊先哲普洛塔哥拉斯（Protagoras）认为"人，是万物的尺度，是一切事物存在的尺度；是一切不存在的事物不存在的尺度"。文艺复兴时期，英国著名作家、哲学家弗朗西斯·培根（Francis Bacon）也认为"人应当是世界的中心，整个世界万物都在协调一致地为人效劳"。这些早期朴素的人本主义思想构成了后来在设计领域出现的"以用户为中心"的人本设计理念的思想基础。

20 世纪初，以德意志制造联盟（Deutscher Werkbund）为代表的工业组织主张把艺术设计师、手工艺匠人和机器生产融为一体，以达到提高机制产品的设计水平、质量、功能和美学价值的目的。为此，当时很多设计师纷纷走进工厂，体验机器生产的氛围，构思新的设计模式，千方百计地设计出大众喜爱的工业产品。这一尝试可算是"以用户为中心"的人本设计的序曲。"以用户为中心"的现代设计理念成熟于包豪斯（Bauhaus）时期。包豪斯是德国的"国立魏玛包豪斯学校"（Das Staatliches Bauhaus Weimar）的简称，它成立于 1919 年 4 月，是世界上最早的独立设计教育机构。其早期的办学宗旨在于挽救传统艺术和手工艺门类，培训工匠、画家和雕塑家等群体，使其联合创造新建筑，以提高建筑设计的艺术水平；包豪斯后期（1923年起）的办学宗旨是面向工业、工艺和建筑业，培养新型的艺术设计师。在这一时期，包豪斯通过开展设计实践、组织公共展览等途径，大力宣扬"艺术与技术的统一"，宣传设计要顺应社会进步、适应现代人生活方式和生存环境，要为现代人设计、为大多数人服务。当时，由于其倡导的这些进步理念为执政的德国纳粹政党所不容，1933年8月，在纳粹一再迫害下，包豪斯被迫关闭。后来包豪斯的师生分散到世界各地，继续从事设计与设计教育工作，"以人为中心"的现代人本设计理念也随着这批人的流动被传播到世界各地。

2. 从以人为本到用户体验设计

随着第二次世界大战硝烟的散尽，战后重建成为各国经济工作的重点。这一时期，"以人为中心"的设计理念得到了进一步发展。特别是建筑师为战后无家可归者营建了大批新住宅，设计师为了改善人们的生活而设计了大批"价廉物美"的产品。如1959年法国时装设计师皮尔·卡丹（Pierre Cardin）就提出了"成衣大众化"的口号，并将设计的重点偏向一般消费者，推出了法国第一批批量生产的成衣系列，使时装进入了千万寻常百姓家。与此同时，随着人本理念的普及，在欧美国家的设计界还分学科、分系统地对如何体现"以人为核心"的主题进行了系统的探讨，并出版了一批著作。其中最有代表性的人因学著作之一是美国工业设计先驱、著名心理学家阿尔方斯·查帕尼斯（Alphonse Chapanis）于1949年出版的《应用实验心理学：工程设计中的人因》（*Applied Experimental Psychology*: *Human Factors in Engineering Design*）一书。

20世纪70年代后期，日本广岛大学工学部的长町三生（Mituo Nagamachi）最早将感性分析导入工学研究领域，形成了"感性工学"（Kansei Engineering）。感性工学是感性与工学相结合的技术，主要通过分析人的感性来设计产品，依据人的喜好来制造产品，它属于工学的一个新分支。感性工学把消费者所拥有的感性因素、知觉体验乃至情绪成分等加以量化或数值化，再转化成物理的设计要素，并运用到产品开发设计的过程中去。至此，用户体验设计的理念逐步清晰和深化。

到了20世纪后期，西方出现了"后现代主义"的设计思潮。它主张现有的产品设计应在大众化的基础上，实现个性化、人性化，提倡设计要有时代性、地方性，反对千篇一律的现代主义设计模式。如在建筑设计上，反对完全依托工业化的预制技术、使房屋造型方盒化等做法。纵观后现代主义的理论主张，同现代主义基本上是一脉相承的。从"以人为本"的设计理念来看，前者是后者的继续和超越；后者则是前者的基础和前提。工业设计的目的之一就是取得产品与人之间的最佳匹配。这种匹配不仅要满足人对功能的使用需求，还要与人的生理、心理等各方面取得恰到好处的匹配，这也恰恰体现了以人为本的设计思想。这种以用户为中心的人本设计理念，正是用户体验设计产生的基础。

从"以人为中心"的设计思想发展到用户体验设计，是从初级认识向高级认识的自然进化。特别是进入21世纪，伴随计算机技术的发展，网络与信息技术日新月异，

"以人为本"、人－社会－自然环境协调发展的理念日渐成为现代工业设计界的主流思潮，用户体验设计也迎来了其发展的黄金时期。从"人本设计"到"用户体验设计"，从欧盟的 Living Lab（欧盟"知识经济"中最具激发性的模式之一，是一种致力于培养以用户为中心的、面向未来的科技创新模式和创新体制的全新研究开发环境）到 Fab Lab（Fabrication Laboratory，是一种适应知识社会发展的、以用户为中心的应用创新模式），信息技术和互联网的发展正在重塑社会的创新业态。对以用户为中心的设计理念的日益重视，使得用户体验的受关注程度甚至超越了传统的三大可用性指标（即效率、效益和基本主观满意度）。用户体验已经融入一切设计创新的过程中，如用户参与建筑设计和工作、生活环境的设计和服务的改善，参与 IT（Information Technology）产品的设计和改进等，都将用户置于创新的核心地位，带动用户体验设计向经济、社会发展的纵深发展。

需要强调的是，"用户体验设计"只是一个约定俗成的名称。严格来说，由于体验源于用户的主观感受，它只可以"诱发"而不能被"强加"。换言之，用户的体验是不能够人为"设计"的，它只能通过对关联因素的"设计"来"激发"。此外，在设计伦理方面，设计学界素有"以人为中心"的设计理念会导致纵容消费，不利于环境保护和社会可持续发展"等种种质疑，这也是每个设计师必须知道的。就涉及范围而言，本书所讨论的"以人为本"的用户体验设计，应该是在人与自然和谐化、社会发展可持续化的框架内进行的。

1.2.2　用户体验设计的研究范畴

用户体验设计的研究涉及因素众多，这些因素或互相关联，或互相制约，关系错综复杂，常常造成设计师的迷茫和疏漏，要么无从下手，要么强调了其中的一些因素，却忽略了其他因素。那么，应该如何把握这些因素，又如何平衡其关联影响以达成良好用户体验的目的呢？这就需要去梳理影响用户体验的关键因素，辩证其相互关系。客观上，这些因素也大体界定了用户体验设计研究的范畴。

用户体验设计的核心是用户体验，具体包括在特定用户需求和消费动机的驱使下，与产品或系统交互前、中、后期产生的全部体验。其外延已从传统的产品或商业服务体验延伸到虚拟网络环境，同时受到自然环境、市场、社会与文化因素的制约；其内涵也逐渐从单纯的可用性设计深入到对交互过程中用户心理（包括认知、期望、动机等）和情感因素（包括情绪、喜好、享乐等）的设计，而涵盖的范围则包括了产品或系统可用性、外观设计、用户情绪、动机、情感等多种因素。而且，用户经验也被认为是影响产品使用体验的重要因素。如荷兰学者尼克·范·戴姆（Nik van Dam）等指出，现实世界的体验会影响用户对由信息系统展现的虚拟环境的感受；不同文化和民族背景的用户，对界面的期望以及对界面提供信息的理解方式也存在差异。

尽管看上去包罗万象，用户体验设计的研究范畴大体上可以概括为用户、产品、环境（物理的或虚拟的）、社会文化环境和人机交互五个方面因素（见图1-4）。而用户只有通过与特定的产品（服务、系统）进行某种形式的交互（虚拟的或真实的），才能形成体验。

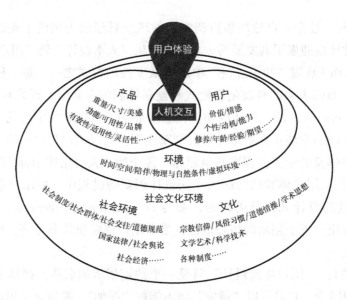

图 1-4　用户体验设计的研究范畴

（1）用户　这里用户是指赋予特定内涵的人。对用户的研究主要包括人因学（Human Factors）、马斯洛（Abraham Harold Maslow）的需求层次理论、心理学与认知科学等学科。

（2）产品　产品包括有形的物品（物质产品）和无形的产品（非物质产品，如服务、系统、组织、观念、品牌或它们的组合）及其属性等方面。

（3）环境　这里环境是指狭义的人机交互物理的或虚拟的环境。对环境的研究包括人－环境交互作用模型、环境心理学、环境试验等内容。

（4）社会文化环境　社会文化环境是指广义的人机交互环境，主要包括社会环境和文化因素等内容。

（5）人机交互　人机交互是指用户与产品的相互作用，它也是用户体验设计研究的关键问题之一。没有交互，体验就无从谈起。交互可以是物理的，也可以是虚拟的，如思想的变化、回眸一瞥，但凡与互动关联，都是交互研究的内容。

1.2.3　体验设计的五个基本原则

一般来说，与产品和服务需要一个设计过程一样，体验也需要经过发掘、设计、编导，才能更好地呈现出来或被用户所感知。好的体验设计应遵循以下五个基本原则：

1. 明确主题

制定明确的主题可以说是体验设计的第一步。就像看到麦当劳、肯德基、哈根达斯、星巴克这些主题餐厅的名字，就会自然联想到享用其所提供的美味的感受，因为明确的主题强化了消费者的印象。相反，如果缺乏明确的主题，消费者就抓不到主轴，更难以整合所有感觉到的体验，也就无法留下长久的记忆。例如，与一些电器商场常常把洗衣机、电冰箱、空调器一排一排陈列着、毫无特色主题的做法相比，美国拉斯维加斯（Las

Vegas）的恺撒宫古罗马购物中心（The Forum Shops at Caesars）给出了一个主题展示的优秀例子：购物中心以古罗马集市为主题，铺着大理石地板，有白色罗马列柱、仿露天咖啡座、绿树、喷泉，顶棚是一个大银幕，上面蓝天白云的画面栩栩如生，偶尔还有打雷闪电、模拟暴风雨的天气；在集市大门和各入口处，每小时甚至有恺撒大帝与其他古罗马士兵行军通过，使人感觉仿佛"穿越"到了2000多年前古罗马的街市。古罗马主题甚至还扩展到各商店的装饰细节，如珠宝店用卷曲的花纹、罗马数字装潢，挂上金色窗帘，营造出富丽堂皇的氛围。购物中心1997年每平方英尺$^\ominus$的营业额超过1000美元，远高于当时一般每平方英尺300美元的水平，体现了体验设计的巨大价值。

2. 塑造印象

主题是体验来源的基础，除此之外还需要塑造令人难忘的印象，这就必须制造强调体验的线索。线索构成印象，在消费者心中创造体验，而且每个线索都必须支持主题、与主题相一致，以强化对主体的印象。例如，华盛顿特区的一家名为不利斯塔·布瑞瓦（Barista Brava）的咖啡连锁店以将旧式意大利浓缩咖啡与美国快节奏生活相结合作为主题。咖啡店内的装潢以旧式意大利风格为主，但地板瓷砖与柜台都经过精心设计，让消费者一进门就会自动排队，不需要特别标志，也没有像其他快餐店中拉成像迷宫一样的绳子，破坏主题。这样的设计传达出宁静环境、快速服务的印象；同时，连锁店也要求员工记住顾客，常来的顾客不必开口点菜，就可以得到他们常用的餐点。

事实上，在与顾客的互动过程中，每一个"别致"的小动作都可以成为线索，帮助创造独特的体验。例如，餐厅的接待人员说"我为您带位"，就不是特别的线索；但是，雨林咖啡厅（Rainforest Café）的接待人员带位时会说"您的冒险即将开始"，就构成了开启特殊体验的线索，至少让人短时间难忘。

3. 消除负面线索

要塑造完整的良好体验，不仅需要设计一条条的正面线索，还必须减除、削弱、反转、转移与主题相关的负面线索。例如，快餐店垃圾箱的盖子上一般都印有"谢谢您"三个字，它不仅提醒消费者自行清理餐盘，也同样透露着"我们不提供服务"的负面信息。一些专家建议将垃圾箱变成会发声的"吃垃圾机"，当消费者打开其盖子清理餐盘时，它就会说出感谢的话，这样就能消除负面线索，将自助变为餐饮服务中的正面线索。有时破坏顾客隐私的"过度服务"，也会形成对体验的负面线索。例如，客机飞行中，机长用扩音器介绍："上海市就在右下方……"这会打断一些乘客看书、聊天或打盹，就是一个失败的例子。如果广播改用耳机传送，就能消除这样的负面线索，创造更愉悦的乘机体验。

4. 纪念品

纪念品是在旅行过程中保存场景回忆的很好的载体。纪念品的价格虽然比不具纪念价值的相同产品高出很多，但因为具有回忆体验的价值，所以消费者还是愿意购买。度

$\ominus$　1平方英尺（ft²）=0.0929030平方米（m²）。

假地的明信片常使人想起曾经身处美丽景色中的感受；绣着标志的运动帽能让人回忆起亲历某一场球赛时的激情；而印着时间和地点的演唱会运动衫，则能让人回味演唱会现场万众高歌的盛况。如果企业经过制定明确主题、增加正面线索、避免负面线索等过程，设计出精致的体验，消费者将乐意花钱购买纪念品，以回味这种体验；相反，如果企业觉得不需要设计纪念品，或许是因为尚未提供体验，还没有意识到体验的价值。

5. 感官刺激

感官刺激是对主题的支持和增强，体验所涉及的感官越多，就越令人难忘，越容易成功。如聪明的擦鞋匠会用布拍打皮鞋，发出声响，散发出鞋油的气味。虽然声音和气味不会使鞋子变得更亮，但会使擦鞋的体验更吸引人。当你走进雨林咖啡厅时，首先听到吱吱的声音，然后会看到雾霭从岩石中升起，皮肤会感觉到雾的轻柔、冰凉，最后还可以闻到热带的气息，尝到鲜味，从而打动你的心。这些都是感官刺激的正面作用。但是，并非所有感官刺激的整合都能获得良好的效果，不合适的配搭也会适得其反。如咖啡的香味与新书油墨的气味非常匹配，可用于书店的设计；而美国一家名叫 Duds N' Suds 的公司曾尝试将酒吧与投币自助洗衣店相结合就宣告失败，因为肥皂粉的味道与酒的气味十分"不搭"。

上述五个体验设计的基本原则并不能保证企业经营一定成功，同时还应考虑市场供需等多种因素。但当企业意图索取高于消费者所感受到价值的回报时，持续提供吸引人的产品或服务体验必定是不二法门。

1.2.4 无障碍设计与用户体验

无障碍设计（Accessibility Design）是指为残疾人设计的产品、设备、服务或环境，旨在确保无须辅助的"直接访问"和借助兼容性辅助技术的"间接访问"。无障碍设计与通用设计（Universal Design）密切相关，后者是指尽可能创造出能够被最广泛的人群使用的产品的过程。

联合国《残疾人权利公约》签署国承诺在其国家提供充分的无障碍可及性（第9条），如美国、英国、澳大利亚、加拿大等通过立法要求物理无障碍可及性。2008年颁布的《中华人民共和国残疾人保障法》也对无障碍环境提出了设计要求。优秀的无障碍设计不仅能让残疾用户正常地与产品或服务进行交互，还能提升普通人的使用体验。无障碍设计要求设计师在考虑各种设计限制的同时，也要重视《无障碍设计规范》，做出能为所有人接受的更好的产品，包括盲人、色盲患者、视力低下患者、失聪或有听觉障碍的人、认知障碍患者，以及为年长/年幼的人设计，为有明确目的或只是闲逛的人，甚至是单纯只为享受良好用户体验的人而设计。

无障碍设计主要考虑四个方面的问题，即视觉（Visual）无障碍设计、听觉（Hearing）无障碍设计、行动（Mobility）无障碍设计和认知（Cognition）无障碍设计。

1. 视觉无障碍设计

视觉障碍包括从难以区分颜色到完全失明。视觉无障碍设计要注意以下关键点：

1）确保文字和背景的颜色有足够高的对比度。文字、可交互控件和背景的对比度（Contrast Ratio Threshold）应满足最低标准。如根据《Web 内容无障碍指南》（WACG），文字和背景色的对比度至少是 4.5∶1；对大于等于 24px/19px bold 的文字，对比度至少是 3∶1。

2）不要只依靠颜色传达信息。如果只用颜色传达诸如状态指示、区分视觉控件、实时响应等信息，一些视力障碍的用户可能无法正确分辨颜色的区别，如色盲患者（1/12 的男性，1/200 的女性）、视力低下患者（1/30 的人）甚至盲人（1/188 的人）。好的做法，如 Facebook 的表单界面，使用了三种视觉线索区分错误状态，即红色边框、叹号图标（Icon）和提示工具（Tooltip）（解释为什么出现错误）。

3）注意表单的设计。清晰的表单边框对于有认知障碍、视力低下的用户非常重要。清晰的视觉线索会让他们很容易弄清楚输入框在哪儿，面积有多大；反之，则会大大降低用户使用体验。

4）慎用没标签的输入框。带标签的输入框能告诉用户输入框的目的，占位符（Placeholder）却没这么大作用；当输入内容时，占位符消失，常常会让用户忘记输入的目的。

5）确保界面上的所有控件都可借助辅助技术（Assistive Technologies）使用，如屏幕阅读器、放大镜、盲文显示器或语音识别交互工具（有数据显示仅有 1%～2%的用户会使用屏幕阅读器）。这意味着必须让无障碍界面（Accessibility APIs）可以通过程序确定每个控件的角色、状态、价值、标题。任何图像形式的 UI 控件都应提供一个"文字替代方案"。

6）别让用户到处"悬停"（Hover）才能找到答案。对使用语音识别工具的视觉障碍用户以及有行动障碍的用户，包括视力正常但仅仅使用键盘的用户来说，重要的东西应该可见，次要的东西才可以通过"悬停"出现。在无障碍设计中应尽量采用更有包容性的做法，如将辅助操作（Secondary Action）放置在菜单或非模态对话框（Non-modal Dialog）内，而不是只有"悬停"才能触发；适当减弱次要图标的对比度，并在"悬停"时加强对比度；在"悬停"时，采用更加明显的或比正常尺寸更大的形状显示；一个意义明确的图标是比一片空白更好地触发"填写内容"的"悬停"方式。

7）尽量少用移动、闪烁的界面内容。界面上一直移动、滚动、闪烁超过 5s 的内容，都应该可以被暂停、停止或隐藏。一般地，闪烁内容每秒闪烁的次数不宜超过 3 次。

8）重视智能聊天机器人（Chatbot）对盲人用户的作用。体验设计师不仅要关注用户的目的，还要解决用户使用中的痛点。尽管智能聊天机器人的表现还不尽如人意，但对无障碍设计来说，这不失为一款不错的辅助交互技术。

2. 听觉无障碍设计

听觉障碍包括从听不清到听不到界面发出的声音。听觉无障碍设计要点包括：让文本内容容易被理解，适当使用"文字替代"（Text Alternatives）；确保界面上的所有内容在没有声音辅助时仍可正常使用等。

3. 行动无障碍设计

行动障碍包括不能操作鼠标、键盘或触屏。行动无障碍设计的要点包括：确保所有界面控件交互都可只通过键盘或者只使用鼠标完成；确保界面控件被辅助技术正确标记。例如，某些用户可能会使用诸如语音控制软件和物理切换控制（Physical Switch Controls）等技术，这些技术一般使用与屏幕阅读器等其他辅助技术相同的 API（应用程序编程接口）。具体的做法有：提供可用键盘控制的"获得焦点"显示状态（如高亮、声音等）；使用弹窗（注意，焦点元素要在弹窗内，而非在弹窗背后）；使用焦点触发"悬停"操作；提供快捷直达内容的操作；提供重新获得焦点（Re-focus）的便捷场景，如选择框 1 被删除后，选择框 2 自动获得焦点；保持使用的一致性，包括菜单、对话框、自动完成内容、树形结构等在创建、视觉外观、交互操作、焦点获得等方面的一致性。

4. 认知无障碍设计

认知障碍意味着用户可能需要辅助技术来帮助他们阅读文本，因此文本替代方案的存在就变得非常必要。认知无障碍设计要点包括：避免重复或闪烁的显示方式，因为这可能会为认知障碍用户造成使用不便；给用户留出充足的时间操作（Repetitive）等。

通常，可以从以下几个方面来检验一个界面的无障碍性：

（1）视觉　界面上控件、文字的对比度是否满足 WCAG 最低标准？界面去掉颜色后是否可以正常使用？要确保 UI 组件可以被不能辨识颜色的用户使用，Chrome 扩展程序 SEE 可以用来模拟色盲用户看到的界面，Daltonize（Chrome 互联网色彩可访问性的扩展）也有类似的功能。界面组件可以在"高对比度模式"下工作吗？目前常用的操作系统都支持高对比度模式，Chrome 扩展程序 High Contrast 可用来模拟测试。可以用"屏幕阅读器"使用所有的界面控件吗？是否提供了所有可见界面信息的文本替代方案。使用 WAI-ARIA（Web Accessibility Initiative-Accessible Rich Internet Applications）增强了语义信息吗？

（2）听觉　用户界面组件可以无声地正确工作吗？关闭扬声器测试一下整个项目。

（3）行动　所有界面控件是否可以正确支持纯键盘操作？是否能避免用户陷入"焦点陷阱"（Focus Traps）？系统能否对键盘操作做出合适的响应？

如今，不仅像谷歌（Google）、Facebook、Twitter 这样用户遍布全球的公司，也包括一些国家的政府部门和教育机构，都越来越关注无障碍设计。如国际万维网联盟（W3C）相继发布了一系列 Web 信息无障碍设计指南及规范。相信对无障碍设计的重视，能使产品或服务得到更好的优化，让更多的人获得良好的使用体验。

1.3　用户体验设计研究方法

用户体验设计研究的关键是对用户心理及其行为规律的洞察，具体包括经典用户体验研究方法和用户体验研究的时空观。

1.3.1 经典用户体验研究方法

从方法论的角度来看，传统的用户体验研究有定性分析、定量分析和定性定量分析相结合三大类。定性分析是找到组成事物的最小元素，厘清其相互关系，需要回答为什么（Why）和怎么办（How），通常通过语言、行为、使用过程等手段采集数据，并通过分析、整理、归纳、理解及解释来达到对问题深度理解、挖掘和提供假设的目的。其缺点是无法推及总体。定量分析是将实际问题转化为数字指标，通过求解数学问题来获得答案，需要回答谁（Who）、什么（What）、时间（When）、地点（Where）、对象是哪个（Which）、多少量（How Many）和什么程度（How Much）等问题，通常通过数字指标来采集数据，并通过描述现象、验证假设等途径来解决边界清楚、较容易量化的问题。其缺点是对问题的表述较为机械和肤浅。定性定量分析相结合的分析方法则兼具二者的优点。

从项目管理的角度来看，对用户的研究可分为项目型研究、常规性研究和策略型研究三大类。项目型研究是指解决临时问题的用户研究，如解决产品研发、营销策划等工作中临时出现的问题，这些用户研究需求会在产品的不同阶段，由各相关部门提出。常规性研究是指需要持续不断进行的研究工作，如定期/不定期用户满意度调查、用户反馈和渠道反馈的监测等。当常规性用户研究中出现了需要深入了解和验证的问题，就可以立项进入项目型研究的范畴。策略型研究是指在多方位、多层次用户研究的基础上，结合其他部门或者外部的研究成果，提炼和拓展，进行新机遇探索的前瞻性研究。

具体来说，经典用户体验研究方法大体上可以归纳为以下 14 种：

（1）眼动和脑电研究　这是将眼动仪和脑电设备联机同步，重点在于探查用户是如何看的，以及当时的心理活动。

（2）可用性测试　这是让一群具有代表性的用户对产品进行典型操作，同时观察员和开发人员在一旁观察、聆听、做记录，通过对数据的分析，对产品的可用性进行评估，检验其是否达到标准。

（3）信噪比研究　如何清晰地为用户呈现信息？如何降低信息噪声、突出美妙的主旋律？信噪比研究的目的就是正确识别信息噪声，并有效降低干扰，传递清晰的用户体验。

（4）焦点小组　这是由一个经过训练的主持人以一种无结构的自然形式与一个小组的被调查者交谈。主持人负责组织讨论，通过倾听一组从调研者所要研究的目标市场中选择出来的被调查者的发言，从而获取对一些有关问题的深入了解。

（5）卡片分类法　这是一个以用户测试为中心的研究方法，专注提高系统的可发现性。其过程包括将卡片分类，给每一个标签带上内容或者功能，并最终对用户或测试用户的反馈进行整理归类。

（6）情景调查四要素　这是指利用故事板的形式进行情境调查，让设计师产生与用户接近的用户体验，从而达到发现问题、产生新的解决问题思路的目的。其中，人、物、环境、事件/行为构成了情景调查四要素。

（7）深度访谈　这是一种无结构的、直接的、一对一的访问形式。它是定性调查的一种，用以揭示对某一问题的潜在动机、态度和情感。

（8）组块原则　这是指由若干具有相同性质的实验任务所组成的一个刺激序列。其典型特点是实验操作的基本单元为组块，研究者往往根据实验的目的将刺激分成不同的类型，并将同一类型的刺激组合成一个组块，然后交替向被试者呈现实验任务和控制任务，并借此来考察所关心的实验任务引起的皮层激活模式。

（9）2/8 原则　2/8 原则也称帕累托法则、巴莱特定律，是 19 世纪末 20 世纪初意大利经济学家帕累托（Vilfredo Pareto）发现的，即在任何一组东西中，最重要的只占其中一小部分，约 20%，其余 80% 尽管是多数，但却是次要的。2/8 原则常用于对用户感受影响显著因素的辨识。

（10）纸面原型　这是一种低保真的原型设计方法，以纸质的可视化形式展现给用户。纸面原型适合的测试对象有基本功能、交互框架、信息框架与视觉设计等。

（11）问卷法　这是通过由一系列问题构成的调查表收集资料，以测量人的行为和态度的心理学基本研究方法之一。问卷可以不提供任何答案，也可以提供备选答案，还可以对答案的选择规定某种要求。

（12）启发式评估（Heuristic Evaluation）　这是一种评定可用性的方法，它使用一套相对简单、通用、有启发性的规则进行可用性评估。常用的规则有系统状态可见、系统与用户现实世界的匹配、用户控制与自由、一致性与标准化、错误预防、认知而不是记忆、使用的灵活性与效率、美观而精炼的设计、帮助用户识别及诊断和修正错误、帮助和文档等。

（13）隐喻诱引技术　这是一种结合图片语言与文字语言的消费者研究方法。它以图片为素材，通过深度访谈来抽取受访者的构念（Construct），并联结构念之间的关系，描绘出阐释消费者感觉及想法并产生行动或决策的心智模式地图。

（14）参与式设计（Participatory Design）　这是指在创新过程的不同阶段，所有利益相关方被邀请与设计师、研究者和开发者合作，一起定义问题、定位产品、提出解决方案并对方案做出评估，是将用户更深入地融入设计过程的一种设计理念。

由于其自身的复杂性，到目前为止还没有哪一种用户研究方法可以作为通用方法来满足体验设计的所有要求。上述方法所面向的对象、强调的重点各有不同，在实际应用中，通常应根据设计任务的特点选择一种或多种方法综合应用，以达到期望的目的。

■ 1.3.2　用户体验研究的时空观

同任何其他事物一样，用户体验研究的内涵也不是一成不变的，它是随时间、科技水平、社会和自然环境等因素的变迁而演变的。因此，对用户体验的研究要建立在正确的时空观基础上：首先，时间的变迁会导致从研究对象到研究方法的变化；其次，物质与非物质等空间环境的变化，也会对用户体验产生显著的影响。

对用户体验研究方法的理解，通常可以从三个维度来把握，即用户的态度与行为、定性与定量以及产品（或网站）使用的情境。在用户体验研究的三维框架（见图 1-5）内，即态度 – 行为轴、定性 – 定量轴和背景轴，每个维度都代表着研究方法之间的区别，需要回答的不同问题，以及对不同种类的研究目的适用性。

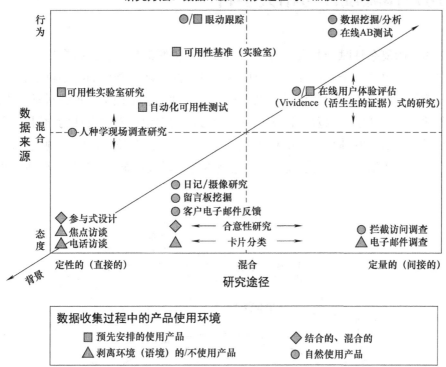

图 1-5　用户体验研究的三维框架

（1）态度－行为轴　态度研究的目的通常是理解、测量或获知人们特定的观念，这也是态度研究在市场部门经常被使用的原因。在纵坐标轴的另一端，那些关注行为的研究方法常被用来试图了解"人们做什么"，并尽量降低方法本身对研究结果的干扰。如在 AB 测试中，若仅是网站改版的设计，就应尽量保持其他因素不变，以便于观察网站设计对用户行为的影响；而眼动研究则常被用来分析用户与网站界面设计的视觉交互特点。

（2）定性－定量轴　在横坐标轴的两个极端之间的是两种最常用的研究方法——可用性实验室研究和现场实地研究。这两种方法结合了自我报告和行为数据，并且可以偏向于坐标轴的任一端。两者基本的区别在于：在定性研究中，数据经常被直接收集；相反，在定量研究中，数据通常是通过某种工具、调查问卷或 Web 服务器日志被间接收集的。

（3）背景轴　顾名思义，背景轴代表着研究对象所处的物理、社会和人文环境。

事实上，图 1-5 还有一个时间轴，它反映了用户体验研究在不同时期的研究对象和方法的演化。这些构成了用户研究的四维时空框架。值得强调的是，每一种研究方法都有其最适合的流程。这一点研究人员要特别注意。

1.4 用户体验设计与相关学科

　　用户体验的复杂性赋予其设计与众多学科相互关联的属性，包括自然与人文领域的大部分学科。这也从一个侧面反映了用户体验设计这一新兴领域的跨学科融合和广泛性的特点。例如，面向人的学科包括人机工程学、心理学、生理学、神经科学、人体测量学、社会学和认知科学，以及人机交互技术等方面的知识；面向设计的学科包括工业设计、艺术设计、数字媒体设计与机械工程（设计）等；面向技术的学科则主要涉及计算机科学、信息与通信技术、电子技术、网络技术等，以及建筑学与环境科学等，如图1-6所示。

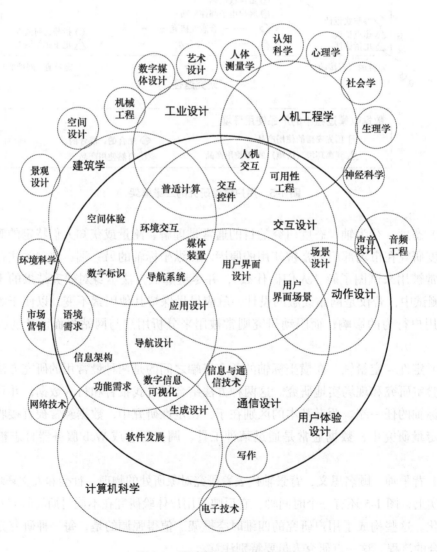

图1-6　用户体验设计相关学科

1.4.1 工业设计

成立于 1957 年的国际工业设计协会联合会（International Council of Societies of Industrial Design，ICSID），在 1980 年的巴黎年会上为工业设计下的定义为："就批量生产的工业产品而言，凭借训练、技术知识、经验及视觉感受而赋予材料、结构、形态、色彩、表面加工及装饰以新的品质和资格，称作工业设计。根据当时的具体情况，工业设计师应当在上述工业产品的全部方面或其中几个方面进行工作，而且当需要工业设计师对包装、宣传、展示、市场开发等问题的解决付出自己的技术知识和经验以及视觉评价能力时，这也属于工业设计的范畴。"2006 年，国际工业设计协会联合会给出的工业设计的定义，强化了设计这个大的概念，并从目的和任务两方面对设计进行了说明。具体如下：

（1）目的　设计是一种创造性的活动，其目的是为物品、过程、服务以及它们在整个生命周期中构成的系统建立多方面的品质。因此，设计既是创新技术人性化的重要因素，也是经济文化交流的关键因素。

（2）任务　设计致力于发现和评估与下列项目在结构、组织、功能、表现和经济上的关系。

1）增强全球可持续性发展和环境保护（全球道德规范）。

2）给全人类社会、个人和集体带来利益和自由，包括最终用户、制造者和市场经营者（社会道德规范）。

3）在世界全球化的背景下支持文化的多样性（文化道德规范）。

4）赋予产品、服务和系统具有表现性的形式（语义学）并与它们的内涵相协调（美学）。

设计关注由工业化——而不只是在生产时所用到的某几种工艺——所衍生的工具、组织和逻辑创造出来的产品、服务和系统。限定设计的形容词"工业的"必然与工业有关，也与它在生产部门所具有的含义或者其古老的含义"勤奋工作"相关。换言之，设计是一种包含了广泛专业的活动，产品、服务、平面、室内和建筑等专业都在其中。这些活动都应该与其他相关专业协调配合，以达到进一步提升价值的目的。

2015 年，在韩国光州召开的第 29 届年会上，更新了工业设计的定义，即（工业）设计旨在引导创新、促进商业成功及提供更好质量的生活，是一种将策略性解决问题的过程应用于产品、系统、服务及体验的设计活动。它是一种跨学科的专业，将创新、技术、商业、研究及消费者紧密联系在一起，共同进行创造性活动，并将需解决的问题、提出的解决方案进行可视化，重新解构问题，并将其作为建立更好的产品、系统、服务、体验或商业网络的机会，提供新的价值以及竞争优势。（工业）设计是通过其输出物对社会、经济、环境及伦理方面问题的回应，旨在创造一个更美好的世界。

2017 年，在意大利都灵召开的第 30 届年会上，沿用了近 60 年的"国际工业设计协会"正式改名为"国际设计组织"（World Design Organization，WDO）。年会还发布了工业设计的最新定义：工业设计是驱动创新、成就商业成功的战略性解决问题的过程，通过创新性的产品、系统、服务和体验创造更美好的生活品质。

可见，工业设计是一种综合运用科学与技术、以提高或改善人类生活品质（包括精神与物质两方面）为目的的创造性活动。工业设计的对象包括从产品到服务、从平面到建筑等与人类生活密切相关的各个方面；其核心是设计，本质是创新与创造。作为工业设计的最终产物——产品，正是用户体验研究的核心对象之一。

1.4.2 艺术设计

所谓艺术设计（Art Design），是将艺术的形式美感应用于与日常生活紧密相关的产品设计中，使之不但有实用功能、还兼具审美功能。换言之，艺术设计首先是为人服务的，是人类社会发展过程中物质功能与精神功能的完美结合，也是现代化社会发展进程中的必然产物。艺术设计对用户体验的影响主要体现在视觉表现方面。

艺术设计主要包括工艺美术品设计与制作、环境设计、平面设计、多媒体设计等，其研究内容和服务对象有别于传统的艺术门类（如绘画、戏曲等）。同时，艺术设计也是一门综合性极强的学科，涉及科技、文化、社会、经济、市场等诸多方面，其审美标准也随着诸多因素的变化而改变，是设计者自身综合素质（如表现、感知和想象能力）的体现。

感官体验，特别是视觉感官体验，是产品体验的重要组成部分，需要足够的艺术修养来保证。提升产品的艺术品位是当年包豪斯所倡导和追求的目标之一，现在来看，其先见之明对提升产品体验价值来说依然具有现实意义。

1.4.3 人机工程学

人机工程学（Man-Machine Engineering）是把人–机–环境系统作为研究的基本对象，运用生理学、心理学和其他相关学科知识，根据人和机器的条件和特点，合理分配其承担的操作职能，并使之相互适应，从而为人创造出舒适和安全的交互操作环境，使工效达到最优的一门综合性学科。

人机工程学是一门跨学科的边缘科学，起源于欧洲，形成和发展于美国。人机工程学在欧洲被称为"工效学"（Ergonomics），这一名称最早是由波兰学者、工效学之父雅斯特莱鲍夫斯基（Wojciech Jastrzębowski）提出来的。它是由两个希腊词根组成的："ergo"的意思是"出力、工作"，"nomics"表示"规律、法则"。因此，Ergonomics的含义也就是"人出力的规律"或"人工作的规律"。也就是说，这门学科研究的是人在生产或操作过程中合理、适度地劳动和用力的规律问题。人机工程学在美国被称为"Human Engineering"（人类工程学）或"Human Factor Engineering"（人因工程）；在日本被称为"人间工学"，或采用欧洲的名称，音译为"Ergonomics"；俄文音译名"Эргонтика"；在我国，所用名称也各不相同，有"人类工程学""人体工程学""工效学""机器设备利用学"和"人机工程学"等。为便于学科发展，统一名称很有必要，现在大部分人称其为"人机工程学"。

人机工程学对人体结构和机能特征进行研究，提供人体各部分的尺寸、重量、体表面积、比重、重心及各部分在活动时的相互关系和可及范围等结构特征参数，还提供人体各部分的出力范围及动作时的习惯等机能特征参数；分析人的视觉、听觉、触觉以及肤觉等感觉器官的机能特性；分析人在各种环境中劳动时的生理变化、能量消耗、疲劳机理以及人对各种劳动负荷的适应能力；探讨人在工作中影响心理状态的因素及心理因素对工作效率的影响等。现代人机工程学研究人、机、环境三个要素之间相互作用、相互依存的关系，以追求人－机－环境的最优和谐系统总体的性能为目标。"人性化产品"的本质是与"人"合为一体的产品设计，因此"人机工程因素"也成了设计产品的人机交互界面时必须考虑的因素。人机工程对用户体验研究的突出作用主要体现在对体验至关重要的交互设计上。如果说21世纪是体验的时代，那么人机因素就是企业提高其竞争力不可或缺的重要手段之一。

■ 1.4.4　心理学

心理学（Psychology，由希腊文 ψυχή [/psiçi/] 与 λόγος [/ˈlo.ɣos/] 两词演变而成，意思是关于灵魂的科学），是关于个体的行为及精神过程研究的科学。换言之，心理学是一门研究人类的心理现象、精神功能和行为的科学，包括基础心理学与应用心理学两大领域。

最早的心理学实验可以追溯到阿拉伯学者海什木（Ibn al-Haytham）的著作《光学（1021年）》。但是心理学作为一门独立的学科则始于1879年，以德国学者威廉·冯特（Wilhelm Wundt）在莱比锡大学建立了世界上第一个专门的心理研究实验室为标志。他于1874年出版的《生理心理学原理》一书被誉为"心理学独立的宣言书"，是心理学史上第一部有系统体系的心理学专著。冯特也因此被称为"心理学之父"。

心理学研究涉及知觉、认知、情绪、人格、行为、人际关系、社会关系等诸多领域，也与日常生活的许多方面——家庭、教育、健康、社会等发生关联。心理学一方面尝试用大脑运作来解释个体基本的行为与心理机能，以及个体心理机能在社会行为与社会动力中的角色；同时，它也与神经科学、医学、生物学等学科有关，因为这些学科所探讨的生理作用会影响个体的心智。一般来说，理论心理学家从事基础研究的目的是描述、解释、预测和影响行为，但应用心理学家还有第五个目的，即提高人类生活的质量。这些目标构成了心理学事业的基础。正是由于其研究对象与人类感觉与行为之间千丝万缕的联系，心理学也因此成为用户体验研究的核心支撑学科之一。

■ 1.4.5　其他相关学科

与用户体验关联密切的其他学科，包括如信息与通信科学、机械自动化、建筑设计等自然科学类学科和社会学、人类学（Anthropology）、市场学、情报学和管理学等人文社科类学科。其中，自然科学类学科为良好的产品及交互提供了科学技术的支持；而人文社科类学科则为用户体验研究提供了哲学与社会学等方面、从宏观社会人文到微观个体——社会的人的科学指导。例如，社会学以人类的社会生活及其发展为研究对象，用科学的态度、实际社会调查等各种方法，对社会现象、社会生活、社会关系和各种社会问题进行观察、分析和研究，从而揭示出人类各个历史阶段的社会形态、社会结构和社会发展的过程和规律；人类学是从生物和文化的角度对人类进行全面研究的学科群。前者主要涉及社会结构对用户体验影响的研究，后者则涉及用户体验中的群体交互活动规律的研究。良好的用户体验设计不仅需要研究人类的文化特点、审美情趣，也要研究具体社会环境中个人、群体的爱好偏向及其相互作用。

这些学科对用户体验的影响是广泛且深远的。例如，信息物理系统（Cyber Physical System，CPS）是集成计算、通信与控制于一体的下一代智能系统，操作者通过人机接口实现和物理进程的交互。实践中，这一人机交互接口的用户体验设计就是多学科交叉的一个典型例子，它不仅需要对用户的深入研究，也需要对信息物理系统有深切的洞察。这里，信息物理系统既包括由互联网构成的虚拟信息空间，也包括由传感器、计算机、机器等构成的物理环境；广义的虚拟信息空间是包含社会、人文环境的总和，广义的物理环境则应看作是包括自然环境、人工环境在内的客观物质世界的总和。

1.5 本书结构及阅读建议

长期以来，国际上不同领域的专家、学者和设计师都在以自己独特的视角理解和解读用户体验，加之其边缘学科的多学科融合特点，导致用户体验设计在理论体系上的混乱和模糊不清。这给初学者、设计师甚至体验设计研究人员都带来了不少困惑，制约了体验设计学科的发展。本书从对用户体验设计的基本概念、定义、相关学科及其研究方法的介绍入手，逐步深入到基础篇、原理篇、提高篇、实战篇和发展篇，择其重点对体验设计的科学基础、原理与方法、专题应用、成功案例及未来发展做了较为全面的梳理，旨在为用户体验设计建立一套科学完整的体系，方便读者的学习和学科的普及。

本书章节结构及阅读建议如图 1-7 所示。在使用上，建议读者对基础篇和原理篇进行全面了解；在此基础上，应用篇是用户体验设计方法在不同细分领域的专题应用，可以根据兴趣及需要选择性阅读；实战篇则是对国际著名公司的体验设计案例的剖析，供选读；最后的发展篇是体验设计专家对这一学科未来发展的预测和展望，对有志于研发下一代体验设计技术的读者或许会有启迪和增益。

必须承认，任何一种方法都有其历史局限性。鉴于此，本书的主要目的不在于告诉读者如何去解决某一具体的体验设计难题，而是着重体验设计思维的启迪，让读者在掌握基本原理、方法的基础上，以正确的时空观去重新审视、思考用户体验设计，挖掘其真谛，提出问题，找到并给出最适合的解决问题的答案。篇幅所限，有关书中涉及的具体方法或工具更详细的内容，建议读者根据需要去查阅相关著述。

21 世纪是一个"体验为王"的时代，以"互联网+"、大数据、人工智能为标志，日新月异的科学技术正在重塑当代社会形态，富于创新、颠覆传统的设计思维将是发展的主流。作为"体验经济"时代的利器之一，用户体验设计也终将重新定义设计的内涵，改变人们对设计的认知。作为一个工业设计师、交互设计师、体验设计研究人员或设计研究、教育从业者，面对迎面而来的体验经济的改革与创新大潮，您准备好了吗？

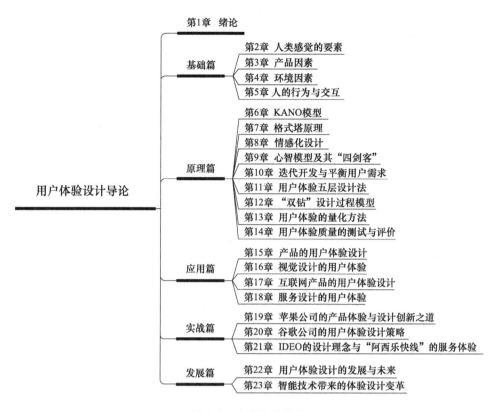

图 1-7　本书章节结构

1．试分析用户研究、交互设计与用户体验三者之间有着怎样的关系。

2．试述体验、用户体验及用户体验设计的定义，并分析其异同。

3．试搜集资料，论述瞬间体验与全局体验之间的关系，并举例说明。

4．试述可用性研究的定义，分析其与用户体验的关联。

5．试分析"为体验而体验"的用户体验设计适得其反的原因，并举例说明。

6．试分析"21世纪是一个'体验为王'的时代"这一说法的合理性及其不足。

7．温习本章内容，并结合自己的现状或未来的就业期望，为自己"量身定制"一个成长为用户体验设计师的学习规划。

用户体验设计的
科学基础

"

　　用户体验设计的研究范畴涉及产品（服务或系统）、用户、交互和环境等众多因素。可以说，从用户生理到心理、从产品功能到可用性及其品牌价值、从物理（自然）环境到社会文化背景，都会直接或间接地影响到用户体验的结果。这些因素或互相关联或互相制约，关系错综复杂，常常造成设计师的迷茫和疏漏，要么无从下手，要么只强调了其中一些因素，同时却忽略了其他因素。不幸的是，这些被忽略的因素带来的影响有时是致命的。一个常见的例子就是，目前各网站都十分看重页面的体验效果，在美工色彩、布局、交互性等方面做足了功夫，但网页内容的质量却往往被忽视。试想一个缺乏高质量内容的网页，就算是其他方面做得都很好，对用户来说其体验价值又在哪里呢？很明显，这样的做法是不可取的。

　　那么，如何把握众多影响用户体验设计的因素？如何平衡其关联影响，以达成良好用户体验的目的呢？显然，深入剖析影响用户体验的关键因素是十分必要的。客观上这些也构成了用户体验的科学基础。

"

用户因素，也即人的因素，是与产品交互过程中的关键要素，也是用户体验设计的核心对象之一。了解人的生理，特别是感觉器官的结构，洞察神经系统及其信号传递的机理，知其然知其所以然，将有助于从源头把握一切心理现象的形成、运作及其发展的规律。

2.1 人因学与人的因素研究

人因学（Ergonomics），在美国被称作人类工程学（Human Engineering）或人因工程（Human Factor Engineering）；在日本被称作人间工学（Human Engineering）或工程心理学（Engineering Psychology）；在我国则被命名为人机工程学（Human-Machine Engineering）。人因学是一门跨领域的交叉学科，它研究的核心问题是不同作业中的人、机器及环境三者之间的关系；其研究方法和评价手段涉及心理学、生理学、医学、人体测量学、美学和工程技术等多个领域；研究的目的则是通过各学科知识的综合应用，来指导产品使用方式和环境的设计与改造，以实现优化的效能、效率和满意度。国际功效学协会（International Ergonomics Association，IEA）给人因学下的定义是：研究人在工作环境中的解剖学、生理学、心理学等诸方面因素，研究在工作条件下、在家庭里、在闲暇时间内，人 – 机器 – 环境系统中交互作用的各个组成部分（效率、安全、健康、舒适度等）如何达到最优化的一门学科。

人因学诞生于 20 世纪 40 年代的欧洲，形成和发展于美国。第二次世界大战期间，人们发现无论如何选拔和培训人，有些系统仍然无法被有效地操作以完成期望的任务。于是，人因学这一关注"人"、关注"人与产品、系统、设施、流程和环境之间交互"的学科成了研究的热点。其特点是以人为中心，研究设计对人的影响，以及如何改善设计，让机器适应人，而不是相反。第二次世界大战后不久，美国军方成立了工程心理学实验室和民间咨询公司；1949 年，英国成立了工效学研究协会，举办了"应用实验心理学：工程设计中的人因学"国际会议；1957 年，美国人因学协会成立，并于同年正式出版了学术刊物《工效学》；同年，美苏空间竞赛开始；1959 年，国际工效学协会成立。

人因学由 6 个分支学科组成，即人体测量学、生物力学、劳动生理学、环境生理学、工程心理学和时间与工效研究。人因学从分析人的生理参数入手，研究人在各种劳作时的生理变化、能量消耗、疲劳机理以及人对各种劳动负荷的适应能力，探讨工作中影响人的心理状态的因素以及心理因素对工作效率的影响等，以选择适合人群的最佳设计方案。人因学是一个庞大的研究领域，尽管有时也用可用性来评价人的因素，不过人因学还包括一些同外界因素有关联的情感反应之类，这与传统意义上的产品可用性并没有直接的关系。

进入 21 世纪，人因学的研究已经深入到人们社会和经济生活的方方面面，如空间站的建设离不开人因学，计算机应用需要人因学，生产安全管理需要人因学，医疗产品和老年产品设计也需要人因学。这些无处不在的人因学应用都说明了一个趋势，那就是技术越发达，对人因学的研究就显得越重要。

2.2 人体测量与人的生理局限性

2.2.1 人体测量学的定义

人体测量学（Anthropometry）一词由希腊语中表示"人"意义的"anthropos"（άνθρωπος）和表示"测量"意义的"metrein"（μέτρον）合成而来，是用测量和观察的方法来描述人类的体质特征状况的科学，也是人类学的一个分支学科，一般包括骨骼测量和活体（或尸体）测量，如生理尺度、肌力测量、循环机能测量、运动能力测定、综合性标准化测量等。同时，不同民族、不同种族、不同体型的特点同运动能力的关系，也是人体测量学的研究对象。

人体测量学运用统计学方法，基于测量数据对人体特征进行量化分析。例如，骨骼测量提供人类在系统发育和个体发育的各个阶段的骨骼尺寸，帮助了解人类进化过程中不同时期和不同人种的骨骼发育情况，以及它们之间的相互关系，同时也可以了解骨骼在人类生长和衰老过程中的变化。这不仅对人类进化和人体特征的理论研究有着重要的意义，而且对法医等医学部门、产品及建筑设计等方面都有实际的用处。

2.2.2 人体测量学的由来

1870 年，比利时数学家莱姆伯特·奎特莱特（Lambert Adolphe Jacques Quetelet）出版了《人体测量学》（*Anthropométrie, ou Mesure des différentes facultés de l'homme*）一书，标志着这一学科的正式创立。

其实，早在公元前 3500—前 2200 年间，古埃及就有类似人体测量的方法存在，其中把人体划分为 19 个部位；公元前 2000 多年前，我国的古典医学名著《黄帝内经·灵枢·骨度》中，详细论述了一般人的头、胸、四肢、腰围等的尺寸，并对用骨骼作为标尺来衡量人体经脉的长短和脏器的大小做了深入而科学的阐述。公元前 1 世纪，罗马建筑师马库斯·维特鲁威（Marcus Vitruvius Pollio）从建筑学的角度对人体尺度做了全面研究，发现人体基本上以肚脐为中心，一个男人挺直身体、两手侧向平伸的长度恰好就是其身高，双足和双手的指尖正好在以肚脐为中心的圆周上，并以此指导建筑设计；欧洲文艺复兴时期，意大利发明家和艺术家达·芬奇（Leonardo di ser Piero da Vinci）根据维特鲁威的描述，创作了著名的人体比例图（见图 2-1）；古希腊、罗马雕塑家也很注意人体形态美，他们参考维特鲁威人体比例雕塑出了许多体形匀称、体态完美的传世作品，如"掷铁饼者""维纳斯"雕像等。19 世纪后期，人体测量数据常常被社会科学家主观地加以应用，试图支持那些把生物学上的人种同文化和智能发展水平联系起来的说法。例如，意大利精神病学家兼社会学家龙勃罗梭（Cesare Lombroso）为寻求所谓犯罪类型，就曾使用人体测量方法对监狱犯人进行了检查和分类。

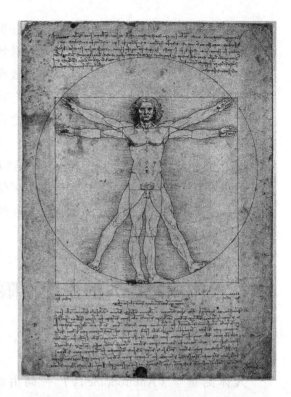

图 2-1　达·芬奇绘制的维特鲁威人体比例图

到了 20 世纪，应用人体测量学来研究人种类型的方法被一些更为先进的测定人种差别的技术所代替，如虹膜测量、基因（DNA）测序等。不过，人体测量学仍不失为一种有价值的方法，如在古人类学根据化石遗存对人类起源及进化的研究中，依然起着重要的作用。

2.2.3　人体测量的方法与应用

人体测量一般有骨骼和活体（或尸体）测量两种测量方法，具体测量内容包括头颅的长与宽之比（即所谓的"头骨指数"）、鼻的长宽之比、上臂和下臂的比例等。人体测量可以用人们所熟悉的器物，如直尺、测径器、卷尺等测得，也可以用人体自身骨骼来度量（即用骨骼作为标尺的相对度量）。只要选好可靠的测量点，也即人体上所谓的"陆标"（Landmark），同时把测量方法标准化，人体测量的结果可以非常精确。

人体测量学的应用非常普遍，凡是与人有关的过程，都能看到人体测量学的影子。例如，20 世纪 80 年代，人类学家们根据史前头盖骨及面骨的测量学研究所得，证实了"人类因适应增大的脑容量而产生了头颅大小和形状上的渐进变化"。这一结论导致了对人类进化各种流行学说的再评估，最终证实"在人类发展过程中，直立姿势的形成是与脑容量的增大同时出现的"。在体育运动领域，为了提高竞技运动水平和有效地培养运动员，也采用人类学常用的活体测量法来研究体育锻炼和运动训练对人体外部形态和体形的影响，运动员身体各部分比例特征、体型、生长发育中身体各部分之间的比例的变化，以及运动遗传因素等问题。在 19 世纪末和 20 世纪初期，一些体质人类学者用大量人体测量数据来描述不同的种族、民族乃至国民的各种群体的特征，就是以他们所独有或典型性的体质和外貌作为基础的。人体测量学在工业设计、服装设计、人机交互和建筑设计等方面也起着重要的作用。如在产品设计时需要全面了解产品用户的人体测量学基本数据及生理尺度限制，才能有针对性地设计相关指标和参数，包括功能设置、几何尺度、操作力度与频度、色彩与反馈指示等。通过活体测量确定人体各部位的标准尺寸（如头面部和体型标准系列）、明确人的生理局限，也可以为国防、工业、医疗卫生和体育部门提供参考数据，如用来规划诸如汽车座位、飞机驾驶员座舱或太空舱的设计等。图 2-2 给出了利用人体尺度来优化人机交互的例子。随着人们的生活方式、营养状况或群体种族融合的演变，人体测量尺度也会发生相应的变化，因此人体测量数据也需要定期更新。

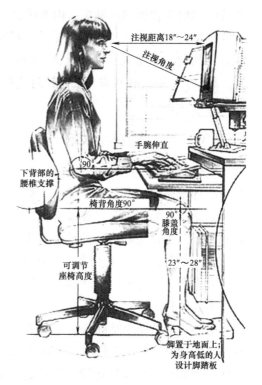

图 2-2　人体尺度在交互设计中的应用

2.3　人类的感觉与感官

感觉是人脑对直接作用于感官的客观事物个别属性的反映，是内部或外部刺激引起的感受器活动而产生的最原始的主观映像。感觉是认知的开端，是一种最直接、最原始的心理现象，它属于认识的感性阶段，是一切知识的源泉；同时它也同知觉紧密结合，为思维活动提供材料。

一般地，人的感觉可分为两种，即欲望和感知。欲望属于原始的动物"需要"，包括心理欲和行为欲：心理欲使人产生一种驱动，而行为欲能使人专心去做。欲望是对来自身体内部的刺激的反映，也叫内部感觉，是由机体内部的客观刺激引起、反映机体自然状态的感觉，包括运动觉、平衡觉和机体觉，如饥渴、病痛、疲劳、困乏等。感知是"知道"，是对来自机体外部刺激的反映，也叫外部感觉，是由机体以外的客观刺激所引起的、反映外界事物个别属性的感觉，包括视觉、听觉、嗅觉、味觉和触觉等。感知包含产生快感和产生知觉两个方面，快感可以直接被大脑存储，但不会产生思维过程；而知觉既可以直接被大脑存储，也可以产生思维。

医学上把感觉细分为四类，即特殊感觉，包括视、听、味、嗅和大脑前庭等感觉；体表感觉，包括触压觉、温觉、冷觉和痛觉等；深部感觉，包括肌肉、肌腱、关节等感觉及深部痛觉和深部压觉等；内脏感觉，包括饥饿、饱胀和渴的感觉，窒息的感觉，疲劳的感觉，便意、性及痛的感觉等。感觉因分析器的不同常被分为视觉、听觉、味觉、嗅觉、肤觉、运动觉、机体觉、平衡觉等，这些常与人体的感觉器官——五官，即眼、耳、鼻、舌、身⊖ 相对应。下面针对这些与人的感受（体验）密切关联的感觉要素，逐一进行简单介绍。

2.3.1 神经系统与大脑

生理心理学（Physiological Psychology）是研究心理现象的生理和生物基础的科学。作为心理学研究的重要组成部分，它关注心理活动的生理基础和脑的机制，包括脑与行为的演化；脑的解剖与发展及其与行为的关系；认知、运动控制、动机行为、情绪和精神障碍等心理现象和行为的神经过程与神经机制等。它与心理学、生理学、解剖学、生物化学、内分泌学、神经学、精神病学、遗传学、动物学以及哲学都密切关联。研究表明，人类所有的思维、活动和知觉都始于神经系统的电化学过程，中枢神经系统和大脑是其生理基础。

对心理活动生理基础的研究由来已久，从解剖学、生理学的研究发现大脑机能定位，到心理活动的脑物质变化的生化研究，再到脑电波、脑成像技术的应用，已经历经了100多年，而其真正得以迅速发展则是近几十年的事。生理心理学的研究采用的方法主要有两类：一是用特别的手段（如外科手术、电刺激、化学物质刺激或损毁等）干涉脑的整体或局部活动，以观察行为的变化或能力的损失；二是干涉行为（如强迫动物学习某种技能、限制某种活动、剥夺某种感觉传入、社会隔离等），以观察脑内物质的变化和神经元的活动的改变。

1. 神经元

神经元（Neuron）是神经系统的基本结构和功能单位，是一种高度特化的细胞，它具有感受刺激和传导兴奋的功能。神经元包含细胞体和细胞突起两部分，由树突、胞体、轴突、髓鞘、许旺细胞（Schwann Cells）、神经末梢、郎飞结（Nodes of Ranvier）组成（见图 2-3）。胞体的中央有细胞核，核的周围为细胞质，胞质内除包含有一般细胞所具有的细胞器如线粒体、内质网外，还含有特有的神经原纤维及尼氏体。根据形状和机能，神经元的突起又分为树突（Dendrite）和轴突（Axon）。树突较短但分支较多，它接受冲动并将冲动传至细胞体。各类神经元树突的数目多少不等，形态各异。每个神经元只发出一条轴突，长短不一，与一个或多个目标神经元发生连接，胞体发生的冲动则沿轴突传出。

高等动物的神经元可以分成许多类别，各类神经元乃至各个神经元在功能、大小和形态等细节上可有明显的差别。如根据突起的数目，可将神经元从形态上分为假单极神

⊖ 有人认为五官指"耳、眉、眼、鼻、唇"五种人体器官，也有人认为五官指"耳、目、鼻、唇、舌"，还有人认为指"耳、眉、目、鼻、口"。以中医学理论而言，五官指耳、目、鼻、唇、舌；以内心感知外界事物的途径而言，五官指耳、目、鼻、口、身。

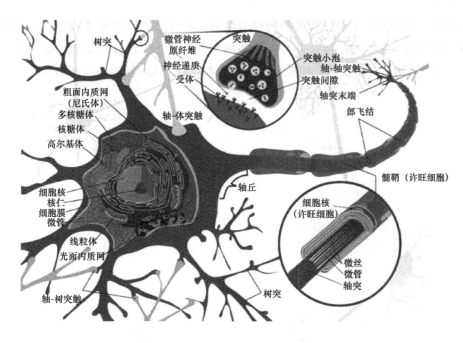

图 2-3　神经元细胞结构

经元、双极神经元和多极神经元三大类。假单极神经元的胞体在脑神经节或脊神经节内。由胞体发出一个突起，不远处分两支，一支至皮肤、运动系统或内脏等处的感受器，称周围突，另一支进入脑或脊髓，称中枢突；双极神经元由胞体的两端各发出一个突起，其中一个为树突，另一个为轴突；多极神经元有多个树突和一个轴突，胞体主要存在于脑和脊髓内，部分存在于内脏神经节。也有人按功能将神经元划分为感觉神经元、运动神经元和联络神经元。感觉神经元又称传入神经元，一般位于外周的感觉神经节内，为假单极或双极神经元。感觉神经元的周围突接受内外界环境的各种刺激，经胞体和中枢突将冲动传至中枢。运动神经元又名传出神经元，一般位于脑、脊髓的运动核内或周围的植物神经节内，为多极神经元，它将冲动从中枢传至肌肉或腺体等效应器。联络神经元又称中间神经元，是位于感觉和运动神经元之间的神经元，起联络、整合等作用，为多极神经元。

　　神经元可以直接或间接（经感受器）地从体内、外得到信息，再用传导兴奋的方式把信息沿着长的纤维（轴突）做远距离传送。信息从一个神经元以电传导或化学传递的方式跨过细胞之间的联结（即突触），传递给另一个神经元或效应器，最终产生肌肉的收缩或腺体的分泌。研究发现，神经元不仅能处理信息，还能以某种尚未清楚的方式存储信息。神经元也和感受器（如视、听、嗅、味、机械和化学感受器）以及效应器（如肌肉和腺体等）形成突触连接。通过突触的连接，数目众多的神经元组成比其他系统复杂得多的神经系统。

2. 神经系统

　　神经系统（Nervous System）是机体内起主导作用的功能调节系统，由脑、脊髓、脑神经、脊神经和植物性神经以及各种神经节组成。神经系统能协调体内各器官、各系统的活动，使之成为完整的一体，并与外界环境发生相互作用。神经系统可按构成分成中枢神经系统和周围神经系统两大组成部分。图 2-4 给出了人的神经系统的构成。

图 2-4　神经系统的构成

（1）中枢神经系统　包括脑和脊髓，分别位于颅腔和椎管内，两者在结构和功能上紧密联系，组成中枢神经系统。中枢神经通过周围神经与人体其他各器官、系统发生极其广泛复杂的联系，在维持机体内环境稳定、保持机体完整统一性，以及与外环境的协调平衡等方面中起着主导作用。

（2）周围神经系统　包括 12 对脑神经和 31 对脊神经，组成了周围神经系统。周围神经分布于全身，把脑和脊髓与全身其他器官联系起来，使中枢神经系统既能感受内外环境的变化（通过传入神经传输感觉信息），又能调节体内各种功能（通过传出神经传达调节指令），以保证人体的完整统一及其对环境的适应。

神经系统是人体内起主导作用的调节系统，人体各器官、系统的功能都是直接或间接处于神经系统的调节控制之下的。应该看到，人体是一个复杂的机体，各器官、系统的功能不是孤立的，它们之间互相联系、互相制约；同时，人们生活在经常变化的环境中，环境的变化随时都在影响着人体内的各种功能。因此，神经系统不仅能对人体内的各种功能不断做出迅速而完善的调节，使机体适应内外环境的变化，而且经过漫长的社会活动，人类的大脑皮层也得到了高速发展和不断进化完善，产生了语言、思维、学习、记忆等高级功能活动，从而具备了认识和主动改造环境的能力。

3. 大脑的构成与功能

大脑（Cerebrum/Brain）是中枢神经系统的最高级部分，也是在长期进化过程中发展起来的思维和意识器官。大脑包括脑干、间脑、小脑和端脑。

在医学及解剖学上，多用"大脑"一词来指代端脑。端脑主要包括左、右大脑半球。左、右大脑半球由胼胝体（Corpus Collosum）相连；半球内的腔隙称为侧脑室，它们借室间孔与第三脑室相通；每个半球有三个面，即膨隆的背外侧面、竖直的内侧面和凹凸不平的底面；背外侧面与内侧面以上缘为界，背外侧面与底面以下缘为界；半球表面凹凸不平，布满深浅不同的沟和裂，沟裂之间的隆起称为脑回。将两个半球隔开的是被称为大脑纵隔（Mediastinum）的沟壑。两个半球除脑梁与透明的中隔相连以外，左右完全分开。背外侧面的主要沟裂有中央沟从上缘近中点斜向前下方；大脑外侧裂起自半球底面，转至外侧面由前下方斜向后上方。在半球的内侧面有顶枕裂从后上方斜向前下方；距状裂由后部向前连顶枕裂、向后达枕极附近。这些沟裂将大脑半球分为五个叶：中央沟以前、外侧裂以上的额叶；外侧裂以下的颞叶；顶枕裂后方的枕叶；外侧裂上方、中央沟与顶枕裂之间的顶叶；深藏在外侧裂里的脑岛。另外，以中央沟为界在中央沟与中央前沟之间为中央前回；中央沟与中央后沟之间为中央后回。大脑的解剖结构如图 2-5所示。

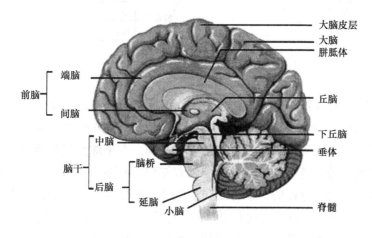

图 2-5　大脑的解剖结构

端脑在胚胎时是神经管头端薄壁的膨起部分，之后发展成大脑两个半球，主要包括大脑皮质、大脑髓质和基底核三个部分。大脑皮质是被覆在端脑表面的灰质，主要由神经元的胞体构成；皮质的深部由神经纤维形成的髓质或白质构成；髓质中又有灰质团块即基底核，纹状体是其中的主要部分。端脑由约 140 亿个细胞构成，重约 1400g；大脑皮层厚度为 2 ~ 3mm，总面积约为 2200cm²。据估计，脑细胞每天要死亡约 10 万个（用脑越少，脑细胞死亡越多）。一个人的脑信息储存的容量相当于 1 万个藏书 1000 万册的图书馆。以前的观点是，即使最善于用脑的人，一生中也仅使用了脑能力的 10%。但现代科学证明这种观点是错误的，人类对自己的脑使用率是 100%，脑中并没有闲置的细胞。人脑中的主要成分是水，约占 80%。大脑虽只占人体体重的 2%，但其耗氧量却达全身耗氧量的 25%，血流量占心脏输出血量的 15%，一天内流经脑的血液约为 2000L。人脑消耗的能量若用电功率表示大约相当于 25W。

人的左脑和右脑由胼胝体连接构成一个完整的统一体。虽然左脑与右脑形状相似，但其功能却大不一样。美国心理生物学家罗杰·沃克特·斯佩里（Roger Wolcott Sperry）博士通过著名的割裂脑实验，证实了大脑不对称性的"左右脑分工理论"（见图 2-6）。他因此荣获 1981 年诺贝尔生理学和医学奖。

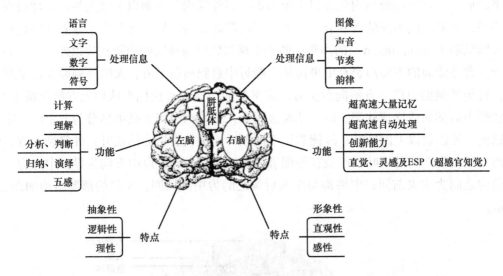

图 2-6　左右脑的分工

正常情况下，大脑是作为一个整体来工作的。来自外界的信息经胼胝体传递，左右两个半球的信息可在瞬间（约 10^{10}Bit/s）进行交流。人的每种活动都是两个半球信息交换和综合的结果。大脑两个半球在机能上分工不同：左半球感受并控制右边的身体，右半球感受并控制左边的身体；左脑主要控制着知识、判断、思考等，与显意识有密切的关系，如进行语言的、分析的、逻辑的和抽象概念的思维等；右脑控制着自律神经与宇宙波动共振等，与潜意识有关，如非语言的、综合的、整体的、直观的和形象的思维等。右脑能将收到的信息以图像方式进行处理，瞬间即可处理完毕，因此能够处理海量的信息（如心算、速读等即为右脑处理信息的表现方式）。懂得活用右脑的人，听音就可以辨色，或者听音浮现图像、闻到味道等，因此右脑也被称为"艺术脑"。左右脑的特点和自然分工的差异，也决定了在处理具体问题时其作用模式的差异。左右脑的功能不是相互割裂的，而是在处理问题的过程中分工协作、各司其职、各尽所能。如在解决设计问题时，左脑分析问题定义，右脑负责综合处理，最终达到左右脑一致，形成对设计问题的答案（见图 2-7）。也有人说左脑是人的"本生脑"，记载着人出生以后的知识，管理的是近期的和即时的信息；右脑则是人的"祖先脑"，储存从古至今人类进化过程中遗传因子的全部信息。例如，很多本人没有经历的事情，一经接触就能熟练掌握，正是这个道理。右脑是潜能激发区，会突然在人类精神生活的深层展现出迹象。右脑也是创造力爆发区，不但有神奇的记忆能力，又有高速处理信息的能力。因此，右脑发达的人会突然爆发出一种幻想、一项创新、一项发明。同时，右脑也是低耗高效工作区，它不需要很多能量就可以高速计算复杂的数学题，高速记忆、高质量记忆，具有过目不忘的本领。研究表明，人的大量情绪行为也被右脑所控制。

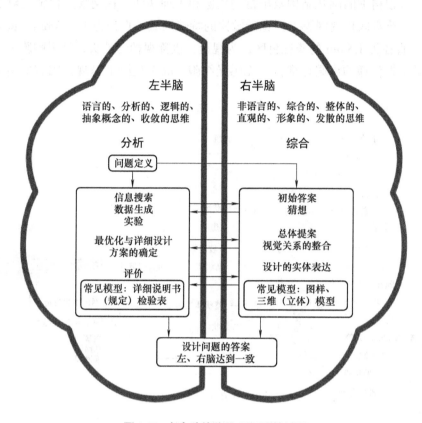

图 2-7　左右脑协作处理问题的过程

　　尽管现代科学证明人类对自己的脑的使用率是 100%，但一般人对脑力有意识地运用却不到 5%，剩余待开发的部分是脑力与潜能表现的关键。由于人体的自然生理属性，以及传统应试教育和"填鸭式"死记硬背的学习方法，在现实生活中，95% 以上的人仅仅能有效使用自己一半的大脑——左脑，而创新思维单凭左脑的逻辑推理是远远不够的。所以，"开发右脑"迫在眉睫。

2.3.2　视觉与眼睛

　　视觉是人类感官中最重要的器官之一，大脑中大约有 80% 的知识和记忆都是通过视觉器官获取的。眼睛是人的视觉器官，由眼球和眼的附属器官组成。眼球的附属器官也叫眼副器，由睫毛、眼睑、结膜、泪器、眼球外肌和眶脂体与眶筋膜所组成。眼球的解剖结构如图 2-8 所示。

1.　眼球壁

　　眼球壁主要分为外、中、内三层。外层由角膜、巩膜组成，又称纤维层膜层。前 1/6 为透明的角膜，其余 5/6 为白色的巩膜，俗称"眼白"。眼球外层起维持眼球形状和保护眼内组织的作用。中层又称葡萄膜、色素膜，具有丰富的色素和血管，包括虹膜、睫状体和脉络膜三部分。内层为视网膜,是一层透明的膜,也是视觉形成的神经信息传递的第一站,具有很精细的网状结构及丰富的代谢和生理功能。视网膜的视轴正对的终点为黄斑中心凹。黄斑区是视网膜上视觉最敏锐的特殊区域,直径为 1 ~ 3mm。黄斑区侧约3mm 处有一直径为 1.5mm 的淡红色区,为视盘,也称视神经乳头,是视网膜上视觉纤维汇集向视觉中枢传递的出眼球部位,无感光细胞,故在视野上呈现为固有的暗区,称生理盲点。

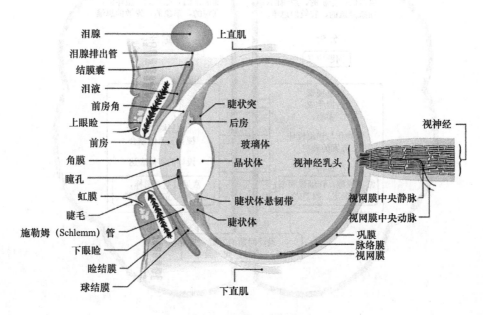

图 2-8　眼球的解剖结构

2. 眼内腔

眼内腔包括前房、后房和玻璃体腔。前房前界为角膜,后界为虹膜和晶体,周边为前房角。中央部位深 2.5 ~ 3.0mm,周边浅。人的眼前房容积约为 0.2mL,后房前界为虹膜,周边为睫状突,后为晶体前囊和悬韧带。房水由睫状突的非色素上皮分泌到后房,流经瞳孔到前房,成人的后房容积约为 0.06mL。玻璃体腔是眼内最大的腔,前界为晶体、悬韧带和睫状体,后界为视网膜、视神经,容积约为 4.5mL。

3. 眼内容物

眼内容物包括房水、晶状体和玻璃体,三者均呈透明状,与角膜一起统称为屈光介质。房水由睫状突产生,有营养角膜、晶体及玻璃体,具有维持眼压的作用;晶状体为富有弹性的透明体,形如双凸透镜,位于虹膜、瞳孔之后、玻璃体之前;玻璃体为透明的胶质体,充满眼球后 4/5 的空腔内,主要成分为水。玻璃体有屈光作用,起着支撑视网膜的作用。

视神经是中枢神经系统的一部分,视网膜所得到的视觉信息,经视神经传送到大脑。通常把从视网膜接受视信息到大脑视皮层形成视觉的整个神经冲动传递的路径称作视路。它从视网膜神经纤维层起,至大脑枕叶皮质纹状区的视觉中枢为止,包括视网膜、视神经、视交叉、视束、外侧膝状体、视放射和枕叶皮质视中枢。人的视觉是由光刺激引起的神经冲动过程，产生视觉过程的生理机制包括折光机制、感光机制、传导机制和中枢机制。首先是光线透过眼的折光系统到达视网膜，并在视网膜上形成物象，引起视网膜中的感光细胞产生神经冲动；然后，当神经冲动沿视神经传导到大脑皮质的视觉中枢时，视觉就产生了。

视觉对光强度的感受性与眼的机能状态、光波的波长、刺激落在网膜上的位置等因素有关。例如，眼睛对暗处适应越久，对光的反应越敏感。一般地，当光刺激离中央凹8°～12°时，视觉有最高的感受性；刺激盲点时，对光完全没有感受性。又如，宇宙中充满电磁波，从波长小于几纳米的宇宙射线到波长达上千米的无线电波，都属电磁波的范畴。在这些波长的范围内，只有很小一部分能产生视觉。试验证明，人类视觉的适宜刺激是波长 380～780nm 的电磁振荡，称作可见光光谱。视觉辨别物体细节的能力称作视敏度（在临床医学上也叫视力）。视敏度与视网膜物象的大小有关，而视网膜物象的大小则取决于视角的大小。所谓视角，就是物体的大小对眼球光心所形成的夹角。影响视敏度的因素较多，如光线落在视网膜的哪个部位、明度、物体背景的对比、眼的适应状态等，都会对视敏度产生影响。按国际视力表计，正常人的视力为 0.8～1.2，有的人可达 1.5 甚至更高。

2.3.3　听觉与耳

听觉（Hearing）是指声源振动引起空气产生疏密波（声波），通过外耳和中耳组成的传音系统传递到内耳，经内耳的环能作用将声波的机械能转变为听觉神经上的神经冲动（生物电信号），后者传送到大脑皮层听觉中枢而产生的主观感觉。

耳是人的重要听觉器官，由外耳、中耳和内耳所组成（见图 2-9）。外耳包括耳郭和外

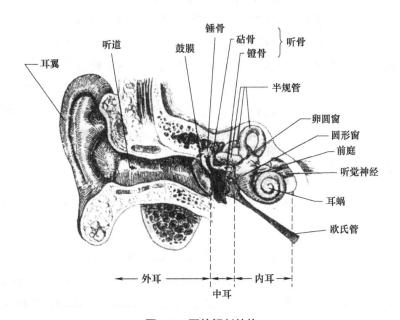

图 2-9　耳的解剖结构

耳道，主要起集声作用；中耳包括鼓膜、听骨链、鼓室、中耳肌、咽鼓管等结构，主要起传声作用；内耳包括前庭、半规管和耳蜗三部分，与身体的平衡和头部的运动感知相关。人的听觉系统的阈值声压大致在 0.00002Pa（帕斯卡），这样的声压使鼓膜振动时位移的幅度约为 0.1nm；人可听到的频率范围在 20 ~ 20000Hz，习惯上把这一范围称作声频。通常，把 20000Hz 以上的频率称作超声，20Hz 以下的频率称作次声。

听觉是人与产品交互的重要途径之一，生活中用声音愉悦用户的例子比比皆是。例如，在玩具设计中大量使用声音元素，令儿童心情愉悦。视听设备传递的音乐本身也令受众身心愉悦，还可以为生活增添浪漫气氛。

2.3.4 触觉与皮肤

触觉（Tactile Sense）是指分布于全身皮肤上的神经细胞接受来自外界的温度、湿度、疼痛、压力、振动等方面的感觉，是接触、滑动、压感等机械刺激的总称。触觉是由压力或牵引力作用于触觉感受器而引起的，是轻微的机械刺激使皮肤浅层感受器兴奋而引起的感觉，是皮肤觉中的一种。

人体神经中的触觉小体又称梅斯诺氏（Meissner）小体，分布在皮肤真皮乳头内，以手指、足趾的掌侧的皮肤居多，其数量随年龄增长而减少。当外界的物体触及它们，它们就会立刻产生化学反应，在细胞体内，一个分子将信号传递给另一个分子，这样传递下去就形成了特定的化学反应链，由此导致了特定的反应动作，进而成为生物感受体表机械接触（接触刺激）的感觉。成人的皮肤表面面积约为 $2m^2$，其中触觉感受器在头面、嘴唇、舌和手指等部位的分布都极为丰富，尤其是手指尖。

人的触觉是有一定阈限的。例如，人所能接受的振动频率范围为 15 ~ 1000Hz，对 200Hz 左右最为敏感；当刺激温度超过 45℃时，会产生热甚至烫的感觉，这是一种复合的感觉，是温觉和痛觉同时产生的结果。影响触觉阈限的因素很多，其中心理因素，如过去经验的暗示、情绪状态、注意等都会对其发生影响。人体对触觉的感受性也是产品设计要考虑的关键因素之一。大部分的产品，尤其是一些手持设备，往往是由人的身体某个部位直接与其接触以完成操作。也正是由于这个缘故，触觉体验较视觉、听觉等其他感觉更加真实、细腻，从金属到塑料、从玻璃到丝绸，不同的材质有着截然不同的触觉体验。

2.3.5 其他感觉

除上述三种感觉之外，人的感觉系统还有嗅觉、味觉、内脏感觉、动觉和平衡觉。

1. 嗅觉

嗅觉（Olfaction）是一种由感官感受的知觉，它由两个感觉系统参与，即嗅神经系统和鼻三叉神经系统。嗅觉感受器位于鼻腔上方的鼻黏膜上，其中包含有支持功能的皮膜细胞（嗅觉上皮）和特化的嗅细胞（嗅球）（见图 2-10）。嗅觉是一种远感，是通过长距离感受化学刺激而产生的感觉。相比之下味觉是一种近感，通常嗅觉和味觉会整合和互相作用。

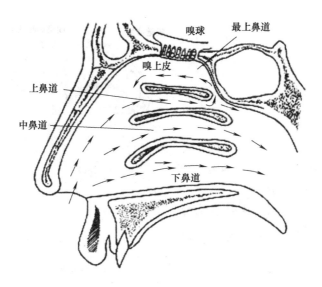

图 2-10 嗅觉感受器

嗅觉阈限受许多因素的影响，作用气味的物质不同，嗅觉的绝对阈限也不同。例如，每公升空气中含 0.00000066mg 的乙硫酸（烂白菜味）就能被嗅到，而四氯化碳（甜味）则需每公升空气中含 4.533mg 才能被嗅到。机体的某些疾病及环境的温湿度、气压等也会对嗅觉感受性产生影响。当几种气味同时作用时，会产生气味的混合，或产生一种新的气味，或原先两种气味相继被嗅到，或一种气味掩盖了其他气味。

2. 味觉

味觉（Taste）是指食物在人的口腔内对味觉器官化学感受系统的刺激而产生的一种感觉。被广泛接受的基本味道有五种，即苦、咸、酸、甜和鲜味，它们都是由食物直接刺激味蕾而产生的。辣味不属于味觉，它是刺激鼻腔和口腔黏膜的一种痛觉。图 2-11 给出了嗅觉和味觉器官及其感知过程。

味觉感受性不是绝对的，它受到多种因素的影响。例如，虽然舌面对甜、酸、苦、咸四种滋味都有感受性，但舌尖对甜味最敏感，舌根对苦味最敏感，舌的两侧对酸味最敏感，而舌的两侧前部则对咸味最敏感。味觉感受性也受食物温度的影响，20 ~ 30℃的食物，味觉感受性最高。此外，味觉的感受性还与机体的需求状态有关，饥饿的人对甜、咸的感受性增高，对酸、苦的感受性降低。

3. 内脏感觉

内脏感觉（Visceral Sensation）在心理学中也叫机体觉，包括饥饿、饱胀和渴的感觉、窒息的感觉、疲劳的感觉、便意、性以及痛的感觉等，是指由内脏的活动作用于脏器壁上的感受器而产生的感觉。这些感受器把内脏的活动传入神经中枢，进而产生相应的感觉。内脏感受器感受人体内环境的变化，按其适宜刺激性质的不同，可分为化学的、机械的、温度的、痛觉的等类型。内脏感觉的性质不确定，缺乏准确的定位。内部器官工作正常时，各种感觉融合成人的一般自我感觉。此外，内部感觉的信号也难以在言语系

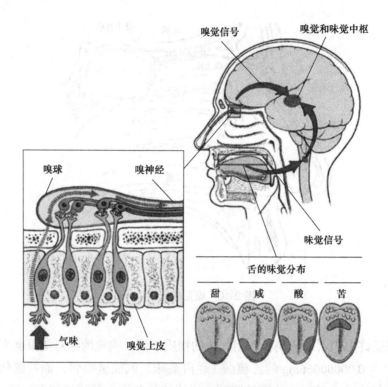

图 2-11　嗅觉和味觉器官及其感知过程

统中反映出来，只有当内脏感觉十分强烈时，它才成为鲜明的、占优势的感觉。通常当内脏器官出了问题生病时，人们很难说清楚到底是哪里不舒服，就是这个原因。

4. 动觉

动觉（Kinesthesia）也称运动感觉，是对身体各部位的位置和运动状况的感觉，是内部感觉的一种重要形态。动觉感受器位于肌肉、肌腱和关节中，肌肉运动、关节角度的变化都会对这些感受器形成刺激。动觉在各种感觉的相互协调中起着重要的作用，人在感知外界事物的过程中几乎都有动觉的反馈信息参与。如果没有动觉和其他感觉的结合，人的知觉能力就不能得到正常的发展。例如，在注视物体时，大脑不仅接受来自视网膜感觉细胞的信息，而且还接受来自眼球肌肉的动觉信息，这是人们看清物体的必要条件；言语器官肌肉的动觉信息同语音听觉和字形视觉相联系，这是言语活动和思维活动的基础。

5. 平衡觉

平衡觉（Equilibrioception）是由人体位置重力方向发生的变化刺激感受器前庭器官而产生的感觉，又称静觉。前庭器官位于人的内耳，包括椭圆囊、球囊和 3 个半规管（见图 2-12）。半规管位于 3 个相互垂直的平面上，是反映身体（或头部）运动的感受器。半规管的感受器是按照惯性规律发生作用的，在加速或旋转时，半规管内的液体（内淋巴）推动感觉纤毛使其产生兴奋，匀速运动则不引起兴奋。椭圆囊和球囊内部有耳石器官，其感受器位于膜质小囊里，由感觉细胞和支持细胞构成。耳石（含有极微小的晶体）位于上述两种细胞之上，在发生直线位移、圆周运动或头部及身体的移动时，晶体的位置会发生变化而引起前庭内感受器的兴奋，从而意识到身体动作的状态。

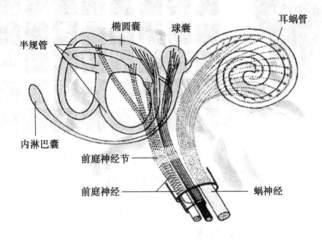

椭圆囊　球囊　耳蜗管

半规管

内淋巴囊

前庭神经节

前庭神经　　　蜗神经

图 2-12　前庭器官

平衡觉反映着头部的运动速率和方向，与视觉、内脏感觉有密切的联系。当前庭器官受到刺激时，仿佛看到视野中的物体在移动，使人头晕，严重时还会引起内脏活动的剧烈变化，导致恶心和呕吐。因此，对从事航空、航海、舞蹈等职业的人，总是要进行平衡觉的检查。

2.3.6　基本感觉现象

人类的感觉并非是机械的、转瞬即逝的。由于生理和心理因素的复合作用，有时会出现超越感觉的状况，这就是感觉现象。感觉现象是一种强迫性心理状态，是对现实生活的一种"先入为主"影响的反应。基本感觉现象有感觉后像、感觉适应、感觉的对比和联觉。

1. 感觉后像

感觉后像（Sensory Afterimage）是指在刺激停止作用后，感觉印象仍暂留一段时间的现象。后像有正、负两类之分，正后像在性质上和原感觉的性质相同，负后像则相反。例如，盯着图 2-13a 中的灯泡看 30s 以上，不要移动目光，然后快速把目光移向任何白色的背景，这时会看到原本黑色的灯泡发光了。这是因为视觉系统对变化的刺激更敏感，当刺激变成白色时，原来注意黑色的细胞反应比其他细胞更强烈，产生更亮的后像。又如，在如图 2-13b 中有多少黑点，你能数得清吗？

2. 感觉适应

感觉适应（Sensory Adaptation）是指对持续的同一刺激所产生的应激性形态使感受器的感受性发生变化的现象。例如，从暗处走到阳光下的亮处，受到阳光刺激，起初几秒钟会什么也看不清。嗅觉、视觉、听觉和味觉都会在适应后感受性降低，而痛觉的适应则较难。人的感觉适应快慢和程度根据感受器的种类会有很大的差异。例如，神经纤

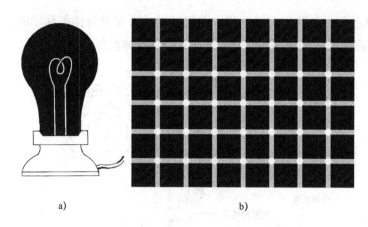

a)　　　　　　　　　　　　b)

图 2-13　感觉后像示例

维具有适应极快的应激性形态；但对感觉神经来说，其适应表现为放电频率的衰减，这个过程要长得多。

3. 感觉的对比

感觉的对比（Sensory Contrast）是指当同一感官受到不同刺激的作用时，其感觉会发生变化的现象。感觉的对比现象可以分为同时对比（Simultaneous Contrast）现象和继时对比（Successive Contrast）现象。前者是指几个刺激物同时作用于同一感受器而产生的对比现象；后者则是指刺激物先后作用于同一感受器而产生的对比现象。图 2-14 所示为两个具有同样灰度值的色块，在黑白两种不同背景中给人的感觉是其亮度不同。颜色、肌理等都会造成对比现象的发生。

4. 联觉

联觉（Synesthesia）是指对一个感官或者感觉区域的刺激会引起另一个感官或者感觉区域的反应，也即各种感觉之间产生相互作用的心理现象。例如，红色看起来觉得温暖，蓝色看起来觉得清凉，听节奏鲜明的音乐的时候会觉得灯光也和音乐节奏一样在闪动等，都是联觉现象的作用。"色 – 听联觉"是较常见的联觉之一。

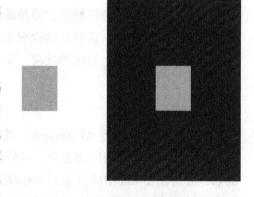

图 2-14　感觉的对比现象

2.4　人类的知觉与心理活动

2.4.1　人类的知觉

知觉是大脑在组织并解释一系列外界客体或事件时所产生的感觉信息的加工过程，

也是直接作用于感觉器官的客观事物在人脑中的综合反映。对客观事物的个别属性的认识是感觉，而对同一事物的各种感觉的综合就形成了对这一对象的整体的认识，即知觉。知觉来源于感觉又高于感觉。知觉可以按照对象的属性，分成社会知觉和物体知觉；也可以按照空间、时间和运动的特性，分为空间知觉、时间知觉、运动知觉、错觉和幻觉；也有学者根据知觉中哪一种感受器的活动占主导地位，把知觉分为视知觉、听知觉、嗅知觉以及视听知觉和触摸知觉。

知觉的特征包括相对性、选择性、整体性、恒常性（Perceptual Constancies）、组织性和意义性。

1. 知觉的相对性

知觉是个体以已有经验为基础对感觉现象做出的主观解释，因此也常被称为知觉经验，而经验往往是相对的。当人们看见一个物体存在时，势必看到物体周围所存在的其他刺激，这些刺激的性质及两者之间的关系就会影响对该物体所获得的知觉经验。例如，德国心理学家赫尔曼·艾宾浩斯（Hermann Ebbinghaus）发现，当一个圆被几个较大的圆包围时，看起来要比被一些较小的圆点包围时小一些（见图2-15）。这也被称作艾宾浩斯错觉（Ebbinghaus Illusion）。

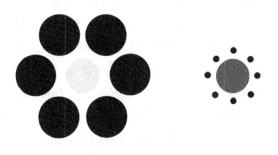

图 2-15　艾宾浩斯错觉

2. 知觉的选择性

通常人在特定的时间内只能感受少量的刺激，而对其他事物只有模糊的反映，这就是常说的注意。被注意的事物称为对象，其他衬托对象的事物称为背景。某事物一旦被选为知觉对象，就好像立即从背景中突显出来，被认识得更鲜明、更清晰，这就是知觉的选择性。图2-16所示为荷兰木雕艺术家莫里茨·埃舍尔（Maurits Cornelis Escher）于

图 2-16　木刻画《黎明与黄昏》

1938 年创作的一幅木刻画《黎明与黄昏》：假如先从画面的左侧看起，会觉得那是一群黑鸟离巢的黎明景象；假如先从画面的右侧看起，就会觉得那是一群白鸟归林的黄昏；假如从画面中间看起，就会获得既是黑鸟又是白鸟，也可能获得忽而黑鸟忽而白鸟的知觉经验，明显受到了选择性的影响。

影响知觉选择性的因素有很多，如客观刺激的变化、对比、位置、运动、大小、强度、反复等，还受个体经验、情绪、动机、兴趣、需要等主观因素的影响。

3. 知觉的整体性

由于知觉是由对象不同属性的许多部分组成的，人们习惯于依据以往的经验把所感知到的现象解释成（组成）一个整体，这就是知觉的整体性（或完整性）。知觉的整体性纯粹是一种心理现象，有时即使引起知觉的刺激是零散的，所得到的知觉经验仍然是整体的。如图 2-17 中的立方体实际上并没有轮廓，可是在知觉经验上它却是边缘清晰、轮廓明确的图形。像这种刺激本身无轮廓，而在知觉经验上却显示"无中生有"的轮廓，通常被称为主观轮廓（Subjective Contour）。这种奇妙的知觉现象常被艺术家应用在绘画和美工视觉设计上，使不完整的知觉刺激形成完整的美学感受。

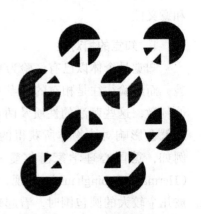

图 2-17　知觉的整体性

4. 知觉的恒常性

当从不同的角度、不同的距离、不同明暗度的情境之下观察某一熟知的物体时，虽然该物体的物理特征（大小、形状、亮度或颜色）因受环境影响而在视觉上有所改变，但人们对物体特征所获得的知觉经验却倾向于保持其原样不变的心理作用，称为知觉的恒常性。同样大小对象，在不同的背景中给人造成大小不同的"错觉"，称为"恒常性错觉"。如图 2-18 中上面两幅图，在白色背景下人们倾向于把对象解释为一样大小；但在下面两幅图中，由于背景带来的对比，使人们依据经验判断对象大小时出现了偏差，对象被理解成大小不同（与深度相关）。这就形成了恒常性错觉。

5. 知觉的组织性

在把感觉信息转化为心理性的知觉经验时，往往需要经过一番主观的选择处理，这一过程通常是有组织性的、系统的、符合逻辑而不是紊乱的。在心理学中，这种由感觉转化到知觉的选择处理过程被称为知觉组织（Perceptual Organization）。心理学中的格式塔理论（Gestalt Theory）认为，知觉组织法则主要有四种，即相似法则、接近法则、闭合法则和连续法则。这些在后面的章节里将详细叙述，此处从略。

6. 知觉的意义性

人在感知某一事物时，总是依据既往的经验，力图合理地去解释它究竟是什么（通常是有意义的解释），这就是知觉的理解性，也称知觉的意义性。人们早先的经验常常会对其所从事的活动产生影响，当这种影响发生在知觉过程中时，产生的就是知觉定势（Perceptual Set）。如图 2-19 所示，常识经验让人们第一眼就认为画中描绘的是山涧溪流，因为这种解释才符合经验和常理，才有意义。但仔细辨别就会发现，图中的白色不是溪流，而是穿着白衣的修士。由于人们的知识经验、需要和期望存在差异，对同一知觉对象的理解往往也不尽相同。知觉主体的需要、情绪、态度和价值观念等也会产生定势作用。例如，人在情绪非常愉快时，对周围的事物也会产生美好的知觉倾向。此外，由于对事物的理解是通过知觉过程中的思维活动达到的，而思维又与语言有密切的关联，因此，语言的指导能使人对知觉对象的理解更迅速、更全面。

图 2-18　恒常性错觉

图 2-19　知觉的意义性

知觉的上述特性常常被应用于设计或艺术创作中，以强化对象的知觉体验。

2.4.2　人类的心理活动

人类的心理活动是大脑对客观世界的反映过程。心理活动与大脑的高级神经活动是脑内同一生理过程的不同方面，从兴奋与抑制相互作用而构成的生理过程来看，它是高级神经活动；从神经生理过程所产生的映像及所概括事物的因果联系和意义来看，它属于心理活动；从信息加工的观点来看，它则是通过大脑的神经生理过程而进行信息的摄取、储存、编码和提取的活动。

普通心理学认为，任何人的心理都可以分为既有区别又互相紧密联系的两个方面，即心理过程（Psychical Process）和个性心理（Individual Mind）。

1. 心理过程

心理过程分为认知过程、情感过程和意志过程，如图 2-20 所示。

（1）认知过程　认知过程是指人认识客观事物的过程，即对信息进行加工处理的过程，是人由表及里、由现象到本质地反映客观事物特征与内在联系的心理活动。它由人的感觉、知觉、记忆、思维和想象等认知要素组成。注意是伴随着心理活动的心理特征。

（2）情感过程　情感是人们对客观世界的感受与体验，或是对外界刺激的肯定或否定。情感中的"情"字，有情怀、情意的含义；"感"字有感觉、感知的含义。情感分为正性情感（如高兴、

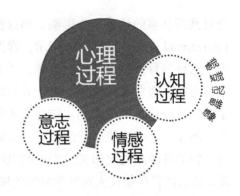

图 2-20　心理过程

欢快等）和负性情感（如悲伤、焦虑等）两种类型。心理学研究中以"情感"一词作为术语来表述人的感情性的感受与经历。情感过程是心理过程的一个重要内容，也是人区别于动物的一个重要标志。根据情感色彩的程度，情感过程还可分为情绪、情感和情操三个层次。

情绪是对一系列主观认知经验的通称，是多种感觉、思想和行为综合产生的心理和生理状态。在行为过程中，态度中的情感和情绪的区别在于：情感是指对行为目标目的的生理评价反应；而情绪则是指对行为过程的生理评价反应。在个体发展中，一般情绪反应出现在先，情感体验发生在后。通常，情绪和情感两个词可以通用。现代心理学研究认为，情绪的产生是由环境事件（刺激因素）、生理状态（生理因素）和认知过程（认知因素）三个条件所制约的，其中认知过程是决定情绪性质的关键。加拿大认知与生理心理学家玛格达·阿诺德（Magda B. Arnold）于 20 世纪 50 年代提出了情绪的认知 – 评估（或评定 – 兴奋）理论（Cognitive-appraisal Theory），认为刺激并不直接决定情绪的性质，从刺激出现到情绪的产生，要经过对刺激的估量和评价；同一刺激因素，由于对它的评估不同，会产生不同的情绪反应，进而出现不同的感受——情感（见图 2-21）。对情感与情绪更深入的讨论，请参阅本书第 8 章"情感化设计"的相关内容，此处从略。

（3）意志过程（Willed Process）　意志过程是指人在自己的活动中设置一定的目标，按计划不断地克服内部和外部困难，并力求实现目标的心理过程，也是人的内在意识向外部行动转化的过程。意志包括感性意志与理性意志两个方面。前者是指人用以承受感性刺激的意志，它反映了人在实践活动中对感性刺激的克制和兴奋能力，如体力劳动需要克服机体在肌肉疼痛、呼吸困难、血管扩张、神经紧张等感性方面的困难与障碍；后者是指人用以承受理性刺激的意志，它反映了人在实践活动中对第二信号系统刺激的克制和兴

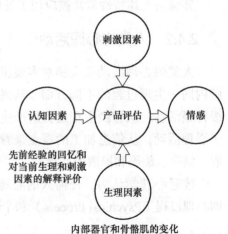

图 2-21　情感的产生过程

奋能力，如脑力劳动需要克服大脑皮层在接收第二信号系统的刺激时所产生的思维迷惑、精神压力、情绪波动、信仰失落等理性方面的困难与障碍。意志过程包括两个阶段，即决定阶段和执行阶段。前者是意志行动的准备阶段，在这一阶段，首先要解决动机斗争的问题，然后确定行动的目的和选择达到目的的方法；后者则是指将行动计划付诸实现的过程，在执行阶段，意志的品质表现为坚定地执行既定的行动计划，努力克服主观和客观上遇到的各种困难。如果在执行原定计划时遇到障碍就半途而废，这是意志薄弱的表现。

2. 个性心理

个性心理是在完成一般心理过程后发展起来的、带有个人特点的心理现象。没有一般心理过程的发生和发展，就不可能有个性心理的发生和发展。个性心理主要包含两个方面的内容，即个性倾向性与个性特征，前者包括需求、动机、兴趣、理想、信念、世界观，后者包括能力、气质（心理学中的气质指脾气、秉性或性情）、性格等（见图 2-22）。

（1）需求（Needs） 需求是对有机体内的匮乏或者失衡进行补充与满足的心理趋向，是保持体内物质相对平衡、维持生存的行为。美国人本主义心理学家亚伯拉罕·马斯洛的需求层次理论将人类的需求分为七个层次，即生理需求、安全需求、归属与爱的需求、尊重需求、认知需求、审美需求和自我实现需求，可以归纳为基本需求和成长需求两大类（见图 2-23）。基本需求通过外部条件就可以满足；成长需求只有通过内部因素才能满足，一个人对尊重和自我实现的需求是无止境的。当某一层次的需求满足后，就不再是激励的力量，后面更高层次的需求才显示出其激励作用；而且随着需求层次的上升，人们对文化和文化氛围内涵的要求也会越来越高。

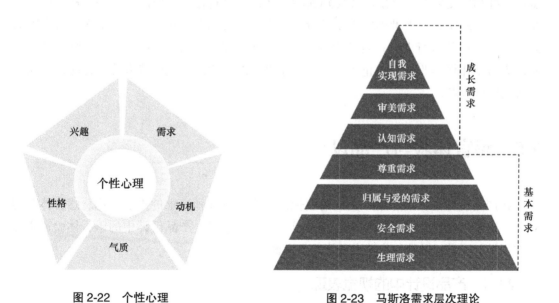

图 2-22　个性心理　　　　　　图 2-23　马斯洛需求层次理论

（2）动机（Motivation） 动机是指激发、指引、维持心理活动和意志行为活动的内在动力或主观因素。动机是一种内部刺激，是个人行为的直接原因；动机为个人行为提出目标；动机为个人行为提供动力，以达到体内平衡；动机使个人明确其行为的意义。动机的产生主要有两个原因：一个是需求，另一个是刺激。人的需求产生的内在动力和外界刺激能促使人去克服困难、实现目标。

（3）兴趣（Interests） 兴趣是人在研究事物或者从事活动时产生的心理倾向，是激励人认识事物与探索真理的一种动机，也是一种肯定的情绪。一方面，兴趣会对人的认识和活动产生积极的影响，但不一定总是有利于提高工作的质量和效果；另一方面，兴趣具有社会制约性，即人所处的历史条件不同、社会环境不同，其兴趣也会反映出不同的特点。兴趣具有倾向性、广泛性、稳定性和成就性等特征，对一个人个性的形成和发展、个人的生活和行为都有极大的影响。

（4）气质（Temperament） 气质是指在人的心理活动中，知觉、思维、情绪及意志等心理过程的强弱、快慢和均衡等稳定的动力特征，以及心理活动对客观或者主观世界的倾向性。人的气质差异是先天形成的，它受神经系统活动过程的特性所制约，与平时说的"脾气"相似。气质在社会上所表现的是一个人从内到外的人格魅力，是内在魅力的升华，具有持久性。

（5）性格（Character） 性格是表现在人对现实的态度和相应的行为方式中的比较稳定的、具有核心意义的个性心理特征。"性格"一词来源于希腊文 χαρακτήρα，意为"记号、特征"。性格是由使个体的行为具有一贯性并决定其行为的心理特性所构成的，它对人的行为具有定向和推动作用。在空间结构上，性格要素包含行为、形体、情感、精神、认知、目的、历史、未来、多面和多变等基本层面；从时间上来看，性格可概括为行为关系、形体特征、情感态度、精神气质、认知能力、目的计划、历史经验、未来理想、多面多维和多变多态等类别。各类别随时间变迁互有转化，进而产生新的性格。性格反映着个体对现实和周围世界的态度及行为举止，主要体现在对自己、对他人、对事物的态度和所采取的言行上。在日常生活中，通常所说的个性就是指一个人的性格。例如，有的人对工作恪尽职守、举止大方、乐观豪爽、严于律己、宽以待人等，这些都反映了个人的性格特点。

2.5 感官体验与产品设计

在产品设计中，增加用户交互的愉悦性一直是设计师追求的重要目标。感官体验的转移、感觉的丰富化等，都是产品获得成功的极好途径。产品设计中的感官体验通常体现在视觉、听觉、触觉和味觉表现等几个方面。

2.5.1 产品设计中的视觉表现

产品设计中的视觉表现主要是通过造型和色彩来传递的，这是因为从眼睛的生理特性来看，人对形式和色彩有着特别突出的知觉。

1. 产品造型

形态是产品给予用户的首要信息，也是产品传递情感的重要媒介。点、线、面、块、体这些自然的单元与要赋予的产品性格组合在一起，来表达它的情感：尖锐或柔和、粗糙或圆滑、有意或随机、简单或复杂、单一或多样化、新奇或中规中矩，只要能引起人们的某种共鸣，就能够带来相应的体验。例如，德国大众甲壳虫（The Beetle）可说是汽车设计中的经典（见图2-24）。从1934年第一辆甲壳虫问世到现在，其发展过程充满了传奇色彩。独特的产品视觉表现传达了人们对美好生活的向往，无论哪个年代的用户都会对甲壳虫一见倾心，似乎时间的力量在这款车上并不起作用。

2. 产品色彩

色彩作为一种有着自己性格的感性元素，可以起到突出造型、明确产品特征的作用，也能唤起人们的各种情绪。当代美国视觉艺术心理学者卡洛琳·布鲁默（Carolyn M. Bloomer）说过："色彩能唤起各种情绪、表达感情，甚至影响我们正常的生理感受。"例如，像冰箱、空调等产品多采用单一的乳白色，一方面是冰箱制冷功能的外化表现，另一方面使家电的色彩与室内装饰的色彩相协调一致，让人产生洁净、明快的感觉（见图2-25）。

图 2-24　德国大众甲壳虫

图 2-25　西门子冰箱的色彩设计

2.5.2　产品设计中的听觉表现

听觉是人获取信息的主要感官通道之一。在产品设计中加入听觉设计，可以丰富消费者对产品整体的感受，增加其体验的层次感。有时在视觉反馈不方便或喧闹嘈杂的环境中，听觉反馈更能引起人们的注意。例如，瑞士KABA公司生产的锁芯（见图2-26）发出的清脆利落的"咔嗒"声，总能给予人安心防

图 2-26　瑞士 KABA 公司极富金属质感的锁芯

护的感觉。在生产中，也常用警示提示音来告诉操作者任务执行的状态、操作是否具有
危险性等。宝马汽车的声学工程师孜孜以求独特的发动机声音，几乎成了宝马品牌的标
志音。

2.5.3 产品设计中的触觉表现

触觉是通过接触才能感受到的一种感觉，具有层次感强、细腻的特点。产品设计中
通过材质的选择，可以传递触觉带来的体验价值和人文关怀。表面肌理的处理和材料的
选择是改变产品触感、给人带来不同触觉感
受的有效途径。

在互联网交互设计中，人们已经发明了
力反馈手套（见图2-27）等技术装置，通过
触觉反馈使互联网产品变得不再那么缥缈和
遥不可及。用户不仅能看见产品的内容，还
能通过触觉来感受，获得更深的沉浸感。现
在越来越多的产品已经开始使用触觉通道，
这对人机交互将产生深远的影响，给人们带
来更新、更精彩的体验。

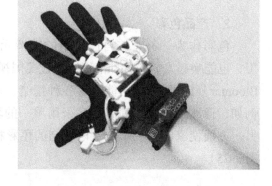

图 2-27　力反馈（数据）手套

2.5.4 产品设计中的味觉表现

味觉给人带来的感觉是独特的，它是靠
人的嗅觉来感受的。研究发现，嗅觉给人带
来的印象是在记忆中保存的时间最久的。一
种气味能唤起人们藏在记忆深处的情感，或
勾起对青涩的童年、慈爱的祖母的回忆，或
是对曾经的一段温馨、甜蜜爱情的回味。虽
然不是所有的产品都会散发出香味，但是如
果能将香味融入体验设计中，那么会为产品
增添不少乐趣。图2-28所示为一款带花生香
味的橡皮擦的设计，不仅花生的形象逼真可
爱，同时还带有花生的香味，令人爱不释手，
赢得了小朋友的喜爱。

图 2-28　带花生香味的橡皮擦

随着科技的发展，嗅觉反馈也变得不再神秘。它也许将成为继触觉反馈后，改善感
官体验、增加产品竞争力的又一"秘密武器"。同时，这也意味着用户享受到全感官体验
的那一天指日可待。

1．试述人的生理尺度对产品设计影响。

2．什么是感觉？试述感觉的生理机制与作用原理。

3．什么是知觉？试述知觉的生理机制与作用原理。

4．试述人的知觉对感觉信号的组织和解释的过程。

5．试述知觉的对象与背景的关系及其对运动知觉的影响，并分析对象和背景的相互关系为人们提供的物体运动信息的种类，举出实例。

6．试调研现有3D立体画有几种成画技术，分析其成画原理，并应用所了解的技术画一幅立体画。

7．有人说苹果iPad"卖的就是体验"，请谈谈你的看法。

8．试举例说明用户认知事物的模型是如何影响用户体验的。

9．试分析智能手机类产品的用户体验设计中主要考虑的与人相关的因素。

第 3 章　产品因素

任何产品都有其核心功能，如节省时间、解决问题、提升效率等。同时，产品的扩展功能，如售后服务、产品三包等与产品配套的其他价值，更能带给用户惊喜。用户出于某种需要对产品的功能进行考察，通过与产品的交互形成判断……在这些过程中，既有感官方面的因素，也有交互的审美、意义和情感体验，以及产品属性、功效特点和环境的影响，其共同作用形成了用户的感受，决定着用户最终的购买决策。

3.1　产品的层次结构

产品对用户的价值是产品得以存在的前提，也是一切商业行为的基础，尽管一些产品的价值不是以其实用性为代价的（如卡洛曼设计的咖啡壶虽不实用，但却有收藏价值）。如果产品不能满足某种需求，用户就不会使用它，那么这个产品就失去了存在的意义，围绕这个产品的所有盈利方式也就无从谈起。

3.1.1　产品的概念

产品是指能够向市场提供的，引起注意、被用户获取、使用或者消费，以满足其欲望或需求的任何东西。它是"一组将输入转化为输出的、相互关联或相互作用的活动"的结果，即"过程"的结果。在工业领域，产品通常也可被理解为组织制造的任何制品或制品的组合。在《现代汉语词典》中，产品的解释为"生产出来的物品"，这也是产品的狭义概念；而广义概念的产品则是指任何可以满足人们需求的载体。

产品可依据其物质属性分为有形的产品（如物质产品）和无形的产品（非物质产品，如软件、服务、组织、观念、品牌或它们的组合），如图 3-1 所示；也可以按其需求和功能的属性划分为更为详细的类别，如图 3-2 所示。产品功能是对某一产品特定工作能力的抽象化描述，是产品价值的内在表现。"功能"是某一系统或装置（也称技术系统）所具有的转化能量、运动或其他物理量的特性，它反映了技术系统输入量和输出量之间的因果关系。例如，一台电动机的功能是将电能转变为旋转运动的动能。

产品概念也是企业想要注入消费者头脑中的、关于产品的一种主观意念，它是用消费者的语言来表达的产品构想。产品概念可通过四个步骤来建立：消费者洞察，从用户的角度提出其内心关注的问题；利益承诺，说明产品能给消费者带来哪些好处；支持点，

Aeron人体工学椅

Windows 8操作系统

图 3-1 物质产品和非物质产品示例

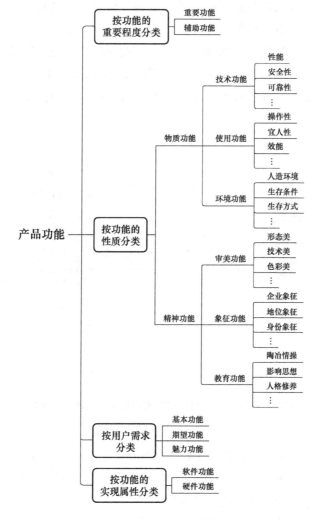

图 3-2 产品功能分类示例

解释产品有哪些特点,是怎样解决消费者洞察中所提出的问题的;总结,用概括的语言(如一句话)将上述三点的精髓表达出来。产品概念要求对产品的介绍简洁、清楚,有足够的吸引力。

设计赋予了产品意义与价值，这也是产品最重要的特点。产品价值是产品概念的核心和交互发生的前提，也是一切商业行为的基础。

3.1.2 产品的层次

著名的美国市场营销专家菲利普·科特勒（Philip Kotler）在其1988年出版的《营销管理：分析、计划、执行与控制》著作中提出了产品的三层结构理论。他认为任何一种产品都可划分为三个层次：核心利益（Core Benefit），也称核心产品，即使用价值、效用或功能，是顾客需求的中心内容；有形产品（Form Product），也称形式产品，是产品的实体性属性，通常表现为质量、品牌、款式、包装、特色等；附加产品（Extra Product），也称延伸产品，是指伴随产品而提供的附加服务，包括售前和售后服务。科特勒认为这三个层次是相互联系的有机整体。在《营销管理：分析、计划、执行与控制》1994年的修订版中，科特勒将产品概念的内涵由三层次结构说扩展为五层次结构说，包括核心利益（产品）、一般产品（Generic Product）、期望产品（Expected Product）、延伸（扩大）产品（Augmented Product）和潜在产品（Potential Product）。图3-3所示为这两种概念的定义及其关联。

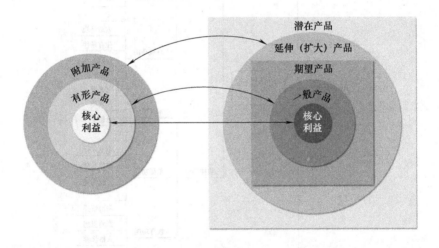

图3-3　产品三层次结构说与五层次结构说的内涵与关联

（1）核心利益（产品）　它是产品概念最基本的层次，为顾客提供最基本的效用和利益，与三层次结构中的核心利益一样。每一种产品本质上都是为解决某种问题而提供的服务，如电冰箱的核心利益是指它的制冷功能。

（2）一般（形式）产品　它相当于三层次结构中的有形产品，是产品对某一需求的特定满足形式。它由五个特征构成，即品质、式样、特征、商标及包装。即便是纯粹的服务也具有类似的形式上的特点，如电冰箱的形式产品不是制冷功能，而是顾客在购买时还要考虑的品质、外观造型、颜色、品牌等因素。外观是一般产品的重要属性之一。美国学者玛丽埃尔·克雷伊森（Marielle E. H. Creusen）和简·舒曼斯（Jan P. L.

Schoormans）从文献研究中归纳出产品外观所扮演的六个角色，即传达美感、象征、功能、人因信息、吸引注意和类型区分。

（3）期望产品　它是顾客在购买产品时所期望得到的、默认与产品密切相关的一整套属性和条件。它可以是对产品质量水准的要求，也可以是对延伸产品的要求。一般来说，这类期望值相对较低，大多数都能得到满足，所以通常不会引起顾客特别的消费偏好。在顾客看来期望产品是默认的、理所应当的产品属性，因此获得的满足感是有限的。

（4）延伸（扩大）产品　它是指顾客购买形式产品和期望产品时附带获得的各种利益的总和，包括产品说明书、三包承诺、安装、维修、送货、技术培训等，与三层次结构中的附加产品相对应。例如，在购买产品时发现还有价格折扣、礼品包装和礼遇服务等，都属于延伸（扩大）产品的范畴。很多企业的成功在一定程度上应归功于它们更好地认识到服务在产品概念中的重要性，为顾客提供了良好的售后服务。顾客在寻求和选购产品时，一旦发现产品具有超出其自身期望的附加利益，往往会感受到额外的惊喜，带来良好的体验。

（5）潜在产品　它是指现有产品包括所有附加产品在内的、可能发展成为未来最终产品的潜在状态的产品，主要是产品的一种增值服务。在购买并使用产品的过程中，有时会发现购销双方未曾发现的效用和价值，如由产品美学价值带来的潜在的、长期的增值等，都属于潜在产品。潜在产品指出了现有产品可能的演变趋势和前景，有助于长期良好体验的建立。

三层次结构说是对产品的静态描述，侧重于生产者对产品的主导作用，注重核心利益、形式产品和附加产品的分析，但缺乏面向市场和顾客的经营意识，忽视了顾客对产品需求和选购的根本决定权，因而也不可能得出对产品的动态解释。五层次结构说从全新的角度分析产品，强调顾客选购和使用对产品的决定性，具有面向市场和顾客的意识。它从产品的使用和消费过程进行分析，揭示了效用构成和价值实现的动态性，认为产品价值和效用的形成是生产者和顾客双向互动的结果，并非唯一由企业按其独立意志制造的，还必须同时考虑顾客需求的核心利益和延伸（扩大）产品。

有学者依据科特勒产品的五层次结构说构建了产品采购和消费过程中顾客让渡价值（即顾客所得）的计量模型（见图 3-4），即产品购买和消费过程中的顾客让渡价值（CDV）等于顾客总价值（CTV）减去顾客总成本（CTC）：

$$CDV=CTV-CTC \qquad (3-1)$$

其中，顾客总价值（CTV）是产品市场价值（PdV）、产品服务价值（SV）、人员服务价值（PsV）和产品形象价值（IV）的函数：

$$CTV = f(PdV, SV, PsV, IV) \qquad (3-2)$$

产品的效用和消费价值是五个层次相互作用的结果，实践中可结合价值–成本理论对产品的购买效用和消费价值进行分析，以得到更深刻的理解。

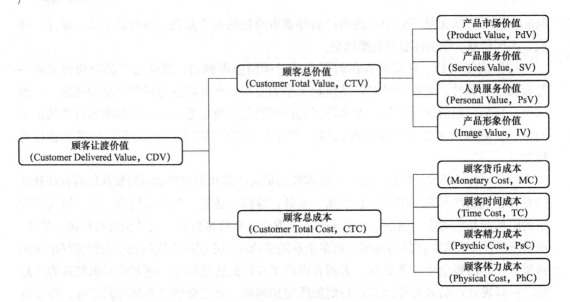

图 3-4　产品顾客让渡价值计量模型

3.2　产品的交互性

　　产品的交互性是指人与产品在交互过程中所体现的与体验相关的特性，是用户对产品使用体验的重要表征之一。

　　产品的交互性是影响产品体验的关键因素，互动则是人对产品体验产生的前提。它通常包括：器械互动，是指针对产品功能的物理互动，如使用、操作或管理产品等；非器械互动，是指不直接针对产品功能的物理互动，如把玩、爱抚产品等；非物理互动，是指对产品用法的想象、记忆和预期等，如人们可以设想、预期或幻想与产品互动可能的后果。预期的后果不仅可以产生情感体验，而且也是产品体验的重要来源之一。

　　图 3-5 所示为人 – 产品交互模型。人类在生物学上装备了许多独立于环境和社会背景的系统，这使得其与环境交互成为可能，如作用于环境的运动系统、感知环境变化的感觉系统以及知觉和计划行动的认知系统等。站在用户的角度，产品也可看作是环境的一部分。人的运动系统可用来探究产品、与之交互并操作产品；知觉系统可让人理解产品、评估产品的类别，并为其行为提供反馈，此外还能"告诉"一个人某种感觉（视觉、听觉、触觉、嗅觉或味觉）是否令人愉快或者应予以避免；认知系统能将感知的信息与记忆的知识联系起来，解释输入信息，唤起对以前用法的记忆，并激发与其他产品的联想。通过与环境的交互，人的这些能力逐步发展成技能、专长和关注点（如目标、意图和偏好），而这也只能在与外在世界的关系中才能得以定义。

　　产品在与人的交互中才获得了它们的意义。例如，人对产品的知觉感知（如柔软度、清新度、音量），揭示了产品如何使用的线索及其功能。只有对产品的性能感兴趣的人才

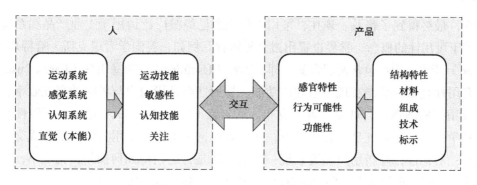

图 3-5 人 – 产品交互模型

会去感知它，因其满足了某种程度的需要；而且只有当与人发生关联时，人们才能确定一个产品允许的行为方式及其主要和次要功能都是什么。影响产品交互性的因素有很多，包括人、交互和产品（环境），大到物质与非物质环境，小到产品功能、设计、材质、制造工艺等。其中，可用性（Usability）与可接受性（Acceptability）无疑是影响最为显著的两个指标，而可用性也是可接受性的一个重要属性参数。

3.2.1 产品的可用性

可用性是指在某个考察时段，系统能够正常运行的概率或时间占有率的期望值。考察时间为指定瞬间时，称瞬时可用性；考察时间为指定时段时，称时段可用性；考察时间为连续使用期间的任一时刻时，则称固有可用性。

可用性是用来衡量产品质量的重要指标，它从用户的角度来判断产品的有效性、易学性、记忆性、使用效率、容错程度和令人满意的程度，是对产品可用程度的总体评价，也是交互设计的基本指标。国际标准化组织（International Organization for Standardization，ISO）对可用性的定义（ISO 9241-11：2018《办公用视觉显示终端（VDTs）的人类工效学要求 第Ⅱ部分：可用性指南》）是"特定用户在特定的使用背景下，使用某个产品达到特定目标的有效性、效率和满意度的大小"。我国国家标准 GB/T 2900.99—2016《电工术语 可用性》中将可用性定义为"（产品）处于按要求执行状态的能力"。可用性取决于产品可靠性、恢复性、维修性的综合特性，有时还包括维修保障性，是这些要素的综合反映。可用性不仅涉及界面的设计，也涉及整个系统的技术水平。它是通过人的因素反映的，是通过用户执行各种任务去评价的。评价可用性时，不仅必须考虑环境、时间因素，而且也要考虑非正常操作的情况，如用户疲劳、注意力分散、紧急任务及多任务等。

"可用性"一词第一次以近似现代含义的出现，是在 1842 年左右出版的《布莱克威尔杂志》（*Blackwell's-Magazine*）中。学界系统地开展可用性的研究可以追溯到第二次世界大战时的美国陆军航空队，当时的主要目的是改善复杂武器系统对人的适应性。之后，可用性这一概念逐渐被工业界所接受。经过 20 世纪八九十年代大约 20 年的发展，专业术语经历了从"功能性"到"可用性""可用性工程"，再到"以用户为中心的设计"

的转变，最终得到了普及。现在，可用性的概念已经被广泛运用于工业产品和系统的设计。关于可用性的概念，学界也提出过多种解释。例如，美国学者瑞克斯·哈特森（Rex Hartson）指出可用性包含两层含义，即有用性（Usefulness）和易用性（Ease of use）。其中，有用性是指产品能实现一系列的功能；易用性则是指用户与界面的交互效率、易学性以及用户的满意度。丹麦学者雅克布·尼尔森（Jakob Nielsen）指出，可用性要素包括：易学性，是指系统是否容易学习；交互效率，是指用户使用具体系统完成交互任务的效率；易记性，是指用户搁置系统一段时间后是否还记得如何操作；错误率，是指用户操作时错误出现的频率；用户满意度，是指用户期望被满足的程度。

生活中，好的产品可用性常被表达为"对用户友好""直观""容易使用""不需要长期培训""不费脑子"等。在设计实践中，对可用性的把握要在理解其核心思想的基础上，具体问题具体分析，灵活运用。例如，可用性设计是网站设计中最重要也是难度最大的一项任务，它是关于人如何理解和使用产品的，与编程技术没有关系。在史蒂夫·克鲁格（Steve Krug）的《点石成金：访客至上的网页设计秘籍》（*Don't Make Me Think*）一书中，对网页设计可用性进行了深入探讨；尼尔森也提出了网页设计十大可用性指标，并广为网站设计师所接受。尽管二者都是网页可用性设计的经典，但由于侧重点的差异，二者在具体实现细节上也不尽相同。尼尔森提出的网站设计十大可用性原则包含以下内容：

原则一：状态可见原则。用户在网页上进行单击、滚动或是按下键盘等操作时，页面都应即时给出反馈。这里，"即时"是指页面响应时间应小于用户能忍受的等待时间。

原则二：环境贴切原则。网页的一切表现和表述，应该尽可能贴近用户所处的环境（年龄、学历、文化、时代背景）、易于理解，不要随意发明语言，界面元素要直观化。

原则三：撤销重做原则。网页应提供撤销和重做（Re-do）的功能。

原则四：一致性原则。同一用语、功能、操作应保持一致；同样的语言、情景，其操作应该出现同样的结果。

原则五：防错原则。通过页面的设计、重组或其他方式防止用户出错。比出现错误信息提示更好的是更用心的设计，从根本上防止错误的发生。

原则六：易取原则。尽量减少用户对操作目标的记忆负担，动作和选项都应该是可见的，即把需要记忆的内容摆上前台。

原则七：灵活高效原则。要牢记中级用户的数量远多于初级和高级用户数。为大多数用户设计，不要低估，更不可轻视用户，应使用户交互保持灵活高效。

原则八：易扫原则。用户浏览互联网网页的动作不是读也不是看，而是扫（扫视）。易扫，意味着要突出重点，弱化和剔除无关信息。

原则九：容错原则。错误信息应该用通俗易懂的语言表达，不仅要能准确地反映问题所在，还要提出建设性的解决方案。应尽量避免用"错误404"这样的信息作为某些页面打不开的提示，因为这很容易让用户感到迷惑。

原则十：人性化帮助原则。理想的情况是尽量不使用系统文档，但提供帮助有时也是必需的。所有信息都应该容易找到，使用户能专注于任务。良好的界面设计要让用户知道具体的操作步骤。例如，好的提示方式应是无须提示、一次性提示、常驻提示，然后才是帮助文档。

尽管尼尔森的网页设计十大可用性原则为网站设计师提供了基本指引，但在使用中也发现其存在"粗线条"的特点，因为对一个优秀的网站来说，可用性设计需要考虑的因素远远不止这十个方面。例如，随着 HTML5、虚拟现实（VR）等技术的成熟，网站的形式必然会出现新的变化，可用性设计也一定会面临更多的挑战，有更新的内涵。

3.2.2 产品的可接受性

可接受性是指设计应该适合不同能力的人使用，而无须特别改动或修改。可接受性设计也称无障碍设计或通用设计，它有四个特征，即可识别性、可操作性、简单性和包容性。

与可用性相比，产品的可接受性是一个更为广泛的概念，是有关产品或系统是否足够优良、能否达到满足用户及其他可能的相关方（如客户经理等）的所有需要和需求的程度。尼尔森进一步把可接受性划分为社会可接受性（Social Acceptability）和实际可接受性（Practical Acceptability），并提出了可接受性的属性模型（见图 3-6）。产品的社会可接受性是一个大的前提，它决定了产品是否有意义，而实际可接受性则包括成本、兼容性、可靠性以及有用性等属性；有用性又进一步分为实用性和可用性。这里，实用性是指产品的功能在原理上是否可行。

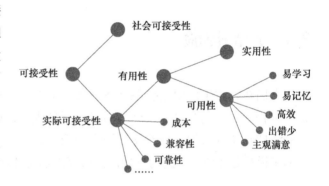

图 3-6　可接受性的属性模型

用户可接受性测试（User Acceptance Test，UAT）常用来检验用户对产品的接受程度，通常也是产品的交付 / 验收测试。一个软件的可接受性测试通常包括以下步骤（见图 3-7）。

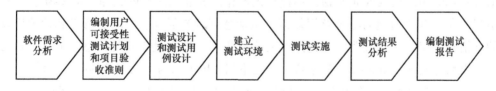

图 3-7　可接受性测试流程

1）软件需求分析。了解软件功能和性能及软硬件环境要求，特别要了解软件的质量和验收要求。

2）编制用户可接受性测试计划和项目验收准则。根据软件需求和验收要求编制测试计划，制定需测试的测试项、测试策略及验收准则，并经过客户参与的计划评审。

3）测试设计和测试用例设计。根据用户可接受性测试计划和项目验收准则编制测试用例，并经过评审。如果采用自动化测试，那么每一个功能或一个模块等都应有对应的测试脚本。

4）建立测试环境。建立测试的硬件环境和软件环境等。

5）测试实施。测试并记录测试结果。

6）测试结果分析。根据验收准则分析测试结果，评判可接受性是否符合要求，并做出测试评价。

7）编制测试报告。根据测试结果编制缺陷报告和用户可接受性测试报告，并提交给相关方。

实施可接受性测试需要注意：需求分析要有针对性、深入全面；资料的表述要准确、易懂；用户可接受性测试计划和项目验收准则要考虑周密、详细；测试策略要恰当、适用；问题的表达要通俗易懂，且能反映出问题的技术实质。产品的可接受性是一项系统工程，在设计中常常需要在多个可接受性属性之间做出权衡，甚至舍弃局部最优，以使系统的综合可接受性满足产品体验全局最优的最终要求。

3.3 产品体验

人们在日常生活中会接触到各式各样的产品和服务，去感知、操作或与之交互。在这一过程中，人们会对觉察到的信息进行处理，经历一种或多种情感变化，这就是对产品的情感评价的来源。虽然交互因产品而异，但人的情绪在交互中被激活的过程对所有产品来说都是相似的。这为从理论上探究人们是如何体验产品的提供了指引。

3.3.1 产品体验的定义

产品体验是指人们与产品交互所产生的感受的总和。它融合了诸如主观感受（核心情感的有意识的觉知）、行为反应（接近、不动、回避、进攻等）、表情反应（微笑或皱眉、声调变化、姿势变化等）和生理反应（瞳孔放大、出汗等）等多个方面。这里的产品是指有实际效用的实物或非实物，不包括艺术作品和非功用性的物品（如文物）。主观体验是与产品交互所引起的心理意识效应，包括感官刺激强度、产品的意义和价值以及引发的感情和情绪。研究表明，无论这些心理后果在本质上是否总是情感上的，但核心情感——快感与唤醒（Arousal）的结合——在不同程度上参与了大多数的心理事件。

学界对产品体验有不同的定义。例如，有学者从用户体验产生自人机交互（Human-Computer Interaction，HCI）这一视角，丰富了人的因素下产品可用性的研究；有学者从设计师对用户体验的理解出发，强调社会化交互（Social Interaction）在体验形成中的重要性；也有学者明确地将"体验"一词限定为特殊生活事件，认为体验是指具有认知和情感特质、独特意义的生活事件。

深刻把握"体验"一词的内涵是十分必要的。例如，体验式营销的最高目标是创造一个理想的、连贯的、一致的客户印象，以增强品牌形象，而创造条件让潜在消费者在特殊语境里了解自己的产品是值得的。一旦人们在愉快的经历中反复遇到特定的品牌，就很有可能对这个品牌产生赞许的态度。此外，体验中的风格特点（如现代的、清新的、感人的）也常与品牌关联在一起。生活中，用户所关心的通常只是产品的使用和享受，这构成了产品体验的重点，如看到苹果公司新产品时的欲望、手握螺钉旋具舒适的感觉、使用劣质在线帮助系统的挫折感、闻到刚出炉烤苹果馅饼的香味、把车平稳地停放在狭窄的停车位后的轻松感等。只有理解了这些体验，才可能更好地设计体验（Design for Experience）。

3.3.2 产品体验的研究体系

对产品体验的研究涵盖了人们如何体验产品的所有方面，包括持久的、非持久的或虚拟的。从人、交互和产品（环境）三个方面切入，结合心理学应用，尝试从各种角度去理解交互感觉的形成机理，揭示产品对用户体验的影响规律，是产品体验研究的核心。图3-8给出了产品体验的研究体系。

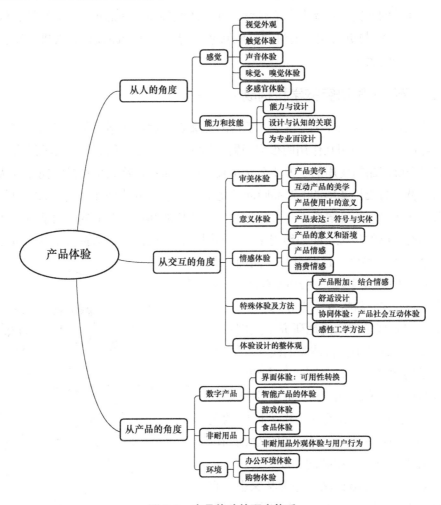

图 3-8 产品体验的研究体系

（1）从人的角度　这方面的研究注重考查人对产品的感觉及人的能力和技能两个方面。前者包括人对产品的视觉、触觉、听觉、味觉、嗅觉以及多感官体验；后者关注人的能力与设计、设计与认知的关联以及为专业而设计带给产品的体验结果。

（2）从交互的角度　这方面的研究包括产品的审美体验、意义体验、情感体验、特殊体验及方法和体验设计的整体观。其中，审美体验着重产品美学与互动产品的美学研究；意义体验包括产品使用中的意义、产品表达（符号与实体）以及产品的意义和语境；情感体验包括产品情感与消费情感；特殊体验及方法则涉及产品附加（结合情感）、舒适设计、协同体验（产品社会互动体验）和感性工学方法等；体验设计的整体观从整体视角考察功能与表达之间的关系。成功的体验设计是当工具被激活时，其功能指示就消失在它的感官品质和空间形态中，即形式表明功能。这给人一种整体的感觉和体验方式，是隐喻手法的运用。

（3）从产品的角度　这方面的研究包括数字产品、非耐用品的交互体验，以及各种空间、社会文化环境对用户行为的影响。

对产品体验的研究不仅架起了心理学中几个研究领域之间的桥梁（如知觉、认知和情绪），也将这些领域与更为实用的科学领域联系了起来，如产品设计、人机交互、工艺与新材料以及市场营销等。

3.3.3　产品体验研究的学科构成

产品体验研究处于若干科学（子）学科的交叉点。对这些不同子学科的了解，有助于弄清楚人与产品之间的相互作用的很多问题。例如，人们是如何利用自己的感官体验产品的？是如何理解产品的使用的？为什么喜欢某些产品而不喜欢其他产品？凭什么认为产品是聪明的、愚蠢的或是豪华的？产品唤起的记忆、联想和情感是什么？人们因何与产品建立了联系？这些问题的答案离不开心理学和应用学科的知识。大多数应用学科在社会和行为科学方面有自己的传统，如心理美学、人的因素、市场营销和消费科学等；而另一些则植根于自然和工程科学。这些学科共同确立了一个相对较新的研究领域——产品体验，形成了产品体验研究的学科构成（见图3-9）。

哲学家和心理学家广泛地研究了人们对艺术作品的反应，以从中获得体验的线索。例如，从哲学美学的角度来看，美国哲学家约翰·杜威（John Dewey）的工作对产品体验研究的影响最大，其1934年出版的《作为体验的艺术》（*Art as Experience*）一书从现象学的角度分析了人的感受与艺术作品的关联。自从心理学成为独立的学科领域以来，心理学家也一直对"对象"的审美体验和评价有着浓厚的兴趣，一直都在尝试找寻支配人们感知的原则，并通

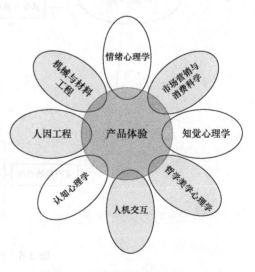

图 3-9　产品体验研究的学科构成

过运用更普遍的知觉、动机、认知和情绪理论来评估这些表现形式。最近，心理学家发现产品是一个有趣的、研究美学或快乐原理的主题，这就是产品体验。

传统的工效学或人因工程侧重于产品的可用性研究（产品本身就是一个经验目标）。长期以来这些学科局限于产品理解中的知觉和认知过程，以及人体或运动技能和产品使用（或限制）的过程，有必要进行拓展。例如，在感知系统和它们与产品交互的操作方式、认知能力及其与产品互动的影响以及影响交互的人类运动能力和技能等方面，都亟须引入更先进的研究技术和方法。进入 20 世纪后期，人因工程学科也越来越多地开始关注使用产品所产生的其他主观经验，包括对满意度、乐趣、舒适性和便利性等方面的研究。

机械与材料工程学科已从专注工件的技术 / 物理特性及其对耐久性、可靠性、生产和产品技术表现的影响，发展到量化研究和对产品特性、知觉及其他意义和美学方面主观反应的建模。这一转变在 20 世纪 70 年代出现在日本的工程学分支——感性工学中，表现最为突出。

技术驱动的研究主要集中在融合使用新技术，创造对潜在用户有益的产品方面，包括数字技术和智能技术在交互中的应用等。设计者感兴趣的是探索这些新技术可以创造的新功能和新交互方式的可能性，且在交互方面也开始从可用性研究向用户体验研究转变，出现了对体验的不同看法，如存在、乐趣、信任或参与。机电一体化产品的交互、功能界面、智能化产品及计算机游戏的体验等都是技术驱动带来的新的研究热点，其体验也各具特色。

市场营销与消费科学研究如何有效地将产品销售给顾客。习惯上，营销人员可以利用营销组合中的四个工具即产品、价格、推广和分销，将产品以一种赚钱的方式推向市场。营销中对产品体验的研究通常侧重于对实物产品或服务的主观评价。这可能涉及与商店中产品的初次相遇，或在产品使用过程中的重复遇见。在消费者研究领域，重点已经从注重实用价值和价格转变为与产品消费相关的情感体验。

边缘学科、跨学科是产品体验的研究基本特征。要充分理解人的产品体验，还需要沟通这些不同领域的专家和方法，使不同学科领域的成果可以互相借鉴、相互为用。

3.4　产品体验三要素

尽管在现象学上体验被作为一个整体来对待，但至少可以从中识别产品体验的三个主要成分，这就是荷兰学者皮特·德斯梅特（Pieter Desmet）和保罗·海克特（Paul Hekkert）提出的美学体验、意义体验和情感体验，也称产品体验三要素（见图 3-10）。他们认为，产品体验是由用户与产品交互诱发的所有效果，包括所有感官得到满足的程度

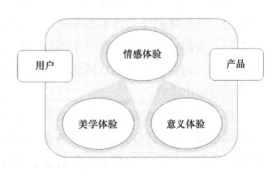

图 3-10　产品体验三要素

（美学体验）、附加在产品上的意义（意义体验）以及引发的感觉和情绪（情感体验）。

3.4.1 产品的美学体验

美学体验是指感官的满足或感觉上的愉悦。"美学"一词来源于希腊语"αισθητική"，是指感官上的感知和理解或感官的感受。早在18世纪，德国哲学家亚历山大·鲍姆加登（Alexander Gottlieb Bamgarten）率先提出了"美学"一词，其《美学》（*Aesthetica*）一书的出版，标志着美学作为一门独立学科的诞生。鲍姆加登认为，美学是研究感觉与情感规律的学科，将美学定义为感官的满足和感觉愉悦，如美学判断、美学态度、美学理解、美学情感和美学价值等，都被认为是美学体验的有机组成部分。尽管人们也去体验自然或人的审美，但美学更多的是与艺术特别是视觉艺术相关联。研究表明，美具有客观社会性、个别形象性、感染性和社会功利性等几个相互联系、不可分割的特征。

产品的美学体验涵盖了人与艺术作品或产品交互的整个过程（见图3-11）。首先是观察者对艺术作品的知觉分析，将其与先前经验对比，并将作品分为有意义的类别；其次是对作品的判断和评价；最后得到审美评价和美学情感。在这些自动过程中，知觉在起作用。知觉系统对结构的检测和对作品新颖性和熟悉性评估的程度决定了产生的情感，这些阶段就是常说的感官快乐（或不愉快）。而在后期，认知和情感过程进入体验。

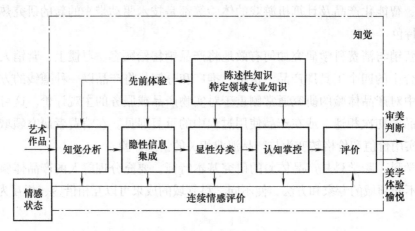

图 3-11　产品美学体验模型

任何形式的体验，如对产品、艺术品、风景或某个事件的体验，都是审美的一部分，但作为一个整体的体验却不是审美的。因为除了审美部分，典型的体验还包括理解和情感经历。虽然构成体验的这三个部分在概念上是不同的，但它们很难在现象学的层面上加以区分。通常经历是感官的愉悦、有意义的解释和情感参与的统一，人们也把这种统一笼统地称作体验。

产品的美学体验是以对物体的感知为基础的快感（或不愉快），不仅包括优雅的外观、令人愉悦的声音和舒适的触感，甚至包括闻上去不错的气味。知觉系统通过检测产品的结构、次序、一致性以及对产生情感新颖性和熟悉性的评估来确定美的程度。对产品美学体验的研究不只局限于视觉的范畴，也拓展到对其他产品美学形式的探讨。例如，"交互美学"着重使用的完美，研究如何使用户与产品进行物理交互时获得美好的体验，特别关注交互的触觉和动觉方面，提出了审美互动设计（Design for Aesthetic Interactions）的概念。另一些研究则更关注交互中用户的感知运动技能（Perceptual-Motor Skills），以实现丰富的感官体验层次和更多的动作可能性。产品的美学体验设计存在以下美学愉悦原则。

原则一：利用最少的手段实现最大的效果。只要确保效果的影响力，并在"少即多"原则下评价所用手段的数量，结果的美学吸引力就会得到认可。

原则二：变化中的一致性和其相关的分组、对比、闭合性和隔离的分类原则。敏感性是其关键，有时只有具备足够敏锐的洞察力才能察觉到隐藏起来的结构。

原则三：MAYA（Most Advanced, Yet Acceptable，非常先进，而又受欢迎）原则。MAYA 原则易于看到人们对创意性和典型性的偏好，常常会导致个体的差异。

原则四：适当性或适合性，也称匹配性原则。当所有的成分适当且被大众认可时，一致意见就会形成，否则就会产生分歧。例如，在其强度上，一个产品的美学成分可以是适当的；但是当说到它的语义意义时，就有可能是不适当的。

3.4.2 产品的意义体验

意义体验也即对产品的经验，可视为个体感觉与知觉的整合。通过诸如解释、回忆和关联这样的认知过程，人们有能力识别隐喻、赋予产品人性化或其他解释性的特征，并评估产品的个性或象征的意义。

早期认知语言学把意义看成是"心智"的"自动/自主"构建，并且与"身体"本身的感知——运动活动毫无关联。20 世纪 80 年代，美国认知语言学科的创始人之一、哈佛大学教授乔治·莱考夫（George P. Lakoff）的研究成果颠覆了语言学界传统的看法。他认为，意义植根于人类与其环境之间的互动，其本质是对互动经历的体验，即意义不仅与身体所经历的感知——运动活动有关，而且受制于这些活动。意义源于"身-心"一体化方式，它既不是心智的自发构建，也不是身体的机械产品，而是人们居住于世界的方式。基于此，马克·约翰逊（Mark L. Johnson）提出了"意义体验论"。其主要观点如下。

1）意义与人类及其所处环境之间的各种互动相关。

2）在某些更广的、连续的经历中，某个特定维度的意义是那个维度与过去、现在或者未来（可能的）经历的其他部分相联系的方式。意义是相对的；意义关涉的是一件事情、一种质量或者一个事件和其他事物的关联；意义是人们居住于世界的各种方式的演进和发展。

3）有时候，意义是以概念或者命题形式编码的，但这仅仅反映了意义的一个方面，即其在连续的、无意识的过程中被意识到的可能性更强、选择性也更强的一方面。

4）意义处于一种经验流之中，是生物机体与其环境互动的结果。意义"自下而上"地经历多种由简到繁的组织活动层次而产生，但它不是非体验性心智产生的结构。虽然也存在一种"自上而下"的、对何谓有意义以及如何才有意义的塑造和限制，但后者在起源上还是"自下而上"的。

　　"意义体验论"本质上是一种非一维的、非简化主义的且非二元对立的意义观，是对认知语义学的补充和发展。认知语义学在兴起之初以颠覆的面目示人，针对的是当时语言学界"正统"的语义研究方法。今天，认知语义学方法论正在演变为语义学研究的"新正统"。

　　产品的意义体验源于对产品的认知，与语义和符号关联有关，也称作"语义解释"和"符号联想"。人们总是试图理解产品是如何运作的或提供什么样的动作行为，同时也将各种表达性、语义性、符号性或其他隐含的意义赋予它。与产品的交互可以帮助一个人达到目标或阻碍其达到目标，从而导致各种情绪反应。对产品意义的研究不只局限于上述内容，也包括对由一些典型的形容词所限定的具体体验状态的研究，如舒适（不舒适）、参与、品质或附件等。所有这些构成了产品意义体验研究的内涵。日常生活中，意义体验的例子有很多，如讨价还价就是最常见的在交换价值之上附加意义价值的形式。研究还发现，与具有不同于用户个性的产品特性相比，用户更愿意接受那些与其个性特征相似的产品。

■ 3.4.3　产品的情感体验

　　情感体验通常是指日常的爱与憎恶、恐惧与期望等情绪现象，是由感性带动心理变化的体验活动。在心理学中，情感或情感状态一般是指所有类型的主观效价体验，即体验涉及感知的好坏、愉快或不愉快。在实证研究中，效价往往被用来以双极性维度描述和区分情感状态。

　　古希腊先哲亚里士多德（Aristotle）对情感的定义是：情感是指嗜欲、愤怒、恐惧、自信、妒忌、喜悦、友情、憎恨、渴望、好胜心、怜悯心和一般伴随痛苦或快乐的各种情感。近代研究通常把情感（情绪）分为快乐、悲哀、愤怒和恐惧四种基本形式。

　　1）快乐，是指盼望的目标达到或需要得到满足之后、消除紧张时的情绪体验。

　　2）悲哀，是指失去所热爱的对象或所盼望的东西不可能获得时产生的情绪体验。

　　3）愤怒，是指由于外界干扰使愿望实现受到压抑、目标实现受到阻碍，从而逐渐积累紧张而产生的情绪体验。

　　4）恐惧，是指企图摆脱、逃避某种情景，而又苦于无能为力情况下的情绪体验。

　　与个体情感相对应，高级的社会情感是指由人的社会性需要是否获得满足而产生的情感，主要有道德感、理智感和美感。

　　1）道德感，是指人们运用一定的道德标准评价自身或他人的行为时所产生的一种情感体验。在不同的历史时期、不同的社会制度、不同的阶级中，道德标准是不同的。

　　2）理智感，是指人们认识和追求真理的需要是否得到满足而产生的一种情感体验。

　　3）美感，是指人们对客观事物或对象的美的特征的情感体验。它是受社会生活条件制约的一种个体体验。

　　有益的产品能诱发愉悦的情感，因而使人喜爱；有害的产品常诱发不愉快的情绪，进而使人远离。认知鉴别论（Appraisal Theory）指出，情感是由对事件或状态潜在的益处或危害的评估而引发的，它是对事件（或产品）的解释，而不是事件本身。与流行的认识不同，情感常常是自动的、无意识的认知过程的结果。鉴别是一个评估过程，它判断个体所处的状况是否具有相关性，如果具有相关性，就去辨别这一相关性的本质，并产生相应的情感。例如，当人面对火警时，极有可能经历害怕的体验，有逃离的倾向。这是因为火警发出了带有特殊行为需要的、有潜在危害状况的信号。这个例子也说明了评估本质上是关系型的，它除了反映刺激的性质、状况和个体本身，也是对刺激的性质及其与个体属性关联状况的一种评估。这一原理同样适合产品交互中微妙情感的评估。例如，人在得到一个手机时会感到快乐，是因为它有助于同朋友保持联系；会对一把椅子感到沮丧，是因为它与舒适的要求不匹配等。

美国学者詹姆斯·拉塞尔（James Russell）将情感维度和生理觉醒相结合，构造了一个二维圆盘模型（见图 3-12），并提出了"核心情感"（Core Affect）的概念。他认为核心情感的体验是这两个维度的一个单一积分，对应着如图 3-12 所示圆盘中的一个位置。模型的横坐标代表用户的情感效价，从不愉悦的到愉悦的；纵坐标代表生理觉醒程度，从平静的到活泼的；沿圆盘周围分布的是用户与产品交互过程中的各种情感反应。

图 3-12　核心情感二维圆盘模型

人们总是持续地经历着核心情感，从醒来的那一刻起直到入睡，其核心情感都是在如图 3-12 所示的模型内游弋。这对应着一系列身体内部的变化（如荷尔蒙变化、营养不足）和外部的诱因（如事件、人、物体或天气）。核心情感可以是中性的（模型中心点）、适度的，也可以是极端的（模型外围表示的状态）；变化可以是短暂的，也可以是持久的，并且可以成为关注的焦点（在强烈的核心情感情况下），或成为一个人经历的背景的一部分（在轻微的核心情感情况下）。核心情感理论提供了一个简单但功能强大的方式来组织产品的体验，因为参与产品用户交互的所有可能的体验都可以用核心情感来描述。

产品通过与用户的交互，其外化的色彩、形态、气味与其内化的韵律、对比、隐喻等特征共同作用，形成用户的情感体验。由于人类情感的复杂性，产品的情感体验也注定是多种因素相互综合、共同作用的结果。

3.4.4　产品体验三要素之间的关系

尽管产品体验三要素在概念上是不同的，但它们其实也是相互交织在一起、在现象学上很难区分开的。换句话说，感官的愉悦、有意义的理解和情感参与的统一是不可分割的整体，而且也只有在这种统一中来讨论产品体验才有意义。

特定的体验可能会激活其他层次的体验。一种有意义的体验可能会产生情绪反应和审美体验，反之亦然。尽管附加价值通常被认为是意义体验，但情感却往往也参与其中。例如，人们会害怕失去，对拥有称心的产品感到得意就是这个道理。研究还发现，正向情感对产品附加价值也有影响，有可能成为产品附加价值的决定因素；同样，一件美观、诱人的产品可能会同时触发独自占有的体验意义和欲望的情感反应。

1. 意义与情感

在认知鉴别论的基础上，荷兰学者皮特·德斯梅特提出了产品情感的基本模型（参见8.4.1 节），这一模型适用于人机交互中所有可能的情感反应。该模型确认了情感诱发过程中三个关键的变量，即关注（Concern）、刺激（Stimulus）和评估（Appraisal），指出情感来自基于个体关注的、对产品是否有益或有害的评估，也即用户的主要目标、动机、福利或其他敏感的东西。关注是人们在情感过程中的表现，产品只有在个体关注的情境下才与其情感发生关联。一些关注是带有普遍性的，如对安全和对爱的关注；也有的关注是与文化和情境无关的，如在天黑前回家或在电影院为朋友订个好座位等。

在意义的层次上，可以认识隐喻、赋予个性或其他表达特征，并评估产品的个性或象征意义。例如，一辆汽车模型可以像鲨鱼、泰迪熊一样，象征怀旧的价值；一台笔记本计算机可以是订制的、男性风格的、老式的、优雅的等。这些体验的意义成分都可以引起情绪。不同的人群会给特定的产品赋予不同的意义，其情感反应也可能大不一样。例如，对不锈钢厨房用具的感觉是现代、高效的人，会被其吸引；而对其感觉是冰冷、非人性化的人，则会产生不满。与其他意义一样，关系意义可以与实际设计联系起来（如材料和造型），也可以成为价格、广告、他人的评价或使用前体验的决定因素。此外，意义也与预期使用所引起的情感有关。人们总是对拥有或使用产品的后果有一定的期望，例如可能会被一只专用笔所吸引，因为这能使其与众不同。在这种情况下，独占的意义诱发了情感。

2. 美学与情感

审美体验包括快乐和不快乐，人的动机是寻找能提供快乐的产品，避免那些不愉快的产品。市场上的产品都被设计来取悦人们的感官，也带来了各种各样的情感反应。例如，一段感人的音乐催人泪下、一件没有预想的那般优雅的产品让人失望、一种美味的食物让人垂涎等。这里，感觉漂亮和食物美味都是美，而其导致的失望和欲望则是情感体验。

对美的评价可以引发情感。一些学者认为，审美体验是一种特定类型的评价，也称为"内在愉悦的评价"。它评估一种刺激是令人愉悦的还是痛苦的，并确定基本的愉悦反应，如鼓励接近的喜欢的感觉以及导致避免或退出的不喜欢的感觉。这些利害关系通常被称为情感倾向、观点、品位或态度，都是相对持久的、带有情感色彩的信念、偏好、对某物的倾向、对人或事件看法。如偏爱甜味、厌恶辣味等都是关于倾向的例子。这种倾向具有清晰的进化逻辑，可以随与物质世界的互动而发展。

审美体验具有某些共性，与是否将其看作情感或情感的一部分无关。例如，审美体验都是局限于此时此地的经验，一旦交互结束，体验也就随之终止。审美体验的共同之处还在于，它们都是独立于人的动机状态而引起的（即特定的目标或动机）。此外，在关注点相互冲突的情况下，审美有时可能会导致相互矛盾的情感。例如，有时候一种内在的、愉悦的产品也会阻碍目标的实现。比如巧克力蛋糕虽好吃，却会阻碍人们达到减肥的目标，由此产生的体验既有愉快的，也有不愉快的情感反应。

3.4.5 个体与文化差异的影响

不同文化背景的人对给定产品的反应是不同的。体验不是产品的属性，而是人与产品交互的产物，因而它取决于用户在交互过程中所带有的习惯和性格特征。由于人们在关注点、动机、能力、偏好、目标等方面可能彼此不同，所以其对给定事件的情感反应也不尽相同。例如，研究发现，个人的生活价值观（如安全、挑战和家庭生活）与汽车设计所引起的情感反应之间存在某种关联。在文化研究的背景下，产品体验和价值观之间的关系尤其有趣，因为内隐和外显价值常被视为文化的决定因素。在对由汽车设计引发的情感反应研究中，也发现了同一文化和不同文化之间情感反应的差异。

虽然研究表明文化和体验之间存在着关联，但其精确的关系仍然没有定论。与体验一样，文化也是一种复杂的、层次化的构建。有学者提出了文化结构化三个层次，包括：外部的、有形的和可见的"外部层次"；人类行为、仪式及以语言或文字形式描述的规章性的"中间层次"；与人类意识形态表现相关的"内在层次"。鉴于如今产品开发和营销明显的全球化趋势，这些层次中的每一个都有可能影响到用户对产品的体验，其影响程度将是产品体验研究议程中一个有趣的话题。

思考题

1. 试述菲利普·科特勒的产品层次的两种定义，并阐述其关联与不同。
2. 试述产品的可用性。
3. 试述产品的可接受性，并分析其构成。
4. 试述产品体验包含哪几个方面，并分别论述其各方面的内涵。
5. 试述产品核心情感模型及其内涵。
6. 试述文化差异对产品体验的影响，并举例说明。
7. 试述产品的物质和非物质属性，并分析其内涵。
8. 产品价值与用户体验的关系是怎样的？二者谁为主导？为什么？
9. 以电冰箱产品为例，试分析其产品构成的层次（三层或五层）都包括哪些方面。
10. 试自选某电子产品，结合产品体验和产品构成的层次理论，分析并提出通过体验设计使其畅销的方法与步骤。

第 4 章　环境因素

环境中的种种因素影响着每个人的生存。环境的作用体现在对交互体验的影响上，即使对同一产品来说，使用环境的差异也会导致用户体验的不同。了解环境的构成、研究方法及其与交互的关联作用，对开展优良的用户体验设计有积极的意义。

4.1　环境的概念

环境是指与体系有关的周围客观事物的总和。这里，体系是指被研究的对象，即产品或服务，也称中心事物。环境是相对于中心事物而言的，它随中心事物的变化而变化。二者之间既相互对立，又相互依存、相互制约、相互作用和相互转化，是一对对立统一体。《中华人民共和国环境保护法》把环境定义为"影响人类生存和发展的各种天然的和经过人工改造的自然因素的总体，包括大气、水、海洋、土地、矿藏、森林、草原、野生生物、自然保护区、风景名胜、城市和乡村等"。

环境可以按不同的方法进行分类。例如，按主体分类，环境可分为人类环境和生物环境。人类环境又可按其成因，分为自然环境和人工环境，文化环境是人工环境的一部分。按空间规模分类，环境可分为星际环境、全球环境、区域环境和特定空间环境（见图4-1）。就用户体验的研究范畴来看，环境是以人类为主体、与人类密切相关的外部世界，包括自然与人工环境和社会环境。

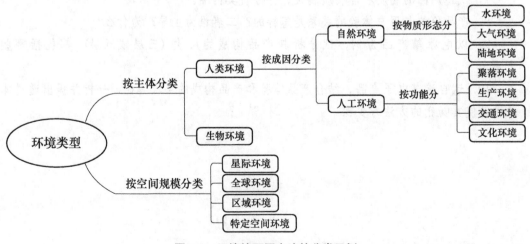

图 4-1　环境按不同方法的分类示例

4.1.1 自然与人工环境

1. 自然环境

自然环境是指人类赖以生存、生产和生活所必需的自然条件和自然因素的总和，包括太阳辐射、温度、气候、地磁、空气、水、岩石、土壤、生物（动植物和微生物）以及地壳的稳定性等自然因素。换言之，自然环境是直接或间接影响到人类的一切自然形成的物质、能量和自然现象的总体。按物质形态，自然环境可划分为水、空气和陆地环境。

自然环境是一切生物赖以生存的物质基础，而生物的活动又影响着自然环境。自然环境各要素之间相互影响、相互制约，通过物质转换和能量传递而密切地联系在一起（见图4-2）。同时，自然环境也是社会文化环境的基础，而社会文化环境则是自然环境的发展。

生态是指生物（包括原核生物、原生生物、动物、真菌和植物五大类）之间和生物与周围环境之间的相互联系、相互作用。生态环境是指具有一定生态关联构成的系统整体，是自然环境的一种。生态环境与自然

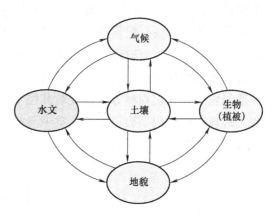

图 4-2　自然环境要素及其关系

环境是两个在含义上十分相近的概念，但严格说来生态环境并不等同于自然环境。从生态系统来看，自然环境可以分为水生环境（水环境）和陆生环境（陆地环境）。水生环境包括海洋、湖泊、河流等，按化学性质又分为淡水环境和咸水环境；陆生环境包括山川、草原、荒漠和高原等，其范围小于水生环境，但其内部的差异和变化却比水生环境大得多。这种多样性和多变性的条件促进了陆生生物的发展。就目前掌握的资料来看，陆生生物种属远多于水生生物，并且空间差异很大。陆生环境是人类居住地，生活资料和生产资料大多直接取自陆生环境。因此，人类对陆生环境的依赖和影响也大于对水生环境的依赖和影响。

从人类对它们的影响程度以及它们所保存的结构形态、能量平衡来看，自然环境可分为原生环境和次生环境。原生环境是指受人类影响较少，其物质的交换、迁移和转化，能量、信息的传递和物种演化等基本上仍按自然界规律进行的环境，如原始森林、人迹罕至的荒漠、冻原、大洋中心区等；次生环境是指在人类活动的影响下，其物质的交换、迁移和转化，能量、信息传递等都发生了重大变化的环境，如耕地、种植园、城市、工业区等。

从宏观构成来看，自然环境也可以看作是由地球环境和外围空间环境两部分组成的。地球环境是人类赖以生存的物质基础，是人类活动的主要场所；外围空间环境则是指地球以外的广阔的宇宙空间，理论上它的范围无穷大。不过在现阶段，由于人类活动的范围主要限于地球，对广袤的宇宙知之甚少，因而还没有明确地把外围空间环境列入人类

环境研究的范畴。

2. 人工环境

人工环境是指由于人类活动而形成的环境要素。它包括由人工形成的物质能量和精神产品以及人类活动过程中形成的人与人的关系，后者也称为社会环境。人工环境是与自然环境相对应的概念。狭义的人工环境是指由人为设置边界面围合成的空间环境，包括房屋围护结构围合成的民用建筑、室内/外环境、生产环境和交通运输外壳围合成的交通运输环境（车厢环境、船舱环境、飞行器环境）等。广义的人工环境是指为了满足人类的需要，在自然物质的基础上，通过人类长期有意识的社会劳动加工和改造自然物质、创造物质生产体系、积累物质文化等活动所形成的环境体系。从功能来看，它包括聚落环境、生产环境、交通环境、文化环境等。按空间特征，人工环境可分为点状环境、线状环境和面状环境。点状环境如城市、乡镇等；线状环境如公路、铁路、航线等；面状环境如农田、人工森林等。按人对其控制程度，人工环境可分为完全人工环境和不完全人工环境。前者包括旅行房车、空中飞行器等人造物；后者包括人类居住环境、人文景观等（见图4-3）。

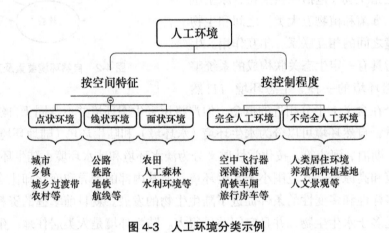

图4-3　人工环境分类示例

值得注意的是，随着科技进步出现的网络空间、虚拟现实（VR）等新的环境形态也可以被看作是人工环境的一部分。

4.1.2　社会环境

社会环境泛指人类生存及活动范围内的社会物质和精神条件的总和，包括社会的经济基础、城乡结构以及与各种社会制度相适应的政治、经济、法律、宗教、艺术、哲学的观念与机构等。社会环境包含文化环境，是人工环境的重要组成部分。社会环境是人类在长期生存、发展的社会劳动中所形成的，也是在自然环境的基础上，通过长期有意识的社会劳动加工和改造自然物质、创造物质生产体系、积累物质和非物质文化的总和。群族的历史、地理、风土人情、传统习俗、工具、附属物、生活方式、宗教信仰、文学艺术、规范、律法、制度、思维方式、价值观念、审美情趣和精神图腾等内容，也被称为人类文化，是智慧群族的一切群族社会现象及群族内在精神的既有、传承、创造和发展的总和。社会环境一方面可以对人类社会的进步起促进作用，另一方面也可能成为束缚因素。例如，近代环境污染的加剧正是工业粗放式发展所造成的后果，直接影响到人的生存健康。

按所包含要素的性质，社会环境通常可分为：物理社会环境，包括建筑物、道路、工厂等；生物社会环境，包括驯化、驯养的植物和动物；心理社会环境，包括人的行为、风俗习惯、法律和语言等。也有学者按环境功能把社会环境分为聚落环境（包括院落环境、村落环境和城市环境）、工业环境、农业环境、文化环境和医疗休养环境等。

与产品使用的物理小环境相比，社会环境是一个更为宽泛、包罗万象的范畴。它通过间接的、非物质化和潜移默化的形式，作用于人们的日常生活，影响着体验的结果。不同社会阶层的用户对产品品牌、品质的价值期望也有显著的不同，这直接影响到对产品的偏好；用户所处社会群体的不同，也会影响到其对特定产品的评价和感受。例如，巴黎时装对平民阶层来说可能意味着昂贵、不合时宜、价格虚高；但对于演艺明星则可能意味着个性、独特、身份地位的象征、物有所值。至于穿在身上的效果，则是因人而异、见仁见智的另一个话题了。

对社会环境的深入分析，有助于了解和认清社会政治、经济、科技、文化、法制建设、政策要求及其发展方向。这不仅能使设计师更好地洞察社会环境因素对体验的影响，也能使其对文化符号的运用更有信心。本书所指的环境包含自然环境、人工环境和社会环境三个部分。尽管社会环境也是人工环境的一部分，但由于其蕴含的非物质的、精神文化层面的属性更为显著，所以将其作为与人工环境的物质属性相对应的非物质属性来看待，更有利于厘清各要素的作用。

4.2 人－环境交互及其特点

心理学研究认为，个体的功能及其发展并非独立于其所处的环境，人与环境构成了一个整合、复杂和动态的系统。个体是一个积极和有目的的部分，其功能也表现为一个动态、复杂和整合的过程。该过程虽有规律可循，但无法做出精确的预测。以心理学科学性的标准来看，重点不在于可以对个体跨情境的行为做出多么精确的预测，而在于可以对个体的功能及其发展过程做出多么完美的理解和解释。据此，心理学的科学目标被认为有两个：①找出在人的功能及其发展中起重要作用的因素；②发现并理解这些因素起作用的机制及其发展规律。

4.2.1 环境在个体功能发展中的作用

关于环境在个体功能进化中的作用，当前占主导地位的经典交互作用论认为，个体和环境并非两个独立的实体，二者之间的关系也不是单向的因果关系，个体及其情境构成了一个系统的整体，其中个体的功能是一个积极、有目的的动因；因果关系的主要特点是双向的而非单向的。与经典交互作用论的解释不同，瑞典心理学家戴维·马格努森（David Magnusson）和黑肯·斯塔廷（Håkan Stattin）主张整体交互作用论，认为个体是作为一个整合的机体在起作用和发展的；个体当前的心理、生物和行为结构中的功能及其发展变化是一个复杂、动态的过程；个体的功能及其发展过程是个体心理、行为和生物三个方面与环境的社会、文化和物理三个方面连续的交互作用过程；包括个体在内的环境的功能和变化是社会、经济和文化因素之间连续的交互作用过程。

可见，整体交互作用论与经典交互作用论的界限并不十分明显。前者可以看作是后者的扩展，而后者则是前者的基础，具体表现在整体交互作用论更强调个体功能和整个人–环境系统的整体性和动态性，突出强调了两类交互作用过程，即人与情境连续的、双向的交互作用过程及个体内部的心理、生物和行为之间连续的、双向的交互作用过程，并将个体的生物过程和外显行为明确纳入系统整体之中。

■ 4.2.2　人–环境交互作用的特点

无论是经典交互作用论还是整体交互作用论，都属于采用人的方法对人–环境交互作用的解析。所谓人的方法，是指从对所要研究的现象进行仔细分析着手，把研究结果放到一个更大的结构、过程和系统中来理解和解释，以强调个体功能及其发展对社会、文化和物理环境的紧密依赖关系的研究方法。它有共时性和历时性两个视角，前者是根据个体当前的心理、行为和生物状态来分析和解释个体何以表现出某种功能行为，后者则是根据个体的发展史来分析和解释个体当前的功能作用。研究表明，人–环境交互作用具有以下特点。

（1）整体性　心理测量的间接性决定了心理变量（心理结构）在本质上是一种假想的结构，人们可以认为个体在这些假想的结构中具有某种特征，存在个体差异，但实际上这些"独立的"结构本身根本就不是独立存在的，它们只是反映了整体的某个（些）方面，是研究者为了研究便利，从个体具有的整体性结构和功能中抽取出来的。因此，对这些变量的作用及其作用方式的分析和解释必须放到其所属的子系统或整体系统中加以考察，因为个体、环境和人–环境系统是一个有组织的整体，它们作为一个整体发挥各自的功能，且个体和环境中相关方面的结构和过程也将表现出一定的模式。

（2）时效性　时效性也称时间性，是整体交互作用论特别强调的一种交互作用的过程属性。因此，时间也就成为个体功能的结构和过程模型中的一个基本要素。这里的过程可以理解为相关或相互依赖事件的连续的流（Flow）。这种过程的时间特点与系统的水平有关。一般而言，低水平系统过程所需要的时间要短于高水平系统。换句话说，个体的结构和过程变化的速度随系统，特别是子系统水平的特点而变化。

需要指出的是，这种对系统时间性的重视，与当前认知心理学对反应时⊖技术的推崇有着完全不同的意义。后者试图将某一认知过程"肢解"，而前者则专注于对多结构、多

⊖ 反应时（Reaction Time，RT），也称反应时间、反应的潜伏期。它不是指执行反应的时间，而是指从刺激施于有机体后到明显反应开始的时间。反应的潜伏期包含感觉器官、大脑加工、神经传入传出以及肌肉效应器反应所需的时间。反应时是心理实验中使用最早、应用最广的反应变量之一。

过程、多系统之间及其内部交互作用过程的动态性加以描述和解释。

（3）结构和过程的质变 个体的发展并不是将一些元素附加到已有元素的简单累积，也不是相同元素的简单叠加，而是一个在子系统和整个系统水平上连续的结构重组过程。子系统中某方面结构的变化将影响与其相关的部分，甚至会对整个系统产生影响。例如，对一个人－环境系统来说，个体水平上的结构重组隐含在整个人－环境系统的结构重组中，前者是后者的一部分。因此，个体的发展是对现有结构和过程模式的重组，并产生新的结构和过程。

（4）交互作用的动态性 动态性是所有有机体在所有水平上都具有的特点，具体表现为两个方面。①交互性。从分子之间到社会化过程中人与人的互动，无一不具有双向影响的特点，而且这种交互作用是一个连续的环（Loop）。例如，个体功能的知觉、认知、情绪和行为与对环境的知觉和解释就是一个连续作用的环，在这个连续的交互作用过程中，心理因素可以作为原因变量起作用，但生物因素也可以影响心理因素。②非线性。美国心理学家约翰·华生（John Broadus Watson）所倡导的 S-R（刺激－反应）公式及当前学界普遍信奉的变量之间存在的线性关系之所以不能对个体的行为做出较好的解释，原因就在于大多数心理过程都具有非线性的特点，而且这种非线性存在极大的个体差异。其实，这种非线性恰恰是由心理过程的多系统、多层次、多序列特点所决定的。

（5）组织性 在任何一个系统或子系统中，心理过程总是被有规律地组织起来，并通过同时起作用的诸多因素组织成一定的模式（Pattern）来发挥作用的，这就是组织性。个体差异和环境的组织性是其两个重要的方面。

1）个体差异。首先，在各子系统内，不仅仅是起作用的因素，而且包括子系统本身在内，其组织性和作用的方式也存在个体差异。因此，可以根据子系统内起作用因素的模式和起作用子系统的模式来描述其组织性。例如，德国学者玛吉特·格拉默（Margit Gramer）和赫尔穆特·胡贝尔（Helmuth P. Huber）根据被试者在压力情境下的收缩压、舒张压和心跳的不同模式值（而不是单个变量之间的差异），对其加以分类，深化了研究。其次，为了使子系统在总体中发挥作用，在某子系统中起作用的因素被组织成模式的方式，各子系统又被组织成整体模式的方式。这对要素数目有限的系统是很有效的。

2）环境的组织性。物理和社会环境也存在结构性和组织性的特点，其中又包含两个水平：①客观的物理和社会环境的组织性，如年龄、性别和社会阶层内部就存在一定的组织性；②被个体所知觉和解释的环境的组织性，如家庭、同伴关系和其他一些社会网络也存在组织性的特点。

（6）过程的整合性 既然人－环境系统是一个整合的系统，那么在该系统所有过程的所有水平上，各部分的功能应该是协调的，为其所属（子）系统的总目标服务，由此产生"整体大于部分之和"的功效。

（7）最小值的放大效应（Amplification of Minimal Effect） 这一特点强调个体的发展对初始条件的敏感性，它类似于混沌理论中的"蝴蝶效应"——在动态和复杂过程的长期发展中，一个似乎很小、可以忽略的事件却产生了长期的、有时是巨大的影响。在心理学上，放大效应是指个体边际的越轨行为或表现未被判断为正常而导致的长期效应。

这种越轨行为可能是由于近端的社会环境引起的——通过个体与环境的多次互动，双方的反应越来越强烈，发生"共振"，从而导致对个体发展带来长期的、影响巨大的后果。

4.3 人 - 环境交互作用模型

人类在环境中所做的各种各样的活动，往往是先有意识而后产生行为，也即人类有意识而行使的行为才具有意义。人的意识、行为及环境之间存在的这种互动关系，导致了个体在体验上的差异。图 4-4 给出了环境行为研究的概念模式。该模式反映了人的意识、行为和环境之间的相互作用，环境会影响到身处其中的人的意识，意识又通过指导行为去改变环境，在新的环境下，又有新的意识产生。同时模型也显示，意识、行为和环境的相互作用是双向的，具有互动的特点。

在实证研究方面，美国学者丹尼尔·斯托克尔斯（Daniel Stokols）依人类由一般性环境到特定环境情景互动的本质，提出了人 - 环境交互作用模型，对人与环境交互的类型进行了细分。该模型有两个基本维度，即交互作用的认知和行为模式以及作用和反作用类型。将两个维度的分类两两匹配，可得到人 - 环境交互作用的四种模型，即解释模型、评价模型、操作模型和反应模型（见图 4-5）。

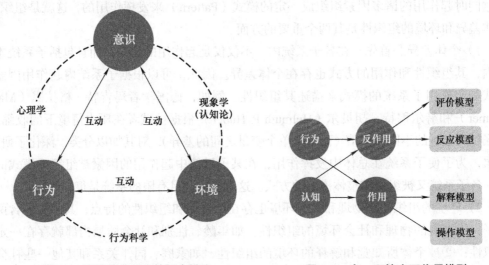

图 4-4 环境行为研究的概念模式   图 4-5 人 - 环境交互作用模型

4.3.1 解释模型

解释模型与个体对环境的认知表征和结构有关，它涉及空间环境的认知表征、人格与环境等方面。长期以来，环境认知和环境知觉都属于环境心理学领域的基础研究内容，其研究使得大量的概念得到鉴别、区分，如环境认知与知觉的、认知的和情感的过程、基本的空间认知（如空间客体的知觉）与宏观的空间认知以及认知地图与认知图式等相近的概念。关于人格与环境的研究则关注特定个体在解释环境过程中独特组织的结构和表达。美国心理学家肯尼思·克雷克（Kenneth James William Craik）指出，环境心理学中的人格研究至少有两个主要方面：①环境倾向的概念和测量；②利用已有的人格测验来预测人们对物理环境的使用和改变及环境对人的影响。这里，环境倾向是指个体对环境的偏好。

4.3.2 评价模型

评价模型是人们针对预定的性质标准对情景进行评价，包括环境的态度和环境的评价。评价过程是人们对周围环境质量判断的方法在环境的态度和评价中得到的最直接的检验。

（1）环境的态度 关于环境的态度的研究主要有两个方面：①公众对环境问题（如污染、资源损耗）的了解和态度；②与改善环境条件有关的个体的态度、信念和行为的一致性程度。

（2）环境的评价 环境的评价不仅与人们对当时环境的态度有关，也与他们塑造未来环境的偏好有关。评价研究的一个基本假设是，人们根据环境质量的预定标准判断存在的或者潜在背景的适合度。随着公众对环境污染关注的增加，环境评价研究的领域也在扩展，但在评价的结果方面依然存在个别和组别的差异。

4.3.3 操作模型

操作模型研究个体的活动对环境的直接影响，包括对与生态相关行为的实验分析和人类的空间行为，其中尤以人们的空间行为关系为重。空间行为关系的核心是人们运用空间作为调整社会交互作用的方式，有四个基本方面：私密性，是指对他人靠近自己的控制；个人空间，是指保持自己周围的区域不被侵入；领域，是指个人化、所有权和被保护客体及其所属区域；拥挤，是指减少与产生空间或社会干扰的他人接触的愿望。这些都是人们在空间范围内面对不同的情境，通过对环境的知觉而获得的体验以及与之相应的行为。

4.3.4 反应模型

反应模型研究环境对个体的行为和感觉的影响，包括物理环境的影响和生态心理学，关注环境压力源（如噪声、污染和高密度）、建筑环境（如房屋和城市设计）以及自然环境（如气候和地形）中的行为对健康的影响及其后果等方面。

（1）环境压力源 环境压力源研究中的一个主要方面是鉴别调节压力源对人们产生影响的认知和心理因素。

（2）建筑环境 建筑环境包括居住环境对人际关系的影响、空间的临近性对友情模式的影响以及校舍的设计形式对拥挤感的影响。

（3）自然环境 在环境心理学出现的早期，学者很少注意到它对人们行为的影响，但后来自然环境对人类行为的影响越来越受到广泛重视。例如，生态心理学中的基本分析单位是行为背景（Behavior Setting），它更强调特定的环境在人对环境的反应中所起的决定性作用。英国政治家厄内斯特·巴克（Ernest Barker）和他的同事鉴别出行为背景的诸多主要特征，提出了诸如行为模式（Action Pattern）、个人需求（Personnel Requirements）和物理环境（Physical Milieu）等概念。他们发现，在某些活动中，人员的过多或者不足都会对参加者的行为体验有直接且显著的影响。近年来也有学者建议，由于情境具有组织性、结构性和层次性的特点，因此可以将不同水平的情境进行分类，划分为真实的物理和社会环境、作为信息和刺激源的环境、最佳的环境、长期影响事件与触发事件、重要事件、近端动态的人-情境系统和远端的环境、作为个体功能和发展阶段的环境等几个维度。对环境类型的划分，在某种意义上会影响人-环境交互作用研究的输出结果。

4.4 环境心理学简介

环境心理学（Environmental Psychology）是研究环境与人的心理和行为之间关系的一个应用社会心理学领域，又称人类生态学或生态心理学。这里所说的环境虽然也包括社会环境，但主要是指物理环境，包括噪声、拥挤、空气质量、温度、建筑设计、个人空间等。环境心理学研究的主要目的是使劳动者以积极的情绪、熟练的技术掌握和改进操作方法，防止生产事故的发生，提高工作效率，以及在人-机信息传递中，遵循人的心理活动规律，充分发挥人的主观能动性和创造性，避免单调、紧张、焦虑等环境不适反应，实现人与环境之间互动的最优化。

4.4.1 环境心理学发展历史

1886年，瑞士著名的美学家和美术史家海因里希·沃尔夫林（Heinrich Wolfflin）在其博士论文《建筑心理学绪论》中提出用心理学、美学的观点来考察建筑。德国包豪斯魏玛时期（1919—1925），作为校长的汉斯·迈耶（Hannes Meyer）也建议学习建筑心理学。这些都可以说是用心理学研究环境问题的开端。"环境心理学"一词最早出现在德国学者威利·海尔帕克（Willy Hellpach）于1950年出版的著作《地球物理学》（Geopsyche）中。该书讨论了太阳和月亮对人类行为的影响、带来的极端环境的冲击以及色彩和外形的作用等问题。

20世纪60年代初，从心理学角度对空间（环境）与人的相互作用的探索逐渐兴盛，有几个里程碑事件。1961年，在美国犹他州召开了第一次"建筑心理学及精神病学国际研讨会"，并出版了由罗伯特·凯兹（Robert William Kates）和乔基姆·伍尔威尔（Joachim F. Wohlwill）主编的《社会问题杂志》的论文专刊；1968年，美国环境设计研究学会（Environmental Design Research Association，EDRA）成立，并举行了第一次年会；1969年，创刊了第一本以环境心理学为主题的科学杂志《环境与行为》（Environment and Behavior）；1970年，由哈罗德·普洛桑斯基（Harold M. Proshansky）、威廉姆·伊特尔森（William H. Ittelson）和利安娜·里夫林（Leanne G. Rivlin）等共同编写的第一部《环境心理学：人与他的自然环境》著作出版；1969 年，英国召开了首次建筑心理学国际研讨会，并在 1981 年成立了国际人与环境研究协会（International Association for the Study of People and Their Physical Surroundings，IAPS）。

进入 20 世纪 70 年代，人因（工效）学和工程心理学都得到了快速发展。工程心理学所研究的人与工作、人与工具之间的关系，推而广之即成为人与环境之间的关系，环境心理学也由此开始快速发展。在学界，也有人把环境心理学看成是社会心理学的一个应用研究领域，这是因为社会心理学研究的对象是社会环境中人的行为，而从系统论的观点来看，自然环境和社会环境是统一的，二者都对人的行为有着重要影响。

4.4.2 环境心理学研究的特点

作为一门边缘性的学科，环境心理学研究具有以下特点。

1）具有浓厚的跨学科特性。环境心理学要从许多母学科中汲取知识和营养。例如，认知地图的研究要从格式塔心理学中汲取营养；环境 – 行为的研究借鉴了行为主义的理论和方法；儿童行为的研究则依赖于瑞士心理学家、儿童心理学和发生认识论的开创者让·皮亚杰（Jane Piaget）的理论。

2）把环境和行为的关系作为一个整体来研究，即

$$R=f(E,B) \tag{4-1}$$

式中，E 代表环境因素；B 代表用户行为；R 代表行为反馈与环境的交互作用；f 代表行为或反馈与环境因素之间的函数关系。

3）强调环境和行为交互作用的结果。

4）几乎所有的研究都以实际问题为取向。研究方法以现场研究为主，实验室研究并不多，不仅带有很强的创新性和独创性，也表现出面向实际应用的导向。

从该学科近年发展的趋势来看，环境心理学还具有另外一个重要的特点，就是其研究主题一般具有很强的时代性和社会特色。

4.4.3 环境心理学研究的内容与方法

传统上，环境心理学主要研究物理环境对人心理的影响，如对人的行为、情绪和自我感觉的影响等。早期的研究主要是有关人工环境，如建筑物和城市对人的心理行为的影响，特别是建筑环境导致的拥挤，如美国社会心理学家斯坦利·米尔格拉姆（Stanley Milgram）所指的感觉超载（Sensory Overload）。

近代环境心理学的研究范围扩展到自然环境对人的影响，如丹尼尔·斯托克尔斯把环境心理学的内容归纳为环境认知、人格与环境、环境观点、环境评价、环境与行为关系的生态分析、人的空间行为、物质环境的影响以及生态心理学等方面。从人的行为和环境交互作用的角度来看，环境心理学的研究内容可分为两大类：一是交互作用的形式，可分为认知和行为；二是交互作用的阶段，即人作用于环境和环境反作用于人。这些构成了现代环境心理学的基本内容。

环境心理学的具体研究方法主要有调查法、观察法、测验法、相关法、实验法、现场研究等。这些也都是普通心理学常用的研究方法，与体验设计中的用户研究方法多有类似。

4.5 环境试验

环境试验是为了保证产品在规定的寿命期间、预期的使用、运输或储存等所有环境下，保持功能可靠性而进行的活动。环境试验通常将产品暴露在自然的或人工的环境条件下，经受其作用，以评价产品的实际使用、运输和储存的性能，并分析环境因素的影响程度及其作用机理。环境因素特别是物理环境，对产品使用的影响是巨大的，也通过可靠性、环境适应性等方面影响着用户对产品的体验。

4.5.1 环境试验的历史

环境试验已有近百年的历史。1919 年，美国最先开始进行人工模拟环境试验；1943 年，美国国防部制定了环境试验方法，当时的试验项目主要是高温、湿热、低气压、沙尘、盐雾、日光辐射等，目的是解决热带沙漠地区作战的战斗机、装甲车等大型军事装备的质量问题；1955 年，美国成立了环境工程学会；英国于 1949 年成立了环境工程学会；苏联于 20 世纪 50 年代在国内各地建立了环境试验站，并在我国进行过大量的暴露试验；民主德国于 1962 年成立了环境试验委员会，主要负责电信设备和元器件方面的环境试验。

国际电工委员会（International Electrotechnical Commission，IEC）早在 20 世纪 40 年代就开始关注环境试验方面的问题。随着电子电工产品环境试验问题的日益突出，IEC 于 1961 年成立了环境试验技术委员会（TC50），专门从事环境条件分类和分级的研究。

我国的环境试验始于 20 世纪 50 年代，最先是在广州、上海、海南岛等地建立了天然暴露试验站，与东欧各国合作共同探索热带、亚热带、沿海地区气候条件对产品的影响。目前，国内的环境试验工作已大面积铺开，各省、市都建立了电子产品检验所（站），许多大公司、厂、所也都拥有了自己的可靠性环境试验室，环境试验的技术水准得到了大幅提升。

4.5.2 环境试验的分类与研究方法

作为可靠性试验的一种类型，环境试验已经发展成为一种预测使用环境是如何影响产品性能和功能的方法。例如，在产品投入市场之前，环境试验被用来评估环境对产品的影响程度；当产品的功能受到影响时，环境试验被用来查明原因。现在环境试验已远远超越了其最初的目的，被广泛应用于包括材料和产品的研发、生产及运输、质量控制，也被用来分析产品在实际使用过程中出现的缺陷，以及进行新产品的改进。

环境试验一般分为自然环境试验、使用环境试验和实验室环境试验三大类，也可以根据试验方法的不同分为高温试验、低温试验、淋雨试验、沙尘试验等。

1）自然环境试验，是将产品特别是材料和构件长期直接暴露于某一自然环境中，以确定该自然环境对它的影响过程，通常选在各种类型的自然暴露场所进行。

2）使用环境试验，是将产品安装于载体（平台）上，直接经受产品使用中遇到的自然（或诱发）环境的作用，以确定其对使用环境的适应性，通常在现场进行。

3）实验室环境试验，是将产品置于人工产生的气候、力学或电磁场等环境中，以确定这些环境对其影响，通常在实验室内进行。

目前，随着功能越来越复杂、使用条件越来越严格，产品环境试验也越来越受到人们的重视。

4.6 文化环境

文化环境又称文化内环境，属文化生态学概念，是指相互交往的文化群体借以从事文化创造、传播及其他文化活动的背景和条件。文化是对消费者行为影响最为广泛的因素之一，它通过价值观和行为规范得以反映，而且它对消费者的影响比生活方式更持久，也更深入。

4.6.1 文化因素

文化因素是社会因素的有机组成部分。广义的文化因素是指人类作用于自然界和社会的成果的总和，包括一切物质财富和精神财富；狭义的文化因素是指意识形态所创造的精神财富，包括宗教、信仰、风俗习惯、道德情操、学术思想、文学艺术和科学技术等，如制度（如礼制）、宗族，以及艺术方面的小说、诗歌、绘画、音乐、戏曲、雕刻、装饰、装修、服饰、图案等。例如，北京的天坛就是中国传统的建筑审美、皇权天授思想和卓越工艺技术相结合的典型代表（见图4-6）；图腾是记载神的灵魂的载体，也是一个民族的文化标志。它源自古代原始部落迷信某种自然或有血缘关系的亲属、祖先、保护神等，进而用来作为本氏族的徽号或象征。龙是中华民族文化的符号象征，这一传说中的神兽经过文化的装点，被赋予了具有丰富内涵的具象（见图4-7）。

图4-6　建筑文化——北京天坛

图4-7　文化符号——中国龙

思想和理论是文化的核心和灵魂，没有思想和理论的文化是不存在的。任何一种文化都包含其思想和理论，都是人类生存的方式和方法的客观反映。社会学家认为，文化由六种基本要素构成，即信仰（Beliefs）、价值观（Values）、规范和法令（Norms and Sanctions）、符号（Symbols）、技术（Technology）和语言（Language）。在对文化结构的解剖方面，学界素有不同的说法。例如，二分说主张把文化分为物质文化和精神文化；三层次说主张把文化分为物质、制度和精神三个层次；四层次说主张把文化分为物质、制度、风俗习惯、思想与价值四个层次；而六大子系统说则主张把文化划分为物质、社会关系、精神、艺术、语言符号和风俗习惯六个系统。

广义的文化着眼于人类与一般动物、人类社会与自然界的本质区别，着眼于人类卓立于自然的独特的生存方式，其涵盖面非常广泛，所以又被称为大文化。广义的文化可分为物质（物态）文化、制度文化、行为文化和精神（心态）文化四个层次。狭义的文化排除了人类社会历史生活中关于物质创造活动及其结果的部分，专注于精神创造活动及其结果，主要是精神文化，又称"小文化"。1871 年，英国文化学家爱德华·泰勒（Edward Burnett Tylor）在其《原始文化》（*Primitive Culture*）一书中提出了狭义文化的早期经典学说，即文化是包括知识、信仰、艺术、道德、法律、习俗和任何人作为一名社会成员而获得的能力和习惯在内的复杂整体。一般来说，文化具有以下特点。

1）超生理性和超个人性。超生理性是指任何文化都是人们后天习得和创造的，文化不能通过生理遗传；超个人性是指个人虽然有接受文化和创造文化的能力，但是形成文化的力量却不在于个人，个人只有在与他人的互动中才需要文化，才能接受和影响文化。

2）复合性。复合性是指任何一种文化现象都不是孤立的，而是由多种文化要素复合构成的。

3）象征性。象征性是指文化现象总是具有广泛的意义，文化的意义要远远超出文化现象所直接表现的那个窄小的范围。

4）传递性。文化一经产生就会被他人所模仿、效法和利用，包括纵向传递（代代相传）和横向（地域、民族之间）传递两个方面。

5）变迁性与滞后性（堕距）。变迁性是指文化不是静止不动的，而是处于变化中的。一般认为大规模的文化变迁由三种因素引发：①自然条件的变化，如自然灾害、人口变迁；②不同文化之间的接触，如不同国家、民族之间技术、生活方式、价值观念等的交流；③发明与发现，即各种发明、创造导致人类社会文化的巨大变迁。滞后性是指文化的各部分在变迁时的速度不一样，导致各部分之间的不平衡、差距和错位。

4.6.2　文化功能与个体行为

文化功能也称文化价值，是指文化对个人（个体）、团体（群体）和社会等不同层面所起的作用。就个人而言，文化起着塑造个人人格、实现社会化的功能；就团体而言，文化起着目标、规范、意见和行为整合的作用；对于整个社会来说，文化起着社会整合和社会导向的作用。这三个层面的文化功能是互相联系的。从用户行为的角度来看，文化是由一个社会群体里影响人们行为的知识、信念、艺术、道德、风俗和习惯所构成的复合体。虽然在选择一个具体商品时，文化可能不是一个决定性因素，但是它对该商品的用户体验及其能否在社会上被接受起着重要的作用。表4-1和表4-2分别给出了美国和中国两国文化的核心价值观及其对用户行为的影响。

表4-1　美国文化的核心价值观及其对用户行为的影响

核心价值观	具体表现	对用户行为的影响
个人奋斗	自我存在（自力更生、自尊、自强不息）	激发接受"表现自我个性"的独特产品
讲求实效	赞许解决问题的举动（如省时和努力）	激发购买功能强大和省时的产品
物质享受	追求生活品质	鼓励接受方便和体现豪华的产品
自由	选择自由	鼓励对差异性产品的兴趣
求新求变	产品要更新、升级	鼓励标新立异
冒险精神	轻视平庸和懦弱，追求一鸣惊人	号召购买效果难以马上显示的产品
个人主义	自我关心、自尊自敬、自我表现	激发接受"表现自我个性"的独特产品

表4-2　中国文化的核心价值观及其对用户行为的影响

核心价值观	具体表现	对用户行为的影响
集体主义、求同心理	合群精神，注重社会规范	用户较多地考虑社会的、习俗的标准，不喜欢脱离周围环境而单独突出个人爱好的产品
勤俭节约	节制个人欲望，精打细算，知足常乐	偏好经久耐用、物美价廉的产品
家庭观念强	孝悌持家，敬老爱幼	鼓励接受适合整个家庭或老人、幼童需要的产品
稳重含蓄	内向、朴实、中庸之道	喜欢不过分标新立异、色调柔和、设计大方、庄重的产品
较保守	循规蹈矩、安分守己、不冒风险	固守品牌的概念

此外，作为文化有机组成部分的亚文化对个体行为的影响也不容忽视。所谓亚文化，是指根据人口特征、地理位置、伦理背景、宗教、民族等对文化进行的细分。在亚文化内部，人们对待特定产品的态度、价值观和价值取向等方面与大范围的文化内部相比更为相似。亚文化的不同往往会导致个体对品牌偏好、功能需求、操作习惯、评判标准等产生明显的差异。

4.6.3　体验设计的文化因素分析

对体验设计来说，文化具有两重功效：一方面，设计的行为受文化约束，设计的结果是文化的反映，而社会文化水平又制约着设计的结果，决定了设计的物质和非物质属性；另一方面，设计作为结果影响或创造物质或非物质文化。设计带来的物质文明的提升直接推动着人类社会文明整体水平的进步。一个为大众普遍接受的好的设计，需要以深入的文化因素分析作为基础，一般地应从以下几个方面入手。

（1）教育状况分析　受教育程度的高低，影响用户对产品功能、款式、包装和服务的要求。例如，文化教育水平高的国家或地区的用户通常要求商品包装或典雅华贵，或环保自然，不仅需要从各方面展现产品的功能和品质，而且常常对附加功能也有较高的要求。

（2）宗教信仰分析　宗教是构成社会文化的重要因素，对人们的消费需求和购买行为的影响很大。不同的宗教有自己对节日礼仪、商品使用的独特要求和禁忌；某些宗教组织甚至对教徒的购买决策有着决定性的影响。

（3）价值观分析　价值观是指人们对社会生活中各种事物的态度和看法。不同文化背景下，人们的价值观往往有着很大的差异，对商品的色彩、标识、式样及促销方式都有自己褒贬不同的意见和态度。这就要求在设计中兼顾用户不同的价值观念，提供差异化服务。

（4）消费习俗分析　消费习俗是指人们在长期经济与社会活动中所形成的消费方式与习惯。不同的消费习俗对商品的要求也不同。研究消费习俗不仅有利于有针对性地进行产品设计、组织生产与销售，而且有利于主动正确地引导健康的消费观念。了解目标市场用户的禁忌、习惯、避讳等是实现良好设计的重要前提。

文化环境就像一只无形的手，潜移默化地左右着人们的心理与行为。在这个层次上探讨体验设计带来的影响往往是深远的。所以，有人说低层次的设计师设计产品，高层次的设计师设计文化。这种说法不无道理。超越功能概念范畴、引领新型消费文化潮流的产品，始终是设计师孜孜追求的目标。

4.6.4　流行与时尚

流行（Popular）与时尚（Fashion）是两种密切相关的社会现象，也是构成社会文化的重要元素。流行与时尚在一定程度上左右着人们的消费心理，有时也出乎意料地影响着产品的体验效果。

1. 流行

流行是指某一事物在某一时期、某一地区广为大众所接受、钟爱并带有倾向性色彩的社会现象。流行带有非常明显的时间性和地域性特征，它随着时代潮流和社会的发展而产生，也常常随着时代的变迁而淡化、逝去。产品的流行十分强调人们心理上的满足感、刺激感、新鲜感和愉悦感。例如，苹果当初决定采用白色耳机，只是为了与其2001年发布的白色 iPod 搭配。随着越来越多的人开始佩戴白色耳机，时任苹果总裁史蒂夫·乔布斯（Steve Jobs）敏锐地觉得这是一个打广告的好机会，因为 iPod 装在皮包或口袋里不会有人知道，但耳机是可以让人看到的。于是从第二代开始，苹果打出了 iPod 的新广告：一个全身黑色的人拿着 iPod、戴着白色耳机，在忘我地跳舞（见图 4-8）。从此，苹果的白色耳机便成了 iPod 的象征，而 iPod 也成了全球流行的产品，深受年轻人喜爱。

当然，拥有最新款的 iPod 不仅仅是追求流行，在某种意义上也是前卫和身份的象征。

流行的心理因素是动机，具体表现为：想要提高自己的社会地位；获得异性的瞩目与关心；显示自己的独特性以减轻社会压力；寻求新事物的刺激；自我防御等。流行的特点包括新异性、短暂性、现实性、琐碎性、规模性和模仿性与暗示，具有入时性、突出个人、消费性、周期性和选择性等特征。就其社会功能而言，流行具有积极和消极两个方面的作用：前者是指其可以满足

图 4-8 iPod 流行的广告

人们的需要，消除抑郁、焦虑，维持心理平衡，以及可以促进新事物、新观念不断出现，从而促进社会进步，使社会保持良好的秩序和活力；后者则反映在有时流行表现为不健康的生活方式和追求奢靡的倾向。

流行已经成为当代人生活的一个基本特征，这一点在服装样式（色彩）设计上表现得尤为突出。例如，欧洲每年一度的高级时装发布会上，成衣制造商会从中发现和选择认为符合潮流、能够引起流行的服装信息，对其风格特点、造型特征、材质选择、流行色运用、配件搭配等进一步提炼、概括、简化和再设计，制作出适合市场需求的不同档次的成衣，作为新的款式投放市场，从而形成一定规模的流行。近年来这种做法也被快速消费品行业所借鉴，如手机厂商在推出新品时也会组织召开规模宏大的发布会，对其产品特点、新功能、新概念等大肆宣传，借以制造流行，刺激用户的购买欲望。

流行好比青春，虽非常短暂，但却能给人们留下美妙而又难忘的记忆。崇尚流行、热爱流行，在某种程度上也反映着人们对终将逝去的青春的渴望和眷恋。

2. 时尚

时尚是指人们对社会某项事物一时的崇尚，是在特定时段内率先由少数人实验而后为社会大众所推崇和仿效的生活样式。顾名思义，时尚就是"时间"与"崇尚"的相加，是短时间里一些人所崇拜的生活方式，带有典型的个性化特点。人们对时尚的理解各不相同：有人认为时尚即是简单，与其奢华浪费不如朴素节俭；也有人认为时尚只是为了标新立异。现实中，与时尚不同步的人可能被指为老土、落伍、古董。然而，时尚是一个人为的相对标准，正因为是相对的，所以对一些人来说是时尚的，对另一些人来说可能不是。时尚具有短暂性、阶层性、包容性和时代性的特点。

时尚涉及人们生活的各个方面，如衣着打扮、饮食、行为起居甚至情感表达与思考方式等。追求时尚常常被认为是一门"艺术"，不在于被动地追随，而在于理智而熟练地驾驭。时尚带给人的是一种愉悦的心情和优雅、纯粹与不凡感受，它赋予人们不同的气质和神韵，能体现不凡的生活品位，精致、展露个性。例如，在国内有着 90 多年历史、售价仅 70 多元人民币的球鞋（类似 20 世纪 80 年代初仅几元人民币一双的解放鞋）——回力鞋（见图 4-9），现在却成了欧美"潮人"争相购买的"尖货"，成了年轻人的最爱。

在欧洲，它的身价至少翻了 25 倍，达到让人惊愕的
50 欧元以上！不仅如此，欧洲权威时尚杂志《ELLE
（法国版）》还为它"著书立说"，它的死忠"粉丝"
横跨演艺圈和时尚圈，继中国蛇皮袋被国外时尚品牌
"克隆"后，中国球鞋再度创下时尚界的一个奇迹。

图 4-9　2017 年度风靡欧美的回力鞋

　　流行与时尚是一对矛盾对立统一体，两者相互制
约、相互影响，又相生相克。时尚是流行的诱因，也
是流行的前期准备。时尚的初衷不是流行，甚至可以
认为是对抗流行的，但结果却往往导向流行；流行是
时尚的扩大和发展，流行形成的同时也常常意味着时尚的终结。例如，20 世纪 30 年代尼
龙袜问世，一时成为欧洲贵妇人时尚的时髦之选，但随着其批量生产和降价，很快在全
世界流行起来，也理所当然地不再被看成是时尚之物。当然，时尚的也不一定都能流行，
如奢侈品时尚，私人飞机作为亿万富翁的时尚品，无论怎样高调宣传也不可能使其成为
流行之物。

　　从体验设计的角度来看，时尚的产品不仅天然受到至少一部分用户的喜爱，在适当
的条件下，更有可能引领流行的潮流。

思考题

1. 结合本章内容，试选定一款产品，给出其设计所涉及的环境的分类。
2. 试述人 – 环境交互作用模型，并分析其要点。
3. 试述环境心理学研究方法。
4. 试述社会环境都包含哪些方面。
5. 什么是文化？试述文化对设计的影响。
6. 对比中美两国文化的核心价值观，试分析核心价值观不同对体验设计的影响。
7. 试分析东西方传统宗教信仰的差异，并论述这些差异对体验设计作用的结果。
8. 试分析时尚与流行的差异，并结合设计知识，尝试设计一款时尚的可穿戴电子
产品，评估其流行的可能性。重点在于对体验设计及其要素的分析。

第5章 人的行为与交互

人的行为决定了交互的态度和模式，进而影响到交互的感受。行为具有多样性、计划性、目的性和可塑性，受意识水平的调节，受思维、情感、意志等心理活动的支配，同时也受道德观、人生观和世界观的影响。态度、意识、认知和知识是产生人的行为差异性的动因，这不可避免地反映在其与产品和环境的交互方面，最终带来个体感受的差异和多样性。

5.1 人的行为与行为学研究

5.1.1 行为的定义

行为是指人类或动物在生存活动中表现出来的态度及具体的方式，是对内外环境因素刺激所做出的能动反应。行为也是受意识支配的心理活动表现出来的外化的举止行动，是生物适应环境变化的一种主要的手段，具体表现为生存行为，如取食、御敌、繁衍后代等。在学术界，也有人把诸如意识和思维等他人无法直接观察到的心理活动作为行为的研究范畴。

从生理机制来看，行为一般受神经和激素调节，需要有感受和应答的能力才能完成。例如，原生动物的行为一般只有趋性，能感受到环境中的刺激并靠近或远离之；腔肠动物有神经网，扁形动物以上的无脊椎动物已有神经节和感受器；脊椎动物更有中枢神经系统、周围神经系统等，感受器官也高度发达；无脊椎动物已有内分泌，而脊椎动物的内分泌系统更高级也更复杂。神经和内分泌系统构成了行为产生的生理基础（见图5-1）。

动物的行为需要内、外两个方面的刺激。例如，进食行为的内刺激为饥饿感，外刺激是通过视觉和嗅觉发现外界的食物。内在状态（如饱或饥）也常称为动机。感受器接收信息，将它转变为神经冲动，经感觉神经传入中枢神经系统，在此解码并做出决策，运动神经又将决策送到肌肉或腺体等效应器，于是出现了应答。反射是动物通过神经系统对内外环境刺激的规律性应答行为，分为非条件反射和条件反射。前者是先天的；后者则是出生后在非条件反射基础上通过训练形成的，又有经典式和操作式之分。条件反射使动物更能适应环境条件的变化，而本能则是一系列非条件反射。学习过程不仅是条件

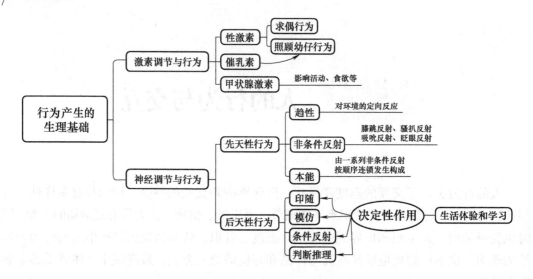

图 5-1　行为产生的生理基础

反射的建立过程，也对印随[⊖]、模仿、条件反射和判断推理行为有决定性的作用。

人的行为是受意识支配而表现出来的外在活动，是人类内在心理活动的外化表现。行为反映着一个人的品质，如行为举止，有主动和被动行为之分，是人与环境相互作用的结果，并随人与环境的变化而改变。

5.1.2　人类行为研究的起源

"人类行为"一词最早由法国思想家艾尔弗雷德·埃斯比纳斯（Alfred Victor Espinas）于 1890 年提出，但真正开始广为人知，则是始于奥地利经济学家路德维希·冯·米塞斯（Ludwig von Mises）的著作《人类行为学》（*Praxeology*）。

第二次世界大战后，在经济学界制度学派渐趋衰落，而实证主义则如日中天。前者以美国经济学家托斯丹·B. 凡勃伦（Thorstein B Veblen）、约翰·康蒙斯（John Rogers Commons）、韦斯利·米切尔（Wesley Clair Mitchell）为代表，强调非市场因素（如国家、制度因素、意识形态、社会和伦理因素等）是影响社会经济生活的主要因素，认为市场经济本身具有较大的缺陷，使社会无法在人与人之间的"平等"方面协调；后者则以法国哲学家奥古斯特·康德（Isidore Marie Auguste François Xavier Comte）为代表，强调感觉经验，排斥形而上学传统，以现象论观点为出发点，拒绝通过理性把握感觉材料，认为通过对现象的观察、归纳就可以得到科学定律。实证主义认为通过观察人类行为中可计量、可统计的规律性，构造出其模型，然后可据此对行为进行预测，并用更进一步的统计证据来进行验证。实证主义的本质是一种哲学思想。广义而言，任何种类的哲学体系，只要囿于经验材料、拒绝先验或形而上学的思辨，都可被称为实证主义。

⊖　一些刚孵化出来不久的幼鸟或刚出生的哺乳动物，会学着认识并跟随它们所见到的第一个移动的物体——通常是它们的母亲，这就是印随行为。如果刚孵化出来的小天鹅没有看到母天鹅，就会跟着人或其他行动目标走。印随学习是动物出生后早期的一种学习方式。

与推崇经验和观察研究方法的实证主义相反，冯·米塞斯驳斥了实证主义用物理的观点去研究人，反对把人当作石头或原子的机械做法，在其《理论与历史》（1957年）及《经济学的最后基础》（1962年）等著作中提及，人是行动着的人、是个体的人，而不是可以精确地用数量表示的、遵循物理学规律"运动"的石头或原子；人有其努力实现的内在意图、目标或目的，也会形成如何实现这些目标的想法。冯·米塞斯的这一观点在其《人类行为学》著作中得到了完善，并成为广为世人所接受的人的行为研究经典。冯·米塞斯理论的来源包括：①古典经济学家和奥地利学派经济学家所推崇的演绎的、逻辑的和个人主义的分析；② 20世纪之交以海因里希·里克特（Heinrich John Rickert）、威廉·狄尔泰（Wilhelm Dilthey）和威廉·文德尔班（Wilhelm Windelband）为代表的"德国西南学派"及冯·米瑟斯的朋友马克斯·韦伯（Max Weber）所倡导的历史经验与科学事实之间存在性质上的差别、事实不等于真相、抽象事实不等于事实等思想。其理论对行为研究的指导意义在于，摈弃了机械式研究人的行为的做法，还人的行为以"生物的人"，是有意图、可思考、能决策的人的行为这一本质。

5.1.3 行为学研究及行为的分类

人类行为学也称行为科学、行为学，它研究工作环境中人的行为产生、发展和相互转化的规律，以便预测和控制人的行为。行为科学是管理学中的一个重要分支，是一门综合性的边缘学科。

行为科学管理理论产生之前，在西方盛行的是古典管理理论。古典管理理论以美国著名经济学家、科学管理之父弗雷德里克·泰勒（Frederick Winslow Taylor）为代表，着重研究车间生产如何提高劳动生产率问题，代表作为《科学管理原理》；行为科学管理理论以美国现代经营管理之父、管理过程学派的开山鼻祖亨利·法约尔（Henri Fayol）和德国哲学家、经济学家马克斯·韦伯为代表，着重探讨大企业整体的经营管理，突出的是行政级别的组织体系理论。行为科学管理理论在相当程度上克服了古典管理理论的弊端，其研究分为两个时期：前期以人际关系学说（或人群关系学说）为主要内容，从20世纪30年代美国管理学家乔治·梅奥（George Elton Mayo）的霍桑实验⊖开始，到1949年在美国芝加哥召开的跨学科会议上第一次提出行为科学的概念为止。霍桑实验的结果表明，工人的工作动机和行为并不仅仅为金钱收入等物质利益所驱使，他们不是"经济人"而是"社会人"，有社会性的需要。乔治·梅奥据此建立了人际关系理论，行为科学早期也因此被称为人际关系学。1953年在美国福特基金会召开的各大学学者参加的会议上，正式把这门综合性学科定名为"行为科学"。此后，对行为科学的研究步入了发展时期。

现代行为科学管理理论主要涉及人性假设、激励理论、群体行为理论和领导行为理论。按研究的范围来看，人类行为研究可分为宏观和微观两大类。宏观行为学的主要内

⊖ 霍桑实验是一项以科学管理的逻辑为基础的实验，是心理学史上最有名的事件之一。由乔治·梅奥主持的霍桑实验从1927年至1932年，前后经过了四个阶段：阶段一，车间照明实验；阶段二，继电器装配实验；阶段三，大规模的访谈计划；阶段四，继电器绕线组的工作室群体实验。最后得出结论，受试者对新的实验处理会产生正向反应，即由于环境改变（如新试验者的出现）而改变其行为。这种效果也称"霍桑效应"（Hawthorne Effect）。

容：①基础行为学，研究人类行为的基本规律，是每一个管理者都应具备的基础知识；②社会行为学，研究社会群体行为的规律和后果以及控制和监测的方法，为政府施政提供决策依据。微观行为学的研究内容则十分广泛，如研究社会单位和组织行为规律的组织行为学，研究消费者行为规律的营销行为学，甚至研究犯罪者行为规律的犯罪行为学等。此外，人的行为还可以从不同角度划分为不同的种类（见图5-2）。

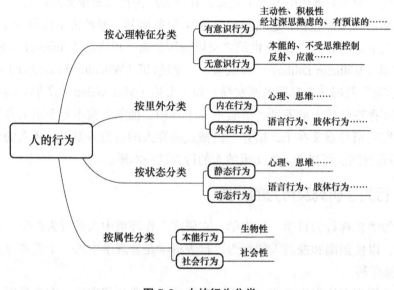

图 5-2　人的行为分类

1）按心理特征分类，人的行为可分为有意识行为和无意识行为。前者受思维和目标导向控制，具有主动性和积极性，常常表现为一种基于自己角色地位的社会确认行为，即经过深思熟虑的、有预谋的、有明确的目的性和有计划去达到该目标的角色行为；后者是一种本能的、不受思维控制的行为，即下意识行为，是对外界刺激的反应或情感的自然流露。

2）按里外分类，人的行为可分为内在行为和外在行为。心理和思维活动属于内在行为；语言行为、肢体行为则属于外在行为。

3）按状态分类，人的行为可分为静态行为和动态行为。心理和思维活动属于静态行为；语言行为、肢体行为则属于动态行为。

4）按属性分类，人的行为可分为本能行为和社会行为。前者由人的生物性所决定，是人类最基本的行为；后者由人的社会性所决定，是通过社会化过程而确立的。

5.2　人的行为机制与行为规律

■ 5.2.1　人的行为机制

行为机制是产生行为的生理和心理的过程及其结构、功能和相互关系，主要包括以下四个方面。

（1）需要　需要是个体在社会生活中缺乏的某种东西在大脑中的反映，是一种主观状态，也是客观需求的反映。当需要达到一定强度时，则产生动机。

（2）动机　动机是推动人去从事某种活动的力量，是个人行为的直接原因，也是一种内部刺激。动机本质上是个体行为的激活或唤起以及行为的强度与方向，是引起、维持和推动个体行为以达到一定目的的内部动力。

（3）行为　行为是指受意识支配而表现出来的外表活动。行为是由动机所引起的，并指向一定的目标。动机和行为的关系错综复杂，并非一对一的关系，同一行为可能有不同的动机；类似地，同一动机也可能产生不同的行为。

（4）反馈　反馈又称回馈，是控制论的基本概念，是指将系统的输出返回输入端，进而影响系统功能的过程。行为由动机所推动，而行为的结果，即反馈，又能使动机得以加强、减弱或消退。

5.2.2　人的行为规律

传统行为学认为，行为是生命的特征，而生命由躯体和灵魂所组成。人的灵魂包含性格和知识两大要素。性格是先天赋予的行为本能；知识是后天通过学习所获得的行为依据。每个人的灵魂都不尽相同，因为先天赋予的性格和后天习得的知识都不会完全一样。所以，每一个人都有自己行为的特征。在同一社会群体之中，由于相同的习俗和文化，成员的个性之中会有较多的共同点，因此就形成了社群成员某些行为的共同特征，即所谓民族的民族性或国家的国民性。

人类行为学研究认为，人的性格是由遗传基因所决定的，人的灵魂是可以塑造和改变的，人必须控制自己的行为，以适应所生存的环境。灵魂和环境是影响人类行为的两大重要因素，一切行为的后果，或者改变自己以适应环境，或者改变环境以适应自己，又或者兼而有之，不能适应者就会被环境所淘汰。灵魂和环境的约束赋予了人的行为某种共同属性，即行为的规律性，包括以下内容。

（1）目标律　任何行为都指向一定的目标，即主体之外的某一客观事物，如金钱、住房、职位、名誉等。目标是人们梦寐以求的预期结果，"拉动"人们付出努力去实现。

（2）动机律　所有行为均由动机"驱动"。动机启动并维持人类行为的生理、心理状态，包括欲望、需要、兴趣、信念、情绪等。人的行为在动机的驱动下指向目标，目标实现后人会产生新的动机。

（3）强化律　强化律也称结果律，是指一旦某一行为达到了预期目标或获得了意想不到的好结果，则行为重复发生的可能性会增大，即预期目标或好结果能增大行为重复出现的概率。

（4）遗传律　个体的行为特征部分取决于从父母那里获得的基因的状况。如果遗传基因有缺陷，将导致人类行为的变态。例如，先天愚型病人的智力障碍是因为其第 21 组染色体不是正常的一对，而是三个。此外，行为遗传学用选择性繁殖实验证明了某些行为特征可以遗传给后代。

（5）环境律　人类行为除受遗传基因制约外，还受环境因素的支配。行为特征取决于遗传与环境的相互作用。研究证明，人的行为不仅受出生后的家庭状况、受教育过程、社会活动等环境的影响，而且与出生前的环境有关。不同的情景要求一个人表现内心的不同侧面，因此不能仅仅根据一个人在某一场合的特殊表现推测他的全部行为特征。

（6）发展律　个体出生后，随着年龄的增长，行为在不断地发生变化，如能力的提高、性格的改变、知识的积累等。美国新精神分析学派的代表人物爱利克·埃里克森（Erik H. Erikson）把人一生的行为发展分成八个阶段，即基本信任–基本不信任（1岁前）；自主–害羞、怀疑（1～3岁）；创造–罪恶（4～5岁）；勤奋–自卑（6～11岁）；自我认同–角色混乱（12～20岁）；亲密–孤立（21～24岁）；关心后代–自我关注（25～65岁）；自我整合–失望（66岁后）。每一阶段都存在一种危机，如果这些危机得到积极的解决，则会产生良好的人格特质，反之亦然。

（7）差异律　人与人之间在能力、人格特质、价值观、工作态度、兴趣、信念、动机等方面存在显著的个别差异，这源于遗传、环境、情景、活动、职业、家庭等方面的不同。组织成员的个别差异是劳动力多样性的重要方面，包括年龄、种族、民族、性别、教育、婚姻状况、工作经验、收入、宗教信仰等。一般认为，劳动力多样化有利于组织绩效的提高。

（8）本我律　虽然个体在行动时会考虑法律与道德的约束，但其在本质上只顾追求自己的利益和目标。如果一个人的法律意识、道德良心薄弱甚至泯灭，就会表现出其本来面目。一个群体、一个组织的情况也是如此，这就是本我律。"本我"一词借用了奥地利精神病医师、心理学家、精神分析学派创始人西格蒙德·弗洛伊德（Sigmund Freud）的概念。他认为人格由本我、自我和超我三部分构成：本我蕴藏着人的本能冲动，以无意识的非理性冲动为特征，它按照快乐原则操作，不顾后果，寻求即刻的满足；自我处在现实与本我的非理性需要之间，起着中介的作用，它按照"现实原则"操作，为了在以后或者更合适的时间得到更大程度的满足，因此它往往推迟不合适的即刻满足；而超我是受父母的教化和道德准则影响所形成的良心和理想自我，它对自我进行监视和统制。

人的行为规律也决定了行为表现的基本特点：在特定的环境中，具有特定个性的人有特定的行为表现；在相似的环境中，具有相似个性的人或相似共性的群体有相似的行为表现；任何一种行为都会相应产生一种以上的后果；任何一种控制行为的行为也都会相应产生一种以上的后果；而任何一种行为的后果都有其自身固有的客观演化规律，与行为者和实施控制行为者的主观愿望无关。

5.3 人的行为的要素与行为模式

行为是有机体在外界环境刺激下所引起的反应，包括内在的生理和心理变化。美国心理学家罗伯特·伍德沃斯（Robert Sessions Woodworth）据此提出了著名的刺激–机体–

反应（S-O-R，Stimulus-Organism-Response）模型。S-O-R模型将心理活动与行为纳入同一系统来看待，对之后的新行为主义研究产生了重要的影响。

5.3.1　行为的构成要素

从狭义来看，人的行为由五个基本要素构成，即行为主体、行为客体、行为环境、行为手段和行为结果。

1）行为主体，是指具有认知、思维能力，并有情感和意志等心理活动的人。

2）行为客体，是指人的行为所指向的目标。

3）行为环境，是指行为主体与行为客体发生联系的客观环境。

4）行为手段，是指行为主体作用于行为客体时的方式、方法及所应用的工具。

5）行为结果，是指行为对行为客体产生的影响，也是行为主体预期的行为与实际完成行为之间相符的程度。

行为五要素之间存在着相互关联、相互作用的关系。例如，当行为环境发生变化时，会对行为的结果产生影响；对相同的客体来说，不同的行为主体在同一行为环境中所采用的行为手段有所不同，其行为结果也会存在差异。

5.3.2　人的习性与习惯

1. 习性

习性是指长期在某种自然条件或者社会环境下所养成的特性。"习性"的概念与当代法国思想大师之一皮埃尔·布迪厄（Pierre Bourdieu）早期所从事的经验研究有直接的渊源。他试图从实践的维度消解在社会学乃至哲学传统中长期存在的二元对立，因而建构了习性、场域和资本等概念，提出了将个体与社会、主体与结构结合起来，从宏观角度分析问题的关系式方法。此外，布迪厄关于习性的构想受到美国艺术史家埃尔文·潘诺夫斯基（Erwin Panofsky）的《哥特式建筑与经院哲学思想》的影响。潘诺夫斯基认为，"心智习惯"不仅仅在制度、实践和社会关系中传递、渗透，它本身还作为特定条件下人的思想、行为的生成图式（一种"形塑习惯"的力量）起作用。

习性拥有长期生产性系统的社会再生产功能，即在社会空间中不断将社会等级内化、铭刻在行为者的心智结构和身体之上，并通过行为者的实践，巩固和再生产这种社会等级区分。因此，习性是社会权力通过文化、趣味和符号交换使自身合法化的身体性机制。它使得行为者受制于塑造他们的环境，理所当然地接受基本的生存境遇，从而使现存社会政治、经济不平等结构深入人心地合法化。行为者的习性包含两个方面的内容：①社会空间的主导规则内在化和具体化为性情结构；②习性作为生成性结构，能够生成具体实践行为的功能。因此，习性是"被建构的结构"（Structured Structure）和"建构中的结构"（Structuring Structure），在客观上是被规定的和有规律的，它们会自发地激活与之相适应的实践，就像一个没有指挥的乐队仍然可以集体和谐地演奏一样。

人的习性是人类适应环境的本能行为，是在长期的实践活动中由环境与人类的交互作用而形成的行为，如抄近路习性、识途性、左侧通行习性、左转弯习性、从众习性、聚集效应、距离保持等。

2. 习惯

习惯是与习性不同的概念。从神经学角度来看，习惯是脑神经形成的某种固定的链接，是一个认知—行为—反馈的固定回路。习惯是人长期养成的、不易改变的语言、行动和生活方式。如"习惯成自然"，其实是说习惯是一种省时省力的自然行为，是不假思索就自觉地、经常地、反复去做的动作。习惯分为个人习惯和群体习惯。个人习惯是指一个人日常的处事和方法，是一个人固定的行为方式。群体习惯是指在一个国家或一个民族内部，人们所形成的共同习惯。例如，一个国家或民族内的人，常对工器具的操作方向（前后、上下、左右、顺时针和逆时针）有着共同的认识，并在实践中形成了共同一致的习惯。群体习惯有的是世界各地都相同的，有的是国家之间、民族之间不同的。

人的习惯具有简单、自然、后天性、可变和情境性等特征。根据习惯的特性，在进行交互设计时利用类似或熟悉的操作习惯，可以让用户更容易掌握，降低学习成本。例如，对于较成熟和已经积累了大量用户的产品，较保守的方法是在原有习惯的基础上，增加或细微地改变操作流程，这样在不同的迭代和版本更新后，新的功能会被用户自然而然地熟悉和掌握。但是，一味地迎合习惯也有降低产品趣味性的风险，通过适度地变化以凸显交互的趣味性、提升产品交互的差异，有时能带来更独特的深刻体验。

在交互设计中，迎合还是打破使用习惯，一直是困扰设计师的一个问题。这需要辩证地看待，如站在商业目的、体验创新、科技创新等更高的层次综合考虑，或许能找到更适合的答案。良好的交互设计应该培养用户建立更好、更健康的行为习惯，实现自然交互。

5.3.3 人的行为特征

心理学研究表明，人的行为具有以下一般特征。

（1）自发的　人的行为具有自发性的特点。外力能影响人的行为，但无法发动其行为，如外在的权力、命令无法使一个人产生真正的效忠行为。

（2）有原因的　任何一种正常人的行为的产生都是有其原因的。行为通常与人的需求相关，还与该行为所导致的后果有关；人的行为受其需求所激励，而不是受别人认为他应该有的需求所激励。对旁观者来说，某个人的需求也许是离奇而不现实的；但对这个人来说，这些需求可能恰恰是处于支配地位的。

（3）有目标的　人的行为不是盲目的，它不但有起因，而且有目标。有时在旁人看来毫无道理的行为，对其本身来说却是合乎目标逻辑的。

（4）持久性的　任何行为在其目标没有达成之前，一般是不会自动终止的。也许会改变行为的方式，或由外显行为转为内在行为，但它总是不断地向着目标进行的。

（5）可改变的　人类为达到目标，不仅常常改变其行为方式，而且还可以通过学习或训练改变其行为的内容。这与受本能支配的动物行为不同，反映出人的行为具有可塑性。

人的行为具有上述特征的原因之一，是其行为都是有动机的，无动机的行为是没有意义的。此外，人的行为还具有适应性、多样性、变化性、可控制性和整合性等特征。

5.3.4 行为模式及其分类

行为模式是指将人类行为的习性、特点进行归纳，概括出来作为行为的理论抽象与基本框架或标准。人的行为模式一般有以下几种。

（1）再现模式　再现模式是指通过观察分析已建成空间里人的行为，尽可能真实地描绘和再现空间中的个体行为。它常用于评价已建造空间的合理性，从而进一步优化空间的属性，使之趋于更加合理。

（2）计划模式　计划模式是指根据空间设计的内容，将人在其中可能出现的行为状态表现出来。它主要用于分析评价将要建造的空间对象，适用于一般的建筑和室内设计。

（3）预测模式　预测模式是指将预测实施的空间状态表现出来，分析人在该空间中行为表现的可能性和合理性。可行性方案设计就属于这种模式。

（4）数学模式　数学模式是指利用数学理论和方法表现人的行为与其他因素的关系。它主要用于科学研究，如前述的 S-O-R 模型就是人类行为的一种数学表现。

（5）模拟模式　模拟模式是指利用计算机等手段模拟人的行为。它主要用于实验。随着科技的发展，用计算机进行空间和环境中人的行为的模拟仿真越来越真实且普遍。

（6）语言模式　语言模式是指用语言记述个人的心理活动和行为。

实践中，也有学者建议按行为的内容将人的行为模式分为有秩序模式、流动模式、分布式模式和状态模式等几种类型。

5.4 交互行为

交互行为是人类行为的一种，特指在交互系统中用户与产品之间的相互作用。它主要包括两个方面：①用户在使用产品过程中的一系列行为，如信息输入、检索、选择和操控等；②产品的行为，如语音、阻尼、图像和位置跟踪等对用户操作的反馈行为以及产品对环境的感知行为等。对个体来说，交互行为可以划分为目标、执行（如实现目标的意图、动作的顺序）以及评估（如感知、解释和比较外部变化）等阶段，这也是以用户为主体的有意识的交互行为的一般过程。

5.4.1 人机交互

人机交互（Human-Computer Interaction，HCI）是研究系统与用户之间的互动关系的学科。系统可以是各种各样的机器，也可以是计算机化的系统或软件。用户界面（User Interface，UI）是人与机器之间传递、交换信息的媒介和对话接口，也是人机交互技术的一种物质表现形式。

人机交互是与认知心理学、人机工程学、多媒体技术、虚拟现实技术等密切相关的综合性学科（见图5-3）。它主要包括交互界面表示模型与设计方法、可用性分析与评估、多通道交互技术、认知与智能界面、群件及 Web、移动界面设计和虚拟交互、自然交互等内容。现有的人机交互技术可分为基本交互技术（如鼠标、键盘交互）、图形交互技术（如图形界面、虚拟交互等）、语音交互技术、体感交互技术（如姿态、手势、眼动等方式）、多通道、多媒体及智能意识（脑）交互技术等。

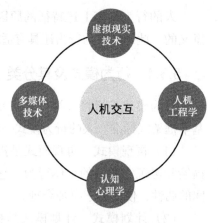

图 5-3 人机交互技术构成

5.4.2 人机交互技术的发展

人机交互技术的发展经历了以下四个时期：

（1）初创期（1970 年前）　最早的人机交互可以追溯到由指示灯和机械开关组成的操作界面。1959 年，美国学者布赖恩·沙克尔（Brain Shackel）从人在操作计算机时如何才能减轻疲劳出发，发表了被认为是关于人机界面的第一篇论文《关于计算机控制台设计的人机工程学》；1960 年，美国心理学家、计算机专家约瑟夫·理克莱德（Joseph Carl Robnett Licklider）首次提出了人机紧密共栖（Human-Computer Close Symbiosis）的概念，被视为人机界面学的启蒙观点；1969 年，在英国剑桥大学召开了第一次国际人机系统大会；同年，第一份专业《国际人机研究》（*International Journal of Man-Machine Study*，*IJMMS*）杂志创刊，被称为人机界面学发展史上的里程碑。

（2）奠基期（1970—1979 年）　1970 年，国际上成立了两个 HCI 研究中心：一个是英国拉夫堡大学的 HUSAT 研究中心；另一个是美国施乐公司的帕罗奥图（Palo Alto）研究中心，该中心提出了以 WIMP（Windows，Icons，Menu，Pointing Devices）为基础的图形用户界面。1970—1973 年，国际上出版了 4 本与计算机相关的人机工程学专著，为人机交互技术的发展指明了方向。

（3）发展期（1980—1995 年）　20 世纪 80 年代初期，学术界相继出版了 6 本相关专著，人机交互学科逐渐形成了自己的理论体系和实践范畴的架构。在理论体系上，人机交互技术从人机工程学中独立出来，更加强调认知心理学、行为学和社会学等人文科学的理论指导；在实践范畴上，从人机界面（接口）拓延开来，强调机器对人的反馈作用。"人机界面"一词被"人机交互"所取代，HCI 中的"I"也由"Interface"（界面/接口）变成了"Interaction"（交互）。

（4）提高期（1996 年后）　20 世纪 90 年代后期以来，随着高速处理芯片、多媒体技术、互联网和信息技术、大数据与人工智能技术的迅速发展，人机交互的研究重点转向了智能化、多模态（多通道）、多媒体、虚拟以及人机协同交互等方面，也即"以人为中心"的交互技术方面。特别是近年来，更出现了脑、眼等新型交互模式，对智能化、自然交互技术的研究蔚然成风。

5.4.3　交互行为六要素

一个"动作"及其相应的"反馈"构成了一个交互行为。有意识的交互行为离不开交互行为的目的、交互行为的主体（人）、交互行为的客体（对象）、动作、交互行为的媒介和交互场景。这些构成了交互行为六要素。

（1）交互行为的目的　交互行为的目的是交互行为产生的诱因，是导致交互行为萌发的深层次内在因素。例如，当人有了某种想法后才会开始谋划、行动。

（2）交互行为的主体　这是指实施交互行为的主动的一方，是交互动作发生的关键因素。

（3）交互行为的客体　这是指交互活动中的受体，即行为的对象。客体通常具有被动、从属的特征，如电子产品、服务设施等。

（4）动作　这是指主体实施交互时的活动。

（5）交互行为的媒介　这是指交互实施中使用的工具或介质等因素。

（6）交互场景　这是指交互行为发生的环境，包括物质环境及非物质环境。

与传统意义上的行为要素相比，交互行为更强调行为的目的性。

5.4.4　交互行为的特点

人的行为受人的需求和环境的共同影响，即人的行为是需求和环境的函数。这就是美籍德裔心理学家库尔特·列文（Kurt Lewin）提出的人类行为公式：

$$B=f(P,E) \tag{5-1}$$

式中，B 代表人的行为；f 代表行为函数；P 代表人的需求；E 代表环境因素。

20世纪60年代后期，美国心理学家阿尔伯特·班杜拉（Albert Bandura）在列文研究的基础上，提出了行为的三元（三向）交互作用形成理论，即交互决定论（Reciprocal Determinism）（见图5-4）。他认为环境是决定行为的潜在因素，人和环境的交互决定行为，行为是环境、人和行为三者交互的相互作用。交互决定论建立在吸取行为主义、人本主义和认知心理学相关部分的优点，并批判性地指出它们各自不足的基础上，具有自己鲜明的特色。班杜拉指出："行为、人的因素、环境因素实际上是作为相互连接、相互作用的决定因素而产生作用的。"他把交互这一概念定义为"事物之间的相互作用"，把决定论定义为"事物影响的产物"。交互决定论在众多的行为因果观中独具特色，它把人的行为与认知因素区别开来，指出了认知因素在决定行为中的作用，在行为主义的框架内确立了认知的地位。此外，这种观点视环境、行为及人的认知因素为相互作用的因素，注意到人的行为及认知因素对环境的影响，避免了行为主义机械环境论的倾向。交互决定论表明，主客体的角色并非固定的、一成不变的，从施加与接受上来看，主客体的角色是可以相互转换的。

可见，交互行为具有两个特点：①互换性。与一般意义上的行为相比，交互行为的主体和客体是可以相互转变的，主体和客体既可以是用户也可以是产品。对个体来说，其行为可能是主动的，也可能是被动的。对群体来说，个体与个体、个体与产品之间同

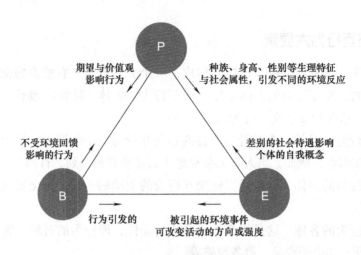

图 5-4　班杜拉的交互决定论

样存在主体与客体之间的转换问题。②和谐性。一般意义上的行为主要是单方面的或单向的，而交互设计中考虑的行为强调的则是用户与产品之间的互动，二者的行为需要以协调为基础，即交互行为的和谐必须以相互理解为条件，否则必然存在冲突。同样地，构成三元交互主体的人、产品和环境之间也存在行为的和谐性。

5.5　影响行为的因素

人类的行为是"生物进化"与"文化进化"的双重产物。前者是缓慢的，而后者是短暂而迅速的。与生物进化相比，人类的文化进化虽然短暂，但却具有强大的选择压力和效率，从而使得自然选择常常"退避三舍"。例如，在"人工生殖技术"的选择干预下，人类的生殖方式在短短几十年内发生了巨变。尽管尚存诸多伦理争议，但 2010 年度的诺贝尔生理学或医学奖仍颁给了"试管婴儿之父"——罗伯特·爱德华兹（Robert Edwards）。人类的"双重进化"并非"生物"与"文化"的简单相加，同理，其行为的"双重属性"也不是两者各占多少比例，而是依不同时空，两者之间表现出"互作、交替、重叠与动态"等复杂多样的相互关系。这也构成了人类行为的多态性。

5.5.1　行为遗传因素

遗传学研究认为，遗传影响人类的行为。代表性的观点有三个，即遗传决定论、环境决定论、遗传与环境共同决定论。

1. 遗传决定论

遗传决定论认为，人的行为是由遗传决定的，这是 19 世纪后半期到 20 世纪初西方关于儿童心理发展的主要观点之一。早在 1883 年，遗传决定论的创始人、英国生理学家和心理学家弗朗西斯·高尔顿（Francis Galton）就提出，人的体质、相貌、气质以及智能的高低都是由遗传因素决定的。他在《遗传的天才》一书中说："一个人的能力是由遗传得来的，其受遗传决定的程度如同一切有机体的形态及躯体组织受遗传的决定一样。"外界环境在这里只起促进或延缓的作用，而不能改变这个过程。随着现代遗传学研究的进展，科学家已经发现在犯罪行为和利己或利他行为与染色体变异之间存在某种联系。英国行为生态学家克林顿·道金斯（Clinton Richard Dawkins）把对人类行为的研究深入到分子水平，认为人的自私行为来自基因的"自私"性。

遗传决定论者把人类的行为差异，如智力、犯罪、攻击行为、自私行为以及由精神病导致的行为异常等，都归为遗传差异。其论点可归纳为人的本性与生俱来，固定不变。

2. 环境决定论

环境决定论又称机械决定论，把环境条件看成是决定人类行为的主要因素，环境的不同决定了人类行为的差异。它认为人类的身心特征、民族特性、社会组织、文化发展等人文现象都受自然环境，特别是气候条件的支配。环境决定论也是 19 世纪后半期到 20 世纪初，西方关于儿童心理发展的主要观点之一。环境决定论的萌芽可以上溯到古希腊时代。古希腊哲学家希波克拉底（Hippokrates of Kos（ʻππokράτης））认为人类特性产生于气候；柏拉图（Plato（Πλάτεων））也认为人类的精神生活与海洋影响有关。在 19 世纪，受达尔文进化论的影响，环境决定论占据了优势。进入 20 世纪后，人们逐渐认识到，在人与环境的关系中，人是主动的，是环境变化的作者，于是对环境决定论提出了异议或否定。

美国行为心理学创始人约翰·华生（John Broadus Watson）是环境决定论的主要倡导者。他认为人的智力、才能、气质、性格等是不遗传的，这些东西同本能一样是后天学习得来的，是环境决定的。他曾经说："给我一打健康和天资完善的婴儿，并在我自己设定的特殊环境中教育他们，那么我就敢担保任意挑选其中一个婴儿，不管他的才能、嗜好、趋向、能力、天资及其祖先的种族如何，都可把他们训练成我所选定的任何一种专家：医生、律师、艺术家、商界首领乃至乞丐和盗贼。"他认为环境的作用是无所不能的。美国是行为主义的发源地和大本营，从 19 世纪 20—50 年代的 40 年里行为主义在美国占据了统治地位，华生的理论也被广泛接受。

3. 遗传与环境共同决定论

关于人的行为，在有人强调遗传重要性的同时，也有人强调环境的重要性，形成了所谓天性和教养的长期争论。争论的核心是，人类行为究竟是先天遗传的还是后天习得的，或者是两者兼而有之。事实上，这两种观点都具有片面性。近年来的很多研究普遍采取了折中的立场，认为在决定动物和人的行为发展的关键因素中，遗传和环境因素的作用往往是难以截然分离的。这就是所谓的遗传与环境共同决定论。

20 世纪初期，在遗传学发展的早期，一些学者就曾注意到行为与遗传的关系。20 世纪 50 年代中期，美国遗传学家杰瑞·赫什（Jerry Hirsh）和多勃赞斯基·狄奥多西（Dobzhansky Theodosius）发现了多基因控制的果蝇趋光性行为的遗传学现象。20 世纪

60 年代后期，行为遗传学（Behavioral Genetics）逐渐发展成了一门独立的学科。现代生物遗传学把行为形成时先天遗传与后天环境的相互作用及反应规范等因素综合考虑，开辟了行为科学研究的新天地。美国生物学家爱德华·威尔逊（Edward Osborne Wilson）的研究指出，人类行为受两个方面因素的影响，即遗传与环境（后者主要是指文化），从而使人们在认识人类行为的过程中将其自然属性和文化属性融为一体，强调遗传与环境共同决定人的行为这一理论。

■ 5.5.2 心理行为因素

心理学认为，人的行为是心理活动的外化表现，受情绪、气质和性格等个性心理的影响。

1. 情绪

情绪是指人的喜、怒、哀、乐、惧等心理体验，是对客观事物的态度的一种反映。情绪为每个人所固有，是受客观事物影响的一种外在表现。这种表现既是体验又是反应，既是冲动又是行为。人的情绪分为六大类：第一类是原始的基本情绪，往往具有高度的紧张性，如快乐、愤怒、恐惧、悲哀；第二类是与感觉刺激有关的情绪，如疼痛、厌恶、轻松等；第三类是与自我评价有关的情绪，主要取决于个体对自己的行为与各种标准关系的知觉，如成功感与失败感、骄傲与羞耻、内疚与悔恨等；第四类是与他人有关的情绪，常常会凝结为持久的情绪倾向与态度，如爱与恨；第五类是与欣赏有关的情绪，如惊奇、敬畏、美感和幽默等；第六类是根据所处状态来划分的情绪，如心境、激情和应激状态等。

现代情绪理论把情绪分为快乐、愤怒、悲哀和恐惧四种基本表现形式。行为学派的情绪理论认为，情绪只是有机体对待特定环境的一种反应或一簇反应，因此经常从反应模式和活动水平两个方面去描述情绪与行为。例如，当情绪处于兴奋状态时，人的思维与动作较快，反之亦然；处于强化阶段时，往往会有反常的举动，可能导致思维与行动不协调、动作之间不连贯。积极的情绪可以提高人的活动能力，而消极的情绪则会降低人的活动能力。

2. 气质

气质是个体所具有的典型的、稳定的心理特征，也是个性的重要组成部分。气质使行为表现出独特的个人色彩。例如，同样是积极工作，有的人表现为遵章守纪，动作及行为可靠安全；有的人则表现为蛮干、急躁，行为效果较差。

气质的体液学说起源于古希腊的医学理论。古希腊著名医生希波克拉底最早提出了气质的概念。他设想人体内有血液、黏液、黄胆汁和黑胆汁四种液体，认为个体气质的不同是由人体内不同的液体水平所决定的。古希腊哲学家泰利斯（Thales）曾提出，水是组成万物最根本的元素；亚里士多德（Aristotle）则提出了四元素说，以火、水、土、气为万物的根本。体液学说受到这两种说法的影响，它以血液、黏液、黄胆汁和黑胆汁分别代表这四大元素，称为四体液，认为气质受个体体液所占比例的左右，分为四种类型，即多血质、胆汁质、黏液质和抑郁质,不同的气质其行为表现出不同的特点(见图 5-5)。

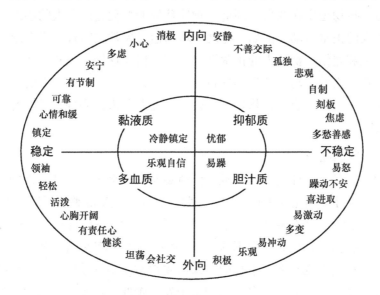

图 5-5   体液类型及其行为特征

3. 性格

性格也称个性或人格,是人对现实的态度和行为方式中较稳定的个性心理特征。人的性格不是天生的,是在长期发展过程中所形成的稳定的方式,具有可塑性。性格是每个人所具有的最主要、最显著的心理特征,它不仅表现在人的活动目的上,也表现在达到目的的行为方式上。性格具有复杂的结构,其特征有四个维度:对现实和个体的态度特征,如诚实或虚伪、谦逊或骄傲等;意志特征,如勇敢或怯懦、果断或优柔寡断等;情绪特征(EQ),如热情或冷漠、开朗或抑郁等;理智特征(IQ),如思维敏捷、深刻、浅薄或没有逻辑性等。

性格具有稳定的特点,因此不能用一时冲动作为衡量个体性格特征的依据。人的性格表现可分为理智型、情绪型、意志型等类型,其对行为的影响表现为:理智型用理智来衡量一切,并支配其行动;情绪型往往感性体验深刻,其行为受情绪影响大;意志型有明确的目标,其行为表现是行为主动、责任心强。

5.5.3 环境行为因素

行为学研究中,对究竟是环境影响行为还是行为影响环境的争议由来已久。弗洛伊德认为,一个人的意识(包括潜意识和无意识)才是最重要的;一个人现在会做什么、以后会做什么,什么时候会做对、什么时候会做错,都是人的意识、潜意识与无意识的外在表现,而你的表现就形成了你的环境;行为不会无端产生,不同的人对同一件事情会有不同的反应,这受其内在想法和意识的支配。华生却提出了相反的理论,认为人的意识导致其行为、行为影响环境、环境造就性格,而性格则支配行为;归根结底,是环境影响了行为。一般来说,环境对人的行为的影响大体上可以归纳为以下几个方面。

1. 物质环境的影响

物质环境是指物理实在的自然环境。物质环境的变化会刺激人的心理，影响人的情绪，甚至打乱人的正常行动。例如，物理环境的运行失常或布置不当会影响人的识别与操作，造成混乱和差错，扰乱人的正常活动，即会出现这样的模式：环境差→人的心理受不良刺激→扰乱人的行动→产生不良行为；物体设置不当→影响人的操作→扰乱人的行动→产生不安全行为。反之，物理环境好，则能调节人的心理，激发有利情绪，使人的行为符合预期。

2. 社会心理因素的影响

社会心理因素是指个体的社会知觉、价值观及其社会角色。其对人的行为的影响反映在三个方面：①社会知觉的影响。知觉是眼前客观刺激物的整体属性在人脑中的反映。客观刺激物既包括物，也包括人。人在对他人感知时，不只停留在被感知的面部表情、身体姿态和外部行为上，而且会根据这些外部特征来推测其内部动机、目的、意图、观点意见等。人的社会知觉与客观事物的本来面貌常常是不一致的，这就会使人产生错误的知觉或偏见，使其本来面貌在自己的知觉中发生歪曲。产生偏差的原因通常有第一印象作用、晕轮效应、优先效应、近因效应和定型作用等。②价值观的影响。价值观是人的行为的重要心理基础，它决定着个体对人和事的接近或回避、喜爱或厌恶、积极或消极。对事物价值认识的不同，会从其对待事物的态度及行为上表现出来。③角色的影响。在社会生活的大舞台上，每个人都在扮演着不同的角色，都有一套自己的行为规范。只有按照自己所扮演角色的行为规范行事，社会生活才能有条不紊地进行，否则就会发生混乱。角色实现的过程也是个人适应环境的过程，常被用来预测交互体验的效果。

3. 社会因素的影响

社会因素是指社会舆论、风俗与传统文化等因素。其对行为的影响主要体现在：①社会舆论的影响。社会舆论又称公众意见，它是社会上大多数人对共同关心的事情用富于情感色彩的语言所表达的态度、意见的集合，从道德层面约束着每个人的行为，如排队上车、"礼让三先"、老弱病残优先等。营造良好的社会舆论环境是建立精神文明不可或缺的途径，而高素质的行为也是社会进步、文明进步的标志。②风俗与时尚的影响。风俗是指一定地区内社会多数成员比较一致的行为趋向。风俗与时尚对人的行为的影响既有有利的方面、也会有不利的方面，通过文化的建设，可以实现扬其长、避其短。比如，尊老爱幼、礼让节俭的风俗就值得提倡，而奢靡、粗鲁的风俗则应该避免。这些都可以通过加强社会精神文明建设来实现。

思考题

1. 简述人类行为学研究的发展历史。
2. 简述班杜拉的交互决定论，试分析其三元交互决定论的得失。
3. 试述人类行为的要素及其特点。

4. 交互行为六要素都包含什么？试述这些要素在交互过程中所起的作用。

5. 行为遗传学研究的内容是什么？试述行为遗传学对体验设计的作用。

6. 简述影响人的行为的因素，并尝试画出影响人的行为的相关因素思维导图。

7. 试以洗衣机为例，分析其人机交互过程，在此基础上结合人的自然行为（习惯），尝试改进其交互模式、流程或方法，提升其用户体验。

用户体验设计的原理与方法

"

　　自从用户体验设计的概念被提出后，得到了业界的广泛重视，从不同视角、对各种方法的研究和探讨始终没有停止过。人的因素的复杂性、交互方式的多样性和环境因素的多态性带来了体验设计方法的复杂多面性，任何一种过分强调某种因素的方法都是不全面和不恰当的。比如，过度关注用户的心理因素和过度关注生理因素带来的结果是一样的，那就是偏离了对体验整体的把握。这里整体是指包括生理、心理、行为与交互和环境的综合作用。从着重心理要素的格式塔原理到强调客观科学性的体验设计量化方法，作为一门新兴的交叉学科，体验设计的科学方法和理论在创立、争议、验证、完善与提高中得以深化和发展。

　　虽然目前流行的各种用户体验设计理论尚存在不足，但毫无疑问的是，这些理论都在特定的设计领域得到了验证或认可，同时也为新的体验设计方法的产生奠定了科学基础。文献研究表明，现有体验设计理论具有专注于特定领域的应用、适用面较窄的特点。高水准的用户体验设计往往是多种理论或方法综合应用的结果。

　　基于这些原因，本篇将对用户体验设计的主要原理和方法进行全面梳理，引导读者再次追随前辈和大师们的思路，去洞察每种理论方法的精髓，并剖析其局限性和不足，进而形成完整、全面的体验设计思维。

"

第 6 章　KANO 模型

从产品的设计、生产到销售的全生命周期，企业的成功需要在各个环节全力以赴地满足顾客的需求，并尽量提供更多的方便。然而，仅仅局限于对基本需求的满足，常常会导致竞争对手之间的产品和服务趋同，无法脱颖而出。挖掘顾客需求的广度和深度，帮助企业了解顾客需求的层次，识别能提升顾客满意度的关键因素，为改善产品体验提供科学的依据，正是 KANO 模型所要解决的问题，这也为体验设计带来了极具启发价值的新的设计思想。

6.1　KANO 模型概述

顾客满意度取决于他们对企业所提供的产品或服务的事前期待与实际效果之间比较的结果，以及对这种结果的开心或失望的感觉。若在消费中的实际效果与事前期待相符合，顾客则会感到满意；若超过事前期待，则很满意；若未能达到事前期待，则不满意。实际效果与事前期待的差距越大，不满意的程度就越高，不良感受也就越强烈，反之亦然。

6.1.1　KANO 模型的定义

KANO 模型是一种对顾客需求进行分类和优先级排序的工具。它以分析顾客需求对满意度的影响为基础，体现了产品性能和顾客满意之间的非线性关系。KANO 模型是东京理工大学教授狩野纪昭（Noriaki Kano）提出的，由此得名。

KANO 模型将产品服务的质量特性分为五类，即基本（必备）型需求（Quality/ Basic Quality）、期望（一元）型需求（One-Dimensional Quality/ Performance Quality）、兴奋（魅力）型需求（Attractive Quality/ Excitement Quality）、无差异型需求（Indifferent Quality/ Neutral Quality）和反向（逆向）型需求（Reverse Quality）。其中，前三种需求根据绩效指标分类就是基本因素、绩效因素和激励因素。这里，"Quality" 也可以翻译成 "质量" 或 "品质"，在 KANO 模型的语境里，与 "需求" 等同。而质量，特别是对提升顾客满意度贡献显著的质量因素的识别，正是 KANO 理论研究的核心。

产品质量（Quality）是指在商品经济范畴，企业依据特定的标准对产品进行规划、设计、制造、检测、计量、运输、储存、销售、售后服务、生态回收等全过程的必要的信息披露，是产品适合社会和人们需要所具备的特性，包括产品的结构、性能、精度、物理性能、化学成分等内在特性，以及外观、形状、手感、色泽、气味等外部特性，可以概括为性能、寿命、可靠性、安全性、经济性、外观质量以及生理和心理反馈等方面。

从价值角度来看，质量的含义是效益导向的，体现在追求高质量的目的旨在实现更高的顾客满意，从而期望实现收益的增加。产品质量的好坏可以通过对特定的质量要素或质量整体的优劣程度进行定性或定量的描述和评定来确定，这称为质量评价。质量评价是质量管理体系的一个重要组成部分。

6.1.2　KANO 模型的起源

美国行为心理学家弗雷德里克·赫茨伯格（Frederick Herzberg）于 1959 年提出了双因素理论[⊖]，受此启发，日本东京理工大学教授狩野纪昭及同事于 1979 年 10 月发表了《质量的保健因素和激励因素》（*Motivator and Hygiene Factor in Quality*）一文，第一次将满意与不满意标准引入到了质量管理领域，并在 1982 年日本质量管理大会第十二届年会上宣读了《魅力质量与必备质量》（*Attractive Quality and Must-be Quality*）报告，发表了对由特性满足状况表征的客观质量和由客户满意度表征的主观质量之间相互关系的研究成果，阐述了质量分类的 KANO 模型。该论文于 1984 年 1 月 18 日正式发表在日本质量管理学会（JSQC）的《质量》杂志第 14 期上，标志着 KANO 模型（也称狩野模式，KANO Model）的确立和魅力质量理论的成熟。

6.2　KANO 模型的内涵

所谓满意是一种心理状态，是顾客的需求被满足后的愉悦感。它标示着顾客对产品或服务的事前期望与实际使用产品或服务后所得到的开心或失望感觉的程度。满意是顾客忠诚的基本条件。KANO 模型如图 6-1 所示。

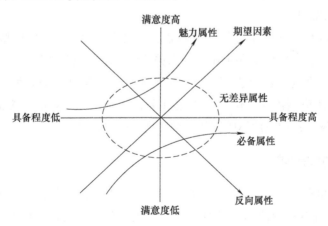

图 6-1　KANO 模型

⊖ 双因素理论又称"激励保健理论"（Hygiene-motivational Factors），是激励理论的代表之一，由美国心理学家弗雷德里克·赫茨伯格于 1959 年提出。该理论认为，引起人们工作动机的因素主要有两个：一是激励因素，二是保健因素。只有激励因素才能够给人们带来满意感，而保健因素只能消除人们的不满，但不会带来满意感。换句话说，其精髓是，满意的对立面并不是不满意而是没有满意；不满意的对立面并不是满意而是没有不满意。这也是 KANO 模型最重要的思想。

■ 6.2.1　基本型需求

　　基本型需求也称必备型需求、理所当然需求，是指顾客对企业提供的产品或服务的基本要求，也是顾客认为产品或服务"必须有"的属性或功能。如果此类需求没有得到满足或表现欠佳，顾客的不满情绪会急剧增加。当满足了此类需求后，可以消除顾客的不满，但并不能带来满意度的增加。换言之，对于基本型需求，即使超过了顾客的期望，顾客充其量感到满意，不会对此表现出更多的好感，不过只要稍有疏忽，未能达到顾客的期望，顾客满意度就将一落千丈。因为对于顾客而言，这些需求是理所当然要满足的。例如，夏天室内使用空调，如果运行正常，顾客不会为此而对空调质量感到特别满意；反之，一旦空调制冷出现问题，那么顾客对该品牌空调的满意度则会明显下降，投诉、抱怨也将随之而来。

　　与基本型需求相对应的是产品的基本品质，也称理所当然品质，其优劣能消除顾客的不满，但不能提升产品的满意度。企业应注重的仅仅是不要在这方面失分，过度地强化基本品质会带来无谓的成本上升，对产品顾客体验提升的作用却不明显。

■ 6.2.2　期望型需求

　　期望型需求也称一元型需求，是指顾客的满意状况与需求的满足程度成比例关系的需求。此类需求得到满足或表现良好的话，顾客满意度会显著增加。企业提供的产品和服务水平超出顾客期望越多，满意状况就越好；反之，不满也会显著增加。期望型需求没有基本型需求那样苛刻，其要求提供的产品或服务虽然比较优秀，但并不属于"必须有"的。事实上，有些期望型需求连顾客自己都不太能说得清楚，但却是他们希望得到的。因此，期望型需求也被称作顾客需求的痒处、痛点。在市场调查中，顾客谈论最多的通常就是期望型需求。

　　与期望型需求相对应的是产品的期望品质，也称一元品质。期望型需求是处于成长期的需求，是顾客、竞争对手和企业自身都关注的需求，也是体现产品竞争能力的品质。对于这类需求，企业应该注重提高这方面的质量，力争超过竞争对手。例如，对质量投诉的处理就属于期望型需求，但它常常被许多企业所忽视。对质量投诉处理得越圆满，顾客的满意度就越高，相应地体验感和忠诚度也会得以提升。

■ 6.2.3　魅力型需求

　　魅力型需求也称兴奋型需求，是指不会被顾客过分期望的需求。由于其通常不被顾客过分期待，因而当其特性不充足时，特别是无关紧要的特性，顾客也无所谓。但是，一旦产品提供了这类需求时，顾客就会受到激励，从而满意度急剧上升，忠诚度也会随之提高。

　　魅力型需求对应的是产品的魅力品质。即便是表现并不完善的魅力品质，所带来的顾客满意度的增加也是非常明显的；反之，在魅力品质期望不满足时，顾客并不会因此表现出明显的不满意。魅力品质往往代表潜在的需求，带给顾客的是惊喜。企业应该寻找和发掘这样的需求，从而达到大幅提升顾客满意度、领先竞争对手的目的。魅力品质要求企业提供给顾客一些出乎意料的产品属性或服务，使其感到惊喜。例如，一些知名企业都会定时进行产品质量跟踪和回访，发布最新的产品信息和促销内容，并为顾客提供最便捷的购物方式。对此，即使其他企业未提供这些服务，顾客也不会由此表现出明显的不满意，这就形成了服务上的差异。一旦这些服务都能做得到位，顾客会感到出乎预料，对品牌的好感和忠诚就会油然而生。

■ 6.2.4　无差异型需求

无差异型需求是指不论提供与否对顾客体验均无影响的品质，它对应产品的无差异属性。无差异型需求是质量中既不好也不坏的方面，它们通常不会导致顾客满意或不满意。例如，航空公司为乘客提供的没有实用价值的赠品，由于免费，很少有人关注，也很难说能带给乘客什么样的感受。但是，一旦顾客发现赠品粗制滥造，反而会造成不良影响。鉴于无差异型需求对顾客满意度的作用可有可无，企业应该不予提供或慎重提供。

■ 6.2.5　反向型需求

反向型需求也称逆向型需求，是指能引起顾客强烈不满和导致满意度下降的质量特性，它对应产品的反向属性。对某些产品品质来说，一方面并非所有的顾客都有相似的喜好，另一方面许多顾客可能根本就没有此需求，这类品质的提供反而会使顾客满意度下降，而且提供的程度与顾客满意程度成反比。例如，一些顾客喜欢高科技产品，而另一些顾客更喜欢传统产品，对于前一类顾客来说，过多的额外功能就意味着增加无谓的成本和使用的复杂度，这些都会引起顾客不满，而且额外功能越多，可能导致的不满就越大。由于反向型需求的这些特点，企业应该仔细筛查顾客需求，突出重点，尽量减少这类产品质量特性。

■ 6.2.6　KANO 模型的启示

依据 KANO 模型的思想，企业在改善产品和服务时，应遵循以下原则。

1）要全力以赴地满足顾客的基本型需求，保证顾客提出的问题得到认真解决，重视顾客认为企业有义务做到的事情，尽量提供方便以实现顾客基本型需求的满足。

2）企业应尽力满足顾客的期望型需求，这是质量上传统的竞争性因素。提供顾客喜爱的额外服务或产品功能，使其产品和服务优于竞争对手并有所不同，形成差异化优势，引导顾客强化对本企业的良好印象，使顾客达到满意。

3）企业应争取实现顾客的魅力型需求，以期带给顾客惊喜，达成完美顾客体验，为企业建立忠实的顾客群。

KANO 模型的思想也给体验设计带来了全新的启发。传统体验设计往往面面俱到，无差别地追求所有交互属性的完美。现在看来，这样的做法不仅徒劳无功，有时还会适得其反。正确的做法是，通过深入研究和分析，准确辨识交互的基本型需求、期望型需求和魅力型需求，并针对这些需求有的放矢，分别在不同的行为水平上设计其交互模式与行为，在满足顾客基本型需求的基础上，力争带给顾客惊喜，以达到大幅提升体验效果的目的。

6.3 KANO 模型分析方法

KANO 模型分析方法是基于顾客需求细分原理开发的一套结构型问卷分析方法。严格地说，该模型并不是一个测量顾客满意度的模型，而是对顾客需求或绩效指标的分类。它是一个典型的定性分析模型，主要用于识别顾客需求，通过对不同需求的区分来帮助企业洞察影响顾客满意的关键因素，找出提高产品或服务的切入点。KANO 模型通常在满意度评价工作的前期作为辅助模型来使用。

产品或服务效果的评价可以从两个角度考虑：一是从顾客让渡价值的角度，即从顾客获得的价值和付出成本的差值大小来评价；二是从顾客需求的角度。然而，根据可行性、可衡量性、可比较性和可操作性四个原则及项目实际要求，因为无法对顾客的时间、体力和精神成本进行准确的衡量，而服务的提供也多表现为非货币成本，因此从顾客让渡价值的角度建立评价模型的难度较大，从顾客需求角度评价服务的有效性则具有较强的可操作性。顾客角度的有效服务要满足两点：一是满足不同顾客群的不同需求；二是使顾客感到满意。具备这两点的服务就是有效的服务，反之则是无效或低效服务。对无效或低效服务，通常应予以取消或者改进。由此，可以剥离出三个维度来建立有效服务的评价体系，即需求层次识别、顾客细分和顾客满意度（见图 6-2）。

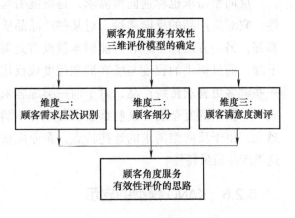

图 6-2 服务有效性评价体系

6.3.1 顾客需求层次识别

通常对于不同层次的需求，顾客对服务质量和内容有着不同的心理预期和要求。进行需求层次划分会使对服务效果的评估更准确、更容易完善和改进。为了能够将质量特性区分为不同层次，KANO 问卷中每个质量特性都由正向和负向两个问题构成，分别测量顾客在面对存在或不存在某项质量特性时所做出的反应。答案的选项一般分五级，分别是"我喜欢这样""它必须这样""我无所谓""我能忍受""我讨厌这样"，见表 6-1。

根据表 6-1 的形式进行问卷调查，按照正负向问题的回答对质量特性进行分类。

1）如果对正向问题的回答是"我喜欢这样"，负向问题的回答是"我讨厌这样"，那么在 KANO 评价表中这项质量特性就分类为 O，即期望型需求。

表 6-1　×××服务（功能）有效性评价表

正向评价	如果具有 ××× 功能，您如何评价？				
	我喜欢这样	它必须这样	我无所谓	我能忍受	我讨厌这样
负向评价	如果不具有 ××× 功能，您如何评价？				
	我喜欢这样	它必须这样	我无所谓	我能忍受	我讨厌这样

2）如果对某项质量特性正向问题的回答为"它必须这样""我无所谓""我能忍受"，但负向问题的回答为"我讨厌这样"，则分类为 M，即基本型需求，说明此项特性虽无法带来用户的满意，但如果缺失用户则会反感。

3）如果顾客对某项质量特性正向问题的回答为"我喜欢这样"，但负向为"它必须这样""我无所谓""我能忍受"，则分类为 A，即魅力型需求，说明此项特性如不提供并不会招致顾客的反感，但一旦提供则会让顾客很满意。

4）同样，可得出分类 R，即反向型需求，说明顾客对具备这一功能时的感受偏不满意（"我能忍受"/"我讨厌这样"），而不具备时的感受偏满意（"我喜欢这样"/"它必须这样"）。这表明顾客不需要这种质量特性，甚至对该质量特性有些反感。

5）I 即无差异型需求，说明顾客对是否具备该质量特性感受都不强烈、无所谓。

6）Q 表示有疑问的结果，即在质量特性具备和不具备的情况下，顾客都表示"我喜欢这样"或都表示"我讨厌这样"这种矛盾的现象。顾客的回答一般不会出现这个结果，除非这个问题的问法不合理或是顾客没有很好地理解问题，又或是顾客在填写答案时出现错误。

将被调查对象的所有回答进行统计，并将得到的结果填入表 6-2 中，然后依据各质量特性对应的人数多少将质量特性分成基本型需求、期望型需求、魅力型需求等。

表 6-2　KANO 评价结果分类对照表

产品/服务需求		负向问题				
	量表	我喜欢这样	它必须这样	我无所谓	我能忍受	我讨厌这样
正向问题	我喜欢这样	Q	A	A	A	O
	它必须这样	R	I	I	I	M
	我无所谓	R	I	I	I	M
	我能忍受	R	I	I	I	M
	我讨厌这样	R	R	R	R	Q

6.3.2 顾客细分

顾客细分是指企业在明确的战略业务模式和特定市场中，根据属性、行为、需求、偏好及价值观等因素对顾客进行分类，并提供有针对性的产品、服务和销售模式。顾客细分的概念是由美国营销学家温德尔·史密斯（Wendell R. Smith）于1956年提出的，其理论依据在于顾客需求的异质性和企业需要在有限资源的基础上进行有效的市场竞争。通常按照顾客的外在属性分类，这种做法最简单直观，数据也很容易得到。

按不同属性将顾客分成一些特定的群，每个群中顾客的需求或其他一些与需求相关的因素非常相似，而且每个顾客群对某项产品特性或某些市场营销手段的反应也非常相似（见图6-3）。这样就可以分别采取相应的营销手段，提供差异化的产品和服务，大大提高产品体验和营销效率，起到事半功倍的效果。顾客细分通常由五个步骤来实现。

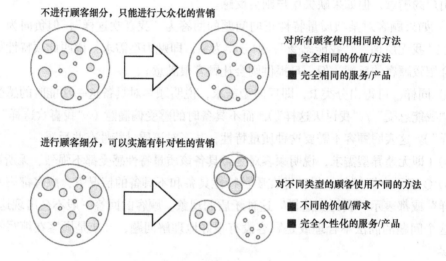

图 6-3　客户细分的基本思想

第一步，顾客特征细分。对顾客社会和经济背景所关联的要素进行细分，包括地理（如居住地、行政区、区域规模等）、社会（如年龄、性别、收入、行业、职位、教育程度、信仰、家庭成员数量等）、心理（如个性、生活形态等）和消费行为（如职业情况、购买动机、品牌忠诚度、对产品的态度等）等要素。

第二步，顾客价值区间细分。对顾客进行从高价值到低价值的区间分隔（如大客户、重要客户、普通客户、小客户等），以便根据二八原理重点锁定高价值顾客。顾客价值区间的变量包括顾客响应力、顾客销售收入、顾客利润贡献、忠诚度、推荐成交量等。

第三步，顾客共同需求细分。依据顾客特征和价值区间选出最有价值目标顾客细分，提炼其共同需求，并以此为指导精确定义企业的业务流程，提供差异化的产品和营销组合。

第四步，选择细分的聚类技术。常用的聚类方法有 K-means、神经网络等，可根据不同的数据情况和需要来选择，同时将收集到的原始数据转换成相应模型所支持的格式。

这个过程也称数据初始化或预处理。

第五步，评估细分结果。对顾客群进行细分的结果并不都是有效的，需要通过评估来甄别。评估规则包括与业务目标相关的程度，可理解性和是否容易特征化，基数是否大到能保证一个特别的宣传活动，以及是否容易开发独特的宣传活动等。

在进行顾客细分时，首先需要选择合适的维度，基本原则包括顾客分群是可识别的（即每个群都有比较突出的特点，群与群之间有较大的区别）、可操作的（即容易找到相应群中的顾客或容易把某个顾客分配到某个群中）。更重要的是，划分出的顾客群应该对企业的业务有指导意义，避免为细分而细分。常见的顾客细分维度如图 6-4 所示。

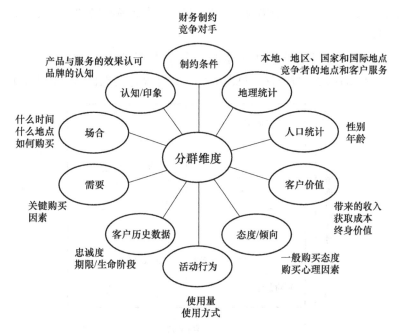

图 6-4 常见的顾客细分维度

1）活动行为，描述的是顾客在使用产品时表现出来的行为特点，如使用量及使用量的变化率等。

2）客户价值，包括顾客给企业带来的收入、为其服务所需要的成本、获取顾客所需的成本、顾客的产品生命周期价值等。例如，顾客收入就是常用的一个变量。

3）顾客历史数据，包含顾客和企业之间所发生的事件的记录，如服务开始日期、投诉记录等，从中又可以导出顾客合同期、忠诚度等变量。

4）人口统计，包括顾客的性别、年龄、收入、职业、婚姻状况等。

5）地理统计，包括顾客的所在地，从中可以看出是属于占主导地位的市场（如沿海各省、一线城市等），还是属于不占主导地位的市场（如欠发达地区等）。

6）态度 / 倾向，是指顾客总体上对产品或服务的态度。例如，有些顾客愿意尝试新的业务，属于时尚型顾客；有的顾客则选择偏重实用的产品，属于实用型顾客等。

7）制约条件，是指顾客在购买产品的过程中受到的制约。例如，某潜在顾客虽有购买计划，但与另外一家供应商的合同还没有到期；又如，经济条件的限制等。

8）认知／印象，是指顾客对所提供的产品和服务的认知或是对品牌的印象。例如，对某产品或服务的印象是一个"身强体壮的中年人"或"虚弱的老人"，也有可能认为是一个"正在成长的少年"等。这些数据一般也是通过问卷和访谈来获取的。

9）场合，是指顾客会在什么情境下产生需求。

10）需要，描述的是顾客对产品的需求。例如，对于顾客来说，质量、服务和价格中哪一个最重要或是哪一方面的功能最需要。这对任何企业来说都是非常重要的，因为它反映了顾客的直接需求，使在开发产品和制定价格策略时有的放矢。如在推出某种产品时，可以将顾客划分为外形偏好型、功能偏好型、质量偏好型、服务偏好型等，并针对不同的顾客群采取不同的营销措施。一般可以通过市场调研和因子测试法获得需求偏好的第一手资料。

图 6-4 所示并不是顾客细分维度的全部，有时根据具体情况也会产生新的维度。象限法是进行维度筛选常用的一种方法（见图 6-5），具有容易实现且非常直观的特点。

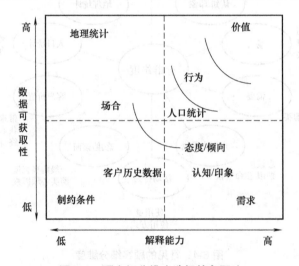

图 6-5　顾客细分维度选择的象限法

使用象限法进行分析时，横纵坐标轴的定义会直接影响分析的结果。当顾客分群的目的不同时，所采取的横纵坐标轴也不一样。所以，可以多考虑几种横纵坐标轴的定义，进行不同的组合，对得出的结果加以综合考虑。例如，在进行维度选择时，也可以考虑用稳定性、与公司组织架构的一致性、获取数据的成本、数据质量等作为横纵坐标轴的定义。图 6-6 所示是基于"价值－行为"的顾客细分。

为了更好地通过分群来获取对顾客内在需求的了解（洞察力），分群维度有时也会多于一个，如即便是为同一个目的，仅用一种二维的分析也未必全面。维度越多，获取的洞察力就越多，同时复杂性也就越大。实践中，细分维度可以依据实际问题对象的特点进行选择。

建立顾客细分模型，构建知识分析平台，将顾客数据转化为对需求的了解，并由此制定有针对性的产品或服务品质提升方法，这一过程就是顾客细分模型建模，如图 6-7 所示。其中重点反映了顾客价值、顾客周期价值、顾客流失的原因分析等因素与细分的关联。

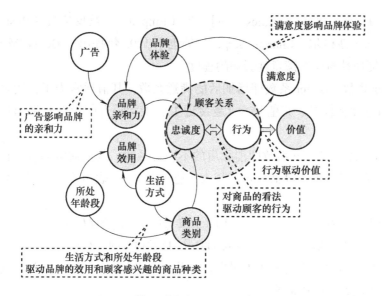

图 6-6　基于"价值 – 行为"的顾客细分

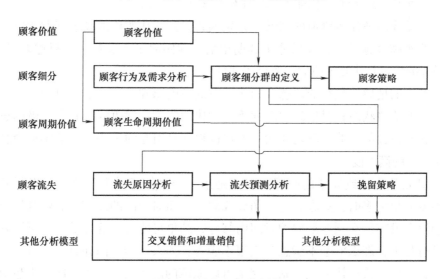

图 6-7　顾客细分实施模型

　　任何顾客细分方法都有其优缺点。根据实际需要比较各种方法的优劣，评估实施的难度及有效程度，是确定合适的细分组合的关键。同时也要牢记，增加企业股东价值和满足决策目标是顾客细分所要达到的最终目的。

■ 6.3.3　顾客满意度

　　顾客满意度（Satisfaction Index，SI）也称顾客满意指数，是顾客期望值与体验的匹配程度，即顾客通过对一种产品可感知的效果与其期望值相比较后得出的结果，也是一种愉悦或失望的感觉状态。与顾客满意度相对的是顾客不满意度（Dissatisfaction Index，DSI）。权威服务机构美国论坛公司（Tribune Company）花了近十年时间研究并提出了一个可以有效衡量顾客对服务质量满意程度的 RATER 指数，即信赖度（Reliability）、专业度（Assurance）、有形度（Tangibles）、同理度（Empathy）及反应度（Responsiveness）。美国学者查尔斯·博格尔（Charles Berger）等也于 1993 年提出了 Better-Worse 指标，用来表示某种功能属性对顾客满意度影响的程度。

（1）Better 系数　Better 系数即增加后的满意系数，其值通常为正，代表如果提供某功能，顾客满意度会提升。正值越大（越接近 1），表示提升的影响效果越强，上升得也就更快。

（2）Worse 系数　Worse 系数即消除后的不满意系数。其值通常为负，代表如果不提供某功能，顾客的满意度会降低。负值越大（越接近 −1），表示降低的影响效果越强，下降得越快。

增加后的满意系数：　　　　　　　　　$\text{Better/SI} = (A+O)/(A+O+M+I)$　　　　　　　　（6-1）

消除后的不满意系数：　　　　　　　　$\text{Worse/DSI} = (-1)(O+M)/(A+O+M+I)$　　　　（6-2）

式中，A 代表魅力属性；O 代表期望属性；M 代表必备属性；I 代表无差异属性；SI 代表满意指数；DSI 代表不满意指数。

顾客满意度常常受到以下四个方面因素的影响。

（1）产品或服务让渡价值的高低　如果顾客得到的让渡价值高于其期望值，就倾向于满意，差额越大越满意；如果低于其期望值，就倾向于不满意，差额越大越不满意。产品或服务的质量是让渡价值的重要组成部分。

（2）顾客的情感　顾客的情感会影响其对满意的感知。这些情感可能是稳定的、事先存在的，如情绪状态和对生活的态度等。愉快的时刻、健康的身心和积极的思考方式都会对体验有正面的影响，反之亦然。消费过程本身引起的一些特定情感也会影响顾客对产品或服务的满意度。

（3）对服务成功或失败的归因　归因是指一个事件感觉上的原因。当服务比预期好得太多或差得太多时，顾客总是试图寻找原因，而对原因的评定能影响其满意度。例如，一辆汽车没有能在顾客期望的时间内修好，结果可能会是这样的：如果顾客认为是维修站没有尽力，那么就会不满意甚至很不满意；如果认为原因在自己一方，不满意的程度就会轻一些，甚至认为维修站是完全可以原谅的。相反，对于一次超乎想象的好的服务，如果原因归为"这是维修站的分内之事"或"现在的服务质量普遍提高了"，那么就不会提升顾客满意度；如果原因归为"他们特别重视我"或"这个品牌特别讲究与顾客的感情"，那么将大大提升顾客满意度，并进而将这种高度满意扩大到对品牌的信任。

（4）对平等或公正的感知　顾客满意度也受到对平等或公正的感知的影响。例如，顾客会问自己：我与其他顾客相比是不是被平等对待了？其他顾客得到比我更好的待遇、更合理的价格、更优质的服务了吗？以我所花费的金钱和精力，得到的比其他顾客多还是少？公正的感觉往往是顾客对产品或服务满意与否的感知的重点。

顾客满意度有两个特征：①主观性。尽管建立在对产品或服务的体验之上，且感受对象是客观的，结论却是主观的，既与自身条件，如知识和经验、收入、生活习惯和价值观等有关，还与传媒、新闻和市场中假冒伪劣产品的干扰等因素有关。②层次性。美国社会心理学家亚伯拉罕·马斯洛指出，人的需求有五个层次，处于不同层次的人对产品或服务的评价标准是不一样的。这也解释了处于不同地区、不同阶层的顾客或同一个顾客在不同的条件下对某个产品或服务的评价可能不尽相同的原因。

可见，KANO 模型是通过对各质量特性满意和不满意影响力的分析，来判断顾客对质量特性水平变化的敏感程度，进而确定改进那些质量特性敏感性高、更有利于提升顾客满意度的关键因素。下面通过一个简单的例子来说明 KANO 模型分析方法的应用。

为了了解顾客需求层次，确定改进方向，某电子企业针对所生产的 MP4 选取了四个质量特性（FM 收音机、录音、容量、播放格式），设计 KANO 问卷并进行了调查。

首先，应用 KANO 模型分析方法识别顾客需求，并通过调查获得每个质量特性的数据，得到表 6-3。在分类时不用考虑 I、R、Q 的数据，可直接根据每个质量特性在 A、O、M 中出现的频率大小来确定质量特性的分类结果。表 6-3 显示，"容量"和"播放格式"是基本型需求，"FM 收音机"和"录音"为期望型需求。

表 6-3　MP4 的 FM 收音机功能评价结果（%）

质量特性	A	O	M	I	R	Q	分类结果
FM 收音机	19.2	32.5	22.5	24.5	0.2	1.1	O
录音	14.2	26.4	11.5	45.2	0.8	1.9	O
容量	15.8	30.1	49.8	2.5	0.6	1.2	M
播放格式	13.8	26.6	55.8	2.1	0.7	1.0	M

其次，确定关键因素，完成对质量特性的需求分类。然后就可以进行 KANO 模型分析了。应用式（6-1）和式（6-2）对表 6-3 中的数据进行计算，得到结果见表 6-4。

表 6-4　MP4 的 FM 收音机功能敏感性分析结果

质量特性	SI	DSI	质量特性	SI	DSI
FM 收音机	0.52	−0.56	容量	0.47	−0.81
录音	0.42	−0.39	播放格式	0.41	−0.84

将各质量特性以 SI 值为横坐标、DSI 值为纵坐标纳入敏感性矩阵中（见图 6-8）。在半径圈（以 O 为圆心、OP 为半径的圆，OP 是过纵横 0.5 处交点的线段长度）以外且离原点越远的因素，敏感性越大。据此可以确定 FM 收音机、容量和播放格式是关键因素。企业首先应关注 FM 收音机、容量和播放格式，这是顾客认为企业有义务做到的事情；在此基础上应尽力去满足如录音功能，这是质量的差异性、竞争性因素；最后争取实现如外观、续航、良好的售后服务等魅力品质，带给顾客惊喜，建立顾客忠诚度。

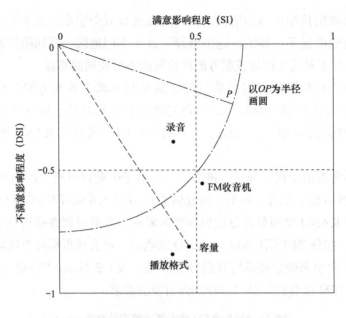

图 6-8 KANO 模型的分析结果

6.4 KANO 模型的应用

本节将结合实例详细介绍 KANO 模型的具体应用过程。

淘宝网 UED 在卖家顾客关系管理工具的研究项目中，运用了 KANO 模型辅助业务方评判相关功能对满意度的影响，以确定关键功能。KANO 模型分析的操作流程包括需求沟通、问卷编制、数据收集、清洗与分析等步骤。

6.4.1 需求沟通——为什么要用 KANO 模型

为适应淘宝卖家日益增长的顾客管理需求，淘宝官方管理工具需要引入一些新功能。这需要知晓哪些功能是基本的、哪些是增值的以及功能的优先级是如何排列的，以便在进行功能开发优先级排期的同时，考虑哪些功能应该由淘宝官方做，哪些更适合与第三方合作完成。KANO 模型很好地贴和了此业务的需求。从具备程度和满意程度这两个维度出发，对顾客管理功能进行细致、有效的区分和排序，帮助了解哪些功能是一定要有，否则会直接影响顾客体验的（必备属性、期望属性）；哪些是没有时不会造成负向影响，但拥有时会给顾客带来惊喜的（魅力属性）；哪些是可有可无，具备与否都不会有太多影响的（无差异因素）。

6.4.2 问卷编制——正反两面的 KANO 问题模式

应用 KANO 模型时，对每一个要探查的功能均需要了解两个方面，即顾客对具备该功能时的评价和不具备时的评价。例如，在探查"信息管理 – 购买行为信息"功能点时，会分别从正向和反向询问顾客对是否具备该功能的评价。问题设置如图 6-9 所示。

*顾客信息管理，可以帮助您了解顾客的购买行为信息，如不同类目下面的历史购买商品

	我很喜欢	理所当然	无所谓	勉强接受	我很不喜欢
如果顾客关系管理工具有这个功能，您的评价是？	○	○	○	○	○
如果顾客关系管理工具没有这个功能，您的评价是？	○	○	○	○	○

图 6-9　KANO 模型问题设置

为方便对各功能点的准确理解，保证数据质量，需要做两件事：一是对每个功能点进行举例说明（见图 6-10）；二是预访谈几名卖家，请其做完问卷后提出自己疑惑的地方，检验对功能点的阐述是否明了，对不清晰的部分加以修改和完善。另外，由于每个顾客对“我很喜欢”“理所当然”“无所谓”“勉强接受”和“我很不喜欢”的理解不尽相同，因此需要在问卷填写前给出统一的解释，让顾客有一个相对一致的标准，方便填答。

下面列出了顾客关系管理中的17个功能点，请您根据自己的真实感受进行相应的评价。

说明：

【我很喜欢】：指会让您感到满意开心、令人惊喜的。
【理所当然】：指您觉得是应该的、必备的。
【无所谓】：指您不会特别在意、可有可无的。
【勉强接受】：指会让您不至于喜欢，但还可以接受的。
【我很不喜欢】：指会让您感到不满意的。

图 6-10　问卷填答说明

6.4.3　数据收集、清洗与分析

回收了足够数量的问卷后，接下来开始进行数据的收集、清洗和分析。

（1）数据收集　调查的样本为 3 ~ 4 月有成交的卖家，通过邮件营销系统（Email Direct Marketing，EDM）进行问卷投放，共回收 5906 份。

（2）数据清洗　目的是剔除明显不合逻辑或不合理的数据，以保证后继分析结果的质量。例如，在 KANO 问卷中，清除了全选“我很喜欢”和全选“我很不喜欢”的数据（即全部是极端选择）。经过清洗得到有效问卷 4395 份。

（3）数据分析　重点针对近一个月发单量大于 20 单的 139 名顾客进行分析。具体方法为“KANO 二维属性归类”法和“Better-Worse 系数分析”法。

1）KANO 二维属性归属分类。KANO 评价结果分类对照表如表 6-2 所示。由表 6-2 看出，每个功能在 6 个维度上均可能有得分。将相同维度的得分百分比相加后，可得到各个维度占比之和，总和最大的那个属性维度便是该功能的属性归属。如图 6-11 所示，在对“信息管理 – 购买行为信息”功能进行统计整理时，发现其魅力属性的占比最高，进而得到顾客关系管理工具中的“信息管理 – 购买行为信息”功能属于魅力属性。

顾客信息管理：可以帮助您了解顾客的购买行为信息，如不同类目下的购买历史等					KANO属性：魅力因素	
不具备　　具备	很喜欢	理所当然	无所谓	勉强接受	很不喜欢	■ 魅力 36.7%
很喜欢	●9.4%	■5.0%	■11.5%	■20.1%	*28.8%	* 期望 28.8%
理所当然	▶0.7%	‖5.8%	‖2.9%	‖1.4%	✓2.9%	✓ 必备 2.9%
无所谓	▶0.0%	‖0.0%	‖9.4%	‖0.0%	✓0.0%	‖ 无差异 21.6%
勉强接受	▶0.0%	‖0.0%	‖0.7%	‖1.4%	✓0.0%	▶ 反向 0.7%
很不喜欢	▶0.0%	▶0.0%	▶0.0%	▶0.0%	●0.0%	● 可疑 9.4%

图 6-11　功能属性归属

2）Better-Worse 系数分析。除了对属性归属的探讨，也可以通过对功能属性归类的百分比计算出 Better-Worse 系数。如将图 6-11 中功能"魅力因素"的数据带入式（6-1）及式（6-2）后，得到结果

$$Better=(0.367+0.288)/(0.367+0.288+0.029+0.216)=0.73$$
$$Worse=(0.288+0.029)/(0.367+0.288+0.029+0.216)\times(-1)=-0.35$$

Better-Worse 系数分析的四分位图如图 6-12 所示。

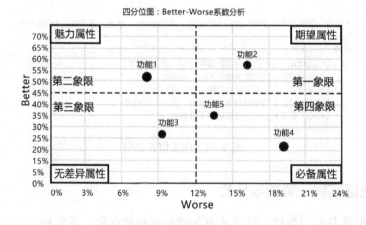

图 6-12　Better-Worse 系数分析四分位图

① 第一象限表示期望属性。Better 值高，Worse 绝对值也高的情况。这是质量的竞争性属性，应尽力去满足。

② 第二象限表示魅力属性。Better 值高，Worse 绝对值低的情况。

③ 第三象限表示无差异属性。Better 值低，Worse 绝对值也低的情况。

④ 第四象限表示必备属性。Better 系数值低，Worse 系数绝对值高的情况。落入此象限的功能是最基本的功能，这些需求是顾客认为企业有义务做到的事情。

根据 Better-Worse 系数，对系数绝对分值较高的功能/服务需求应当优先实施。

图 6-13 给出了日发货 20 单以上的 139 名卖家的选择结果分布情况。可以看到，顾客关系管理工具的 17 个功能点中，大多数为魅力因素，而本次调研中并没有发现必备因素。从 Better-Worse 系数这一衡量指标中不难发现，"忠诚度 -C2""忠诚度 -C3""信息传达 -F1""信息传达 -F4"都是 Better、Worse 均值很高（大于平均数）的要素。一旦加强

了这些功能，不仅会消除顾客的不满意，还会提升顾客的满意水平。

顾客关系管理工具功能点	属性归属	Better	Worse
信息管理 - A1	魅力	0.70	−0.34
信息管理 - A2	魅力	0.73*	−0.35
顾客分层 - B1	魅力	0.66	−0.35
顾客分层 - B2	魅力	0.66	−0.29
顾客分层 - B3	无差异	0.55	−0.33
忠诚度 - C1	魅力	0.67	−0.33
忠诚度 - C2	期望	0.80*	−0.42
忠诚度 - C3	魅力	0.72*	−0.38
忠诚度 - C4	魅力	0.68	−0.37
活动设置 - D1	魅力	0.68	−0.37
活动设置 - D2	魅力	0.65	−0.33
活动效果 - E1	期望	0.67	−0.39*
活动效果 - E2	期望	0.66	−0.36*
信息传达 - F1	期望	0.72*	−0.44*
信息传达 - F2	魅力	0.64	−0.34
信息传达 - F3	魅力	0.69*	−0.34
信息传达 - F4	魅力	0.78*	−0.39*

注：*表示大于增加满意度指标及小于消除不满意度指标的平均数

图 6-13　KANO 属性计算结果

6.5　KANO 模型应用的思考

KANO 模型应用案例给出了利用 KANO 模型进行功能优先级排序的过程，也暴露出当结合具体实践应用 KANO 模型时需要思考和注意的问题。

6.5.1　KANO 属性的优先级排序问题

辅助进行业务的优先级排序是 KANO 模型的一大功能特点。在进行功能优先级排序时，可主要参考必备属性 > 期望属性 > 魅力属性 > 无差异属性的基本顺序进行排序。

通过上述应用案例，可总结出以下建议：①期望属性的功能点对于工具的意义重大，建议优先考虑开发或强化；②对于魅力属性的功能点，建议优先考虑 Better 值较高的功能，有事半功倍的效果；③无差异属性可以成为节约成本的机会。

6.5.2　如何看待结果中的 KANO 属性

上述案例中多数功能属于魅力属性，可以看出卖家在顾客关系管理工具中对于这些功能的积极态度。因此，可将顾客关系管理工具认为是魅力型工具，它虽不能直接影响卖家进销存主流程，但会带来极大的利益点，能让卖家感到满意甚至惊喜。此外，上例调查中没有发现必备属性，这一结果与市场成熟度有关。目前，卖家进行顾客关系管理的意识还在成长阶段（如 2012 年 4 月的一次调研结果显示，在日发 20 单以上的活跃卖家中，仅有 18.7% 的卖家已进行顾客关系管理），同时，案例中涉及的功能点还未能得到真实检验。所以在这个阶段，卖家对这些功能的缺失还没有强烈的负面情绪体验，也不存在满意度的大幅下降。

需要注意的一点是，KANO 属性的划分并非一成不变，随着时间的变化，卖家对顾客关系管理的概念日益清晰，各功能的属性归属很有可能会发生变化。例如，对于早期的电视机来说，遥控器也许是魅力属性，但现在遥控器则早已成为人人需要的必备属性了。

6.5.3 KANO 模型的优势与不足

案例应用实践表明，KANO 模型的优势包括：可以细致、全面地挖掘功能的特质；可以帮助进行优先级排序、辅助项目排期；可以摆脱"误以为'没有抱怨'就等于满意"的想法，帮助企业正确识别顾客需求。

同时，KANO 模型也有不足之处，包括：问卷通常较长且从正反两面询问，可能会导致顾客感觉重复，并引起情绪上的波动；若顾客情绪受到影响而没有认真回答，则会导致数据质量的下降；进行问卷调查时，部分属性也许并不很好理解，导致选择结果出现模糊；KANO 模型属于定性方法，以频数来判断每个属性的归类，这可能会导致同一属性出现在不同归类（频数相等或近似）的情况，一旦这种情况出现，就需要对这一属性单独进行重新考察。

由于 KANO 模型存在的这些不足，在运用 KANO 模型时需要注重数据收集前的准备工作，如应尽量把问卷设计得清晰易懂、语言简单具体，避免产生歧义，同时也可以在问卷中加入简短且明显的提示或说明，方便顾客顺利填答。

思考题

1. 什么是 KANO 模型？试述 KANO 模型的起源。

2. 试述 KANO 模型中需求的类型及其与产品品质的关系。

3. 试述 KANO 模型分析方法的步骤及各步骤要做的工作。

4. 试应用顾客细分的原理，针对流行的手机产品，作一个顾客细分维度图，并阐述各个维度的含义。

5. 试针对个人计算机类产品，给出其顾客细分的多维度图，阐述各个维度的含义，并通过多维度顾客分析，试指出该类产品的发展趋势。

6. 假定现在需要做一个儿童科教音乐的机器人，那么哪些功能需求属于魅力属性？哪些功能是必备属性？请通过调研，给出你的 KANO 模型分析步骤，并确定关键功能排序。

第 7 章 格式塔原理

格式塔（Gestalt）学说的哲学基础源于现象学，同时它也用大量的研究成果丰富和充实了现象学。它使心理学研究人员不再囿于构造主义的元素学说，而是从另一角度去研究意识经验，为后来的认知心理学埋下伏笔。它通过对行为主义的有力拒斥，使意识经验成为心理学中的一个合法的研究领域。格式塔理论的提出，使当时的欧洲形成了一股现象学的心理学思潮，在心理学史上留下了不可磨灭的痕迹。尽管对格式塔理论还存在这样或那样的争议，但毋庸置疑的是，其影响迄今犹在。

7.1 格式塔概述

长期以来，心理学家一直想确定在知觉过程中人的眼和脑是如何共同起作用的。这种围绕知觉所进行的心理学研究以及由此而产生的理论被称为格式塔心理学。通俗地说，格式塔就是知觉的最终结果，是人们处在心不在焉和没有引入反思的现象学状态时的知觉。这种有着"第一印象"特征的知觉，体现着人对事物最直观的感受。这也是设计师的兴趣点之一，因为与视觉知觉密切关联的视觉传达，如平面设计，归根结底是给别人看的。

7.1.1 格式塔的定义

格式塔是德语 Gestalt 的音译，意思是组织结构或整体。它有两层含义：一是事物具有特定的形状或形式；二是一个实体对知觉所呈现的整体特征，即完形的概念。

格式塔心理学也称完形心理学，是西方现代心理学的主要学派之一。它认为人的审美观对整体与和谐有一种基本的要求，即视觉形象首先要作为统一的整体被认知，而后才以部分的形式被认知，也即人们总是先"看见"一个构图的整体，然后才"看见"整体的各个部分。格式塔心理学认为，人们在观看时，眼脑共同作用，并不是在一开始就区分一个形象的各个单一的组成部分，而是将各个部分组合起来，使之成为一个更易于理解的统一体。在一个格式塔（即单一视场或单一参照系）内，眼睛的能力只能接受少数几个互不相关的整体单位。这种能力的强弱取决于这些整体单位的不同与相似程度以及它们之间的相互位置。如果一个格式塔中包含了太多互不相关的单位，眼脑就会试图将其简化，把各个单位加以组合，使之成为一个知觉上易于处理的整体。如果做不到这一点，整体形象将继续呈现为无序或混乱状态，从而无法被正确认知，也即看不懂或无法接受。格式塔理论明确提出，眼脑作用是一个不断组织、简化、统一的过程，正是通过这一过程，才产生出易于理解的、协调的整体。格式塔心理学的核心可归结为：人们总是先看到整体，然后再去关注局部；人们对事物的整体感受不等于对局部感受的简单累加，整体感受大于局部感受之和；视觉系统总是在不断地试图在感官上将图形闭合。

格式塔心理学派既反对美国构造主义心理学的元素主义，也反对行为主义心理学的刺激–反应公式，主张研究直接经验（即意识）和行为，强调经验和行为的整体性，认为整体大于部分之和，主张以整体的动力结构观来研究心理现象。一般来说，在一个格式塔中的各个对象，通常存在和谐（Harmony）、变化（Changes）、冲突（Conflict）和混乱（Confusion）等几种视觉关系。

（1）和谐　组成整体的每个局部的形状、大小、颜色趋近一致，并且排列有序，这时产生的整体视觉感观就是"和谐"。如图 7-1 中的单反相机镜头具有类似的构成，整体观感和谐一致。可见，和谐来自所有局部感官元素的视觉特征的接近，这减轻了视觉认知负担。

（2）变化　在"和谐"的基础上，对象局部产生了形状、大小、颜色的变化，但这种变化并没有改变局部观感的同一性质，这就是"变化"。例如，图 7-2 中的变化来自和谐基础上局部外观的改变，白色镜头的加入使局部色彩、形状发生了改变，但其整体感官知觉仍属于同一类性质的物体。

图 7-1　和谐的影像　　　　　　　　　　图 7-2　变化的影像

（3）冲突　在"和谐"的基础上，对象局部不仅有形状、大小、颜色的"变化"，而且有性质上的改变，与整体中的其他局部"格格不入"，这就是冲突。如图 7-3 所示，水瓶的加入带来了某个局部与整体其他部分性质的格格不入，在视觉感官上形成了冲突。

（4）混乱　当整体当中包含太多性质不相关的局部时，视觉系统很难判断出整体到底是什么，这时就产生了"混乱"。如图 7-4 所示，大量局部对象互不相干，使视觉系统看不懂整体想要表达的意图，无法接受整体的感官印象，由此造成了视觉上的混乱。

图 7-3 冲突的影像

图 7-4 混乱的影像

7.1.2 格式塔理论的起源与发展

"格式塔"一词最早由奥地利哲学家克里斯提安·冯·埃伦费尔斯（Christian von Ehrenfels）于 1890 年提出。1912 年，德国心理学家马克斯·韦特海默（Max Wertheimer）在法兰克福大学做了似动现象（Phi Phenomenon）实验，并发表了文章《移动知觉的实验研究》来描述这种现象，被认为是格式塔心理学学派创立的标志。由于这个学派初期的主要研究是在柏林大学的实验室内完成的，所以也被称为柏林学派。格式塔心理学出现于 20 世纪初的德国，这在很大程度上应归因于当时德国的社会历史背景。德国的资产阶级革命进行得相对较晚，但自 1871 年德国统一后，经济得到了迅速发展，到 20 世纪初，德国已经赶上并超过了英、法等老牌资本主义国家，一跃成为欧洲强国。当时德国整个社会的意识形态都强调统一、强调主观能动性，政治、经济、文化、科学等领域也都受到这种意识形态的影响，倾向于整体研究，心理学自然也不例外。

在哲学层面，格式塔心理学受到德国哲学家伊曼努尔·康德（Immanuel Kant）和埃德蒙德·胡塞尔（Edmund Gustav Albrecht Husserl）的现象学思想的影响。康德认为，客观世界可以分为"现象"和"物自体"两个世界，人类只能认识现象而不能认识物自体，并且对现象的认识必须借助人的先验范畴。格式塔心理学接受了这种先验论思想的观点，只不过它把先验范畴改成了"经验的原始组织"，这种经验的原始组织决定着人们怎样知觉外部世界。康德还认为，人的经验是一种整体现象，不能分割为简单的元素，心理对材料的知觉是赋予材料一定形式的基础并以组织的方式来进行的。康德的这一思想成了格式塔心理学的核心思想源泉以及理论构建和发展的主要依据。胡塞尔认为，现象学的方法就是观察者必须摆脱一切预先的假设，对观察到的内容做如实描述，从而使观察对象的本质得以展现。现象学的这一认识过程必须借助人的直觉，所以现象学坚持只有人的直觉才能掌握对象的本质，并提出了具体的操作步骤。这也给格式塔心理学的研究方法提供了具体的指导。

19 世纪末 20 世纪初，科学界的许多新发现，如物理学的"场论"思想，也给格式塔心理学家带来了启迪。科学家把"场"定义为一种全新的结构，而不是把它看作分子间引力和斥力的简单相加。格式塔心理学家接受了这一思想，并希望用它来对心理现象和机制做出全新的解释。他们在自己的理论中提出了一系列的新名词，如赫特·考夫卡（Hurt Koffka）提出了行为场、环境场、物理场、心理场和心理物理场等多个概念。此外，奥地利心理学家、哲学家恩斯特·马赫（Ernst Mach）和形质学派心理学理论也对格式塔心理学产生了重要影响。马赫认为，感觉是一切客观存在的基础，也是所有科学研究的基础，这些感觉与其元素无关，物体的形式是可以独立于物体的属性的，可以单独被个体所感知。冯·埃伦费尔斯进一步深化和扩展了马赫的理论，倡导研究事物的形、形质，形成了具有朴素整体观的形质学派，其核心思想也被格式塔心理学所采纳。

20世纪初，心理学的中心开始由欧洲向美国转移，格式塔心理学也不例外。此后，格式塔心理学在美国发扬光大。这一过程大体上可分为三个时期。

（1）初步接纳时期（1921—1927年）　在这一时期，格式塔心理学的理论观点初步为美国心理学界所接受。早在1921年，考夫卡和沃尔夫冈·柯勒（Wolfgang Kohler）就先后前往美国许多大学讲学。考夫卡还于1922年在美国《心理学评论》杂志上发文阐述格式塔心理学理论，他与柯勒的一些著作也被翻译出版，如于1929年早期用英文出版的柯勒的《格式塔心理学》著作等。这一时期，他们对行为主义的批评也得到不少学者的赞同。

（2）迁移时期（1927—1945年）　这期间三位格式塔学派的创立者和他们的学生相继移居美国，都在美国担任大学教职，从事科研工作。然而，由于三人所在的大学都没有学位授予权，因此无法培养自己的接班人。同时，又因为格式塔学派的著作多为德文版，这在无形之中阻碍了其理论的传播，削弱了其影响。

（3）艰难的综合阶段（1945年至今）　尽管美国心理学家对格式塔学派的接纳很缓慢，不过它最终还是吸引了众多的追随者。他们发展这一理论并把它运用于一些新的领域，这表明"这一学派是富有生命力的，并且在美国心理学界确立了自己的地位"。

格式塔心理学的主要代表人物有马克斯·韦特海默、考夫卡和柯勒等。

7.2　格式塔理论的主要观点

格式塔心理学认为心理学研究的对象有两个：一个是直接经验，另一个是行为。前者是主体当时感受到或体验到的一切，是一个有意义的整体，它与外界直接的客观刺激并不完全一致；后者是指个体在自身行为环境中的活动，也称明显行为。格式塔心理学利用整体观察法和实验现象学研究方法形成了自己的理论观点，特别是其强调整体论的观点，对人本主义心理学的发展有很大的影响。如人本主义心理学的创始人之一亚伯拉罕·马斯洛就曾在韦特海默的指导下学习整体分析的方法，并最终推动了人本主义心理学整体研究的方法论原则的形成。

■ 7.2.1　同型论

同型论（Isomorphism）也称同机论，是指一切经验现象中共同存在的"完形"特性，是格式塔心理学提出的一种关于心物和心身关系的理论。如在物理、生理与心理现象之间具有对应的关系，所以三者彼此是同型的。

格式塔心理学认为，心理现象是完整的格式塔，是完形，不能被人为地区分为元素；任何自然而然地感受或观察到的现象都自成一个完形；完形是一个通体相关的有组织的结构，且本身含有意义，可以不受以前经验的影响；物理现象和生理现象也有完形的性质。正因为心理现象、物理现象和生理现象都具有同样的完形性质，因而它们是同型的。换句话说，无论是人的空间知觉还是时间知觉，都是与大脑皮层内的同样过程相对等的。这也意味着环境中的组织关系在体验这些关系的个体中产生了一个与之同型的脑场模型。这种解释心物关系和心身关系的理论就是同型论。

7.2.2　完形组织法则

完形组织法则（Gestalt Laws of Organization）也称组织律，是对知觉主体是按什么样的形式把经验材料组织成有意义的整体的诠释，也是格式塔学派提出的一系列有实验佐证的知觉组织法则。格式塔心理学认为，真实的自然知觉经验正是组织的动力整体，感觉元素的拼合体则是人为的堆砌，因为整体不是部分的简单总和或相加，不是由部分决定的，而整体的各个部分则是由这个整体的内部结构和性质所决定的。所以，完形组织法则意味着，人们在知觉时总会按照一定的形式把经验材料组织成有意义的整体。

完形组织法则一般包括五种类型，即图形 – 背景法则、接近法则、相似法则、闭合法则和连续法则。这些法则既适用于空间，也适用于时间；既适用于知觉，也适用于其他心理现象。而且，其中许多法则不仅适用于人类，也适用于动物。完形趋向就是趋向于良好、完善，是组织完形的一条总的法则，其他法则是这一总的法则的不同表现形式。

7.2.3　学习理论

以组织完形法则为基础的学习论，是格式塔心理学的重要组成部分之一，包括顿悟学习、学习迁移和创造性思维。

（1）顿悟学习（Insightful Earning）　这是格式塔心理学所描述的一种学习模式，即通过重新组织知觉环境并突然领悟其中的关系而发生的学习。换言之，学习和解决问题主要不是经验和尝试错误的作用，而在于顿悟。例如，在著名的黑猩猩学习实验[⊖] 中，表现出学习包括知觉经验中旧有结构的逐步改组和新的结构的豁然形成。顿悟是以对整个问题情境的突然领悟为前提的，动物只有在清楚地认识到整个问题情境中各种成分之间的关系时，顿悟才会出现，即顿悟是对目标和达到目标的手段与途径之间的关系的理解。

○ 在黑猩猩学习系列实验中，柯勒把黑猩猩置于放有箱子的笼内，笼顶悬挂香蕉。简单的问题情境只需要黑猩猩运用一个箱子便可够到香蕉，复杂的则需要黑猩猩将几个箱子叠起方可够到香蕉。在复杂问题情境的实验中，有两个可利用的箱子。当黑猩猩 1 看到笼顶的香蕉时，最初的反应是用手去够，但够不着，只得坐在箱子 1 上休息，毫无利用箱子的意思。后来，当黑猩猩 2 从原来躺卧的箱子 2 上走开时，黑猩猩 1 看到了这只箱子并把它移到香蕉底下，站在箱子上伸手去取香蕉，由于不够高，仍够不着，它只得又坐在箱子 2 上休息。突然间，黑猩猩 1 跃起，搬起自己曾坐过的箱子 1，并将它叠放在箱子 2 上，然后迅速地登箱取得了香蕉。三天后，柯勒稍微改变了实验情境，把纸箱换成了竹竿或铁丝、木棍等，但黑猩猩仍能用旧经验解决新问题。

（2）学习迁移（Learning Transfer） 它是指一种学习对另一种学习的影响，也即将学得的经验有变化地运用于另一情境。对于产生学习迁移的原因，美国动物心理学的开创者、联结主义的创始人爱德华·桑代克（Edward Lee Thorndike）认为是两种学习材料中的共同成分作用于共同的神经通路的结果；而格式塔心理学则认为是由于相似的功能所致，也即由于对整个情境中各部分的关系或目的与手段之间的关系的领悟。如在柯勒的黑猩猩学习试验中，当笼中没有竹竿时，黑猩猩也能用铁丝或木棍等其他能利用的东西代替竹竿摘取香蕉，这就是相似功能的迁移。

（3）创造性思维（Productive Thinking） 它是格式塔心理学颇有贡献的一个领域。韦特海默认为，创造性思维就是打破旧的完形而形成新的完形。在他看来，对情境、目的和解决问题的途径等各方面相互关系的新理解，是创造性地解决问题的根本要素，而过去的经验也只有在一个有组织的知识整体中才能获得意义并得到有效使用。因此，创造性思维都是遵循着旧的完形被打破、新的完形被构建的基本过程进行的。

7.2.4 心理发展

格式塔心理学也把完形理论应用到发展心理学的研究中。行为主义用联结的观点解释学习，而格式塔心理学则用知觉场的改变来解释学习，认为意义的改变就是心理的改变或发展，这是用刺激–反应的联结公式无法解释的；行为是由相互作用的力组成的动力模式支配的；个人操作的场是内部和外部的力积极活动的心理物理场，既可以在物理场的基础上以局部或分子的观点进行研究，也可以在涵盖经验和行为各方面的整体或大分子水平上进行研究。在格式塔心理学看来，分子行为应由物理学家和生理学家来研究，而整体行为则更适合由心理学家来研究。

7.2.5 人格理论

从心理学来看，每个人的行为、心理都有一些特征，这些特征的总和就是人格。人格特征可以是外在的，也可以是隐藏在内部的。人格看起来是一个很学术的名词，但如果对人格略有所知的话，就能在日常生活中观察到它：如果一个孩子乐观自信、不怕失败、活跃而有创造力，我们会说"这个孩子具有健康人格"；如果一个孩子没有安全感，常常自卑或常主动攻击他人，我们会说"这个孩子可能有人格障碍"。格式塔心理学把人格看作是一个动态的整体，认为行为场有两极，即自我（人格）和环境，认为紧张是人体在精神和肉体两个方面对外界事物反应的加强，它源自对未知的恐惧。对一个行为场中的人来说，目标（即动机和需要）一旦达成，紧张就会消失；在目标未达成时，场内的力处于不平衡状态，就会产生紧张。这种紧张可以在自我和环境之间形成，从而加强极性（Polarity），破坏两极的平衡，造成个人自我与环境之间的差异，使自我处于更加清醒的知觉状态。紧张也可以在自我内部或在环境中形成，然后再导致不平衡。

格式塔建议，人应充分体验自己的情感，将各种情感都真切地体验一遍，不压制，不逃避，让能量在体内自由流走，让我们产生的能量依旧成为我们的一部分，而不是被压抑或被遗弃。由此可以说，人的一切情绪、一切性格都是自然的、完整的、真实存在的，而囿于某些性格都可以说是"不健康"的。因此，人们对自己的性格也无须过分强求。我们青睐于完善的人格或完整的人格，也即青睐于什么性格都有的人或什么性格都没有的人。这或许就是所谓完整的人格。

7.3 格式塔心理学原理

考夫卡在《格式塔心理学原理》一书中阐述了两个重要的概念，即心物场（Psycho-physical Field）和同型论。观察者知觉现实的观念称作心理场，被认知的现实称作物理场。心物场认为世界是心物的，经验世界与物理世界是不一样的。尽管心理场与物理场之间并不存在一一对应的关系，但是人的心理活动却是两者结合而成的心物场。人们自然而然地观察到的经验，都带有格式塔的特点，它们均属于心物场和同型论的范畴。以心物场和同型论为格式塔的总纲，由此派生出知觉律和记忆律。

7.3.1 知觉律

知觉律也称知觉组织律。韦特海默认为学习即知觉重组，知觉与学习几乎是同义词。换言之，人们有一种心理倾向，即尽可能地把被感知到的东西以一种最好的形式呈现——完形；如果一个人的某个知觉场被打乱了，他马上会重新形成另外一个知觉场，以便维持被感知东西的完好形式。通常这种"完好形式"并非指"最佳形式"，而是指具有一种"完整性"的、有意义的形式。这一过程就是知觉重组的过程，在这个过程中伴随着接近律（Law of Proximity）、相似律（Law of Similarity）、闭合律（Law of Closure）、连续律（Law of Continuity）和成员特性律（Law of Membership Character）五个知觉规律。

（1）接近律　接近律也称接近性原理，是指在时间或空间上接近的事物容易发生联想。人们对知觉场中客体的知觉是根据它们各部分彼此接近或邻近的程度而组合在一起的。各部分越接近，组合在一起的可能性就越大。换言之，物体之间的相对距离会影响人们感知它们是否为一个整体以及如何将它们组织在一起。距离较近或互相接近的部分容易被组成整体。如图 7-5 所示，在知觉上更倾向于意识到"3 组圆"，而不是"6 个圆"。

（2）相似律　相似律也称相似性原理，是指人们在知觉时，对刺激要素相似的项目，只要不被接近因素干扰，会倾向于把它们联合在一起，即相似的部分在知觉中会形成若干组。如图 7-6 所示，即使输入框与主体内容相隔甚远，但是用户依然会将它们一一对应地联系在一起。

图 7-5　接近律　　　　　　　　　　　　图 7-6　相似律

接近律和相似律都与人们试图给对象分组的完形心理倾向有关。

（3）闭合律　闭合律也称封闭性原理，是指人类认知意识中一种完成某种图形（完形）的行为。这种知觉上的特殊现象也称"闭合"，即不在视场中展现设计的全貌，只凭关键的局部让人们通过完形去延伸和理解整体，类似"一叶知秋"。人的完形心理使彼此相属的部分容易组合成整体，反之，则容易被隔离开来。例如，人的视觉系统会自动尝试将敞开的图形关闭起来，从而将其感知为完整的、有意义的物体，而不是分散的、无意义的碎片（见图 7-7）。当元素不完整或者不存在的时候，依然可以被人们所识别。又如，虚拟现实（Virtual Reality，VR）中基于双目视差的立体成像技术就是利用了人的完形心理，在大脑中把两个相关平面影像"解释"成了有意义的三维立体影像。完整和闭合倾向在所有感觉通道中都起作用，它为知觉图形提供完善的定界、对称和形式。这也是人类知觉的一大特点。

（4）连续律　连续律也称连续性原理，是指在知觉过程中，人们往往倾向于将可形成直线或平滑曲线的点连接起来，形成具有平滑路径的线条形态，也即人们倾向于使知觉对象的直线继续成为直线，使曲线继续成为曲线。意识会根据一定规律做视觉上、听觉上或位移的延伸，使得大脑对感知的对象有相关联的、富有意义的解释，而不是离散的碎片。如知觉上会弱化图 7-8 中的分割所带来的"块"，依然意识到"直线、圆和曲线"。

图 7-7　闭合律

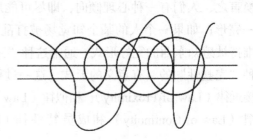

图 7-8　连续律

类似地，对称性和主题/背景等现象可以理解为连续律和闭合律的延伸，它们都与人们的视觉系统试图解析模糊影像或填补遗漏来感知整个物体"完形"的倾向相关。

（5）成员特性律　成员特性律也称共同命运或共同方向运动原则，是指一个整体中的个别部分并不具有固定的特性，个别部分的特性是从与其他部分的相对关系中显现的，也即一起运动的物体会被感知为属于一组或者彼此相关的整体。如图 7-9a 中的部分正六边形一起向上移动变成图 7-9b 时，这些共同移动的部分更容易被理解为属于一组或一个

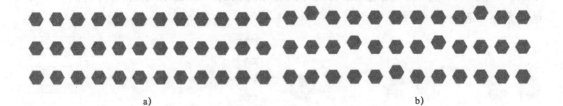

a)　　　　　　　　　　　　　　　　　　　　　b)

图 7-9　成员特性律

整体。

考夫卡认为，每一个人，包括儿童和未开化的人，对于所感知的现象都是依照组织律经验到有意义的知觉场的。按照同型理论，由于格式塔与刺激型式同型，其法则可以经历广泛的改变而不失其本身的特性。例如，一个曲调变调后仍可被感知为保持了同样的曲调，尽管组成曲子的音符全都不同；一个人唱歌走调了，但听者通过转换仍能分辨出他在唱什么歌曲。格式塔的这一知觉特点也被称为转换律。

7.3.2 记忆律

德国格式塔心理学家克里斯蒂安·沃尔夫（Christian Wolff）曾对视觉图形——简单线条画——的遗忘问题做过深入的研究。在实验时，他要求被试者观看样本图形，并尝试记住它们，然后在不同的时间段里要求他们根据记忆把图形画出来。他发现，当初呈现的样本图形与被试者后来相继再现的图画之间存在着许多不同：在有些情况下，再现的图画比原来的图画更简单、更有规则；有些情况下，原来图画中的某些显著的细节在再现时更加突出了；而在另一些情况下，再现的图画比最初的样本图形更像某些熟悉的物体了。沃尔夫把这三种记忆组织倾向分别称为水平化（Leveling）、尖锐化（Sharpening）和常态化（Normalizing）。这也是格式塔的记忆律。

（1）水平化　水平化是指人们在记忆中往往趋向于减少知觉图形小的不规则部分，使其对称或趋向于减少知觉图形中的具体细节的现象。

（2）尖锐化　尖锐化是指在记忆中人们往往强调知觉图形的某些特征而忽视其他具体细节的过程。尖锐化是在记忆中与水平化过程伴随而行的。格式塔心理学认为，人类记忆的特征之一就是客体中最明显的特征在再现过程中往往被夸大了。

（3）常态化　常态化是指人们在记忆中往往会根据自己已有的记忆痕迹对知觉图形加以修改，使之以正常的、有意义的状态呈现，即人们在记忆中一般会趋向于按照自己认为它似乎应该是什么样子来加以修改。

在沃尔夫的试验中，尽管样本图形并不清楚地表示某物体，但被试者都看到了它们与所熟悉的物体的相似之处，也即记忆的图形往往趋向于形成一个更好的完形。可见，被记住的东西并不总是学习知觉到的东西，它常常是比原来图形更好的完形。同样地，遗忘也不仅仅是失去某些细节，它是把原来的刺激连续不断地转变为具有更好完形的其他某种东西。

7.4　格式塔原理的应用

对设计而言，表现作品的整体感与和谐感是十分重要的。直觉的观察和对视觉表现的自觉评价表明，无论是设计师本人或是观察者都不欣赏那种混乱无序的形象。例如，一个格式塔很差的形象缺乏视觉整体感、和谐感，产生的视觉效果缺乏联系、支离破碎而无整体性，会破坏视觉安定感，给人以"有毛病""杂乱无章"的印象，带来不良感

受，为人们所忽视、不喜欢乃至拒绝接受。因
此，格式塔原理在设计，特别是视觉传达设计
中得到了广泛的应用，具体形式包括删除、贴
近、结合、接触、重合、格调与纹理、闭合和
排列等。

（1）删除　删除是指从构图形象中去除
不重要的部分，只保留那些绝对必要的组成部
分，从而达到视觉上的简化。删除的效果符合
水平化的格式塔记忆律特征。简洁来自删除，
而视觉的删除来自对内容的精选，判断哪些是
必要内容、哪些是非必要内容，保留与必要内
容有关的视觉单元，其他的都可以删除。通过
对一些设计大师作品的研究发现，通常一个有
效的、吸引人的视觉表达并不需要太多复杂的
形象，一些经典作品在视觉表现上往往都是很
简洁的。例如，德国大众公司的广告就采用了
删除手法，形成大面积留白的极简设计，带给
人强烈的视觉冲击（见图 7-10）。

图 7-10　删除的视觉效果

（2）贴近　贴近是指各个视觉单元一个
挨着一个、彼此离得很近的状态，也称归类。例如在版面设计中，为了区分不同的内容，
经常采用近缘关系的方法来进行视觉归类（见图 7-11）。贴近是格式塔接近律的一种应用，
以贴近进行视觉归类的各种方法都是直截了当的，且易于施行。贴近会产生近缘关系，
运用近缘关系，无论对少量的相同视觉单元或大量不同的视觉单元进行归类都同样容易。
例如，将表达同一信息或意义相近的设计元素，按照贴近关系进行设计，可以突出整体
中的小集合，让重点内容更受关注。

（3）结合　结合是指在构图中单独的视觉单元完全联合在一起，无法分开。结合的
表现手法潜在地诱发人们的知觉闭合行为，达到形式与潜意识记忆完形的高度统一。如
图 7-12 所示的广告招贴，将香蕉与橙汁结合在一起，说明佛罗里达橙汁的含钾量与一只
大香蕉一样，很难相信是吧？却好喝极了！把多种不同的形象结合在一起，使原来并不
相干的视觉形象关联起来，在表达上自然而然地从视觉语义延伸到认知知识语义的设计
手法也称异形同构。

（4）接触　接触是指单独的视觉单元无限贴近，以至于它们彼此粘连，这样在视
觉上就形成了一个较大的统一整体。接触应用了接近原理，达到了由视觉到认知关联的
效果。

接触与结合的区别在于，接触的两个视觉单元仍然是相对独立的，而结合的两个视
觉单元再也无法分开。接触的形体有可能丧失原先单独的个性，变得特征模糊。就如在
图案设计中，相互接触的不同形状的单元在视觉感受上是如此相近，完全融为一体（而实

际上是相互独立的）。如图 7-13 中的视觉表现，刺激人们产生佳洁士牙膏与健康、洁白牙齿的关联联想，其中牙膏瓶盖与口腔牙齿就采用了接触的设计表现手法。

图 7-11　贴近的视觉效果

图 7-12　结合的视觉效果

（5）重合　重合是结合的一种特殊形式，也是闭合律存在的一种形式。当重合发生时，如果所有视觉单元在色调或纹理等方面都是不同的，那么区分已被联结的原来各个视觉单元就越容易；反之，如果所有视觉单元在色调或纹理等方面都是一样的，那么原来各个视觉单元的轮廓线就会消失，从而形成一个单一的重合的形状。换言之，"重合"就是把墨水滴进水池中，形成彻底完全的"结合"，达到"血浓于水"的境界。绝对伏特加的广告将品牌与各种事物进行了视觉重合，透过树木截面的年轮和质感，带来伏特加厚重历史质感的印象（见图 7-14）。重合也能创造出一种不容置疑的统一感和秩序性。在重合各种不同的视觉形象时，如果看到这些视觉形象的总体外形具有一个共同的、统一的轮廓，那么这样的重合就成功了。

（6）格调与纹理　格调与纹理都是由大量重复的单元构成的。两者的主要区别在于视觉单元的大小或规模，除此之外，它们基本上是一样的。格调是视觉上扩大了的纹理，而纹理则是在视觉上缩减了的格调。在不需要明确区别的情况下，对格调或纹理格式塔的感知，总是基于视觉单元的大小和数量的多少。例如，一个格式塔中视觉单元的总量可以影响它的外观，当数量很大以致不能明显地分辨出独立的视觉单元时，格调就变成了纹理（见图 7-15）。又如，透过窗户看到的不远处的树林是足够大的，可以说构成了一种格调；但如果从飞机上俯瞰一整片树林，恐怕就只能将其作为一种纹理来看了。通过控制视觉单元的大小及数量，可以使格调显得像是一种纹理，也可以使纹理呈现为一种格调，或者创造出一种格调之内的纹理，使格调和纹理并存。

图 7-13　接触的视觉效果　　　　　图 7-14　重合的视觉效果

图 7-15　格调（左）和纹理（右）

（7）闭合　闭合是指把局部形象当作一个整体的形象来感知的特殊知觉现象。它属于人类的一种完形心理。从具体表现来看，闭合可以划分为形状闭合、内容闭合以及方向闭合等多种形式。如图 7-16 所示的平面布局中，分组框的存在会导致用户根据自身认知经验，自动将每个线框内的元素作为一组属性。这就利用了闭合的原理。人们由一个形象的局部而辨认其整体的能力，是建立在头脑中留有对这一形象的整体与部分之间关系的认知印象基础之上的。如果某种形象即使在完整情况下人们都不认识，则可以肯定在其缺乏许多部分时，人们更不会认识；如果一个形象缺的部分太多，那么可识别的细节就不足以汇聚成为一个易于认知的整体；而如果一个形象的各局部离得太远，则知觉上需要补充的部分可能就太多了。在上述情况下，人的习惯知觉就会把各局部完全按其本来面目，当作相互独立的单元来看待。无论闭合的形式如何，其本质都是利用人的既有经验来实现感知事物完形的过程。

（8）排列　排列是将构图中过多的视觉单元进行归整的一种方法，是格式塔原理的综合应用。常见的排列形式有整列法与格栅法。

1）整列法。在视觉设计中，"整列"这个术语可以简单地理解为"对齐"。当两个或两个以上的视觉单元看起来是排列整齐的，那就是已进行过整列了。整列有两种类型，即实际整列和视觉整列。例如，书中的文字就是视觉整列的极好例证。人们读到的这些排列整齐的文字段落，实际上是由一些并不存在的共同线进行了整列。这种知觉现象的发生，是由格式塔闭合原理以及贴近原理造成的。实际整列则是指存在着实际的对齐线的整列。图 7-17 左图是带对齐线的实际整列，右图是去掉对齐线的视觉整列。

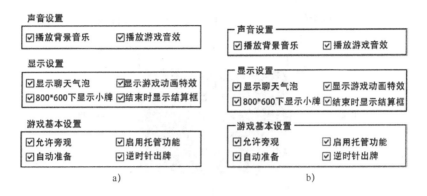

a) b)

图 7-16 闭合示例

2）栅格法。栅格法是一种使用栅格将多个交叉整列版面划分为若干块的方法。在视觉设计中，为了体现版面的秩序性和连续性，如对报纸的各版面，书籍、杂志连续的各页，展览会上展出的同一主题的连续展板等，设计师往往会使用同一种标准化的栅格系统，使一系列视觉内容具有关联性和连续性。与划分单独版面的栅格

图 7-17 实际整列（左）与视觉整列（右）

不同的是，用于连续设计的栅格系统可以是灵活多样的，以便将各种形式的视觉材料（文字、照片、图画、表格等），通过归类方法组合在一系列既统一而又富有变化的栅格系统中（见图 7-18）。

图 7-18 栅格法

在使用栅格法来编排视觉材料时，出于实际或审美的需要，有时会打破栅格的约束。比如在印刷设计中，图片的"出血"就是一种引人注目的变化用法（见图7-19），类似于平面构成中的非作用性骨骼。这种局部低限度违背栅格的情况，并不影响整体的连续性，相反还能增加趣味性，使版面更加生动、完美。

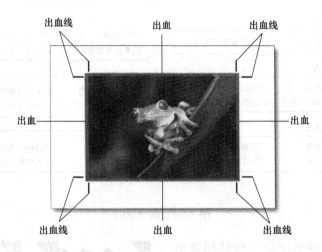

图7-19　图片的"出血"线示意图

7.5　针对格式塔理论的批评

迄今为止，任何心理学理论都不是十全十美的，格式塔也不例外。事实上，对格式塔理论的批评从格式塔心理学问世之初便产生了，大体涉及以下几个方面：

（1）简化问题　格式塔试图把各种心理学问题简化成公设（Postulate）。例如，它不是把意识的知觉组织看作需要用某种方式加以解决的问题，而是把它们看作理所当然存在的现象。单凭同型论并未解释清楚组织原则的原因，两者之间不存在因果关系。这种回避问题存在和否定问题存在的做法具有同样的性质。

（2）定义模糊　格式塔理论中的许多概念和术语的定义过于模糊，没有被十分科学严谨地界定。有些概念和术语，如组织、自我和行为环境的关系等，只能意会，缺乏明确的科学含义。格式塔心理学家曾批评行为主义在否定意识存在时用反应来替代知觉，用反射弧来替代联结，其实由于这些替代的概念十分模糊，结果适得其反，反而证明了意识的存在。有心理学家指出，用格式塔模糊的概念和术语去拒斥元素主义，不仅缺乏应有的力度，有时反而会使人觉得其假设是有道理的。

（3）不利于统计分析　尽管格式塔心理学是以大量实验为基础的，但是许多实验缺乏对变量的适当控制，致使非数值化的实证资料大量涌现，而这些实证资料是不适于做统计分析的。诚然，格式塔的许多研究是探索性的和预期的，在对某一领域内的新课题进行定性分析时确实便于操作，但定量分析能使研究结果更具说服力，也更具科学性。

（4）缺乏生理学基础 格式塔理论提出的同型论假设是在总纲意义上而言的，在论及整个理论体系的各具体组成部分时，却明显缺乏生理学的支持，也没有给出生理学的假设。任何一种心理现象均有其物质基础，即便是遭格式塔拒斥的构造主义和行为主义也都十分强调这一点。遗憾的是，格式塔理论恰恰忽略了这一点。这也是造成其许多假设不能深究的原因。

尽管如此，格式塔心理学卓有成效的实验现象学方法为后来社会心理学的发展提供了方法论基础，其方法及变种已成为现代社会心理学研究中普遍采用且行之有效的方法。

思考题

1. 试述格式塔理论的知觉律及其内涵。

2. 试述格式塔理论中的记忆律及其内容。

3. 试解释网页设计中签名档文字灰化的作用。

4. 在麻将游戏中，"吃、碰、杠、听、胡、过"6个一排的操作按钮看上去有点多，而且当"过"也混在其中时，就容易造成操作失误。于是，设计师将6个按钮的距离分开一点点，就可以将按钮分为两组，从而解决了问题（见图7-20）。请思考这是为什么。

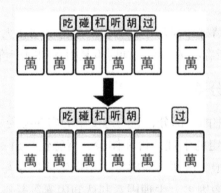

图 7-20　麻将游戏示意图

5. 试举例说明网页设计中格式塔原理的应用。

6. 试应用格式塔原理的连续律，设计网页的翻页效果，并思考平滑翻页带给用户良好感受的原因。

第 8 章　情感化设计

研究表明，对具有相同功能、质量和价格的产品，消费者会选择更能触动其情感的产品，情感因素决定了购买动机，有时会超过理性思考。买方市场的形成更加强化了"以人为本"的理念，表现在产品设计上，就是情感方面的诉求受到了前所未有的重视。好的产品不仅要有好的功能，而且要能在带来情感刺激的同时蕴含积极的意义。这正是情感化设计研究的核心。

8.1　情感与情感化设计

在日常生活中，人类的情感扮演着十分重要的角色。它在无形中以愉快或不愉快的强度丰富着人们的知觉，赋予存在的意义，同时也是生存和财产价值的表现。

8.1.1　情感的定义与分类

情感是指态度这一整体中的一部分，它与态度中的内向感受、意向具有协调一致性，是态度的一种较复杂而又稳定的生理评价和体验。情感包括道德感和价值感两个方面，具体表现为爱情、幸福、仇恨、厌恶、美感等，是在生活现象与人心相互作用下产生的感受。情感的产生离不开刺激因素、生理因素和认知因素等基本条件，同时它也受这三个条件的制约。其中，认知因素是决定情感性质的关键因素。

《心理学大辞典》将情感定义为："情感是人对客观事物是否满足自己的需要而产生的态度体验。"而一般普通心理学教材中认为："情绪和情感都是人对客观事物所持的态度体验，只是情绪更倾向于个体基本需求欲望，而情感则更倾向于社会需求欲望。"情感与情绪的区别在于，情感是对行为目的的生理评价反应，而情绪则是对行为过程的生理评价反应。

1. 情感一词的起源与各种阐释

我国古汉语中一般只用"情"字，到了南北朝（420—589 年）以后，才出现"情绪"一词。绪是丝端的意思，表示感情复杂多端，如丝有绪。西方心理学家对"情感"一词也给予了不同的解释。例如，新西兰心理学家肯尼思·斯托曼（Kenneth T. Strongman）在其《情绪心理学：从日常生活到理论》一书中写道："情绪这个概念既可以用于人类也可以用于动物，但情感概念只适用于人类。"情感是情绪过程的主观体验，是情绪的感受方面。美国哲学家、符号论美学代表人物苏珊·朗格（Susanne K. Langer）认为，艺术所表现的情感是一种广义上的情感，即人所能感受到的一切主观经验和情感生活。艺术中的情感是某种诉诸感觉的概念。荷兰籍哲学家巴鲁赫·德·斯宾诺莎（Baruch de Spinoza）把情感理解为身体的感触；美国心理学家戴维·谢弗（David·R·Shaffer）将个体基本情绪分为六种，即高兴（Joy）、悲伤（Sadness）、愤怒（Angry）、厌恶（Disgust）、惊讶（Surprise）和恐惧（Fear）。

2. 情感的分类与辩证

人的情感是复杂多样的，从不同的视角分类结果也不尽相同。由于情感的核心内容是价值，因而常据此分类。例如，按价值的变化方向，可分为正向与负向情感；按强度和持续时间，可分为心境、热情与激情；按价值的主导变量，可分为欲望、情绪与感情；按价值主体的类型，可分为个人、集体和社会情感；按事物的基本价值类型，可分为真感、善感和美感；按价值的目标指向，可分为对物、对人和对己情感以及对特殊事物的情感；按价值的作用时期，可分为追溯情感、现实情感和期望情感；按价值的动态特点，可分为确定性情感、概率性情感；按价值的层次，可分为温饱类、安全与健康类、尊重与自尊类和自我实现类情感。

美国心理学家本杰明·布卢姆（Benjamin Samuel Bloom）认为，情感应视为按等级层次排列的连续体：在最低层次上，表现为人们仅仅觉察到某一现象，只能感觉它；在下一个较高层次上，人们开始主动留意该现象；接下来，人们有感情地对现象做出反应；再接下来，人们离开寻常生活方式来对现象做出反应；然后，把行为和感受观念化并组成一个结构，即成为一种人生观，达到最高层次。据此，可以将情感分为接受（注意）、反应、价值评估、组织和价值或价值复合体的性格化五类。这就是"情感连续体"学说。它由接受至性格化这五个类别排列而成，是一个"内化"（Internalization）的过程。一般说来，常用的情感术语，如兴趣、欣赏、态度、价值和适应，都有自己的意义范围。情感连续体划分的情感类型与这些术语也存在相应的关系（见图 8-1）。

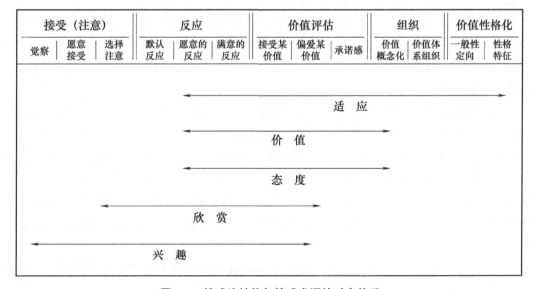

图 8-1　情感连续体与情感术语的对应关系

3. 情感强度

情感强度与事物的价值率高差（即事物的价值率与主体的平均价值率之差）的关系遵循"韦伯－费希纳定律"（Weber-Fechner Law）（见图 8-2）（详见 14.3.2），也称情感强度第一定律，即情感强度与事物的价值率高差的对数成正比。

$$\mu = K_m \log(1 + \Delta P) \qquad (8-1)$$

式中，K_m代表强度系数；ΔP代表价值率高差；μ代表情感强度。

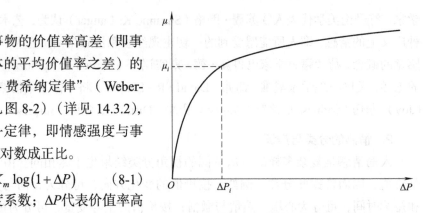

图 8-2　韦伯－费希纳定律

8.1.2　情感产生的生理机制

关于情绪或情感的生理机制，主要有以下五种说法。

（1）"詹姆士－兰格情绪学说"　它又称情绪外周说。美国心理学家威廉姆·詹姆士（William James）和丹麦生理学家兰格（C. G. Lange）分别于 1884 年和 1885 年独立提出了相似的学说，认为情绪是机体变化引起的感觉的总和；内脏反应提供了情绪体验的信号，即生理变化激起的神经冲动传至中枢神经系统后产生情绪（脑对身体反应的反馈），反应序列为"情景→机体表现→情绪"。这颠倒了情绪产生的内在根据与外部表现的关系。

（2）"大脑皮层说"　这种说法认为大脑皮层在情感的产生中起主导作用，它可以抑制皮层下中枢的兴奋，直接控制情感。苏联生理学家、高级神经活动学说的创始人伊凡·巴甫洛夫（Ivan P. Pavlov）认为，大脑皮层的暂时联系系统的维持或破坏构成了积极的情感或消极的情感。美国心理学家玛格达·阿诺德（Magda Blondiau Arnold）于 20 世纪 50 年代提出，情绪的来源是对情景的评估，而认识与评估都是皮质过程，因此皮质兴奋是情绪的主要原因。与詹姆士和兰格不同，阿诺德认为反应序列应为"情景→评估→情绪"，这也称为阿诺德的情绪"评定－兴奋学说"。然而，实验发现，在切除大脑皮层后，人和动物的情绪反应仍然存在。这表明大脑皮层在情感的产生中并不起主导作用，因此又产生了"丘脑说"。

（3）"丘脑说"　它也称坎农－巴德情绪理论，由美国生理学家沃尔特·坎农（Walter Bradford Cannon）于 1927 年提出，并得到其弟子菲利普·巴德（Philip Bard）的完善。坎农认为，丘脑在情绪的发生上起重要作用：若丘脑受伤，动物的情绪现象就会基本消失；若大脑皮层割毁但丘脑完好，则动物的情绪依然存在。这表明情绪反应是由丘脑释放出来的神经冲动所引起的。进一步实验发现，若同时切除大脑皮层和丘脑，怒的反应仍然存在，只有当下丘脑被切除后，情绪反应才会完全消失。这说明情绪反应还与下丘脑有关。

（4）"下丘脑说"　这种说法认为下丘脑在情绪的形成上起最重要的作用。实验表明，下丘脑的某些核团在各类情绪性和动机性行为中占据关键地位：如果损坏下丘脑的背部，则怒的反应只能是片断的、不协调的；只有切除下丘脑结构后，情绪反应才会完全消失。

（5）"情绪激活说"　这种说法认为脑干的网状结构在情绪构成中起激活作用，它所产生的唤醒是活跃情绪的必要条件，可提高或降低脑的兴奋性，加强或抑制大脑对刺激的反应。其代表人物有美国生理心理学家唐纳德·林斯利（Donald Benjamin Lindsley）、神经生理学家杰姆斯·帕帕兹（James Wenceslas Papez）和神经学家保罗·麦克莱恩（Paul D. MacLean）等。

其他还有如美国心理学家斯坦利·沙赫特（Stanley Schachter）和杰罗姆·辛格（Jerome Everett Singer）于1962年提出的激活归因情绪理论，以及查德·拉扎勒斯（Richard S. Lazarus）的"认知－评价理论"等。迄今为止，对情感的生理机制的研究还不甚透彻，仍有许多待深入的地方。近年来，世界各国纷纷设立脑科学研究项目，或许能给出更清楚的解释。

8.1.3　情感反射及其生理机制

心理学研究指出，人类的一切认识来自条件反射和非条件反射，情感也不例外。

1. 情感反射

情感反射是指动物和人对外界刺激而产生某种否定或肯定的选择倾向性。实现情感反射的神经通路称为情感反射弧，它包括六个部分：感受器、感觉神经元（传入神经元）、联络神经元（中间神经元）、情感判断与决策器、运动神经元（传出神经元）和效应器（见图8-3）。情感反射可分为无条件情感反射、条件情感反射以及关系情感反射三大类。无条件情感反射是先天的、不学而能的一种情感反射，无须附加任何条件；条件情感反射是在生活中形成的、随条件而变化的，是在无条件情感反射的基础上，由后天学习而获得的；关系情感反射是对各个价值刺激物之间的时间、空间和逻辑关系产生的更复杂、更高级的条件情感反射，从而对各种事物的价值关系系统产生概括性或抽象性反应。

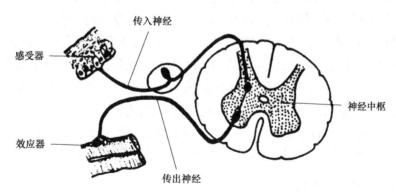

图8-3　情感反射弧

2. 情感反射的生理机制

情感反射活动可以通过神经和体液调节（含激素调节）共同完成，并以神经调节为主导。其中，体液调节适用于长期、规律性情感，神经调节则适用于短期、随机性情感。情感反射分为条件反射和无条件反射。无条件情感反射的生理机制是无条件刺激物的刺激信号在大脑皮层的相应区域产生一个兴奋灶，一方面，自动接通与中枢边缘系统"奖励"或"惩罚"区域的固定神经联系，使大脑产生愉快或不愉快的情绪体验；另一方面，自动接通与网状结构的固定神经联系，使大脑产生不同强度的情绪体验。然后，再自动接通与脑、脊、内脏等周围神经系统的固定神经联系，形成相应的内脏器官、血液循环系统、运动系统、内外分泌腺体、面部肌肉和五官的运动与变化，使人呈现出愉快或不愉快的外部表现，并实施一定的选择性（即趋向性或逃避性）反射行为。条件情感反射的生理机制是无关刺激信号在大脑皮层的相应区域产生一个兴奋灶，这个兴奋灶的兴奋冲动不断向周围扩散，并被某个或某几个较强的无条件情感反射的兴奋灶所吸引，从而建立了与它们的暂时神经联系，这种暂时联系随着条件情感反射活动的不断重复而巩固下来。一旦无关刺激信号重新出现，就会诱发这些无条件情感反射，自动接通相应的神经联系，使大脑产生不同性质、不同强度的情绪体验和外部表现，并对此实施一定的选择性反射行为。

8.1.4　情感、意识与三位一体大脑理论

意识是物质的一种高级有序组织形式，是生物的物理感知系统能够感知的特征的总和及相关的感知处理活动。人的意识是人的大脑对客观物质世界的反映，也是感觉、思维等各种心理过程的总和，是人对环境及自我的认知能力及认知的清晰程度。到目前为止，学界关于意识的定义还仅是一个不完整的模糊概念。

1. 意识与情感

意识是一种心理活动，可分为有意识和无意识两类。前者类似于条件情感反射，后者则与无条件情感反射相关联。人的意识影响着情感及其对信息的处理和反应方式。有意识的心理活动往往有认知因素参与到它的"决策"过程中，人们通过针对遇到的不同情况、向自己提出的问题等，有意识地进行预估或评估，触发有意识的情感反应。无意识的情感反应是自动触发的，先验知识、经验和有意识思想对其不起作用。它往往来自生物的本能，是人类遗传基因作用的一部分，不需要知识的参与；它既包括情感反应的简单方面，也包括更复杂的、多层次、但仍然是无意识情感。有意识与无意识之间也存在着对立统一的辩证关系，如在驾驶汽车时，刚开始就属于高度有意识行为；但时间一久，对大多数人来说驾驶就变成了一种习惯性的无意识行为。当压力增加，很难再索求更多注意力时，平时简单无意识的动作也可能会变得很困难，这时就需要有意识的思考来解决问题。

2. 情感与三位一体大脑

美国神经科学家保罗·麦克莱恩提出了三位一体大脑理论，即爬行动物脑、古哺乳动物脑和新哺乳动物脑（见图8-4），认为人的大脑可以由这三种脑系统来描述。美国认知心理学家唐纳德·诺曼（Donald Arthur Norman）也从理论上阐明了情感的处理起源于这三种"大脑"。

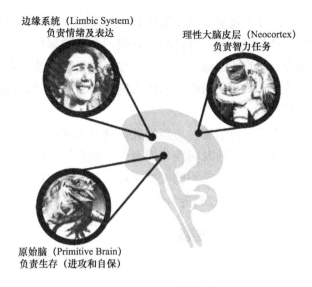

边缘系统（Limbic System）
负责情绪及表达

理性大脑皮层（Neocortex）
负责智力任务

原始脑（Primitive Brain）
负责生存（进攻和自保）

图 8-4　三位一体大脑

（1）爬行动物脑　它又称原始脑、"基础脑"或旧脑，包括脑干和小脑。在它的作用下，人与蛇、蜥蜴有着相同的行为模式：呆板、偏执、冲动、一成不变、多疑妄想，如同"在记忆里烙下了祖先们在蛮荒时代的生存印记"，从不会从以前的错误中吸取教训（与印度"三圣"之一的斯瑞·奥罗宾多（Sri Aurobindo）所说的"机械心灵"相对应）。这个大脑控制着身体的肌肉、平衡与自动机能，如呼吸与心跳等，即使在深度睡眠中也不停息；它也控制着生物的本能反应，产生无条件情感反射。这也是为什么身体的吸引是无意识的，如人们一般不会去思考某事物是否漂亮，而立刻就会凭直觉判断其美丑。

（2）古哺乳动物脑　麦克莱恩于 1952 年第一次提出了"边缘系统"一词，用来指代大脑中间的部分，称作中间脑或古哺乳动物脑。它与情感、直觉、哺育、搏斗、逃避及性行为紧密相关，还有助于人类感知不确定性因素，进行创造性活动，是有意识评价产生的源泉。古哺乳动物脑与新皮质有千丝万缕的深入联系，二者联合操控着脑功能的发挥，任何一方都无法独立垄断人脑的运行。

（3）新哺乳动物脑　它也称脑皮质、新皮层、高级脑或理性脑，几乎将左右脑半球全部囊括在内，还包括一些皮下的神经元组群，它的高阶认知功能令人类从动物群体中脱颖而出。人类一旦失去脑皮质，将与蔬菜无异。脑皮质也被称作"发明创造之母、抽象思维之父"。

三位一体大脑假设是一个颇具影响力的脑研究范式，催生了对人脑功能机制的重新思考。许多带有神秘色彩的灵性修行团体也宣扬过与此类似的观点，如"意识的三种境界"及"三个不同的大脑"说。俄国灵性导师乔治·葛吉夫（George Ivanovich Gurdjieff）曾称，人类是"有三个大脑的生物"，它们分别掌控着人的意识、灵魂和身体。卡巴拉教、柏拉图主义及其他一些地方也可见到类似的观点。

3. 脑意识与情感特点

爬行动物脑、古哺乳动物脑和新哺乳动物脑之间是密切不可分割的，和身体一起构成了持续的反馈循环。新哺乳动物脑可以调节来自较为原始的大脑的冲动，同时对有意识或无意识的大脑活动，身体会通过感觉给出相应的反应；这些感觉又会影响之后的想法、行为和情感。生活中人们总会为自己的感觉找到合理的解释，从而使决策与爬行动物脑和哺乳动物脑所感受到的情感保持一致。例如，爬行动物脑和古哺乳动物脑也许会驱使人们做出某种选择，而新哺乳动物脑则使人们更容易清楚地看到选择的结果，或许还有对选择结果的主观评判。

与产品有意识的互动引发的情感，与新哺乳动物脑关联密切，具有多样性、广泛性和无法清晰定义，高度主观性，随时间变化而变化，混合性等特点。而无意识互动引发的情感，多与爬行动物脑和古哺乳动物脑关联密切，具有能够更明确地定义，更具客观性，不随时间变化而变化，混合性较弱等特点。

8.1.5 情感化设计的产生与发展

1. 情感化设计的定义

情感化设计是指以心理学理论为指导，秉承满足人的内心情感需求和精神需要的理念，旨在抓住用户注意，诱发情绪反应，以提高执行特定行为可能性的设计，包括有形和无形产品的创新设计。英文中"情感化"一词有"Affective"和"Emotional"两种表达，通常可以互换。前者一般是指带给消费者积极、正面情感的产品设计；后者则带有中性色彩。情感化设计通过对产品的颜色、材质、外观、几何及功能等要素进行的整合，使之可以通过声音、形态、喻义刺激人的感受器官，从而产生联想，达到人与物的心灵沟通、共鸣。它是一种更加人性化的解决问题的方式、一种人文精神，也是比较新的设计领域。

2. 情感化设计产生的根源

卡尔·马克思（Karl H. Marx）认为，情感性是可以外化于物质商品之中的，人与物质世界的感性关系对这个世界而言具有意义。纵观设计史，哲学思想的变迁往往是各种设计思潮兴起的直接动因，情感化设计也不例外。

（1）哲学思潮的变迁　如果说哲学的本质是思维与存在、意识与物质，那么情感化设计的哲学依据就是人存在的意义。在哲学家看来，理性是人类寻求普遍性、必然性及因果关系的能力。它推崇逻辑形式，讲求推理方法，由此产生了以理性为基础的现代主义设计；在现象学思想的影响下，设计不再囿于物质层面，还考虑精神层面，使产品包含更多的人文、情感因素；近代文学艺术领域非理性倾向兴起、理性文化逐渐衰竭，导致了设计对"精神"和"文化内涵"的重视，文化成了消费对象。这正是情感化设计出现的重要诱因之一。

（2）设计思维的演变　在工业设计史上，设计思维的发展经历了面向功能、可用性、意义和情感的设计思维等阶段，其演变贯穿着一条不变的主线，即设计使"日常生活审美呈现"，使美无时不在、无处不在，由设计所引发的愉悦成为真正打动消费者的力量，成为联结其与产品的纽带。在此背景下，情感化设计思维也就应运而生了。

3. 情感化设计的发展

情感化设计兴起于 20 世纪 80 年代末，其发展分为以下三个阶段。

（1）概念的形成阶段　在设计领域，人本理念的提出以 1986 年美国唐纳德·诺曼和史蒂芬·德雷珀（Stephen W. Draper）合著的《以用户为中心的系统设计：人机交互的新视角》一书的出版为标志。该书首次提出了"以用户为中心"的计算机界面的设计，主张将设计重点放于用户，使其根据现有的心理习性自然地接受产品，而不是重新建构一套新的心理模式。用户情感作为用户感性方面最显著的因素，逐渐被设计界所重视。

（2）概念的成熟阶段　经历了 20 世纪八九十年代的发展，一大批涉及情感与体验的著作得到出版。例如，美国《哈佛商业评论》于 1998 年指出，在服务经济之后，体验经济时代已经来临；美国约瑟夫·派恩等于 1999 年出版了《体验经济》一书；罗尔夫·詹森（Rolf Jensen）在其《梦想社会》一书中写道："我们将告别信息时代，迎来第五种社会形态——'梦想社会'；未来的产品必须能打动我们的心灵，而不是说服我们的头脑"；美国企业识别管理专家贝恩特·施密特（Bernd Herbert Schmitt）于 1999 年出版了《体验式营销》一书；美国麻省理工学院媒体实验室的罗莎琳德·皮卡德（Rosalind W. Picard）于 1997 年出版了《情感计算》一书。这些成果都对情感化设计概念的发展与成熟起到了不可忽视的推动作用。学界普遍认为，2005 年唐纳德·诺曼的《情感化设计》[⊖] 一书的问世，标志着情感化设计研究彻底从幕后走向前台，从此成了设计界的流行"符号"。

（3）概念的发展阶段　近年来，情感化设计理念在研究和实践中不断得以深化和完善，前沿研究主要集中在四个方面，即顾客情绪形成机制、情感化设计方法、顾客情绪反应差异性和情感化设计应用领域拓展研究（见图 8-5）。迄今为止，情感化设计依然是一个年轻的、不断发展的学科。在体验经济时代，生命的尊严和个体情感将被越来越多地重视，情感化设计也将步入其辉煌时期。

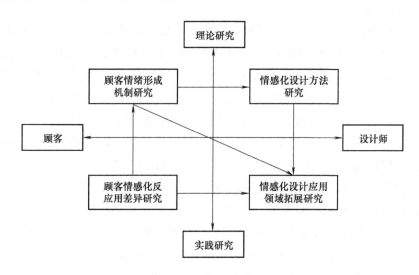

图 8-5　情感化设计研究体系

⊖　情感化设计思想受到英国咨询师帕特里克·乔丹（Patrick W. Jordan）思想的影响。他在 2002 年出版的《产品的乐趣：超越可用性》一书中将产品或服务的乐趣划分为四种，即生理乐趣、社会乐趣、心理乐趣和理想乐趣，认为动机模式能强化产品或服务……追求享乐是人的天性。

8.2 情感化设计的主要理论

现阶段有关情感化设计的理论主要有感性工学、三层次理论、情感测量及参数转换法等。

8.2.1 感性工学

感性工学，英文为"Kansei Engineering"，日语中为"感性"，即カンセイ的音译。

1. 感性工学的定义

感性工学是感性与工学相结合的技术，主要通过分析人的感性，将人们的想象及感性等心愿翻译成物理性的设计要素，并依据人的喜好来设计、制造产品。其中的"感性"包括感觉、敏感性和情感等内容。它将过去认为是难以量化、只能定性的、非理性、无逻辑可言的感性反应，用现代技术手段加以量化以发展新一代的设计技术。

2. 感性工学的起源与发展

在认识论中，对感性与理性认识孰轻孰重的争论一直存在。自古以来，西方就将"理性"与"情感"二元对立的概念作为认识论的基础。直到20世纪80年代，美国管理学大师赫伯特·西蒙（Herbert Alexander Simon）《人工科学》著作的出版被认为是现代设计学学科成熟的标志，为工程学的发展提出了新的路径和新的思考方向。这也是"感性工学"的理论基础和出发点。

最早将感性分析导入工学研究领域的是日本广岛大学的研究人员。1970年，日本学者开始研究如何将居住者的感性在住宅设计中具体化为工学技术，最初被称为"情绪工学"。当时34岁的长町三生（Mituo Nagamachi）敏锐地意识到"感性的时代"即将到来。经过近20年的研究，从1989年开始，发表了包括《感性工学》（1989，海文堂出版）在内的一系列论文和著作。日本第一篇关于感性工学的论文，是长町三生1975年发表在《人机工学》杂志上的《情绪工学研究》，代表了日本感性工学研究的开端。1988年在悉尼召开的第十届国际人机工程学大会上，正式将"情绪工学"定名为"感性工学"，英文名定为日语和英语结合的"Kansei Engineering"，"感性工学"一词被正式启用。

随着体验经济的到来，世界各国对感性工学的研究方兴未艾。例如，英国诺丁汉大学的人类工效学研究室是欧洲较早开展研究的机构；德国的保时捷和意大利的菲亚特汽车公司都热衷于感性工学的应用研究；美国福特汽车公司也运用该技术研制了新型轿车；近年来，我国学术界也逐渐开始了对感性工学的相关研究。

3. 感性工学的研究范畴与研究内容

感性工学研究人机交互之间认知的感性，其范畴包括感觉、情绪、知觉、表象、消费心理学、生理学、产品语义学、设计学和制造学研究，按学科构成可以划分为感觉分子生理学、感性信息学和感性创造工学三大方向。

（1）感觉分子生理学

1）范畴。研究人类感性的源头，脑的构造和机能，从人的因素及心理学的角度去探讨顾客的感觉和需求，偏重生理角度的研究；并通过感性的计测检验，运用统计学的方法和实验手段对人类的感性进行评估。

2）方法。评估的方法有两种：一是检测法，即对人的感觉器官做检测，对照被测者的感受变量和"辨别阈""刺激阈"的细微变化，做出生理与心理的快适性评估；二是语义差分（Semantic Differential，SD）解析法，即利用语言来表述官感，然后对其进行统计评估，并获得被试者的感受量曲线。

（2）感性信息学

1）范畴。主要对人类感性心理的各种复杂多样的信息做系统处理；建立人类感性信息处理系统，对数据进行分类、排序、变换、运算和分析，将其转换为决策者所需的信息并建立信息输出的完整机制，然后进行感性量和物理量间的转译；在定性和定量的层面上从消费者的感性意象中辨认出设计特性，再以适当的形式传输、发布，提供给设计者和制造者。

2）方法。按长町三生的建议，感性信息学的研究方法有三种：顺向性感性工学，即感性信息→信息处理系统→设计要素（见图8-6）；逆向性感性工学，即感性诊断←信息处理系统←设计提案；双向混成系统，即将顺向性与逆向性两种信息转译系统整合。

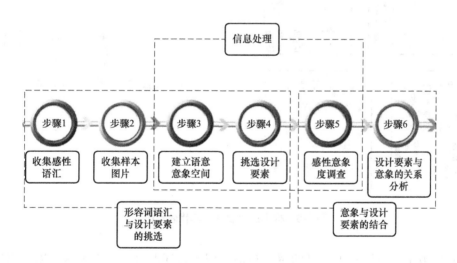

图8-6　顺向性感性工学示例

（3）感性创造工学

1）范畴。主要是关注与消费者欲求的产品相关的设计和制造方面，研究感性与形态、材料、色彩、工艺、设计方法及制造学之间的关系。

2）方法。针对特定产品的使用目的，分别对以不同感性为主的应用工具进行界面、有效性、适用性、运算性与推广性的评估，以验证设计方式能否满足产品的感性化诉求。

4. 感性工学的应用流程

应用感性工学系统的工作流程包括四个阶段（见图 8-7）。

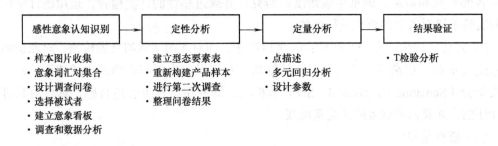

图 8-7 感性工学产品设计流程

（1）感性意象认知识别 具体包括以下步骤。

1）收集各种与设计产品同类的产品图片，分类并去除类似图片；找出一组具有代表性的产品图片，分别制成问卷调查样本并进行编号（见图 8-8）。

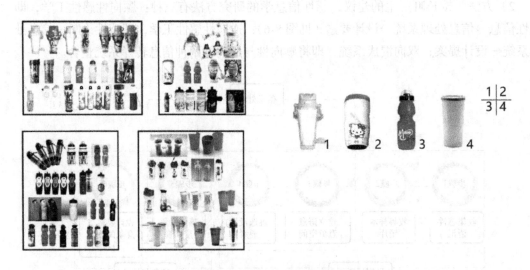

图 8-8 样本图片收集及其代表性图片

2）将被试者对图片中产品的感觉与偏好用形容词汇对集合来表达，剔除明显不合适的词汇对，再加上一对反映偏好程度的词汇，作为初次调查的意象词汇对集合（见图 8-9）。

3）设计调查问卷。问卷由每个被试者填写，内容包括被试者的基本情况（年龄、性别、职业等）、每一产品的感性意象词汇对集合及偏好程度。例如，可将每个感性意象词汇对的偏好程度分为六个等级，对应 1 ~ 6 分。图 8-10 是对八个意象词汇对的打分示例。

4）选择被试者。选择应包括专家、一般用户和新手，且年龄、性别及职业应分布合理。

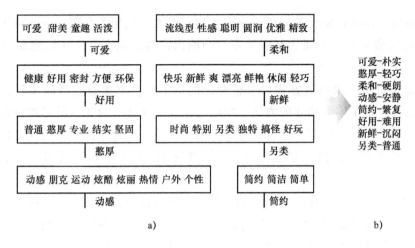

图 8-9 意象词汇对集合

样品	可爱-朴实	简约-繁复	憨厚-轻巧	好用-难用	柔和-硬朗	新鲜-沉闷	动感-安静	另类-普通
	2.0	3.8	5.8	4.0	2.5	2.0	5.0	4.8
	1.3	3.8	1.8	2.5	2.0	2.0	5.7	3.6
	3.4	2.8	3.5	3.9	6.0	2.6	1.0	1.8
	6.0	1.4	6.0	1.6	5.4	1.5	5.9	6.0

图 8-10 意象偏好程度打分示例

5）建立意象看板。由于每个人对感性意象词汇的理解有偏差，可采用意象看板来统一被试者的认识。意象看板是通过大量的调查和统计来建立的。

6）最后进行调查和数据分析。填写调查问卷时，每个被试者首先通过意象看板来确定各种意象，然后再填写调查问卷。调查问卷应有足够的数量。

产品的意象是由几个因素来解释的。根据各词汇对的因素负荷量，进行统计学的数据聚类分析，即可识别出反映消费者感性意象认知的几对意象词汇。

（2）定性分析 在步骤（1）的基础上，进行定性分析。

1）运用型态分析法，配合问卷调查及专家访谈，归纳出构成产品的要素及其型态分类，据此建立型态要素表。

2）参考之前的样本，对型态要素表的要素进行交叉组合，重新构建产品样本。依据前述代表性感性意象词汇对，建立新的调查问卷，选择一定数量的被试者进行二次调查。

3）整理问卷结果，求出各样本在各意象词汇对下的平均数，再以感性意象词汇评价数据为因变量，以型态要素类目为自变量，进行多元回归分析，获得各意象词汇对所对应的型态要素类目系数，称之为类目得分；根据类目得分可求得各样本型态要素对感性意象的贡献，再进行偏相关分析，获得各型态要素的偏相关系数。据此可进一步了解意象词汇对与型态要素之间的对应关系，归纳出定性层面上基于感性意象的造型设计原则。

（3）定量分析 用数值方式寻求感性意向词汇与造型参数之间的关联，并以此指导造型的改进。常采用点描述的方法，即以点描绘手法逐一对先前的样本进行描绘，并记录每一个描绘点的坐标值；然后，分别以每个被试者对每个样本的感性评价的均值为因变量，以样本的坐标描述变量为自变量，进行多元回归分析，从而达到量化分析的目的。

（4）结果验证 为验证上述方法的有效性，依据设计原则再设计一些样本，进行问卷调查；然后，将所得调查数据与前述量化方程所计算的数据进行 T 检验分析[⊖]，分析的结果可用来评价所用方法的合理性和有效性。验证合格后，前述与感性意象词汇相对应的各产品要素及参数就可以直接用于新产品设计了。

■ 8.2.2 三层次理论

唐纳德·诺曼在其《情感化设计》一书中揭示了人脑信息加工的三种水平，即本能的、行为的和反思的。他认为这三种加工水平分别与本能、行为和反思水平的设计等不同的设计维度相对应，也称情感设计的三层次理论（见图 8-11）。它解决了长期以来困扰设计人员的物品可用性与视觉性之间的矛盾、理性与感性之间的矛盾。

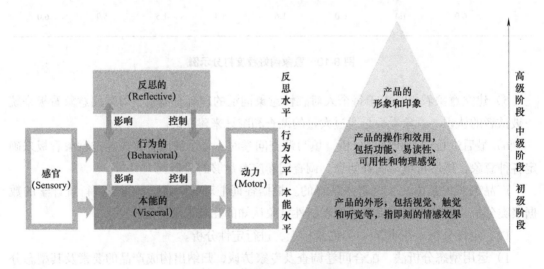

图 8-11 情感设计的三层次理论

1. 本能层

它是一种生动的感受，是指产品带给人的感官刺激，是基于产品物理性的。本能反

⊖ T 检验，又称 Student's t test，用于样本含量较小（例如 $n < 30$），总体标准差 σ 未知的正态分布检验。英国统计学家威廉·戈斯特（William Sealy Gosset）曾在都柏林健力士酿酒厂任统计学家，于 1908 年在《Biometrika》杂志上发表关于 T 检验方法的文章，因其老板认为涉及商业机密而被迫使用笔名（"Student"，学生）。

应可迅速地对好或坏、安全或危险做出判断，并向肌肉传递相应的信号。这是情感加工的起点，由生物因素所决定。例如，一部 3D 动画，一眼就能让人感觉到其光彩夺目。本能层主要包括视、触、听、味和嗅觉给人带来的不同感受。

2. 行为层

行为层是指消费者必须学习掌握的技能，它从产品的使用中触发，获得成就感和喜悦感；也涉及产品的效用及使用感受，包括功能、性能和可用性。例如，在驾驶一辆跑车时，首先需要了解该车的性能和操控区域的各种按键的位置及使用方式，从而在试驾体验的过程中得到爽快感和操纵感。行为层的活动可由反思水平来增强或抑制，也受本能水平的调节。

3. 反思层

它是大脑加工的最高水平，源于前两个层次的作用，是在消费者内心产生的更深层的、与意识、理解、个人经历、文化背景等多种因素交织在一起的复杂情感。它凭借带给人们的记忆和使用的美好感受，加上一些深层次意识活动的共同作用，产生愉悦感。触景生情就是反思水平的最好例证。例如，意大利建筑师阿尔多·罗西（Aldo Rossi）为阿莱西公司设计的微型建筑式咖啡器具（见图 8-12），注重的是一种文化、一种从欣赏的角度对建筑历史的反思。

图 8-12　微型建筑式咖啡器具

上述三个层次是相互联系、相互作用的整体，成功的情感化设计产品往往在这三个层次上都有所体现。三层次理论更像是一种设计哲学或理念，而不是具体的设计指南。

8.2.3　情感测量方法

由于消费者习惯于用口头或肢体语言、面部表情、行为等方式来表达情感，再加上情感表达自身的个性化、动态性、易变性和语言的模糊性、双关性、多义性，导致各种情感强度及其差异很难被精确界定。有学者建议，人的情感因素可以从三个方面来考察，即主观体验（自我感受）、表情行为（身体动作量化）和生理唤醒（生理反应）。相应地，对这些因素的测量方法通常可分为生理测量法和心理测量法两大类（见图 8-13）。

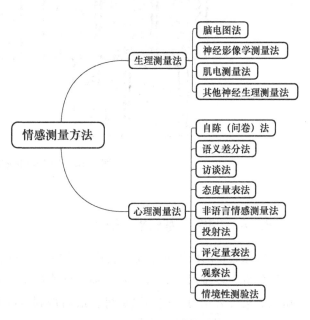

图 8-13　情感测量方法分类

1. 生理测量法

生理测量法是指从生理角度研究情感产生的生理神经信号，借助传感器等测量脑电波、心跳、皮肤汗液、电位、呼吸、表情、眼动等生理指标的变化，了解人们的情感状态，获取情感信息。常用的情感生理测量方法有脑电图（EEG）测量法、神经影像学测量法和肌电（EMG）测量法、皮肤电（EDA）、心血管反应和眼动轨迹测量等。

2. 心理测量法

心理测量法是指以问卷形式调查人们当前的情绪状态、心理感受，或通过问卷分析获取情感信息的方法。具体有自陈（问卷）法、语义差分法、态度量表法和非语言情感测量法等，如图8-13所示。自陈法可用经验准则法、因素分析法、推理理论法或内容效度法来编制调查表；语义差分法一般采用图片、幻灯片或实物来向消费者展示不同造型或功能，收集并分析答案；态度量表法包括瑟斯顿等距量表法、李克特总加量表法、哥特曼量表法等；非语言情感测量通过形象化情感图形的使用，消除了语言障碍、文化差异和表达模糊性对情感测量的影响，具有操作简单、趣味性强等特点。它主要有两种：一种是 AdSAM（Ad-Advertisement；SAM—the Self-Assessment Manikin）方法；另一种是 PrEmo（Product Emotion）方法。例如，荷兰代尔夫特理工大学皮特·德斯梅特（Pieter Desmet）团队开发的 PrEmo 非语言、自测的情感测量工具，能够测量由设计引发的正负面14种、每种7级情感因素（见图8-14）。

图 8-14　PrEmo 情感测试工具

▌ 8.2.4　情感参数转换方法

情感测量的结果通常需要转换为相应的产品参数或功能，很多论文应用了因子分析、聚类分析、多维尺度分析、人工神经网络技术、数据挖掘、灰色关联度分析、模糊数学和粗糙集等方法对数据加以提炼，最后得到可以实用的设计参数。这里以自行车造型设计为例来说明情感转换中模糊数学方法的应用。模糊逻辑是由美国加利福尼亚大学伯克利分校的卢菲特·泽德（Lotfi Aliasker Zadeh）于1965年提出的。它模拟人脑的不确定性概念判断、推理思维方式，适用于常规方法难以解决的规则型模糊信息问题。

【例】应用模糊逻辑进行折叠自行车意象造型设计，具体过程如图8-15所示。

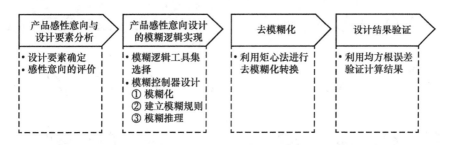

图8-15　自行车意象造型的模糊设计过程

步骤一：产品感性意象与设计要素分析。为专注于对造型意象的认知，在此不考虑色彩因素。经分析，将折叠自行车的感性词汇确定为优美的、简洁的、精致的、高贵的、时尚的、有趣的、轻便的、休闲的、人性化的、实用的10个。本例仅以"优美的"为例进行研究。

（1）设计要素确定　收集有代表性的折叠自行车的图片，从中挑选15个典型的，再选择3个（有星号标记的16～18号）用于模型的测验（见图8-16）。

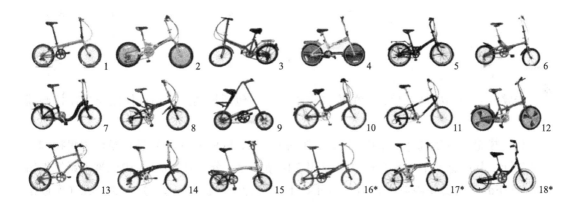

图8-16　有代表性的折叠自行车

一辆折叠自行车有几百个零件，可归纳为25个部件，用形态分析法将主要部件的形态分解为8个设计要素，如车架、车把、中轴、鞍座、衣架、挡泥板、车轮、链条传动等，再将各设计要素分解为若干类型（见表8-1）。

（2）感性意象的评价　选择图8-16中的15个样品，采用七阶李克特量表设计调查问卷。如对"优美的"这一词汇而言，X1表示非常不同意，X4表示普通或没有意见，X7表示非常赞同。对20位被试者进行调查，将结果进行整理后，可得如表8-2所示的折叠自行车感性评价矩阵。

表 8-1　折叠自行车设计要素

造型要素	类型1	类型2	类型3	类型4	类型5	造型要素	类型1	类型2	类型3	类型4	类型5
1 车架 (X1)				其他		5 衣架 (X5)				其他	
2 车把 (X2)			其他			6 挡泥板 (X6)				其他	
3 中轴 (X3)					其他	7 车轮 (X7)				其他	
4 鞍座 (X4)			其他			8 链条传动 (X8)			其他		

表 8-2　折叠自行车感性评价矩阵

序号	X1	X2	X3	X4	X5	X6	X7	优美的
1	1	1	3	2	4	4	1	4.88
2	3	1	3	2	4	4	4	5.42
⋮	⋮	⋮	⋮	⋮	⋮	⋮	⋮	⋮
15	1	2	3	2	1	1	1	5.19

步骤二：产品感性意象设计的模糊逻辑实现，包括模糊工具集选择以及模糊控制器设计。

（1）模糊工具集选择　采用 MATLAB 的 FUZZY LOGIC 工具箱进行模糊逻辑控制系统的设计，其中有 5 个基本的 GUI 工具用于模糊推理，分别是 Fuzzy（模糊推理系统编辑器）、MFEdit（隶属度函数编辑器）、Ruleedit（模糊推理规则编辑器）、Ruleview（模糊推理规则观察器）和 Surfview（模糊推理输出特性曲面观察器）。

（2）模糊控制器设计　其包括模糊化、模糊规则的构建、模糊推理及反模糊化等。

1）模糊化。将数字输入转化为一系列模糊等级，每个等级表示论域内的一个模糊子集，通过隶属度函数来描述，其作用是测量输入变量的值；进行比例映射，将输入变量的范围转化为相应的论域；以及将输入转化为语言值。本例采用的三角形隶属度函数为

$$\mu_A(x) = \begin{cases} 0, & x < a \\ \dfrac{x-a}{b-a}, & a \leqslant x \leqslant b \\ \dfrac{c-x}{c-b}, & b \leqslant x \leqslant c \\ 0, & x > c \end{cases} \tag{8-2}$$

式中，$a,b,c \in R$ 且 $a \leqslant b \leqslant c$。

对于车架（X1），利用 X1-1、X1-2、X1-3、X1-4 加以描述，记为 {X1-1，X1-2，X1-3，X1-4}，论域为 {1，2，3，4}，隶属度函数设置见表 8-3，对应的图形如图 8-17 所示。当 x 取值在 [1,3] 时，表示其设计要素为类型 1 ～ 3 之间的相应形态，如 1.6 表示 40% 的第一种形态与 60% 的第二种形态的混合；由于第四种形态与前三种不相关，因此仅用数值 4 表示。其余 7 个设计要素隶属函数的确定方法与车架（X1）类似。

表 8-3 设计要素"车架"的三角形隶属度函数的设置

语言变量	车架（X1）			
语言值	类型 1 X1-1	类型 2 X1-2	类型 3 X1-3	类型 4 X1-4
隶属度函数参数	(1,1,2)	(1,2,3)	(2,3,3)	(4,4,4)

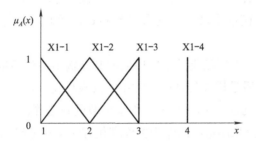

图 8-17 设计要素"车架"的三角形隶属度函数

对词汇"优美的"的评价值，采用 7 个量级来描述，即极不优美、非常不优美、不优美、一般、优美、非常优美、极其优美，记为 {E1，E2，E3，E4，E5，E6，E7}，论域为 {1，2，3，4，5，6，7}，其隶属度函数设置见表 8-4，对应的图形如图 8-18 所示。

表 8-4 感性词汇"优美的"的三角形隶属度函数的设置

语言变量	优美的（Elegant）						
语言值	极不优美 E1	非常不优美 E2	不优美 E3	一般 E4	优美 E5	非常优美 E6	极其优美 E7
隶属度函数参数	(1,1,2)	(1,2,3)	(2,3,4)	(3,4,5)	(4,5,6)	(5,6,7)	(6,7,7)

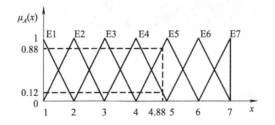

图 8-18 感性词汇"优美的"的三角形隶属度函数

2）建立模糊规则。模糊规则常用"IF< 前提 1>AND/OR< 前提 2>THEN< 结论 >"的
形式来表示。通常为每条规则指定一个权值用来表示它的重要性。一组模糊规则构成的
模糊系统可用来表示输入输出的映射关系。15 个折叠自行车样品可建立 30 条模糊规则。
如图 8-18 所示，对 1 号折叠自行车样品的感性词汇"优美的"评价值为 4.88，该值对于
E4 的隶属度为 0.12[(5－4.88)/(5－4)＝0.12]；对于 E5 的隶属度为 0.88[(4.88－4)/(5－4)＝
0.88]。具体的模糊规则为

规则 1： If $\begin{pmatrix}(X1 \text{ is } X1\text{-}1) \text{and} (X2 \text{ is } X2\text{-}1) \text{and} (X3 \text{ is } X3\text{-}3) \text{and} (X4 \text{ is } X4\text{-}2) \text{and} \\ (X5 \text{ is } X5\text{-}4) \text{and} (X6 \text{ is } X6\text{-}4) \text{and} (X7 \text{ is } X7\text{-}1) \text{and} (X8 \text{ is } X8\text{-}1)\end{pmatrix}$
then(Elegent is E4)(0.12)

规则 2： If $\begin{pmatrix}(X1 \text{ is } X1\text{-}1) \text{and} (X2 \text{ is } X2\text{-}1) \text{and} (X3 \text{ is } X3\text{-}3) \text{and} (X4 \text{ is } X4\text{-}2) \text{and} \\ (X5 \text{ is } X5\text{-}4) \text{and} (X6 \text{ is } X6\text{-}4) \text{and} (X7 \text{ is } X7\text{-}1) \text{and} (X8 \text{ is } X8\text{-}1)\end{pmatrix}$
then(Elegent is E5)(0.88)

3）模糊推理。模糊推理是指根据模糊规则对输入的条件进行综合评估，以得到一个
定性的用语言表示的模糊输出量。本例采用 Mamdani 推理方法[⊖]，具体可参阅 MATLAB
算法说明。

步骤三：去模糊化。去模糊化是指把模糊控制器输出的模糊量转换成精确量，以便用
于被控对象。对于推理后是模糊集合的，常用的去模糊化方法有重心法（Centroid）、最大
平均法、修正型最大平均法、中心平均法和修正型重心法等；对于推理后是明确数值的，
常用权重式平均法。本例采用重心法作为去模糊化方法（参阅 MATLAB 相关说明）。

步骤四：设计结果的验证。本例采用均方根误差（Root Mean Square Error，RMSE）
来评价所述模型的性能，当值小于 0.1 时即可算良好。RMSE 函数表达式为

$$RMSE = \sqrt{\frac{\sum_{i=1}^{n}(x_i - x_i^*)^2}{n}} \tag{8-3}$$

式中，x_i 代表模型的预测值；x_i^* 代表被试者的评分；n 代表样品的数量。

本例选择 3 个样品让被试者对各感性词汇进行评分，再将得分与用模糊逻辑得到的
值进行比较，结果见表 8-5。其中 RMSE 的值为 0.0957 ＜ 0.1，可见模型预测精度较好，
本例所述模糊逻辑模型有效。

表 8-5 预测值与 RMSE 值对比

"优美的"评价值	测试样品			RMSE
	1	2	3	
被试者的评分	4.53	5.23	5.71	
模型预测得分	4.58	5.32	5.58	0.0957
误差的绝对值	0.05	0.09	0.13	

⊖ 英国学者曼达尼（E. H. Mamdani）于 1974 年首次提出 Fuzzy 逻辑控制，并给出一种基于 CRI（Compositional Rule of Inference）方案的 Fuzzy 推理算法，被称为 Mamdani 算法。

情感参数的转换并没有通用的标准方法和技术，实践中需要结合具体情况妥善选择。

8.3 情感化设计的主要研究领域

当前，学界对情感化设计的研究主要集中在以下几个领域（见图8-19）。

8.3.1 造型与情感

造型是指产品实体形态的表现，一般涉及产品的外观、材质和色彩等属性，是实用功能的具象形式，同一产品功能可以采用多种造型。造型研究侧重于通过市场调研来确定消费者的感性意象，确定产品的创新造型或相关参数的改进。它主要包括用户和设计师感知意象、造型要素与消费者心理感性意象、造型属性与情感及情感刺激和色彩与舒适度等研究。产品的物理造型在营销中扮演着重要角色，是设计师与消费者交流和刺激情感反应的重要载体。关于这方面研究的文献很多，相关方法和技术也相对成熟。

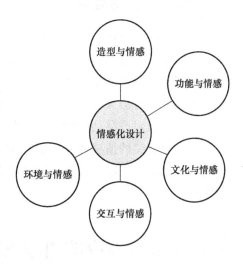

图 8-19 情感化设计的主要研究领域

8.3.2 功能与情感

功能是指产品所具有的某种特定功效和性能。从功能角度来看，产品的可用性、易用性和可靠性都会影响消费者对产品的认知，从而产生愉悦、惊喜、信赖和美好回忆等情感反应。相对造型而言，由产品功能带来的情感反应更具持久性，也是消费者产生再次购买动机或推荐给他人购买的主要原因之一。这方面的研究主要包括功能与可用性、复杂度与使用心理研究及智能化对消费者情感的影响等。研究表明，目前从实证角度研究产品功能和消费者情感关系的资料尚不多见，大多处于思辨阶段，定量的研究方法也很少。

8.3.3 交互与情感

交互是指消费者与产品互动的过程。与功能和造型具有相对稳定的物理内涵不同，交互是暂态的、不稳定的，它因人而异、因产品而异、因习惯而异。对交互与情感的研究包括工效学与情感研究、交互过程消费者情感表达和交互与群体情感研究等。由于交互概念的广泛性及交互过程的复杂多态性，同时又因交互对消费者情感影响的显著性，目前学术界对交互与情感的研究正处在蓬勃发展时期。

8.3.4　环境与情感

这里的环境包含物质环境和虚拟环境两个方面。环境对身处其中的人的情感的影响无处不在。关于环境与情感的研究主要包括物质环境与情感及虚拟环境下的情感等研究。在建筑设计领域，对环境与情感的研究由来已久，且较为深入透彻，而对互联网和虚拟环境与情感之间关联的研究则刚刚起步，亟待加强。

8.3.5　文化与情感

文化是一个非常广泛和具有人文意味的概念，是相对于政治、经济而言的人类全部精神活动及其产物。不同的文化有着不同的表达方式和选择标准，产品设计也必须结合特定国家和地区的文化传统才能与消费者产生共鸣。同样的造型、同样功能在不同地区的市场效果有时会大相径庭，这往往是文化因素在起作用。关于文化与情感的研究主要包括文化背景对产品功能的影响、跨文化背景下产品的消费认知与消费情感等研究。目前对与文化有关的情感体验的研究相对比较少，大多仅局限于刺激消费者产生初次购买动机的情感类别。如何在产品设计中融入更多的文化元素，是未来情感化设计研究的一个重点。

8.4　产品情感体验相关模型

数学模型是针对参照某种事物系统的特征或数量依存关系，采用数学语言，概括地或近似地表述的一种数学结构。产品情感体验模型是数学模型的一种，本质是情感信息处理过程（见图8-20）。其输入是人们各种由情感引发的行为信号，经过识别、理解、模拟、合成等一系列加工处理，最终实现情感应答输出，主要涉及情感信息的获取与测量、模型构建及情感信息的识别与表达等技术。日本长町三生的感性工学和美国麻省理工学院媒体实验室的罗莎琳德·皮卡德的情感计算被认为是情感信息处理研究的两大分支。在此基础上，世界各国的学者提出了各种各样的产品情感模型。其中比较有代表性的有

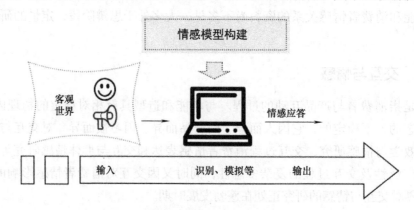

图 8-20　情感信息处理过程

Desmet 和 Hekkert 的产品情感模型、感知情感特征模型、Mahlke 的情感体验模型和用户体验结构模型等。

8.4.1 Desmet 和 Hekkert 的产品情感模型

美国学者安得烈·奥托尼（Andrew Ortony）等于 1990 年发表的论文指出，人们对环境的认识源自三个关注点，即事件、媒介（Agents）和客体，而情感反应是对这三个关注点的正负反应，对应存在着三种情感。荷兰学者德斯梅特（Desmet）和海克特（Hekkert）汲取了上述思想，并于 2002 年发表了其产品情感基本模型（见图 8-21），即产品及关注会影响对产品的评价，没有评价就不会产生情感；不同的评价会激发不同的情感体验；产品、关注和评价三者交互作用，共同决定了情感体验。该模型涵盖了五种评价，对应着五种情感体验，即使用情感、审美情感、社会情感、惊喜情感和兴趣情感。它强调认知和情感是相继存在的，不同认知评价及导致的情感类别能解释体验的不同机制。模型中认知 - 情感的线性关系代表了典型的认知观，更加注重情感体验的积极反馈效应，同时也考虑产品、认知及情感三位一体的交互作用，体现了典型的格式塔整体思想。这种囊括情感的完形建模对情感体验的整合研究具有积极的意义。

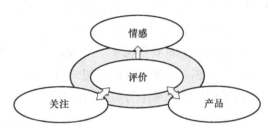

图 8-21　Desmet 产品情感基本模型

8.4.2 感知情感特征模型

研究表明，可用性感知影响着行为意图，易用性感知则影响着可用性感知，也影响着行为意图。这里行为意图是评定产品体验的有效指标。神经科学及社会心理学界认为，情感或情绪会先于认知过程出现并与认知相互作用。

感知情感特征模型研究了交互界面中的情感特征（Affective Quality），发现对情感特征的感知（Perceived Affective Quality，PAQ）在情感体验中起核心作用。因此认为情感性的特征感知直接影响着认知性的可用性和易用性感知，同时，可用性和易用性感知又共同影响着情感体验的行为意图（见图 8-22）。这一模型的关键在于，它强调了可用性

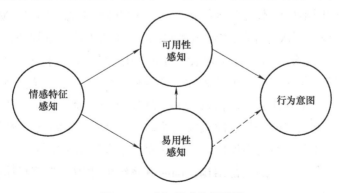

图 8-22　感知情感特征模型

和易用性感知对情感特征感知的桥梁作用，建立了情感特征感知与行为意图之间的关联。这种建构鲜明地将情感体验作为体验的前提，突出了情感体验的决定性意义。其不足之处在于，情感特征感知的内涵交叉了过多的认知成分，缺乏清晰的情感体验界定。尽管如此，这一模型的提出对推动后续的批判性理论分析及理性的模型整合都有重要的推动作用。

8.4.3 Mahlke 情感体验模型

Mahlke 情感体验模型是德国柏林技术大学的萨斯·马赫（Sascha Mahlke）于 2005年提出的（见图 8-23）。该模型认为产品质量的体验是一种认知过程，包括用户对实用特征和非实用特征的认知；认知过程受到用户所处系统特征的影响，即用户在体验过程中会感知系统特征，也会产生各种反应，如情感反应及情感结果、评价及行为结果等。模型强调系统特征同时平行地激发了情感体验和认知，体验过程（情感反应及其结果）会显著影响评价和行为结果，同时也影响着用户的认知体验；体验的情感反应和情感结果是与认知同等重要的机制。Mahlke 情感体验模型突破了以往体验模型的认知主导观，其强调的情感 – 认知平行的思想，也为采用生理心理学手段测量情感体验提供了新的思路，促进了用户体验理论与实践的有机结合。

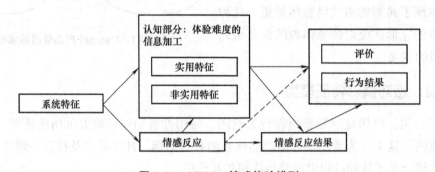

图 8-23　Mahlke 情感体验模型

8.4.4 用户体验结构模型

用户体验结构模型（Components of User Experience，CUE）（见图 8-24）是对前述模型的整合，由德国柏林技术大学学者萨斯·马赫和曼弗雷德·图灵（Manfred Thüring）于 2007 年提出。该模型认为体验由实用特征感知、非实用特征感知和情感体验三部分构成；在体验的外部，系统交互特征受到系统特征、用户特征以及任务 / 情境的影响，同时它又影响对实用特征及非实用特征的感知，这两种水平的感知差异会激发用户产生不同的情感体验，反映在主观体验、表情行为和生理反应等方面；另外，情感体验及感知作为核心要素共同影响用户的评价、决策及行为。用户体验结构模型将情感体验视为体验的核心结构之一，处在模型的中枢位置。这一模型以卡罗尔·伊扎德（Carroll Izard）的情绪观为基础，有合理明确的内部结构，同时其系统的建构也为情感体验的客观测量提供了明确的理论指导。

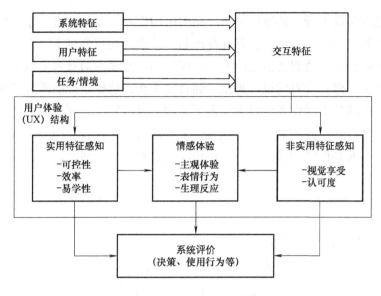

图 8-24　用户体验结构模型

8.5　情感化设计的发展趋势

情感化设计是体验经济发展的必然产物。它突破了认知机械化解释体验的模式，强调人的主观价值，符合交互体验的灵活性和互动性。对情感体验的研究促进了体验量化研究的进程，特别是情感建模技术的发展，为体验设计应用奠定了理论基础。

从学科发展来看，未来情感化设计有以下发展趋势：

8.5.1　跨学科融合

目前，国内外研究情感化设计的学者大体上可分为工程、管理和艺术设计三大研究群体。工程学界侧重于从造型出发，分析消费者的情感反应，然后从中选择最佳设计方案；管理学界一般从假设开始，通过实证数据来验证假设或予以修正，侧重于从管理学的角度提高设计效率和质量；艺术设计学界则更多地从思辨的角度探究情感化设计的规律。尽管各有侧重，但其目的都是希望洞察情感在产品设计创新中的真正作用。由于涉及情感的创新设计的复杂性，需要工程学界、管理学界、艺术设计学界和神经科学、心理科学、社会科学、认知科学及医学等其他学科的密切配合，才能取得成功。未来的情感化设计团队应着重学科交叉融合，才有可能设计出高水平的情感化创新产品。

8.5.2　设计理论的修正

传统的创新设计理论和方法，如发明问题解决理论（TRIZ）、公理化设计理论、稳健设计、质量功能展开（QFD）等，基本都产生于机电工程的有形产品设计领域，主要从

产品实用功能的角度展开，侧重于分析产品的结构创新、参数改进等，很少有涉及消费者情感的系统研究方法。由于情感设计在产品设计中的比重会越来越大，未来的创新理论必须探究功能创新和消费者情感的关系，探索和开发面向消费者情感需求的结构化产品创新设计方法，修正现有的设计理论。到目前为止，情感设计的研究仍然处于不断探索之中。由于产品的多样性和消费者作为个体的不可重复性，要想找到适合任何产品的通用情感化设计方法非常困难。可以预见，未来的情感化设计会面临更多的挑战，会有更多涉及情感、人脑机制的基础问题有待解决，需要来自不同领域学者的合作来推动设计理论的蜕变。

思考题

1. 什么是情感？试述情感的分类。

2. 试述三位一体大脑理论，并通过实例对其进行阐释。

3. 什么是情感化设计？简述情感化设计发展的历程。

4. 试结合实例，简单介绍感性工学方法。

5. 试结合实例，简要介绍唐纳德·诺曼的三层次情感设计理论的应用。

6. 试述情感化设计的主要研究领域。

7. 试简要介绍 Desmet 和 Hekkert 产品情感模型，并结合实例进行解释。

8. 试简要介绍用户体验的结构模型，并分析该模型的特点。

9. 请自选一款产品，并根据本章所介绍的方法对其进行情感化再设计，试建立其情感体验模型。

第9章 心智模型及其"四剑客"

心理学研究表明，每个人在使用产品时都会创建一个心智模型。设计师的任务就是将自己关于产品认知的心智模型与用户相应的心智模型进行沟通与修正，即将设计者模型与用户模型相匹配，进而提升产品的使用体验。常用的心智模型方法有凯利方格法（Kelly Repertory Grid）、手段–目标链模型（Means-End Chain Model）、攀梯访谈法（Laddering Technique）及萨尔曼特隐喻诱发术（Zaltman Metaphor Elicitation Technique），这四种方法也被称为心智模型"四剑客"。

9.1 心智模型

9.1.1 心智模型的定义与起源

心智（Mind）是指人类的全部精神活动，是人们心理与智力的表现，包括情感、意志、感觉、知觉、表象、记忆、学习、思维和直觉等。心理学认为，心智是人们对已知事物的沉淀和储存，是通过生物反应而实现动因的能力的总和。美国心理学家乔治·博瑞（C. George Boeree）博士将心智定义为获得知识、应用知识和抽象推理三个方面的能力。

1. 心智模型的定义

心智模型也称心智模式，是指深植于人们心中的关于自己、别人、组织及周围世界每个层面的假设、形象和故事，深受习惯思维、定式思维及已有知识的局限。它解释个体为现实世界中某事所运用的内在认知历程，是用科学方法来研究人类非理性心理与理性认知融合运作的形式、过程及规律。心智模型是对思维的高级建构，表征了主观的知识，通过不同的理解，解释了对象的概念、特性、功用，是一种思维定式和人们认识事物的方法和习惯。换言之，心智模型是你对事物运行发展的"预测"而不是"希望"，即你"希望"事物将如何发展并不是心智模型，而你"认为"事物将如何发展才是你的心智模型。心智模式是一种机制，在其中人们能够以一种概论来描述系统的存在目的和形式，解释系统的功能，观察系统的状态及预测系统的未来。人们对世界的理解是通过一系列询问来进行的，例如，这是什么？有什么目的？它是如何运作的？会造成什么后果？这都是心智功能的表现（见图 9-1）。

2. 心智模型的提出与发展

认知心理学认为人们对事物的认知必须满足三个条件：一是认知之前具备一定的经验；二是事物本身必须能提供足够的信息；三是有能连接经验和事物信息的联想活动。而能让认知过程更易理解且更易被掌握的根本就是心智模型。早在 1943 年，英国心理学家肯尼斯·克雷克（Kenneth James Williams Craik）在其《大自然的解说》一书中就提到了心智模型的概念，

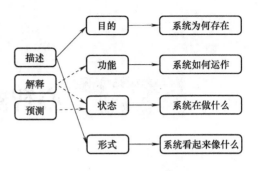

图9-1 心智模型的功能

认为人类在认知过程中把外部的时空转化成内部的模型，并通过象征性的表示来进行推理，即人们依赖心智模型来运行思维。之后不久，克雷克因一场自行车事故去世，其理论也销声匿迹了很多年。认知科学的诞生使心智模型理论迅速回到了人们的视野中。20世纪 80 年代，克雷克的理论被美国心理学家菲利普·约翰逊－莱尔德（Philip Johnson-Laird）和认知科学家马文·明斯基（Marvin Lee Minsky）、西蒙·派珀特（Seymour Aubrey Papert）等所采用，并逐渐普及。1983 年，在约翰逊－莱尔德的《心智模型与可用性》一书中及美国心理学家黛德·根特纳（Dedre Gentner）和阿尔伯特·史蒂文森（Albert Stevens）编辑出版的《心智模型》论文集中，进一步发展了这一理论。此后，美国心理学家沃尔特·金茨希（Walter Kintsch）和范·戴克（Teun Adrianus van Dijk）在于 1983 年出版的《语言理解的策略》一书里使用情境模型展示了心智模型的相关性及对认知和演讲产生的领悟。约翰逊－莱尔德还在其 1989 发表的论文中确定了心智模型的三个不同来源，即以归纳的方式建构模型的能力、对外部世界的日常观察和其他人的解释。美国用户体验专家斯蒂夫·克鲁格（Steve Krug）于 2000 年出版的《别让我思考》一书中将心智模型应用到了网页设计，探讨了好的网站应具备的交互特点。进入 20 世纪 80 年代，对心智模型的研究从人类工效学和认知科学领域扩展到了包括组织管理学等在内的多学科领域。

◼ 9.1.2 心智模型的类型

具有代表性的心智模型理论包括物理符号系统假说、诺曼模型、SOAR 认知模型、心智的社会模型和大脑协同学。

（1）物理符号系统假说 物理符号系统假说也称符号主义或逻辑主义，是由美国认知科学家艾伦·纽威尔（Allen Newell）和社会心理学家赫伯特·西蒙（Herbert Alexander Simon）于 1976 年提出的，认为物理符号系统是普遍的智能行为的充分必要条件。符号主义的原理是物理符号系统假说和有限合理性原理。长期以来，符号主义一直在人工智能中处于主导地位。西蒙指出，一个物理符号系统如果是有智能的，则肯定能执行对符号的输入、输出、存储、复制、条件转移和建立符号结构 6 种操作；反之，能执行这 6 种操作的任何系统也就一定能够表现出智能。据此推论：人是具有智能的，因此人是一个物理符号系统；计算机是一个物理符号系统，因此它必具有智能；计算机能模拟人或大

脑的功能。从符号主义的观点来看，知识是信息的一种形式，是构成智能的基础；知识表示、推理、运用是人工智能的核心；知识可用符号表示，认知是符号的处理过程，推理就是采用启发式知识及启发式搜索对问题求解的过程；推理过程可用某种形式化的语言来描述。因此，有可能建立起基于知识的人类智能和机器智能的统一理论体系。但是，符号主义学派的这一主张遇到了"常识"问题的障碍及不确知事物的知识表示和问题求解等难题，因而受到了其他学派的批评与否定。

（2）诺曼模型　诺曼模型也称诺尔曼模型，是美国心理学家唐纳德·诺曼（Donald Arthur Norman）提出的。他观察了许多人从事不同作业时所持有的心智模式，在 1983 年发表的论文《对心智模型的观察》中，归纳出关于心智模式的六个特质，即不完整性、局限性、不稳定、没有明确的边界、不科学和简约。

（3）SOAR 认知模型　SOAR认知模型也称状态算子和结果模型，是由纽威尔等于 1986 年发表在《机器学习》期刊上的论文《SOAR 分块：一般学习机制的解剖》中提出的，并组织开发了相应的应用程序。该模型是通用的问题求解程序，它以知识块理论为基础，利用基于规则的记忆获取搜索控制知识和操作符，能从经验中学习、记住是如何解决问题的，并把这种经验和知识应用于以后的问题求解中，实现通用问题求解。

（4）心智的社会模型　美国"人工智能之父"马文·明斯基（Marvin Lee Minsky）在其 1986 年出版的《心智社会》一书中指出，对个体心智的分析应从诸多较小的处理过程入手，即把思维描绘成由本身不具备思维的小部件组成的"社会"，把小部件描述为"社会"中有组织的"作用者"。

（5）大脑协同学　德国物理学家赫尔曼·哈肯（Hermann Haken）于 1969 年提出"协同学"一词，并于 20 世纪 70 年代创立了协同学。其代表作有《激光理论》《协同学——物理学、化学和生物学中的非平衡相变和自组织引论》等。协同学的研究对象是由大量子系统以复杂的方式相互作用所构成的复合系统，在一定条件下，子系统之间通过非线性作用产生相干效应和协同现象，使系统形成有一定功能的空间、时间或时空的自组织结构。由于大脑的功能也是由大量的子系统（神经元、突触、节点）所形成的复杂网络巨系统的整体结构功能协同作用产生的结果，因此协同学也可以应用于脑科学。

此外，还有动力震荡理论、流程型认知等心智模型。尽管解读各不相同，但其有一些共同特征：心智模型反映了人对外部系统的认知结构；呈现了客体的信念，并在此基础上进行推论，产生行为反馈；在客观、合理性方面有一定的局限性；能帮助人们对世界进行建构。

9.1.3　心智模型的形成和运作

1. 心智模式的形成

心智模型是个体对事物运行发展的预测，其基础来源是感知能力，而感知是建立在相对应的物理刺激和生理过程的基础之上的。外界刺激信息由人体的感官器官所接收，但感觉暂存的记忆一般只维持几分之一秒，若不加以注意与辨识，感官记忆随即消失；

感官所收集的信息经过选择及编码等初步处理后，送到短期记忆中，当把这些通过感官得来的感觉经验综合起来，并用过往知识经验加以补充时，就形成了对事物的知觉；事物在视网膜中产生的模糊形象通过神经的信号传递到大脑，经过进一步处理出现事物的名字，此时知觉成为意识。意识有两种：一种是全神贯注于某一事物而产生的意识；另一种是发生在看第一件事物而被第二件事物分心时。前者是确定的意识，后者是不确定的意识。确定意识是引导心智在某一时刻集中于单一事件或单一刺激的心智效果，体现出的特征主要是选择性和专注性；不确定意识同样也可以产生认知，而且往往是心智模型的直接体现。这就是心智模型形成的过程（见图9-2）。例如，当开车时常常遇到紧急情况而制动，之后才意识到自己已经完成了想要做的事情，这背后就是心智模型在起作用。

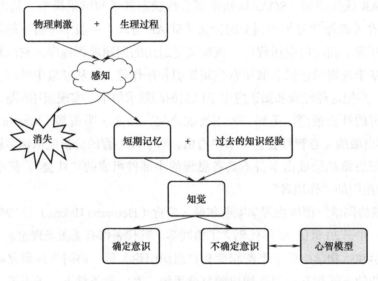

图 9-2　心智模型的形成

　　心智模型主要受三类关键活动的影响，即描述、归因及预测（见图9-3）。面对外界环境，通过心智模型，对社会事件的三类关键活动，个体将做出适应性的行为选择。其结果一方面检验了自身的心智模式，另一方面，所反馈的信息能检验或扩展原有的心智模式。个体终其一生都在不断地寻找验证心智模式的证据，并将完善心智模式作为最终目标。

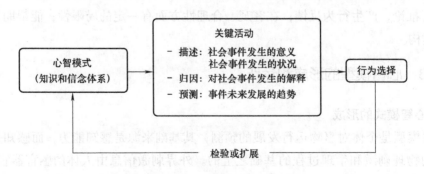

图 9-3　心智模型的三类关键活动

2. 心智模型的运作

我国先秦时期《周易》中就记载有"圣人立象以尽意，设卦以尽情伪，系辞焉以尽其言"。这里的"象"不是对客观事物的抽象，而是比语言文字更简朴、概括的一种抽象符号，是众多具体形象联想和感觉经验融合在一起的复合产物，是一种视觉、触觉、听觉和思维共同作用的复合形态。这本质上就是古人对心智运作的看法。

当代管理大师、组织学习理论的主要代表克里斯·阿吉瑞斯（Chris Argyris）经过30多年的研究，提出了心智模型的运作过程——"推论的阶梯"（见图9-4），揭示了人们是以跳跃式的推论进行行动中的反思这一事实，认为人们能够意识到的只是阶梯底部可观察到的原始资料和阶梯顶部所采取的行动，中间的推论过程则被飞快地跳跃过去，至少是阶段性的跳跃；人们的概括性的想法或者通常的看法，就是通过跳跃式的推论产生的，即将具体事项概念化，再以简单的概念代替细节，然后得出结论。例如，许多时候人们会想当然地去看待一件事物，就是跳跃式推论的结果。

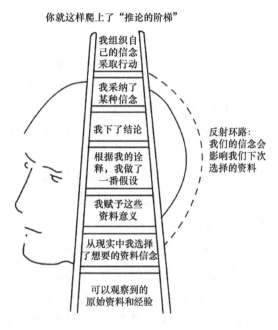

图 9-4 阿吉瑞斯的"推论的阶梯"

9.1.4 心智模型的相关概念

除心智模型外，将关于某一特定主题的人类思维展示出来的方法还有很多，如图式（Schema）、认知结构（Cognitive Structure）、概念图（Concep Map）、心智图、手迹等，都是心理和认知研究中常用的概念。

1. 图式

图式最早见于德国哲学家伊曼纽尔·康德（Immanuel Kant）的著作。康德认为，个体在接受新信息、新概念、新思想时，只有将其同脑海里固有的知识联系起来才能产生意义。在心理学领域，图式的概念最先在英国认知心理学家弗雷德里克·巴特利特（Frederic Charles Bartlett）在其《记忆：一项实验与社会心理学的研究》一书中提到。他认为，图式是个体已有的知识结构，这个结构对于认识新事物发挥着重要作用。美国认知心理学家琼·安德森（John Robert Anderson）认为，图式是根据客体的一组属性组合表征的客体结构，是人们对事物有关属性组合的知识储存方式。现代认知心理学将图式分为两类：一类是有关客体的，如关于房子、动物、古玩等的图式；另一类是关于事件或做事的，如进餐馆、看电影、去医院就诊等的图式。后一类图式也称为脚本（Script）。英国学者约翰·威尔逊（John R. Wilson）和安德鲁·卢瑟福（Andrew Rutherford）于

1989年提出，心智模型与图式以及内部表征关系密切，它们都与认知有关，都是对外部世界的内在反应，是经过长时间逐渐形成、深藏在内心不易被察觉的。心智模型是图式的总和，它产生于图式，并能激发图式产生作用。心智模型和图式的区别在于：图式是用以表征知识/背景的假设，而心智模型则可以用以制订行动计划；图式更多强调认知成分，而心智模型更多强调行为层面；图式可以帮助更好地理解外部世界，心智模式可以帮助采取行动。

2. 认知结构

美国心理学家戴维·奥苏伯尔（David Paul Ausubel）认为，认知结构就是人们头脑里的知识结构，广义上是指个体观念的全部内容和组织，狭义上是指个体在某特殊知识领域内观念的内容和组织。个体认知结构具有两个显著特性：一是具有相对稳定性和持久性；二是认知结构是主体表面行为背后的基础，具有某种共通性和潜在性。认知结构与心智模型在概念上极为类似，许多学者都认为心智模型就是认知结构。若细数个中差异，可以说认知结构是存储在人们长时记忆系统中的知识及彼此之间的联系，而心智模型主要体现为结构化的知识和信念。

3. 概念图

概念图是一种用节点代表概念、连线表示概念之间关系的图示法，其理论基础是奥苏伯尔的学习理论。他认为，知识的构建是通过已有的概念对事物的观察和认识开始的，即学习就是建立一个概念网络，并不断地向网络增添新内容；新知识必须与学习者现有的认知结构产生相互作用，这其中两者如何整合是关键。概念图的作用在于，可以根据人脑思维的特点，将所想到的概念及其关系用图表画出来，即用图表的形式将人们的心智模型外在地显现，用一种更直观的方式观察内在心理结构。与之相似的概念还有心智图、认知图等。

9.1.5　心智模型在产品设计中的运用

在设计中，设计师和用户的心理都可以看作是一个信息输入、加工、输出的过程，设计就是二者心智模型的感性交互。当这种交互产生某种吻合的时候，设计就匹配了用户心智模型，表现为满足了用户需求，减少了认知差异，使产品"好使""易用"。

1. 用户心智模型

每个个体都有其独特的心智模型，体现出个性上的差异。当与产品进行交互时，用户心智模型表现的特点为：①获取的间接性；②对产品的认知过程的经验性；③差异性。

2. 设计师与用户的心智模型差异

设计师是特殊的群体，这个群体对流行元素、造型、色彩等都具有敏锐的感知能力，并对产品的使用方式、工作原理心中有数，而用户的"解读"可能千差万别。这种心智模型之间的落差，也是许多设计师认为有品位的产品但却并不被用户买账的原因之一。

3. 建立与用户匹配的心智模型

建立与用户匹配的心智模型,应做到:①不要轻易否定约定俗成的习惯,加重"适应负担";②借用隐喻、类比等表现手法去贴合用户心智模型,提高其对产品理解的速度;③通过系列化将用户的心智模型"移植"到相关产品上,形成"良好匹配";④最大限度地契合用户追求简单、方便、自然交互的天性。

总之,设计师要充分理解用户心智的复杂性。那些能灵活地满足用户行为多样性的设计更符合用户的需求,市场前景无疑更好。

9.2 凯利方格法

9.2.1 凯利方格法的概念

20世纪50年代美国心理学家乔治·凯利(George Alexander Kelly)提出了个人构建理论,认为每个人都是用探索与钻研来预测、控制所研究的事物的科学家;人在不断建构、检验、继而修正对周遭事物的认知方式与模型,以最终预测、控制生活。构建是这套理论中的重要概念,它是个人用来解释世界的方式,理解事物之间如何相似又如何相异的过程,通常是一组有层级对立的概念(如自信与自卑)。与个人价值观相关度高的构建被视为核心构建。基于该理论,凯利设计了一套心理咨询疗法以抽取构建,帮助更好地认识自己或心理问题,即凯利方格法(Kelly Repertory Grid Technique, RGT)。凯利方格法作为一种辅助心理咨询的技术,被使用了超过40年,并广泛用于心理学以外的领域,如帮助设计师了解用户是如何理解某个话题或问题域的;同时,作为定性与定量结合的方法,它也能实现态度、感觉与认知的量化,为对多个备选方案进行决策提供科学的答案。

9.2.2 凯利方格法的应用步骤

凯利方格法的作用包括研究用户对同类竞品的认知差异(品牌、功能、体验等),比较不同的概念原型方案的优劣及研究评估体系等。这里结合一个虚拟的研究主题介绍凯利方格法应用的完整过程(见图9-5)。

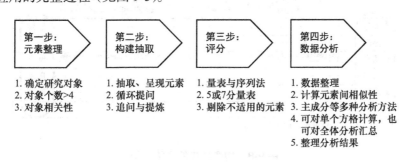

图9-5　凯利方格法的应用步骤

【**例9-1**】利用凯利方格法分析个体和多个虚拟账号身份之间的异同。方格包含元素（Element）、构建、评分（Rating）三个关键概念（见图9-6），它们贯穿于整个过程。

第一步：元素整理。元素是具体研究的对象，至少需要4个元素，本例中包括真实世界中的以及豆瓣、新浪微博、开心网、QQ空间、人人网上的我（见图9-7）。

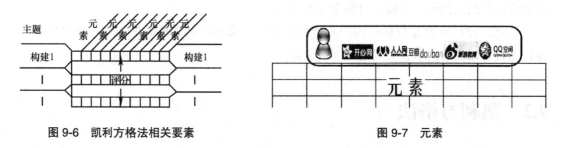

图9-6 凯利方格法相关要素   图9-7 元素

第二步：构建抽取（Construct Elicitation）。构建抽取是最核心的步骤，在访谈中将循环进行若干轮，每轮细分步骤如下。

（1）抽取、呈现元素　从所有元素中抽取若干，常用三元组法，即从所有元素中抽三个进行比对。抽取顺序可事先设定好，若无须过于严谨，可在头一两轮采取随机抽取。本例做法是将元素编号，并准备一副扑克牌，让用户从中抽取三张牌，以牌上数字对应元素。后面的轮次可改为由人工挑选，尽量使未被一同比对过的元素组合在一起。

（2）循环提问　先将抽取的三个元素呈现给用户（口头描述、屏幕、纸质卡片等形式），接着提两个问题，如"您认为X、Y、Z中，哪两个比较相似？哪个与其他两个不一样？"在用户确定了分类后，再追问为什么。完成提问并获取一对构建后，换下一组；当不再有新的构建被提出时，即可中止提问。

（3）追问与提炼　一般用户的回答只是一些表面构建，在追问与提炼中，一些明显无用的构建应予以排除，如过于宽泛的、地理的、表面的或模糊的构建等。个人态度、行为和与感知相关的内容才是核心构建。要进一步深挖追问，可使用攀梯访谈法从表面探寻更有意义的深层构建。本步骤后可获得如图9-8所示的方格，其中正、反向需要各自成一列。

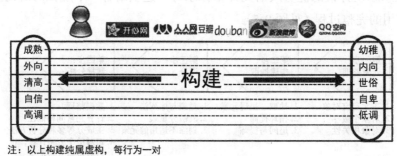

注：以上构建纯属虚构，每行为一对

图9-8 构建形成的方格示例

第三步：评分。请用户为所有元素在每一对构建上进行评分。评分可选做或不做，因为从前面的抽取中已提炼出大量的信息，也可据此来打分。评分的价值是为量化分析提供数据基础。常用评分方法有量表法与序列法。量表法就是将构建从低到高分级打分；序列法相对更简单，即选出最接近某级的元素为1，其次是2，依次排序。图9-9给出了评分表示例。

	开心网	人人网	豆瓣douban	新浪微博	QQ空间	
成熟	3	3	3	4	3	2	幼稚
外向	1	3	4	3	3	4	内向
清高	3	2	2	4	2	1	世俗
自信	1	5	4	5	4	5	自卑
高调	2	4	4	3	5	5	低调
...							...

图 9-9 评分表示例

评分需要考虑不适用的情况，如"新浪微博"可能同时很清高也很世俗。对这种"既不也不"的情况有三种处理方式：丢弃这对构建；置空不打分，但在统计时折半（如5分量表则为2.5分）；鼓励用户思考最具代表性的情况。至此，一个凯利方格构建完毕。

第四步：数据分析。一般情况下，凯利方格法是基于一个个体用户的。完成调研后，首先通过内容分析整理好所有构建；进一步计算各主要元素之间的相似性，具体方法有主成分分析、因子分析、集簇分析等；既可对单个方格分析，也可对全体用户的方格进行汇总分析。

就上述例子而言，通过统计分析可得到哪两个网站在哪些维度（构建）上比较相似等结论。当然，也可以使用诸如SPSS（Statistical Product and Service Solutions，统计产品与服务解决方案）等专业数据分析软件来进行深度的、更科学的分析。

9.2.3 凯利方格法的优缺点

凯利方格法的应用颇多，如进行品牌或产品的用户认知对比、购买关键因素分析；了解员工如何评价不同的领导者，厘清模糊的工作岗位的确切定义；探讨用户对检索系统的评价维度；网站对比、字体对比、原型对比等。凯利方格法是一种既有一定发散性，又有良好收敛性的技术。其优点包括：操作结构化，能减少因研究人员不同而导致的结果差异；完全以用户为中心，通过诱导其说出自己的想法，从用户的视角构建关于主题的心智地图；结果清晰简单，后期数据处理相对轻松、省时。同时，凯利方格法也有诸如至少需要4个元素才能使用、很可能抽取到大量无用的构建、一般需要8~10人（取决于研究主题）、一对一的形式耗时长等缺点。

9.3 手段 – 目标链模型

手段 – 目标链（Means-End Chain，MEC）也称方法 – 目的链，是指组织中的上下级共同制定目标、共同实现目标的一种模式。具体过程是：首先确定总目标；然后对总目标进行分解，逐级展开，协商制定出各部门甚至单个员工的目标。上下级的目标之间通常是一种"手段 – 目的"的关系，上级目标需要通过下级一定的手段来实现。

9.3.1 手段 – 目标链理论的提出

手段 – 目标链思想是美国社会心理学家米尔顿·罗克奇（Milton Rokeach）于 1973年提出的。20 世纪 70 年代后期，美国学者汤姆·雷诺兹（Tom Reynolds）和丘克·吉恩格勒（Chuck Gengler）用它来研究消费者的行为。1982 年，南加利福尼亚大学的乔纳森·古特曼（Jonathan Gutman）发表了题为《基于用户分类过程的手段 – 目标链模型》的论文，正式提出了手段 – 目标链理论。他认为，用户通常将产品或服务的属性视为手段，通过属性产生的利益来实现其消费的最终目的；强调用户的产品知识来自对产品属性的认知，使用结果可以使用户获得最终价值。手段 – 目标链由三个层次组成，即产品属性（Attributes）、由属性所带来的消费结果（Consequences）及结果所强化或满足的最终价值（Values），如图 9-10 所示。

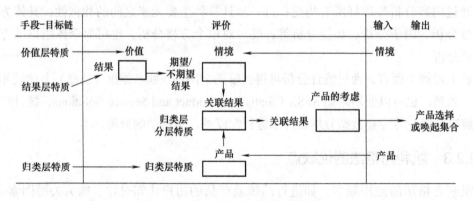

图 9-10　手段 – 目标链模型

近年来，手段 – 目标链理论以其简明有效的特征成为重要的定性研究方法之一，研究对象也从具体的有形产品扩展到无形的服务、行为转化等方面。

9.3.2 手段 – 目标链理论的内涵

手段 – 目标链模型是连接属性、结果和价值的一种简单结构，表示个体采取行为达成目的时的三个层级目标，即行为的目标、直接结果的目标和间接结果的目标。这里，产品属性是指产品所有外显与内含的各种特征性质的组合，是可以感受的，且具备有形（Tangible）或无形（Intangible）的特色。它包括原材料、形态、制造过程等内部属性和包装、色彩、价格、品质、品牌，甚至销售人员的服务和声誉等外部属性。结果是属性导致的状态，但它不是一种终极状态，而是介于属性和价值之间的一种中间状态。结果可以是直接（Direct）结果或间接（Indirect）结果，也可以是生理、心理或社会性结果。也有学者把结果分为功能性结果和社会心理性结果。前者对用户来说是较为具体或直接的经验（如省钱、舒适）；后者主要是指用户心理上的认知（如健康、可信）。相对而言，价值比结果更为抽象，它是指用户试着达成重要消费目标的心理表现。罗克奇认为，价值是"一种持久的信仰，一种个人或社会对于两种相悖的、明确的行为或状态模式之间的偏好"，具有认知性、情感性和行为性三个特征。他将价值分为助益性价值（Instrumental Values）和最终价值（Terminal Values）两种。其中，助益性价值是一种偏好或者行为的认知；而最终价值则是希望成为的最终状态。衡量个人价值观的理论很多，最为常见的有三种，见表9-1。

表 9-1　常用价值量表

价值衡量	提出者	价值要素分类	
罗克奇价值观调查表（Rokeach Value Survey，RVS）	罗克奇 （1973）	工具价值	野心、心胸开阔、能力、高兴、整洁、帮助、诚实、聪明、独立、想象力、逻辑、爱、服从、礼貌、负责、自我控制
		目的价值	舒适生活、刺激生活、成就感、世界和平、美丽世界、平等、家庭安全、自由、幸福、内在和谐、成熟的爱、国家安全、乐趣、救世、自尊、社会认同、真正友谊、智慧
价值观和生活方式量表（Values and Life Styles，VALS）	米切尔 （Mitchell，1983）		幸存者、支撑者、隶属者、竞赛者、成功者、自我者、体验者、社会意识、整合者
价值清单（List of Values，LOV）	卡勒 （Kahle，1989）		自尊、受尊重、自我满足、归属感、刺激冒险、趣味人生、温暖人际关系、成就感、安全感

手段 – 目标链模型反映出个人价值观、消费结果和产品属性之间并不是独立的，而是一个相互联系的层次关系，即属性 – 结果 – 价值链（A-C-V）。该模型就是研究产品属性、使用结果和个人价值观之间的关系以及如何将这三个层次联系起来（见图9-11）。手段 – 目标链模型有助于分析用户的购买动机，它反映了整个消费决策的过程；同时，属性、结果和价值是用户对产品认知的内容（脑海中的产品知识），它们之间的联结构成了认知结构。对于内容和结构的梳理，相当于建立了用户对产品

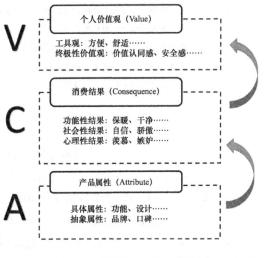

图 9-11　属性 – 结果 – 价值链

的心智模型。手段 – 目标链模型适用于分析用户需求，厘清产品功能及利益点，确定市场定位等。

9.3.3 手段 – 目标链模型的研究方法

常用的手段 – 目标链模型研究方法有阶梯法、联结模式技术和内容分析法三种。

（1）阶梯法（Laddering） 阶梯法又称攀梯访谈法，是有效建立 A-C-V 结构链的一种主流分析方法，它利用诱导性的方式找出用户对被调查产品的属性、结果和价值之间联系的理解。阶梯法又分为软式阶梯（Soft Laddering）和硬式阶梯（Hard Laddering）两种。

1）软式阶梯。软式阶梯主要是利用一对一的深入访谈，在一个放松的环境下，由训练有素的访谈者以直接启发的方式进行，诱导出被访者认为重要的属性或特点，反复询问"为什么这对你而言很重要"，直至被访者无法回答为止。回答不受任何约束和限制。该方法的优点是：适用于较小样本数量的调查；能直接深入了解到用户心中的最终需求价值；可获得更多的信息。其缺点是：耗时长、成本高，不利于大样本数量的收集；结果受访谈人员的主观影响较大。图 9-12 给出了软式阶梯法访谈示例，显示了问题逐步深入、由具体向抽象的阶梯提升。

- 研究人员（以下简称研）：你说一种鞋的系带方式对你决定买什么品牌的鞋有什么重要影响？为什么？
- 用户（以下简称用）：间隔式系带方式使鞋子更贴脚、更舒适。【物理属性和功能结果】
- 研：为什么更贴脚对你很重要呢？
- 用：因为它给了我更好的支撑。【功能结果】
- 研：为什么更好的支撑对你很重要呢？
- 用：这样我就可以奔跑而不用担心伤到我的脚。【心理结果】
- 研：为什么在奔跑时不必担心对你很重要呢？
- 用：这样我就可以放松和享受跑步的乐趣。【心理结果】
- 研：为什么放松和享受跑步的乐趣对你很重要呢？
- 用：因为它可以摆脱我在工作中积累起来的紧张情绪。【心理结果】
- 研：当你摆脱了工作压力后呢？
- 用：这样当我下午回去工作的时候，我就可以表现得更好。【价值-成就】
- 研：为什么表现得更好对你很重要呢？
- 用：我对自己感觉更好。【价值-自我满足】
- 研：为什么你对自己感觉更好很重要呢？
- 用：就是这样，没有什么了。【结束】

图 9-12　软式阶梯法访谈示例

2）硬式阶梯。硬式阶梯则采用结构化的问卷来收集信息，确保受访者按照属性、结果和价值的顺序，一次回答一个阶层的阶梯，慢慢地往抽象层次的方面进行。自我填答的方式都是硬阶梯，硬阶梯包括纸笔填答和计算机程序化填答。访谈完成后，进行内容分析并将结果用价值阶层图（Hierarchical Value Map，HVM）表示出来，可以明确产品属性所能带给消费者的结果，更为直观地说明 A-C-V 链之间的联系。图 9-13 是英国学者贝克尔（S. Baker）研究给出的英国人对有机食品的 HVM 示例。图中圆圈面积的大小表示受访者中提到此元素的比率，圆圈面积越大，表示提到此元素的人数越多；两个元素连接线条的宽度代表联系的紧密程度，线条越宽表示联结越密切。相对于软式阶梯而言，硬式阶梯的优点是：更便捷、经济，适用于较大样本数量的调查；不易受主观因素的影响，方便进行大范围的调查。其缺点是：无法明显呈现被访对象内心的真实想法；无法揭示人们对产品感知或信念方面更广泛和更细节的内容。

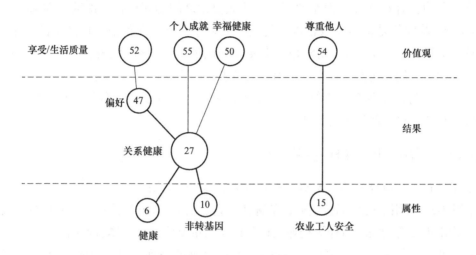

图 9-13　英国人对有机食品的 HVM 示例

（2）联结模式技术（Association Pattern Technique，APT）　联结模式技术使用固定的模式分别测量属性 - 结果、结果 - 价值之间的关系联结。具体做法是，建立矩阵表格（见图 9-14），矩阵中的属性、结果、价值等因素由研究者事先定义好，且包含了所有可能的组合；要求被调查者指出其感知到的属性 - 结果、结果 - 价值之间的联结。该技术的优点是：使用固定的"识别"模式，方便通过网络调查，成本更低，更加迅速；方便进行大样本考察。其缺点是：所产生的联结总数目较大，给后续的数据分析带来较大的难度。它与阶梯法的区别是，联结模式将手段 - 目的链看成是属性 - 结果、结果 - 价值之间的关联；而阶梯法除关注这些关联外，还关注属性 - 属性、属性 - 价值、结果 - 结果、价值 - 价值这几者之间的关联。

属性-结果矩阵

属性　　结果	属性1	属性2	…	属性n
结果1				
结果2				
⋮				
结果n				

结果-价值观矩阵

结果　　价值观	结果1	结果2	…	结果n
价值观1				
价值观2				
⋮				
价值观n				

图 9-14　属性联结矩阵表示例

（3）内容分析法（Content Analysis）　内容分析法是指将沟通、访谈收集到的内容，做系统的、客观的量化，并加以详细描述的研究方法。具体有四个步骤：①对收集到的数据进行内容分析，提取出属性、结果和价值，对其进行编码，将各要素词汇归至合适的类别中。②构建关联矩阵总表（Summary Implication Matrix，SIM），将属性、结果、价值之间的关系整合列在矩阵中。关联矩阵也称蕴含矩阵（Implication Matrix），行与列代表各属性、结果与价值要素，矩阵内的数字则代表要素之间的连接次数，整数部分代表要素之间的直接连接次数，而小数部分则代表要素之间的间接连接次数。③选择截取值（Cut-Off）。截取值是指多少数目以上的连接关系才会显示在价值阶层图中的一个阈值。一般认为截取值为 3% ~ 5% 比较好。④绘制价值阶层图。该图代表了消费者选择的认知路径，其中节点代表属性、结果、价值，线条表示这些概念之间的联系。

也有学者将模糊逻辑分析等方法用来进行手段 – 目标链模型分析，有兴趣的读者可自行查阅相关资料，此处不再赘述。

9.3.4　手段 – 目标链模型的应用

这里通过一个研究案例来说明手段 – 目标链模型的应用。

【例 9-2】应用手段目标链模型，了解任天堂游戏机（Wii）消费者的使用行为及价值内涵，找出消费者的需求以作为企业设计新产品的重要依据。具体过程如下：

第一步：数据采集。一般样本数量为 30 ~ 50 就能得到比较全面的消费者内心想法。本例采用软式阶梯法对 34 位消费者逐一进行深度访谈，主要问题有：任天堂游戏机吸引你的地方是什么？为何会考虑此因素？它能够给你带来什么样的使用结果或价值？你觉得任天堂游戏机与其他游戏机的差别在哪里？等等。

第二步：资料分析。包括以下内容。

1）运用内容分析法整理出属性、结果、价值等要素类别，并进行编码（见图 9-15）。具体包括：属性，来自消费者对任天堂游戏机的认知，本研究归纳出 12 项属性；结果层级，即使用任天堂游戏机后所产生的结果感受，本研究归纳出 13 项结果；价值层级，即消费者由产品属性所带来的结果而产生的个人价值，本研究共有 8 项价值。

2）构建蕴含矩阵（见图 9-16）和 HVM 图。蕴含矩阵包括属性 – 结果、结果 – 结果、结果 – 价值等关系。基于蕴含矩阵可以画出阶层价值图 HVM，如图 9-17 所示，其中截取值为 4；N 代表该属性被提及次数；且有

HVM 属性连接度 = 该属性提及数 /HVM 属性提及数之和

3）分析探讨消费者的使用行为及价值内涵。

第三步：形成分析结论。本研究形成的主要分析结论如下。

1）由图 9-17 可见，消费者对任天堂游戏机（Wii）属性的总体认知主要为操控性、动态体感、游戏主机与尝试四项属性。其中，操控性占 HVM 属性连接度 9.23%。操控性是消费者认定的最主要的产品属性，强调不同以往的操作方式；动态体感占 HVM 属性连接度 43.07%。由肢体操控游戏中的主角对使用者而言是一种全新的体验；游戏主机占 HVM 属性连接度 29.23%，包含运动型等附属属性；尝试占 HVM 属性连接度 18.46%，显示 Wii 与消费者印象中的游戏机有所差异，促使其出于好奇而尝试使用。

编码	属性（A）		编码	结果（C）		编码	价值（V）
A01	游戏主机	运动型游戏机	C01	舒展身体	酸疼	V01	被尊重
		大型电玩			汗流浃背	V02	刺激冒险
		最新机械			累	V03	乐趣与享受
		TV游戏			增加体力	V04	成就感
A02	造型外观	造型独特			有运动效果	V05	人际关系
		时尚流行	C02	减肥瘦身	可减肥	V06	时尚流行
		矮小			有瘦身效果	V07	炫耀
		流线外观	C03	放松心情	心情愉快	V08	快乐
		质感			放松心情		
A03	支援性高	SD插槽			舒缓压力		
		兼容传统游戏	C04	新奇好玩	惊奇有趣		
		USB2.0接口			乐在其中		
		多种输出界面	C05	趣味性			
		网络连接	C06	玩法简单	复杂度低		
A04	动态体感	情境体验			操作方便		
		同步动作			简单易上手		
		虚拟实境	C07	刺激性	紧张		
		肢体活动			刺激		
A05	玩法多样性	各类型游戏风格	C08	真实感	有临场感		
		多样化游戏			身临其境		
		样式多			虚拟实境		
A06	操控性	独特操控界面	C09	新鲜感	新鲜感十足		
		无线控制器	C10	多人娱乐	老少咸宜		
		选把式			朋友之间		
		多种周边设备			全家一起玩		
A07	娱乐性	休闲娱乐	C11	情感交流	增加感情		
		消磨/打发时间			提升社交		
		娱乐来源			增加互动		
A08	便利性	携带方式	C12	欢笑声	笑声		
		体积不大			热闹		
		重量轻巧			烘托气氛		
A09	经济性	价格适中	C13	挑战性	竞赛		
		有能力负担			挑战		
		售价较低			成就		
A10	尝试	没玩过					
		好奇心					
A11	人气	知名度高					
		热门商品					
A12	口碑推荐	朋友分享					
		朋友推荐					
		朋友使用经验					

图 9-15　码表示例

矩阵表【属性－结果】

编码 / 要素次数 属性-结果-价值	C01	C02	C03	C04	C05	C06	C07	C08	C09	C10	C11	C12	C13
A01 游戏主机	2	0.03		0.03	4.02								
A02 造型外观	0.01			3	0.02	0.01							
A03 支援性高	3	0.1											
A04 动态体感	5.01	1.01		5.03	0.04								
A05 玩法多样性	3.02		3	0.02	0.01								
A06 操控性	1.02		0.02	0.02	1.03								
A07 娱乐性	3			0.03	0.01								
A08 便利性				0.02	2								
A09 经济性			1		1.01								
A10 尝试	2			0.03	0.01								
A11 人气	1			1.01	0.01								
A12 口碑推荐	1.01		0.01	3.01	2								

矩阵表【结果－结果】

编码 / 要素次数 属性-结果-价值	C01	C02	C03	C04	C05	C06	C07	C08	C09	C10	C11	C12	C13
C01 舒展身体				4		3	2	2	8	4			2
C02 减肥瘦身				2				2					
C03 放松心情							1						
C04 新奇好玩							1		9		3	2	1
C05 趣味性			1	1			7		1		1	4	
C06 玩法简单						2		2	2	6			1
C07 刺激性												2	2
C08 真实感			1			4	2	1			7	2	2
C09 新鲜感			1			4	1		4		1		3
C10 多人娱乐										1	1	3	
C11 情感交流													
C12 欢笑声													
C13 挑战性													

......

图 9-16　蕴含矩阵示例

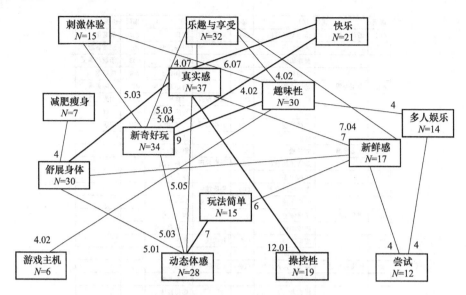

图 9-17 截取值为 4 的 HVM 图示例

2）从结果 – 价值连接来看，消费者的感受主要为真实感、新鲜感、新奇好玩与舒展身体四项。其中，真实感与新鲜感占 HVM 结果连接度 18.14%；新奇好玩占 HVM 结果连接度 16.67%；舒展身体占 HVM 结果连接度 14.71%。

3）从价值连接来看，使用任天堂游戏机后，消费者感受到的价值主要为刺激体验、乐趣与享受、快乐三项内心价值。其中，刺激体验主要通过趣味性与新奇好玩所产生；乐趣与享受由使用结果新奇好玩、真实感、趣味性与新鲜感产生；真实感与新奇好玩将带给消费者快乐的价值。

4）游戏机的手段 – 价值链模型主要连接路径一如图 9-18 所示。快乐和乐趣与享受是个人价值中被认为是最重要的价值。消费者认为，乐趣与享受主要来自新鲜感的结果连接，连接度为 7；而快乐则主要来自真实感的结果连接，连接度为 5。在使用任天堂游戏机时，产品属性——操控性能带来真实感，最终让消费者产生快乐及乐趣与享受的内心感受。

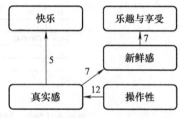

图 9-18 主要连接路径一

5）游戏机的主要连接路径二如图 9-19 所示。消费者认为，乐趣与享受是个人价值中最重要的价值，而乐趣与享受的价值来自使用游戏机后的新鲜感，连接度高达 7。

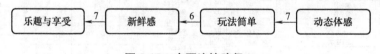

图 9-19 主要连接路径二

综上所述，消费者使用任天堂游戏机的动态体感交互属性时，将产生玩法简单和新鲜感的消费利益，此种利益会让使用者产生乐趣与享受的最终内心价值。

9.4 攀梯访谈法

9.4.1 攀梯访谈法的概念

攀梯访谈法也称攀梯术，是一对一的深层访谈，常用来探究用户对产品功能／特性的态度背后的原因，即在产品属性与个人价值之间建立有意义的关联，从而洞察影响用户决策的因素。攀梯术是手段－目标链理论的扩展与应用。20 世纪 60 年代，临床心理学家最先开始使用攀梯术来理解人们的核心价值及信念，后来被市场学家借鉴用以消费者和组织研究。它通过一系列直接的问询（典型的提问形式是"为什么那对你来说很重要？""那对你意味着什么？"），挖掘出属性（A）、结果（C）、价值（V）及其关系。每条 A → C → V 链被称为一个梯子，访谈过程就是从 A "攀向" V 的过程。

作为攀梯访谈的起点，一般从讨论用户可感知到的、待比较的产品／品牌／服务差异开始。差异的抽取有三种基本方式，即凯利方格法、偏好排序和自由选取。前两种可以直接开始攀梯，第三种可凭经验抽取其中一个属性展开攀梯，或将所有属性陈列出来让用户进行相对重要性打分，然后选出最重要的一个展开攀梯。

9.4.2 攀梯访谈法的步骤与技巧

（1）访谈准备　准备的内容包括：让访谈环境尽可能舒适放松，准备好饮料零食；开始前向用户说明回答没有对错，只需要表达自己的观点即可，对觉得无法回答的问题，可以直接说出来。

（2）访谈技巧　访谈技巧直接影响到访谈的效果，这里推荐五个经典的访谈技巧。

1）情境唤起。通过让用户假想、回忆（使用产品的）情境，引起他／她的思考。

【例 9-3】R（调查者，Researcher）："您说您倾向于周末与朋友聚会时喝果酒，为什么呢？"U（用户，User）："因为酒精含量少，但是饱足感强，我就会喝得比较少、比较慢。"R："为什么跟朋友聚会时想喝酒精含量少的酒呢？"U："不知道啊，没想过。"R："这样吧，您回忆一下最近一次跟朋友聚会喝果酒是什么时候？"（换个角度提问）U："上周末。"R："当时为什么会选择果酒呢？"U："我不想喝醉。"R："为什么不想喝醉呢？"U："喝醉了就没法跟朋友交流啊，我需要融入朋友圈里。"

◆梯子：（A）酒精少→（C）不喝醉→（C）与朋友交流→（V）归属感（融入朋友圈里）。

2）假设某物或某状态的缺失。让用户思考某物／状态如果缺失了会如何。

【例 9-4】R："您说您倾向于下班回家后喝味道醇厚的果酒。为什么下班后要喝味道醇厚的酒呢？"U："不为什么，辛苦工作后来一杯，让我感觉满足。"R："为什么下班后喝一杯让你满足的酒很重要？"U："不知道啊，就是喜欢。"R："如果你家里刚好没有果酒，那你会怎么办？"U："可能喝啤酒吧。"R："和喝啤酒相比，喝果酒有什么不同？" U："喝啤酒的话，我可能会一直喝下去。但是果酒的话，一杯就差不多了。" R："为什么你不希望一直喝下去呢？" U："喝多了很容易犯困，那我就没法跟我妻子聊天沟通了。" R："与你的妻子沟通，对你而言很重要吗？" U："当然，家庭和谐很重要啊。"

◆梯子：（A）味道醇厚→（A）喝得少→（C）不易犯困→（C）与妻子沟通→（V）家庭和谐。

3）反面攀梯。当用户无法说出做某事或想要某种感觉的原因时，可询问他／她不做某些事情或不想产生某种感觉的原因。

【例9-5】R："果酒有12oz[⊖]和16oz两种，您通常购买哪种呢？" U："我总是买12oz的。" R："为什么呢？" U："不知道啊，习惯吧！" R："为什么不买16oz的呢？" U："太多了，我喝完一瓶之前气都跑没了，就只能扔掉。" R："扔掉果酒会带来什么问题吗？" U："让我觉得很浪费钱啊。" R："钱对你而言意味着什么呢？" U："我负责家庭开支的规划，我有责任不乱花钱。"

◆梯子：（A）12oz→（C）全部喝完→（C）不浪费钱→（V）家庭责任。

4）时间倒流对比。让用户反思过去，并与现状对比。

【例9-6】R："您说您通常在酒吧的时候会喝果酒，为什么呢？" U："不知道啊，习惯点这个。" R："和几年前相比，您现在在酒吧点酒的习惯与几年前有什么不一样吗？" U："嗯，现在与以前还是不太一样的。" R："有什么变化呢？" U："以前念书的时候，基本上就是喝啤酒。" R："那现在为什么喝果酒呢？" U："现在工作了，和同事出去喝果酒看起来比喝啤酒好。" R："为什么？" U："果酒的酒瓶设计和包装显得比较高端。" R："这对你而言很重要吗？" U："反映一个人的形象嘛，显得比较成熟、职业化，拉近和同事之间的距离。"

◆梯子：（A）酒瓶设计和包装→（C）高端→（C）成熟、职业化的形象→（V）拉近和同事之间的距离（归属感）。

5）重定向。用沉默或通过再次询问确认的方式来鼓励用户继续讲。

【例9-7】R："您说喜欢果酒里的碳酸，您觉得碳酸有什么好处呢？" U："没什么特别的吧。" R："果酒里的碳酸呢？" U："没什么吧。" R：（沉默）。U："我想起来了，有碳酸的话口感比较爽。" R："爽意味着什么呢？" U："可以快速止渴啊，特别是刚刚运动完的时候，来一瓶最赞了。" R："您刚才提到'赞'，您能具体解释一下这是怎样的感觉吗？" U："像是一种对自己的犒劳吧，我完成了自己定下来的锻炼目标。"

◆梯子：（A）碳酸→（C）口感爽→（C）快速止渴→（V）完成目标（成就感）。

9.4.3 攀梯访谈法的注意事项

由于攀梯访谈法定性化、广泛化的特点，调研人员要注意对一些问题预备好相应的对策。例如，在访谈中如何在电光火石间判断已到达V？有时用户的一句话可能包含若干个A/C/A与C，如何迅速捕捉，然后逐一展开攀梯？在过程中往往并非一直往上攀，

⊖ 1oz=28.3495g。

有时存在又上又下的过程，如何控制好谈话？诱导还是引导？攀梯术的最大危险在于主动替用户说出概念，因此在访谈中，调查人员有时会变得小心翼翼，导致正常的技巧发挥不出来。此外，由于老是要绕着弯儿追问为什么，要注意防止用户出现厌恶甚至不耐烦情绪；攀得越高，询问的内容越私密，有时可能会涉及个人隐私，要考虑如何让用户信赖并敞开心扉。这类访谈一般很辛苦，如何缓解因疲劳而导致的访谈障碍也是必须考虑的问题。

9.4.4 攀梯访谈法的数据分析

攀梯访谈结束后，数据的汇总与分析通常有以下几个步骤。

1）进行内容分析，将所有 A、C、V 分别编码。

2）建立蕴含矩阵。其中，整数部分表示概念之间（列与对应的行）有直接关系的次数，小数部分表示概念之间（行与对应的列）有间接关系的次数。直接关系是指两个概念在紧邻的梯阶上；间接关系是指在同一个梯子上但不紧邻，需要通过其他概念连接。如在图 9-20 中，概念 1 与 12 的对应值为 4.06，表示 4 个用户将 1 与 12 直接关联，6 个用户将其间接关联。

联系汇总矩阵

		8	9	10	11	12	13	14	15	16	17	18	19	20	21	22	23	
1	碳酸化	1.00		10.00		4.06				0.01	0.14		0.04			0.06	0.04	1
2	酥脆的	3.00		4.00		0.04				0.04	0.03	0.04	0.01			0.07		2
3	昂贵的	12.00								2.04	1.01	1.09		1.06		0.05	0.05	3
4	带标签	2.00					2.02				2.04	0.02		0.01		0.02	0.03	4
5	瓶子形状	1.00	1.00			2.02					0.01					0.02	0.03	5
6	低醇饮料		1.00			1.00		5.00		0.01		0.01	1.01		0.04	0.01		6
7	更小的				1.00			0.01	3.00			0.01			0.02	0.01		7
8	质量						300			1.00	4.00	4.03	4.04	0.01	3.02		0.09	0.04	8
9	填充				4.00			0.04						1.03		0.03	0.02	9
10	提神的					10.00	1.00			5.10	0.01	0.06		0.04		0.05	0.02	10
11	低耗的						5.00					0.04		0.02		0.03		11
12	解渴的							14.00					0.06			0.04	0.04	12
13	更女性化的										7.00	0.02				0.03	0.04	13
14	避免消极										1.00	5.00		4.01				14
15	避免浪费													2.00				15
16	奖励										11.00		3.00			0.06	1.05	16
17	复杂的										4.00	1.00	1.00			4.02	5.03	17
18	印象深刻的												1.00			10.00	9.00	18
19	社交的													3.00	5.00			19
20	成就																	20
21	家庭																	21
22	归属感																	22
23	自尊																	23

*属性元素之间不存在关系

图 9-20　攀梯访谈蕴含矩阵示例

3）建立价值阶层图（HVM）。该步骤需要先设定截取值，即舍弃一些连接值过低的概念。接下来通过逐行逐列分析将各个概念进行衔接。如图 9-20 中，第一行第一个大连接值（1，10）出现在 1 "碳酸化"和 10 "提神的"之间，而 10 "提神的"连接到 12 "解渴的"，12 连接到 16 "奖励"……以此类推，最终在 1-10-12-16-18-22 之间建立一条链条，据此可以画出 HVM 图。图 9-21 给出了吸烟者对香烟感知的 HVM 示例。HVM 可以揭示概念的层级及其关系，从而构建出用户关于研究主题的心智模型。

攀梯访谈法也可以独立使用，基本思想是逐步抽象、层层深挖。例如，丰田汽车创

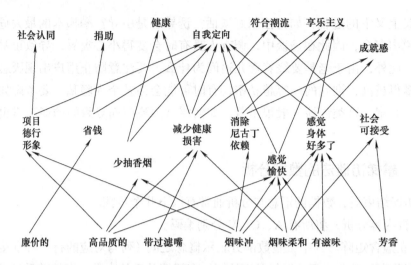

图 9-21　攀梯访谈法 HVM 示例（吸烟者对香烟感知的层次价值图）

始人之父丰田佐吉（Toyoda Sakichi）提出的五问法（5 Whys），即对一个问题（表象）进行五次追问，顺着因果链条找出问题之根本。读者也可将这一思想用于解决各种生活疑难，多问几个为什么也许就能看清问题的本质。

9.5　萨尔特曼隐喻诱发术

9.5.1　萨尔特曼隐喻诱发术的概念

　　萨尔特曼隐喻诱发术（Zaltman Metaphor Elicitation Technique，ZMET）也称隐喻抽取术，是一种结合非文字语言与文字语言的方法，旨在了解用户对产品 / 品牌的感知、态度、情感及用户的个人价值观、过往消费经历、对消费体验的期望等的心智模式。ZMET是由哈佛商学院的杰拉尔德·萨尔特曼（Gerald Zaltman）于 1995 年在其《看见消费者的声音：以隐喻为基础的研究方法》论文中提出一项专利技术。它是以图片为媒介，以人类思考的基本单位——"隐喻"为工具的调查方法。ZMET 技术的心理学认知基础包括：大多数社会交流是非言语的；思想作为图像出现；隐喻是认知的中心；认知植根于亲身体验中，能够到达深层思维结构；思想的含义由它与其他思想的关联性所体现，以及理性、情感和体验共存。

9.5.2　萨尔特曼隐喻诱发术的内涵

　　生活中许多想法和感觉是无法用言语表达的，是在表层思考下的体会认识，因此需要一种可以投射和解释表象的方法，而"隐喻（Metaphor）"是找出用户深层意涵的一种有效方法。

　　ZMET 属于深度访谈法中的半结构访谈法。访谈过程允许受访者自由表达想法与感觉（说故事）；研究人员尽量不加主观引导与暗示；受访者被要求以各种感官来描述主题。该技术以受访者为主体，借由图像中视觉符号的隐喻功能，诱发出用户心中深层的想法与感觉，并建立一张网状的心智地图来呈现对特定议题认知的结果；地图中包含认知中所组成的构念（Construct）元素与概念之间的连接关系。ZMET 技术的前提假设是：大部分沟通是非语言的；思考是以影像产生的；隐喻是思考、感觉及行为的单位；感官影像是重要的隐喻；心智模式是故事的表现；思考中的深层结构是可触及的；理性与感性的混合。因而它特别适合针对心理层面的活动的研究及问卷调查，能弥补现有访谈法存在的缺陷。

9.5.3　萨尔特曼隐喻诱发术的操作步骤

本节结合一个访谈例子来说明 ZMET 技术的具体使用操作步骤。

【例 9-8】VIP 身份研究。具体操作如下。

阶段一：访谈前准备工作。

1）涉入度量表筛选。要选取涉入度高、对研究主题感兴趣的用户。使用个人涉入量表（Personal Involvement Inventory，PII），得分在 51 ~ 70 分者定义为高涉入度用户。

2）筛选、邀约成功后，需要提前给用户发操作指引：先告知访谈主题及如何收集图片；请受访者围绕主题收集数张图片，7 ~ 10 天的准备时间。例如，"在下周 × 的访谈开始前，希望您能对过去体验到的 ×× 服务有所回顾，并需要您收集 8 ~ 15 张能代表您对 ×× 的想法与感觉的图片，图片来源不限。如表达对旅行的想法与感觉，可能是这样的一张图片（图例）。数码格式图片请于 ××× 前发送至本邮箱；非数码图片请于当日随身带来。"

阶段二：半结构化 ZMET 访谈。

在访谈前，先以 ZMET 相关文献为主要依据拟定步骤与访谈大纲。调研当日用户来到现场后，需要逐一执行以下 10 个步骤：

1）步骤一：说故事。请受访者针对所收集的图片，以说故事的方式逐一描述图片的内容。询问这些内容如何反映用户对主题的想法与感觉。如本例 VIP 身份研究中，用户 A 女士逐一解释了所带的 13 张图片是怎样与她对 VIP 身份的想法与感觉相关联的（见图 9-22）。

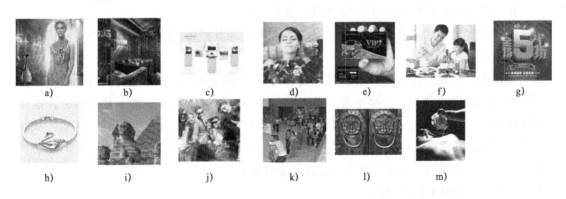

a)　　　b)　　　c)　　　d)　　　e)　　　f)　　　g)

h)　　　i)　　　j)　　　k)　　　l)　　　m)

图 9-22　被访用户收集图片的示例

2）步骤二：遗失的图像。确认是否有未找到的图片，如有就请受访者描述是什么样的图像及其如何反映对主题的想法与感觉。对遗失的图像，要一起找到尽可能接近的替代影像。该步骤旨在捕捉那些存在于用户脑海中却没法在现实中找到相应画面的概念。

3）步骤三：分类。请受访者将图片按意义分类并命名。目的是概括出几个核心概念主题，了解用户心目中的归类意义。如 A 女士将 13 张图片分成 4 组并分别命名，如图 9-23 所示。

4）步骤四：概念抽取。运用凯利方格法或攀梯术，进行进一步的核心概念抽取。该步骤是提炼出后续产出物——概念共识地图的关键。

图 9-23　受访者图片分类示例

5）步骤五：最具代表性图片。请受访者指出在带来的所有图片中，哪张最能代表性他 / 她对于主题的想法与感觉。

6）步骤六：相反的图像。请受访者描述出带给他 / 她与主题相反感觉的图片。

7）步骤七：感官图像。利用感官隐喻挖掘概念，通过受访者对不同感官的描述获得其关键且重要的感觉。要求用户描述最能 / 最不能代表所讨论主题的感觉，如"最能代表您对 VIP 身份的想法与感觉的颜色 / 声音 / 触觉 / 滋味 / 气味 / 情绪是什么？"并追问为什么。

8）步骤八：总结图像。让用户创造一个总结图像，该影像在所带图片中选择并拼制，要能表达对主题的想法，并以一小段文字来描述。图 9-24 所示为 A 女士的总结图像，其总结说明是："期望 VIP 身份能带来很多价值。想成为 VIP 不是那么容易，但一旦成为 VIP 就能享受很多折扣，还能带来尊贵的荣誉感和品质感。"

9）步骤九：创建短片。在总结图片与小短文的基础上，请受访者利用所收集的图片创建短片。

图 9-24　总结图像示例

10）步骤十：在现场创建心智地图。研究人员协助用户在现场利用所有概念，呈现出一幅能够代表其整体想法的图片，创建心智地图并加以说明。

实践中，创建短片对用户要求可能实在过高，而现场创建心智地图执行上的难度也可能很大，所以步骤九、步骤十常常被忽略。此外，上述步骤有一些重复的地方，这是刻意所为的。其目的是：①确保所有步骤中，既注重理性思辨，又注重感性认知，从而挖掘得更深；②使重要的构建被凸显，并确认概念之间的相关性。尽管如此，ZMET 访谈得到的数据中大量仍然是非常主观、感性和个人的。

阶段三：ZMET 数据分析。

ZMET 主要的数据处理方式与手段 - 目标链的方式相似，即编码、建立矩阵、计算得出价值阶层图（HVM），从中可以确定 VIP 身份对应的核心概念。

ZMET 的核心价值在于了解消费行为背后的"为什么"，找到驱动的关键元素。过程中收集到的大量感性素材也可用于创建一个关于主题的视觉词典（Visual Dictionary），这对设计、概念收集等无疑是很有帮助的。当然，ZMET 有耗时长、不可控因素多、以图挖掘概念有时存在认知瓶颈等缺点，但这并不影响其思想的应用。正如萨尔特曼所说："数据并不主宰任何事物，它仅仅为想象提供了可能。导向结果的并非信息，而是人们如何阐释信息。"

9.5.4 萨尔特曼隐喻诱发术的应用案例

【**例 9-9**】用 ZMET 技术分析西安城市典型旅游元素。

研究阶段一：准备阶段。筛选不同年龄、不同职业的土生土长的西安本地居民（见图9-25），发邀请通知、按要求准备图片等，准备时间大约一周。

研究阶段二：访谈过程。约见受访者 A，进行 ZMET 深度访谈，记录方式为录音笔和笔记。结合攀梯法，不断深入追问挖掘隐藏

编号	A	B	C	D
性别	男	女	女	男
年龄	38岁	47岁	27岁	19岁
职业	普通职工	糕点师	教育工作者	大学生

*受访者的基本资料以编号A～D代表。

图 9-25 受访者背景情况

于每张图片后的可抽取概念，涉及说故事、遗失的影像、分类、最具代表性图片和相反的图像等内容。图 9-26 给出的是受访者说故事及其概念提取，其他受访者同样依次进行；图 9-27 给出了遗失的图像及其含义；图 9-28 给出了图片分类示例。

图片编号	说故事	攀梯法
01 大雁塔 	大雁塔的意义不仅仅是西安的城市名片，对于土生土长在西安的我来说，还是一个充满回忆的地方。每逢夏天傍晚，院里的叔叔阿姨们都会一起去大雁塔纳凉，从家走到大雁塔只需短短的十多分钟，还是孩子的我们总是活蹦乱跳地跟在后面。极具佛教特色和古代气息的大雁塔，不仅吸引着游客，还承载着好几代人的童年记忆	观光点→充满佛教特色和古代气息的文化观光景点，经常汇聚了中外游客，也是西安当地著名的休闲场所 城市名片→享誉度极高，不仅本地人，也是来访西安的各类人士喜爱的景点，西安市的城市名片
概念抽取：特色建筑→观光、休闲景点→佛教景点→城市名片		
03 回民街	西安著名的北院门"小吃一条街"，以汉族和回族为主的多个民族于此居住生活，呈现出多元化的文化氛围，青石铺路、绿树成荫，路两旁一色仿明清建筑，或餐饮、或器物，均由回族经营，具有浓郁清真特色，喜欢街道两旁大量的美食店铺，有镜糕、羊肉泡馍，更是因为这条街道深厚的文化内涵。回民街，顾名思义就是回族聚居之地，虽然我不是回族，也很喜欢这里。而不仅西安人，回民街也深受外来游客，尤其是国外游客的喜爱	人潮→以特色小吃出名的回民街吸引了大量的人潮，这里有吃的、看的、玩的，在西安人的生活中扮演着重要角色，也吸引了大量国内外游客 民族特色→人潮多代表了吸引力大，而这条街的主要特色就是少数民族元素、回族原生态作坊等
概念抽取：特色街道→人潮涌动→小吃众多→民族特色→观光体验		

图 9-26 受访者说故事及其概念提取

意义描述	攀梯法
奶奶家的后院是个神奇的地方，那里有放风筝的乐趣、烤玉米的香气，还有蒲公英的影子。因为我住的地方离奶奶家很近，就经常回奶奶家。一般在奶奶家的中午，奶奶都会带着我去后院，摘晚饭用的食材：玉米、韭菜、葱、白菜……有时我也会拿着奶奶做的风筝在后院玩耍。可能是因为从小就喜欢大自然的原因，一直到现在我都还很怀念奶奶家的后院。如今，由于市政府的拆迁，那个充满记忆的后院已经不再有了	童年记忆→充满记忆和回忆的地方，留下了成长的足迹，一生难忘 亲情→温暖的家的感觉，浓浓的人情味

图 9-27　遗失的图像及其含义

分类A	编号01、02、03、05	
观光休闲	01　　　　02 03　　　　05	
分类说明	四张图片都表现了西安市的观光休闲景点 　　编号01/02：这两张均是西安具有代表性的古代建筑，宏伟古老的建筑，承载了浑厚的历史记忆，成就了城市的历史文化之美，也是西安这座历史文化名城的标志，吸引了大量的市民及观光客的目光（相似性） 　　编号03/05：这两张图片凸显的是西安的特色街道风貌。美味的小吃、特色的民族文化习俗是回民街这个历史街区永恒不变的主题；小寨则充满了现代气息，是时尚尖端的新锐导航指向标，休闲购物天堂。二者都同样极具吸引力，人潮不断，体现了西安的城市商业活力（相异性）	

　　概念抽取：观光景点→古代建筑→历史记忆→文化之美→高人气
　　　　　　　观光景点→美味小吃→民族文化习俗→现代气息→购物天堂→人潮→满足感

图 9-28　图片分类示例

　　研究阶段三：数据分析。通过编码、建立蕴含矩阵，最终计算得出西安典型旅游元素的价值阶层图。图 9-29 给出了受访者的心智地图。图 9-30 是结合层级的价值阶层图，从中可以看到，受访者对西安城市意象的终极价值是活力（4 人）、文化（4 人）、观光（4人）、休闲（4 人）、美感（4 人）和草根性（4 人）。

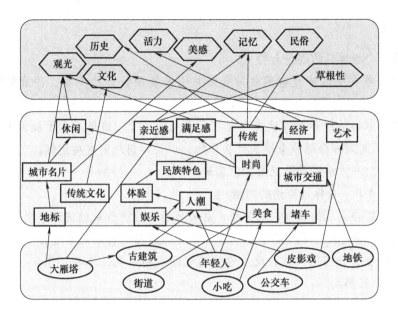

图 9-29 受访者的心智地图

注：椭圆形代表起始概念；长方形代表连接概念；六边形代表终结概念

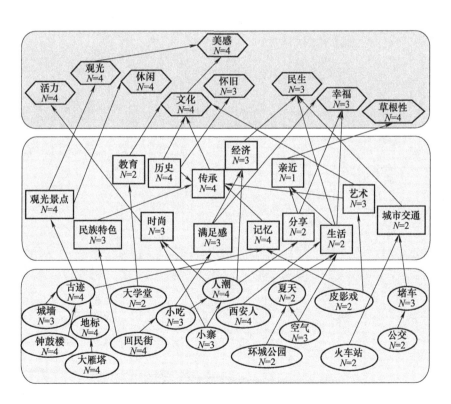

图 9-30 结合层级的价值阶层图

注：椭圆形代表起始概念；长方形代表连接概念；六边形代表终结概念

（*N* 代表提及该概念的人数）

思考题

1．试述心智模型的理论与特点。

2．试思考在生活中还有哪些贴合用户心智模型设计的产品，尝试举例并介绍其原理。

3．凯利方格法中涉及被试者主观打分评判的环节，请思考由于被试者本身自身条件、背景的不同对评分结果会造成什么影响，以及如何规避这类问题。

4．试述凯利方格法的缺点及如何改进。

5．试述手段 - 目标链理论的内涵。

6．尝试结合自己的理解，对某新产品的市场定位进行攀梯访谈分析。

7．试利用萨尔特曼隐喻诱发术对北京典型旅游品牌标示元素进行分析。

8．试结合自己在用户体验设计领域遇到的实际问题，思考并选取本章介绍的合适的方法加以分析解决。

第 10 章　迭代开发与平衡用户需求

用户需求与产品目标是贯穿于用户体验设计中的一对矛盾。由于出发点不一样，二者之间往往存在着用户价值与公司利益的冲突。要想在满足用户价值的同时，也可以实现公司利益，就需要平衡处理好这一对矛盾，实现最终的双赢。迭代开发模式是被反复使用、大都知晓的一种软件工程化开发方法，是长期软件开发和设计经验的积累。实践中，平衡迭代方法也是用户体验设计常用的方法。

10.1　平衡系统开发

平衡系统（Equilibrium System）是指处于平衡态的系统，它来自热力学的概念。相应地，不处于平衡态的系统称非平衡系统。在这里，平衡系统开发是指兼顾产品各相关方利益均衡的设计与开发方法。

理论上，产品开发过程的唯一宗旨是以用户为中心、以追求良好的用户体验为目标，这是设计师的责任，也是设计所追求的理想。但在现实中，大多数产品一般不仅要考虑用户利益，同时还需要考虑公司的盈利等因素，有时候公司的盈利还有可能成为主导因素。这时用户价值和公司利益就成了不得不面对的一对矛盾。要妥善处理好这对矛盾，就需要兼顾多方面关联因素的平衡。例如，在引导设计中[⊖]，用户需求与产品目标之间的平衡系统是确保兼顾各方利益的多赢选择（见图 10-1）。

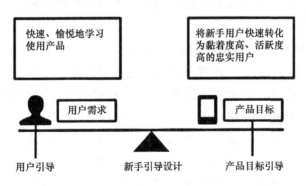

图 10-1　引导设计的平衡系统

⊖　引导是带领既定的对象更快速、更愉悦地达到目标的过程，引导设计则是实现这一过程的设计。例如，新手引导设计就是力图像导游、老师一样带领新手快速熟悉产品的功能，在其操作遇到障碍之前给予及时的帮助。

在网站设计中，不仅要满足用户和开发商，还要满足另一个利益相关者，即广告合作伙伴。这就像是三类利益相关者在进行一场持续不断的拔河比赛，其拉力决定了最终产品优先级的分布。如果任何一方拉力过大（优先级高），那么其他两方都会受到削弱（见图10-2）。

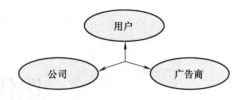

图10-2　影响产品优先级别的拉力

在新产品开发中，各种相关因素也往往相互影响、相互耦合，复杂到令人望而生畏，需要有一套系统的方法来整合发现的问题和创造解决方案的过程，既关注单个要素，同时又不忽略整体。这就需要找到更合适的开发模式——平衡系统开发。

10.2　开发模式与平衡迭代开发

在软件开发领域，有许多成熟的开发模式，这些开发模式也常被借鉴应用于体验设计中。

10.2.1　常用开发模式及其适用范围

（1）边做边改模型（Build-and-Fix Model）　在边做边改模型中，既没有规格说明，也没有系统设计，软件随着用户的需要一次又一次地不断被修改；开发人员拿到项目后立即根据需求编写程序，调试通过后生成软件的第一个版本。提供给用户使用后，如果程序出现错误或用户提出新的要求，开发人员重新修改程序，直到用户和测试都满意为止。事实上，现在许多产品实际都使用"边做边改"模型来开发，特别是很多小公司，当产品周期压缩得太短时，应用这种模型较多。这对不需要太严谨逻辑的小程序来说还可以应对，但对任何规模开发来说都是不能令人满意的。其主要问题在于：缺少规划和设计环节，软件的结构随着不断的修改越来越糟，最终可能导致无法继续修改；忽略了需求环节，给软件开发带来很大的风险；没有考虑测试和程序的可维护性，也没有任何文档，软件的后期维护会十分困难。

因为边做边改模型没有包括编码前的开发阶段，所以它不被认为是一个完整的生命周期模型。然而在某些场合，这种简单的方式却非常实用。比如对需求简单明了、软件期望的功能行为容易定义、实现的成功或失败容易检验的工程，可以使用这种模型。

（2）瀑布模型（Waterfall Model）　瀑布模型是指将软件生存周期的各项活动规定为按固定顺序连接的若干阶段，形如瀑布流水，最终得到软件产品。它是由美国计算机专家温斯顿·罗伊斯（Winston Walker Royce）于1970年提出的，直到20世纪80年代早期一直是唯一被广泛采用的软件开发模型。瀑布模型是一个项目开发架构，其开发过程是通过一系列设计阶段而顺序展开的，它将生命周期划分为制订计划、需求分析、软件设计、程序编写、软件测试和运行维护六个基本活动，并且规定了它们自上而下、相互衔接的固定次序，如同瀑布流水逐级下落，由此得名。在瀑布模型中，各项开发活动严格按照线性方式进行，当前活动接受上一项活动的结果，实施完成所需的工作内容。当前活动的结果需要进行验证，如通过则该结果将作为下一项活动的输入，继续进行下一项活动，否则返回修改（见图10-3）。

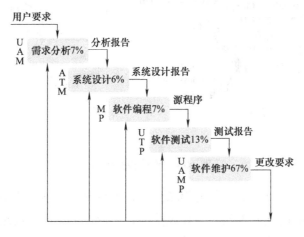

图 10-3　瀑布模型示例

注：A 为系统分析员，M 为项目管理员，P 为程序员，T 为高级程序员，U 为用户。

瀑布模型常用于软件工程、企业项目开发、产品生产及市场营销等领域。瀑布模型的优点是：严格遵循预先计划的步骤顺序进行，一切按部就班，比较严谨；强调文档的作用，并要求每个阶段都经过仔细验证。其缺点在于：各个阶段的划分完全固定，阶段之间产生大量的文档，极大地增加了工作量；由于开发模型是线性的，用户只有等到整个过程的末期才能见到开发成果；早期的错误可能要等到开发后期的测试阶段才能发现，增加了开发的风险；通过过多地强制完成日期和里程碑来跟踪各个项目阶段，衔接交流成本大；在需求不明或在项目进行过程中可能发生变化的情况下，基本是不可行的。由于瀑布模型的线性过程太过理想化，已不再适合现代软件的开发模式，几乎被业界抛弃。

（3）迭代模型（Stage-wise Model）　迭代模型也称迭代增量式开发或迭代进化式开发模型，包括从需求分析到产品发布（稳定、可执行的产品版本）的全部开发活动。它出现于 20 世纪 50 年代末期，是有理统一过程（Rational Unified Process，RUP）推荐的周期模型，其背景是赫伯特·贝宁顿（Herbert D. Benington）领导的美国空军 SAGE（The Semi-Automatic Ground Environment）项目。在经历了许多瀑布模型的失败项目之后，美国国防部从 1994 年年底开始积极地鼓励采用更加现代化的迭代模型来取代瀑布模型。在迭代模型中，整个开发工作被组织成一系列短小、固定长度（如 3 周）的小项目，构成一系列迭代；每一次迭代都包括需求分析、设计、实现与测试等步骤。采用这种方法，开发工作可以在需求被完整地确定之前启动，并在每一次迭代中完成系统的一部分功能或业务逻辑的开发，形成一个版本；再通过用户的反馈来细化需求，并开始新一轮的迭代（见图10-4）。迭代和版本的区别可理解为：迭代一般是指某版本的生产过程，包括从需求分析到测试完成；而版本一般是指某个阶段开发的结果，是一个可交付使用的产品。

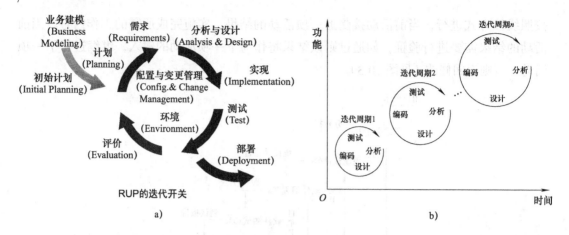

图 10-4　迭代模型示例

迭代模型的使用需要考虑这些前提条件：在项目开发早期需求可能有所变化；系统分析、设计人员对应用领域很熟悉；高风险项目；用户可不同程度地参与整个项目的开发过程；使用面向对象的语言或统一建模语言（Unified Modeling Language，UML）；使用计算机辅助软件工程（Computer Aided Software Engineering，CASE）工具，如 Rational Rose（Rational 公司开发的面向对象的可视化建模工具）等；具有高素质的项目管理和软件研发团队。迭代模型的优点包括：降低了每一增量上的开支风险；降低了产品无法按照既定进度进入市场的风险；加快了整个开发工作的进度；更容易适应需求的变化，复用性更高。美国《麻省理工斯隆管理评论》（*MIT Sloan Management Review*）刊载的一篇为时两年对成功软件项目的研究报告，曾指出了获得成功的共同因素，排在首位的就是迭代开发，而不是其他过程方法。

（4）快速原型模型（Rapid Prototype Model）　快速原型模型又称原型模型，是在开发真实系统之前快速构造一个原型，并在此基础上逐渐完成整个系统的开发。它是增量模型的另一种形式。快速原型模型的第一步是建造一个快速原型，实现未来的用户与系统的交互，然后用户对原型进行评价，给出改进意见，进一步细化软件需求。通过逐步调整原型使其满足用户的要求，开发人员也可从中确定用户的真正需求是什么；第二步是在第一步的基础上对软件进行完善，待用户认可之后进行完整的实现及测试，直至开发出满意的软件产品（见图 10-5）。快速原型可分为探索型原型、试验型原型和演化型原型。

快速原型模型有点整合边做边改模型与瀑布模型优点的意味，具体实现步骤包括快速分析、构造原型、运行原型、原型评价、改进。其优点是适合预先不能确切定义需求的系统的开发。其缺点是：所选用的开发技术和工具不一定符合主流发展；快速建立起来的系统结构加上连续的修改可能会导致产品质量低下；在一定程度上可能会限制开发人员的创新。

（5）增量模型（Incremental Model）　采用随着日程时间的进展而交错的线性序列，每一个线性序列产生产品的一个可发布的"增量"。它融合了瀑布模型的基本成分（重复

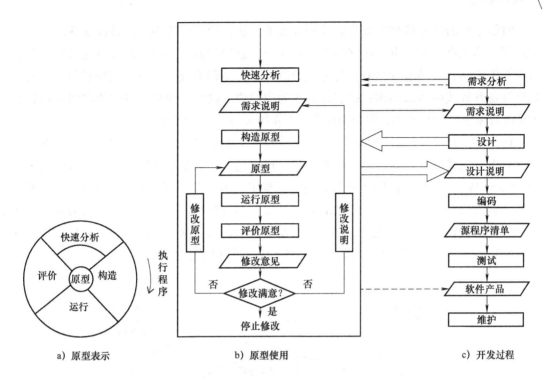

图 10-5　快速原型模型

应用）和原型实现的迭代特征。在增量模型中，产品被作为一系列的增量模块来设计、实现、集成和测试，每一个模块都是由多种相互关联的组件所形成的提供特定功能的零部件所构成。在各个阶段并不交付一个完整的产品，而仅是满足需求的一个子集的可展示产品块。整个产品被分解成若干个模块，开发人员逐个构件地测试产品。第一个增量往往是实现最基本需求的核心产品，而早期的增量都是最终产品的"可拆卸"版本，不仅提供了用户要求的功能，并且为用户提供了评估的平台（见图 10-6）。

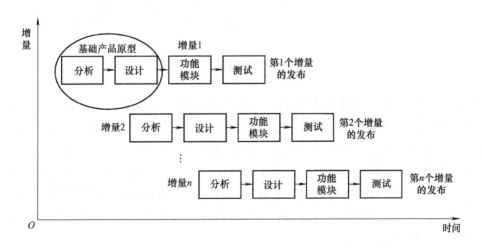

图 10-6　增量模型示例

增量模型的这种将功能细化后分别开发的方法，较适用于需求经常改变的产品的开发过程。其优点包括：由于能够解决用户的一些急用功能，用户有较充分的时间学习和适应新的产品；当需求变更时只变更部分部件，而不影响整个系统。其缺点包括：需要软件具备开放式的体系结构；很容易退化为边做边改模型；如果增量模块之间存在相交的情况且未能很好地处理，则必须做全盘的系统分析，费时费力。

（6）螺旋模型（Spiral Model）　螺旋模型是一种软件开发的演化过程模型，兼顾了快速原型的迭代特征及瀑布模型的系统化与严格监控。它是由美国计算机学家巴利·玻姆（Barry W. Boehm）于1988年提出的，强调了其他模型所忽视的风险分析，是一种风险驱动的方法，特别适合大型复杂的系统开发。螺旋模型以进化的开发方式为核心，在每个项目阶段使用瀑布模型法；每一个周期都包括需求定义、风险分析、工程实现和评审四个阶段；开发过程每迭代一次，就前进一个层次（见图10-7）。

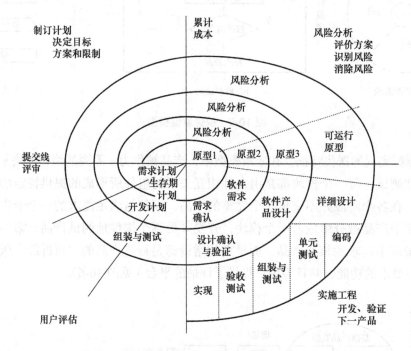

图 10-7　螺旋模型

图10-7中的四个象限分别代表制订计划、风险分析、实施工程开发和用户评估活动。实施过程具体包括确定目标、可选项以及强制条件，识别并化解风险，评估可选项，开发并测试当前阶段产品，规划下一阶段及确定进入下一阶段的方法等步骤。它特别适用于大规模软件项目。其优点包括：设计上具有灵活性；成本计算变得简单容易；用户始终参与，能够与设计师有效地沟通；确保用户认可。其缺点包括：让用户确信这种演化方法的结果是可以控制的有一定难度；开发周期较长，会造成技术和工具上的落伍，从而又导致新需求差异的产生。

（7）敏捷开发（Agile Development）　敏捷开发是指以用户的需求进化为核心，采用迭代、循序渐进进行产品开发的方法。它把一个大项目分为多个相互联系但又可以独立运行的小项目，并分别完成。在此过程中，产品整体一直处于可用状态。敏捷开发的技术核心是敏捷建模（Agile Modeling，AM），主要驱动核心是人，其价值观包括沟通、简单、反馈、勇气和谦逊。

敏捷开发团队主要的工作方式可以归纳为，作为一个整体工作、按短迭代周期开发、每次迭代交付一些成果、关注业务优先级和检查与调整等。具体的实施包括测试驱动开发、持续集成、重构、结对工作、站立会议、较少的文档、以合作为中心、现场用户、阶段测试与评估、可调整计划等内容（见图10-8）。敏捷开发中通过一次次的迭代、小版本的发布，大大提升了开发效率。这样的分阶段开发、小周期迭代，也使得根据用户反馈随时做出相应的调整和变化成为可能。其优点是"适应性的"（Adaptive）而非"预设性的"（Predictive）；"面向人的"（People-oriented）而非"面向过程的"（Process-oriented）。其缺点是需要特别注意项目规模的控制，不适合大的团队开发。

图 10-8　敏捷开发的技术路线

（8）演化模型（Evolutionary Model）　演化模型是全局的产品生命周期模型，可以被看作是"迭代"执行的多个瀑布模型。它主要针对事先不能完整定义需求的产品的开发，属于迭代开发方法中的一种，可以表示为：第一次迭代（需求→设计→实现→测试→集成）→反馈→第二次迭代（需求→设计→实现→测试→集成）→反馈→……直至系统完成。每一个迭代过程均为整个系统增加一个可定义、可管理的子集（见图10-9）。在开发模式上，演化模型采取分批循环开发的办法，每次循环开发一部分功能，成为产品原型的新增功能，于是就不断地演化出新的系统。每个开发循环以 6 ~ 8 周时长为宜。

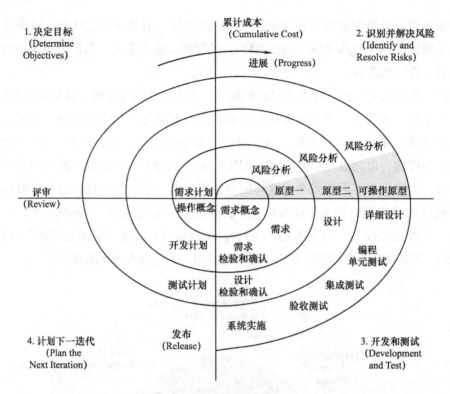

图 10-9　演化模型示例

　　演化模型的优点包括：任何功能一经开发就能进入测试；能帮助引导出高质量的产品要求；便于风险管理；能均衡整个开发过程的负荷；有利于提高质量与效率；无论何时都有一个具有部分功能的、可工作的产品；利于鼓舞士气、用户参与验证及时、便于销售工作提前进行。其缺点包括：需求变化会带来总体设计的困难，影响产品性能的优化及产品的可维护性；模型有退化为一种原始的、无计划的"试—错—改"模式的风险；易形成心理懈怠；用户过早接触半成品可能造成负面影响等。

　　（9）喷泉模型（Fountain Model）　喷泉模型也称面向对象的生存期模型、面向对象模型，是一种以用户需求为动力、以对象为驱动的模型。它是由美国学者布瑞恩·塞勒斯（Brian Henderson-Sellers）和朱利安·爱德华兹（Julian M. Edwards）于 1993 年提出的。喷泉模型认为，软件开发过程自下而上周期各阶段是相互重叠和多次反复的，而且在项目的整个生存期中还可以嵌入子生存期，类似一个喷泉，水喷上去可以落在中间，也可以落在最底部；各个开发阶段没有特定的次序要求，并且可以交互进行，可以在某个开发阶段中随时补充其他任何开发阶段中的遗漏。

　　喷泉模型体现了迭代和无间隙的特征，如分析、设计和编码之间没有明显的界线；编码之前进行需求分析和设计，其间添加有关功能使系统得以演化；系统某个部分常被重复多次，相关对象随每次迭代加入渐进的系统；由于对象概念的引入，需求分析、设计、实现等活动可用对象类和关系来表达，能容易地实现活动的迭代和无间隙，并使开发过程自然地包含复用。改进的喷泉模型以喷泉模型为基础，可尽早全面地展开测试与迭代（见图 10-10），其中每一次测试迭代都包括需求测试、测试分析、测试执行和测试维护四个阶段。喷泉模型的优点是可以尽早开始编码活动，可以同步进行开发，能提高软件项目开发效率、节省时间。其缺点是需要大量的开发人员，不利于项目的管理，审核的难度大。

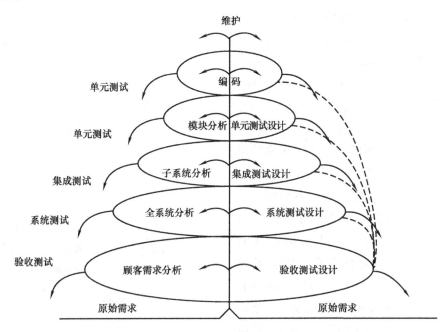

图 10-10　改进的喷泉模型

（10）智能模型（Intelligent Model）　智能模型也称基于知识的软件开发模型、第四代技术。它把瀑布模型和专家系统结合在一起，利用基于规则的系统，采用归纳和推理机制来帮助软件开发。它要求建立知识库，并将模型本身、软件工程知识与特定的领域知识分别存入数据库。在实施中，该模型将以软件工程知识为基础的生成规则构成的知识系统与包含领域知识规则的专家系统相结合，组成这一应用领域的软件开发系统（见图 10-11）。

智能模型拥有一组如数据查询、报表生成、数据处理、屏幕定义、代码生成、高级图形功能及电子表格等工具，每个工具都能使开发人员在抽象层次上定义软件的某些特性，并把开发人员定义的这些特性自动生成为源代码。这需要第四代语言（4GL）的支持。智能模型的必要性体现在能解决特定领域的复杂问题、以知识作为处理对象、强调数据的含义等，适用于特定领域软件和专家

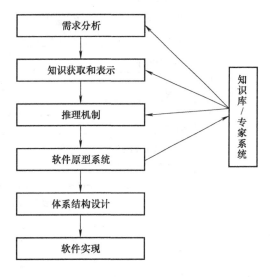

图 10-11　智能模型示例

决策系统的开发。

（11）RUP（Rational Unified Process）模型　RUP 也称统一软件开发过程，是一种面向对象且基于网络的程序开发方法论。它具有迭代、用例驱动和以架构为中心的特点，是一种重量级过程（也称厚方法学），特别适用于大型软件团队、大型项目的开发。

RUP 模型有 9 个核心工作流，其中有 6 个过程工作流（Core Process Workflows），即商业建模、需求、分析和设计、实现、测试以及部署；3 个支持工作流（Core Supporting Workflows）即配置和变更管理、项目管理以及环境。核心工作流轮流被使用，在每一次迭代中以不同的重点和强度重复。RUP 模型是一种过程模板，定义了角色、活动和工件等核心概念（见图 10-12）。RUP 软件开发生命周期在时间上被分为四个顺序的阶段，即初始阶段（Inception）、细化阶段（Elaboration）、构造阶段（Construction）和交付阶段（Transition）（见图 10-13）。每个阶段结束于一个主要的里程碑（Major Milestones），

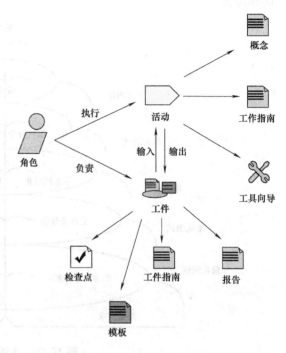

图 10-12　RUP 核心概念

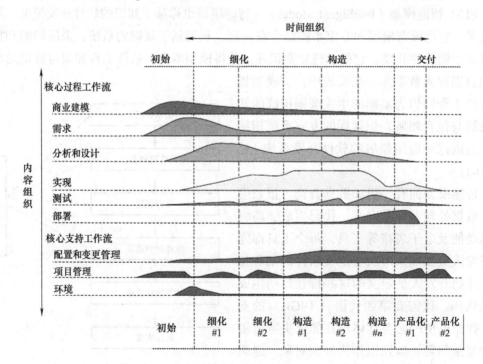

图 10-13　RUP 二维模型

结尾时执行一次评估，满意后才可以进入下一个阶段，且每个阶段可以进一步分解为迭代，增量式地发展直到成为最终系统。

RUP 的优点是内容极其丰富、可裁剪、适用面广；缺点是即使是小型系统也极易让人误解是重型的过程，实施推广起来有一定难度。

（12）混合模型（Hybrid Model） 混合模型又称元模型（Meta-model）、过程开发模型，它把几种不同模型组合成一种，并允许一个项目沿着最有效的路径发展。混合模型具有灵活机动、适用面广、给开发者最大自由去选择自己熟悉的模型组合等优点。其缺点是针对性较差，模型使用效果深度依赖于开发者的水平。

综上所述，针对不同的项目，每种开发模型都有其优点和不足之处，在产品开发过程中，需要根据具体情况有选择地加以应用。表 10-1 给出了几组典型开发模型的特点及适用范围。

表 10-1　几种常用开发模型的特点及适用范围

模型名称	特点	适用范围
瀑布模型	简单，分阶段，阶段之间存在因果关系，各个阶段完成后都有评审，允许反馈，不支持用户参与，要求预先确定需求	需求易于完善定义且不易变更的软件系统
快速原型模型	不要求需求预先完备定义，支持用户参与，支持需求的渐进式完善和确认，能够适应用户需求的变化	需求复杂、难以确定、动态变化的软件系统
增量模型	软件产品是被增量式地一块块开发的，允许开发活动并行和重叠	技术风险较大、用户需求较为稳定的软件系统
迭代模型	不要求一次性地开发出完整的软件系统，将软件开发视为一个逐步获取用户需求、完善软件产品的过程	需求难以确定、不断变更的软件系统
螺旋模型	结合瀑布模型、快速原型模型和迭代模型的思想，并引进了风险分析活动	需求难以获取和确定、软件开发风险较大的软件系统
RUP 模型	可改造、扩展和剪裁；可以对它进行设计、开发、维护和发布；强调迭代开发	复杂和需求难以获取和确定的软件系统；软件开发项目组拥有丰富的软件开发和管理经验

10.2.2　平衡迭代开发的概念

平衡迭代开发是指在产品开发的过程中，始终关注来自各相关方的约束因素，兼顾各方的诉求，不断创建、检查、继而重建平衡的解决方案，持续迭代，一直到通过一致、定期和可预见的方式同时满足来自各方对产品的约束为止。以图 10-2 所示的产品因素为例，用户、广告商和生产厂商（公司）对产品的成功往往有不同的理解。

1. 用户心中的好产品

产品的最终用户体验是产品成功的基石。尽管出色的用户体验并不是确保产品成功的唯一因素，但糟糕的用户体验绝对是导致产品失败的"快车道"。体验质量往往不是非

"0"即"1"的二进制，有时候平庸的用户体验实际上比彻底的失败更糟糕，甚至可能会成为整个商业风险中最为严重的问题。好的产品要有良好的功能、有效性、符合用户期望。用户期望的产品应该是能与用户进行精神交流的产品，这不仅包括功能性、易用性这些基本指标，更重要的是要有良好的用户体验。

2. 公司对好产品的定义

除了社会非营利公益性公司，几乎所有其他类型的公司投资进行产品开发的目的都在于盈利。一个公司衡量产品是否成功，通常有两个标准：一是利润；二是看产品能否服务于从整体上提升公司品牌价值。这也是公司对好产品的定义。

3. 广告商追求的成功

广告商是产品推向市场过程中不可或缺的一个环节，扮演了企业与市场之间桥梁的角色。在互联网高度普及的今天，广告商用流量（Traffic）和知名度（Awareness）来衡量效果，其中流量包括展示次数（Impression）、点击次数（Click-through）和销售量（Sell-through）三个指标，知名度包含品牌知名度（Brand Awareness）、品牌亲和力（Brand Affinity）和产品销量（Product Sales）三个方面的内容。

用户、公司和广告商对成功产品的定义差异，正是平衡系统开发的必要性所在。

10.2.3 平衡迭代开发的过程

考虑图 10-2 给出的三个因素之间的平衡，利用迭代开发模型来实现产品的开发，既要包含通过周期性数据开发而逐渐完善的内在思想，又要反映各要素影响力之间的均衡，其背后的核心过程可以归纳成三个基本阶段（见图 10-14）。

（1）检查 定义问题以及受影响的各个方面。其包括提出问题、分析需求、收集信息、进行研究，同时评估在平衡各要素影响的前提下可能的解决方案；列出长处和短处，并分出优先级别（因素影响权重）；研究用户需求和开发能力，评估现有产品或者原型。

（2）定义 确定解决方案。在该阶段，随着不断发现目标受众的真实需要以及自身能力，产品变化的更详细细节逐渐被刻画出来。

（3）创建 执行解决方案计划。该阶段最花钱，也最费时。如果没有检查阶段收集到的数据支持，又没有定义阶段的仔细规划，创建阶段所完成的大部分工作将都是浪费。

产品需求涉及的各因素影响权重的平

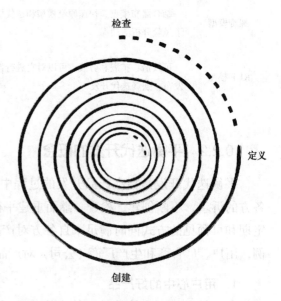

图 10-14 平衡迭代开发的过程：平衡各要素，
边开发边调整

衡，是确定解决方案的关键。任何产品的每个部分都是权衡的结果，而权衡寓于产品创建过程中。几乎每次权衡都会改变产品的基本特点，如有些权衡会促使产品发展成为专用产品，有些权衡会促使产品朝着盈利的方向发展，而有些权衡会吸引人们更渴望使用产品。理想的权衡是引导产品同时在这三个方向上发展。

体验设计的方法和前述开发模式的思想都可以应用于平衡迭代开发的任意阶段。用户体验出现在螺旋开发的每个起点处，随着问题的出现而提供回答方式。在初期，收集用户背景资料，研究用户所做的工作，描述他们的问题。然后，按照用户的愿望或者需要程度排出产品特性的优先级。确定优先级后，什么类型的人群会需要产品，产品能为他们做什么，他们应该了解什么、记住什么，这些就都一清二楚了。在对细节进行设计和测试时，只需要知道唯一关注的事情是如何展现的，而不用再关注用户的需要或产品功能，因为这些因素都已经被彻底研究过了。在平衡迭代开发过程中，用户研究应渗透整个开发螺旋。

图 10-15 是一个平衡迭代开发螺旋示例，其中，情景调查、焦点小组、可用性测试、日志文件等都被分别融入平衡开发的各个迭代阶段，成为开发螺旋不可分割的有机组成部分。在实践中，不同的具体项目在各个阶段的任务可能会有所不同，但这种周期式迭代、螺旋式上升、逐步接近完善的思想，始终贯穿于整个平衡迭代开发过程中；而且，作为平衡迭代开发的核心，平衡的思想也应同用户体验观一样融入整个开发过程中。

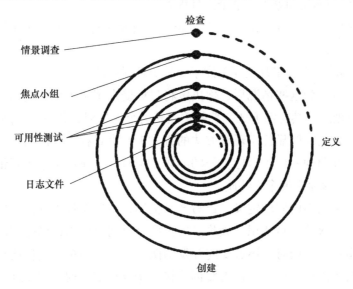

图 10-15　平衡迭代开发螺旋示例

10.3　平衡迭代开发方法的应用

下面以日程安排服务为例，说明平衡迭代开发方法的应用。例子经过了简化和理想化，旨在说明平衡迭代开发过程能对产品产生哪些作用，虽与实际有所出入，但足以解释方法应用的概貌。

【例】假设因为有了某种便利的后台技术，某公司想要开发一个基于互联网的约会日程安排产品。

1. 第一轮

（1）检查 最初将目标受众假设为工作繁忙的人，他们长期出差，需要容易访问的高级日程安排工具包。产品收入是来自服务所带来的广告以及高级特性的订阅费。

在第一轮研究中，需要拜访很多工作繁忙的人，观察他们如何管理日程。你发现被访者使用现有技术安排工作日程非常顺畅，通常不愿意使用新技术，除非新技术比他们正在使用的技术更好用；他们宁愿不早使用新技术，除非知道值得这么做，同时也掌握新技术的使用；他们十分在乎服务和互联网整体的可靠性，比如在很忙的一天却因为断线而无法上网，这将是一场灾难。通常这样的调研结果说明目标市场对你的产品没兴趣，除非你的产品能打败现有的产品。这会导致你的产品只对一部分市场有吸引力，而无法带来足够的收入以消化开发成本。有一种方法可能为产品找到更大的市场，前提是假设你决定继续开发原有市场，但会采用不同的策略。例如，被访者有几个人表示有兴趣将日程安排解决方案用于社交生活，而不是用于工作。这些都说明这类受众有以下特点：

1）他们的个人日程表几乎与工作日程表一样复杂。

2）他们需要与朋友和家人共享个人日程表。

3）他们在公司使用办公软件无法穿过防火墙连接外网，而且家人和朋友也不可能从外部访问公司内网。

4）现有日程软件看起来都主要关注于上午的日程安排。

（2）定义 意识到这些情况后，你决定将目标受众锁定为忙碌的执行官，但想法有所改变，以更好地适应其生活方式，功能重点转为个人日程表共享。产品描述需要重写，目标锁定为帮助人们以明显优于现有方法的方式来共享日程表。产品描述详细定义了需要解决的问题，并明确列出了目标之外的问题。同时，重新定位市场营销和产品形象策划，将精力集中于该服务的个人特质上。

（3）创建 采用新的问题定义，重写产品描述，以反映日程安排子应用工具的新用途，以及对受众需求的重新认识。该阶段的大部分时间应该用在创建产品所提供的特性及优点的详细清单上。同时，还需要同开发团队一起检查清单，确保所提供的特性在软件开发的能力范围之内。此外，还需要创建初步研究计划，列出需要回答的问题、需要调查的市场及下一轮研究需要关注的地方。

2. 第二轮

（1）检查 把产品描述带给由忙碌的执行官组成的几个焦点小组后，你发现他们虽然很欣赏通过互联网共享日程表的想法，但他们担心安全问题。此外，他们认为这类系统最重要的部分是能快速输入信息，共享也需要很便捷。有人可能说，每天用共享日程表花 5min 就能搞定所有事情。这反映了他们的期望。他们还可能提到其他功能，如把朋友、同事的日程表与家人的日程表单独分开、能自动获得特别活动的日程表等。

（2）定义 虽然核心想法很明确，但需要解决若干关键功能需求才能确保系统成功。软件目标中增加了安全性、输入速度提高和日程组织三个需求，并传达给产品营销团队。

（3）创建 根据这些想法，重新定义解决方案：日程安排系统采用"层"的方式，人们可以在常规日程表上增加层。这些层可以是家人日程表、共享的业务日程表或电视节目和体育比赛、广告内容等。后者不仅利用了日程表的个人性质，而且能形成潜在的收入来源。修改系统描述以包括此功能，并解决焦点小组提到的问题。

3. 第三轮

（1）检查 你担心"每天5min"的要求是否可以实现。非正规可用性测试表明，很难做到每天用5min就能搞定一天的日程表。但如果人们渴望这种感觉，就应该要满足他们。你决定进一步展开研究，了解人们在个人日程表上真正会花多少时间，日程安排管理中是否存在共同的趋势。比如，使用情景调查法观察六个管理日程表，你发现他们平均每天要花费20min——而不是5min——来处理个人日程表。他们最头痛的地方是不知道整个家庭的日程表，也无法从被邀请人那里得到是否参加活动的确认。你还了解到，不管在什么地方，他们平均每天要检查3～10次日程表，这便为每天可能的广告展示次数提供了参考。通过几位用户的意见，你还发现产品还有另外两个潜在市场，即青少年和医生。青少年日程表较复杂、涉及的人也多；而医生出诊要花很多时间来安排日程，如确定出诊时间及提醒预约病人。你还需要对主要受众目标进行实地调查，挖掘他们确切的技术能力和愿望，常用哪些相关产品和媒体等。结果发现，他们在家里通常有几台新型计算机，整个家庭共用这些计算机，但每次只有一名家庭成员上网。这说明所有家庭成员需要一种简单的方式来使用日程安排服务，同时又不会看到其他人的日程表。

（2）定义和创建 和前两轮一样，你需要完善产品目标，加入日程表共享、家庭日程表并确认功能。据此，你创建了系统概要设计，能实现所有这些目标，然后再写一份详细的系统描述。

4. 第四轮

（1）检查 调查时还发现，你所感兴趣的家庭中每人至少有一部手机，而且使用频繁，他们对体育比赛感兴趣，也看许多电视节目。因此，你决定再进行一轮焦点小组调研，以了解人们是否会对服务的手机版本有兴趣，需不需要用"层"来显示运动比赛和电视时间表（两者都是吸引广告市场的潜在目标）。某个焦点小组可能说，日程表共享及确认是目标受众最想要的东西，而对家庭日程安排和特别活动特性虽然用户也很想要、认为很酷，但不是那么重要。手机版本很有趣，但现实中，相当一部分拥有具有上网功能手机的人根本不去使用这种功能，因为他们担心会发生尴尬和困惑的事情。你发现青少年认为共享个人日程表很不错，特别是在他们可以安排即时消息提醒和聊天，可以用手机访问日程表的时候。医生——上一轮研究建议的受众，业务发展和广告人员也希望得到他们，因为他们有购买力——但医生看起来对日程安排服务没兴趣，认为虽然理论上有用，但他们觉得不会有足够多的病人使用该系统，无法抵消员工的培训费用。

（2）定义　利用这些新资料，定义两类完全不同的受众，即忙碌的执行官和高度社会化的青少年。尽管他们都会使用基本日程安排功能，但两者对产品展现形式的需要截然不同。意识到可能没有足够的资源同时满足两者，你决定把产品一分为二，分别定义每组受众的需要和产品目标。

（3）创建　为每组新受众创建新的产品描述。虽然对青少年需求的研究不如对忙碌的执行官需求的研究那么完善，但你觉得自己已充分理解青少年小组的问题及解决方案，所以开始用纸原型来表现解决方案描述，你为计算机和手机的界面都做了纸原型。与此同时，根据你的指引，营销团队针对主要市场，把即将投放的广告重点放在共享和邀请能力上。针对青少年市场，他们把广告重点放在易用的电话界面和电视节目层上。

5. 第五、六、七轮

产品目标受众、他们需要的功能、想要的功能、想要功能的顺序以及大致如何展示，当这些都确定以后，就可以开始动工了。经过多轮可用性测试，而且还用焦点小组测试了营销情况。每经过一轮，对如何将日程安排系统与其他产品在认知和习惯上保持一致的认识就更进一步，这让它更容易被理解，更有效，同时可保证广告内容既能被看到，又不显得唐突。此外，还创建了管理系统，以便员工和赞助商可以添加和管理内容。对消费者进行测试的同时，也也要对员工和赞助商进行测试。

第七轮结束后，产品就可以发布了。

6. 第八轮

产品发布后，应立即开展用户群调查，通过一系列定期调查观察用户群如何变化，以及变化方向中所表现出的最突出的需求。这样，能让你对新用户群出现后引发的特别需要有及时的把握。还要着手进行广泛的日志文件分析和用户反馈分析，以便了解用户是否按照预期使用该系统、使用中遇到了哪些问题等。

此外，继续进行实地调查研究，看看人们的其他相关需求。例如，账单管理是一项常见日程任务，可以考虑产品不仅能进行日程安排，还能进行家庭账单支付管理。也许未来还要开发一套完整的家庭财务管理工具，当然，这就是另一个项目的事了。

思考题

1. 试述平衡系统开发的概念。
2. 试述几种开发模式的内涵，并对比其优缺点。
3. 试述迭代开发的概念，并说明产品开发中为什么要采用平衡迭代开发模式。
4. 请利用本章介绍的平衡迭代方法设计一款产品，并给出其具体的设计开发步骤。
5. 试结合一个实际产品开发的例子，谈谈你对平衡迭代开发螺旋的认识。
6. 假设你是某互联网公司的一个项目经理，试利用平衡迭代开发方法，给出某款已上线产品的改进开发方案。

第 11 章 用户体验五层设计法

设计师在满足用户需求的同时，往往还必须满足企业的战略目标。如果没有一个"有凝聚力、统一的用户体验"来支持，即使是最好的内容和最先进的技术也不能平衡这些目标。这使得创建用户体验看上去出乎意料地复杂，有很多方面（可用性、品牌识别、信息架构、交互设计等）都需要考虑。美国用户体验咨询公司 Adaptive Path 的创始人之一詹姆斯·加瑞特（Jesse James Garrett）于 2000 年 3 月首次提出了"用户体验的要素"，包含战略层、范围层、结构层、框架层和表现层五个层面，也称用户体验五层设计法。它关注思路而不是工具或技术，为实现高质量统一体验流程的设计提供了理论指导。这一方法也可以看作是对平衡迭代设计的细化和扩展。

11.1 用户体验的要素

生活中处处涉及产品体验，体验就是生活。但产品设计不等于产品体验设计，创建良好的用户体验并不等同于产品自身的定义，只有当产品与用户存在互动关系时，其体验价值才能得以确立。对于一些更加复杂的产品来说，创建良好的用户体验和产品自身定义之间的关系是相对独立的。产品越复杂，确定如何向用户提供良好的使用体验就越困难。设计师通过对交互过程的把控，使用户在与产品的自然互动中不知不觉地获得"美妙"的感受，是体验设计追求的至高境界。这是一种相当微妙的技术，稍有不慎就会适得其反，如为体验而体验的设计类似"东施效颦"，会带给用户"被挠痒"的感觉，最终被用户所厌恶。

11.1.1 用户体验五层要素

通过分析用户每一个可能的动作，并去理解交互过程的每一个步骤中用户的期望值，可以把体验设计分解为各个组成要素，从而更好地了解整个问题。加瑞特提出的用户体验要素包括五个层面（见图 11-1）。

1）表现层（Surface）。如一系列的网页，由文字和图片组成。

2）框架层（Skeleton）。如按钮、表格、照片和文本区域的位置。

3）结构层（Structure）。如确定网站各种特性和功能最合适的方式等。

4）范围层（Scope）。重点考虑功能和特性是否要纳入网站，即网站内容覆盖的范围。

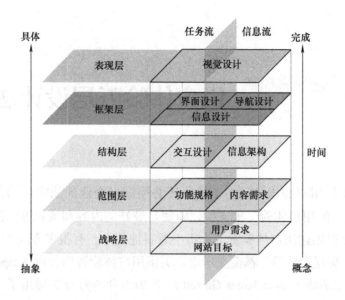

图 11-1　用户体验五层要素

5）战略层（Strategy）。弄清经营者和用户分别希望从网站得到什么。

这五个层面自下而上，相互影响、彼此关联。其中在每一个层面的决定都会影响到它之上层面的可用选择，这意味着在战略层上的决定将具有某种向上的"连锁效应"，也即每个层面中可用的选择，都受到其下层面中所确定因素的约束（见图 11-2）。在"较高层面"中选择一个界限外的选项，将需要重新考虑在"较低层面"中所做出的决策（见图 11-3）。

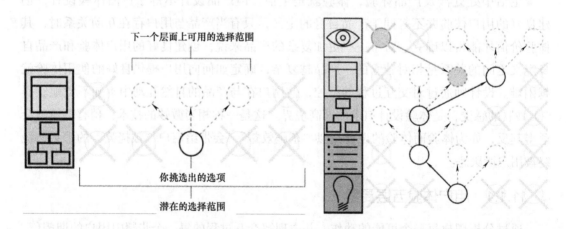

图 11-2　下层因素对上层的影响　　　　**图 11-3　上层选项变化对下层的影响**

在起止时间上，如果严格要求每个层面的工作在下一个层面开始之前完成，就会割裂各层之间潜在的有机联系，导致不好的结果。好的做法是让每一个层面的开发在上一个层面结束之前就开始（见图 11-4），这样层面之间的交叉作用就能够得以反映。

五层设计法提供了达成良好的统一用户体验的一个基本框架，但对于具体设计问题，还需要根据其自身的特殊性区别对待。

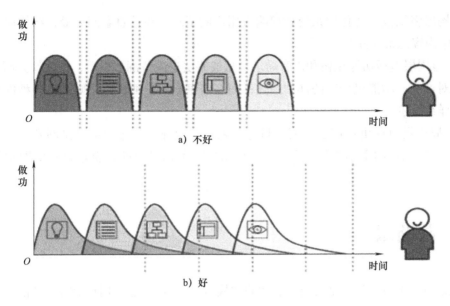

a) 不好

b) 好

图 11-4　各层面工作的起止时间

11.1.2　网站设计基本的双重性

网站的交互设计、信息设计、架构设计等都存在着基本的双重性质，即一部分人把每个问题当成是"应用软件"的设计问题，会从传统的桌面和客户端软件的角度来考虑解决方案；而另一部分人则把它们当作信息的发布和检索问题来对待，从传统出版、媒体和信息技术的角度来考虑解决方案。这样就把五层框架划分成逻辑上的两个部分：在软件的一边，主要关注的是任务——所有的操作都被纳入一个过程，去思考人们如何完成这个过程，把网站看成用户用于完成一个或多个任务的一个或一组工具；在超文本的一边，关注点是信息——网站应该提供哪些信息、这些信息对用户的意义又是什么？超文本的本质就是创建一个"用户可以穿越的信息空间"（见图11-5）。双重性也反映在各层内涵的不同。

1）表现层由视觉设计构成，或者说是最终产品的外观。

2）框架层包括界面设计和导航设计，而不管是软件界面还是信息空间导航，都必须完成信息设计（Information Design）。在软件产品一边，框架层还包括安排好能让用户与系统的功能产生互动的界面元素；对信息空间方面来讲，这种界面就是屏幕上一些元素的组合，允许用户在信息架构中穿行。

3）结构层包括交互设计和信息架构。在软件方

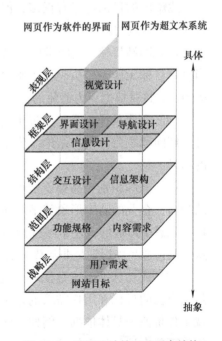

图 11-5　网页设计的五层要素结构

面，结构层将从范围转化成系统如何响应用户的请求；在信息空间方面，结构层则是信息空间中内容元素的分布。

4）范围层包括功能规格和内容需求。从战略层进入范围层以后，在软件方面，它就转变成对产品"功能组合"的详细描述；而在信息空间方面，范围则是对各种内容元素要求的详细描述。

5）战略层包括用户需求和网站目标。来自企业外部的用户需求是网站的目标，尤其是那些将要使用网站的用户的需求；与用户需求相对应的是企业自身对网站的期望目标。

11.2 战略层

良好用户体验的基础是被明确表达的"战略"。知道企业与用户双方对产品的期许和目标，有助于促进体验各方面战略的制定和确立。对于网站设计来说，导致失败的最常见原因往往是开始之前没有清楚地回答"我们和用户要通过这个产品得到什么"（即明确 < 内部 > 产品目标和 < 外部 > 用户需求），越明确就越能精确地满足双方的需求。而对产品设计，战略层的任务是明确商业目标和用户目标，解决两者之间的冲突，找到平衡点，确定产品的原则和定位。战略层的关键词是"明确"，具体包括确定目标和明确用户需求。

▉ 11.2.1 确定目标

战略层的目标可以有很多，但网站目标、商业目标、品牌识别和成功标准是战略层首先需要确定的。

（1）网站目标　它经常以"只可意会不可言传"的状态存在于一小群建站的人当中。当网站目标无法用口头表达出来时，对于应该如何完成项目，不同的人就经常会有不同的想法，这是应当尽力避免的。

（2）商业目标　避免用过于宽泛或过于具体的词汇来描述网站的商业目标，应在充分了解问题之后再得出结论。为了创造良好的用户体验，必须保证商业决策是深思熟虑的结果。

（3）品牌识别　品牌识别可以是概念系统，也可以是情绪反应。在用户与网站交互的同时，企业的品牌形象就不可避免地在用户的脑海中形成了。设计者必须决定品牌形象是无意中形成的，还是经过精心安排的结果。大多数企业会选择对品牌形象加以美化，这也是传递品牌识别是非常普遍的一种网站目标的原因。

（4）成功标准　这是指对一些可追踪的目标，在网站推出以后，用来评估它是否满足了自己的目标和用户需求的指标。好的成功标准不仅影响项目各阶段的决策，也是体现工作价值的具体依据。例如，注册用户的月访问量常被用来表示网站对核心用户的价值；而每次访问的平均停留时间则是对用户"黏性"的度量，也在一定程度上反映了用户体验的质量。

11.2.2 明确用户需求

对用户需求的研究就是要弄清楚他们是谁，他们的目的是什么。具体内容如下。

（1）用户细分 例如，利用人口统计学、心理因素或用户对技术和网页本身的观点、用户对网站相关内容的知识等进行用户细分。若一种细分方案无法同时满足多种需求，则可以针对单一用户进行设计，或为执行相同任务的不同用户群提供不同的方式。

（2）用户研究 目的是收集用户观点和感知，如通过用户测试和现场调查，掌握理解具体的用户行为及与网站交互方面的信息。使用合适的方法进行用户研究，可以让用户变得更加真实。常用的用户研究方法有市场调研（Market Research）、现场调查（Contextual Inquiry）、任务分析（Task Analysis）、用户测试（User Testing）、卡片排序（Card Sorting）、创建人物角色（Personas）等。

（3）团队角色和流程 明确目标责任人，如咨询公司有时会找一个战略专家来承担这一角色。战略专家和决策层一起进行普通员工访谈，形成战略性可视文档（Vision Document），这也是定义网站目标和用户需求的文档。

用户研究的结果会形成如图 11-6 所示内容的报告，并在以后的网站设计中被频繁使用。战略层应该是用户体验设计流程的起点，但这并不意味着在项目开始前所有战略就要被完全确定，战略也应该是可以演变和改进的。当战略被系统地修正时，这些工作就能成为贯穿整个过程的、持续的灵感源泉。

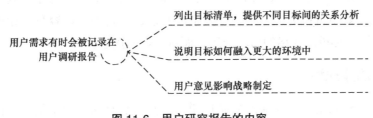

列出目标清单，提供不同目标间的关系分析

用户需求有时会被记录在
用户调研报告

说明目标如何融入更大的环境中

用户意见影响战略制定

图 11-6 用户研究报告的内容

11.3 范围层

项目范围的定义包括两个方面：一个有价值的过程，以及由其导致的一个有价值的产品。过程的价值在于它能迫使你去考虑潜在的冲突和产品中粗略的点，由此可以确定现在能解决哪些事情，而哪些必须要再迟一点才能解决；产品的价值在于明确项目中要完成的全部工作，同时它也提供了一种共同的词汇，用于讨论这方面的事情。简而言之，范围层就是要进行需求采集和分析工作，最终确定产品的功能范围和需求的优先级。可视性文档，如工作流程、日程安排、里程碑，是范围层不可忽视的文字记录。在确定产品功能需求后，分解项目中的节点，建立里程碑，这是考验产品经理经验和协调能力的地方，通常也是实际执行过程中最令人头疼的地方。可视性文档的作用是使开发者知道正在做什么以及不需要做什么。

11.3.1 功能和内容

范围层被分成软件界面的网页和超文本的网页两个部分。在软件方面，需要考虑的是功能规格，即哪些应该被当成软件产品的"功能组合"；在超文本方面，需要考虑的是内容，即对各种内容元素要求的详细描述。

在软件开发中，范围层确定的是功能需求或功能规格（Function Specification）文档。通常这两个术语是可以互换的——有些人使用"功能需求规格"来表示文档覆盖了包括以上两者的内容。内容的开发通常不会像软件过程的需求收集那样正式，但基本原则是一样的。功能需求常常伴随着内容需求（Content Requirement），如在个人偏好设置的页面中是否需要有使用说明，是否需要错误提示等。

11.3.2 收集需求

一些需求适用于整个网站，如品牌需求或技术需求；另一些需求则只适用于特定的属性。大多数时候，当用户说到某种需求的时候，他们想的是产品必须拥有的、某种特殊的简短描述。需求的三个主要类别包括用户讲述的、想要的东西；用户实际想要的东西；用户不知道他们是否需要的特性——潜在需求。

需求的收集可以使用多种方法，如汇集企业各个部门的成员或不同类型的用户代表进行头脑风暴、使用场景（Scenarios）、关注竞争对手等。需求的详略程度常常取决于项目的具体特点，如项目目标是一个非常复杂的系统，还是项目内容只是相似或相同性质的东西。前者需要尽可能详尽的需求描述，而对后者的描述就相对简单。

11.3.3 功能规格

功能规格是对满足需求功能的限制性说明，其特点是阅读起来枯燥，占用大量编码时间，让人不乐意阅读，还涉及功能规格的维护、及时更新等。撰写功能规格应遵守以下规则。

（1）乐观（Be Positive）　描述系统将要做什么，以"防止"不好的事情发生，而不是描述"不应该"做什么不好的事情。例如，"这个系统不允许用户购买没有风筝线的风筝"应替换为"如果用户想购买一个没有线的风筝，系统应该引导用户到风筝线页面"。

（2）具体（Be Specific）　尽可能详细地解释清楚状况，这是决定需求能否被实现的最佳途径。例如，"该网站要使残疾人可用"应替换成"该网站要遵守我国《残疾人保障法》第五十五条之规定"。前一句话中对"残疾人"的定义太过宽泛，类型也比较多，相比之下，我国《残疾人保障法》第五十五条的限定就很具体、清晰。

（3）避免主观的语气（Avoid Subjective Language）　需求必须可验证，应明确给出要达到的标准；也可以用量化的术语来定义一些需求，以避免主观性。例如，"这个网站应该符合邮递员韦恩所期望的时尚"应替换成"网站的外观应该符合企业的品牌指南文档"。

11.3.4 内容需求

内容需求也称内容清单，包括文本、图像、音视频等内容的详细说明。具体如下：

1）不要混淆某段内容的格式和目的（如 FAQs 仅指内容的格式，尽管在说话的人的心目中它或许是指内容的格式和目的两部分）。

2）提供每个特性规模的大致预估，如文本的字数、图片的像素大小、文件字节数、类似 PDF 的独立元素个数等设计一个好的网站内容时所有必要的资料，越详细越好。据说乔布斯对苹果产品图标的苛求都是以应该用几个像素来度量的，这造就了苹果产品界面卓越的视觉体验。

3）尽早确定内容元素负责人及更新频率。更新频率来源于战略目标。从网站目标来看，希望用户多长时间来访一次；从用户需求来看，希望多长时间更新一次。更新频率应是介于用户期望值和有效资源之间的一个合理的中间值，是企业能力和用户需求之间的一个平衡点。

4）如何呈现不同的内容特征。应该考虑哪些用户想要什么内容及如何呈现它们。

5）对有效内容的日常维护。

11.3.5 确定需求优先级

战略目标和需求之间往往不是一对一的线性关系，优先级是决定人们所建议的相关特性的首要因素。有时一个战略目标会产生多个需求，而一个需求也可以对应多个战略目标。

需求优先级的确定流程如图 11-7 所示，具体包括：列出哪些功能应包含到项目中，剔除那些本阶段暂时不考虑的功能；评估这些需求能否满足战略目标；实现这些需求的可行性，这需要考虑技术局限、资源局限和时间局限等；冲突特性的解决；留意那些有可能需要改变或省略的特性的建议；与管理层协商，即与管理层确定战略而不是实现这个目标的各种手段；注意与技术人员沟通的技巧等。

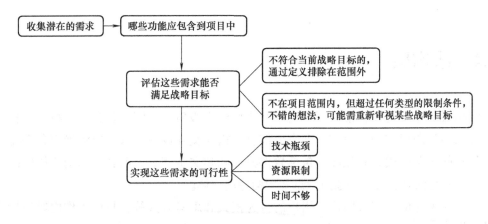

图 11-7　确定需求优先级的流程

范围层的输出是产品需求文档（Product Requirement Document，PRD），并确定需求优先级。图11-8给出了一个互联网产品需求文档结构示例。

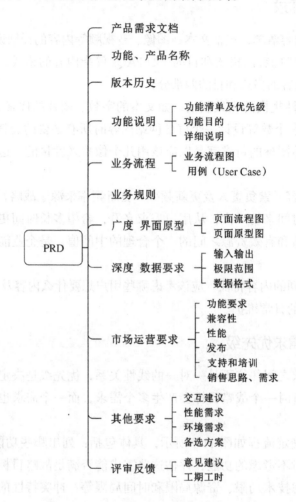

图11-8 某互联网产品需求文档结构示例

11.4 结构层

结构层的作用是在收集完用户需求并排好优先级后，为网站创建一个概念结构，将这些分散的片段组成一个整体，即完成信息架构与交互设计。这一层将确定各个需要呈现给用户的选项的模式和顺序，包括软件界面和超文本网页。前者是结构化体验的交互设计，后者是内容建设，即通过信息架构构建用户体验。

结构层关注的是理解用户、用户的行为模式和思考方式等，具体工作内容包括交互设计、概念模型、差错处理、信息架构、团队角色和项目流程等，如图11-9所示。

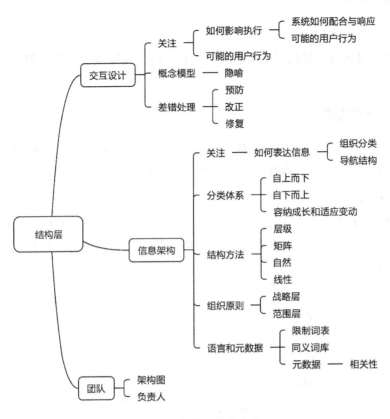

图 11-9　结构层相关内容

11.4.1　交互设计

交互设计关注影响用户执行和完成任务的选项，具体包括关注描述"可能的用户行为"，同时定义"系统如何配合与响应"这些用户行为；追求软件与用户的"和谐"。

11.4.2　概念模型

概念模型实质上是用户对"交互组件将怎样工作"的一种预期。一个概念模型可以反映系统的一个组件或是全部。在交互设计中，概念模型常被用来维持应用方式的一致性。要厘清是内容元素、访问的位置还是请求的对象。如购物网站中的购物车，无论是视觉表现还是使用方式，都与超市的购物车一样。使用熟悉的概念模型，能使用户尽快适应并熟悉网站。

11.4.3　差错处理

在产品的使用过程中，用户出现这样或那样的差错是难免的。差错处理就是当用户出现差错的时候，系统将如何反应，如何防止用户继续犯错。差错处理一般有以下方式。

1）将系统设计成不可能犯错的形式。

2）使差错难以发生。万一发生差错，系统应该帮助用户找出问题并改正它们。

3）系统应该为用户提供从差错中恢复的方式。最知名的例子就是 Undo（重做）

功能。

4）当将要出现或已经出现了无法恢复的错误时，系统应提供大量警告，使用户对后果有足够的了解。

11.4.4 信息架构

信息架构侧重于组织分类和导航结构的设计，让用户可以高效、有效地浏览网站的内容，具体包含分类体系、结构化方法及语言和元数据等内容。

1. 分类体系

信息架构要求创建分类体系。分类体系将会对应并符合网站目标，包括满足用户需求愿望的功能及那些将被合并进网站中的内容。分类体系创建的方法有自上而下和自下而上两种，如图11-10所示。

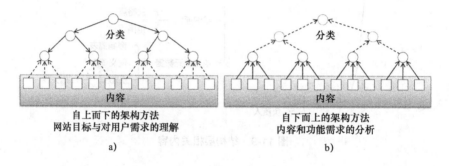

自上而下的架构方法
网站目标与对用户需求的理解
a)

自下而上的架构方法
内容和功能需求的分析
b)

图11-10 分类体系创建的两种方法

自上而下（Top-down），即从"网站目标与对用户需求的理解"开始，直接进行结构设计，先从满足决策目标的潜在内容与功能开始分类，然后再依据逻辑细分出次级分类。这种方法的局限性是会导致内容的首要细节被漠视。自下而上（Bottom-up），即根据对"内容和功能需求的分析"结果，从已有资料开始，把该资料放到最低级别的分类中，然后将它们分别归属到高一级的类别。这种方法的局限性是会导致架构过于精确地反映现有内容，而不能灵活地容纳未来的变更。一个有效结构的属性应同时具备"容纳成长和适应变动"的能力，能把新内容作为现有结构的一部分容纳进来，也可以把新内容当成一个完整的新部分加入。

2. 结构化方法

信息架构的基本单位是节点（Node），可以对应任意的信息片段或组合。节点的组织需要遵从组织原则，即限定哪些节点要编成一组，哪些要维持独立。例如，不同内容所针对的观众编组（如消费者、企业集团、投资者）、使用地区编组、按时间原则编组等。总之，应创建一个与网站目标和用户需求相对应的、易于理解的正确结构。

一般来说，网站最高层级的组织原则应该与网站目标和用户需求紧密相关；而在结构中较低的层级，内容与功能需求的考虑将对所采纳的组织原则产生很大影响。截面是不同内容属性的一个视图，错误地使用截面往往会比没有使用截面更糟糕。通常，节点的安排方式有层级结构（Hierarchical Structure）、矩阵结构（Matrix Structure）、自然结构（Organic Structures）和线性结构（Sequential structures）等类型。

3. 语言和元数据（Metadata）

语言也称命名原则（Nomenclature），是描述标签和网站所应用的一类术语。要使用"用户的语言"且"维持一致性"，如控制性词典（Controlled Vocabulary，即网站应用的一套标准语言）及创建分类词典（Thesaurus，即常用但未纳入网站标准语言的词汇），以供选择。

元数据是"关于信息的信息"，是以一种结构化的方式来描述的内容。控制性词典或分类词典对于建立包含元数据的系统特别有用，好的元数据不仅能帮助迅速地运用已有的内容创造出适合用户需求的一个新功能，还能提供更可靠的搜索结果。

信息架构常用架构图来表示。架构图是描述网站结构的工具术语及结构化方法，通常包含哪些类别要放在一起、哪些保持独立、交互过程中的哪些步骤应如何相互配合等内容。图 11-11 给出了一个应用类 App 的信息架构图示例。其中，细分功能前的编号代表该功能的优先级；功能分类及子功能的优先级，可采用卡片法打分统计确定。

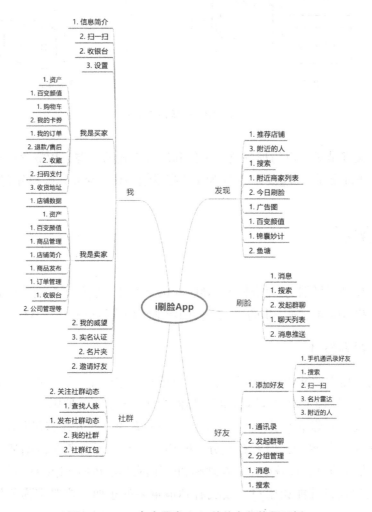

图 11-11　一个应用类 App 的信息架构图示例

11.4.5 团队角色和项目流程

团队角色主要用来明确"谁负责这件事情",这取决于企业文化或项目的特质;项目流程则是对项目组成各模块间关系的描述。视觉辞典(Visual Vocabulary)是一个很直观的工具,常被用来描述从非常简单到非常复杂的系统结构,也可以用来描述项目流程和团队角色。如图 11-12 所示,每个模块都与明确的团队角色相对应。其中,图 11-12a 的结构较为简单,图 11-12b 的结构较为复杂。

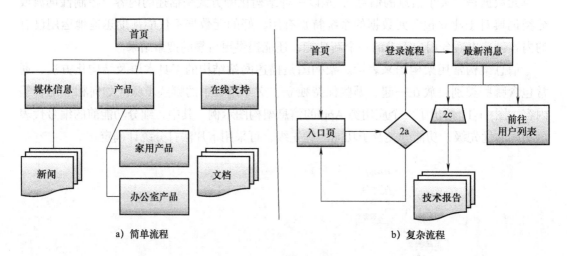

a) 简单流程　　　　　　　　　　　　　　　　b) 复杂流程

图 11-12　视觉词典示例

结构层的关键是对用户的理解及其工作和思考方式的把握,用概念模型整合了分散的信息片段,通过交互和信息架构设计为用户提供结构化的交互体验和分类导航。

11.5　框架层

框架层主要进行详细的界面外观、导航和信息设计。这就需要对充满概念的结构层中大量的需求和结构进行进一步的提炼,使晦涩的结构变得更实在、具体、易懂。

11.5.1 界面设计

界面为用户提供做某些事情的能力,用户通过与它交互才能真正接触到那些在"结构层的交互设计中"确定的"具体功能"。界面设计应遵从以下原则。

(1)界面设计要尊重习惯,但非保守　当一种新的界面方式有很明显的好处时,应尝试打破习惯采用新界面,但要有充分、明确的理由。要避免在网站环境里使用比喻(Metaphor),尽量直观,以减少用户在理解和应用网站功能时产生的认知负担。

(2)好的界面设计能让用户一眼就看到最重要的东西　这要求为要做的任务选择正确的界面元素,并通过便于理解和易于使用的方式,把它们呈现到页面上。具体做法如下。

1）要改变思考问题的方式，好的程序员总要考虑到"边缘情况"。良好的界面要组织好用户最惯常采用的行为，让界面元素以最容易的方式被获取和应用。比如，第一次展现给用户时，仔细斟酌每个选项的默认值；能自动记住用户最后一次选择的系统状态等。

2）对 HTML 和 Flash 的应用。HTML 最初用于简单的超文本信息，后来它的一小部分元素就成了标准界面元素，如复选框、单选框、文本框、下拉菜单、多选菜单、按钮等；相比之下，Flash 灵活性更强，采用 Flash 的界面对用户的响应也更积极。

（3）重视错误提示以及对说明信息的设计 包括提供及时的信息反馈和对出错部分给出简单明确的错误信息及其说明。采用简洁明了、生动有趣的信息提示对于让用户真正去阅读反馈信息很重要。比如，提供某种方式让用户知道界面的背后系统在做什么，进展到了哪一步。只是默默执行的系统，很容易给人产生失控的感觉，带来不好的体验；对于可能出现的错误，要给予技术提示；对于已经发生的错误，不仅要能重做，还要给出详尽的错误解释以及如何避免错误发生的指导；采用容错技术（Fault Tolerant），即当系统出现数据文件损坏或丢失时，能够自动恢复到发生事故之前的状态，并连续正常运行，提升用户的操作自由度。

可交互元素的布局是界面设计的关键，成功的界面设计要突出重点。图 11-13 是几种主界面框架设计示例，其中最重要的元素均被置于页面醒目的位置。

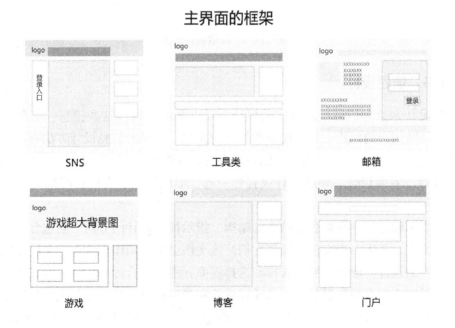

图 11-13 几种主界面框架设计示例

11.5.2 导航设计

导航设计是实现用户在界面元素与信息之间穿越的重要手段。任何一个网站的导航设计都必须实现三个目标：①必须提供给用户一种在网页间跳转的方法（真实有效的链接）；②必须传达出这些元素及其所包含内容之间的关联，包括这些链接之间有什么关系，是否其中一些比其他的更重要，它们之间的差异在哪里等，其中至关重要的是哪些链接对用户是有效的；③必须能够传达出它的内容和用户当前浏览页面之间的关系。

常见的网站导航方式有全局导航、局部导航、辅助导航、上下文导航、友好导航和远程导航。图 11-14 是一个导航设计示例，包括全局导航、局部导航、路径式导航、嵌入式导航和友好导航等链接。

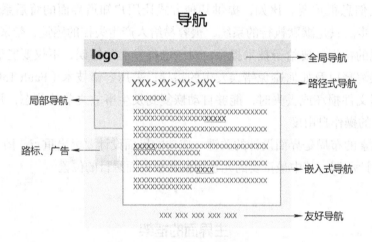

图 11-14 导航设计示例

11.5.3 信息设计

信息设计是指对信息呈现方式的设计，重点是如何展现这些信息。信息设计的最终目的是反映用户的思路，支持任务和目标的实现。常见的信息设计方法有：指示标识（Wayfinding），通过导航、颜色、图标等来实现；线框图（Wireframe）/ 页面示意图，即将信息设计、界面设计、导航设计放置到一起，形成统一、有内在凝聚力架构的信息表现。

线框图可确定建立在概念结构上的架构、指示视觉设计的方向。它包含所有在框架层做出的决定，并用一个文档来展现它们。该文档也常被用作视觉设计和网站实施的参考。线框图的设计一般遵循通过安排和选择界面元素来整合界面设计，通过识别和定义核心导航系统来整合导航设计，以及通过放置和排列信息组成部分的优先级来整合信息设计等原则。图 11-15 给出了一个界面、导航和信息设计整合结果的示例；图 11-16 给出了框架层的内容及其关联，包括界面设计、导航设计和信息设计的具体内容。

图 11-15 网站线框图设计示例

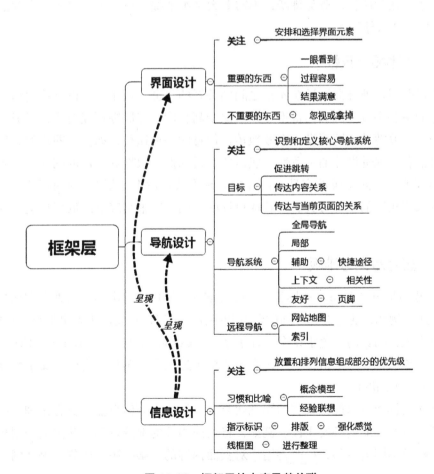

图 11-16 框架层的内容及其关联

11.6 表现层

表现层是内容、功能和美学的汇集，产生的最终设计将满足其他四个层面的所有目标。其核心是视觉设计，关键在于解决"完善网站框架层的逻辑排布"的视觉呈现问题。表现层的视觉设计需要注意以下几点。

11.6.1 忠于眼睛

评估一个视觉设计方案关键看其"运作是否良好"。例如，视觉设计给予的支持效果如何？网站的外观使结构中各个模块之间的差别变得不清晰、模棱两可了吗？是否强化了结构，使用户可用的选项清楚明了？而评估一个页面视觉设计的最直观的标准就是"忠于眼睛"。例如，用户的视线首先落在什么地方？哪个设计要素在第一时间吸引了用户的注意力？它们是对战略目标很重要的东西吗？用户第一时间注意到的东西与设计的目标是否一致？一个成功的页面设计，用户的眼睛移动的轨迹模式应有两个特点：视线遵循的是一条流畅的路径，避免跳跃；不需要太多细节提示就能为用户进行有效的选择提供某种可能的"引导"。

11.6.2 对比和一致性

对比是帮助用户理解页面导航元素之间的关系的一种常用手法，也是传达信息设计中概念群组的主要手段。例如，将重点元素赋予高亮度，与周围形成对比，形成视觉突出的效果等。一致性是使网页设计有效地传达信息的一种途径，如基于网格的布局能有效反映分组信息。视觉设计的一致性一般需要重视内部一致性和外部的问题。前者是指在网站的不同地方，同类属性应具有同样的表现形式；后者是指在企业的不同产品中，同类对象应采用相同的设计方式。一致性设计的目的，归根结底是降低用户交互的认知负担。

11.6.3 配色方案与排版

配色方案（Color Palette）和排版（Typography）最直接的影响是品牌识别和品牌形象效果的传达。例如，通过选择不同的色调和字体，可以使重要的内容更醒目、更突出。对一个企业来说，网页的配色也是企业标示系统（Corporate Identity System，CIS）重要的组成部分。单从视觉上来讲，色彩作为企业标示远比企业名称、商标等文字性标示更易于受到关注，识别度也更高。

好的页面的排版可以产生聚类的视觉效果，也能让页面信息显示更有条理，同时也是实现清晰、自然导航的必要手段。例如，将页面相关的部分聚类，并按类别划分成不同的区域、赋予不同的色彩，可改善用户对页面内容的"第一眼"印象，提高网站的用户黏度。

11.6.4 设计合成品与风格指南

1. 设计合成品

设计合成品（Design Composite）是网站最终的可视化产品，也是视觉设计对线框图最直接的模拟物。网站最终合成品的设计要遵从风格指南文档的要求，具体包括：设计网格、配色方案、字体标准和标志应用指南；某一模块或网站功能的具体标准；预防随着人员的变动，而使企业集体"失忆"，丧失对企业标示的认知；使所有人遵循一套统一的标准来设计与实现，使网站看起来是一个有机的、协调一致的整体等。图11-17 给出了亚马逊（Amazon）网站表现层的视觉设计合成品示例。

图11-17　亚马逊网站表现层的视觉设计合成品示例

2. 风格指南

风格指南也称品牌指南，是对网站视觉设计的每一方面，从最大到最小范围内所有元素的限定。它是影响到产品每一个局部的全局标准，也是每一模块或网站功能的具体标准（包含各个层级的标准，从独立界面到统一的导航元素）。风格指南的作用是保证网站整体的视觉一致性，提高辨识度，有时也能起到传达企业文化和理念的作用。例如，IBM 公司崇尚的深蓝色调，作为一种公司风格配色，经常出现在其网站、宣传品、展台等上面，展现了蓝色巨人的博大和深邃，就像知识的海洋般浩瀚。如图11-18 所示，图中深色调为彩色的深蓝色。

用户体验五层设计法为互联网开发和建立统一流程的网站用户体验，提供了可资参照的方法学上的指导。它通过对互联网产品的表现层、框架层、结构层、范围层及战略层五个层次的深入剖析，揭示了一个事实，即良好的用户体验并不取决于产品是如何工作的，而是取决于它是怎样与用户发生联系并起到它应有的作用的。

图 11-18　IBM 网站的风格

初次接触网站开发的人，关注点往往在靠近表现层等更显而易见的要素上，但那些需要更仔细的洞察才能感知的要素（如战略层、范围层、结构层等），才真正在用户体验的最终成败方面，扮演了关键的决定性角色。大多数情况下，在用户体验五层要素中，下一级层面里的差错往往可以被更低一级层面的成功所掩盖。如果在网站开发的时候，始终坚守完整的用户体验的理念，每一个与网站的体验相关的因素都是经过有意识的明确认真地决策的结果，那么，最终得到的网站就一定是一份有价值的资产。

虽然体验是一种纯主观的、在用户与产品交互过程中所建立的感受，但詹姆斯·加瑞特认为，对于界定明确的用户群体来说，体验的共性是可以通过一些良好的设计实验去认知的。同时，通过对用户体验五层要素的正确把握，设计开发出高质量、具有良好用户体验的网站，也并非遥不可及的。

思考题

1. 简述用户体验的五层要素及其内涵，试分析这些要素对提升用户体验的作用。

2. 应用本章介绍内容，试分析网站自上而下和自下而上设计方法的优缺点。

3. 试自选一个常用网站，应用本章内容分析其特点与不足之处。

4. 试自选一款电子产品，应用本章介绍的方法，给出从战略层到表现层的设计过程，列出每一层的要点及注意事项，并说明最终设计产品用户体验的一致性是如何保障的。

5. 表现层的核心是视觉设计。试结合某一流行网站，应用本章介绍内容，通过对其表现层要素的剖析，分析其视觉设计的得失。

6. 试分析交互设计与用户体验设计之间的关系，思考用户体验设计与不可设计的辩证关系，并结合网站设计，说明如何提升产品的用户体验。

第 12 章 "双钻"设计过程模型

设计在许多世界领先公司的成功中起着基础性的作用。但这些公司究竟是如何确保在设计上的投资获得最佳回报的呢？英国设计协会的研究人员对业界领先的 11 家公司的设计过程进行了深入研究，这些公司都公开承诺通过设计来提高其品牌实力、产品和服务。研究揭示了现代设计实践中最先进的一些关键特征，以及使公司与众不同的独特方法，在此基础上提出了行之有效的"双钻"设计过程模型（简称双钻模型），并广为业界所推崇。

12.1 双钻模型提出的背景及其研究方法

12.1.1 设计过程研究的背景

2007 年，英国设计协会针对全球业界领先的 11 家公司开展了一项研究，旨在了解企业所使用的设计过程、涉及的要素，以及这些过程是如何将产品或服务从最初的想法予以实现和发布的。该研究可以归结为以下五个问题。

1）领先公司的设计使用的都是什么样的设计过程？

2）如何管理设计流程？

3）好的设计流程能带来什么好处？

4）不同公司的设计过程有什么相似和不同之处？

5）这些设计过程是否构成了最佳实践或方法？

研究对象公司的选择标准：①以设计为主的知名公司，曾成功地将设计应用于其产品或服务，或两者兼而有之；②研究对象在各自的业务领域具有代表性。英国设计协会从满足这些要求的国际知名公司中遴选出 11 家愿意参与研究的公司，并与这些公司设计部门的负责人建立了联系（见表 12-1）。

具体研究还包括设计师如何与来自其他学科的员工合作，如何管理设计过程以保障始终如一的成功结果，以及如何在复杂的、全球性的产品和品牌组合中管理设计等。通过座谈与问询，了解他们是如何选择和组织设计师团队的，并洞察其何时将设计师带入产品或服务开发过程。此外，也期望从中知道设计师需要什么样的技能才能成功。

表 12-1　参与设计流程研究的公司

序号	公司名称（代表产品、服务或 logo）		公司简介
1	阿莱西设计公司（Alessi）		意大利阿莱西是世界领先的厨房和餐具制造商之一，将设计放在其业务的核心位置，并开发了复杂的流程，以从世界各地的天才设计师和建筑师网络中挖掘、启用和开发新的设计
2	英国天空广播公司（BSkyB）		英国天空广播公司是英国多个电视频道的先驱，它已经认识到将设计作为市场差异化要素的潜力。在继续发展产品供给的同时，公司专注于开发内部设计管理能力，同时与外部设计咨询公司建立强有力的联系，以实现更好的产品设计
3	英国电信（BT）		通信服务提供商英国电信是英国最知名的公司之一，作为一个多元化和快速发展的组织，它在许多方面都广泛使用了设计，并将其与品牌紧密结合。公司开发了相应的工具和流程来管理大量的外部设计供应商，帮助他们传达自己的品牌
4	乐高公司（LEGO）		丹麦乐高公司是世界著名玩具制造商，近年来改变了其设计功能的流程。这些变化简化了产品开发，内部设计职能部门开发的流程现在正被用于提高整个公司的创新能力
5	微软公司（Microsoft）		作为全球领先的操作系统软件供应商，美国微软公司在其设计态度上已经完成了重大的转变。微软曾经是一个技术驱动型组织，现在利用设计思维专注于开发满足用户需求的产品。有了管理层的支持，这种对用户体验的关注也影响了微软的组织结构和文化
6	索尼设计集团（Sony Design Group）		电子、游戏和娱乐业巨头索尼设计集团自 20 世纪 60 年代就开始用设计来强化其产品，并最大限度地利用其先进技术。索尼设计集团在世界各地雇用了大约 250 名设计师，并制定了一套核心设计价值观，以此来评判其所有产品是否成功
7	星巴克（Starbucks）		始自西雅图一家咖啡店的星巴克，现在已成为一个全球性的品牌，它利用设计来帮助提供客户独特的服务体验。星巴克全球创意团队制定了一项战略，使其能够平衡经常变化的设计主题与品牌价值一致性的关系
8	维珍大西洋航空公司（Virgin Atlantic Airways）		维珍大西洋航空公司由英国企业家理查德·布兰森（Richard Branson）于 1984 年创立，以创新为核心品牌价值，并将设计作为其关键竞争优势。内部设计团队负责管理公司多个方面的设计，包括服务理念及内部设计、制服和机场休息室等，并与全球多家机构保持合作

（续）

序号	公司名称（代表产品、服务或 logo）		公司简介
9	惠而浦公司 （Whirlpool）		惠而浦公司是主流家用电器的领先制造商。其全球消费者设计部门拥有 150 多名员工，开发了专业知识和流程，帮助公司应对日益复杂的家电需求，并在全球开发个人产品
10	施乐公司 （Xerox）		施乐公司成立于 1906 年，自从 1949 年推出第一台复印机以来，一直在开发先进的办公自动化技术，设计职能在该组织中发挥着越来越重要的作用。最近公司正在实施一项重大计划，以扩大新产品和现有产品开发的设计投入深度和范围
11	雅虎公司 （Yahoo!）		成立于 1994 年的雅虎公司，已经从一个搜索引擎先驱成长为互联网上最流行的门户网站之一。作为一个关注客户需求的技术组织，雅虎十分重视以客户为中心的设计过程，并利用用户研究来指导其新产品开发和现有产品的改进

尽管这些公司在设计的使用上有共通之处，但在研究其设计过程时，一个关键的挑战是发现过程中的差异。这往往与公司所提供的产品或服务、物理尺度、形状和位置、应用设计的传统，及其供应链和生产系统等因素密切相关。

12.1.2 设计过程研究的方法

设计过程研究采用定性研究方法，以充分发挥英国设计协会在设计管理、战略理论和实践方面的知识专长。研究具体包括以下步骤。

1）首先是初步的文献调研，从学术角度总结了设计过程方法的演变和发展，并强调了设计过程和最佳实践模型等方面的主要见解。这有助于为整体研究提供信息，有助于与受访设计团队开展讨论。

2）然后与来自这些公司的 11 位设计或创意负责人进行面对面的访谈。

3）在每次访谈之前，先收集每个被调研对象公司的基本数据和信息，一方面用作访谈的背景资料，另一方面也可用于形成调研总结报告和案例研究文档。

4）最后，访谈由设计协会的专家和研究人员组织实施。讨论指南（Discussion Guide）不仅能提供对设计过程和策略的深入理解，也能为从访谈中收集和分析信息提供稳健的研究方法论。

科学的设计过程研究方法，保障了研究结果的客观公正。通过研究，英国设计协会的研究人员确信发现了这些公司的设计师之间惊人的相似性和共通的设计方法。在此基础上，他们开发出一种描述设计过程的简单的图形化方法，即"双钻"设计过程模型。

12.2 双钻模型概述

双钻设计过程模型，简称双钻模型，是由英国设计协会开发的一种图形化的设计过程模型。它将设计过程分为发现（Discover）、定义（Define）、开发（Develop）和交付（Deliver）四个不同的阶段，描绘了设计过程中的发散和集中，展现了设计师在各阶段使用的不同思维模式。图 12-1 是双钻模型的图示。

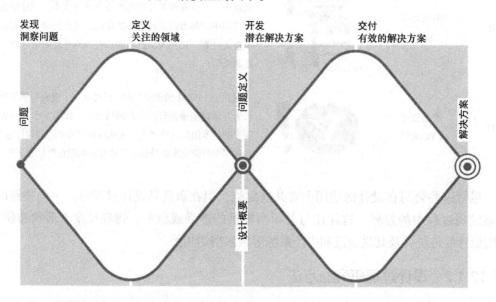

图 12-1　双钻模型

12.2.1　发现

双钻模型的第一个阶段是"发现"，这是项目启动的标志。发现阶段的核心是识别用户需求，从中产生最初的想法或灵感。这是一个"发散思维"阶段，设计师和其他项目团队成员应保持他们观点的多样性，允许广泛的想法及其影响。在这个阶段，公司通过分析市场数据、趋势和其他信息提出问题、假设或识别问题。乐高将这一阶段的过程称为探索，微软称之为理解，而星巴克则创造了"概念高度"一词。发现阶段主要包括以下四个方面的工作：

（1）市场调研　市场和研究数据是促进新产品和服务开发的重要信息源之一。公司内的营销、用户洞察，或负责管理关键目标用户群的定期信息和数据的研究团队，都是有效的信息来源。这些信息包括跟踪与公司产品、服务、品牌认知和用户满意度相关的认知和态度，还可能包括竞争对手分析，以及对公司的表现和与竞争对手相比接待满意度的反馈等。设计师和项目团队的其他成员可以通过对这些数据的分析，找出市场上的差距以及需要改进和创新的领域。

定期的市场和研究数据对厘清用户需求或未来趋势来说很重要，预测未来的用户需求也同等重要。为了满足这类信息的需求，通常会采用特定的聚焦未来分析或趋势分析方法。这里特别感兴趣的话题有以下几个。

1）与公司提供的产品或服务相关的用户行为和偏好。

2）新的沟通方式。

3）基于社会、经济或环境变化可能出现的新的服务需求等。

对未来聚焦的广度为广泛影响公司的产品和服务提供了可能，从完全的产品创新（如应对全球变暖或技术变化等问题），到款式偏好，如颜色、饰面、材质和面料。例如，索尼的 MyLo 掌上终端（见图 12-2）的设计目的，是方便地使用世界各地的办公室、大学校园和城镇中的 Wi-Fi 网络，这涉及理解和预测"忙碌的"用户有什么需求；同样，惠而浦的概念研究计划也涉及对食品采购、储存和制备的未来趋势的研究；英国天空广播公司的研发团队也是一个面向未来的团队，他们利用技术进步为客户提供新的、更好的家庭布线解决方案。

图 12-2　索尼的 MyLo 掌上终端

（2）用户研究　对用户需求和体验的重视意味着用户研究在设计过程中发挥着重要的作用。用户研究常用于识别以下内容。

1）用户是如何访问当前产品和服务的。

2）革新或创新领域。

3）满足用户需求的新产品和服务的机会等。

用户研究方法大都植根于传统的市场研究方法，尤其是在收集有关用户满意度和趋势的数据时。大量的用户研究是通过对用户的定性研究进行的，从焦点群体和目标受众群体的深度访谈，到更加聚焦和详细的人种学和观察技术。辅助材料，如用于描述服务主张的卡通条、故事板、场景构建、多媒体、原型和其他工具（如测试用户与软件包交互的眼动跟踪技术），常用来展现涉及产品和服务使用的当前或未来场景。在用户研究中，使用图像和示例将复杂产品或服务的使用带入生活是一种有效的沟通方式。

让设计师参与用户研究是十分必要的。调研发现，积极鼓励设计师参与用户研究，能够使他们获得更快速、更敏锐的洞察力和更好的产品理念。从一般的多学科设计实践（使设计、用户研究人员和产品或服务开发人员在整个设计过程中保持密切合作），到让设计人员远程或现场观察用户研究，都能起到类似的作用。让设计师密切参与用户研究的好处还有以下方面。

1）设计师能为调研信息的分析提供特殊的创造性技能或创意，这有助于识别问题或发现数据中隐藏的解决方案。

2）让设计师直接与其他团队一起参与数据和调研分析涉及多学科的协作，这使其他团队能够洞察设计师为流程带来的技能。

3）这种协作有助于在早期阶段阐明项目目标。

（3）管理和规划信息　除在设计过程的发现阶段收集这些类型的信息外，设计团队还面临着一个关键的挑战，即如何将这些信息用于功能设计并与更广泛的项目团队共享。研究表明，良好的设计过程通常以两种主要方式来应对这种挑战：①利用信息进行规划，即利用设计过程规划整个开发阶段的信息流，并管理与设计师和其他团队的交互；②设计师参与用户研究，以确保设计师能为用户研究做出贡献。

正确反映市场数据、研究和未来趋势的调查结果，并在必要时进行适当的设计更改，对新产品规划或服务的开发提出了相当大的挑战。大多数公司都是通过制定战略目标，至少提前一年确定指标，并据此制订新的产品和服务开发计划来解决这一问题。这需要一个正式的设计过程来支持，从接收用户信息的角度来看，它起着路线图的作用。例如，惠而浦定义了一组指标来预测消费者行为，提前设计或创新，以便预先考虑和解决需求；星巴克也在其设计过程的帮助下，从市场调研的信息开始，提前一年计划促销活动。

（4）设计研究组　对趋势研究的一种批评是，有时对未来趋势的研究是孤立于设计思维的，只有在确定了趋势后才能应用设计思维。为了使设计思维更贴近新的业务领域、产品机会和用户需求，很多企业成立了设计研究机构，其主要目的是在进行设计思维的同时产生更多新的想法。

例如，旧金山雅虎的设计创新团队，作为一个非现场孵化中心，允许设计人员中断手头的项目，花费 3 ~ 6 个月的时间积极地投入实验、创作和设计。这与雅虎内部的设计和项目工作稍有不同，但仍可为之后产品和服务的开发提供创意。在施乐公司位于美国的设计研究小组，外部委托的设计师被请来为企业提供创意。被委托的设计师通过用户研究来产生想法，并专注于视觉识别，如颜色和涂饰趋势等。在维珍大西洋航空公司，设计团队以一种更为非正式的方式与研发团队合作，以获取对未来的见解和对设计解决方案可能有用的想法。

12.2.2　定义

双钻模型的第二个阶段是定义阶段，该阶段实现对用户需求与业务目标的解释和协调。定义阶段可以被认为是一个过滤器，在这里审查、选择和舍弃想法。它是发现阶段的结果被分析、定义和提炼为问题的地方，关于解决方案的想法也在这里被提出并原型化。微软把这一阶段称作概念形成（Ideate）阶段，星巴克称之为"市中心"（Downtown），惠而浦则称之为综合（Synthesis）阶段。

在设计过程的最初"发现"阶段，设计团队及其合作伙伴必须保持开阔的视野和开放的思想，以确定问题——要解决的用户需求或机会，并将其引导到设计导向的产品或服务开发过程中。在定义阶段，对发现阶段确定的想法或方向的组合进行分析，并将其综合成一个简短的、对新的和现有的产品或服务开发来说具有可操作性的任务。定义阶段结束于对问题的清晰定义，同时还要有利用设计导向的产品或服务来解决问题的计划。在实践中，项目定义阶段的结束需要公司级的签批。换句话说，定义阶段将以概念的最终签署和设计与开发工作的获批而结束。有时候，公司中许多实际的设计会被冻结，直到概念与公司整体目标之间的匹配达成一致才解冻。通常，战略对话是预先进行的，潜在的瓶颈、机会和禁止进入的领域都要在概念批准之前确定。这样才能确保之后设计项目的开发尽可能顺利地进行，而不会对财务、时间和资源等产生负面影响。定义阶段包括以下三项关键活动。

（1）项目开发　在发现阶段确定了问题之后，定义阶段涵盖了解决手头问题所需的所有项目思想和组件的初始开发。这时，对整个项目团队，尤其是对设计人员来说，洞察可能影响问题解决方案的因素就变得非常重要。

首先，设计师必须了解项目进行的背景。尽管发现阶段确定了问题或机会的存在，但产品或服务的开发或迭代以达成结果也是必不可少的。在定义阶段，设计师必须参与并理解与问题或机会相关的更广泛的背景，无论是公司内或公司外的。这可能包括对公司自身财务状况和投资项目的能力的考虑，新近推出的具有类似特征的竞品，或需要特定方法或敏感性去应对的社会和经济背景，如对可持续性的认知问题等。例如，在维珍大西洋航空公司，设计在创新过程中的作用是很被重视的，但项目的启动则受到仔细开发的强大商业案例的制约，在许多情况下还必须遵守航空公司的规定。一旦确定上马一个大的项目，几乎不能容忍失败，这就要求内部设计团队必须非常严格地按照业务指导方针进行创新。

其次，设计师必须同样记住在公司的技术或生产能力范围内什么是可行的。对材料、物流、上市时间和其他影响因素等细节的洞察，是把握更广泛的公司设计解决方案开发能力的关键。在定义阶段，这种洞察没有在开发阶段那么详细，而是作为一个过滤器，允许设计师识别哪些想法可行、应该继续和被开发。在这一阶段，与其他专家和部门的内部沟通非常重要。在大多数情况下，设计过程监督着设计师与其他领域专家之间的清晰沟通，如与工程师、开发人员、材料专家、研究及开发团队之间的沟通，或与能够提供正确信息以指导设计师最初想法的产品或服务经理之间的沟通。例如，空中安全法规、重量和尺寸自然会影响维珍大西洋公司产品的设计，设计团队需要定期召开里程碑式会议，与制造商会面，以确保他们对设计有相同的解释，并且生产是可行的。

最后，最初创意的生成必须考虑企业品牌。设计过程需要不断检查，以确保产生的想法符合公司品牌愿景、使命、价值观和指导方针。例如，星巴克会根据五个核心价值观来检查每项活动材料的图示执行情况。任何被认为不符合这些价值观的执行都要回到绘图板重新进行开发或修改。它们以市场研究和数据为基础，对产品解决方案进行解释和分析，并将设计思维和原型设计作为解释用户需求的方法，然后将平台工作室的输出传递给品牌工作室以供考虑和实施。品牌工作室负责让最新的设计特点和功能与品牌本身契合。

总之，定义阶段的项目开发和初始想法生成过程需要审查产品或服务开发的背景、客观上什么可以做以及公司品牌。有了这些，设计人员才能定义一个项目来解决确定的初始问题。具体的途径有很多，如进一步研究评估、角色扮演、纸原型、生活场景中的一天、草图、回顾想法、考虑色彩、风格和趋势、项目团队讨论、选择和头脑风暴等。

（2）项目管理　随着设计项目从最初的发现阶段进入更结构化的定义过程，公司也开始使用各种更正式的项目管理工具。在项目定义阶段，正式工具有两个主要用途：①帮助设计团队确保已经考虑并捕获了设计问题的每一个重要方面——避免以后令人不快的意外；②帮助将设计规范传达给组织的其他部分，以便它们能够做出可行/不可行的决定，或就支持设计开发所需资源的明智选择。例如，乐高公司使用一系列过程文档——它称为基础概述、基础文档和路线图——以有效地传达设计项目的当前状态，并为特定的产品调整、重新定义或重新配置提供案例。在过程定义阶段，基础文件尤为重要，它试图展示每个项目背后的全部依据，包括概念、业务基本原理、目标市场以及所需的销售、营销和沟通支持。基础文件还允许乐高管理层通过检视产品的复杂性和任何特定的开发挑战以及降低风险的建议，来评估与新产品概念相关的关键风险。

虽然一些项目管理方法试图在设计开发开始前尽可能详细地定义项目规范，但也有的采用了一种完全不同的理念。一些公司，特别是软件部门，认为项目定义的变更是设计过程中不可避免的一部分，它们的管理系统试图使这些变更的实施尽可能快速、廉价和无痛。例如，雅虎就利用项目管理系统进行软件开发。敏捷（AGILE）系统是这些系统中的一个，也是软件开发的一系列方法之一。AGILE 包括以下关键原则。

1）通过快速、连续地交付有用的软件版本来满足用户需求。

2）工作软件交付频繁（几周而不是几个月）。

3）工作软件是进度的主要衡量标准。

4）即使是需求的后期变化也是受欢迎的。

5）通过业务人员和开发人员之间密切的日常合作来实现项目进展。

6）面对面交谈是最好的交流方式。

7）项目建立在有动机的个人周围，这些人应该被信任。

8）开发过程应持续关注技术的卓越性和良好的设计。

9）简约。

10）项目由自组织团队交付。

11）时常改变以适应不断变化的环境。

在敏捷系统中，设计师、用户研究人员、开发人员和业务员在给定的项目上保持密切合作。团队成员可以在项目的特定部分单独工作，但他们经常聚在一起推动项目前进，并在可能的情况下快速适应变化和新信息。这样的项目管理可以帮助设计人员确定何时何地他们的投入最有价值，并经常将这些投入传达给团队的其他成员。

（3）项目签字　定义阶段的结束是设计过程中的一个关键点。在这个阶段，项目要么被取消，要么得到预算和批准进入生产阶段。为了明智地做出这一决定，公司必须对新设计可能的市场有详细的了解，并对生产的成本和复杂性有良好的认识。与设计方法的提出一样，对经过充分讨论的商业案例的展现能力也是关键属性之一。例如，雅虎公司的项目团队，包括设计师，必须能够解释他们的建议将如何"移动指针[⊖]"，并在收入上产生巨大的改善。然而，在进行"通过/不通过"决策前，各公司在允许或要求设计进

⊖　移动指针（Move the needle）意指"造成或带来可见的变化"。"needle"原指测量仪表上的指针。

展的程度上存在着差异。又如，在施乐，要求提出的是已经彻底审查和测试的概念；但在雅虎，"演示或手板"原则只要求存在一个工作原型。

许多公司都有正式的流程来管理公司的签核过程，并确保项目团队和设计人员向负责签核的人员提供了全面和一致的信息。例如，在雅虎，使用敏捷系统时，产品和营销团队会编制一份产品需求文档，并提交给业务部门的总经理以供批准。这个文档展示了产品概念、通过研究和来自内部专家的信息确认的产品逻辑以及与公司总体目标的关联。然而，一些公司使用不太正式的流程来为设计项目做进一步的决策，如首席执行官（Chief Executive Officer，CEO）对一个项目的可行性做出最终决定并不罕见。事实上，保持与 CEO 的密切联系可能对项目的成功产生重大影响。例如，在英国天空广播公司和阿莱西公司，公司负责人与新产品和服务开发流程的接近程度使其能够快速签署并获得更广泛的支持。

12.2.3 开发

第三阶段是设计的导向解决方案在公司内开发、迭代和测试发展时期的标志。在开发阶段，项目已经通过了正式的签核，这为一个或多个解决了初始问题的概念的开发提供了公司和财务支持。设计团队可以与关键的内部合作伙伴（如工程师、开发人员、程序员和营销团队）一起，或者通过外部设计机构，改进一个或多个概念，以解决在发现和定义阶段确定的问题。这里使用的设计开发方法包括创造性的技术和方法，如头脑风暴、可视化、原型、测试和场景等。在许多情况下，方法和工作流程与定义阶段的类似，但这里的重点是实现约定的产品或服务。开发阶段有以下四个关键活动和目标。

（1）跨学科工作　在开发阶段，跨学科团队是一个很强的特征。本阶段中，来自其他专业领域的意见和建议对最终产品或服务的确定至关重要。这里的关键在于设计过程旨在打破内部的分割和壁垒，如设计和制造之间的壁垒。这样做的好处是能加快解决问题的速度，因为潜在的问题和瓶颈可在早期被发现，这也同时解决了潜在的延迟问题。例如，在维珍大西洋航空公司，设计过程的开发阶段包括与制造商举行一系列会议、向制造商介绍设计并获得他们的反馈等活动；在惠而浦，创新过程和产品开发阶段始于平台工作室（设计师、高级制造专家和工程师共同考虑新的趋势和产品），并最终将原型移交给品牌工作室，为发布做最后的准备，包括用户测试。来自其他职能部门和专业的设计师和团队成员始终有效地参与惠而浦的创新过程，并共同努力，成功地将最佳产品推向市场。

在整个开发过程中，由一个跨学科团队来管理设计过程，该团队包括有品牌和营销背景的产品和品牌经理、来自全球用户设计部门的设计师和全球产品开发团队（代表正在开发的产品类别）等。为此，设计师还要与研发专家、先进材料集团和其他主要利益相关者进行咨询沟通。开发阶段的最后，设计过程会把产品开发团队带入产品或服务交付生产阶段。

（2）可视化管理技术　在开发阶段，项目管理的执行方式与定义阶段基本相同。可视化管理技术允许内部涉众跟踪设计项目的进度，并查看产品或服务概念的草图、原型以及其他设计工作的不同阶段和迭代。例如，在雅虎，像敏捷系统这样的项目管理工具仍然适用；星巴克的在线工作流管理工具也是如此。值得一提的是，许多在开发过程中应用的项目管理工具都具有可视性。例如，星巴克使用的工作流管理工具能够展示图形化的工作示例和迭代；而乐高的路线图则包含在海报和 Excel 电子表格中，允许团队通过调整目标、任务和可交付成果，共同规划如何达到下一阶段。这种可视化管理技术也是团队其他成员的关键通信工具，用于跟踪项目可交付成果、开发、时间安排和内部或外部依赖性。

（3）开发方法　无论是设计什么产品或服务，开发阶段的原则都是原型化和概念迭代，使其尽可能接近最终产品或服务。通过项目团队内部及其利益相关者的正式和非正式沟通，反馈每一轮开发的经验教训。为了减少成本和开发时间，在设计开发的早期阶段，很多公司越来越多地转向虚拟原型方法，这些方法包括从草图和渲染到潜在设计的详细三维计算机模型。视觉表示是使用快速原型设备或传统模型制作技能制作的物理模型的补充。

在以产品为主的公司，开发阶段包括与研发、材料和工程部门的同事以及与外部供应商和制造商的密切合作。这些对材料和工程需求的详细洞察有助于减少所需物理原型的数量，并确保减少在测试期间发现的问题。例如，在施乐，设计师拥有制造专业知识，能够与其他专家一起从工程或开发的角度评估什么是可能的。公司还使用失效模式和影响分析（Failure Mode & Effect Analysis，FMEA）在实际发生之前评估潜在的失效。使用FMEA 和其他分析方法有助于设计过程减少提出的供批准的概念数量，并有助于管理和降低原型、工程和工具的成本。通常，开发阶段的洞察会导致产品规格的变化。由于开发一般是设计过程中最冗长的部分，其间外部因素可能发生变化，市场或竞争对手活动中的变化也会导致需求的后期变化。对大多数基于产品的公司来说，实际生产都是外包的，这时与制造合作伙伴的联系通常是一个漫长的过程，因为设计和工程团队需要确保他们的需求与制造合作伙伴的能力相匹配。例如，在维珍大西洋航空公司的高级座舱开发中，新的内部布局、产品和服务会对机组人员产生影响，因此在开发过程中就咨询了人力资源、健康与安全专家和机组人员。

当然，对无形产品来说，在开发方法上也存在一些差异。例如，软件产品的开发或活动素材的图示化执行也涉及持续迭代和新信息的来源和使用。特别是在软件开发中，新产品可以在设计人员、开发人员和用户研究人员有了新的想法并进行自我测试时制作原型，也可以与外部用户一起在迭代解决方案时进行原型制作。一个很好的例子是微软的设计理念，即设计师应该"自食其果"，鼓励他们使用自己开发中的产品。

（4）测试　概念和原型的测试是开发阶段的重要组成部分。一些公司使用特定的原则来指导他们的产品测试。例如，施乐公司根据六西格玛（Six Sigma，6σ）原理测试其产品。基本方法包括许多步骤，如检查设计是否符合用户需求和企业战略，检查产品能力、需求和满足这些需求的能力，以及优化设计将二者结合起来。整个六西格玛过程包括了开发阶段通常发生的很多事情，而不仅仅是测试阶段。

通常，使用的测试方法严重依赖于传统的市场研究方法，如通过现场观察、焦点小组和其他技术与用户一起进行。一般来说，概念在进行用户测试之前，应该已经得到了很好的发展，并接近最终阶段。例如，惠而浦通过相关市场和受众群体的用户对其产品进行模拟和实际测试；英国天空广播公司在用户家中实地测试其产品，如机顶盒，并收集一段时间内的反馈；在 Office 2007 的开发过程中，微软观察了 200 个用户在 400 多小时内与新用户界面的交互；而维珍大西洋航空公司则邀请了一批经常乘坐飞机的旅客在其高级座舱的原型椅子上过夜。如今，很多公司都开始像雅虎和微软那样对产品进行自我测试，像微软的设计师和开发人员那样遵循"自食其果"的原则，将项目团队（包括设计师、研究人员、开发人员和程序员）变成用户，要求他们使用测试版产品，并报告所发现的问题或提出修订建议。

■ 12.2.4 交付

双钻模型的最后是交付阶段，产品或服务将在相关市场中最终确定并发布，这也是产品概念通过最终测试、签署、生产和启动的阶段。这一阶段不仅标志产品或服务成功地解决了发现阶段所发现的问题，还为未来的新项目过程留下了宝贵的经验和教训，包括方法、工作方式和相关信息。不同公司对这一阶段的叫法也不同，维珍大西洋航空公司把这一阶段称作实施（Implementation），微软称之为维护（Maintain），星巴克称之为"生产区"（Production District）。交付阶段有以下两个关键活动和目标。

（1）最终测试、批准和发布　该过程的最后阶段旨在确定制造前的任何最终约束或问题，包括在产品或服务按照标准和法规进行检查时，以及进行损坏测试和兼容性测试中发现的问题。例如，在维珍大西洋航空公司，最终测试涉及诸如首件检查和组装等实践。首件检查是对生产线下的第一个项目进行评估，以确保其完全正常工作。这将与生产同时发生，因为在任何时候都将有许多组件在同时生产和评估；而组装则涉及可能会对产品进行任何必要的小调整，这通常是在飞机环境中对产品进行测试时进行的，而不是在工厂环境中。

至此，产品或服务被发布，此时的设计过程包括了与市场营销、通信、包装和品牌等领域适当的内部团队的联系。例如，在星巴克，内部沟通和设计验收的重要性得到了生产阶段认可；车间代表参与最终产品审查；设计过程的一部分是制作图片说明，以帮助仓库经理在交付后正确安装或安排新产品。这些指示以海报的形式发布 —— 海妖之眼（Siren's Eye）[⊖]—— 描述了每个季节性产品的每个元素，附带关于安装和展示的完整说明，以确保在世界各地的每个商店都能获得一致的品牌体验。

（2）目的、评估和反馈循环　大多数公司都会要求汇报已发布产品或服务的成果情况。这样做的共同目的是证明良好设计对产品或服务成功的影响。证明设计对商业成功的贡献有助于获得对设计的认可，并保持团队的信誉和对组织的感知价值。产品或服务影响的测量是通过从多个来源收集数据来完成的。例如，公司利用其内部用户洞察、研究或营销部门开展用户满意度跟踪调查，并建立满意度变化与产品或服务引入之间的

⊖ 星巴克的绿色美人鱼 logo 创意来自海妖塞壬（Siren），其海报命名源于此。

关联。

新产品或服务的推出也可以与其他业务绩效指标（如销售和市场份额）相关联。例如，维珍大西洋航空公司将其市场份额增长 2% 与每年价值 5000 万英镑的高档座舱的推出联系起来，这是设计团队普遍认为的一个重要成功指标。当公司将设计视为品牌的延伸时，设计有时会被视为公司整体品牌价值的一部分。在英国电信，设计被认为对公司60 亿英镑的整体品牌价值做出了强有力的贡献。很多公司都非常认真地报告设计项目的成果，一些公司还要求必须这样做。例如，惠而浦对其产品的性能进行了一页的总结，其中包含许多硬指标，并在公司内部广泛传播，以展现所取得成功的水平。在维珍大西洋航空公司，广泛使用了设计评估。公司的高级管理层不仅是"一组提供广泛反馈的常客"，而且还为用户提供了在每次飞行后填写详细评估问卷（称为 Xplane）的机会。内部设计和 Xplane 数据之间的联系非常紧密，即使是用户反馈的座椅设计的微小变化，也会在满足单个飞机尺寸限制的条件下进行改动。维珍大西洋公司还使用第三方基准数据，以比较其持续的用户满意度与其竞争对手的优劣。当然，收集的信息和指标并不总是定量的业务指标。与产品、服务或改进建议相关的反馈，也可以通过其他渠道流回组织，并分别用于新项目或改进。英国天空广播公司从其用户服务中心收集的反馈就是此类信息的一个例子。在设计过程中或发布后反馈中出现的新想法可能会被暂时放在一边，但随后会被开发出来，然后将再次经历设计过程。例如，阿莱西公司的私人设计博物馆收藏了大量的原型，这些原型在某个时期被"冻结"，从未开发过。然而，这些原型中的一些如今已经被"解冻"，并在后期投入生产。

12.3 双钻模型设计过程的实施

几乎所有创意或设计项目都是如何从 A 点——未知和可能性到 B 点——已知和确定性。这个流程也许第一眼看上去似乎是有限定且明确的，但事实上这是一个没有结果的流程，因为归根结底，创新创造是一种持续地用新的方式来积极地改善人们生活的过程。

双钻模型是一个结构化的设计过程方法，如前所述，它分四个阶段去处理设计挑战（见图 12-3），即发现——探索，透析问题（发散）；定义——综合，聚焦领域（集中）；开发——构思，潜在问题（发散）；交付——实现，实施方案（集中）。这几个阶段包含了发散和集中的迭代：在发散阶段，要尽可能地开放思维而不是限制自己；集中阶段则侧重于提炼发现的问题和新想法创意。

对双钻模型四个阶段的实施可以精简并合并到两个主要的阶段（两个菱形）。第一阶段：做对的事（菱形 1——发现和定义）。无论要做什么，都需要在尽力做之前，寻找正确的问题去解决或者正确的问题去问。这关于做什么。第二阶段：把事情做对（菱形 2——开发和交付）。一旦发现了正确的问题去解决或者找对了难题去解决，就需要以正确的方式做这件事，以尽量保证取得正确的结果。这关乎如何做。

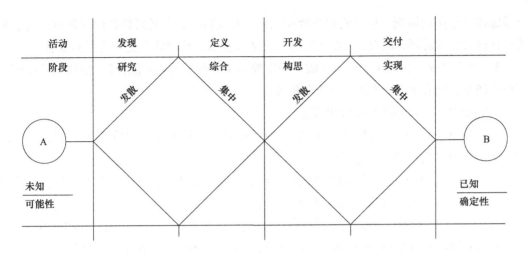

图 12-3　双钻模型发散——集中过程

12.3.1　第一阶段：做对的事

这个阶段包括发现和定义两部分，也是双钻模型中的第一个菱形，如图 12-4 所示。做对的事，首先要求必须明确问题的所在，把握问题的本质。

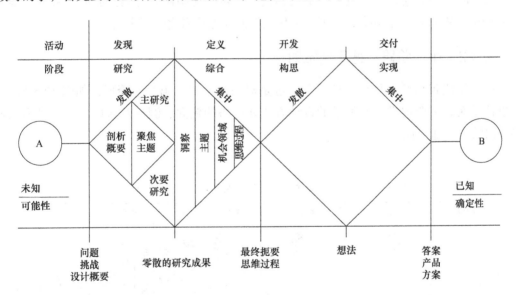

图 12-4　双钻模型的第一阶段

（1）发现——探索、透析问题的本质，也可以是对机会的探索　具体包括以下内容。

1）剖析概要（质疑的开端）。对最原始的问题提出疑问，通过质疑每个部分和评估领域利益来探究问题的本质，如对需求质疑，对商业模式质疑，对用户质疑等，敢于质疑一切不合理的事情。

2）聚焦主题。在深入研究开始之前，把发现聚焦成主题进行总揽。在总揽检视中要充分考虑研究范围的限制；尽可能列举所有元素，发现特征，定义兴趣和极端领域，列举相关的有探索性的时间、地点、人物（角色）、任务和经验，梳理整个交互流程和节点。

3）投入研究。应用主要的（领域）和次要的（桌面）研究方法，针对问题进行研究，如用户访谈、问卷调查、竞品／行业分析等。

最终会得到一系列的研究成果或思路。

（2）定义——综合，聚焦领域问题 为了使研究取得的零散研究成果有意义，可以通过下面步骤对发现的结果进行综合：

1）洞察（Insights）。把存在的问题、研究结论看透彻，这是一个深入观察、思维演绎的过程。总结发现的成果并与团队分享所有的研究。

2）主题（Themes）。把问题归类成一个主题或一个系列，总结知识，同类合并。

3）机会领域（Opportunity Areas）。把之前的行业分析、竞品分析以及存在的问题一起比较，发现可能存在的机会突破点，如思考这个设计能给用户带来什么等。这需要深刻的见解去挖掘用户在特定主题上的动机、愿望或挫折中所隐藏的真实性。

4）创造 HMW 问题。HMW 问题即所谓的"How might we…"问题，是指提出有关在行为领域中要做什么、解决什么的声明。例如，在有关的领域应该怎么做？能解决什么问题？

第一阶段结束时，会得到一个最终的概要，包括为明确问题而开展的一系列思维过程（提出 HWM 问题及声明），清晰、细化最初的要点或者完全否定它。

▪ 12.3.2　第二阶段：把事情做对

这个阶段包括开发和交付两部分，也是双钻模型中的第二个菱形，如图 12-5 所示。把事情做对，需要遵循一套科学的设计方法和严格的建立、测试及迭代流程，以确保最终输出的正确适当性。

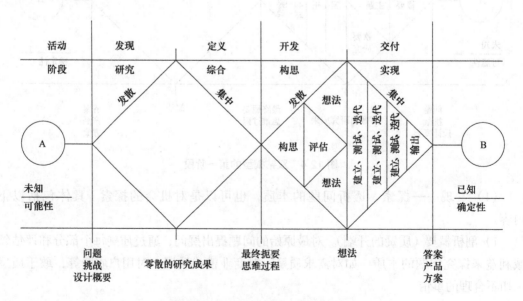

图 12-5　双钻模型第二阶段的任务

（1）开发——构思，潜在问题　当明确了实际要解决的难题，实现了设计目标的聚焦后，就可以开始开发构思了。具体包括以下内容：

1）构思。把问题具体化，可以参考流行的设计趋势、良好的设计网站、交互效果或用户体验，构思自己的设计应该如何做。这是整个开发阶段中最具创造性也是最有趣的部分，主旋律是发散。设计师应从条条框框的限制中解放出来，开放性地设想、构思，其间不要评判，如要用"可以，并且……"而不是"不行……"或"可以，但是……"的心态，尽量让任何可能都发生，立足相互之间的想法，也可借助创意的工具和方法来开展构思。

2）评估。构思的过程不可避免地会产生很多的想法方案，最终所有构思都要经过科学的评估。对开放的构思结果的评估可以帮助设计师选择最喜欢的抑或最科学可行的那个。这里有两个工具可以帮助进行评估，即投票（每个组员为创意投票）和影响/可行性矩阵（一个创意的可行性与潜在影响的关系）方法。

3）想法（Ideas）。围绕构思和评估，产生更多、更科学合理的想法。

经过开发阶段，会得到一个或者少量创意供建模和测试，以期找到最初问题的最优解。

（2）交付——实现，实施方案　在得到潜在的解决方案（一个或一组创意）后，还需要评估其实现和实施的方法，通过迭代改进和优化，来优化设计方案。三步快捷法可用来快速实现这一目标，即建立原型——测试分析——重复迭代。交付阶段的目标是得到最有价值的产品和原型，即最小化可实行产品（Minimum Viable Product，MVP）$^{\ominus}$。对原型的测试可以验证是否解决了最初的难题，是否回答了最初的问题。而不断重复迭代则可以不断优化设计，淘汰中间不合理的想法和设计，保留精华，最终为用户提供最优的设计方案。

图 12-6 所示为一个完整的双钻模型实施框架。值得一提的是，这样的实施模型并不是唯一的，菱形的大小及其内涵也会随角色的变化而有所不同。这意味着在一些项目中，每个设计师只专注于双钻模型的某一部分。此外，设计过程的复杂性也决定了双钻设计流程并非线性的。实践中，设计师往往需要灵活地在各个阶段之间跳转。而且，有时设计过程不得不回头重新开始——这往往发生在所有的构思都被测试否定的时候。只有持续地创造、不断地革新，才是通向优良设计的不二法门。

○　MVP 是埃里克·莱斯（Eric Ries）在《精益创业》（Lean Startup）一书中的核心思想，意思是用最快、最简明的方式建立一个可用的产品原型，用来测试产品是否符合市场预期，并通过不断地快速迭代来修正产品，最终得到适应市场需求的产品。

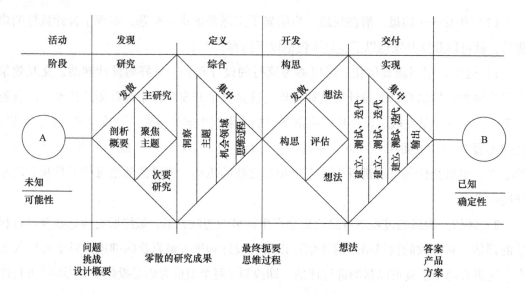

图 12-6　一个完整的双钻模型实施框架

12.4　双钻模型的优势与思考

为什么一些世界领先的公司认为值得投入这么多精力来管理和优化它们的设计过程？英国设计协会的研究回答了这个问题，这也正是双钻模型的优势所在。

12.4.1　应对设计挑战

设计可以作为一种工具来改善产品的特性和公司业务的许多方面，例如，研究发现设计可以使公司更好地应对常见的业务挑战。具体反映在以下几个方面。

（1）使产品更具竞争力　良好的设计能使产品更具竞争力，更好、更快、更便宜。它降低了生产成本，能使公司获取更大的利益。研究表明，许多公司都在利用设计工具以确保其产品能够满足日益苛刻的成本和质量约束，不仅仅是利用设计在产品开发过程的最后增加一点额外价值，而是要求设计团队从最初的想法到最终的回收再利用，把事情做到极致。例如，在乐高公司，设计过程的重点是生产一系列独特新颖的儿童娱乐产品。要做到这一点，产品必须能吸引人的眼球，有令人满意的结构，能带来乐趣。施乐公司的设计师知道，人们可能会在无人知晓的情况下购买他们的产品，然后在数年内每天使用它们。因此，生产的产品必须能够经受住频繁使用甚至滥用，从而让用户满意并再次购买。

当然，伟大的设计不仅仅能有效地交付好的产品，还可以使生产的产品为用户提供额外价值，并创造更强的品牌影响力。

（2）为用户快乐而设计　良好的设计是一种超越用户期望的方式，让他们快乐，让他们再次购买，并鼓励他们向朋友推荐产品。研究发现，设计的使用还能够使公司将自己的产品与许多竞争对手区分开来。通过将良好的设计应用到用户对视觉吸引力、功能性或可用性期望值较低的产品类别，有助于创造全新的细分市场，甚至新的产品类别。通过取悦那些仅仅期望满足其功能需求的用户，很多公司正在利用设计来帮助培养用户忠诚度。例如，英国电信的家庭集线路由器（Home Hub Router，HUB）采用了一种隐藏式设计，将其变成了人们乐于在家中展示的一件家具；惠而浦的圆形微波炉将外观的创新带入了一个新的境界，其产品只用了基本的几何形状。对大公司来说，设计不仅仅是产品，更是品牌。业务好，设计好，品牌好，这几个方面能互相促进。

（3）管理品牌影响 设计赋能品牌的力量，而强大的品牌形象则能鼓励用户信任现有产品并尝试新产品。公司品牌对设计过程有重大影响，尤其当品牌将用户体验视为关键价值时。在这种情况下，设计过程反映了将设计作为一种机制的需要，通过这种机制，有关公司及其产品和服务的一致性会被传递给最终用户。例如，在英国电信、星巴克和维珍大西洋航空等公司，品牌优势以及用户体验的方式与所提供产品或服务质量密切相关。星巴克全球创意团队的设计师根据代表星巴克品牌价值的五个关键原则，对其商店促销材料的每个图示执行进行测试。如果不符合这些指导原则中的任何一条，则说明与品牌不符，就会被取消或更改。在英国电信，所有品牌和身份管理人员都需要向设计主管汇报，设计和设计过程与企业品牌和营销密不可分。这一点在家庭集线路由器的例子中很明显，现在它已成为英国电信宽带产品广告策略的一个有机组成部分。

12.4.2 卓越设计管理

研究表明，设计能帮助更好地应对许多企业熟悉的管理挑战，包括整合、管理和激励组织内的设计师。卓越设计管理的关键活动有以下几个方面。

（1）确保设计职能强有力的、可见的领导 大多数成功的业务流程都需要良好的领导能力，设计也不例外，利用范例是确保设计是好的重要商业实践方法之一。一个决定性因素是有一个或多个设计倡导者的存在，他们推动设计功能的发展，并在内部和外部获得认可。对大多数公司领导者来说，应优先考虑在业务中扩大设计对上下游的影响。上游影响将设计输入产品或服务路线图及顶级品牌价值中；在产品生命周期的生产和交付阶段，下游影响有助于防止设计意图的稀释。为设计师维持一个创造性和鼓舞人心的环境很重要，但同样重要的是注重新技能的发展，以帮助设计师在更广泛的组织背景下更有效地工作。一些公司的设计领导力来自首席执行官或高级管理层，并以自上而下的方式在公司中推行；而在另一些公司中，团队的领导者是设计的策划者，往往采用自下而上的方式，花费大量精力才能将设计的价值"推销"给更高级的管理人员。在某些情况下，企业战略或市场条件的变化为企业内部设计角色的转变提供了催化剂。例如，随着施乐公司从一个垂直整合的设备设计师和制造商转变为一个水平整合的商业服务组织，设计在组织中的作用也发生了改变：从在工程过程中的关键点起有限作用的横向职能，转变为起领导作用的垂直职能，被赋予了全方位地把控产品全生命周期内公司的所有活动的能力。

（2）培养重视设计的企业文化 在某些情况下，一个鲁棒（Robust）且功能强大的设计过程的存在被视为一个公司可能吸引最有能力的设计师的因素。认识到企业发展与战略设计决策之间的关系，并将设计导向思维作为企业的核心组成部分的公司，所做的不仅仅是生产产品。它们能够在其设计和设计过程的声誉之上，围绕标准产品或服务创造一种情感和欲望。公司的市场、用户和利益相关者能顺理成章地快速识别，并建立起设计和品牌资产之间的联系。

（3）尽可能紧密地将设计活动与更广泛的业务流程集成在一起　不能将设计与其他业务流程隔离开来，因为设计人员离不开与商业功能、制造和产品或服务支持部门相交互。多学科团队和工作流程是许多公司的一个关键特征。这些交互是设计过程的一个重要部分，它们可以以不同的方式进行。管理设计功能和组织其他部分之间的交互也是一个关键问题。然而，互动需要的不只是定期的会议，因为设计师、工程师和商业人员看待问题的视角是不同的，他们都有自己的语言，并且会受到不同关注点的激励。例如，在雅虎和乐高公司，设计师必须能够清晰地展现其设计决策的商业含义；在施乐公司，设计人员要精通其工程同事使用的分析方法和过程。在很多公司，设计师与其他职能部门之间的强大互动不是通过建立正式的沟通流程，而是通过将设计师直接集成到跨职能开发团队中来实现的。雅虎的敏捷开发过程就是跨职能团队运作方式很好的例子，来自不同学科的团队成员之间经常进行正式和非正式的信息交换。在微软的整个设计过程中，多学科团队的核心驱动力是关注用户，团队成员同样致力于寻找能够充分满足用户需求的解决方案。到目前为止，微软公司一直认为，参与其开发过程的每个人，包括用户、高管、开发人员和程序员，都是设计师。

（4）为设计师提供超出其核心功能范围的与业务相关的广泛技能　研究发现，大多数公司普遍要求并强调更广泛的技能集。这些公司的设计主管都有一个明确的战略要求，即招聘和培训能够展示多学科工作、有商业头脑和战略思维的设计师。这源于一个普遍的趋势，即在一些行业中，具有跨职能吸引力和管理风格的员工受到追捧。这些备受强调的技能类型具有以下特征。

1）商业敏锐度。对于大多数公司来说，了解业务、通过测试业务目标和优先级来设计解决方案的能力是关键。

2）设计管理技能。考虑到现在许多公司都有外包生产和商业活动，设计过程同样也可以是一个设计管理过程，在外包设计时，是通过远程设计管理来实现的。

3）多学科技能。无论是对软件编程、材料开发、更高水平的技术，还是对用户研究方法的理解，都要求设计师积极有效地参与其他学科。其目的是让他们了解设计及其对业务其他部分影响的接触点，并学习如何在实践中使用这些接触点，包括学习不同的"语言"，并使用合适的沟通工具来实现跨职能和跨部门的项目管理。

4）一种"积极进取"的态度。设计师需要好奇、大胆，有主动性，超越图板，敢于采取战略性行动；他们需要寻找机会参与更广泛的业务，并利用专业知识找出创新和改进的领域。

5）关注用户。考虑到对用户的日益重视，设计师理解和解读用户需求的能力很重要。

6）宣传。每个公司都希望其设计师在业务中充当设计倡导者的角色，并能够提升自身对其他职能和部门的作用、益处和重要性。

（5）最大化高级管理层对设计的支持　公司和高级管理层对设计的支持是有益的。当高级管理层接受其价值时，会提升设计过程在企业中成功的机会。高级管理层对设计的支持有以下三个主要的驱动因素。

1）认识到设计作为价值创造者的作用。如果高级管理层认识到设计本身对公司产品或服务的成功至关重要，这将对设计过程的认可及其与公司整体新产品开发过程的联系产生积极影响。当设计用作创造与竞争对手的产品和服务差异的关键方法时，这一点尤为重要。例如，惠而浦利用设计生产出高成功率、高利润的产品，这使管理层对设计在所有品牌和产品系列中的应用产生了更广泛的热情。如今，整个组织都认可了设计的作用，这与公司对创新的整体投资和强调密不可分。

2）对用户需求的新关注。对设计和设计过程的支持，得益于公司战略日益以用户为中心。提供复杂产品和服务的组织，越来越认识到可用性问题正在成为成功的最大障碍。如今，这些公司非常关注用户体验和需求，已经意识到设计师在将用户需求转化为产品和服务方面发挥的重要的作用，并在设计过程中开始大量投资于用户研究。

3）设计作为一个工具来传递品牌。品牌是非常强大的东西，也很难管理。无论是惠而浦或其他类似的公司，都需要经济有效地管理和区分不同的品牌组合；雅虎、乐高或星巴克，也都需要使一个成功的品牌在越来越多的产品和服务环境下工作。设计投入有助于品牌管理的成功。研究表明，高级管理层对设计的支持还在不断增强，其中几家公司在过去的10年里就成功使高级管理层认可了设计的真正作用。

（6）开发和使用设计工具和技术　设计方法，如草图、原型和故事板，在整个设计过程中都可被用来开发和展示产品或服务的潜力。一些公司把设计方法实践归档到中心资源中。对于一些人来说，这个资源构成了设计过程中唯一的形式化元素，而对于其他人，它只是一个关键组件。一般地，好的设计方法的积累有以下途径。

1）方法库。一些公司将设计方法的核心文档的归档和交流作为设计过程本身的一个重要组成部分，因此需要在内部建立广泛的记录和沟通方法。这通常是通过内部网或方法库进行的，用户可以通过描述、视频、草图或流程图上传方法。现场讨论或博客可以围绕每个方法主题进行，鼓励用户贡献、讨论和交流经验，如乐高的设计实践和应急方法库、微软的用户体验最佳实践内部网以及星巴克的在线工作流管理工具等都是很好的例子。在"方法库"或类似程序中捕获和再用最佳设计实践，可以避免重复工作，提高输出的鲁棒性和效率。

2）获取知识。在一些公司中，职能部门和专家可以平等地获得方法资源，并且公司鼓励他们贡献资源。资源向来自整个业务的不同视角扩散，减少了设计驱动的阻力，这使得设计更广泛地与业务的不同功能（如程序员、开发人员或用户研究人员）相关、易懂和流行。如在微软，软件开发、用户研究和设计人员都可访问并为内部用户卓越手册做出贡献。设计方法的记录对公司有几点关键好处：①设计方法是设计师的基本工具，是展现设计师工作的重要方式。以正式的工具记录下来，还可以表明设计师和公司的工作是有价值的、值得赞赏的，并有切实的产出。②知识管理和传递是记录设计方法的另一个驱动因素，这使得其他设计师或非设计师都能够访问设计或用户体验中的方法和最佳实践。这通常是在全球范围内实现的，覆盖了许多团队和市场。

如果方法库或类似工具可供外部用户使用，公司还可以从展示其在设计和开发方面的专业知识以及与用户沟通的意愿中获益，从而建立公司的设计声誉。设计方法有助于定义项目，证明产品或服务的业务潜力，并使其贯通开发和实现阶段。此外，拥有一个能对此提出建议的资源对流程规划和管理也是有益的。

（7）促进对设计过程的正式且灵活的控制　大多数公司都有新产品和服务开发的正规设计过程。在多数情况下，如微软、乐高、索尼、惠而浦、星巴克，这一过程结构清晰，施乐公司则记录并直接在创意团队内部以及与新产品或服务开发过程有关的其他部门或团体（如工程师、软件开发人员、研发人员及用户研究人员等）间进行沟通。那些将大部分设计实施工作外包出去的公司更注重设计和品牌管理流程，该流程将设计项目带到实施阶段，并在不同程度上将项目拉回到内部设计团队，以进行创造性的迭代和开发。值得注意的是，公司所使用的设计过程，无论何时都需要持续地审查。当困难或挑战被确定为过程的一部分时（如由于产品和服务、竞争环境、用户环境和需求以及业务中的其他影响的变化），设计过程会相应地进行调整和修订。双钻模型的四个主要阶段很可能会经历这样的变化和迭代，所采用的方法、不同阶段强调的重点以及所涉及的个人和角色都会随着时间的推移而受到影响。任何设计过程的核心阶段都可以扩展或收缩，以适应特定的项目和上下文情境，从而使设计过程能反映个人需要和项目需求。一个特殊的触发因素可能是设计在公司中角色的改变，这可能导致设计在产品开发过程中所扮演的角色向上游或下游延伸。

12.4.3　双钻模型的价值与思考

英国设计协会通过对 11 家不同领域的世界领先公司的设计过程进行研究，提出了"双钻"设计过程模型，得到了国际上很多公司设计部门的认可。它体现了以下价值。

（1）让思考更具有逻辑性　双钻模型将不可见的设计思考过程拆解为两个核心部分，即确定正确的问题和找到最合适的解决方案。在日常设计中，经常会遇到在没有认清楚"问题是什么"时，就立马对解决方案进行构思或激烈讨论，这耗费了团队大量的精力和时间。

（2）重新重视问题是什么　双钻模型的第一个菱形着重解决的是找到正确的问题。通过第一个菱形的提出，原本容易被忽略的问题环节会重新受到设计团队成员的重视，这能有效避免设计方案发生方向性的偏离。

（3）让设计思考过程可见　通过双钻模型设定的思考框架，原本"黑盒"的设计思考过程被逐渐解构呈现出来，这有效地增进了团队成员对设计方案演绎过程的理解，有助于提高合作认可度和协作效率。

通过对双钻模型的解析可以看到，发现正确的问题和交付优化解决方案是一个持续假设和验证的过程。它不仅适用于产品战略范围层，也适用于设计模式的细小点，甚至在对日常生活问题的分析中也同样适用。但也要看到，双钻设计过程毕竟是一个方法模型，它不是设计指导思想或者具体的设计思路，在应用中还需要结合用户的目标、任务、行为、态度、情境、体验期望等多角度综合分析。尽管如此，双钻模型无疑有助于设计师将观察到的结果演绎成设计思考，再将设计思考表达为合适的设计方案，帮助更好地服务用户。

思考题

1. 简述双钻模型研究的背景。
2. 试述双钻设计过程的基本步骤。
3. 试结合设计案例，给出应用双钻模型的具体步骤。
4. 结合自己的设计实践，试述双钻模型的优缺点。
5. 试述双钻模型的价值。
6. 试述卓越设计管理的关键活动包括哪些方面。

第13章　用户体验的量化方法

用户体验的复杂性、涉及物质和非物质因素的广泛性，造成了长期以来多采用定性研究方法。相比之下，量化研究能从构成因素及其量值上更好地评测产品使用的体验情况，实现对其交互属性评价的精确化。常用的用户体验量化方法的基本思路都是对关键要素打分，将具有定性特征的满意度、喜欢或厌恶等主观感受以数值的形式表示，并根据各要素对目标的相对重要性赋予权重，最终得到量化的结果。尽管做了不少努力以消除数据的主观性，但由于基于个体感受的打分等做法，现有的体验量化方法依然受到主观因素的影响。

13.1　用户体验量化的概念

度量（Metrics）是指以数值方式测量或评价特定的对象。用户体验的量化，就是利用建立在一套系统化测量体系上的科学方法，对用户与产品交互时的主观感受进行数值化的度量。传统上认为，"用户体验"是纯感性的东西，其设计、评估和度量大都是在定性的范畴内进行的。但针对特定的人群，在可准确描述其特征的环境下，用户的"体验"就存在量化的可能。体验的量化能从量值上揭示用户对特定产品体验的强度。一套科学的量化方法可以回答用户对某产品的喜欢程度；某新产品使用的前期、中期、后期用户感受的强度量级分别是多少；某产品中对用户感受影响较大因素是哪些及其程度；开发人员与用户对产品体验认识的量化差异等。

用户体验量化方法可分为两类，即简单量化法和综合量化法。前者是给产品属性，包括外观、色彩、功能、可用性、效率/效能、品牌、服务等影响用户感受的因素赋予经验分值，对各项指标打分的结果进行简单累加，来判定体验度的量级；后者是在简单量化赋予属性经验分值的基础上，依据产品属性相对于目标的重要性赋予其经验权重，将指标得分乘以其权重并进行累加，最终得到的结果被认为是符合目标产品体验的度量。

一个量化的分析工具能提供有事实依据的建议，而不仅仅是主观臆断和倾向性观点。用户体验量化研究的作用包括：尽可能消除个人偏见（主观因素）对体验效果评价的影响；让不同背景的人能够在理解产品上达成共识；创建基准规则，以便将产品与其竞品或过去的开发努力做量值上的比较；为客户提供一个关于产品体验优缺点的数值依据和可视化的展示；为设计师有针对性地改进产品属性的体验提供可参考的、量化的依据。

13.2 用户体验量化方法概述

虽然对用户体验的研究通常是定性的,但对产品体验效果好坏的评价通常可以通过转换量、完成率、完成时间、感知的满意度、推荐值和销售量等相关因素来量化。一般来说,用户体验的量化可以通过确定体验目标、识别关键要素、要素的分析与量化、要素权重的确定、用户体验量化建模以及结果分析与评估这一过程来实现(见图 13-1)。

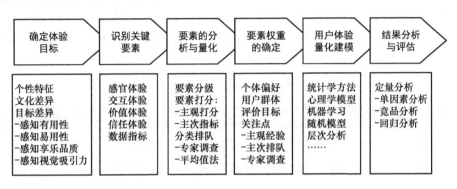

图 13-1 用户体验量化的过程

13.2.1 确定体验目标

用户对特定产品的体验是在使用过程中所感受到、所获得的全部内容的总和。它包含多种因素的交叉作用及其对用户心理所产生的复合作用结果,用户的偏好、研究与评估的目标也会对所包含因素的处理产生影响。例如,与认知线索相关的和与情感线索相关的体验,在其追求的目标上是存在差异的。前者关注的是理性因素,而后者更多关注感性因素。有学者从信息处理的角度将用户体验划分成四个维度,即感知有用性、感知易用性、感知享乐品质和感知视觉吸引力。对这四个维度进行深入考察得知,其追求的体验目标各不相同,不同维度的体验目标对产品总的体验目标的贡献也是不同的。而且,体验目标对体验关键要素的确定也具有不可忽视的影响。如对网页设计来说,感知视觉吸引力可能更关注色彩、布局、文本属性等要素,而感知有用性可能更关注功能设置、超链接等交互操作方面。

确定体验目标需要针对产品对象的特殊性,客观、科学地定义其体验研究的目标。如与用户体验相关的上述四个不同的维度,分别具有由其维度关键属性所决定的用户体验度,这分别对应着不同的体验目标,当从多个维度来综合确定产品的用户体验目标时,每个子目标就需要按照其对总目标贡献的大小赋予其权重约束,以构成总的评价目标。

13.2.2 识别关键要素

关键要素是指与体验目标密切相关的那些因素。对于每一个产品来说,其包含的用户体验要素是不一样的，且同样的要素对不同的用户体验目标来说其阐释也是不一样的。关键要素的识别取决于体验的目标。用户体验不只是对某个产品的体验，也延伸到对企业价值的体验。例如，使用苹果手机是一种时尚的感觉，使人感觉自己的社会地位似乎进入了某个特殊群体，这就是体验的社会价值属性。关键要素就隐含在从产品属性到企业品牌价值，甚至售后服务这样一个价值链条当中。

关键要素的识别离不开研究对象的具体情况。传统的用户体验评估方法大都是直接利用雅克布·尼尔森（Jakob Nielsen）的可用性评价标准，包括有效性、效率、易学性、容错性、满意度、一致性、可视性、可控性和友好性等。也有人把用户体验的关键要素概括为可用性、美感、内容、功能、品牌等。表 13-1 是某网站的用户体验关键要素示例，包括感官体验、交互体验、情感体验、价值体验、信任体验和数据指标等几大项。

表 13-1 某网站的用户体验关键要素示例

大项	子项	详细	子分数
感官体验	精准定位	设计对受众定位清晰，符合该设计目标用户群的使用体验	
	设计潮流	清新、简约、简洁、精简、极简，更有人情味与趣味的设计风格	
	logo 设计	合乎时代潮流；强烈的视觉形式感和高度的艺术性；易于识别和记忆；具有高度的概括力；符合行业特征；具有现代感；简洁、生动、形象；具有扩展性，为重大事件节日专门设计；信赖度很高；给人亲切、和蔼的感觉	
	性能稳定	页面访问响应速度快，能够应对 ××× 万用户同时发出的请求，系统不崩溃，能够抵挡住黑客的攻击，保证用户的数据不会丢失等	
	页面布局	页面的布局要重点突出、主次分明，加强对用户在视觉上的引导等	
	页面色彩	产品的页面色彩要与 logo 相统一、相呼应，主色调＋辅助色不超过三种颜色	
	内容质量	图片像素高，整齐、清晰、美观，大图要有视觉冲击力；音乐品质有流畅音质、高品音质、超品音质和完美音质，力求高品音质、超品音质和完美音质；视频有标清、高清和超清	
	兼容适配	浏览器的兼容性和不同手机操作系统、手机型号、屏幕的适配性等	
	……		
交互体验	导航清晰	清晰标示用户当前所处位置，退路在哪儿，可以去哪儿，下一步去哪儿，怎么去，附近有什么；在合适的页面区域出现全局、区域、情境和辅助性等导航	
	搜索方便	符合用户寻找信息的心智模型。地毯式：一个也不能少，一个也不放过；探索式：开始并不知道具体要什么，然后慢慢锁定某一个范围；已知式：明确知道自己要找什么，直接锁定；返回式：上次已经找到过，下次方便再次找到	
	路径简短	完成任务尽可能控制在三步之内，完成某项任务所花费的步骤和时间最短最好；用户完成时间要短，成功率及满意度要高	
	容错性好	设计限制因素，突出正确操作，隐藏可能的错误操作，减少误操作等	

（续）

大项	子项	详细	子分数
交互体验	主次原则	导航、功能操作、内容要有主次之分，越重要的一级导航越要放在显眼、重要的位置；最重要的操作在外面显示，不重要的操作放在"更多"或向下的箭头里隐藏显示，用户需要的时候鼠标悬停或单击之后才显示；重要的内容或推荐的内容与普通的内容要从样式上有所区分等	
	直接原则	能在当前页面完成的操作尽量在当前页面完成，尽量减少用户在页面之间的跳转等	
	统一原则	功能、内容、样式、设计风格、文字等方面保持统一，降低用户的认知难度和操作成本	
	少做原则	能让用户选择的就不要用户自己手动输入，如提供选择项，或输入结果建议等，减少用户的记忆负担，根据需要，可实现用户的拖拽功能等	
	反馈原则	尽量对每个操作做到人机交互反馈，让用户清楚地知道目前状态，减少疑惑，有时候还能起到引导用户操作的目的	
	对称原则	原始状态——用户操作——用户取消操作——恢复到原始状态，给用户反悔的机会	
	简洁原则	为用户着想，文案简洁，切忌冗长啰唆，易懂，信息传达快速，符合语言表达习惯	
	……		
情感体验	尊重用户	不强制用户使用，供用户自己选择，不骚扰用户，以用户的利益为重；重大更新或系统维护，为避免用户利益遭受损失，提前 1 ~ 2 天发布系统更新的通知和公告；尊重用户的隐私，不泄露用户的相关信息和数据等	
	用户惊喜	赠送用户礼物，用户积极参加活动有惊喜，重大节日礼物大派送，促销活动，举办会员优惠活动，给予用户实实在在的利益；根据用户的行为轨迹，进行个性化的推荐等	
	亲和友好	每个操作（操作前、操作成功、操作失败）的提示语不要恐吓用户，语气不生硬，要有亲和力，进行友好提示等	
	用户满意	提供用户评论、投票、评级等功能，为用户提出的疑问、意见和建议进行及时专业解答；若用户不满意，可进行投诉等	
	情感共鸣	给用户定期发送邮件、短信问候，召回、唤醒用户；给用户发送生日祝福，引起用户感情上的共鸣，提高用户的回头率和忠诚度等	
	细致关怀	细化用户使用产品的场景，在不同的场景提供不同的功能供用户选择使用，对用户关怀备至，照顾细致周到等	
	……		
价值体验	基本价值	产品的功能和内容满足用户的基本型需求，解决用户需求的痛处，给用户提供基本效用	
	期望价值	产品的功能和内容引导用户的期望型需求，解决用户需求的痒处，给用户提供精神愉悦	
	附加价值	产品的功能和内容创造用户的兴奋型需求，解决用户需求的暗处，给用户提供兴奋体验	
	……		

（续）

大项	子项	详细	子分数
信任体验	页脚（Footer）信息	提供关于我们、联系信息、服务条款、友情链接、网站备案以及相关部门颁发的诚信标志、许可证等，电商网站开通的第三方支付工具等	
	隐私保护	声明保护用户的隐私，鼓励用户填写个人相关信息，不向第三方公开和泄露与用户利益密切相关的信息和数据，及时清除用户的使用痕迹等	
	权威推荐	编辑推荐、店长推荐、热门推荐、精华推荐、专家推荐、明星推荐，信用勋章、资历等级等	
	成功案例	用成功案例说话，用事实说话，用数字说话，增强用户的信任感等	
	……		
数据指标	网站转化率	网站转化率（Conversion Rate）是指用户进行了相应目标行动的访问次数与总访问次数的比率。相应的行动可以是用户登录、用户注册、用户订阅、用户下载、用户购买等一系列用户行为。简而言之，就是当访客访问网站的时候，把访客转化成网站常驻用户，也可以理解为访客到用户的转换。 以用户登录为例，如果每100次访问中，有10个登录网站，那么此网站的登录转化率就为10%；而最后有2个用户订阅，则订阅转化率为2%；有一个用户下订单购买，则购买转化率为1% 计算公式为网站转化率=（浏览产品人数/进站总人数）×（进入购买流程人数/浏览产品人数）×（订单数/进入购买流程人数）	
	……		

13.2.3 要素的分析与量化

要素的量化就是依其重要性赋予分值。量化的目的是为后续的数学建模提供数值基础。分值的高低反映了要素对体验目标影响的大小，影响大分值就高，反之就小。要素分值的取值范围一般为 [0,100]，也有采用五分制或十分制的情况，低分值表示要素重要性低，其影响也小，反之亦然。例如，国际电信联盟（ITU）建议的"平均评估分值"（Mean Opinion Score，MOS）是将用户的主观感受分为五个层次（见表 13-2）。

表 13-2　平均评估分值

MOS	体验质量（QoE）	损害程度
5	优	不能察觉
4	良	可察觉但不严重
3	中	轻微
2	次	严重
1	劣	非常严重

要素分值的给定通常通过用户访谈或问卷的方式，可采用要素主观打分法、主次指标分类排队法和专家调查法等，详细介绍可参考 13.2.4 节。为确保要素赋值的客观性，也可以邀请不同的用户对同一要素进行打分，取其均值作为最终的要素分值。有时候，每个要素也可以由一系列解释项所组成，这时，要素的分值可采取给每个解释项打分、赋予权重并通过计算得到其最终的分值。

13.2.4　要素权重的确定

权重是一个相对的概念，是针对某一指标而言的。某一指标的权重是指该指标在整体评价中的相对重要程度。要素的权重是一个要素对体验目标贡献度的数值表示，它与用户偏好、体验评价的目标都有密切的联系。例如，每个用户对每一种产品的关注点都是不一样的，这也造成了其对产品偏好的不同：看重美学特性的用户，更偏向于生动的隐喻设计方式（Metaphor-based）；而看重可用性特性的用户，则偏向于严谨的菜单设计方式（Menu-based）。在这种情况下，对于不同的用户，每个上述关键要素对体验目标的影响程度也出现了差异。另外，不同的用户群体有不同的用户特征。例如，学生群体青春时尚而富有朝气，那么时尚美感对用户体验影响的权重就会大一些；对于老年人，由于其操作能力有所下降，可用性、功能要素对用户体验影响的权重就会更大。因此，对于每一个核心要素也要进行权重的衡量。

一般来说，权重的取值通常在 [0,1] 范围内，且所有要素权重的和为 1，即 $\sum_{i=1}^{n} w_i = 1$，$w_i \in [0,1]$。对体验目标影响大的要素的权重较大，反之则较小。权重赋值的科学性、客观性在某种程度上也决定了体验强度的客观正确性。通常设置权重的方法有三种：①主观经验法。这是指凭以往的经验直接给要素设定权重，一般适用于对研究对象非常熟悉和了解的情况；②主次指标排队分类法，也称 ABC 分类法。顾名思义，其具体操作分为排队和设置权重两步：排队是将要素指标体系中的所有指标按照一定标准，如按照其重要程度进行排列；设置权重则是在排队的基础上，按照 A、B、C 三类指标设置权重。③专家调查法。这是指聘请熟悉研究内容的有关专家对体验研究的产品对象进行研究，再由每位专家独立地对各个要素设置权重，然后对每个要素的权重取平均值作为其最终权重。同样的要素对不同的人来说其权重可能不一样，而不同层次的要素其权重也是不同的。实践中，应综合运用各种方法，科学地设置要素权重，并可根据需要适时地进行调整。

13.2.5　用户体验量化建模

量化建模是指把数学方法应用于科学数据，以使构造出来的模型得到经验上的支持，并获得数值结果。量化模型是基于理论与观察的并行发展，而理论与观测又通过适当的推断方法得以联系。用户体验量化建模就是把用户体验设计的各关键要素利用一种数学方法表达出来，通过对各要素分值及其权重的加权计算，进而得到用户体验度的数值结果。

有很多数学方法可以用来进行用户体验的量化建模，如基于统计学的方法、基于韦伯 - 费希纳定律的心理学方法、基于机器学习的人工智能方法、基于随机模型的方法及基于层次分析的模糊建模方法等。但这些方法大多涉及复杂的计算过程，且每种方法只提供针对某个方面体验要素的表达，缺乏综合性。因此作为示例，本书采用具有较好综合性且直观易懂的加权量化模型建模方法，简述如下。

一旦确定了关键要素和权重，则用户体验的加权量化模型可以表示为

$$\begin{cases} U_x = w_1 U_1 + w_2 U_2 + \cdots + w_n U_n = \sum_{i=1}^{n} w_i U_i \\ \sum_{i=1}^{n} w_i = 1, 0 \leqslant U_i \leqslant 100 \end{cases}, \ i=1,\cdots,n \quad (13\text{-}1)$$

式中，U_x 代表产品的用户体验度；U_i 代表第 i 个要素的分值；w_i 代表第 i 个要素的权重，且 $\sum_{i=1}^{n} w_i = 1$；n 代表要素的个数。

13.2.6 结果分析与评估

对一个产品的用户体验量化结果的分析，不仅可以从整体把握用户对产品的感觉如何、看法好坏，而且可以定量地分析具体每一个体验要素的优劣及影响，并由此制定产品的改良计划，或进行产品的迭代设计。这也可以用在产品的设计开发过程中，以减少设计的盲目性和经验主义，节省产品的开发成本。

有很多分析方法可用于对用户体验度量的结果值进行量化分析。例如单因素分析法和竞品分析等。单因素分析法可以通过对该要素所包含的解释项权重进行打分，那么式（13-1）模型给出的结果就是该要素在新得分条件下的用户体验值。对竞品分析来说，上述基于核心用户体验要素及其权重测量方法的用户体验数值计算模型，能够充分地测量不同用户的偏好和满意度，适用于对同一种类的产品进行不同用户体验度的数值对比分析。

13.3 样本容量

13.3.1 抽样方法

抽样方法会影响样本数量的确定。常用的抽样方法有重复抽样和非重复抽样两大类。例如，同一用户在不同的时段参与同样问题的访谈，属于重复样本，这种抽样方法属于重复抽样；同一用户在不同的时段参与不同问题或在相同的时段参与不同问题的访谈，属于非重复样本，这种抽样方法属于非重复抽样。访谈及问卷类用户研究多采用非重复抽样方法。对于非重复抽样，若按样本被抽中的概率来分，抽样方法可分为随机抽样和非随机抽样。随机抽样也称等距抽样，是指被调查对象总体中的每个部分都有同等被抽中的可能，是完全依照机会均等的原则进行的抽样。它适用于总体分布范围不广、总体

规模不大或总体内个体差异程度不高的情况。随机抽样也可细分为简单随机抽样、系统随机抽样、分层随机抽样、集体抽样、多段抽样和多期抽样等。非随机抽样是指抽样是按照研究人员的主观经验或其他条件来进行的一种抽样。它适用于样本分布广、规模大、个体差异度高的情况，如严格的概率抽样几乎无法进行、调查目的仅是对问题的初步探索或提出假设、被调查对象不确定或根本无法确定及总体各单位间离散程度不大且调查人员有丰富调查经验等。非随机抽样也可细分为立意抽样、偶遇抽样、定额抽样等。

非重复抽样可按抽样方式分为单纯随机抽样、系统抽样、整群抽样和分层抽样四种方式。

（1）单纯随机抽样　这是指将全部被调查对象编号，再用抽签法或随机数字表随机抽取部分对象组成样本。它具有操作简单，均数、概率及相应的标准误计算简单等优点；缺点是当总体较大时，难以一一编号。

（2）系统抽样　它又称机械抽样、等距抽样，即先将全部被调查对象按某一顺序分成 n 个部分，再从第一部分随机抽取第 k 号对象，依次用等间距从每部分各抽取一个对象组成样本。它具有易于理解、简便易行的优点；缺点是当总体有周期或增减趋势时，易产生偏性。

（3）分层抽样　这是指先按对观察指标影响较大的某种特征将总体分为若干个类别，再从每一层内随机抽取一定数量的被调查对象合起来组成样本，有按比例分配和最优分配两种方案。它具有样本代表性好，抽样误差小的优点，适用于总体规模大、内部构造复杂、差异大且分类明显的情况；缺点是抽样手续相较简单随机抽样要繁杂一些。

（4）整群抽样　这是指先总体分群，再随机抽取几个群组成样本，群内全部调查。它具有便于组织、节省经费的优点，适用于总体分布范围广、规模大、分类不明显的情况；缺点是抽样误差大于单纯随机抽样。

以上方法都属于单阶段抽样，其抽样误差一般是整群抽样≥单纯随机抽样≥系统抽样≥分层抽样。实践中，常根据情况将整个抽样过程分为若干阶段来进行，即多阶段抽样。

13.3.2　样本容量的概念

样本容量又称样本数，是指一个样本的必要抽样单位数目。进行用户研究时，对与产品相关的各类型用户都要有全面的研究，不可偏于一隅。例如，对一款为年轻人设计的电子产品进行用户研究时，不仅要注意年龄段因素，也要注意这一年龄段人群的社会分布，以及这些人的社会背景、地域分布、传统习惯等因素。此外，还需要有足够多的人数参加，研究结果才能更客观、更具代表性。这一必要的人数就是样本容量。

在抽样调查时，抽样误差的大小直接影响样本指标代表性的好坏，而必要的样本数目是保证抽样误差不超过给定范围的重要因素。合理确定样本容量的意义是：①样本容量过大会增加调查工作量，造成人力、物力、财力和时间的浪费；②样本容量过小则对总体缺乏足够的代表性，从而难以保证推算结果的精确度和可靠性。确定样本容量的基本原则包括：①在既定的费用和时间约束下，可使抽样误差尽可能小、精度和可靠性

尽可能高；②在既定的精确度和可靠性下，可使费用尽可能少，同时保证抽样推断的最
好效果。

13.3.3 定性研究的样本容量

定性研究也称质化研究，是社会科学领域的一种基本研究范式。它通过发掘问题、
理解事件现象、分析人类的行为与观点以及回答提问来获取敏锐的洞察力。如果说定量
研究解决的是"是什么"的问题，那么定性研究解决的就是"为什么"的问题，而不是
"怎么办"。对定性用户研究来说，若聚焦细分用户群体，则每一类细分群体定性访谈的
合理样本容量是 6 ~ 8 人，最少 6 个人。这是一个经验数据，来自尼尔森关于可用性测试
的经典理论。他通过对大样本用户群体进行研究，得出 6 ~ 8 人便可以找到产品 80% 以
上可用性问题的结论。之后，随着样本容量的扩大，所获得的有用信息增量会趋于平缓
（见图 13-2）。

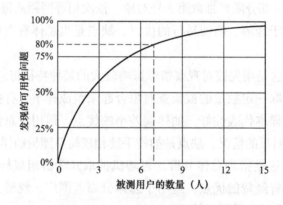

图 13-2　定性研究样本容量与发现可用性问题的关系

在定性研究中，不同类型的用户研究所需的样本容量也不同。例如，产品可用性研
究样本容量为 6 ~ 8 人，这对于探究可用性问题非常廉价可靠；对启发式评估，6 人就可
以发现 70% 以上的问题；对眼动研究，定性研究需 10 个样本，这是一个经验数据，而其
定量研究则需 30 个左右样本，这是眼动研究中的基础样本容量。其他研究的样本容量可
以根据经验来设定，或参考相关的研究文献来确定。定性研究时找到最有代表性的用户
群体是最重要的，数量是其次。

13.3.4 定量研究的样本容量

对定量研究来说，样本容量的确定比较复杂，主要考虑因素有决策的重要性、调研
的性质、变量个数、数据分析的性质、同类研究中所用的样本容量、发生率、完成率、
资源限制等。越重要的决定，需要的信息越多、越准确，就需要越大的样本容量。一般
来说，探索性研究的样本容量一般比较小；而结论性研究，如描述性的调查，就需要较
大的样本容量；若要收集许多相关变量的数据，样本容量就要大一些，以减少抽样误差
的累积效应；如需采用多元统计方法，对数据进行复杂的高级分析，样本容量也应当较

大；如果要做特别详细的分析，如分类问题等，也需要大样本容量。此外，针对子样本的分析比只限于对总样本的分析所需要的样本容量要大得多。

1. 影响样本容量的因素

定量研究的样本容量与置信区间有关。置信区间是指由样本统计量所构造的总体参数的估计区间。在一定的抽样方式下建立置信区间所需样本容量的大小取决于以下因素：

（1）置信度　即总体参数真值落在置信区间内的可靠程度。要求较高的置信度，就需要较大的样本容量，置信度越高，样本容量就要越大。

（2）估计的精度　即置信区间的宽度。要求较高的置信度会扩大置信区间的宽度，也降低了估计的精度。既要提高估计的精度，又不降低估计的可靠度，就必须增大样本容量。

（3）建立置信区间的费用　增大样本容量可以提高置信区间的置信度和估计的精度，但也不是越大越好，因为这会延长调查时间，增大工作量和成本费用，还有可能增大调查误差。

2. 允许误差为均值时样本容量的确定

定量用户研究多采用有限总体不重复抽样，这时的允许误差可以表示为

$$\Delta = Z_{\alpha/2} \frac{\sigma}{\sqrt{n}} \sqrt{\frac{N-n}{N-1}} \qquad (13\text{-}2)$$

式中，Δ 表示总体平均值与样本平均值的绝对误差；$Z_{\alpha/2}$ 表示标准正态分布 α 水平的双侧分位数，通常可查正态分布表获得；σ 表示总体方差；n 表示抽取的样本数；N 表示样本总数。

相应的样本容量的计算公式为

$$n = \frac{N Z_{\alpha/2}^2 \sigma^2}{(N-1)\Delta^2 + Z_{\alpha/2}^2 \sigma^2} \qquad (13\text{-}3)$$

可见，样本容量 n 与置信度所对应的标准正态分布的双侧分位数 $Z_{\alpha/2}$ 的平方成正比。置信度越高，要求样本容量就越大；样本容量 n 与总体方差 σ^2 成正比。总体方差越大，要求样本容量就越大；样本容量 n 与允许误差 Δ 成反比。增大允许误差，也就是扩大置信区间的宽度会降低估计的精度，相应地可以减少样本容量。在实际应用时，如果总体方差 σ^2 未知，则可用它的无偏估计量样本方差也即标准差 S^2 来代替。

【例 13-1】 某工厂共有 800 名装配工人，流水线上的装配工人每安装一个零件平均所需时间为 15min，标准差为 3min。如果要求置信度为 99%，估计的误差不超过 20s，求不重复抽样方法下应抽取多少工人作为样本。

解　已知总样本数 $N=800$，允许误差 $\Delta = \dfrac{20}{60} = \dfrac{1}{3}$ min，标准差 $\sigma = 3$min，$\alpha = 1-99\% = 0.01$，查正态分布表可得 $Z_{0.01/2} = 2.58$，代入式（13-3），可得不重复抽样方法下的样本容量为

$$n = \frac{NZ_{\alpha/2}^2 \sigma^2}{(N-1)\Delta^2 + Z_{\alpha/2}^2 \sigma^2} = \frac{800 \times 2.58^2 \times 3^2}{(800-1) \times (1/3)^2 + 2.58^2 \times 3^2} 人 \approx 323 人$$

3. 允许误差为比例值时样本容量的确定

当允许误差采用比例表示时，允许误差为

$$\Delta = Z_{\alpha/2} \sqrt{\frac{p(1-p)}{n}} \sqrt{\frac{N-n}{N-1}} \tag{13-4}$$

式中，Δ 为允许误差，表示总体比例 p 与样本比例 $\overline{p}$ 的绝对误差不超过 Δ；$Z_{\alpha/2}$ 表示标准正态分布系数；n 表示抽取的样本总数；N 表示样本总数。

这时有限总体不重复抽样样本容量的计算公式为

$$n = \frac{NZ_{\alpha/2}^2 p(1-p)}{(N-1)\Delta^2 + Z_{\alpha/2}^2 p(1-p)} \tag{13-5}$$

【例 13-2】根据历史资料，天津市 2000 年人口数为 912 万人，人口出生率大约为 10‰，如果要求相对误差不超过 10%，置信度为 95%，求在不重复抽样方法下应抽取多少人作为样本。

解 已知样本总数为 N=9120000，$\overline{p}$ =10‰=0.01，相对误差为 Δ =10‰×10%=1‰= 0.001，α =1-95%=0.05，查正态分布表可得 $Z_{0.05/2}$=1.96，代入式（13-5）可得

$$n = \frac{NZ_{\alpha/2}^2 p(1-p)}{(N-1)\Delta^2 + Z_{\alpha/2}^2 p(1-p)}$$

$$= \frac{9120000 \times 1.96^2 \times 0.01 \times (1-0.01)}{(9120000-1) \times (0.001)^2 + 1.96^2 \times 0.01 \times (1-0.01)} 人 \approx 37874 人$$

即应抽取 37874 人作为样本。

13.4 用户体验量化方法的应用

下面分别结合基于要素和基于层次的例子，来说明用户体验量化方法的应用。

13.4.1 基于要素的用户体验量化

美国信息架构师皮特·莫维里（Peter Morville）对网站的用户体验进行了总结，并设计出一个描绘用户体验要素的蜂窝模型，包括可用性、有用性、可靠性、满意度、可获得性、可找到性和价值性要素（见图 13-3）。该蜂窝模型清楚地描述了用户体验的组成元素，也说明了良好的用户体验不仅是指可用性，而且在可用性之外还有其他一些很重要的东西。例如，可用性，是指产品对用户来说有效、易学、高效、好记、少错和令人满意的程度。它实际上是从用户角度所看到的产品质量，是产品竞争力的核心，也是衡量产品在投入使用后实际使用的效能。在某种意义上，可用性也是设备或系统的可靠性、

可维护性和维护支持性的综合反映。有用性，是指设计的网站应当是有用的，而不应局限于上级的条条框框去设计一些对用户来说根本毫无用处的东西；可找到性，是指网站应当提供良好的导航和定位元素，使用户能很快找到所需信息，并且知道自身所在的位置，不至于迷航；可获得性，要求网站信息应当能为所有用户所获得，这是专门针对残疾人而言的，如盲人，网站也要能支持这种功能；满意度，是指网站元素应当满足用户的各种情感体验期望，是情感设计的要求；可靠性，是指网站的元素应该是能够让用户所信赖的，要尽量设计和提供这样的组件；价值性，是指网站要能盈利，而对非营利性网站，则应能促使实现网站预期的目标等。

图 13-3　网站用户体验要素蜂窝模型

　　在进行网站设计时，如参照这几个要素，将会大大提高网站设计水平和用户体验质量。当然，也应根据网站的环境、网站用户和内容信息构建这三个主要方面来考虑，寻求最佳平衡点，以确定网站所需要采用的体验要素以及各要素在网站中的重要程度。

　　为进一步直观地量化用户体验，2006 年美国学者厄瑞茨·凯肯 – 基尔（Erez Kikin-Gil）基于莫维里的模型创建了用户体验蜂窝模型量化雷达图（见图 13-4）。它通过分别为

产品X的用户体验评价表						
	可用性	满意度	可找到性	可获得性	可靠性	价值性	有用性
2006-06-21	8	4	5	4	3	8	6
2006-07-21	7	6	5	4	3	8	6
2006-08-21	6	8	5	4	3	8	6

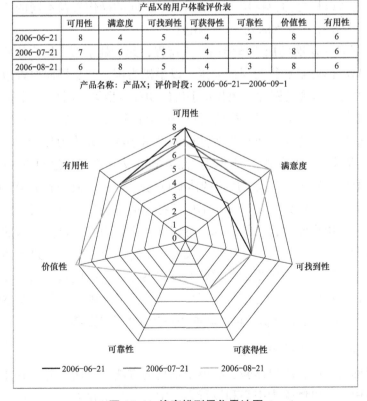

图 13-4　蜂窝模型量化雷达图

七项因素进行简单赋值（0～10），清晰地展现了系统的体验特征。数值的大小来自定性访谈和定量打分的结果。具体过程为：首先，在用户使用过产品的基础上，对其进行启发式访谈及问卷调查；其次，了解用户对产品七个方面的看法，引导用户分别对七个因素进行打分；最后，依据用户对七个体验指标的打分情况制作量表和雷达图。雷达图的每个坐标轴均代表一个体验指标，并与模型中用户体验的七个指标一一对应。蜂窝模型量化雷达图可用于整个产品开发周期。研发人员可以定期地对所开发的产品进行测量评估，比较产品在不同阶段体验分量指标的得分情况，并以此作为下一阶段开发完善的依据，以确保设计师对产品体验方向的正确把握。

13.4.2 基于层次的用户体验量化

国内有学者于 2008 年提出了基于层次的用户体验量化方法，该方法以层次为基础，来寻找每个层次的组成要素及要素之间的相互关系，并依照层次划分来确定研究的目标及其要素，再通过要素打分、设定权重等，构建用户体验量化模型。

1. 用户体验层次模型的构建

用户体验层次模型的构建，首先需要明确体验是如何产生的。这需要建立一个囊括全部要素在内并能表明各要素之间相互关系的用户体验层次结构。美国认知心理学家唐纳德·诺曼（Donald Arthur Norman）认为，用户体验是一种与交互相关的感受的集合，这为体验层次结构的构建提供了依据。结合诺曼的理论，从用户体验的流程出发进行模糊的层次划分。之所以称之为模糊层次，是因为对不同的操作者及不同的产品甚至不同的任务来说，每个层次中各要素的划分不尽相同。

图 13-5 显示了基于层次的用户体验的产生流程，元素处于整个用户体验模糊层次的最底层，包括产品层面要素和行为层面要素。以手机为例，产品层面要素包括手机所发出的声音、光，手机所呈现的图片、视频及手机的物理造型等；而行为层面要素包括按、长按、单击、双击等。行为交互层是指使用户与产品进行交互的单元。将图 13-5 的内容按照发生的先后顺序进行重构，可以得到体验的逻辑层次，并称为目标层、行为层、体验层，如图 13-6 所示。不难发现，用户与产品之间的交互都可以通过图 13-6 中的行为单元来完成；若干个行为交互形成了用户的体验行为；若干个体验行为形成了用户体验。这三个层次与诺曼在其《设计心理学》一书中所提出的本能层、行为层、反思层的理论相对应。在目标层，用户要对自己的目标进行识别，得到为实现目标所需的信息与操作方式，从而进入行为层；在行为层，用户完成若干个行为交互，最后进入体验层；在体验层，用户会产生不同的主观感受，这需要通过问卷方法进行度量。用户在体验层形成最终的主观感受，而目标层、行为层既是用户主观感受的原因，又是主观感受的客观记录。通过对目标层、行为层的分析，可以获取用户相应的主观感受。

2. 用户体验层次模型的量化方法

由于针对目标的不同，用户体验层次模型量化的方法也有所差异。具体来说，层次模型有以任务为中心、以体验为中心和以行为为中心三种量化方法。三种方法对应三个不同目标，每个目标分别由不同的要素组成，各要素之间存在着耦合关系。这种分别以任务、行为和体验为目标的量化方法，有助于厘清任务和行为对整体产品体验的贡献。

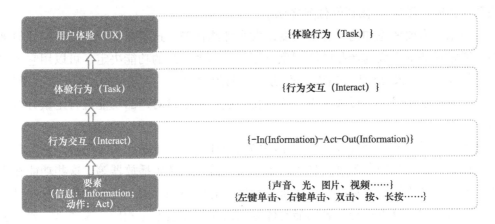

图 13-5　用户体验模糊层次模型

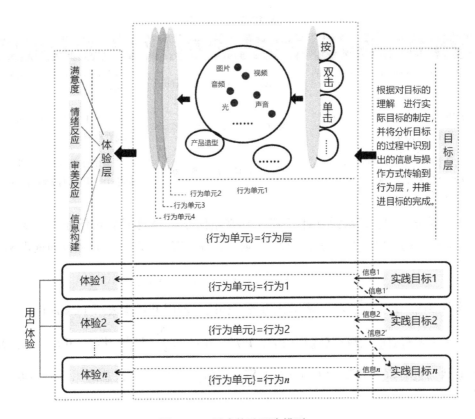

图 13-6　用户体验层次模型

（1）以任务为中心的量化方法　以任务为中心的量化方法，是从目标层出发，通过对客观事物的评测来量化用户在使用产品过程中的体验，是对每个任务进行定量分析的过程。目标层是针对用户的需求而构建的，在此之所以称之为以任务为中心的量化方法，是因为任务是用户为完成目标所做出的行为的客观表征。实践中，用户往往是在有了一定目标之后，为了完成这个目标而首先为自身制定若干个阶段性任务（阶段性目标），每个阶段性任务的完成都伴随着一个阶段性目标的实现。因此，目标和任务之间存在这样的关系：目标＝任务＝{阶段性任务之和}。

接下来，需要考虑如何从客观角度出发来评测任务。这就需要了解任务是如何被完成的。通常任务的完成与产品的功能息息相关，因为产品的功能决定了可以用它来完成什么样的任务，以及如何用它来完成任务。产品的功能是客观存在的，是可以被量化的，因此，从目标层出发的以任务为中心的量化方法，是通过对产品功能进行定量分析来实现的。

这里以手机为例来阐述以任务为中心的用户体验量化方法。对于手机，它的功能包括打电话、短信、拍照、闹钟、日历、备忘录、游戏、音乐播放器等。这些功能在用户中受欢迎的程度不同，各功能的操作难易程度也有所不同，甚至各功能为用户提供信息的效率也有不同，这直接导致各功能对体验的影响程度也不尽相同，这些是需要要去评测的。这一系列的评测称为任务评测，具体内容见表 13-3。

表 13-3　任务评测

任务描述	与手机相关的任务（功能）	评测描述
常用（Common Use）：经常进行的任务	打电话、短信、闹钟、日历等	受到广泛欢迎、操作简便、信息获取效率高
非常用（Unusual Common Use）：特性情况下进行的任务	字典、计算器、备忘录等	不受到广泛的欢迎、操作顺利、信息获取有效
个性常用（Personal Common Use）：特定人群经常进行的任务	拍照、游戏、音乐播放器等	收到个性群体的额欢迎、能够提供给个性群体以需要的信息

假设任务（T）可分为常用任务 T_c、非常用任务 T_{uc} 及个性常用任务 T_{pc}，若将第 i 个任务（Task）的分值（Score）记为 ST_i，则 $ST_i = ST_{ci} + ST_{uci} + ST_{pci}$。用户体验的量化 ST 为

$$ST = \sum_{i=1}^{n}(ST_{ci} + ST_{uci} + ST_{pci}) \tag{13-6}$$

实践表明，T_c、T_{uc}、T_{pc} 三者的比重各不相同。若用 WT^i 来表示 Task(i) 在 {task} 中的权重，则三者所对应的权重分别为 WT_c^i、WT_{uc}^i、WT_{pc}^i 且 $\sum_{i=1}^{N}(WT_c^i + WT_{uc}^i + WT_{pc}^i) = 1$，若 N 为任务总数，且有 $ST_i = WT_c^i \times ST_{ci} + WT_{uc}^i \times ST_{uci} + WT_{pc}^i \times ST_{pci}$，那么总的用户体验度 ST 可表达为

$$\begin{aligned} ST &= \sum_{i=1}^{N} ST_i \\ &= \sum_{i=1}^{N}(WT_c^i \times ST_{ci} + WT_{uc}^i \times ST_{uci} + WT_{pc}^i \times ST_{pci}) \end{aligned} \tag{13-7}$$

在以任务为中心的量化方法使用的过程中，重点是通过评测描述中的各个点来计算各任务在体验过程中的影响权重。这些权重通常是因产品而异的。

（2）以行为为中心的量化方法　以行为为中心的量化方法，是从行为层出发，通过分析客观因素来量化用户体验。在以行为为中心的量化方法中，需要分析行为过程中存在哪些变量，这些变量之间存在什么样的关系，以最终获得可以衡量目标完成情况的具体数值。为了更清晰地解释以行为为中心的量化，在此将行为交互的过程具体地表达为信息输入、动作（操作行为）、信息输出这样的循环过程（见图13-7）。

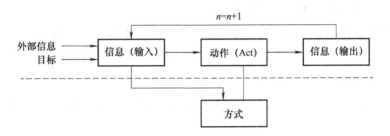

图 13-7　行为交互示意图

图13-7与表13-4所示的行为构成因素分析相对应，因为动作（Act）是行为的具体表现，而行为将导致任务（Task）的完成，因此，表中将行为记为 T_i。

表 13-4　行为的构成分析

行为（T_i）要素	行为（T_i）要素分析
步骤	有多少个步骤？（PT_i）
时间	花了多少时间？（TT_i）
行为结果	信息接收的情况

表13-4中，步骤与时间是过程，与图13-7中的动作直接关联；信息的接收情况是行为结果，通过借助以体验为中心的量化方法得到确切数值，若令 T_i 表示行为 i，所带来的体验程度为 ST_i，那么总的体验度 ST 与步骤 PT_i、时间 TT_i 之间存在以下关系：

$$ST = \sum_{i=1}^{N} ST_i = \sum_{i=1}^{n} f(PT_i, TT_i) \tag{13-8}$$

然而，以行为为中心的量化方法独立存在的意义并不大。因为行为研究的根本目的是达到用户体验的改善，但在实践中，对单独行为的体验度量比较少见。因此，以行为为中心的量化方法需要与以体验为中心的量化方法相结合来应用。

（3）以体验为中心的量化方法　以体验为中心的量化方法是指通过对体验过程中的满意度、情绪反应及审美反应的综合计算，所得到的体验程度。该方法从用户的主观因素出发对用户体验进行量化，需要通过问卷、主观打分与专家调查等方式来辅助完成。

若将用户满意度记为 C，情绪反应记为 F，审美反应记为 A，体验程度记为 E，则有

$$E = f(C, F, A) \tag{13-9}$$

式中，f 代表某种函数关系。

对应以用户行为为中心的量化方法来看，ST 应该与式（13-9）中的 E 等价。

13.4.3 体验量化方法应用实例

本节将结合一个实例介绍借助量化方法来得到以行为为中心的量化表达式，并将其与以体验为中心的量化结果进行比较，以此判定体验结果优劣的方法。

【例 13-3】通过手机拍照并以彩信形式发送的任务，比较两款外观相似、键盘布局相似且档次相同的手机的体验。具体过程如下。

1）通过认知实验来获得行为交互过程中的时间与步骤。本实验选择了小范围样本取样的方法，有 24 人参与，年龄分布在 22 ~ 27 岁；分别利用两款手机完成照片拍摄，并将照片以彩信形式发送；在拍照的过程中，操作者在统一的平台下完成，以尽量减少环境因素及其他外界因素对操作过程的影响；通过录像的方式记录操作者的操作步骤及操作时间。

2）在每次任务完成后，操作者及时填写满意度、情绪反应、审美反应问卷，从而及时记录整个过程中操作者的主观体验感受。在数据的处理过程中，时间和步骤是通过对录像的分析得到的；主观体验程度是通过对满意度、情绪反应及审美反应综合计算的结果（见表 13-5）。而在行为过程中所获取的 P、T 以及 E 的对应关系数据见表 13-6。

表 13-5 体验程度数值示例

满意度（C）	87	96	78	81	79	96	60	80
情绪反应（F）	266	265	250	244	194	266	173	182
审美反应（A）	161	159	170	160	188	195	188	179
体验程度（E）	18.81	16.65	20.00	22.75	19.70	21.61	17.41	22.05
满意度（C）	96	103	89	89	92	65	92	95
情绪反应（F）	269	272	266	259	242	196	267	246
审美反应（A）	171	164	162	146	107	147	127	177
体验程度（E）	20.92	22.45	20.12	20.35	20.71	16.43	20.21	21.41

表 13-6 以行为为中心量化方法的实验数据

步骤（次）（P）	290	396	437	255	427	261	204	128
时间 /s（T）	520	594	790	428	625	373	361	203
体验程度（E）	18.81	16.65	20.00	22.75	19.70	21.61	17.41	22.06
步骤（次）（P）	129	210	196	211	303	269	231	255
时间 /s（T）	211	296	310	374	483	482	293	394
体验程度（E）	20.92	22.45	20.12	20.35	20.71	16.43	20.21	21.41

3）最后，需要构建体验程度与步骤、时间的函数关系 $S_{ti}=f(P,T)=E$。通过对实验整体

数据的分析得知，每个步骤的操作时间越短，带给用户的感觉越好，用户的体验程度就越高；反之，将形成负面影响。因此，在建立模型时，考虑 P 与 T 之间以 P/T 的形式表示体验程度。

考虑到个体的体验标准不同，在实验数据中，部分被试者的操作时间、步骤和体验程度呈现出明显的跳跃，因此需要确定一个标准值对所有数据进行平衡。此外，行为层中还有一个重要的元素，那就是信息接收频率，即操作频率。而操作频率上的差异，给每个人带来了不同的体验评测标准。据此，通过对总步骤、总时间以及频率的综合考虑，最终确定以 129/211 作为标准值，并通过以 129/211=0.61 为底 P/T 的对数来对所有数据进行平衡。假设体验程度、步骤及时间之间的函数关系为

$$S_{ti}=\log_{0.61}(P/T)[a(P/T)2+b(P/T)+c]$$

照此推断，用实验数据中的前 15 组数据进行二次曲面拟合后所得为

$$S_{ti}=\log_{0.61}(P/T)[165(P/T)^2-109P/T+25.4]$$

据此，得到以行为为中心的量化结果（见图 13-8）。将实验中后 9 组 P、T 数据代入拟合公式中进行计算，得到结果为 S_{ti}，与以体验为中心的量化方法中所得到的数据 E 进行对比，见表 13-7。对比分析 S_{ti} 与 E 之间的平均差值为 1.72，S_{ti} 与 E 之间形成的差值比为 8.6%。而结合 P、T 及 P/T 分析，S_{ti} 的数据趋势更加贴切地描述了操作者的体验趋势。

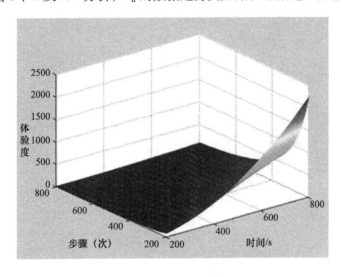

图 13-8 以行为为中心的量化结果

表 13-7 以行为为中心量化方法的实验数据

体验程度（S_{ti}）	21.10	17.62	20.36	16.36	18.96	19.11	21.54	20.38	21.29
体验程度（E）	21.41	18.42	18.03	20.04	20.51	18.91	19.32	21.07	21.94

由上述分析可见，从主观角度出发的以体验为中心的量化结果与从客观出发的以行为为中心的量化结果之间还是存在一定差异的。而只有结合三种量化方法，充分考虑主客观因素所带来的量化的差异，得到的用户体验的量化结果才是比较准确的。

1. 简述用户体验量化的概念。

2. 试述用户体验量化方法的基本步骤。

3. 针对网站用户研究的抽样用户研究，试结合样本容量计算的方法，确定一个社交类网站研究抽样的用户容量。

4. 试参考本章用户体验量化方法的应用中基于要素的用户体验量化方法，给出一款电子产品（手机、平板电脑类）的量化分析结果。

5. 某网站日访问量为 50000，浏览平均耗时 1min，标准差为 10s，如果要求置信度为 99%，估计的误差不超过 2s，试计算应抽取多少用户作为样本。

6. 试分析用户体验研究的定量和定性分析的优缺点及其相互关系。

体验的好坏的评价涉及人的感觉与判断，是由个体、交互及情境等多方面因素共同作用的结果。产品用户体验质量的测试评价就是把构成体验的各要素按其性能、功能、形式、可用性及交互性等方面与某种预定的标准或预想进行比较，做出判断，是产品优化设计的一个关键步骤。对于不同类型的用户、不同产品及不同使用目的，体验质量的评估维度及各维度的权重通常是不同的，这也导致一直以来没有统一的体验质量测试评价标准。

14.1　用户体验质量的概念

用户体验质量（Quality of Experience，QoE）是指用户在一定的客观环境中对所使用的产品或服务的整体感受的总和。

14.1.1　用户体验质量评判的要素

用户体验质量评判的要素，是在体验评价中有显著影响的因素的集合。由于人类感觉的复杂性和产品的多样性，体验要素也没有确切的定义，它随产品或服务而异，也与用户对象及其属性（文化背景、社会阶层、生理特征等）密切相关，同时还受到社会与自然环境的制约（见图 14-1）。习惯上认为，可用性是影响体验质量的关键要素之一。

从宏观来看，美国学者詹姆斯·加瑞特（Jesse James Garrett）将用户体验要素划分成战略层、范围层、结构层、框架层和表现层；罗伯特·鲁宾诺夫（Robert Rubinoff）于 2004 年提出了网站用户体验四要素（见图 14-2），即品牌、可用性、功能和内容，并认为体验是这四要素共同作用的结果。也有学者按体验的类型将其划

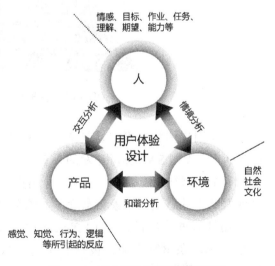

图 14-1　用户体验质量评判的要素

分为感官体验，即呈现给视听上的体验，强调舒适性；交互体验，即操作上的体验，强调易用/可用性；情感体验，即心理感受，强调友好性；浏览体验，即浏览时的感受，强调吸引性；信任体验，即给用户的信任度，强调可靠性。还有学者按需求层次将用户体验定义为五个要素：漂亮——感觉需求；合用——交互需求；高兴——情感需求；尊重——社会需求；自信——自我实现需求（见图14-3）。

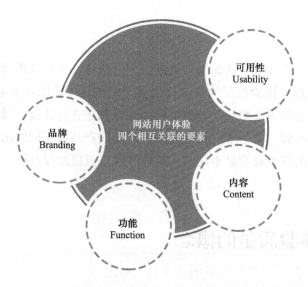

图 14-2　网站用户体验四要素

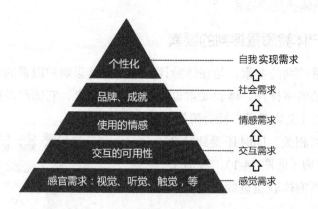

图 14-3　基于需求层次的用户体验要素

　　微观用户体验要素主要是指创建积极用户体验的关键组成部分。用户体验调查表（UEQ）是美国SAP公司开发的一套定量分析微观用户体验的工具，它将前述用户体验的五个类型细化成数十个子项，让用户对这些细化指标在问卷上表达出他们在使用产品或服务中的感受、印象和态度，系统会自动生成覆盖体验多个方面的量化表。例如，在易用性方面，包括效率（Efficiency）、易懂（Perspicuity）和可靠性（Dependability）三个指标；在感官方面，包括吸引力（Attractiveness）、刺激（Stimulation）和新颖性（Novelty）等指标（见图14-4）。

用户在使用产品时的心理负荷水平也直接影响着主观满意度。心理负荷可以被看成与体力负荷相对应的概念，即在进行一项操作或完成一个任务时所需要花费的心思和承受的心理压力。耶基斯 – 多德森（Yerkes-Dodson）定律描述了心理唤醒（Arousal）水平和操作绩效（Performance）之间的倒 U 形关系（见图 14-5），而心理负荷和唤醒水平又正向相关，即在过低或过高两种心理负荷水平下，操作绩效都会受到负面影响。美国航空航天局（NASA）据此开发了认知负荷量（TLX）表来测量用户完成一项任务时的心理负荷水平。这是目前适用范围最广、效度最好的心理负荷量表之一。它将影响用户心理负荷的因素细分为六个维度，即心理需求（Mental Demand）、身体需求（Physical Demand）、时间需求（Temporal Demand）、绩效（Performance）、努力程度（Effort）和挫败感（Frustration），如图 14-6 所示。被试者在这六个维度上对自己的行为进行打分，再根据对应各维度不同的权重计算出最终的心理负荷指数。

量表分量值							
答卷数	总数	吸引力	易懂	可靠性	效率	刺激	新颖性
26	1.192	1.333	2.000	1.000	1.500	0.750	0.500
26	0.192	−0.167	0.750	1.250	1.000	−0.750	−0.750
26	0.308	0.333	0.000	0.500	1.000	0.500	−0.500
26	0.423	1.167	−0.250	0.750	−0.250	0.500	0.250
26	1.269	2.000	0.000	1.250	0.750	2.000	1.250

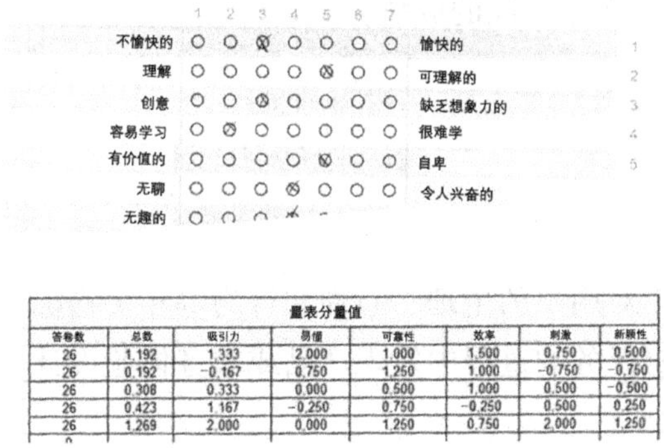

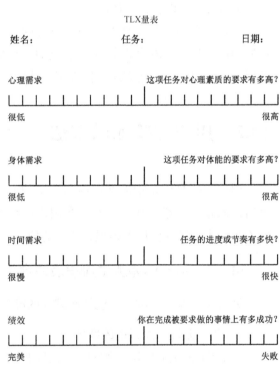

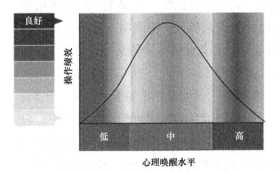

图 14-4 微观用户体验调查表示例

图 14-5 耶基斯 – 多德森定律曲线

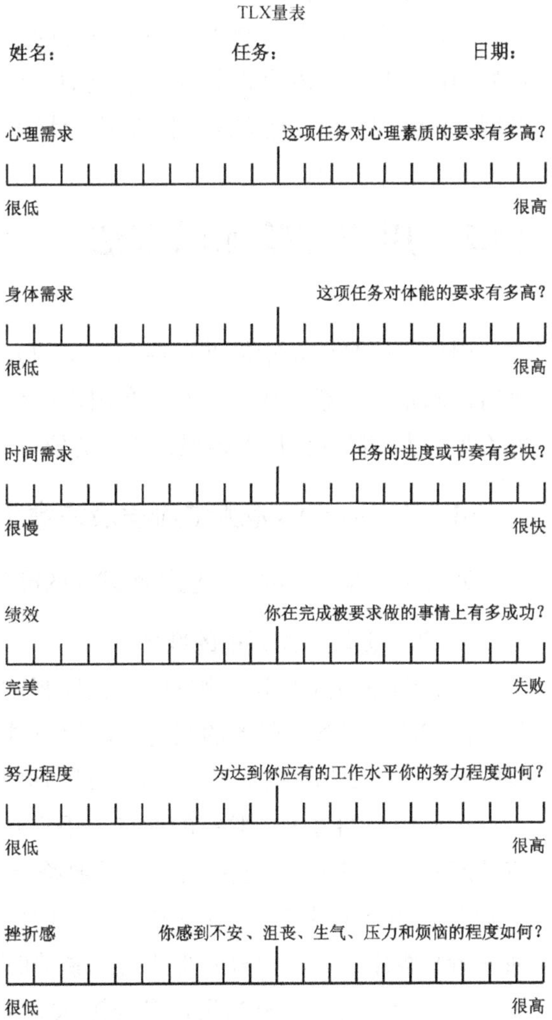

图 14-6 TLX 量表

用户体验质量评判要素的确定，需要在用户体验设计理论的指导下，根据产品或服务的特点、结合研究人员的经验来进行，并在研究过程中不断评估并修正其定义偏差。

14.1.2 用户体验质量评价的意义

体验质量涉及产品设计和开发的所有环节，通过对各开发阶段体验质量的评价，及时发现存在的问题，可使产品的迭代开发目标更明确、过程更高效。开展体验质量评价，首先需要认识体验的价值理解其意义所在。这里往往存在两个误区：①试图把体验工作的贡献从全部工作的贡献中分离出来；②把"用户体验的价值"等同于"用户体验人员的价值"。事实上，用户体验已经成为产品研发和现代企业运营密不可分的一部分。在产品开发前期、中期、后期，都需要体验研究人员、设计师、研发工程师和产品经理合作来改进体验质量。其中，开发前期、中期的体验评价最为重要，能最大限度地减少研发过程中可能出现的错误和风险。

用户所关心的是最终的、综合呈现的体验效果，而不是哪些人在哪个环节上做出了良好的用户体验（体验的全局性）。同时，体验质量的评价必须坚持在开发的各阶段适时开展，杜绝因平衡其他方面而损害用户体验，这也关乎产品的成败。

14.2 用户体验测试方法

用户体验测试是指借助定性和定量的方法，对用户的生理、心理和行为等相关指标进行的测量。其意义在于，通过在用户执行指定任务的过程中发现产品或服务体验设计的不足，为产品优化提供客观、科学的依据。

14.2.1 用户体验测试流程及注意事项

通常用户体验测试流程包括测试前的准备、进行测试及测试后总结三个阶段。

1. 第一阶段：测试前的准备

（1）编写测试脚本　测试脚本也称测试方案，是用户测试的一个提纲，其基本用途就是制定测试任务。任务的制定应由简至难或根据场景来确定。清晰明了的用户需求是制定高质量测试脚本的前提，一般通过访谈或问卷、量化及评估等步骤来得到结果。

（2）用户招募+体验室的预订　用户测试一般需要 6 ~ 8 人，也可酌情增减；用户应是产品的最终或潜在使用者；年龄要符合目标年龄层；男女比例要符合目标用户比例；要考虑将来会使用或很可能使用该产品的用户；根据测试目的不同可分别选择新手、普通或者高级用户。在招募困难或时间紧迫时，如只是为了简单地发现存在哪些可用性问题，也可让公司员工充当用户参与测试。正规的测试要在体验室进行，不仅需要录音、录屏，还要观察用户的具体操作，并做详细的记录。因此测试前需要预订体验室。非正式情况下，一台计算机、一间会议室也可以进行用户测试。虽然设备简陋，但足以完成对基本可用性问题的发现。

2. 第二阶段：进行测试

测试时需要一名主持人在体验室主持测试，1~2名观察人员在观察间进行观察记录。测试过程需要录音、录屏，以备后期分析。测试时，尽量不要对用户做太多的引导，以免影响测试效果。具体的测试步骤包括：向用户介绍测试目的、时间、流程及规则；用户签署保密协议并填写基本信息表；执行指定任务，让用户假定在真实的环境下使用产品，尽量边做边说，说出操作时的想法和感受；收集用户反馈；最后对参与用户表示感谢等。

3. 第三阶段：测试后总结

测试后需要撰写测试报告，并与相关人员分享。具体过程包括：主持人与观察人员要进行及时沟通，确定体验问题的分级并汇总简要的测试报告，以抛出问题为主，不做过多的建议；报告确认后，召开会议将测试结果与相关人员进行分享；确定在产品发布前需进行优化的具体问题，并进行分类，明确解决问题的关键人。关键是要落实到人。测试过程要注意：关注之前没有关注到的问题；要在开发初期就介入，并贯穿于整个开发生命周期中——从立项直至产品发布后；要系统规范，有测试规划和系统的反馈报告。

14.2.2 常用的用户体验测试方法

用户体验测试方法有定性和定量两大类；也可根据测试的阶段分为形成性（阶段性）测试和总结性测试。前者是在开发的不同阶段对阶段产品或原型进行测试，目的是发现尽可能多的体验问题；后者的目的是横向评估多个版本或多个产品，输出评估数据进行对比。一般经典的用户研究、可用性测试等方法，都可以用来开展用户体验测试。下面简单介绍几种典型的用户体验测试方法。

（1）认知预演（Cognitive Walkthroughs） 它是由德国计算机和认知学家克莱顿·刘易斯（Clayton Lewis）和凯瑟琳·沃顿（Jahren von Cathleen Wharton）等于1990年提出的，该方法首先要定义目标用户、代表性测试任务、每个任务正确的执行顺序、用户界面等；然后进行行为预演，并不断向用户提出问题，如能否建立任务目标，能否获得有效的行动计划，能否自主采用适当的操作步骤，能否根据系统的反馈信息评价是否完成任务等；任务完成后，对执行过程进行评价，如应该达到什么效果，某个行动是否有效、是否恰当，某个状况是否良好等，最终得到用户体验的定性度量。其优点在于能够使用任何低保真原型，包括纸原型；其缺点是评价人并非真实的用户，未必能很好地表征用户的特征。

（2）启发式评估（Heuristic Evaluation） 它是由雅各布·尼尔森（Jakob Nielsen）和罗尔夫·毛里克（Rolf Molich）于1990年提出的。该方法有多位专家（一般4~6人）参加，根据可用性原则反复浏览系统各个界面，独立测试系统；允许专家在独立完成测试任务之后，讨论各自的发现，共同找出可用性问题，给出体验感受。其优点在于专家决断比较快，使用资源少，能提供综合测试结果，测试机动性好。其不足之处包括：受到专家的主观影响较大；没有规定任务，会造成专家测试目标的不一致；测试后期阶段，由于测试人的原因造成信度降低；专家测试与用户的期待存在差距，这意味着测试所发现的问题可能仅能代表专家的体验感受。

（3）用户测试法　它是指让用户真正地使用产品或服务，由测试人员对过程进行观察、记录和测量。分为实验室和现场测试两种。前者是在实验室里进行的，后者则是到实际使用现场进行的。测试之后，需要汇编和总结测试中获得的数据并进行分析，如完成时间的平均值、中间值、范围和标准偏差，以及用户感受、成功完成任务的百分比、对单个交互做出各种不同倾向性选择的直方图表示等；然后对分析结果进行评估，并根据问题的严重程度或紧急程度排序，撰写最终测试报告。该方法可以准确地反馈用户的使用表现以及用户需求的满足程度。

近年来，新技术的发展给体验测试带来了更为科学的手段，如眼动仪、行为分析系统和脑电仪等新型实验设备，已被广泛应用于用户研究。

（1）眼动仪与眼动追踪　眼动仪主要用来记录人在处理视觉信息时的眼动轨迹特征，常用参数有注视点轨迹图、注视时间、眼跳方向的平均速度、眼动时间和距离（或幅度）、瞳孔大小和眨眼等。眼动仪一般包括四个系统，即光学、瞳孔中心坐标提取、视景与瞳孔坐标叠加和图像与数据的记录分析系统。图14-7 给出了针对网站的用户眼动轨迹示例。

图 14-7　针对网站的用户眼动轨迹示例

（2）行为分析及其系统　行为分析是指对使用行为数据进行统计分析，从中总结产品的使用规律，为进一步修正或重新制定营销策略提供依据。数据一般包括：用户所在地区、域名和页面；在网站的停留时间、跳出率、新访及回访情况；注册用户和非注册用户及其浏览习惯；所使用的搜索引擎、关键词等；选择哪种入口形式（广告或网站链接）更为有效；访问的流程；热点图分布和网页覆盖图；不同时段的访问量；对网站的视觉偏好及程度等。分析内容包括动作持续时间、所占百分比、动作与传感器数据关系等。图 14-8 是法国国家安全研究所（INRS）与 TEA 公司联合开发的 CAPTIV 行为观察分析系统及其功能构成。

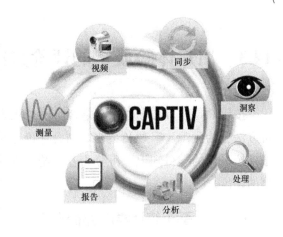

图 14-8　CAPTIV 行为观察分析系统及其功能构成

（3）脑电仪与脑电信号分析　脑电仪又分为视频脑电图（Electroencephalogram，EEG）仪、数字化脑电图仪、动态脑电图仪等。它用头皮电极来采集脑电信号，通过对信号的分析来探索大脑的认知加工过程、受试者的心理状况和使用给定产品的心理感受等。早在 1924 年，德国神经生理学家汉斯·伯格（Hans Berger）就成功记录了第一个人类脑电信号，并于 1929 年在相纸上记载了持续 1 ~ 3min 的脑电记录。之后，在汉斯·伯格帮助下，迪奇（Dietch）于 1932 年率先将傅里叶变换应用于 EEG 分析，此后相继引入了频域、时域分析及人工神经网络、非线性动力学等脑电分析方法。2013 年，欧盟将"人脑计划"（Human Brain Project，HBP）纳入其未来旗舰项目；同年，美国奥巴马政府宣布了一项致力于对人脑进行绘图的长期研究工作，全名是"使用先进革新型神经技术的人脑研究"（BRAIN）。图 14-9 是德国 SIGMA Medizin-Technik 医疗公司开发的 NEUROWERK 数字脑电分析软件界面。

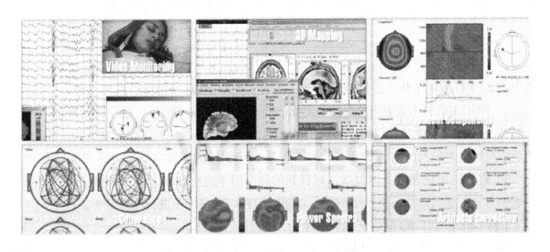

图 14-9　NEUROWERK 数字脑电分析软件界面

14.3 用户体验质量的评价方法

按用户是否直接参与以及是否给出 QoE 与其影响因素之间的关联模型，可将现有评价方法分为主观、客观及主客观结合评价方法，其中主客观结合方法又称伪主观评价方法；按采用的学科知识，可分为基于统计学、基于心理学、基于人工智能和基于随机模型的评价方法。

14.3.1 基于统计学的评价方法

基于统计学的评价方法具有可进行 QoE 指标之间以及 QoE 指标与 QoE 之间的相关性分析、降低评价复杂度等特点，具体有判别分析、回归分析等方法。

（1）评价 QoE 指标之间的相关性分析 具体步骤如下。

1）尽可能多地收集影响 QoE 的多个变量，并对这些变量值进行简单相关系数和偏相关系数关系（Kaiser-Meyer-Olkin，KMO）检验。KMO 取值在 0 ~ 1，越接近于 1 意味着变量之间的相关性越强。凯瑟尔（Kaiser）给出了 KMO 度量标准：KMO > 0.9 表示非常适合；0.8 < KMO ≤ 0.9 表示适合；0.7 < KMO ≤ 0.8 表示一般；0.6 < KMO ≤ 0.7 表示不太适合；KMO ≤ 0.5 表示极不适合。一般认为，KMO > 0.6，就可以进行因子分析。

$$\text{KMO} = \frac{\sum\sum_{i \neq j} r_{ij}^2}{\sum\sum_{i \neq j} r_{ij}^2 + \sum\sum_{i \neq j} a_{ij}^2} \tag{14-1}$$

式中，r_{ij}^2 代表两变量之间的简单相关系数；a_{ij}^2 代表两变量之间的偏相关系数。

简单相关系数可以通过求解所有变量的相关矩阵的逆矩阵来获得，即

$$r = \frac{\sum_{i=1}^{n}(X_i - E(X))(Y_i - E(Y))}{\sqrt{\sum_{i=1}^{n}[X_i - E(X)]^2}\sqrt{\sum_{i=1}^{n}[Y_i - E(Y)]^2}} \tag{14-2}$$

式中，X，Y 代表两个相关变量矩阵；$E(X)$ 代表 X 的期望值；n 代表变量的个数。

2）利用主成分分析法（Principal Components Analysis，PCA）进行因子提取，并进行旋转。PCA 是一种对数据集进行降维的方法，它通过线性变换将变量映射为一组因子，然后依次取方差最大的前 m 个因子，并确保这 m 个因子的累计贡献率达到 85% ~ 95%。

3）进行结果处理。具体包括：对得到的每个因子进行命名，因子的命名应能解释其代表的含义；然后计算每个因子的值，以便以后利用这些因子进行问题分析。

【例 14-1】对某 3G 网络下视频质量 QoE 进行评价。

解 采用主观参数因子分析法，参数可分为质量层面和情绪层面。这里仅介绍质量层面主观参数的分析。首先对质量层面的主观参进行 KMO 检验，得到表 14-1 的结果。

由于 KMO > 0.6，所以可以用 PCA 方法进行数据降维。主要过程是：首先，将这些数据进行标准化处理；其次，利用 PCA 方法和方差极大旋转方法进行处理；最后，对这

些主成分进行可靠性分析，得到的最终结果见表 14-2。通过 PCA 处理，可将质量层面的参数用两个不相关的参数，即空间质量和时间质量来代替。这样，质量层面的参数从六个变成了两个，大大降低了原问题的复杂度。

表 14-1　QoE 质量层面的主观参数

质量层面	KMO=0.75
内容	5 个级别
合适性	5 个级别
音频质量	5 个级别
图像质量	5 个级别
流畅性	5 个级别
音 / 视频同步	5 个级别

表 14-2　质量层面的 PCA 分析

第 1 个主成分（空间质量）		
方差解释		可靠性
43.26%		克朗巴哈系数 =0.73
问题条目	因子载荷	公因子方差
内容	0.83	0.71
音频质量	0.72	0.57
合适性	0.72	0.52
图像质量	0.56	0.66
第 2 个主成分（时间质量）		
方差解释		可靠性
18.91%		$r=0.28$, $p=0.00$
问题条目	因子载荷	公因子方差
流畅性	0.85	0.75
音 / 视频同步	0.65	0.53

（2）QoE 评价指标与 QoE 之间的相关性分析　每个指标对 QoE 的影响度可用统计学中的相关性分析和方差分析来确定。式（14-2）给出的相关系数 r，在某种程度上反映了两个变量之间的相关关系。但由于抽样误差的影响，根据 r 值的大小来判断两个变量之间的相关关系时，必须进行显著性检验。表 14-3 给出了上述 QoE 的 5 个评价指标与 QoE 之间的相关性分析。

表 14-3 　QoE 的 5 个评价指标与 QoE 之间的相关性分析

主成分	皮尔逊相关系数	显著性
空间质量	$r=0.82$	$p=0.00$
时间质量	$r=0.43$	$p=0.00$
满意程度	$r=0.73$	$p=0.00$
兴趣	$r=0.37$	$p=0.00$
关注级别	$r=0.12$	$p=0.00$

（3）QoE 统计学模型与模型验证　在进行了评价指标之间的相关性分析和评价指标与 QoE 之间的相关性分析之后，可以采用回归分析和判别分析的方法，来构建 QoE 评价的函数模型。

1）若将 QoE 映射为一连续的值，则应采用回归分析方法建立 QoE 评价模型，如采用线性回归、指数回归或对数回归模型。回归分析的基本研究方法是，首先作散点图以观察曲线的形状。如果相关坐标点呈团状分布，则表示两个变量没有任何关系；如果两个变量有关系，则它们可能呈直线线性关系或非线性关系。非线性关系又分为两种：一种是本质线性关系或拟线性关系，这两种情况都可以转换成线性关系，用最小二乘法求出相关系数；另一种是本质非线性关系，不能转换成线性关系，只能用迭代或分段平均值方法求解。

2）若将 QoE 映射为离散的值，则评价就等价为分类问题，这时可采用判别分析法。具体步骤为：选择对象指标，即 QoE 的评价指标；收集数据，得到训练样本，并利用训练样本给出判别函数；对判别函数进行分析；根据对象的情况分析输出结果，得出结论。

一般来说，QoE 的函数模型需要进行验证，常用的方法有自身验证、外部数据验证、样本二分法以及交互验证。因子分析大多采用统计产品与服务解决方案软件（Statistical Product and Service Solutions，SPSS）来实现，可以节约很多时间。具体内容请参阅有关资料。

14.3.2　基于心理学的评价方法

基于心理学的评价方法本质就是利用心理学领域著名的韦伯－费希纳定律（Weber-Fechner Law）来进行 QoE 评价。

（1）韦伯－费希纳定律　韦伯－费希纳定律是由德国心理物理学创始人古斯塔夫·费希纳（Gustav Theodor Fechner）在试验心理学创始人之一的恩斯特·韦伯（Ernst Heinrich Weber）研究的基础上提出的一个关于连续意义上心理量与物理量关系的定律。它描述了物理刺激的程度和它被人感受的强度之间的关系，适用于中等强度的刺激。这种关系通常都呈现一种对数的特征。1834 年，韦伯首次提出人类感觉系统的"最小可觉差"理论，指出当物理刺激程度的变化超过了感官实际刺激程度的一定比例时，感觉系统能够区分出变化，如式（14-3）所示：

$$\frac{\Delta S}{S} = k \tag{14-3}$$

式中，ΔS 为物理刺激的变化量；S 为物理刺激；k 为常数，即人对某一特定的感官刺激所能察觉的最小改变是个常量。如实验表明，当手中物体的重量增加接近 3% 时，人们可以感觉到重量的增加，与初始物体重量的绝对值无关。

1860 年，费希纳在韦伯理论的基础上提出，若把最小可觉差作为感觉量的单位，则物理刺激每增加一个差别阈限，心理量增加一个单位。用微分形式表示如式（14-4）所示：

$$\mathrm{d}P = k\frac{\mathrm{d}S}{S} \tag{14-4}$$

式中，$\mathrm{d}P$ 表示感觉的变化；$\mathrm{d}S/S$ 表示最小可觉差。

由式（14-3）和式（14-4）可得

$$P = k\ln\frac{S}{S_0} \tag{14-5}$$

式中，S_0 表示可被感觉到的最小物理刺激的程度。

式（14-5）就是著名的韦伯 – 费希纳定律，它揭示了人类感觉系统的基本原理，适用于生理和精神层面，如人的视、听、味、嗅、触觉及时间感知等的研究，当然也适用于 QoE 方面的研究。

（2）韦伯 – 费希纳定律与 QoE 评价　这里以通信语音业务的 QoE 与比特率的关系为例，来说明韦伯 – 费希纳定律在 QoE 评价中的应用。如图 14-10 所示，将比特率作为唯一变化的因素，范围为 2.4 ~ 24.8kbit/s，并利用伪主观质量评价（Pseudo-Subjective Quality Assessment，PSQA）方法，计算出语音业务的平均主观意见分数（Mean Opinion Score，MOS）。由于图中横坐标经过对数处理，因此可以更清楚地看出语音业务的 QoE 与比特率呈对数的关系。如将比特率理解为物理刺激，而语音业务的 QoE 理解为人的感觉，则有

$$\mathrm{dQoS} \propto \mathrm{QoS} \cdot \mathrm{dQoE} \tag{14-6}$$

式中，QoS（Quality of Service）代表服务质量。研究表明，利用韦伯 – 费希纳定律得出的结论与实验数据相符，即通过概念映射变换就可直接解释语音业务的 QoE 与比特率之间的关系。需要注意的是，心理学评价方法主要研究的是 QoE 与某些单一的 QoS（Quality of Service）参数的函数模型，而无法解决多因素的问题，这给基于心理学的 QoE 评价方法的应用带来了一定的限制。

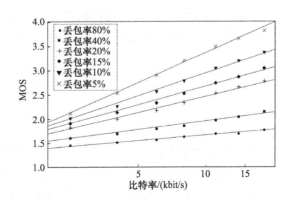

图 14-10　语音业务的 QoE 与比特率之间的关系

14.3.3　基于人工智能的评价方法

基于人工智能的评价方法，是指利用人工智能领域的算法进行 QoE 评价，如基于模糊层次分析法（Fuzzy Analytic Hierarchy Process，FAHP）和基于机器学习的评价方法等。

（1）基于模糊层次分析法的 QoE 评价　层次分析法是由美国运筹学家托马斯·萨蒂（Thomas L. Saaty）于 20 世纪 70 年代初提出的。该方法将与决策有关的元素分解成目标、准则、方案等层次，在此基础之上进行定性和定量分析的决策。模糊层次分析法结合层次分析法和模糊逻辑，一定限度地减少了主观因素对评价的影响。具体如下。

【定义 1】假设矩阵 $A = (a_{ij})_{n \times n}$ 中 $0 \leqslant a_{ij} \leqslant 1$，则 A 是一个模糊矩阵。

【定义 2】如果模糊矩阵 $A = (a_{ij})_{n \times n}$ 中 $a_{ij} + a_{ji} = 1$，则 A 称为模糊互补矩阵。

【定义 3】如果模糊互补矩阵 $A = (a_{ij})_{n \times n}$ 和任意的整数 k 满足 $a_{ij} = a_{ik} - a_{jk} + 0.5$，则 A 称为模糊一致性矩阵。

已知模糊互补矩阵 A 每行的和为

$$r_i = \sum_{k=1}^{n} a_{ik} \tag{14-7}$$

进行如下属性变换：

$$b_{ij} = \frac{r_i - r_j}{2(n-1)} + 0.5 \tag{14-8}$$

则得到模糊矩阵 $B_{ij} = (b_{ij})_{n \times n}$。将矩阵 B 每行的元素合并并进行标准（归一）化处理，就可得到其每一行（层）的权重 $w = (w_1, w_2, \cdots, w_n)$，如下式：

$$w_i = \frac{\sum_{j=1}^{n} b_{ij} + \frac{n}{2} - 1}{n(n-1)}, i = 1, 2, \cdots, n \tag{14-9}$$

基于上述定义，利用模糊层次分析法进行 QoE 评价的步骤如下。

1）根据决策的条件建立评价问题的递阶层次模型，包括目标层、指标层及方案层。必要时还可以在指标层下面加入子指标层，形成递阶层次。

2）对各指标的重要性进行两两对比之后，按 9 分位比率排定各评价指标的相对优劣顺序，依次构造出评价指标的判别矩阵 A 为

$$A = \begin{pmatrix} 1 & a_{12} & \cdots & a_{1n} \\ a_{21} & 1 & \cdots & a_{2n} \\ \vdots & \vdots & 1 & \vdots \\ a_{n1} & a_{n2} & \cdots & a_{nn} \end{pmatrix}$$

式中，a_{ij} 为要素 i 与要素 j 的重要性比较的结果，且有 $a_{ij} = 1/a_{ji}$。a_{ij} 有 9 种取值，即 1/9、1/7、1/5、1/3、1/1、3/1、5/1、7/1、9/1，分别表示 i 要素对于 j 要素的重要程度由轻到重。常采用 0.1 ~ 0.9 标度简化计算。表 14-4 给出了短信服务判别矩阵构造 9 分位标度的一个示例。

表 14-4　短信服务 0.1 ～ 0.9 标度

标度	说明
0.5	两元素同等重要
0.6	一元素比另一元素稍微重要
0.7	一元素比另一元素明显重要
0.8	一元素比另一元素重要得多
0.9	一元素比另一元素极端重要
0.1,0.2	若元素 a_i 与元素 a_j 相比较得到的判断为 r_{ij}
0.3,0.4	则元素 a_j 与 a_i 相比较得到的判断为 $r_{ji}=1-r_{ij}$

3）计算权重向量。计算模糊互补矩阵 A 中每行（层）的权重，有几何平均（根法）和规范列平均（和法）两种方法。具体做法是，先将模糊互补矩阵转换成模糊一致矩阵，然后再利用式（14-9）计算每一层的权重向量。

4）根据步骤 3）的结果，通过对权重的分析计算出各元素对 QoE 的重要程度。

【例 14-2】利用模糊层次分析法分析短信服务各分指标对 QoE 质量的影响。

解　首先，建立短信服务 QoE 的评价体系，将短信服务的 QoE 评价指标归纳为可访问性、即时性、完整性、内容质量及可持续性等。

其次，找出与每个 QoE 评价指标关联的 QoS 参数，建立 QoE 评价体系（见图 14-11）。

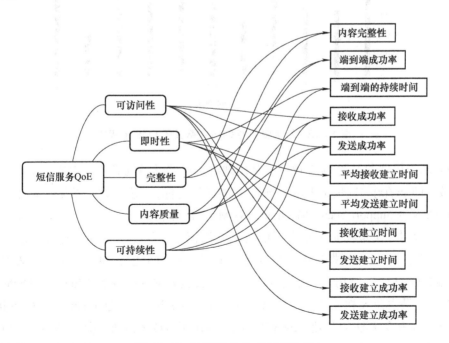

图 14-11　短信服务 QoE 评价体系

再次，确定与短信服务 QoE 相关的各个 QoS 参数
的权重。这需要先确定 QoE 评价指标两两比较的值及
每个 QoE 评价指标下相关的 QoS 参数两两比较的值，
以构造模糊矩阵。

最后，利用模糊层次分析法可计算得出每个评价
指标对短信服务 QoE 的权重（见图 14-12），这也是每
个分指标对短信服务 QoE 的贡献。同样地，可以得到
每个 QoS 参数对短信服务 QoE 的权重（见图 14-13）。

尽管模糊层次分析法可以很好地解决多指标及多
层次的 QoE 评价问题，但它需要依赖专家的经验，且
无法描述同一层次指标之间的关系，即要求保证同一
层指标之间是相互独立的。这也是应用该方法的一个
限制。

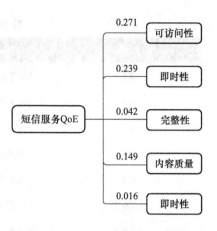

图 14-12　短信服务 QoE 评价结果

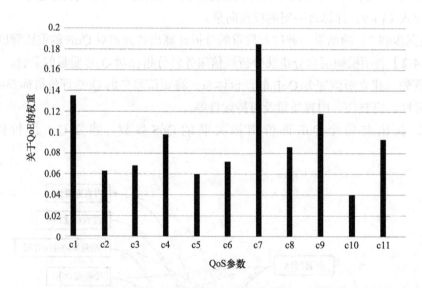

图 14-13　短信服务的 QoS 参数关于 QoE 的权重

（2）基于机器学习的 QoE 评价　利用现有的机器学习的算法，生成一个将 x 映射为
y 的函数，即 $y=f(x)$。这里 x 表示影响 QoE 的评价指标，y 表示评价结果。具体有决策树
和支持向量机（Support Vector Machine，SVM）等方法。

1）决策树。决策树是一个分层的树状结构模型。每一个中间节点要选定一个属性
（即 x 的一个分量），并根据这个属性部署一个测试（或问题）；每个叶子节点表示一个决
策（类型或标记）。决策树中一个非常重要的算法是分类预测算法（Iterative Dichotomizer
3，ID3），它是由澳大利亚计算机学家约翰·昆兰（John Ross Quinlan）于 1975 提出的，
也是后来其他决策算法的基础。1993 年，昆兰提出了 ID3 的改进，即 C4.5 算法，可处理连
续值的属性、训练数据允许有丢失的值，且有许多对待过度拟合的修剪方法（见图 14-14）。
具体算法包括：对数据进行预处理，将连续型的数据进行离散化处理，形成训练集；计

算每个属性的信息增益[⊖]，求出其信息增益率（概率），选择信息增益率最大的属性作为当前属性节点，从而获得决策树的根节点；根节点属性每一个可能的取值对应一个样本子集，对样本子集重复上述过程，直到每一个子集不需要再进行分类；最后验证决策树的性能，如出现过度拟合的现象则对决策树进行修剪。C4.5决策树算法的优点是产生的分类规则易于理解，准确率高；缺点是树的构造过程需要对数据集进行多次的顺序扫描和排序，因而导致算法的效率较低。

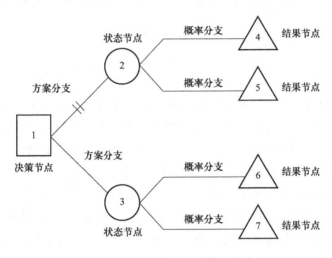

图 14-14　C4.5 决策树算法模型

2）支持向量机。这是丹麦计算机学者柯瑞娜·考提斯（Corinna Cortes）和俄罗斯统计学家弗拉基米尔·万普尼克（Vladimir Naumovich Vapnik）等于 1995 年率先提出的算法，是从线性可分情况下的最优分类面发展而来的。它采用了保持经验风险值固定及最小化置信界限的策略，在解决小样本、非线性及高维模式识别中表现出许多特有的优势，广泛应用于分类和回归分析，也是机器学习中常用的算法。具体如下。

假设记号 X 表示由一组分量 x_i 向量组成的向量，记号 X_i 表示在数据集中的第 i 个向量，y_i 表示数据 X_i 的标记，向量 X 的集合称为特征空间，一个二元组 (X_i, y_i) 表示一个样本。则一个线性分类器的线性鉴别函数可表示为

$$f(X) = w^{\mathrm{T}}X + b \tag{14-10}$$

式中，w^{T} 代表线性鉴别函数 $f(X)$ 的斜率矩阵。

构造式（14-10）的步骤为：首先，使每个类别的样本点到鉴别函数所对应的超平面的最小距离相等并且最大；其次，令这些到超平面距离最小的样本点对应的鉴别函数值为 1 或 −1，这样支持向量机解决的分类问题就可转换为带有约束条件的优化问题：

$$\min\left(\frac{1}{2}\|w\|^2\right), y_i(w^{\mathrm{T}}X_i + b) \geqslant 1, i = 1, 2, \cdots, n \tag{14-11}$$

⊖ 在概率论和信息论中，信息增益是非对称的，用以度量两种概率分布 P 和 Q 的差异。信息增益描述了当使用 Q 进行编码再使用 P 进行编码的差异。通常 P 代表样本或观察值的分布，也有可能是精确计算的理论分布，Q 代表一种理论、模型、描述或者对 P 的近似。

引入一组拉格朗日因子 λ_i，则式（14-11）转化为下面的优化问题：

$$\max_i \left\{ \sum_{i=1}^{n} \lambda_i - \frac{1}{2} \sum_{i=1}^{n} \sum_{j=1}^{n} \lambda_i \lambda_j y_i y_j x_i^T x_j \right\}, 0 \leqslant \lambda_i, i = 1, \cdots, n, \sum_{i=1}^{n} \lambda_i y_i = 0 \qquad (14\text{-}12)$$

考虑到数据线性可分性，可通过引入松弛因子 $\xi_i > 0$ 来增大超平面到两类样本（线性可分与不可分）之间的距离，则有

$$\min \left(\frac{1}{2} \|w\|^2 + C \sum_{i=1}^{n} \xi_i \right), y_i (w^T X_i + b) \geqslant 1 - \xi_i, i = 1, 2, \cdots, n \qquad (14\text{-}13)$$

式中，$C > 0$。同样，引入拉格朗日因子 λ_i，则有

$$\max_i \left\{ \sum_{i=1}^{n} \lambda_i - \frac{1}{2} \sum_{i=1}^{n} \sum_{j=1}^{n} \lambda_i \lambda_j y_i y_j x_i^T x_j \right\}, 0 \leqslant \lambda_i \leqslant C, i = 1, \cdots, n, \sum_{i=1}^{n} \lambda_i y_i = 0 \qquad (14\text{-}14)$$

利用 SMO（Sequential Minimal Optimization）算法就可以解决式（14-13）或式（14-14）的优化问题。SMO 算法是由微软研究院的约翰·普拉特（John C. Platt）在 1998 年提出的，是目前最快的二次规划优化算法。有了式（14-13）或式（14-14）的优化结果 w^T，就可以得到式（14-10）的鉴别函数 $f(X)$，进而实现 QoE 的评价。

除上面介绍的线性支持向量机外，也可以构造非线性支持向量机，基本思路是利用一组非线性函数，将原特征空间映射到新特征空间，在新空间设计线性支持向量机。支持向量机对 QoE 的评价结果通常是一个二分分类，即可接受与不可接受。如果将 QoE 分为 n（$n > 2$）个级别，就需要在每两个类别之间构造一个超平面，共需构造 $\binom{n}{2}$ 个超平面，这大大增加了算法的复杂度。在机器学习 QoE 评价中，往往综合应用多种方法，然后对这几种方法得到的结果进行比较，最终确定合适的评价模型。

14.3.4 基于随机模型的评价方法

随机模型是一种非确定性模型，其变量之间的关系是以统计值的形式给出的。由于用户之前的体验会对当前体验造成较大的影响，所以在进行 QoE 评价时，有必要更科学地模拟用户体验的这种过程。因此，有学者尝试用随机模型来进行 QoE 评价，隐马尔可夫模型（Hidden Markov Model，HMM）便是其中之一。HMM 是由美国数学家莱昂纳德·鲍姆（Leonard E. Baum）等于 20 世纪 60 年代后期提出的一种统计分析模型，是一个双重随机过程——具有一定状态数的隐马尔可夫链和显式随机函数集，广泛应用于语音、行为和文字识别及故障诊断等领域。下面以 HMM 应用为例介绍基于随机模型的 QoE 评价思路。

【例 14-3】利用 HMM 建立 3G/4G 网络中的视频流媒体业务的 QoE 评价模型。

解 具体步骤如下。

（1）评价参数体系 利用 HMM 评价流媒体业务的第一步，是构造在 3G/4G 中通用的视频流媒体评价参数体系（见图 14-15）。其中，SQoS（Storage QoS）代表网络为业务提供服务的能力；ESQoS（End-to-end Service QoS）代表端到端服务质量，它由 QoE 参数映射得到，可以量化和测量。

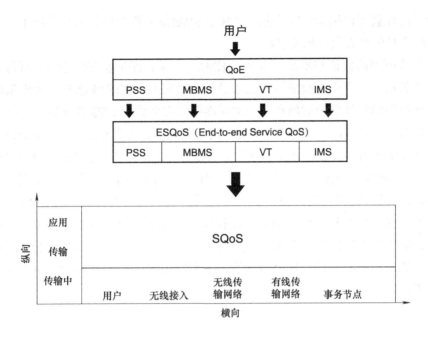

图 14-15 视频流媒体的 QoE 评价参数体系

（2）评价模型的建立 QoE 评价的 HMM 用五元组 $\lambda = (N, M, \pi, A, B)$ 来描述。其中，N 表示模型状态的数目，即 HMM 中马尔可夫链的状态数；M 表示 HMM 中每个状态可能的观察值的数目；A 表示 HMM 中状态之间的转移概率矩阵；B 表示每个状态下每个观测值对应的概率矩阵；π 表示初始时每个状态的概率。当考虑用户之前体验对当前体验造成的影响时，引入两个假设：①用户对服务的主观体验能够以会话为单位进行讨论，也即每经过一次会话，用户就可以形成对服务的一个整体感知；②仅前一次会话的用户体验会对当前的体验造成影响。在此假设的基础上，基于 HMM 的 QoE 评价模型建模过程如下。

1）以会话为单位，将用户的体验序列化。即有几次会话就可以有几次完整的用户体验，而且这些体验存在先后顺序。

2）利用平均主观意见打分法将每次会话的体验进行量化，将 MOS 中的 5 个等级分别作为 HMM 的 5 个状态，如图 14-16 所示。

3）然后，将每次会话的 ESQoS 参数作为隐马尔可夫模型的观测值。这样就确定了隐马尔可夫模型中的状态和观测值表示的含义。

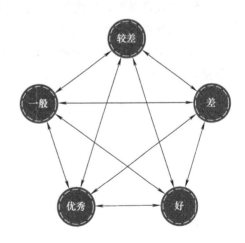

图 14-16 基于隐马尔可夫的 QoE 评价模型

4）最后确定 π, A, B 等参数。由于 ESQoS 具有多个分量且是连续的，直接利用 ESQoS 参数进行训练，可能会使问题变得非常复杂。因此，可先用 PCA 方法对 ESQoS 参数进行降维处理，然后将得到的主成分进行离散化，并将离散化后的主成分作为 HMM

的观测值，这样就可以用鲍姆－韦尔奇（Baum-Welch）算法进行参数估计了。更详细的介绍可参阅隐马尔可夫模型相关书籍。

（3）评价模型的验证与不足　对基于 HMM 的 QoE 评价模型性能的分析可利用自身验证、外部数据验证及交互验证等方法来进行。事实上，在获得 QoE 评价模型的具体参数值后，评价问题就等价于如何利用一次或连续多次会话的 ESQoS 参数形成的观测序列对 HMM 状态序列的估计，这等价于 HMM 的解码问题，可利用维特比（Viterbi）算法进行求解，其复杂度为 $O(K^2L)$。式中，O 为复杂度符号；K 为状态个数；L 为序列长度。

尽管基于 HMM 的 QoE 评价模型克服了用户体验的后向影响，但也存在一些不足之处。比如，该评价模型基于前面提出的两个假设，若假设不符合实际或与实际差别较大，那么评价就失去了合理性；模型的训练比较复杂，由于鲍姆－韦尔奇算法是一种迭代的算法，所以需要较长时间才能得到解；某些服务用户可能不会在短时间内连续体验多次，体验的后向影响可忽略不计，这时与其他评价模型相比，基于 HMM 的 QoE 评价模型就不再具有优越性。

1．试述用户体验质量评判的要素。

2．试述用户体验的测试方法及其注意事项。

3．用户体验质量的评价方法有几种？试针对其中一种评价方法，查阅相关资料，详述其过程。

4．试用模糊层次分析法评价大屏手机的用户体验，假定其关键指标为屏幕尺寸、续航时间、电池大小、接口个数、系统功能多少、手机体积等要素。

5．试述眼动跟踪的测试过程，并试举例说明其应用。

6．试述脑电分析的测试过程，并试举例说明其应用。

7．针对一款自己选定的产品，应用本章所学内容，设计对该产品进行测试与体验质量评价的方案。

用户体验设计的应用

"

用户体验设计不仅仅是一门跨学科的新技术，更是一种新的思维方式和理念。它不仅适用于像工业制品这类有形产品的体验设计，也同样适用于像服务这类无形产品的体验设计。产品特性的差异决定了其交互的特殊性，产品使用情境的复杂性也决定了其体验设计方法的多态、多样性。比如在开展用户体验设计时，有形产品通常着重物理刺激带来的交互体验，而无形产品则更在意心理层面的交互感受。

产品设计、视觉设计、互联网设计和服务设计，是当前最有代表性的几个用户体验设计典型应用领域。正像许多有经验的用户体验设计专家在实践中所体会到的，不同领域应用对象的不同，造成其交互感受的来源和特性有不小的差异，故其体验设计的策略和方法也各有侧重、不尽相同。例如，工业制品的感受往往来自产品整体的交互性，因而其体验设计偏重功能、可用性和技术细节；视觉交互感受的重点在心理层面，因而创意就显得更重要一些；互联网产品的使用感受主要源自信息交互，所以信息架构就成了突出问题；对服务设计来说，"无接触不服务"有一定道理，因而服务接触点的识别就变得十分重要。

本篇内容是对典型应用领域实践经验的总结，来自大量专家的心得和感悟，或不足以概括体验设计应用的全貌，也无意以此来约束读者的思维，但作为基本的参考和遵循，相信就学习用户体验设计来说，对开阔视野、引导创新，启迪独立的批判性思维和原创设计智慧，将会起到抛砖引玉的作用。

"

第15章 产品的用户体验设计

产品体验不是指产品是如何工作的，而是指产品是如何与外界联系并发挥作用的。尽管对体验效果的追求来说没有最好，只有更好，但良好的产品体验无疑都是为用户感觉的提升而设计的，是设计师在实现其产品理念的过程中，对用户心理和感受高超把握艺术的体现。本章内容所涉及的"产品"概念特指有形的工业产品。

15.1 产品体验设计的概念

产品体验设计是指让用户参与设计，是把服务作为"舞台"、把产品作为"道具"、把环境作为"布景"，力图在产品使用中传递美好体验的过程。它注重人本理念，让体验的概念从开发的最早期就进入整个设计流程并贯穿始终。具体包括：对用户体验效果有正确的预估；认识用户的真实期望和目的；在功能核心还能够以低廉成本加以修改的时候，依据体验目标对设计进行修正；保证功能核心与人机界面之间的协调工作，减少缺陷。

产品一般通过设计语言与用户进行交流，包括产品的造型、材质、表面处理、色彩、细节、性能表现，以及有何功能、可以做什么、如何做到、如何操作、格调和听起来如何等因素。这些都属于产品体验设计要考虑的内容。常见的产品体验设计有两种形式：改良式设计，即针对已有产品，通过对用户体验的测试与评估进行改进；参与式设计，即针对全新的产品，让用户参与到设计过程中，通过原型—体验—修正并不断迭代和完善，直到满足用户的体验需求。

15.2 产品用户体验的层次

产品要素决定了其对体验的影响，且在不同的需求层次上其影响也不相同。与亚伯拉罕·马斯洛（Abraham Harold Maslow）的需求层次相对应，用户对产品的需求依体验作用可划分为功能性、可靠性、易用性、智能性以及愉悦和创造性五个层次（见图15-1）。

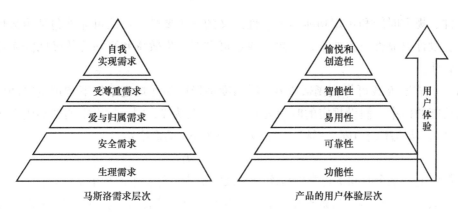

图 15-1　产品用户体验的层次

15.2.1　产品的功能性体验

产品功能是指产品所具有的特定职能，是产品功用或用途的总和。产品功能可分为使用功能与审美功能。前者是指产品的实用价值；后者则是指利用特有的形态来表达产品的不同美学特征及价值取向，让用户从情感上与产品取得一致和共鸣的功用。使用功能和审美功能是产品功能的两个方面，代表着不同的属性。依侧重点不同，可将产品分为三种类型，即功能型产品、风格型产品和身份型产品。无论哪种类型，产品功能都与用户需求的满足和体验度密切相关。

产品功能一般包含三个层次的体验内涵：①基本功能，也称核心功能，是指能为顾客提供的基本效用或利益的功能，包括特性、可靠性、安全性、经济性等，是体验的核心价值所在；②心理功能，也称中介功能，是指满足用户心理需求的功能，是外部特征和可见形态，由人的感性认识所决定，如品牌知名度、款式、包装等，是魅力体验的关键组成部分；③附加功能，也称连带功能，是指能为用户提供各种附加服务和利益的功能，如使用示范或指导、售前售后服务等，能带给用户期望的满足，有助于增加信任，提升对企业的忠诚度。

15.2.2　产品的易用性体验

产品的易用性是指产品容易使用的程度，是让用户容易学会和有效地使用产品，进而获得良好使用体验的关键所在。它主要解决如何让用户在生理和心理上接受产品，正确有效地实现产品功能等问题。其内涵包括：易懂性，是指用户能轻易了解产品的功能，认知负担轻；易学性，是指用户能轻松有效地掌握使用方法；易记性，是指用户隔段时间再次使用产品时不需要重新学习，记忆负担轻；易对性，指减少使用产品时可能出现的犯错率。需要注意的是，即便是功能、界面和使用环境都相同，对于不同的用户来说易用性也可能是不同的，因为用户的认知能力、知识背景、使用经验等都不尽相同。

15.2.3　产品的可靠性体验

产品的可靠性是指产品在规定条件下、规定时间内，无故障地执行指定功能的能力。

规定条件、规定时间和规定功能是可靠性定义的三个要件。产品可靠性包括耐久性、可维修性、设计可靠性三大要素，一般可通过可靠度、失效率和平均无故障间隔来评价产品的可靠性。

（1）可靠度 R 或可靠度函数 $R(t)$　可靠度是指产品在规定条件下和规定时间内，完成规定功能的概率。假设规定的时间为 t，产品寿命为 T，同一批次中的产品既有 $T > t$，也有 $T \leqslant t$；从概率论角度，可将可靠度表示为 $T > t$ 的概率：

$$R(t)=P(T > t) \tag{15-1}$$

在数值上，某个时间的可靠性概率可用试验中该事件发生的频率来估计。

（2）失效概率或积累失效概率 $F(t)$　失效概率是指产品在规定条件下和规定时间内，丧失规定功能的概率，也称为不可靠度。它是时间 t 的函数，记作 $F(t)$，即

$$F(t) = P(T \leqslant t) = \frac{r(t)}{N_0} = 1 - R(t) \tag{15-2}$$

式中，$r(t)$ 表示从开始试验到时刻 t 的失效总数；N_0 表示初始试验产品总数；$R(t)$ 表示可靠度。

（3）失效密度或失效密度函数 $f(t)$　失效密度是指失效概率分布的密集程度，在数值上等于在时刻 t，单位时间内的失效数 $\Delta r/\Delta t$ 与初始试验产品总数 N_0 的比值，即

$$f(t) = \frac{\Delta r}{N_0 \Delta t} \tag{15-3}$$

同样，当 N_0 很大时，也可用微分的形式来表示，即

$$f(t) = \lim_{\Delta t \to 0} \frac{\Delta r}{N_0 \Delta t} = \frac{1}{N_0} \frac{\mathrm{d}r}{\mathrm{d}t} = \frac{\mathrm{d}F(t)}{\mathrm{d}t} = -\frac{\mathrm{d}R(t)}{\mathrm{d}t}$$

且

$$\int_0^\infty f(t)\mathrm{d}t = \int_0^t f(t)\mathrm{d}t + \int_t^\infty f(t)\mathrm{d}t = F(t) + R(t) = 1$$

虽然可靠性与产品寿命密切相关，但二者并不是同一概念，不能认为可靠性高产品寿命就长，也不能认为产品寿命长可靠性就必然高。通常所说的高可靠性，是指产品完成给定任务的把握性大，而寿命长是指产品可工作时间长且性能良好。

15.2.4　产品的智能性体验

产品的智能性是指产品自己会"思考"，会做出正确判断并执行任务。它有时也表现为行为的自治特点，如生产线上带视觉的智能机器人能根据视觉计算决定对工件的操作方式；物流中心的智能 AGV 小车，能根据情况决定前进、后退或停止；智能驾驶汽车能代替人工进行自动驾驶。产品智能性体验的本质，是通过微电子和信息技术的应用，使产品具备部分类人的智力，能代替人脑做部分决策，从而大幅度降低人的操作负担。谷歌公司阿尔法狗（AlphaGo）的成功表明，智能产品大规模进入人们的日常生活不再是梦想。

15.2.5　产品使用的愉悦和创造性体验

愉悦感即快感，是人类大脑的快感中枢接收到良性刺激而产生的兴奋，反之则产生不快或痛感。刺激可来自外界，如感觉形式能直接引起快感或不快，语言等无形因素通

过意识处理产生快感或不快；也可来自内部，如人体内部的生理性刺激与精神行为所产生的刺激。刺激因素、被刺激对象的品性（主体）和对刺激的反应（行为，如对刺激的评估）是快感现象最基本的因素。例如，一般高技能者（主体）对给定目标（刺激因素）的胜任感更高、自治性更强（刺激反应），因此对总体任务的愉悦感也更高。

创造性体验（Creative Experience）是人的一系列主动生产或制作产品的活动，包括有限的创造性体验（如简单的组装）和完全的创造性体验（如原创绘画、设计）。制约用户创造性思维水平的关键因素有两个：①是否给出最终产品形式，如宜家家具的组装指示；②是否给出操作说明或方向，如操作步骤或说明书。

如何让用户在使用时感到满足和愉悦，并能发挥自己的创造性，不仅是产品体验设计的最终目的，也是检验产品是否成功和促进产品销售的重要手段。唐纳德·诺曼（Donald Arthur Norman）在其《设计心理学》一书中指出，愉悦和创造性体验可以通过对产品在用户本能层、行为层和反思层面相关要素的设计来体现。相关理论的详细介绍，参见本书 8.2.2 节内容。

15.3 产品体验设计的一般过程

一般来说，产品体验设计流程可以划分为产品需求分析（用户与市场、需求分析）、产品概念设计（功能与系统、产品原型设计）、产品详细设计（方案评估、产品 Demo、开发设计、产品测试）、产品发布与售后服务（发布与维护）四个大的阶段（见图 15-2）。之后，针对已有产品的迭代升级或开始一个新产品的开发，则是上述过程的再一次循环。

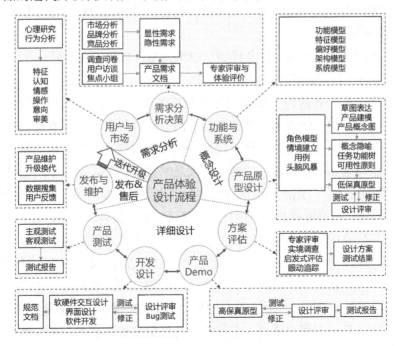

图 15-2　产品体验设计流程

15.3.1 产品需求分析

产品需求分析是产品体验设计的第一阶段，即在公司战略框架的范畴内发现市场机会，主要工作包括用户与市场研究、需求分析、需求决策等，目的是明确设计目标。

1. 用户与市场研究

用户与市场研究是产品体验设计流程中的核心，是一种理解用户、将其目标、需求与企业商业宗旨相匹配，发现市场机会的理想方法。其首要目的是帮助企业定义产品的目标用户群，明确、细化产品概念，并通过对用户的任务操作特性、知觉特征、认知心理特征的研究，将用户的实际需求映射为产品设计的导向和约束，使产品更符合用户的习惯、经验和期待。用户与市场研究包括用户群特征、产品功能架构、用户认知模型和心理模型、用户角色设定、产品市场定位等内容。一般步骤如下。

（1）前期用户调查　方法：访谈法（用户访谈、深度访谈）、背景资料问卷等。目标：目标用户定义、用户特征定义、客体特征的背景知识积累及对市场的理解等。

（2）情景实验　方法：实验前问卷/访谈、观察法（如典型任务操作等）、有声思维、现场研究、验后回顾等；实验可采用眼动仪、脑电仪等辅助仪器。目标：用户细分、用户特征描述、定性/定量数据收集等。

（3）问卷调查　方法：单层问卷、多层问卷、纸质问卷、网页问卷、验前问卷、验后问卷、开放型问卷、封闭型问卷等。目标：获得原始数据，支持定性和定量分析。

（4）实验与数据分析　方法：常见分析方法有单因素方差分析、描述性统计、聚类分析、相关分析等数理统计分析方法，以及主观经验测量（常见于可用性测试的分析）、Noldus操作任务分析和眼动绩效分析工具等。目标：给出用户模型建立依据；提出设计建议和解决问题的依据。

（5）建立用户模型　方法：任务模型、思维模型（知觉、认知特性等）。目标：分析结果整合，指导可用性测试和界面方案的设计。

用户与市场研究的各阶段，要分别形成相应的文档，有问卷调查文档、访谈文档、焦点小组文档等。其中，问卷调查文档包括"问卷设计报告""问卷调查表""问卷调查结果分析报告"等；用户访谈文档，包括"被访用户筛选表""访谈脚本""配合记录表""被访用户确认联系列表""访谈阶段总结报告"等；焦点小组相关文档，包括"焦点小组用户筛选表""焦点小组执行脚本""焦点小组参与用户确认联系列表"和焦点小组影音资料等。最终形成总的"用户与市场研究分析报告"文档。

用户与市场研究的主要作用可以概括为：对于新产品开发来说，用户与市场研究一般用来明确用户需求点和市场机会，帮助设计师洞察产品的设计方向；对于已经发布的产品来说，用户与市场研究一般用于发现产品的问题，帮助设计师优化产品体验。其价值体现在：对公司来说，可以节约宝贵的时间、开发成本和资源，创造更好、更成功的、适合市场需要的产品；对用户来说，它使得产品更加贴近真实的需求。通过对用户的理解，可以将用户需要的功能设计得真正有用、易用并且强大，能切实解决实际问题并引发用户的情感共鸣。

2. 需求分析

广义的需求分析泛指需求的获取、分析、规格说明、变更、验证与管理等一系列需求工程；狭义的需求分析是指对用户需求的分析、定义过程。需求分析可以看作是从用户提出的要求出发，挖掘其内心真正的目标，并转换为产品需求的过程。

需求分析通过提炼用户的真实需求，形成符合产品定位的解决方案。这种需求可以是一个产品，也可以是一个功能或服务、一个活动或一种机制。要知道，用户的底层欲望是源于基本的人性，而人性的欲望在不同的环境中，因不同的形式、不同的行为，会产生各种各样的动机，想要达到各种各样的目标。因此，可以说产品需求分析正是借迎合用户的动机，来帮助他们更好地达成目标的前提。

尽管功能需求是对产品最基本的需求，但却不是唯一的需求。产品需求往往是各方面要求综合的结果。其通常包括：功能需求；性能需求；可靠性与可用性需求；故障处理，指对产品使用过程中发生故障的解决办法；交互界面；使用约束；反向需求（Inverse Demand），指产品价格上涨时需求反而增加的购买习惯；以及将来可能提出的要求，如基于企业发展战略、设计师经验和用户期望等因素，对现时无法确定的用户需求的预估等。

用户需求可以分为显性需求和隐形需求，对于后者，需要设计师主动挖掘。在设计实践中，挖掘用户需求的方法也是多种多样的，如电子文档采集、设计实验、人机工程法、以及常用的用户需求研究方法等，包括用户访谈、调查问卷、焦点小组、讲故事、群体文化分析和图解思维等。应当看到，有时候用户会从个体角度出发，提出自己认为必要的需求。例如，用户习惯从自身情况考虑，对产品的某个功能有自己的期望，但对产品的市场定位、设计的依据等情况却不甚了解。这时，他们的建议往往并不是该功能最好的实现方式，因而不足以作为产品规划或设计的直接依据，需要加以分析判断。

通常，可以尝试从几个关键因素入手进行场景分析，来挖掘用户需求的本质。如果只是看需求和产品本身，有时很难发现产品设计背后的逻辑。例如，用户的动机可能会被当时环境下的复杂因素所掩盖，或容易受到很多心理方面的影响。如果放到具体场景里、放到人与产品的交互里，让用户一如平常、放松地去执行指定的任务，或许能更清楚地看出产品体验的奥妙所在。图 15-3 给出的基于用户动机的需求分析框架，就是通过在指定场景里的行为模拟，来发现用户深层次需求的一种方法。它包括用户需求、人性 – 欲望、产品需求和用户动机四大要素，一般需要考虑以下内容。

（1）基于什么环境　时间（When）、地点（Where），如地铁 / 办公室 / 室内 / 公共场合 / 走路 / 夜晚 / 户外……深入情境周围的细节中去（with What）。要注意对环境中具有高影响力和高不确定性因素的识别。

（2）基于什么用户　人物（Who）、任务（What to do），如具备什么特征，如身份、收入、区域等；任务也可以理解为个人的欲望（Desire）或目标。

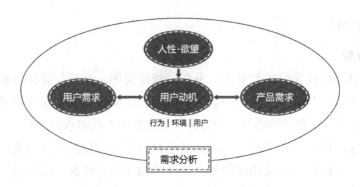

图 15-3 基于用户动机的需求分析框架

（3）基于什么行为 行为（Action）与方法（Methods），包括行为或操作流程、使用什么手段或工具等，如购物流程、操作习惯、行为认知等；方法也可以是用户对某个问题的具体解决方案。

在上述过程中，应尽量让用户把自己的解决方案清晰地描述（大声说）出来，这不仅可以暴露其达成目标的深层次需要，还可以帮助开发团队基于这些需要，（从技术手段）来判断产品的真实竞争对手是谁。此外，在进行需求分析时，还要注意以下误区。

（1）创意和求实 需求不是空中楼阁，而是实实在在的一砖一瓦。每个设计师都可能会为自己的一个新的想法（Idea）而激动万分。但是请注意，当激动或得意的时候，你可能已经忘了，你原本是在描述一个需求，而不是在策划一个创意、创造一个概念。很多刚开始做需求分析的人员，都或多或少地会犯这样的错误，即陶醉在自己的新想法和新思路中，却违背了需求的原始客观性和真实性原则。

（2）解剖的快感 几乎所有开发软件的人员，在进行需求分析的时候，一上来就会把用户的要求完完整整地做个"解剖"，切开分成几块，再细分成几个子块，然后条分缕析。可是，当用户满脸迷惑地看着你辛辛苦苦做出来的结果，问你："我想做一个数据备份，该怎么做？"这时你会发现，如果按你的分析去做，用户需要先后打开三个窗口，才能完成这个任务，用户体验更是无从谈起。可见，尽管分解是必需的，但要牢记，最终的目的是更好地组合，获取更好的体验，而不是为了分解而分解。

（3）角度和思维 设计人员可能经常会听到这样的抱怨："用户怎么可以提出这样苛刻的要求呢？"但仔细一了解，你会发现，用户只不过是要求把一个需要单击两次才能完成的功能，改成只需一次单击。这样的要求可能会导致改变需求、修改代码甚至重新测试，增加工作量。但如果换个角度来思考，这个功能在你开发的时候只用了几次、几十次，而用户每天可能都要用几百次甚至成千上万次，你若改动一下能帮他减少一半的工作量，对他来说这样的需求难道苛刻吗？请务必牢记，永远没有不对的需求，不对的只是你的需求分析。试着站在用户的角度，用他们的逻辑去思考，你的需求分析就会更加贴近用户、更加合理。

（4）程序员逻辑 从程序员成长为系统分析员是一个普遍的轨迹，但并不是每一个好的程序员都必然能成为一个好的系统分析员。一些程序员的思维逻辑固化，使得他们在做需求分析的时候，常常钻进一些牛角尖里面。例如，1/0 逻辑（或者黑白逻辑）认为不是这样就是那样，没有第三种情况，可实际情况往往是有第三种情况出现；又如穷举逻辑，即喜欢上来就把所有三种可能的情况都罗列出来，然后一个一个地分别处理，每个占用 1/3 的时间。可是，实际的情况可能是其中 1/3 的情况占到 99% 的比例，其他两种情况一年都不会遇到一次。这时，均分时间的做法明显不合理。现实中还有很多这样的例子，永远别忘了需求分析和程序设计不尽相同，合理、可行是才是最重要的。跳出程序设计的圈子，站在系统的角度、站在用户的角度来看问题，或许会发现另一片天空。

3. 需求决策

需求决策就是对需求分析的敲定。尽管实际上要考虑很多决策约束条件，无论是自己的创新想法，还是市场调研，或是来自用户或其他方面的需求，最终汇集到产品经理手里的需求分析结果，归根到底都是决策哪些要做、为什么要做、怎么做，同时，也要给出哪些不能做、哪些暂缓做以及不能做或暂缓做的理由。

通常，需求决策要考虑三个基本因素，分别是战略定位、产品定位和用户需求。它们之间是一个层级的关系，战略定位决定了产品定位，是企业对市场机会的把握。有些产品，在企业的战略中，只是需要有这么一个产品，也仅仅是需要有，并不代表非要做好；既然没必要做好，也就不会有大的资源投入，更谈不上需求的迭代。所以，战略定位是首要的需求决策因素。其次是产品定位，产品定位决定了哪些需求是必要的，哪些是多余的。同时，这些也影响着对用户需求的取舍。在筛选需求进行决策的时候，除需要挖掘用户动机，寻找真实需求之外，还要注意以下几点。

（1）用户的重要性　重点考虑该用户是否为目标用户。如果不是产品针对的目标用户或重要用户，其建议或需求的参考价值可能相对较小。当然，非目标用户有时也会提出可取的建议，需要适当把握。

（2）需求的适用性　重点考虑该需求是否符合企业的产品定位。思考一下，该需求的满足可能会影响产品的核心服务、破坏用户体验吗？

（3）需求的可实现性　重点考虑该需求能否实现，评估这个需求需要多少开发资源或运营能力、价值有多大，性价比如何，是否符合产品的周期或市场战略。

用户需求并非是等同的，通常一个需求的内在价值决定了其权重。一般地，可以从以下四个维度来考虑一个需求的价值。

1）广度，即该需求的受众面有多大。显然，量大面广的需求权重就高，反之就低。

2）频度，即该需求的使用频率是以小时为周期，还是以日、周、月或年为周期。使用的频度越高，需求的价值就越大。

3）强度，即该需求对用户来说有多迫切。用户的需求迫切，则应该赋予较高的权重。

4）时机，即该需求是否符合产品的规划，当下的社会人文及政治经济环境是否适合产品的推出等。

需要强调的是，再伟大的产品，都不是一蹴而就的，都是阶段性发展和提升的。因此，就需要找准每个阶段的需求重心。例如，起步阶段可能为了快速实现产品，所有在核心功能之外的需求都会被搁置或暂缓，留待以后完善。战略分阶段、阶段分版本，通过这样来细化需求指标，决策每个版本需要实现的核心是什么，从而确定需求决策判断的标准。战略方向和产品定位都是策略型因素，尽管二者有一些重叠的地方，但是战略方向更偏向市场，而产品定位更注重功能定义。因此，判断一个功能需求是否合适，应看其是否符合产品定位的标准。

4. 需求分析的一般过程

从过程来看，上述需求分析阶段的工作可分为识别需求、需求分类、需求权重确定、需求规格说明和评审五个步骤（见图15-4）。

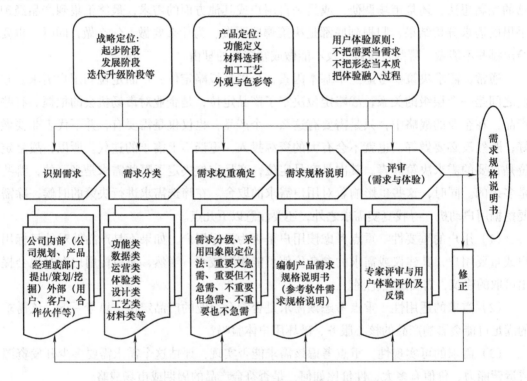

图15-4 面向体验的产品需求分析一般过程

（1）识别需求　产品的需求通常来自企业内部和外部。内部需求可以是企业的战略规划，或由产品经理/设计师提出的研发建议、策划，或者来自对市场或产品数据的挖掘等；外部需求可能来自用户、企业客户或长期合作伙伴等。产品需求的识别，要尽可能做到考虑全面，对企业内外部任何一方需求的忽视都是不可取的。

（2）需求分类　在进行需求分析之前，先要对需求进行分类。每个企业或每个产品，都有不一样的分类习惯或偏好，通常有功能类、数据类、运营类、感官类、设计类等。这个阶段要求从系统的角度来理解产品，确定对所开发产品的综合要求，并提出这些需求的实现条件以及应该达到的标准。具体包括功能（做什么）、性能（要达到什么指标）、环境（如机型、操作系统等）、可靠性（不发生故障的概率）、安全保密、用户界面、资源使用（软件运行时所需的内存、CPU 占用率）等，还有软件成本消耗与开发进度要求、预先估计以后系统可能达到的目标等。

（3）需求权重确定 需求的权重是一个相对值，它反映了构成产品的要素之间的相对重要性。这一阶段需要逐步细化所有的产品功能，找出产品各功能元素之间的联系、接口特性和设计上的限制；分析它们是否满足需求，剔除不合理部分，增加需要的部分，综合成系统的解决方案，给出要开发产品的详细逻辑模型（即做什么样的模型）。在此基础上，应用四象限定位法来确定产品中每个功能需求或要素的权重。

（4）制定需求规格说明书（即编制文档） 描述需求的文档通常称为产品需求规格说明书。它一般包括编制依据（目的、背景、参考资料等）、任务概述（目标、用户、约定等）、需求规定（功能、性能、接口、故障处理等方面的要求）和使用环境（物理环境、软硬件环境、能源与辐射等方面的要求）等内容。需要注意的是，需求规格说明书给出了产品的全面定义，是需求分析阶段的主要成果，也是用于向下一阶段提交并支持产品开发递进修正的基础。

（5）评审 针对产品需求规格说明的评审，是及时发现并修正问题和不足的重要环节，也是在这一阶段保障用户体验品质的重要节点。评审可邀请专家和用户，对功能的正确性、完整性和清晰性、用户体验效果以及其他需求给予评价。对在评审中发现的问题，应及时反馈到需求分析的各个阶段，并在修正后再次组织评审。只有评审通过，才可以开展下一阶段的工作。

特别需要注意的是，企业的战略定位、产品定位和用户体验原则作为前置条件，务必贯彻于产品需求分析的整个过程。

15.3.2 概念设计

1. 概念、设计概念与概念设计

概念是人对能代表某种事物或发展过程的特点及意义所形成的思维结论。它是人们在实践的基础上经过感性认识上升到理性认识而形成的。设计概念是设计者针对设计所产生的诸多感性思维进行归纳与精炼所产生的思维总结，是一种设计的理念。而概念设计是由分析用户需求到生成概念产品的一系列有序、可组织、有目标的设计活动。它表现为一个由粗到精、由模糊到清晰、由抽象到具体的不断进化的过程。"概念设计"一词最早出现于德国学者格哈德·帕尔（Gerhard Pahl）和沃尔夫冈·拜茨（Wolfgang Beitz）等 1984 年出版的设计经典教材《工程设计学：一种系统的方法》中，被描述为"在确定设计任务之后，通过抽象化、拟订功能结构，寻求适当的作用原理及组合，确定出基本求解途径、得出方案的那部分设计工作"。

2. 概念设计的特征

概念设计有五个方面的的内容，即可行性论证、哲理观念的思考、文化主题及特征的论证、基本空间模式及结构方略和创新方向的探索。因此，它具有设计内容的概念性、设计思维的创新性、设计理念的前瞻性、设计定位的战略性与方向性，是情感的表现和体验的载体。概念设计的重点之一在于给人们提供一种感官品质和情感依托，并借助情感的力量来与人们形成互动、共鸣，带来某种期望的体验。其优势表现在分析角度的全局性、对策方案的框架性和人本、环保、智能化。概念设计强调理论依据的正确与权威性、演绎推理的严密与逻辑性、思维理念的前瞻与创新性、方案成果的思辨与可比性，而这些都与创造性思维有着紧密的联系。因此，在现实中，概念设计常被冠以创新、创意的前缀。

3. 概念设计的流程

概念设计主要包括功能设计、原理设计、布局设计、形态设计和初步的结构设计五部分（见图 15-5）。这几个部分之间存在一定的阶段性和相互独立性，此外，由于设计类型不同，往往还具有侧重性，而且互相依赖、相互影响。因此，这一阶段的工作往往呈现出高度的创造性、综合性、全局性、战略性以及设计师的经验性，从而体现出设计的艺术性。实践表明，一旦概念设计被确定，方案设计的 60%～70% 也就被确定了。

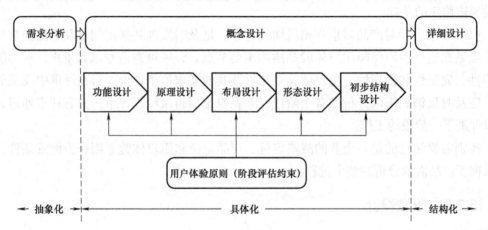

图 15-5　面向体验的概念设计流程

（1）功能设计　功能设计是指按照产品定位的初步要求，在对用户需求及现有产品进行功能分析的基础上，对新产品应具备的目标功能系统进行概念性构建的创造活动，体现着设计中市场导向的作用。其设计依据是以用户的潜在需求和功能成本规划；具体内容有设计调查与产品规划、功能组合设计、功能匹配设计和功能成本规划四个部分。

1）设计调查与产品规划。原则性地指出产品开发的方向或可能的方向，可以由最初的产品创意（用户定位）或基本功能配置来确定，由此可以产生最早的产品设想（Idea）课题或改进产品设计的思路。具体步骤如下。

第一步：概念的产生。概念的产生是产品规划的核心。概念产品是最初的整体性、原则性、创新性和导向性的产品功能和载体描述，不涉及细节。功能设计检核表常用来拓展概念生成的思路。这是美国创造学之父亚历克斯·奥斯本（Alex Faickney Osborn）于 1941 年在《创造性想象》一书中提出的一种启发创新思维的方法，是一种发散性的思维方法，核心是改进，或说关键词是改进，通过变化来改进。其基本做法是：首先选定一个要改进的产品或方案；其次面对一个需要改进的产品或方案，从不同角度提出一系列的问题（见表 15-1），并由此产生大量的思路；最后对提出的思路进行筛选和进一步思考、完善。

表 15-1　奥斯本检核表

检核项目	含义
1. 能否他用	现有的事物有无其他用途；保持不变能否扩大用途；稍加改变有无其他用途
2. 能否借用	能否引入其他创造性设想；能否模仿其他东西；能否从其他领域、产品、方案中引入新的元素、材料、造型、原理、工艺、思路
3. 能否改变	现有事物能否做些改变，如颜色、声音、味道、式样、花色、品种、意义、制造方法；改变后效果如何
4. 能否扩大	现有事物能否扩大适用范围；能否增加使用功能；能否添加零部件；能否延长使用寿命，如增加长度、厚度、强度、频率、速度、数量、价值
5. 能否缩小	现有事物能否体积变小、长度变短、重量变轻、厚度变薄以及拆分或省略某些部分（简单化）；能否浓缩化、省力化、方便化
6. 能否替代	现有事物能否使用其他材料、元件、结构、力、设备力、方法、符号、声音等代替
7. 能否调整	现有事物能否变换排列顺序、位置、时间、速度、计划、型号；内部元件能否交换
8. 能否颠倒	现有事物能否从里外、上下、左右、前后、横竖、主次、正负、因果等相反的角度颠倒过来用
9. 能否组合	能否进行原理组合、材料组合、部件组合、形状组合、功能组合、目的组合

第二步：概念的评估与筛选。概念选择是指用需求或其他标准评估概念，并进一步选择一种或多个概念，是一个收敛的过程。具体有外部决策、团队负责人感觉、多数人意见、原型和测试等方法。例如，英国设计师、全面设计（Total Design）方法的发明者斯图亚特·帕夫（Stuart Pugh）于 1991 年提出的选择矩阵（Selection Matrix）方法，常被用来快速减少概念数目并优化概念。由于篇幅所限，有兴趣的读者可自行参阅相关资料。

第三步：概念开发。经过评估和筛选之后，少数或单个方案进入深入开发过程，一般由产品经理和专业人员分别负责一个方案的开发，最后形成具体的设计方案和任务书，明确设计目标和成本估算，经过评审后就可以选出最终的概念方案了。

2）功能组合设计。功能组合是指系统功能构成元素的定性配置的状况或过程。功能组合设计是指在产品市场定位（特别是功能定位）的基础上，以产品为单位对用户所需功能所做的定性的、系统的选择与配置，是创造新组合的创新设计。例如，假定某商品包含 m 种功能，它们各自独立只能构成 m 种商品（不考虑功能量的不同），但 n（$n < m$）种功能可通过组合得到 $C_m^n = m!/n!(m-n)!$ 种商品。这也被称为是功能的组合效应。市场细分、功能组合效应为功能组合创新提供了广阔的空间。

3）功能匹配设计（Function Matching Design，FMD）。功能匹配设计是指在功能组合设计的基础上，确定系统中各功能在数量及数量关系上的协调配合，避免过剩或不足，从而实现各功能在数量上最优配置整合的创造性过程。不同功能数量的各种适当配置及其相互关系的不同协调方式是商品多样性的来源之一，也称功能匹配效应。例如，来自Lite-On P&C 公司的一款变形鼠标，用雕塑黏土作为填充材料，外敷一层尼龙聚亚安酯混合布，可以揉捏成任何形状。其客户化概念在匹配设计上是一大创新，获得了 2007 年德国"红点"（Red Dot）设计概念奖。

4）功能成本规划（Function-Cost Planning，FCP）。功能成本规划是指从企业战略的角度对产品的功能构成及成本做出的规划。成本决定了可盈利的售价，功能和价格必须被买方接受，产品才有可能成功。过高的定价会影响市场销量，定价过低则会影响企业的利润。产品的高价格往往需要给用户一个合适的理由，如任何外观和象征功能都常常被用来作为制定高价的理由。

（2）原理设计 原理设计是对所配置的功能进行原理性设计构思、提出设计方案的设计过程，其核心是原理方案的构思与拟定（见图 15-6）。具体步骤是：首先是原理构思与验证，对明确的功能目标进行创新构思，再通过模型试验进行技术分析，验证原理的可行性；其次是修正与提高，即发现弱点、剖析问题，对构思进行修改、完善和提高；最后，对原理解法做技术经济评价，选择最优方案。常用的求解思路有五种，即几何形体组合法、基本机构组合法、物－场分析法（s-Field 法）、技术矛盾分析法和物理效应引入法。不同的原理求解思路用以解决不同的功能类型。

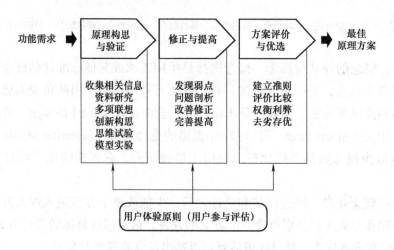

图 15-6 原理设计过程及内容

（3）布局设计 布局设计是指把零部件按一定要求合理地放置在一个空间内，最终构成产品的整体形态。布局设计可分为一维布局、二维布局和三维布局问题，也可分为规则物体（如长方形或长方体物体）和不规则物体的布局问题。它通过对原理方案进行造型、构成、使用情形等方面的分析和设计，在外形、零部件关联和人机关系等因素的约束下，形成产品的初始形态。布局设计过程如图 15-7 所示。

1）布局约束。具体包括属性约束（Attribute Constraints）、行为约束（Behavior Constraints）和形位约束（Layout Constraints）。

2）约束的确定与满足。约束满足的本质就是求解布局中的约束，具体方法有数学规划法、启发式算法、图论求解法、数值优化算法、遗传算法、聚块布局法、模拟退火算法等。也有学者建立了约束分层递阶模型来进行求解，满足条件的解给出了属性、行为和形位等方面的尺度及关联关系。在概念设计阶段，这些解在一定程度上限定了新产品的粗略框架。

3）概念布局方案。这是指对满足布局约束条件的结果的优选。这里要注意的是，在传统以数值为基础的优选方法中，还应引入用户评价机制，以确保在设计进化过程中概念方案的产品体验不至于向不良方向发展。

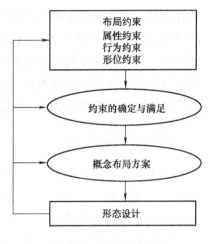

图 15-7　布局设计过程

4）形态设计　产品形态是指通过设计赋予产品的具有功能属性的造型。与感觉、构成、产品结构、材质、色彩、空间、功能等密切相关的"形"，是产品的物质形体或外形；"态"则是指产品可感觉的外观情状和神态，也可理解为产品外观的情感因素。产品形态包括视觉、触觉、听觉、嗅觉等形态，其分类如图 15-8 所示。形态设计是指在确保布局约束的前提下，对产品外观的塑造。产品空间造型、色彩等美学要素是形态设计的重点。

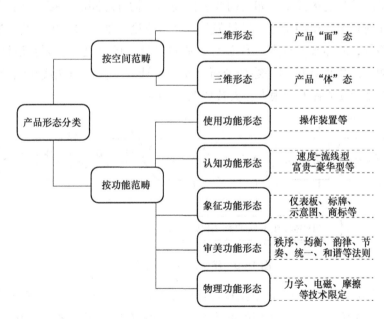

图 15-8　产品形态的分类

产品的形态（点、线、面、体）、色彩和质感共同构成了完整的产品外观形象，被称为产品形态三要素。影响产品形态的因素有很多，包括功能、结构、机构、材料与工艺、技术、数理（尺度比例）和文化等。形态设计一般遵循极限原理、反向原理、转换原理、综合原理、形式美法则和产品符号学等原理。科技的发展也影响着形态设计，如20世纪80年代的"绿色设计"、90年代的"生态设计"、21世纪的"可持续设计"。这些新的设计理念一方面强调新材料和新技术的运用，另一方面也使产品的绿色设计从原来的"末端治理"发展到"可循环再回收利用"。此外，还需要把握产品形态与情感的表达，树立正确的体验至上的形态观，这在体验经济时代显得尤为重要。

15.3.3　详细设计

详细设计是指在概念方案的基础上，开展各个分项目的细节设计和计算，调整和解决机、电各方面的具体问题和矛盾，最终确定新产品全部的技术性能、结构强度、制造设备、材料及订货的技术要求等。其主要任务是将表述功能原理的机械运动简图和原理方案具体化，使之成为产品及零部件的合理结构。详细设计包括产品结构设计（零部件和总体设计）、测试与修改迭代和生产设计三大部分，直接产物是产品图样、工艺规程等技术文档。实践中，这些设计文档要送交企业相关部门进行技术审查，并按审查意见修改后才可发放用于生产。

（1）结构设计　结构设计是指针对产品的内部结构、机电部分进行综合设计。结构设计依据概念原理方案，确定并绘出具体的结构图，以体现所要求的产品功能，具有综合性、复杂性和交叉性的特点。具体设计方法有改进产品结构设计方案、改进零部件结构（积木化、整体化、新技术应用）和采用标准化技术等。构件是产品的基础，其结构要素包括构件属性及其连接关系，如几何及表面要素、构件之间的连接、材料及热处理等。结构设计的准则有实现预期功能、满足强度、结构刚度、加工与装配工艺、造型与色彩、考虑用户体验等；基本要求包括功能设计、质量设计、优化设计、创新设计和扩大优化解空间等方面。结构设计过程是综合分析、绘图、计算、验证与迭代相结合的过程。不同类型的结构设计其流程差别很大，大致如图15-9所示。

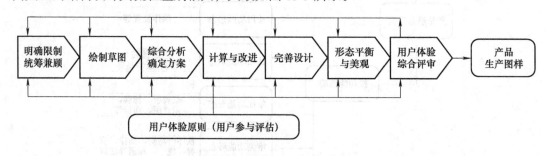

图 15-9　结构设计的一般过程

1）明确限制、统筹兼顾。明确结构设计的主要任务和限制，将目的的功能进行分解；然后从实现主要功能（起关键作用的基本功能）的零部件入手，考虑与其他相关零件的连接关系，逐渐同其他表面一起连接成一个零件；再将这个零件与其他零件连接成部件；最终组合成实现主要功能的产品；之后再确定次要的、补充或支持主要部件的零部件，如密封、润滑及维护保养等。

2）绘制草图。在分析确定结构的同时，粗略估算结构件的主要尺寸，并按比例绘制草图，初定零部件的结构。草图应示出零部件的基本形状、主要尺寸、运动构件的极限位置、空间限制、安装尺寸等；同时还要注意标准件、常用件和通用件的选用。

3）综合分析、确定方案。对初定的结构进行综合分析，确定最后的结构方案，即找出实现功能目的的各种可供选择的结构；评价、比较并最终确定结构，如可以通过改变工作面的大小、方位、数量及构件材料、表面特性、连接方式，系统地产生新方案。综合分析的思维特点更多是以直觉方式进行的，而不是以系统的方式进行的。

4）计算与改进。对承载零部件的结构进行载荷分析，必要时计算其承载强度、刚度、耐磨性等；并通过完善改进，使结构更加合理；同时也要考虑零部件装拆、材料、加工工艺的要求。实践中，设计者应对设计内容进行想象和模拟，从各种角度思考、想象可能发生的问题。这种假想的深度和广度对结构设计的质量起着十分重要的作用。

5）完善设计。按技术、经济和社会指标不断完善结构设计、寻找所选方案中的缺陷和薄弱环节，对照各种要求和限制反复改进。例如，考虑零部件的通用化、标准化，减少品种，降低成本；在结构草图中注出标准件和外购件；重视安全与劳保（操作和观察调整是否方便省力、发生故障时是否易于排查、是否有噪声等）。

6）形态平衡与美观。考虑直观上看物体是否匀称、美观，即视觉体验评价。外观不匀称会造成材料或机构的浪费，当有惯性力时会失去平衡，很小的外部干扰力就可能使物体失稳；而且抗应力集中和疲劳的性能也弱。

7）用户体验综合评审。邀请专家和典型用户，与企业各部门人员一起，对产品结构设计结果进行体验综合评价，并将评审结果反馈给设计各阶段，进行修正完善。评价的内容不局限于交互和外观，也应允许就产品结构、材料、工艺和色彩等技术问题提出建议。最后，在通过评审的设计草图的基础上，进行生产图样的绘制和原型的试制。

简而言之，结构设计的过程是从内到外、从重要到次要、从局部到总体、从粗略到精细，权衡利弊、反复检查验证、逐步改进的平衡迭代过程。结构设计阶段的结束以产品的最终设计达到规定的技术要求，同时通过用户体验综合评审并签字认可作为标志。产品生产图样及技术文档是结构设计阶段的最终产物。

（2）测试与修改迭代　详细设计流程的重要核心是"设计—建立—测试"循环，这一过程包括测试评估、制作产品原型、开发设计和测试验证，最终形成产品测试报告。实质上是对详细设计各阶段的不断测试、修改和完善，也包括对用户体验这一关键要素的迭代。

（3）生产设计　生产设计是指在确定总生产方针的前提下，以详细设计的结果为依据，按制造工艺阶段和各种工艺技术指标提供生产文件，既反映工艺要求又反映制造的生产管理过程。不仅使详细设计描述的产品具有可制造性，而且还要尽可能地发现并改正前面设计阶段可能存在的相关错误。产品的生产流程包括工艺审查和技术路线、材料定额、生产计划、零部件加工制造、产品装配等步骤（见图15-10）。生产设计的作用是针对各种产品类型的特点和规律，选择合适的加工生产类型，以便合理地组织生产。

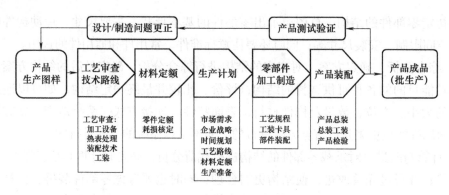

图 15-10　产品生产工艺流程

15.3.4　产品发布与售后服务

产品发布与售后服务是产品全生命周期的重要组成部分,但长期以来一直作为产品设计的辅助过程而被忽略。

(1) 产品发布　产品发布会是产品与公众的第一次近距离接触,也是用户建立对产品的第一印象的关键节点。第一印象并非总是正确的,但却总是最鲜明、最牢固的,并且常常决定着以后的动向。因此,产品发布应注意名称要简洁,朗朗上口,并包含核心关键特征,与关键词一致;核心关键词要在品名和描述中有所表现,不要堆砌关键词(第一关键词的填写很重要);要增加品牌、型号、等级、用途等特征描述,传递信息丰富饱满;产品描述简明扼要,可适当补充面向的市场、原料来源、口碑等内容;产品信息要注意背景清晰、主体突出,也可适当增加品牌、认证信息等;详细描述要注意避免出现常见误解,可考虑将用户比较关注的产品的细节特征、参数、质量标准、服务、现货、库存情况等突出展示;最后注意橱窗产品设置的美观与更新。

(2) 售后服务　售后服务是指在商品出售以后所提供的各种服务活动,是市场营销最重要的环节,也是经常被企业所忽视的环节。其内容包括:代为用户安装、调试;进行使用技术指导;保证维修零配件的供给,且价格合理;负责维修,并提供定期维护、保养;提供定期电话或上门回访;对产品实行“三包”,即包修、包换、包退(许多人误以为产品售后服务就是“三包”,这是一种狭义的理解);及时处理用户来信来访及电话投诉、解答咨询等。设计师应从设计角度对产品售后服务进行考虑,企业更应高度关注并建立完善的售后服务体系,适时将服务中发现的质量和使用问题反馈给设计部门,以不断改进、迭代和持续完善升级。

15.4　产品体验设计的方法

以体验为核心的产品设计要求将设计的注意力始终集中在使用者的各种体验上,并以此为依据来展开各项工作。下面从思考(Think)、情感(Feel)、感官(Sense)、行为

（Act）和关联（Relate）体验等几个方面，浅析基于用户体验的产品设计方法。

15.4.1　产品的思考体验设计

思考体验设计也称思维设计，是人们思维的反映。这种设计方法被广泛应用于高科技产品的推广。它刻意将与产品相关的词设置为讨论话题，引发用户的积极思考及更深的理解与认可，从而接受产品或品牌的命题，激发兴趣，引起用户的好奇心。思考体验也可以理解为思维（或者幻想、梦想）方式的体验，对美好状况的思考引导，能激发用户的购买欲望。

美国伯德·施密特（Bernd Herbert Schmitt）博士在《体验式营销》一书中指出，体验式营销就是站在消费者的感官、情感、思考、行动和关联五个方面，重新定义设计和营销的思考方式。这突破了传统上"理性消费"的假设，认为消费者在消费时是理性与感性兼具的，消费者在消费前、中、后期的体验才是研究消费者行为与企业品牌经营的关键。以营销为例，将勾起用户内心深处梦想的意境和商品有机地联系起来，是营销人员推销产品时的重点，因为用户对自己想要购买的商品或服务的了解总是处于一种相对盲区。例如楼房销售，二楼房子的阳台处有树，用户担心会影响采光。如果采用思考体验式营销手法，对这一状况就可描述为：当清晨第一缕阳光穿透树叶照到您的窗台，洒落在您的身上（引发用户的思考，引导想象那一幕的美好状况）……从而诱发用户对美好生活的思考或者幻想。于是，阳台边的树不仅不是问题，反而还成了用户选择二楼的理由。运用创新性的思考体验设计，有时也能激发情感的共鸣，帮助用户更好地理解产品或服务的区别和差异。

15.4.2　产品的情感体验设计

奥地利心理学家西格蒙德·弗洛伊德（Sigmund Freud）认为"艺术乃是想象中的满足"。当人得到满足时，就会将紧张的神经放松下来，感受到愉悦。艺术设计能带给人独特的愉悦和满足感，美学家称之为审美体验，它能激发人们的情感感官评价，使设计与用户之间产生联系和沟通，使用户感受到艺术之美。研究表明，引发产品情感体验的因素有三个，即作为情感刺激物的产品本身、产品的价值及在互动中对产品的评价。当人们评价某一刺激对其是有利的，将能够经历积极的情感体验，反之亦然。好的刺激能使用户产生共鸣，使之获得精神上的愉悦和情感上的满足；不好的刺激则诱发负面的情绪，带来不愉快的体验。

在个性化消费时代，产品不再只是一种物的表象，而被更多地看作是人与物、人与人之间沟通的媒介。由产品引起的情感体验包括两部分，即初次接触时的感受及使用过程中的感受。前者是较为短暂的，会随着时间慢慢淡化；而后者则是细水长流，对生活产生更深远的影响。例如，世界知名的青蛙设计（Frog Design）公司在2001年为微软设计的图标界面，就将关注点集中在使用过程中的感受上（见图15-11）。

情感体验设计着力于从心灵上唤起用户的兴趣，实现与用户的沟通，所谓被感动就是这个道理。这也是现代产品设计所追求的效果，既要满足对功能和纯粹意识的需要，还要满足追求轻松、幽默、愉悦的心理需求，只有情感体验的持久性和凝聚力才能达到这种目的。

15.4.3 产品的感官体验设计

感官体验主要是指人类的五种感觉——视觉、听觉、味觉、嗅觉和触觉，它源于五官对外界刺激和经验的感受。法国设计师菲利普·斯塔克（Philippe Patrick Starck）鲜明地提出了"感官之美"——注重情感需求的感性设计。设计是感染，它让人们耽于感官的愉悦。因其过程所创造的启发是基于人类在价值和精神上的共鸣，

图 15-11　青蛙设计公司的人性化图形界面

因此，只有符合人类普遍的共享价值层面上的、具有人情味的设计才能让用户获得良好的体验。感官体验设计让人类的这些丰富的感受更多地参与到设计中来，迎合感官的产品使人类感官的享受日益精致化和细微化。

感官体验设计以感觉器官设计为主线，将人与物的关系转变为人与社会的互动，从而实现社会沟通与情感的交流。日本著名设计师原研哉（Kenya Hara）认为，"信息"不是作为无机质数据的堆积，而是人体五官感觉所提供的丰富情趣知觉对象物的体验。人与社会基于"信息"载体的互动，正是通过感官参与社会化交往的例证。原研哉的这一理念拓宽了视觉设计的内涵，说明通过创造视觉作品也可以创造充满活力的体验。

15.4.4 产品的行为体验设计

行为体验设计是指设计师通过设计带给用户某种经历，是用户赖以感知和区别产品的根本依据。世界上有很多东西不是通过以用户为中心的设计方法设计出来的，但仍然工作得很好。例如汽车，通过相同的操作装置，任何人都可以学习驾驶。原因是这些对象被设计用来理解产品的行为，这就是"以行为为中心的设计"。在心理学上，对理解说服和改变行为方法的研究可追溯到古希腊的亚里士多德（Aristotle）。

用户行为潜藏着深层次的需求和动机，而能力匹配和事件触发则缺一不可，同时这也是揣摩及利用用户心理的不二法门。美国斯坦福大学学者福格（B. J. Fogg）于 2009 年提出的福格行为模型（Fogg's Behavior Model，FBM）指出，动机、能力和触发必须在同一时刻聚合，以发生行为（见图 15-12）。FBM 模型强调三个核心激励因素（感觉、预期和归属感）、六个简单因素（快乐／痛苦、希望／忧虑、接受／拒绝）和三种类型的触发器（引导、信号和激励）。FBM 显示了动机和能力存在某种函数关系，即 $B=MAT$。式中，M 代表动机；A 代表能力；T 代表触发器。图 15-12 中，动作线以上是触发器成功区域，表明行为能够被顺利启动执行；动作线以下是触发器失败区域，表明行为无法被正常启动执行。FBM 模型表明，如果动机非常高，即使能力很低也同样能完成一个行为，反之

亦然；触发器可以导致所需行为的连锁反应，对于小行为的有效触发，可导致人们去执行更难的行为。这也解释了 Facebook（脸书）是如何利用每天简单的登录，将不活跃的用户转变成其忠实用户的：让 Facebook 成为用户的一种日常习惯，自觉遵从习以为然的简单规矩，直到痴迷于Facebook。这就是Facebook能每天增加70万个新用户的原因所在，也是其赢得竞争的根本法宝。反之，如果上来就要求用户执行复杂的行为，结果可想而知。改变行为从简单开始。

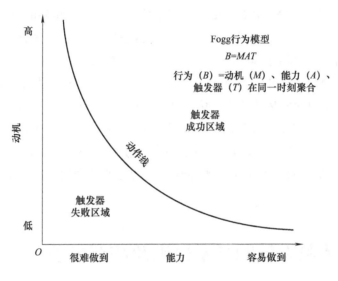

图 15-12   福格行为模型（FBM）

对良好的行为体验设计来说，如需要对交互行为进行设计时，设计师应先在用户地图上映射出所需的行为链——想让用户做的事情或行为（可能不止一个）；接下来弄清楚如何才能让用户做出第一个行为；然后再弄清楚如何让下一步发生……一步一步地继续这个过程，直到行为链完成。这时，用户就在不知不觉中按照设计师的意图去执行其所期望的行为了。

■ 15.4.5   产品的关联体验设计

关联体验是所有体验类型的总和与超越，它包含感官、情感、思考和行为体验等所有层面。它超越了私人感情、人格、个性及"个人体验"，而且与个人对理想自我、他人或文化产生关联。

设计不仅能满足人对物质和精神的需求，也体现人文价值，传达设计师的理念、思想和情感。每个产品的设计都是设计美学的人文价值的实现过程，是与用户心灵的交流与互动。关联体验设计正是从这个角度出发，实现人与产品及社会之间的价值关联。在这里，人们对产品的需求也从追求使用价值上升为突出自己的符号。设计是发挥这一作用的"沟通者"，反映着用户的个性与生活方式。如果说关联体验活动的诉求是自我改进（如与未来的"理想自我"有关联）的个人渴望，要他人（如亲戚、朋友、同事、恋人或配偶和家庭）对自己产生好感，那么关联体验就是让人与一个较广泛的社会系统（亚文化、群体等）产生关联，从而建立个人对某品牌或产品的偏好，同时让使用该品牌的人形成一个关联的群体。

关联体验已经在许多不同的产业中得到使用，范围从化妆品、日用品到私人交通工具。通过各种体验的方式，让品牌与其传递的精神产生关联。例如，1994 年德国宝马集团收购罗孚后，曾因经营困难而被迫卖出原属于罗孚旗下的路虎等轿车品牌。但令人们诧异的是，宝马却出人意料地留下了一个最"小"的品牌——MINI Cooper，不仅如此，宝马还决定加大投入，为 MINI Cooper 注入新的活力——设计全新的车型。自 2000 年新一代 MINI Cooper 上市之后，全球的高端小型车已经被这个"小"家伙主导，短短 5 年内在全球 70 多个国家卖出超过 80 万辆。宝马（中国）MINI 品牌管理时任副总裁朱江先生道出了个中秘密："MINI 品牌价值的核心是 Exciting（令人兴奋）。进入我国市场十多年来，MINI 始终致力于将原汁原味的英伦文化和精神传递给我国车迷。"虽然很早就被宝马德系所收购，但 MINI 始终坚持和英伦文化的强关联，这在很大程度上体验的是一种生活状态。MINI 从汽车本身再到其所代表的英伦文化，使用户视 MINI 为其身份识别的一部分。关联体验设计正是通过对产品的消费来体现个人所处的社会地位，进而激发其情感关联体验的。

15.5 产品体验设计的基本原则及注意事项

15.5.1 产品体验设计的基本原则

产品体验设计有其自身的客观规律，一般应遵守以下十项基本原则。

1）增加更多的特性并不一定好，有时反而可能更糟。过多的产品特性带给用户的最终体验往往只能是混淆，这比说明书更糟。

2）增加功能并不能使事情变得更简单。简单意味着用最少的步骤来完成一件事。

3）用户迷惑是毁掉业务的终极手段。因此，不要在功能和表述上给用户造成任何混淆，而且，没有什么比复杂的特性和非直觉的功能更容易使人迷惑了。

4）风格很关键。风格和特性都很重要，风格不仅是外表看起来的东西，它是一个全局的过程，只有华丽的外表是不够的。例如，操作简便、功能强大有时也是一种风格。

5）只有当一项功能可以提升用户体验时才加上它。例如，iPod 之所以会流行，是因为它是不需要加以说明的。如果一个产品很复杂，如强迫让人适应或者让人觉得迷惑、看不懂，那么它成功的机会是很小的。

6）任何需要学习的功能，都只能吸引一小部分用户。例如，使用户去升级并顺利使用新的特性曾是软件发行者面对的最大难题之一，因此现在都是一键升级，摆脱烦琐的技术选项。

7）无用的功能不仅仅没有用处，还会破坏易用性。无用功能会增加使用的复杂性，如当用户在一大堆不需要或不理解的东西中寻找满意的东西时，带来挫败感有时是巨大的。

8）用户不关心技术，他们只想知道产品能做什么。最好的工具是你并不注意的，或者说是自然的工具。为什么在进行头脑风暴时笔和纸仍然非常流行，这是因为你要用时信手拈来，而根本不需要专门去想起它们。多数用户并不关注形式是什么，他们只关注最后的结果和功能。

9）忘掉关键功能，关注更重要的用户体验。让技术在不经意间实现人们期望的东西，让它知道如何融入人们的希望或期望而不会分散其注意力，这就是技术充分发挥它的潜力的时候。然而，要实现这一点并不是很容易。

10）简洁很难，因此少就是多。一味地堆积特性，通常很难将一件简单的事情做到极致。二八原则在这里也适用，始终做好用户要做的 20% 重要的事情，将带来很好的体验结果。

15.5.2 产品体验设计的注意事项

"好的体验设计一定是建立在对用户需求的深刻理解上"，这句话被许多体验设计师视为法则。现在市场上充斥着直接抄袭而没有认真理解设计原因的设计，充斥着难以让人使用但美其名曰"高科技"的设计，充斥着甚至违背了基本美学原理的设计，充斥着无法展现品牌、无差异性的设计……也许，反思一下什么是不好的产品体验设计会对设计师有一定的帮助。图 15-13 给出了一些不好的产品体验设计示例。一般来说，产品体验设计需要注意以下五个事项。

图 15-13 不好的产品体验设计示例

1）用户体验的核心是用户需求。如果脱离了需求，设计再漂亮的产品都无法与用户产生共鸣。绝大多数用户看到产品的第一反应是这有什么用。能带来什么价值，这才是体验的核心。用户拒绝产品的最主要理由就是无法产生共鸣——看了半天也不知道它究竟有什么用。

2）只有超出预期的才叫用户体验。如果做的跟别的产品一样，那只能叫功能而不叫体验。在 KANO 模型中，魅力品质才会给用户带来难以忘怀的印象。体验是一种口碑，是由超出预期的东西所带来的。

3）体验需要让用户能够感知。用户只有能感知，才能产生感受。例如，某运营商推广 CDMA 手机，其卖点是绿色无辐射。这个卖点很好，但没有成功。失败的原因是用户使用手机打电话时，根本感觉不到辐射的存在。又如，某智能电视有十大功能卖点，但用户买回家后一个都不用，会产生体验吗？用户不用的东西，是伪需求，没有体验。

4）体验在于细节，要关注细节。市场上的竞品大的功能方面一般都差不多，这时用户感知的东西往往就在于细节方面。这需要设计师用敏锐的心去感受细节的内容。例如，大酒店每晚上千元的住宿费，通常认为客户不会在乎几十元的上网费。事实上，如果再让客户多掏 100 元的上网费，他们就会感觉很心痛，相比几百元的经济酒店免费上网，带来感受是完全不同的。

5）用户体验一定要聚焦，"伤其十指，不如断其一指"。体验设计很多时候需要面面俱到，全方位、系统性地思考。但如果把有限的资源分布在众多方面，势必造成比较优势不够突出。好的体验应该在众多体验要素中找到一个或有限几个作为突破点，所有成功的产品都会有这样的突破点，通过聚焦形成相比其他同类产品的绝对优势，让用户感受到明显的不同。例如，某电视宣传称有六大功能，相信很少有人能准确记住；倒不如说这款电视能随意观看多部免费电影资源，会让用户对其特征记得更牢固，从而形成体验卖点。

在体验为王的时代，把握好体验的力量，从小处讲可以改善一个产品，做出受大众欢迎和喜爱的产品；从大处讲甚至能颠覆一个行业，改变一种格局。深刻洞察产品体验的精髓，与时俱进、因事制宜，才是良好产品体验设计的根本。

思考题

1. 试述产品体验设计的概念，并分析"设计用户体验"这一说法是否恰当。
2. 试述产品用户体验的层次。
3. 简述产品体验设计的一般过程。
4. 试述产品体验设计的方法。
5. 试述产品体验设计的基本原则，并举例阐释。
6. 试选定一款电子产品，给出其体验设计流程。
7. 试利用本章介绍内容，实现一款产品的概念设计。

第16章　视觉设计的用户体验

几乎所有生物都是通过感官接受外界的各种刺激的，并依据感知情况判断是否进一步行动，人类也不例外。人对客观世界的感知有超过70%来自视觉。视觉信息最容易了解，也最值得信赖，因而有"百闻不如一见"的说法。视觉设计的发展经历了从商业美术、工艺美术、印刷美术、装潢设计、平面设计、界面设计到视觉交互等阶段，已从关注视觉表现发展到了关注视觉传达，其"生死点"也从着重展示手段发展到了以提升视觉体验为核心的高级阶段。为了便于表述，本章将视觉设计的用户体验简称为视觉体验设计。

16.1　视觉体验设计概述

16.1.1　视觉设计的概念

视觉设计是针对眼睛功能的主观形式的表现手段和结果，是为了达到信息传播、促销、宣传等目的而进行的有计划、有成效的图文设计活动，也是对内容、形式和传播方式的综合设计。它是集艺术和技术为一体的综合性学科，是为现代商业服务的艺术。视觉设计的概念是由视觉传达设计演变而来的。后者主要对被传达对象——观众而有所表现，缺少对设计者自身视觉因素的诉求；前者则包含了视觉传达的内涵，既传达视觉给观众也传达给设计者本人。由于视觉传达的研究已涉及视觉的方方面面，因此称其为视觉设计更加贴切。

视觉设计的理论基础包括眼睛器官的生理分析、视觉信号传递的生理分析、视觉经验形成分析和视觉心理学等学科，其应用研究方面则涉及视觉仿生学、视觉与认知的关系研究、视觉信息分析、视觉哲学、视觉效率、视错心理、增强视觉途径和极端视觉的形态与意识影响分析等内容。由于视觉在人类感官中占据的主导地位，优秀的新媒体无一不是对视听渠道整合的结果。视觉设计主要以文字、图形、色彩和立体造型为基本要素进行艺术创作，涉及的领域从标志、字体、装帧设计到包装、广告、装潢、图像及界面设计等。视觉设计在精神文化领域以其独特的艺术魅力影响着人们的情感和观念，起着十分重要的作用。在信息社会，信息可视化正成为新的研究热点，视觉与信息的唯一匹配性（视觉传达的最高境界）也日益为学界所重视。有人推断，视觉设计最终将演化为视觉信息设计。

■ 16.1.2 视觉体验设计的概念

视觉体验设计是指以视觉传达设计为手段，考虑受众生理、心理因素及交互与物质和社会文化环境的综合作用，以达成所期望的优良主观感受的过程。视觉体验包含视觉传达和交互体验两层意思，是设计内容与用户交流的结果。这里，交流有显性和隐性两种。前者是指具体视觉内容的交流；后者则是传达、接收双方的思想观点、文化价值取向的碰撞和融合。

视觉传达设计已成为一种沟通人与产品、人与人、现实与虚拟的媒介。如当接触一个产品时，人们第一眼看到的是有形的视觉外观界面，通过它完成对产品的探索——形成对产品的定位，完成与产品的交互。当产品的视觉能吸引、指引准确操作，符合用户偏好时，人们会说这个产品不错；如果视觉设计带给用户惊喜，能够很好地符合用户偏好、表达态度、帮助用户顺利或超预期地完成想要的操作时，人们就会对这个产品产生依赖；反之，则会觉得这个产品很差，将它"打入冷宫"、弃之不用。然而，当用户对一个产品不满时，一般会笼统地觉得产品不好，而非仅仅认为它不够漂亮。这时视觉已不再是单纯的视觉，它的背后承载了产品功能和数据逻辑，深刻影响着用户的感受和情感。导致不好视觉体验的原因千差万别，但良好的视觉体验一定是能打动用户心灵、带来美好感受的视觉设计。

16.2 视觉体验设计的内容与相关要素

视觉体验设计中既要考虑美观，也要考虑视觉效果与产品功能的一致性。前者通过美的视觉带给用户良好的第一印象；后者则在操作的直观性、便利性和适用性等方面，通过与用户期望或超越期望的交互来达成最终目标的价值体验。

■ 16.2.1 视觉体验设计的内容

设计师通常需要兼顾产品的目标、使用场景及企业形象特征，在明确需求、确定主题后，根据人群风格、偏好来进行视觉体验的设计。视觉体验设计的内容包括：对产品功能目标的主次关系分析，主次关系影响视觉设计中主辅视觉元素的确定；对目标人群的风格偏好与认知习惯的理解，风格偏好与认知习惯影响整体视觉的色彩、形式等方面；对企业品牌形象和战略的把控，品牌形象需要视觉设计来维护与宣传，企业的战略要通过产品质量去实现。视觉设计通过作用于用户的感官感受，进而影响用户黏度和对品牌的忠诚度。

■ 16.2.2 视觉体验设计的相关要素

视觉体验设计的构成要素有图形、色彩、文字、编排及视觉传达。其中，前四者是视觉设计中最基本也是最核心的构成要素，而视觉传达则被认为是视觉体验产生的诱因和前提。

1. 图形

图形是整体的、有内涵的、有意识创造出的视觉符号，图像是图形的一种特殊形式。从构成特点来看，图形又有平面、立体和动态图形之分，动态图形包含了四个主要元素，即空间位移、参照框架、方向和速度。在视觉设计的四个构成要素之中，图形更具有直观性。在已经进入读图时代的今天，图形在视觉传达中已经起到主导作用，也是引起观众注意和记忆的最佳手段之一。它可以不受地域和民族的限制，具有国际性。视觉传达中的图形，既是传达者心目中的一种意象，又是接收者心目中的一种幻象。例如，广告利用食物和油迹组成感叹号图形，结合文字和编排，形成强烈的视觉冲击力，令人印象深刻（见图 16-1）。这种强烈视觉冲击的背后，往往伴随着接收者对图形内容的深思和感悟。

图 16-1　食品图形广告

2. 色彩

色彩是当光线照射到物体后，经反射到视网膜上使视觉神经产生的感受，是人类视觉的一种。德国著名思想家歌德（Johann Wolfgangvon Goethe）曾说："色彩是人产生的视觉感受和心理感受"；英国心理学家理查德·格列高里（Richard Langton Gregory）认为："色彩感觉对于人类具有极其重要的意义：它是视觉审美的核心，深刻地影响着我们的情绪状态。"人类所能看到的一切视觉现象都是由光线和色彩共同作用产生的，是一定光源下的色彩的表现。国际上常用的标准色彩体系有三个，分别是日本色彩研究所研制的 PCCS（Practical Color-Coordinate System）色彩体系、美国艺术家阿尔伯特·蒙塞尔（Albert Henry Munsell）1898 年发明的蒙塞尔颜色系统和奥斯特瓦德（OSTWALD）色立体的色相环（见图 16-2）。

（1）色彩的种类　颜色可以分成两个大类，即无彩色系和有彩色系。前者是指白色、黑色和由黑白色调和形成的深浅不同的灰色。它可按一定的规律排成系列，由白色渐变到浅灰、中灰、深灰到黑色，色度学上称之为黑白系列。后者是指红、橙、黄、绿、青、蓝、紫等颜色，如英国物理学家艾萨克·牛顿（Sir Isaac Newton）在 1666 年用三棱镜发现的七色光。有彩色是由光的波长和振幅决定的，波长决定色相，振幅决定色调。

（2）色彩的三要素　色相、纯度（也称彩度、饱和度）和明度构成有彩色系的三要素，在色彩学上称为色彩的三大要素或三属性，也是有彩色不可分割的三个特征。无彩色系的颜色只有一种基本属性——明度，它们的色相与纯度在理论上都等于零。

（3）色彩的视觉感　色彩的视觉感是指人们对不同颜色的心理感受。色彩本身是没

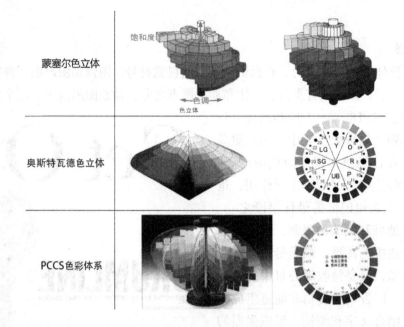

图 16-2　三种色彩体系

有灵魂和情感的，但人们却能感受到色彩的情感。这是因为人们生活在一个色彩的世界中，积累了许多知觉经验，一旦与外来色彩刺激发生相互作用，就会在人的心理上引出某种情绪，这就是色彩视觉感的来源。人对色彩的感知可归结为冷暖感、轻重感、软硬感、前后感、大小感、华丽感、质朴感和沉静感等类型。颜色的搭配要符合一定的规律才会有和谐的视觉感，如常用的颜色搭配原则是冷色+冷色、暖色+暖色、冷色+中间色、暖色+中间色、中间色+中间色等。

（4）色彩的构成形式与视觉体验　当一种色彩与其他色彩组合使用时，视觉效果往往会发生变化，色彩构成影响着人们的视觉体验。色彩构成形式主要包括对比与和谐。

1）色彩的对比。对比是色彩中一条重要的美学法则，有色相对比、纯度对比、明度对比、冷暖对比、平衡对比、互补色对比、同时对比和继时对比八类。瑞士色彩学家约翰内斯·伊顿（Johannes Itten）在其《色彩艺术》一书中说："对比效果及其分类是研究色彩美学时的一个适当的出发点。主观调整色彩感知力问题同艺术教育和艺术修养、建筑设计和商业广告设计都有密切关系。"色彩对比的合理运用能丰富观者的视觉内涵。如图 16-3 所示的泥塑，其强烈色彩的对比带给人视觉上的冲击和浓厚的乡土文化气息。

2）色彩的和谐。色彩的对比是以和谐为前提的，在构图中，要使所有的色彩相互关联并在统一的整体中产生应有的效果，

图 16-3　强烈色彩对比的民间泥塑

就必须形成比较和谐的视觉整体。具体应遵从以下原则：①追求色彩要素的一致性，如在明度、色相、纯度上的近似；②不依赖某种元素的一致或相似，而是通过色相、明度、纯度的不同来组合形成一种视觉上的有序性；③通过色彩的面积、色块的位置来改变每个色块在画面中的视觉作用，实现在视觉感受中的和谐。

（5）色彩的视觉体验与心理　色彩的审美体验与人的主观感情也有很大的关系，人们的联想、习惯、审美意识等诸多因素给色彩披上了感情的面纱。正如法国20世纪伟大的画家、野兽派的创始人亨利·马蒂斯（Henri Matisse）所说："由物质唤起和抚养并被心灵再造，色彩能够传达每一事物的本质，同时配合强烈的激情。"色彩的视觉体验与其主观情感、客观情感及主观情感与客观统觉⊖的相互作用是密切相关的。

就视觉设计而言，"质感"可以看作是对不同物象用不同色相、纯度和明度所表现的真实感。因此，质感这一属性也应该包含在色彩要素之内。

3. 文字

文字是人们思想情感的图画形式，是承载语言的图像与或符号，也是记录语言信息的视觉符号。它用简单的视觉图案再现口语的声音，因而更加清晰，不仅可以反复阅读，而且可以突破时间和空间的限制。

（1）文字的演变历程　文字是人类记录、交流思想的符号，它于1万年前"农业化"开始以后萌芽，随着人类由野蛮向文明过渡，由先人们在生产和交换的过程中经过了漫长岁月的不断创造和改进而形成。世界上的文字大体可以分为形意文字、意音文字和拼音文字三类。最早的自源文字是象形文字，即通过像物来表达事物。不过这些文字都自发地发展到了意音文字。其原因是在文字还没产生和成熟之前，语言已经高度成熟了。即使是没有文字的民族，他们的口语也能涵盖日常生产生活的诸多内容。我国的汉字是象形文字，它利用绘画表现思想、记录事实。汉字源远流长，可以追溯到商代甲骨文，分为形声和会意两种。前者由表示意义的形旁和表示读音的声旁组成；后者则会合偏旁的字义来表现合体字的意义。

（2）文字设计与视觉　任何形式的文字都具有其图形含义。文字设计不仅是字体造型的设计，也是以文字内容为依据的艺术处理，使之表现出丰富的艺术内涵和情感气质。文字设计包括研究字体的合理结构、字形之间的有机联系、文字的编排等，从类型上可分为平面文字设计、立体文字设计和动态文字设计。通过对文字进行结构变形、象形比拟、音性转换和隐喻等设计手法，可使文字达到神形兼备、传达理念、强化视觉感受的效果（见图16-4）。

4. 编排

编排也称排版，是指以传达的主体思想为依据，将各种视觉要素进行科学的安排和组织，使各个部分结构平衡协调，在突出重点的基础上达到浑然一体的效果。编排自始至终都要抓住人们的视线，以"瞬时注目"为目的，比例恰当、主次分明，让视觉焦点处于最佳的

⊖ 统觉（Apperception）是指知觉内容和倾向蕴含着人们已有的经验、知识、兴趣、态度，因而不再局限于对事物个别属性的感知。

视域，使观者能在瞬间感受主体形象的视觉穿透力。恩格斯（Friedrich Engels）曾说过："自然界的一般形式便是规律""这种规律也是艺术形式美的依据"。人们将自然之美的特征归纳为形式美法则，其中就包括变化统一、对称呼应、条例反复、节奏韵律、对比调和等编排效果。文字的视觉设计就是对一些具有特定性质的构成要素进行组织编排，使其达到"最必然和终极的一种视觉形态"。

（1）编排的原则　视觉要素编排要符合人的视觉流程，并兼顾最佳视域的约束。研究发现，人在观察或阅读的时候视线有一种自然的流动习惯，一般都是从左到右、从上到下、从左上到右下；在流动过程中，人的视觉注意力会逐渐减弱；而最佳视域一般在画面的左上部和中上部，画面上部占整个面积的 1/3 处是最为引人注目的视觉区域。如图 16-5 中的布局，图文结合紧凑、版面错落有致，具有很强的可读性。

图 16-4　文字巧妙组合的招贴设计

图 16-5　合理编排的版面

（2）编排设计的形式与方法　视觉元素的编排形式分为平面编排设计、空间编排设计和动态编排设计。随着视觉传达设计的发展，编排的概念已经不仅仅局限在二维空间，空间视觉元素的编排和动态视觉元素的编排越来越受到重视。如图 16-6 中高低错落、富有节奏感和韵律感的编排，使展示空间变得更加丰富、生动并充满趣味。

5. 视觉传达

视觉传达是指利用直观工具，通过可识读的形式来传递思想或信息的过程。它是视觉体验产生的前提，所谓无传达不体验，无论这种传达是事前的道听途说、观察的过程或事后的回味，都会带来主观的感受——体验。这里的传达是指信息的双向传递，即设计者和观察者之间基于信息的互动，它依赖人的视觉系统完成，与仅包含动作的交互有所不同。英格兰作家阿道司·赫胥黎（Aldous Leonard Huxley）

图 16-6　空间编排示例

是视觉传达理论的先行者，他于 1942 年出版的《视觉的艺术》一书中把"视觉"描述为感觉、选择和理解之和。他有一句名言是"见多识广"（The more you see, the more you know）。德国格式塔心理学之父马克斯·韦特海默（Max Wertheimer）的研究也显示，人类视觉对简洁形态印象较深，并习惯按形状、颜色和类别等相似性来组织视觉对象的属性。

良好的视觉传达设计会给受众带来符合预期的良好体验，反之亦然。但对视觉传达设计效果好坏的评估在很大程度上取决于受众的理解力，与个人审美或艺术偏好相关，正如不存在普遍一致的美丑标准一样；此外，结果还与图像有关，而观察者对图像的解释也是主观的，对所传达图像的深层次含义的理解取决于分析结果。视觉传达的体验效果一般会受到个人视角、历史视角、技术视角、伦理视角、文化视角和批判性视角等因素的影响。

16.3　视觉体验设计的一般过程

由于视觉风格是一种主观的感受，这对设计师按某种预想去传达对某个视觉图像的感受是很大的挑战，使得视觉体验设计有其固有的难度。视觉体验设计过程一般有确定体验关键词、使用情绪板了解目标用户、利用头脑风暴进行视觉概念设计、视觉体验设计验证与迭代和视觉详细设计等步骤（见图 16-7）。

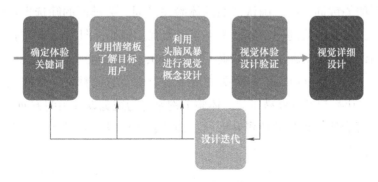

图 16-7　视觉体验设计过程

◾ 16.3.1　确定体验关键词

体验关键词也称体验关键字、情感关键词，是视觉作品要表达的情绪或期望观众产生的感受。体验关键词对视觉设计的整体风格起着决定性的作用，它描述的是用户在看到图像"最初5秒钟"的情感反应。考虑这种最初反应有两个好处：①通过提供积极的第一印象和持续的情感体验可以强化公司的品牌；②为用户是否会接受这个产品或忍受某些不足提供基本判据。一般认为具有视觉美感的设计比缺少美感的设计更有用，这也被称为美感的可用性效应。而且，当人们喜欢使用某个产品的时候，界面就会变得更好用。

视觉体验设计的第一步是进行整体的视觉风格设计和定义，确定产品的"体验关键词"。不同公司对不同的产品有自己的目标定位，所需传达出的情感也会随之变化。例如，科技公司生产的可穿戴式手表希望产品的关键词为年轻、时尚、高科技；而奢侈品牌设计的手表则希望展现出精致、奢华、高贵、个性的情感……此外，每个设计师甚至每个用户，对不同视觉画面所展现的视觉风格的个体感受差异也不容忽视。体验关键词的产生是一个糅合的过程，它需要综合考虑企业文化、营销策略、品牌战略、行业特征、目标用户群及典型用户特征、产品的特性及产品的价值定位等因素。

体验关键词可通过用户研究、角色扮演、实地访谈等形式来收集，然后结合对问题的深入讨论确认其结果，包括产品的主要目标是什么，面对的主要目标用户群是怎样的，希望用户在接收图画的视觉传达时产生怎样的情绪感受等。具体做法是，当用户角色被创建出来以后，列出从相关设计人员和用户访谈中得到的所有描述性的词汇或概念，并将其分组。要相信被访者的主观感受是正确的。然后，组织讨论并确定体验关键词。从视觉上描述的关键词有助于推动视觉策略的讨论。讨论中可能会涉及很多主观表达，设计师可以一边听，一边按分组对关键词补充完善，并画出其重点。如对年轻人的视频社交产品，可能就会记下诸如"好玩""热情""丰富""可爱""二次元"等关键词，这些关键词都是团队在讨论中提到的或是希望产品具备这样的特征。重要的是，要保证这些体验关键词得到团队和关键成员的一致认可。图16-8是某用户研究收集的关键词示例。关键词不宜太多，在收集完大家的建议后，应进行减法聚焦，把优先级不高的去掉，合并重复、雷同的关键词，最后确认产品的体验关键词。关键词的筛选也可以采用选择矩阵方法来进行。最终的关键词一般以3～4个为宜。例如，图16-8的选择结果确认了四个体验关键词，即体贴（Caring）、谦虚（Humble）、有责任心（Conscientious）和善于引导（Guiding），如图16-9所示，每个关键词下都有围绕它的释义。这样做的目的是可以使结果更清晰，让参与者更容易接受。体验关键字将为视觉设计指明方向。例如，"体贴"反映在界面上可能就是柔和的色彩和形状，而"善于引导"则描述了一个对比度更强和线条更鲜明的特点。

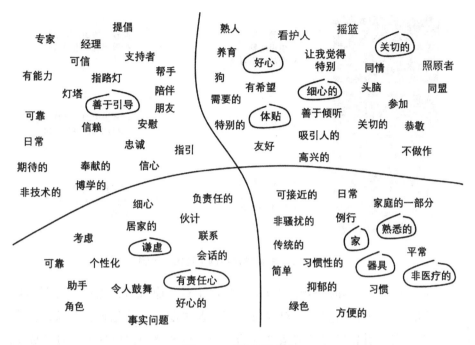

图 16-8　关键词示例

图 16-9　关键词确认结果整理示例

16.3.2　使用情绪板了解目标用户

有了体验关键词并不意味着就能正确地进行视觉设计了。例如，设计师按照自己的理解去设计关键词"典雅"，在用户看来可能是"清新"的感受——评判的主观性所致，往往要等看到图画才能明白；经常会有人不喜欢某些设计作品，却无法说出原因——潜意识，有待挖掘；有人开始要求一种风格，但很快就变卦，要求改成另一种风格——根本原因在于对用户的理解不够充分、透彻。很多时候，导致这些不确定性的因素可能无法用语言描述（见图 16-10）。要消除这些不确定性，就需要借助"情绪板"来深入了解目标用户。

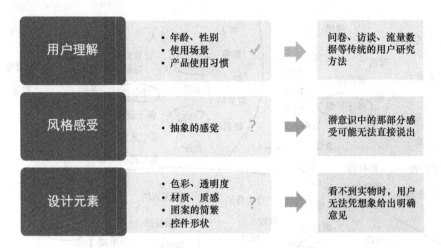

图 16-10　视觉设计不确定性因素示例

　　情绪板是一种启发式和探索性的方法，常用于对图像风格、色彩、文字排版、图案及整体外观和感觉等进行研究。针对要设计产品及主题方向的色彩、图像、影像文件等进行收集整理，把能引起参与者情绪共鸣的、个人对情感的抽象理解，具象成实际可见的图片，并以此作为设计的形式参考和后续共同讨论的基础。情绪板的核心原理是依靠可见元素激发用户的潜意识，从而将期望值、价值观、情绪感等无法用语言或单一图画表达的元素清晰传递出来。如前面提到的设计师对"典雅"的理解与用户对"清新"的感受这样的差异，也可以借助情绪板方法来消除。情绪板使用流程如图 16-11 所示。

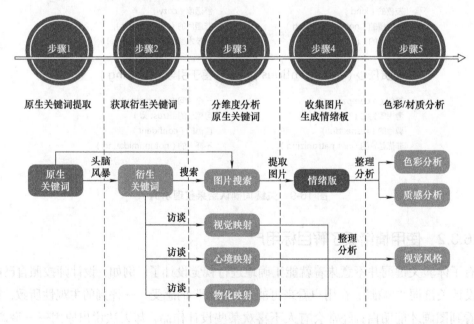

图 16-11　情绪板使用流程

　　（1）原生关键词提取　原生关键词即体验关键词，"原生关键词"这种叫法是相对衍生关键词而言的。

（2）获取衍生关键词　衍生关键词是对原生关键词的具体化修饰和限定。如果仅用原生关键词进行搜索，很容易导致不同参与者提供的图片素材出现同质化的问题。所以在搜索图片之前加入"衍生关键词"步骤，以使关键词的表达更具体、更有针对性。设计师要求参与者先进行头脑风暴，画出关键词思维导图（见图16-12）。这一方面可以合理地引导调研对象发散思维，另一方面也有利于深挖原生关键词在他们心目中的定义。参与者可以是公司相关人员，也可以是内部用户。例如，可通过自由访谈或引导访谈来获取衍生关键词（见图16-13）。如自由发散问题——看到"简洁"你想到了什么？引导发散问题——如果"简洁"是一种颜色，你觉得是什么？为什么？如果"简洁"是一种食物，你觉得是什么？为什么？等等。

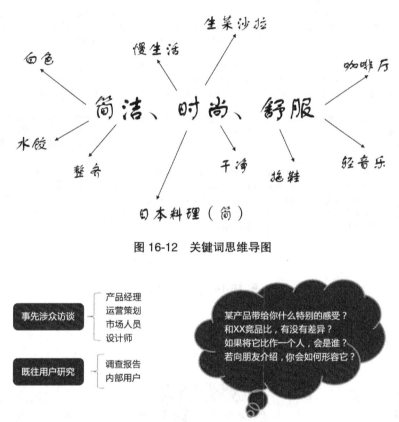

图 16-12　关键词思维导图

图 16-13　衍生关键词访谈

（3）衍生关键词分析　分纬度分析原生关键词，如按视觉映射、心境映射、物化映射三个纬度对衍生关键词进行分类整理分析，目的是帮助团队成员尝试从用户的角度去理解"抽象关键字"的"具象诠释"（见图16-14）。

（4）收集图片，提取并生成情绪板　此阶段要求使用者利用"原生关键字"和"衍生关键字"收集大量对应的图片素材，并配合定性访谈，按关键词对图片内容进行分类，最终提取图片，生成情绪板。所提取的图片应是无异议的、公认能正确反映关键词意义的图片。这一阶段通常要进行好几轮筛选，以确认收集的图片表达是否准确、普遍和直接。例如，有人收集了秋天日照落叶的照片来传达温暖的感觉，但有人觉得这一画面给人以萧条的印象，存在争议，需要统一；又如，有人用妈妈烧饭的场景让人联想到温暖的感受，但有人觉得这种方式过于隐晦。筛选的目的是达到使情绪板上的图片让人不经思考，一眼就能感受并联想到体验关键词，即达到无意识触发本能反应的效果（见图 16-15）。

		简洁 succinct	时尚 fashion	舒服 comfortable
	词典定义	指（说话、行为等）简明扼要，没有多余的内容	是流行文化的表现。一个时期内社会环境崇尚的流行文化，特点是年轻、个性、多变和公众认同和仿效	身心安恬称意，生命的自然状态及心理上的需求，得到满足以后的感觉
用户定义	视觉映射	整齐、明亮、干净、大方、白色、条理清楚、棱角分明、硬、素、冷色、直接便捷	多彩的、欧美范、黑色、个性、主流、复古、简单、干净、大方、潮、另类、闪耀、摇滚、嘻哈	软的、粉色、米色、可爱、灯光柔和（黄光）、温暖、空旷、绿色、柔和、全棉
	心境映射	清净、早晨雨后、空气清爽、空旷	低碳、慢生活、气场大、街拍、大暴雨天	慵懒、度身定制的、平静、心境开阔、放空的状态、运动、休息、休闲、散步、睡觉、放松、素颜
	物化映射	玻璃、iPhone、一片式连衣裙（无车线）、运动服、没胡子的脸、白板、清澈的水、天空、蓝天白云、白纸、空饭碗、白领装扮	配饰、热门词、日本料理、生菜沙拉、ZARA、女人、时尚杂志、畅通无阻的路、香奈儿秀、帅哥、明星、大牌、T台、iPhone、铆钉鞋、高跟鞋、墨镜	运动服、床、沙发、海绵、拖鞋、轻音乐、咖啡厅、柔软的垫子、椅子、电风扇、沙滩、阳光草地、西湖边、家居服、地毯

图 16-14　关键词整理

图 16-15　情绪板示例

（5）对情绪板进行"色彩"与"质感"分析　这是使用情绪板过程中最重要也是最具有实际意义的一步。通过对情绪板的电子化处理，抽取其中的色卡和材质，能给后期设计带来很大的便利。因为情绪板设计师往往会停留在自己的主观消化和感触中，若据此开展设计，难免出现缺少客观的度量标准的情况。"色彩"和"质感"分析能够有效地避免这种设计偏差。具体方法是：一方面，将情绪板在 Photoshop 或类似的图像处理工具中进行高斯模糊，再使用颜色吸管提取大色块。现在已有很多用户配色方案提取的网站和软件，利用这些便利更容易事半功倍。另一方面，结合衍生关键字的分析结果，也可将情绪板中的较高频物化纹理和材质提取出来。"色彩"与"质感"分析的最终产出物就是相应的配色方案、材料质感和整体视觉风格（见图 16-16）。

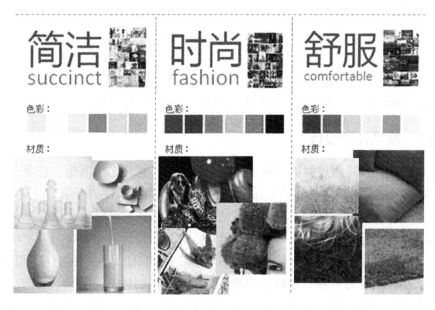

图 16-16　情绪板分析结果示例

情绪板的作用体现在：①分析结果图片上出现的颜色、元素及其材质感觉，这就是接下来做视觉设计的素材和灵感之源；②可以让项目参与人员，包括用户，都有机会在一起统一"审美观"；③在做情绪板的过程中，设计师自身也在跟着思考，并不断修正、完善自己的感觉，伺机捕捉设计灵感。

16.3.3　利用头脑风暴进行视觉概念设计

虽然有了情绪板，设计师心中就已经有了很多想法，但这还不是马上去做精细方案的时候，而应该先用头脑风暴法做视觉概念设计。头脑风暴法的主要目的是让设计师能够尽可能多地收集创意和想法，避免因陷入细节而错过很多精彩的设计方案。通常可以给这一阶段规定一个具体的时间限制，在满足体验关键词和情绪板的前提下，提出尽可能多的概念方案。到了规定的时间，再对每一个方案进行详细的讲解评审。评审可让尽可能多的利益相关者参与，将有关背景（产品目标、体验关键词、情绪板等）告诉每一个参与者后，让大家投票选出自己认为最符合体验关键词和情绪板的方案。一般优选 2 ~ 3

个方案，在此基础上再进行用户评议，选出一个最终方案进行验证。

16.3.4　视觉体验设计验证与迭代

最终视觉体验设计方案验证是针对目标用户进行的，是最后也是最关键的一步。验证的方法有两种：①定量研究。可针对方案，通过问卷或者其他形式收集目标用户群的态度反馈，进行定量研究，并结合数据与设计师的经验，定出一个深入设计的最终方案。②定性研究。这可以帮助设计师深入了解当前方案的优缺点，不仅可以获得目标用户的倾向，还可以知道其背后的原因是什么，以便进行有针对性的优化工作。例如，在美国麻省理工学院团队设计盲人手表的项目中，设计师起初按照自己的想法，加入了发声朗读及凹凸触感的元素，以期更好地帮助盲人。然而，随后的用户调研测试却表明，盲人对外观样式的关注远远超过了手表本身，他们想要一款与正常款式差异不大、普通人也会戴的手表。

对验证发现的问题要及时修正，有时候可能要从头开始、重复整个设计过程。因此，视觉体验设计也是一个不断迭代、逐步完善的过程。经过验证确认后，设计师会更加明确方向，清楚最终的设计风格，剩下的就是依据用户反馈及设计师的能力做细节设计了。

16.3.5　视觉详细设计

视觉详细设计是将通过验证的概念方案具体化、可视化、细节化。它是决定视觉体验设计成败的关键环节，对设计师来说，这也是一项极富挑战性的工作。

视觉详细设计依据对色彩、质感和视觉风格等指标的验证结果，结合视觉传达的具体设计需求，对概念设计的结果进行细化设计。它要求设计师有一定的美术功底，能对视觉画面从整体上保持较高的审美"感觉"，包括对字体的大小、种类、字间距的大小、行间距的大小、图片的色彩、色彩中的颜色数值、标题的样式、花式、装饰、底纹与光影及造型中的点、线、面、体的变化等诸多要素恰如其分的使用。俗话说"细节决定成败"，视觉详细设计中讲究的就是细节。图 16-17 中可以看到有很多气泡，据说设计师画

图 16-17　带气泡细节的招贴画

这些气泡就用了一周的时间。这种细致与耐心确实是很多人难以做到的，这使画面看起来很有品位，视觉冲击感十足。

16.4   视觉体验设计的法则

美国图形设计大师保罗·兰德（Paul Rand）曾说过："设计绝不是简单地排列组合与简单地再编辑，它应当充满着价值和意义，去说明道理，去删繁就简，去阐明演绎，去修饰美化，去赞美褒扬，使其有戏剧意味，让人们信服你所言……"可见视觉设计绝非轻而易举之事，做出优秀的设计更是难上加难。在长期的实践中，设计师们总结出一些广为应用的视觉体验设计法则，如对比、对称、统一性和多样性、重复、突出强调、认知负荷和比例关系等。下面对其中比较常用的法则进行简单介绍。

1．对比

对比是把有明显差异、矛盾和对立的双方安排在一起，进行对照、比较的表现手法。它是在视觉设计中最普遍使用的设计技法之一，设计师常通过对比来增加画面的丰富程度、强调特殊元素等。其生理学基础源自当人类看到不同的元素时，会本能地产生紧张反应。人类的这种分辨差异的能力使"对比"这一方式效果显著，但凡存在对比，很容易引起注意。

如果想要让某个元素受到注意，那就让它在视觉外观上区别于其他元素，通过对比来突出视觉焦点。对比也能在两种元素之间建立起分界，让用户一看便知哪里是主要内容，哪里是次要内容。如常用高亮显示某一重点元素和内容，不同越是明显对比就越明显。图 16-18 就用了两种不同的字体来强化对比效果，即使是远距离的一瞥也能辨识其主题。在使用对比法则时，首先要确认哪些元素需要突出，然后让它们与其他元素发生对比。但也要慎用对比，避免所有元素都在争抢注意力，造成过度对比。此外，太多的对比会打破设计中的和谐，造成不必要的紧张和凌乱，影响整体视觉体验。

图 16-18   广告画中对比的应用

2．对称与不对称

对称是指物体或图形在某种变换条件下相同部分之间有规律重复的现象。对称体现了构图中的视觉权重或物体之间的均衡感，它是一种直觉。有时在画面中注入能够产生视觉倾向或运动的不对称元素，往往会带来超乎想象的视觉体验。视觉设计中常见的对称手法有不对称均衡构图、对称均衡构图和发散式构图等类型。图 16-19 的广告设计是一个发散式构图的示例。

图 16-19　发散式构图示例

3. 统一性和多样性

统一性也称协调性，是指在设计师的计划和控制之下，画面中的造型元素形成完整的、互为联系的、和谐的整体。多样性是指相同类型的物体之间又存在着个体差异。统一性和多样性就像是一对双胞胎，缺乏统一性的构图将会带来杂乱、随意的效果；而缺少多样性的构图则会使人感觉寡味无趣。多样性受统一性的约束，在统一性原则基础上的多样性可使画面看起来活泼有趣。有效的画面构成往往能够在两者之间取得平衡——多样化元素被某个统一的创作方法联结成一个整体。图案、形状或大小的重复累加会形成色彩与纹理的统一。画面构图越复杂，就越需要找到共性特征，一个比较巧妙的方法就是延伸。例如，可利用一条线或某一物体的边缘将观众的视线从一个区域引向另一个区域。

4. 重复

重复是指同样的东西再次出现、反复说或反复做。人们对很多大品牌的标识，比如可口可乐、谷歌、苹果、耐克等都很熟悉。其实，市场上比它们好看的标识有很多，但是为什么人们对其他更好看的标识印象不深，而对这些品牌的形象设计（Visual Identity，VI）有深刻的印象呢？其中的秘密就在于它们对视觉设计准则——重复的充分利用。重复是一个重要的视觉设计法则，特别是涉及对品牌形象的宣传设计时，运用色调的重复、间距的重复，可以带来很好的视觉冲击，加深视觉印象。

5. 突出强调

同一格调的版面中，在不影响风格的前提下加入适当的变化，就会产生强调的效果。

强调打破了版面的单调感，使版面变得有朝气、生动而富于变化。大部分视觉作品都有一个或多个视觉中心点，这往往也是作品所突出强调的重点。这些中心点吸引人们的注意力，是构图的支点。如果一幅图画没有视觉中心，观察者的眼睛就会游移不定，久而久之就会产生厌烦感。设计中常利用色彩、反差、景深效果、光线、孤立、空间透视关系、尺寸等元素来产生支点效果。在视觉强调时，往往一个元素的作用与另一个是对立的，如使用浅景深将主体与背景拉开，就能形成突出强调主体的视觉效果。一般次要的视觉中心点的作用尽管弱于首要焦点，但也同样能够引起观众的注意，因此对诠释画面内涵具有同等重要的作用。

6. 比例关系

比例是指同一构图中一物与它物、局部与整体尺寸或形状之间的关系，形状是构图中物体所占区域比例的大小。比例关系与比率有关，若物体的某一部分与其他部分之间的比率合适，那么其视觉体验会是良好的。如当绘制一幅肖像画时，如果在一张 6in 的纸上画出直径 3in 左右的头像，就会显得比例失衡，而在 12in 的纸上也许会更合适。合适的比例关系是由社会大众对现实的、常规的或理想的认识代代相传而形成的一种惯例，也有的来自行业长期经验的总结。视觉设计中需要注意比例关系，使得不同物体之间的尺寸比例与受众的常规认知相符，或者运用一些被熟知的、可以带来较好视觉效果的比例，如黄金分割（1:0.618）等。比例适当的视觉构图能带给人均衡、和谐的美学体验。

7. 认知负荷

认知负荷是表示处理具体任务时加在学习者认知系统上的负荷的多维结构。这个结构由反映任务与学习者特征之间交互的原因维度和反映心理负荷、心理努力及绩效等可测性概念的评估维度所组成。认知负荷理论是由澳大利亚认知心理学家约翰·斯威勒（John Sweller）于 1988 年首先提出的。该理论将人类的认知结构划分为工作记忆和长时记忆。其中工作记忆也称为短时记忆，它的容量有限，一次只能存储 5 ~ 9 条基本信息。当要求处理信息时，短时记忆一次只能处理 2 ~ 3 条信息，因为存储在其中的元素之间的交互也需要工作记忆空间，这就减少了能同时处理的信息个数。研究发现，视觉传达效果与人类的短时记忆有密切关联。

美国艺术家约翰·梅达（John Maeda）在其著作《简单化》中写道："恰当地组织视觉元素能够化繁为简，帮助他人更加快速、简单地理解你的表达，比如内容上的蕴含关系。"一般用方位和方向上的组织可自然地表现元素之间的关系。恰如其分地组织内容可减轻用户的认知负荷，使他们不必再琢磨元素之间的关系——因为已经表现出来了。良好的视觉设计一般不会迫使用户做出分辨，而是由设计者通过对内容的组织表现出来。符合阅读习惯的内容布局可有效减轻用户的认知负荷，如采用从左到右、从上到下的内容布局。此外，画面中心偏上 1/3 处通常是人们关注的第一焦点。在进行整个画面内容排布时，对这些因素要统筹考虑。

16.5 视觉体验设计中色彩的应用原则

视觉体验设计中色彩的设计与搭配往往是为了创造更强大的视觉冲击力，吸引受众的眼球，从而更有效地传达产品信息。此外，色彩还可以通过其直观的感觉和感性的色彩意象，表现出商品的印象及情感，帮助消除对商品的陌生感，拉近商品与消费者之间的距离，进而赋予其亲切的人性意义。色彩的选用并非凭设计师的个人主观感受与好恶所能正确决定的，必须注意到很多客观因素和条件，收集相关数据，综合考虑。

（1）用色彩传达对象属性 色彩与对象内容的属性之间，长期自然地形成了一种内在的联系，每个类别的商品在用户的印象中都有着根深蒂固的"概念色""形象色""惯用色"。这一视觉特点源自人们长期的情感积累，并由感性上升为理性而形成的特定概念。它成了人们判断商品性质的一个视觉信号，因而对视觉设计中的色彩设计产生着重要的影响。例如，与食品相关的视觉作品一般采用橙色等暖色，而紫色则常被用来传达时尚的感觉。如果设计师利用用户对一些固有形象色的认知，合理选择视觉色彩，会使用户一目了然。利用好符合用户认知的形象色，能带来物类同源的联想，增加产品的视觉表现力。

（2）色彩应符合整体风格 大型企业为提升产品附加价值和品牌识别度，一般会制定整体的形象策划手册，并在相关设计中都以形象色作为基本元素，以使不同媒介的传达具有统一的画面色彩和整体风格。这种整体性能使企业很容易通过形象色被识别，自然地也会使用户产生熟悉感、可信度和品质感。例如，人们所熟知的麦当劳（McDonald's），整套 VI 系统设计都以红色加黄色为主色调，强化了品牌宣传。红黄配色的重复使用，使消费者看到或提到红黄配色即能联想到麦当劳，也使得消费者在很远的地方、还看不清标牌文字的时候，一眼就能认出麦当劳的颜色标识。这为其带来了大量的客源。此外，现代城市公交也开始在公交车上采用色彩标识，使乘客在翘首以盼、还分辨不出车辆的文字标识时，凭颜色远远就能知道哪路公交车即将进站。

（3）注意色彩的地域特征 由于民族、风俗、习惯、宗教和个人喜好等原因，不同地区的人对色彩有着不同的理解。视觉体验设计中的色彩必须重视地域习俗所产生的色彩审美倾向，不可随心所欲，要避其所忌，符合当地人们的色彩审美习惯。例如，我国的传统节日多用大红色烘托喜庆的气氛，而白色服饰则是中东国家最常见的服装颜色，这些都是色彩地域特征的典型表现。

（4）合理安排"主体色"与"背景色" 在处理主体与背景色彩关系时，要考虑两者之间的适度对比，以达到主题形象突出、色彩效果强烈的目的。对比色之间的关系具有鲜明、强烈、饱和、华丽、欢乐、活跃的感情特点，浓郁的色彩对比可获得强烈的视觉冲击力。要知道，主体与背景色也是一对相互衬托、相互作用的视觉要素，如果运用得当，可以较好地传达所期望的感受，或热烈，或平静，或如火山爆发，或似涓涓细流，这一切全在于对主体色与背景色的理解与把握。

（5）注意整体色彩统一、突出局部 一幅画面带给观察者的最初视觉感受，取决于整体色调，面积最大的色块的性质决定了整体色调特征。通常利用调和配色方法来得到不同的色调效果。但为了达到既调和又醒目的视效，一般采用面积之比较悬殊的布局来形成色彩的流动感、醒目感。整体色彩统一对一幅画面的和谐固然重要，不过一味地强调整体色调的统一，往往会使画面缺少生机和活力；而适当地调剂组合色彩的面积之比，运用小面积与主体色调相对比的色彩，则可以使画面突出，使设计主题的视觉感得到加强。尽管表现手法千差万别，视觉体验设计的核心还是信息的传达，是让观察者更好地接收信息，吸引其注意力。只有在充分理解和掌握了色彩特性的基础上，才能使设计的配色起到内外呼应的作用，达到提升视觉体验的效果。

16.6 平面设计中视觉体验的应用

平面设计是以文字、图形、色彩为基本要素的设计，是视觉传达设计的一个重要分支。广告、海报、书籍装潢、包装设计等都是典型的平面设计应用。本节将在前述内容的基础上，以广告招贴设计为例，总结介绍一些常见的提升平面设计视觉体验的方法。

（1）正确把握用户"痛点" 痛点是指能引起用户注意、吸引用户眼球的点。广告的设计要点在于"内容是否是用户所需要的"。大多数设计师都专注于如何把广告"推"给用户，而没有先去想"用户需要什么样的广告"，这样的广告往往会被以"垃圾"冠名，而太多的垃圾广告就会引起用户的厌恶。良好的广告设计的关键在于正确把握"用户需要"这个"痛点"。解决了这个关键问题，"广告"和"内容"其实没有什么区别，用户不仅不会"在意"，而且会很"欢迎"。例如，像谷歌、Facebook 这样的互联网服务公司，通过精确地计算"关联性"（Correlation）来准确把握用户的"痛点"，进行精准广告投放，取得了良好效果。谷歌与 Facebook 广告投放策略的不同在于，前者关注"什么东西是你主动想买的"，而后者则更在意"什么东西是你看到别人买自己才买的"。相比之下，Facebook 的广告价值似乎更大些，但实现起来也更难。

（2）直入主题法 直入主题是一种常见的、运用十分广泛的表现手法。它将主题直接展示在广告版面上，充分运用摄影或绘画技巧的写实表现能力，细致刻画和渲染产品的质感、形态、功能和用途，将产品精美的质地引人入胜地呈现出来，给人以逼真的感觉，引发对产品的亲切感和信任感（见图16-20）。由于

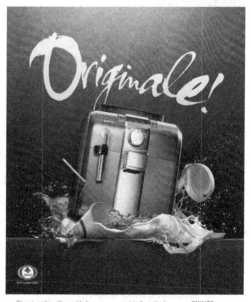

图 16-20 直入主题的招贴画

这种手法直接将产品推向消费者面前，所以要特别注意画面展示的角度，应着力突出品牌和产品本身最容易打动人心的部位，运用色光和背景烘托，将产品置于一个具有感染力的想象的空间中，以增强广告画面的视觉冲击力。

（3）对比衬托法　对比衬托是趋向于对立冲突的艺术美中最突出的一种表现手法。它把作品中所描绘事物的性质和特点，放在鲜明对照和直接对比中来表现，借此显彼、互比互衬，从对比所呈现的差别中，达到集中、简洁、曲折变化的表现效果。对比衬托手法的运用，不仅使广告主题加强了表现力度，而且饱含情趣，强化了广告作品的感染力，能使看似平凡的画面处理隐含着丰富的意味，展示了广告主题表现的不同层次和深度。在某种意义上，一切艺术都受益于对比衬托手法的应用（见图16-21）。

（4）合理夸张法　合理夸张法是指借助想象对作品中所传达的对象的品质或特性的某个方面进行明显的过分夸大，以加深或扩大对这些特征的认识的表现手法。俄国大文豪玛克西姆·高尔基（Maxim Gorky）指出："夸张是创作的基本原则。"使用夸张手法能更鲜明地强调或揭示事物的本质，加强作品的艺术效果。按其表现的特征，夸张可以分为形态夸张和神情夸张，前者为表象性的物态处理结果，后者则为含蓄性的情态处理结果。夸张手法的运用为广告的艺术美注入了浓厚的感情色彩，使产品特征更鲜明、突出、动人（见图16-22）。

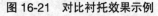

图16-21　对比衬托效果示例

图16-22　夸张的招贴画设计

（5）以小见大　以小见大是指在广告设计中对主体形象进行强调、取舍、浓缩，以独到的想象抓住一点或一个局部加以集中描写或延伸放大，更充分地表达主题思想的表现手法。这种手法给设计者带来了很大的灵活性和无限的表现力，同时也为接收者提供了广阔的想象空间，能获得生动的情趣和丰富的联想。以小见大中的"小"是广告画面描写的焦点和视觉兴趣中心，它既是广告创意的浓缩和生发，也是设计者匠心独具的安排。因而它已不是一般意义上的"小"，而是小中寓大、以小胜大的高度提炼的产物，是对简洁的刻意追求（见图16-23）。有时候细节上的"小"所带来的视觉冲击力，会远超对象本身画面的视觉感受体验。

（6）联想　联想是指由某人或某事物而想起其他相关的人或事物或由某一概念引起其他相关的概念。联想是合乎审美规律的一种心理现象，是人类生理联觉的一种表现。亚里士多德指出，一种观念的产生必伴以另一种与之相似的或相反的，或在过去经验中

图 16-23　以小见大的设计示例

曾与之同时出现的观念的产生；17 世纪英国哲学家约翰·洛克（John Locke）首次援用"联想"一词，此后它便成了心理学中最常用的术语之一；19 世纪英国哲学家和联想主义心理学家托马斯·布朗（Thomas Browne）用"提示"代替"联想"，把联想律划分为接近、对比和类似三类；德国格式塔学派反对联想主义的联想论，主张联想不过是思维的综合作用。苏联生理学家巴甫洛夫（Ivan P. Pavlov）认为，心理学所称的联想就是生理学所称的暂时联系，并用条件反射学说解释联想规律的生理机制；行为主义和新行为主义受巴甫洛夫学说的影响，以刺激 – 反应代替联想。一般性联想规律有相似联想、类似联想、对比联想和因果联想四种。联想和想象是不同的概念。前者是指在一个事物的基础上想到另外一个真实存在且具有相同特点的事物；后者是指在一个事物的基础上想到另外一个可能存在的、构想出来的事物，即具体形象或情景在脑海中的意象。在审美过程中，丰富的联想能突破时空的限制，扩大艺术表现的容量，深化画面的意境。人们通过在审美对象上看到自己或与自己经验有关的物像，将审美对象与审美者联系起来，这时体验到的美感往往特别强烈。研究表明，一旦在联想产生的过程中引发了美感共鸣，其情感的强度总是激烈而丰富的。如图 16-24 所示广告画中，男性的视觉观感、海阔天空的意境，引发人对"好男儿志在四方"的联想，令人浮想联翩。

（7）借用比喻法　比喻手法是用一个为人熟知的事物或现象做参照引申，从而体现对象的性质，启发人们思考。它根据事物之间的相似点，把一个事物比作另一个事物、把抽象的事物变得具体、把深奥的道理变得浅显，达到使事物形象、鲜活、生动、加深印象的目的。比喻有三个要素：思想的对象——本义；另外的事物——喻义；两个事物的类似点——共同处和相似处。比喻一般可分为明喻、隐喻（暗喻）及借喻；除此三种基本类型之外，根据比喻三个要素的结合，其变化形式有博喻、倒喻、反喻、缩喻、扩喻、较喻、回喻、互喻和曲喻等。广告设计中的借用比喻法是指在设计过程中选择两个各不相同而在某些方面又有些相似性的事物，"以此物喻彼物"。设计中上述三种比喻方法都会有所涉猎，如有时被比喻的事物与主题并没有直接的关系，但在某一点上与主题的某些特征有相似之处，因而可以"借题发挥"，进行延伸转化，获得"婉转曲达"的艺术效果，这也是所谓的隐喻。图16-25是一个借用比喻手法的广告示例，图中犀牛厚重的铠甲、壮硕的躯体、车轮与肢体，抽象与具体相映成趣，鲜明生动，再加上非洲旷野的主色调，带给人无限的遐想。

图16-24　联想的广告设计示例　　　　图16-25　广告中的借用比喻示例

（8）以情托物法　以情托物法是指在表现上侧重选择具有感情倾向的内容，以美好的感情来烘托主题，真实而生动地反映这种审美感情，以达到美的意境和信息传达的目的。对艺术的感染力有最直接作用的是情感，审美是主体与美的对象不断交流产生共鸣的过程。"感人心者，莫过于情"这句话也表明了感情因素在艺术创作中的作用。图16-26是一个以情托物的广告设计示例。"速倾音乐"（FULL TILT）是由美国两位极具天赋的作曲家凯文·科恩（Kaven Cohen）和迈克尔·尼尔森（Michael Nielsen）组成的乐队，招贴画中恰到好处地使用了人物、枷锁、动感模糊的扑克牌、烟云等视觉元素和深色高冷的背景，表现狂躁不羁的心对冲破枷锁的渴望，强劲流动着的音符、重金属气息似乎正冲出画面，带给人心灵的震撼。

（9）悬念安排法　悬念是指观众或听众对文艺作品中人物命运的遭遇及未知情节的发展变化所持的一种急切期待的心情。悬念安排法是指广告在表现上故弄玄虚、布下疑阵，使人乍看不解题意，造成猜疑和紧张的心理状态，在内心掀起层层波澜，产生夸张的效果；驱动消费者的好奇心和强烈举动，开启积极的思维联想，引发探明广告题意的冲动；然后通过文字点明主题，悬念得以消除，使人茅塞顿开、豁然开朗，从而给人留下难忘的心理感受。图16-27是肯德基的一则辣味广告，乍一看不明就里，它通过一个人急速冲入水潭、期望马上灭火的画面，瞬间吸引了观众的注意，激发一探究竟的兴趣，突出了火辣到极点的视觉联想，在产生诱人体验的同时也激起辣味爱好者不吝一试的冲动。悬念手法有相当高的艺术价值，它通过加深矛盾冲突吸引兴趣和注意力，造成强烈的视觉和心理冲击感，产生引人入胜的艺术效果。

图 16-26　以情托物法广告设计示例　　　　图 16-27　肯德基的悬念安排法广告设计

1．试述视觉设计与视觉体验设计的异同。

2．试分析视觉传达设计与平面设计的异同。

3．试述视觉体验设计的要素。

4．试述视觉体验设计的一般过程，并探讨验证与迭代在视觉体验设计过程中的作用。

5．试述视觉体验设计法则，并结合实例剖析各项法则的具体作用。

6．试述视觉体验设计中色彩的应用原则，并以礼品配色设计为例，说明出口到世界不同地区的产品配色如何选择及其理论依据。

7．试述平面设计中用户体验方法的应用。

8．大作业：应用本章所学知识，设计 2～3 幅风格各异、各有特色的广告招贴画，具体对象自选。

第 17 章　互联网产品的用户体验设计

自 20 世纪 90 年代以来，互联网发展迅猛，已成为当今世界经济和社会发展不可或缺的信息基础设施。围绕互联网兴起的各种新兴产业层出不穷，以"互联网 +"为代表的新业态已渗透到国民经济的方方面面。互联网与人工智能、大数据、云计算等新技术的结合正在改变着人类社会。因此，互联网产品的用户体验设计也具有独特的重要意义。

17.1　互联网产品用户体验设计的概念

互联网（Internet）又称网际网络或因特网，始于 1969 年美国国防部高级研究规划署（Advanced Research Projects Agency，ARPA）的阿帕网，是网络与网络之间通过协议所串联成的庞大的全球性网络。互联网并不等同万维网（World-Wide Web，WWW），万维网只是一种基于超文本相互链接的全球性系统，是互联网所能提供的服务之一。

17.1.1　认识互联网产品

互联网产品是指以互联网为媒介、以信息科学为支撑、给用户提供价值和服务的整套体系。它从传统意义上的"产品"延伸而来，是在互联网领域中产出而用于经营的商品，是满足用户需求和欲望的无形载体，也是网站功能与服务的集成。例如，"新闻"类，如新浪网、网易新闻等；"即时通信"类，如 QQ、微信等；"购物"类，如淘宝、1 号店等，都在以虚拟产品的形式，为人们的日常生活提供各种便利。

随着科学与技术的发展，移动互联网发展迅猛，在人们的日常生活中几乎起到了不可忽视的作用。互联网和移动互联网产品的本质都是基于互联网的信息载体。互联网产品具有非物质性、交互性、多维性和多媒体性等特性。与其他多媒体界面不同，网站除文字、图像、声音、视频和动画等多媒体元素之外，还有不可或缺的色彩、版式布局，以及借助网络和计算机语言来实现信息传达的、具有交互功能的菜单、按钮、链接等动态元素。

17.1.2　互联网产品设计与用户体验

互联网产品设计是指通过用户研究和分析进行的整套服务和价值体系的设计工作。它基于用户体验思想，伴随着互联网产品生命周期，包含一系列的设计活动，从需求的调研、规划、管理到交互设计、视觉设计、开发、测试、发布与迭代。其中根据需要，迭代是可以同时进行的。比如对产品需求和原型的迭代，一开始先上线产品的核心功能，然后逐渐迭代上线其他功能。由于产品不同，迭代发生的时间和环节也不尽相同。互联网产品设计经历了由表及里、递进深入的过程，从最开始的着重美观性到以用户为中心的设计，再到后来的用户参与式设计，直到今天，互联网产品的设计才明确以用户体验为核心。设计理念上的进化，反映着对用户需求本质不断深入的理解，旨在为企业创造可持续的利益。研究表明，互联网产品的用户体验不仅受产品实用性、易用性的影响，还与情感化设计有密切联系，需要从产品策略到最后细节的全面把握，从体验、视觉、交互、技术可实现性和商业利益等角度全方位思考，才能设计出有良好体验的互联网产品。

17.1.3 互联网产品用户体验的分类

与传统实物商品相比，互联网产品的用户体验大体上可概括为以下五类。

（1）感官体验 这是指呈现给用户视听上的体验，强调舒适性和感官刺激。它包括设计风格、网站 LOGO、页面加载速度（策略）、页面布局及色彩、动画效果、页面导航、图片展示、图标使用、广告位布局、背景音乐等方面带给用户的感受。

（2）交互体验 这是指用户操作上的体验，强调易用/可用性。它包括各种网页交互项目在使用中带给用户的感受。

（3）浏览体验 这是指用户浏览网页时的体验，重点是内容和阅读体验，强调吸引性。它包括栏目的命名、层级、内容及丰富性、原创性、信息的价值/有用性、更新频率、文字排列、字体、页面的长度、分页等网页要素在浏览网页时带给用户的感受。

（4）情感体验 这是指网页呈现给用户时给其带来的心理感受，强调友好性及与用户关系的维系。它包括友好提示、交流、反馈、推荐、答疑、邮件/短信问候、网站地图等网页元素及相关策略，也包括网站带给用户的基础价值、期望价值和附加价值的体验。

（5）信任体验 这是指呈现给用户的可信赖感，强调可靠性。它包括公司介绍、商业品牌、服务保障、投诉途径、安全及隐私条款、法律声明、帮助中心等网页元素，也包括内容好坏、信息完整性、能否方便地找到相关信息等。

上述五类体验既相互独立，又相互统一，其共同作用的结果决定了网站体验的质量。良好的网站体验一般是上述各个方面都做得比较优秀的网站。

17.2 互联网产品用户体验的层次

研究表明，影响互联网产品用户体验的关键因素有四个方面，即功能性、可用性、合意性以及品牌体验，这构成了从核心要素到关联感受次第扩展的层次（见图 17-1）。

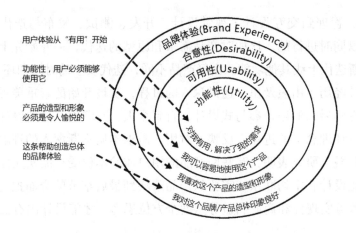

图 17-1 互联网产品用户体验的层次

17.2.1 互联网产品的功能性

功能性是指一个产品实现某种目的或满足某种期望的效力。产品是否满足了用户的某个功能需要，一方面是指在用户使用的过程中能否顺利地完成操作；另一方是指用户使用之后能否达到预期的效果。如果功能无法满足最基本的需求，那么用户就不会再使用第二次，这将是一次糟糕的使用体验；但如果有些功能能部分满足用户的需求，或许会给用户留下一个"还行"的印象。功能的好坏一般可通过邀请用户或专家参与来测试评估，这也是改善产品功能的一个良好途径。

用户通常都是带着某种目的或期望选择使用某个产品的。一个互联网产品也许无法满足所有用户的需求，但至少应满足目标用户的期望；否则，这个产品就是一个无用的产品，对用户没有任何价值。一个没有用户愿意使用的产品，要么是因为功能有问题，即"没用"，要么就是需求分析出了问题，即没有抓住目标用户的真正需求。

17.2.2 互联网产品的可用性

可用性是指"用户在特定的使用背景下，使用某个产品达到特定目标的有效性、效率和满意度的大小"（ISO 9241-11—2018）。据此，用户体验是指"用户与产品、服务、设备或环境交互时各方面的体验和感受"（ISO 9241-210—2010）。可用性聚焦于任务的执行过程，目标是使产品更好用；而用户体验的目标是使用前、使用中和使用后让用户产生愉悦、满意之感。因此，在互联网产品的用户体验设计中，可用性属于任务设计的范畴。当互联网产品具备功能实用性之后，需要把控的就是在使用过程中的效率、满意度及目标的实现程度。因此在体验设计中，当涉及产品的任务流时，应尽量采用符合用户认知的形式，利用专业技能简化流程，加强对执行的引导，从而使用户轻松愉快地使用产品，得到良好的体验。

17.2.3 互联网产品的合意性

合意性是指符合人的意愿和喜好。其最终目的是让用户感到愉悦、惊喜或感动。互联网产品合意性的影响因素包括产品的外观样式、交互范式和动效等。合意性设计要求设计师了解并熟悉目标用户群的流行偏好。但如果想知道某种视觉风格究竟唤起了用户何种认知和情绪、是否合意，直接询问很难得到可靠的结果。这是因为用户的行为、态度往往容易测量，而测量情绪反应则较难。传统上，很多研究方法都依赖于用户的自我报告，但其实人们往往对自己的情绪反应缺乏清晰的认知。因此，了解用户对产品的合意性需要一套科学的方法，去洞察表象之下的本质。微软的乔伊·贝尼德克（Joey Benedek）和特里什·迈纳（Trish Miner）在其《测量合意性：在可用性实验室环境中评估合意性的新方法》论文中提出了一种测量合意性的方法，即首先开发一套可以用来描述对用户界面的情感反应的形容词（见表 17-1），这些词代表了参与者可能觉得积极或消极的描述的组合；然后把所有形容词放在可与参与者交互的产品反应卡中；再定义一组术语作为用户界面潜在的描述词；然后，向参与者展示一个界面，要求他们从这个列表中选择 3 ~ 5 个自认为最能描述这个界面的词语；通过结果分析，研究人员可以将特定的形容词与用户界面潜在的描述词关联起来，进而与这个关联词所表达的界面视觉设计方案相对应；最后，评估哪个方案与企业试图唤起的用户情感反应和品牌属性更加符合。评估得到的结果就是既让用户感到合意性较好，又符合企业品牌战略的方案。

表 17-1　产品反应卡

119 个产品反应形容词完整集合				
可用的（Accessible）	创造性的（Creative）	快速的（Fast）	维护（Maintenance）	简化的（Simplistic）
先进的（Advanced）	可定制的（Customizable）	灵活的（Flexible）	有意义的（Meaningful）	慢的（Slow）
烦人的（Annoying）	前沿的（Cutting edge）	脆弱的（Fragile）	激励的（Motivating）	复杂巧妙的（Sophisticated）
吸引人的（Appealing）	过时的（Dated）	新鲜的（Fresh）	不安全的（Not Secure）	稳固的（Stable）
亲切的（Approachable）	理想的（Desirable）	友好的（Friendly）	无价值的（Not Valuable）	无价值的（Sterile）
有吸引力的（Attractive）	困难的（Difficult）	令人沮丧的（Frustrating）	新颖的（Novel）	刺激性的（Stimulating）
枯燥的（Boring）	不连贯的（Disconnected）	有趣的（Fun）	旧的（Old）	直率的（Straight Forward）
务实的（Business-like）	破坏性的（Disruptive）	碍事的（Gets in the Way）	乐观的（Optimistic）	紧张的（Stressful）
忙碌的（Busy）	分心的（Distracting）	难使用的（Hard to Use）	普通的（Ordinary）	费时的（Time-consuming）
冷静的（Calm）	枯燥的（Dull）	有帮助的（Helpful）	有条理的（Organized）	省时的（Time-saving）

（续）

119 个产品反应形容词完整集合				
整洁的（Clean）	易用的（Easy to Use）	高质量的（High Quality）	傲慢的（Overbearing）	过于技术化的（Too Technical）
清晰的（Clear）	有效的（Effective）	冷漠的（Impersonal）	压倒性的（Overwhelming）	值得信赖的（Trustworthy）
协作的（Collaborative）	效率高的（Efficient）	印象深刻的（Impressive）	盛气凌人的（Patronizing）	难接近的（Unapproachable）
舒适的（Comfortable）	不费力的（Effortless）	难懂的（Incomprehensible）	私人的（Personal）	无吸引力的（Unattractive）
兼容的（Compatible）	授权的（Empowering）	不一致的（Inconsistent）	劣质的（Poor Quality）	不可控的（Uncontrollable）
令人信服的（Compelling）	有活力的（Energetic）	无效的（Ineffective）	强大的（Powerful）	非传统的（Unconventional）
复杂的（Complex）	有趣的（Engaging）	革新的（Innovative）	可预见的（Predictable）	可理解的（Understandable）
易懂的（Comprehensive）	娱乐的（Entertaining）	启发灵感的（Inspiring）	专业的（Professional）	不想要的（Undesirable）
有信心的（Confident）	狂热的（Enthusiastic）	集成的（Integrated）	相关的（Relevant）	不可预测的（Unpredictable）
难以理解的（Confusing）	基本的（Essential）	吓人的（Intimidating）	可靠的（Reliable）	粗俗的（Unrefined）
关联的（Connected）	优秀的（Exceptional）	直观的（Intuitive）	负责任的（Responsive）	可用的（Usable）
一致的（Consistent）	兴奋的（Exciting）	诱人的（Inviting）	死板的（Rigid）	有用的（Useful）
可控的（Controllable）	期望的（Expected）	不相干的（Irrelevant）	满意的（Satisfying）	有价值的（Valuable）
方便的（Convenient）	熟悉的（Familiar）	低的（Low）	安全的（Secure）	

合意性研究可在一对一的情境或问卷调查中使用。这样做的好处是通过直接询问为什么选择特定的形容词，可能会有一些额外的洞见。有时用户也可能会因为网页上一些细节的、富有人情味的设计而感动。例如，微动效是指整个画面中只有一小部分在变化的效果，能使单调枯燥的网页富有生气，常被用作操作提示或对局部内容的强调。如果在页面中使用符合用户喜好的外观样式、视觉风格，再加上一些改善网页趣味的设计（如微动效），常常能带给用户微妙的别样情感感受。有学者认为，互联网产品合意性的核心

是"心有灵犀",一个与用户"心有灵犀"的网站能触动用户的情感、引发对其渴求与赞赏。

17.2.4 互联网产品的品牌体验

品牌效应来自用户的关联感受,它往往可以给一个产品带来潜在的、不可估量的影响。例如,人们熟知的可口可乐和百事可乐生产的产品与市场上的其他同类产品似乎并没有什么实质区别,但盈利却平均高出 30%。究其原因,可口可乐和百事可乐已经让人相信,与同类厂家相比,它们使用的碳酸、水、调味料、色素、糖等成分的比例要好得多。品牌效应使它们大受裨益。互联网产品也同样存在着品牌效应。一旦某公司开发出一款具有良好交互体验和视觉风格的产品,将会影响用户对该公司其他产品的整体印象;而类似的视觉元素(如相似色彩或 LOGO 等),则可以加深用户对公司产品的品牌印象。例如,网易的多数产品都以红色为主色调,用户在使用其不同产品时会感到似曾相识,自然而然地产生一种归属感和品牌信任感。

17.3 互联网产品用户体验设计方法

一般来说,用户体验设计方法与所设计的对象有直接的关系。互联网产品的特点决定了其用户体验设计方法的特殊性。常用的互联网产品体验设计有设计思维(Design Thinking)、问卷法、可用性测试和焦点小组等方法。这些方法都强调对情感要素的挖掘。

17.3.1 设计思维

设计思维是被美国 IDEO(全球顶尖设计咨询公司,由一群斯坦福大学毕业生于 1991 年创立)发扬光大的,它是斯坦福大学设计学院(Stanford D-School)所推崇的重要课程,其最终目标是创造出一个用户真正需要的产品、服务或体验,同时,产品必须具备成长的潜力(可行性),并且能够通过合适的技术来实现(可实现)。设计思维涉及大规模的协作和频繁的更迭,一般包含移情、定义、构思、原型以及测试五个阶段(见图 17-2)。

1. 移情

移情也称同理心(Empathy),是一种站在别人的角度看问题的方法。一般常用三种方法来实现移情并建立与用户之间的共鸣,即访谈、观察、亲身体验。

1)访谈。深入目标用户的生活,了解

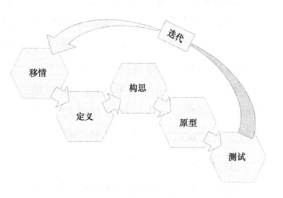

图 17-2 设计思维过程

他们的想法、工作环境、痛点以及期望等，同时观察目标用户看待问题的不同视角与处理挑战的方式。访谈中要时刻保持中立的态度，即使你已经猜到了用户的答案，也要继续明确地提问"为什么"。完美的访谈策略是先与受访者建立亲密融洽的关系，避免使用带引导性的问题，如不要问"这个还不错吧"，而应问"你觉得这个怎么样"，或者用更好的方式"跟我说说你在使用某产品时的故事吧"等。懂得聆听，知道如何挖掘用户的故事，能从中发现很多有价值的信息。比如想知道现在的年轻人喜欢什么，可以试着问他们，如果给他 150 美元，他会想买什么。设计思维讲究的是质量而非数量，这意味着访谈的用户数量不可能太多，所以要选择那些能够作为产品或服务各层次代表的受众。极端用户有时也能让研究受益良多。如当设计购物车时，不要只盯着那些使用购物车的消费者，也可以去问问那些用购物车拉东西的流浪汉——这些是购物车的极端用户，说不定也能发现一些重要的观点。

2）观察。给目标用户设置一个任务，观察他们如何完成。比如，如果询问用户"在亚马逊购物的时候遇到过什么难题吗"，很可能会得到"没有啊，挺顺畅的"这类答案。但实际上如果在用户背后观察他们的购物过程，就有可能发现其操作时的痛点。

3）亲自体验。要想了解用户在使用产品时的感受，就应该亲自去试试。可以体验公司自己的产品或竞品。亲自使用能更直接地感受到用户的痛点在哪里，以及愉悦的体验从何而来。

2. 定义

定义其实就是对设计问题的描述。当完成同理心构建后，需要重新审视和重新定义最初的设计挑战。视点人物写作手法（Point of View，POV）不失为一种有效的方法。

$$POV = 角色（Persona）+ 需求（Need）+ 洞察（Insight） \qquad (17\text{-}1)$$

POV 类似企业的任务宣言（Mission Statement），即用一句简洁的话来告诉别人，团队或项目的目标是什么、有怎样的价值观等。好的 POV 需要考虑很多因素，如用户是谁，想解决什么问题，这个问题有哪些已有的假设，有什么相关联的不可控因素，想要的短期目标和长远影响各是什么，基本方法是什么等。好的 POV 还应该有自己独特的关注点，而不是泛泛空谈，它同时可以激励团队成员，是整个团队的基本价值观。比如，"萨姆是一个设计师，他喜欢快速制定方案、产出原型、测试验证，并不断地优化迭代，以设计出既能满足用户需求，又能带来愉悦体验的产品。但在实际中却发现，要完成这整套设计流程，必须在各个不同的设计软件中切换，浪费了很多精力和时间。"这段话就包含了角色、需求和洞察这些要素。

用户需求往往是情绪化的，有时是难以被发觉的。而洞察能带来惊喜，它需要从访谈结果、观察对比中挖掘才能获得。只有站在用户的角度去思考，才能发现其真实需要，这时定义的设计问题才能击中"痛点"。

3. 构思

构思是指对设计概念和设计方案的设想。当确定了用户需求并清晰定义了问题后，是时候发挥创造力去构思产品该做成什么样了！一般来说，构思分为以下两个阶段。

1）发散（创造性选项）。在这一阶段，之前从移情到重新定义问题都待在一起的多学科交叉团队开始尽情地议论，有什么就说什么，不需要太多的思考判断。因为只有这样，才能远离那些显而易见的常用解决方案，避免陷入某种固有的心智模式；只有探讨一些未知的想法，才能找到真正的创新。发散思维的头脑风暴要遵守的规则包括：别轻易评判；想法越多越好；别人发言时别插嘴；清晰地表达你的想法，避免模棱两可；要善于在别人想法的基础上做补充；牢记主题，不要跑偏；想法再疯狂也没关系！

2）收敛（确定性选择）。经过头脑风暴之后总会产生一堆方案，需要收敛并确定最终方案。方案的确定有很多方法，如采用贴纸投票的方式，即每个小组成员用不同的标签对其他小组的方案进行投票，同时每个小组内部也决定自己想要做哪几个方案。结合两个方面的评价做出决定。也可以使用选择矩阵等计算方法来进行方案的选择。

4. 原型

原型是原始粗略的产品模型。产品原型便于快速发现方案存在的问题，通过对问题的修正、调整，就可以分配大量的资源进行开发实施了。注意，一旦确定了下一步的方案，需要尽快制作原型，验证并及时发现方案中的问题，以减少因后期修正错误、不断迭代而造成的成本大量增加。方案的错误发现得越早，后期修正的成本损失就越小。

5. 测试

创建原型后，就可以找一些真实的用户进行产品测试了。测试的目的在于进一步完善原型的解决方案、了解真实用户的反馈及完善此前式（17-1）的观察公式。测试时，把产品原型完全交给用户自己操作，设计师只需在一旁观察和聆听。如发现有一些可以快速调整的细节，马上完善后再做测试。对于复杂的操作可以有一定的流程或引导，尤其是在进行不下去的时候，要适时地帮助。要知道，接近用户才是最重要的。设计师永远不要自负、自以为是，通过测试，对发现的问题进行完善、迭代，最终得到相对满意的设计方案或结果。

上述过程表明，设计思维其实是一种以用户为中心的应对体验设计挑战的理念，也是一种行之有效的互联网产品用户体验设计方法。

17.3.2　问卷法

问卷法也称问卷调查，是通过由一系列问题构成的调查表来收集资料以测量人的行为和态度的心理学基本研究方法之一。这种方法可在短期内收集大量回复，而且借助网络调研的成本也比较低，所以得到了广泛使用。问卷调查法特别适用于研究用户的使用目的、行为习惯、态度和观点、人口学信息等。由于具有较强目的性，因此它不适合用来探索用户新的、模糊的需求。问卷调查的一般流程为确定研究目的、设计问卷、问卷发放回收与分析、输出调查报告等。介绍问卷调查法的文献很多，读者可自行查阅，此处从略。

17.3.3　可用性测试

可用性测试是互联网产品体验设计中使用最多的方法之一。具体做法是：让一群具有代表性的用户对产品进行典型操作，同时，研究和开发人员在一旁观察、聆听、做记录。产品可以是网站、软件或其他任何产品，也可以是尚未成型的产品或早期的纸上原型。通过可用性测试，设计人员可以了解用户真实的使用情况，及时发现产品的不足，优化设计。可用性测试包括资源准备、任务设计、用户招募、测试执行和报告呈现等步骤。

1）资源准备。这是指进行可用性测试之前对相关测试环境、设备仪器等的准备。具体包括单向玻璃（方便观察的同时又不干扰用户的操作）、网络、测试材料（手机、计算机等被测产品或纸质模型）、人员（主持人、记录员等）及其他相关文档（保密协议、产品介绍、测试说明等）。

2）任务设计。这是指在明确测试目的后，围绕目的设计的一系列任务，以供参与者执行，至少应包含任务目标、背景描述、停止条件及正确的操作途径等内容。在设计测试任务时，需要遵循的原则包括：以用户的使用目的为核心；任务顺序要符合典型用户的操作流；平衡任务描述方式上精细与宽泛之间的关系；注意控制任务的数量等。

3）用户招募。只有招募到足够数量的典型用户，可用性测试结果才更具有代表性。这需要测试人员对产品定位有较深入的了解，并明晰产品的目标人群。有时也可以先行发布简要的问卷来筛选用户，以确保招募到想要的群体。关于测试用户数，根据 Web 可用性大师雅各布·尼尔森（Jakob Nielsen）的建议，不用招募过多的用户，一般以 6 ~ 8 人为宜。测试用户过多会增加测试成本，但对于发现问题来说，增长的幅度并不明显。

4）测试执行。具体包括测试前的介绍与热身，测试中的观察记录、询问、鼓励，以及测试后的总结整理等。

5）报告呈现。分析整理好测试数据后（见图 17-3），通常需要输出一个可用性测试报告，将问题反馈给相关人员，为产品的迭代优化提供科学的依据与建议。测试报告应重点呈现测试中出现的问题、问题的出现比例及优先级。

图 17-3　测试数据整理顺序

17.3.4　焦点小组

焦点小组是指由一个经过训练的主持人，以一种无结构自然的形式与一个小组的被调查者交谈的用户研究方法，主持人负责组织讨论。该方法的作用是，通过倾听一组从目标市场中挑选出来的被调查者的看法，获取对一些问题的深入了解。其价值在于，它常常可以得到一些意想不到的发现。焦点小组的一个特点是可快速反馈问题，通常只需要 1 ~ 2 次深度访谈，就可同时收集到 8 ~ 12 名用户的反馈意见。在敏捷用户研究中，由于时间有限，无法进行耗时较长的深度访谈，这时焦点小组就被广为采用。需要注意，焦点小组主要用于观察某一群体对某个主题的观点、态度和行为，而不能用于确定具体的个人观点和行为。焦点小组调查的一般流程如下。

1）列出一系列需要讨论的问题，包括主题和具体提问。首先需要对产品有一个明确的认识，在此基础上列出需要通过小组讨论得到的主题，进而围绕主题设计具体的问题。

2）模拟一次焦点小组的讨论，测试并改进步骤 1）中的主题。这类似可用性测试的预测试，通过模拟来发现当前方案的不足、及时完善。这也是一种敏捷迭代的方式。

3）从目标群体中筛选并邀请参加者。焦点小组要多招募一些用户用于筛选，其中个人表达太活跃或太不活跃、表达能力差或思维过于发散的用户都不适合作为参加者。对同一焦点小组的用户，可选择目标群体中不同的类型。组织讨论时，也可了解对彼此的观点和态度。同时应注意这些用户的社会背景，如社会阶层、受教育程度、收入水平等方面，相差不宜太大，否则难以进行有效的讨论。图 17-4 给出了焦点小组用户筛选参考维度。

图 17-4　焦点小组用户筛选参考维度

4）进行焦点小组讨论。每次讨论时长以 1.5 ~ 2h 为宜，过长会造成参加者的疲劳，过短则难以充分展开话题，无法挖掘观点或行为背后的深层次动机。通常要对讨论过程进行录像，以便于后期的记录或分析。

5）分析与汇报。讨论结束后，要分析总结得到的发现，展示得出的重要观点，并呈现与每个具体话题相关的信息。

需要注意，主持人是焦点小组能否成功的关键，需要思维敏捷，是"友好的"领导者，对所讨论问题有较深入的了解（但并非一定是该领域的专家）。这是一个集体活动，要熟练地掌握这种方法，需要用研人员通过不断的实践尝试、积累经验。对于初学者而言，尽可能充分的准备工作是十分必要的。

17.4　互联网产品用户体验设计的一般过程

尽管互联网产品类型千差万别，但其体验设计的一般过程可划分为产品策划、交互设计、视觉设计、页面重构、产品开发、产品测试和产品发布等步骤（见图 17-5）。具体如下。

17.4.1 产品策划

产品策划也称商品企划，是指企业从产品开发、上市、销售直至报废的全生命周期的活动及方案。它通常有新产品开发、旧产品改良和新用途拓展三种类型。就体验设计而言，产品策划的要点在于对企业战略、市场现状、企业资源的充分了解，以及在此基础上对新产品的正确定位和功能确定。

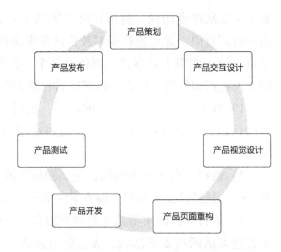

图 17-5　互联网产品用户体验设计的一般过程

（1）产品定位　这是指产品的目标、范围、特征等约束条件。它是互联网产品体验设计的方向，也是设计产出物优劣的评判标准。产品定位包含用户需求和产品定义两个方面，其中前者包含目标用户、使用场景和用户目标，后者包括使用人群、主要功能和产品特色。目标用户基于人群细分，在一定程度上影响着使用场景和用户目标（见图 17-6）。用户需求和产品定义是一对辩证的对立统一体：用户需求或目标用户一旦确定，产品定义也就相应明确了。设计师可以根据产品定义来匹配相应的使用场景和用户目标，从而优选出对应的需求关键词（如新闻类应用的关键词可能是"精准推荐""最新""最热资讯"等）。

（2）功能确定　一方面需要参照产品定位关键词来确定特色功能，另一方面也依赖于设计师对用户的调研。例如，关键词"精准推荐"要求产品具有对用户对某类资讯是否感兴趣的选择功能等。确定功能的方法有用户调研、竞品分析、用户反馈和产品使用数据（上线之后）。要根据具体情况对收集到的功能需求进行分析筛选，具体原则包括去掉明显不合理的功能、深挖用户真实目的、匹配产品定位（如企业战略、目标用户、产品特色）和确定优先级等。

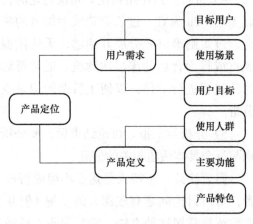

图 17-6　产品策划中的产品定位

17.4.2 产品交互设计

产品交互设计始于概念设计。类似于一个水杯的概念描述：旅行用的水杯，能叠成一个小圆盘，喝水的时只需把小圆盘的圆心部分往下按，就能变成一个杯子了，诸如此类。互联网产品的交互设计也一样，首先需要赋予产品一个概念，这来自产品策划的结果，让交互设计师明确要做什么。同时，还要做交互初稿设计。初稿并非一定是严格的交互原型，可以是主要的页面流程或手绘草图，只要能清晰地表达设计构思就可以。互联网产品交互体验设计包括信息架构、用户流程、交互说明文档和原型设计等内容。

（1）信息架构（Information Architecture，IA）设计 信息架构是指对某一特定内容里的信息进行统筹、规划、设计、安排等一系列有机处理的展现形式。其主体对象是信息，由信息架构师来设计结构、决定组织方式及归类，目的是方便用户寻找与管理信息。"信息架构"一词诞生于数据库设计的领域，最早是由美国著名信息架构师、TED（Technology，Entertainment，Design）大会创始人理查德·乌尔曼（Richard Saul Wurman）于 20 世纪 70 年代提出的，后由两位美国信息学家路易斯·罗森菲尔德（Louis Rosenfeld）和彼得·莫维尔（Peter Morville）发扬光大。信息架构反映了信息的组织结构，它取决于互联网产品的规划，通过信息设计来实现，是信息与用户认知之间的一座桥梁，具体包括标签、按钮和界面上具体图标的设计等。图 17-7 给出了一个个人微博的信息架构示例。

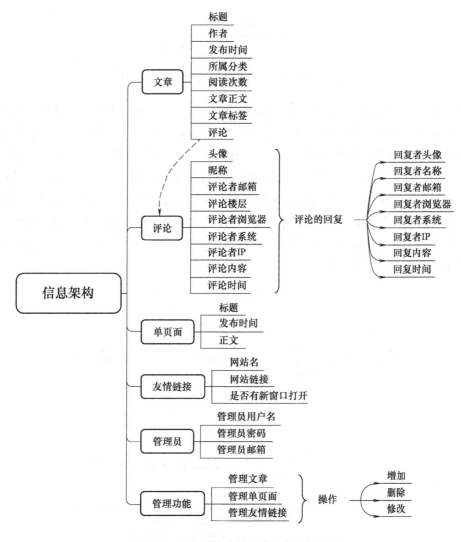

图 17-7 个人微博功能需求信息架构示例

（2）使用流程设计　使用流程用于展现产品经理脑海中比较抽象的产品逻辑，也是对产品想法进行梳理的过程。从用户的视角对信息架构进行一步步的模拟操作，不仅能逐渐完善产品的结构导图，还可以得到使用的详细流程图。图 17-8 给出了一个会员登录流程示例。

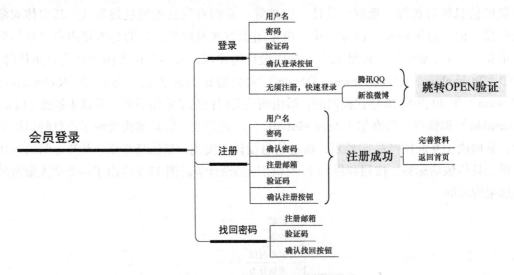

图 17-8　会员登录流程示例

（3）交互设计说明文档（Design Requirements Document，DRD）与规范　交互设计说明文档是用来承载交互说明并交付给前端、测试及开发人员参考的文档，它是对整个网站公用模块组成的分析和整理。其作用是确保网站交互体验的一致性和统一性。为保证可读性，说明文档一般要符合一定的规范。一个完整的文档需要包含目录、版本信息、网站结构拓扑图、复杂交互行为的逻辑设计图及说明、公共模块的梳理及说明（导航、文本框、公用按钮、回复框、转发框等）、对不明显的交互动作或隐藏设置项的说明、主要页面或模块的交互行为说明和测试可行性检测等内容。图 17-9 给出了一个申请入群的交互逻辑及其详细交互过程示例。

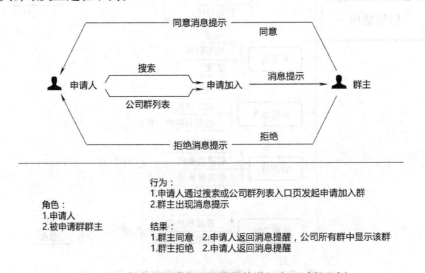

图 17-9　申请入群的交互逻辑及其详细交互过程示例

（4）交互原型设计　概念设计与评审迭代后，就可以设计交互原型了。交互原型可分为低保真和高保真两种，二者的区别在于真实、细腻程度的不同。进行交互原型设计时，要重点考虑可用性和愉悦度。前者涉及容易学习、容易使用、系统有效性、用户满意等因素，后者则要通过一些情感化设计手段来提高用户在使用产品前中后期的体验。增强交互愉悦度通常采用的方法有以下几种：微交互，即在某个特定的瞬间完成某个任务的交互细节，以带给用户意想不到的惊喜或让其感受到来自互联网产品的关怀和关爱，从而心生好感，如适当融入交互动画等；延伸现实，如苹果公司的巴斯·奥丁（Bas Ording）设计的 iOS 的惯性滑动效果，简单、流畅、充满乐趣，看似微不足道，但影响巨大；触景生情，即通过视觉的手法微妙地启发用户的感觉及情绪，让人产生由此及彼的情感联想，如日本设计师深泽直人的一款香蕉汁包装设计就是这样一个例子（见图 17-10）；小把戏，即将枯燥的事物以一种轻松、幽默的方式展现，使用户产生积极的情感和有趣且愉快的感觉；保持新鲜感，是指在人们熟悉的页面中增加新的内容，使交互常用常新，每次都有新感受；充分利用声音，因为声音的节奏和旋律的变化都能影响用户的情感，如 QQ 新消息的声音、Windows 开 / 关机时的音乐等；

图 17-10　深泽直人的香蕉汁包装设计

游戏，即利用游戏交互的趣味性，拓展体验效果，如 Android 滑动解锁等就很有趣。

交互方案细节的展现一般先通过低保真原型来验证，待修改完善后再做高保真原型来定型。同时，交互体验设计的最终交付物（如交互设计文档）要做到图文并茂，有页面跳转说明，最好能考虑与产品需求文档结合，要有对交互设计文档中细节和动作的说明、产品风格定位、极限状态和异常 / 出错情况的说明等内容。

17.4.3　产品视觉体验设计

互联网产品视觉体验设计是指页面的视觉设计及其视觉传达的体验效果。具体如下。

（1）页面视觉设计　需要考虑页面给人的整体感觉，即风格。要遵循保持页面颜色统一、界面风格一致性及尽量减少审美、认知和记忆负担等原则。平面视觉传达的设计方法和原则也适用于互联网产品的视觉设计。

（2）产品还原性评审　还原性是指网页的实现结果相对设计稿的还原程度，包括字体、尺寸、色彩、板式、质感等。应邀请项目相关人员对网页的实现进行综合评审，以确保其正确体现设计效果，并不断迭代，直到评审各方都满意为止。

（3）产品视觉架构　产品视觉架构是指将界面信息按逻辑关系、包含关系和先后顺序进行排列组织后形成的抽象模块。它上通信息架构下达界面设计，起着承载信息、验证信息架构合理性的作用。良好的视觉架构设计需要对网站信息有深刻的理解。图 17-11 是谷歌的三栏式界面视觉架构。

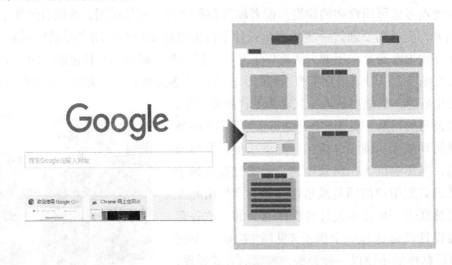

图 17-11　谷歌的三栏式界面视觉架构

（4）视觉规范订制　视觉规范是指对界面设计使用的一系列元素进行的限定。例如，谷歌公司在 2014 年的世界开发者大会（Worldwide Developers Conference，WWDC）上发布的 Material Design 界面设计标准，统一了 Andriod、Chrome OS 和网页的界面设计风格。订制视觉规范的意义在于统一识别、节约资源、方便重复利用和上手简单等。

17.4.4　产品页面重构

页面重构是指将设计稿转换成 Web，包括将视觉设计结果用 Photoshop 生成静态网页及考虑每个标签的使用、页面性能的实现等。好的页面应结构完整，可通过标准验证；标签语义化，结构合理；充分考虑页面在站点中的作用和重要性，并有针对性地优化。

（1）设计稿分析　这是指对设计稿如何制作成页面的分析，包括分清设计稿中的公共部分与私有部分、对各部分提出初步实现方案（如何切图、写结构、样式）、准确给出各部分的实现方案，同时考虑方案扩展、复用及页面性能（结构、样式复用）及整个网站的结构分布（文件分布、目录结构）等内容。

（2）切图　这是指将网页设计稿切成便于制作成页面的图片。不只是把图片切出来，还包括把切出来的图片合并到一起，需要考虑怎么切、从哪里切才能达到最优效果。因此，说切图是一门艺术完全不为过。

（3）HTML 和 CSS 的编写　这是指将切图的结果，通过 HTML 和 CSS 编程将设计稿转换成 Web 页面。具体内容包括：还原设计稿视觉效果，进行标准验证；实现多浏览器兼容；标签语义化；优化实现方式（模块化、脚本）；综合考虑可扩展、复用和可维护性；考虑整个前端的样式、布局及优化代码等。

最终需要对重构的页面进行评估，只有符合当初视觉设计要求的才可以提交，否则就需要再进行迭代修改。

17.4.5 产品开发

在开发阶段，项目经理要根据项目计划书及产品效果图组织开发，提出产品架构、程序及数据库设计方案，并按开发规程进行项目进程控制，还有概要与详细设计、帮助文档制作等。要注意强调产品协同开发日志文档编写的习惯与版本控制规则。

互联网产品开发的技术工作主要集中在后台。在编码之前，程序员应视系统需要进行概要及数据库设计，并进行内部讨论和评审；当对文档或原型有疑问或不理解时，需要与产品策划和交互设计师进行沟通，了解其真实含义，不得以任何理由私自更改已确定的产品需求文档；当确有功能需要做调整时，要与产品策划、需求方共同协商。改动应出具文档，经需求方、技术经理、产品经理签字同意，并记录在案以备后查。开发过程中通常要边开发边测试，不断重复迭代，直至整个网站完善、稳定。

17.4.6 产品测试

测试是检验互联网产品质量的关键步骤，是对网站、页面和功能的最后复审。一般在开发制作阶段或整体更新完成后，都需要对系统进行各种综合测试。互联网产品的特点是不停地升级、升级、再升级。其测试一般有 α 、β 、λ 等阶段：α 是第一阶段，一般仅供内部测试使用；β 是第二阶段，一般只提供给特定的用户群来试用；λ 是第三阶段，此时产品已经相当成熟，只需要在个别地方进一步优化即可上市发行。图 17-12 给出了一个测试框架，具体测试内容可参考软件质量评价标准 ISO 9126-1—2001 或 ISO 25010—2011（见图 17-13）。

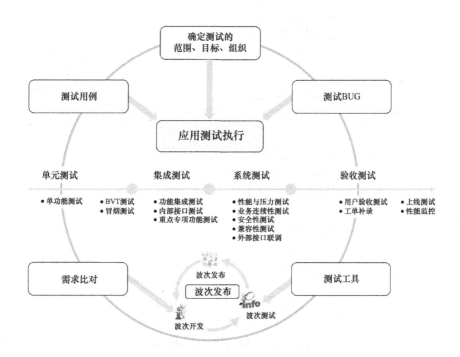

图 17-12　互联网产品测试框架

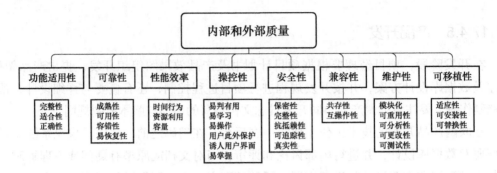

图 17-13 ISO 25010—2011 软件质量模型

进行互联网产品测试的目的是发现错误，确保产品高质量、符合要求且具有良好的体验。测试的特点包括：不断变化、工作量大、复杂度高；对性能和稳定性要求高；容错性好；高安全性、兼容性；可引入自动化测试工具；趣味性和交互体验等。测试一般有样式、功能和性能测试三类。测试流程分为准备、测试和完成三个阶段（见图 17-14）。测试应按企业（行业）规范开展，一般遵从先技术自测，然后内测，等稳定后出 β 版再公测的原则。

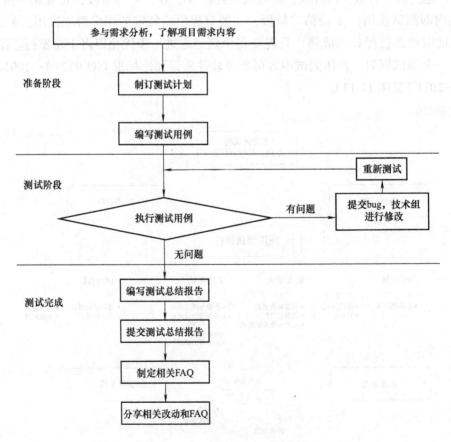

图 17-14 互联网产品测试流程

17.4.7 产品发布

互联网产品的发布一般由产品经理负责，具体发布策略有蓝绿发布、金丝雀发布、灰度发布、AB测试等类型。蓝绿发布是指发布过程中用户感知不到服务重启，通常新旧版本并存，通过切换路由权重的方式来实现；金丝雀发布通过在线上运行的服务中加入少量的新服务，快速获得反馈，视具体情况决定最后交付状态；灰度发布通过切换线上并存版本之间的路由权重，逐步从一个版本切换到另一个版本；AB测试非常像灰度发布，但发布的目的侧重按A或B版本之间的差异进行决策，最终选择一个版本进行部署，更倾向于做决策。

产品发布前要注意全面检查，拟订并做好推广方案及宣传工作，争取用户的支持和帮助。发布不是互联网产品开发的终点，而是下一个迭代开发周期的开始。

17.5 互联网产品用户体验设计的原则及注意事项

17.5.1 互联网产品体验设计原则

（1）7±2原则 美国心理学家乔治·米勒（George A. Miller）研究发现，人类短期记忆一次只能记住5～9（7±2）个事物。7±2原则是指由于人类大脑会将复杂信息划分成易记的块和小单元，这就是神奇的"7±2"效应。如手机号码被分割成"×××-××××-××××"的形式、Web导航或选项卡一般不超过9个、移动应用的选项卡一般不超过5个等，都是运用了这一原则，目的就是减轻用户的认知和记忆负担。

（2）3秒钟原则 这是指要在极短的时间内展示最重要的信息。尼尔森2006年发表的眼动轨迹的研究指出，多数情况下用户都习惯以"F"形的模式浏览网页（见图17-15）。因此，应把最重要的信息放在页面左上区域，以便快速给用户留下鲜明的第一印象。

（3）帕累托法则 它也称二八定律，即80%的效应来自20%的原因。它是意大利经济学家维弗雷多·帕累托（Vilfredo Pareto）于1897年提出的。在用互联网产品户体验设计中，也存在同样的规律，即少数要素对体验的效果起着重要的作用，是体验的关键。

（4）8个接口设计的金科玉律 它是由美国计算机学家本·施耐德曼（Ben Shneiderman）于1986年出版的著作《用户界面设计：有效人机互动的策略》中提出的，包括争取保持一致性、为老用户提供快捷方式、提供有益的反馈、增加功能

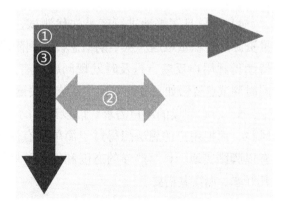

图 17-15 用户浏览网页的"F"形习惯

结束时的对话框、提供简单的错误处理、允许方便的回退、支持内部控制点和减少短期记忆负荷等。尽管到 2016 年，施耐德曼的书已经出到了第 5 版，但这些接口设计的原则却没有变化，依然适用。

（5）费茨定律（Fitts' Law）　它是由美国心理学家保罗·费茨（Paul M. Fitts）于 1954 年提出的，是用来预测从任意一点到目标位置所需时间的数学模型。其内容是当前位置到目标所需时间（T）与其距离（D）和目标的大小（W）存在以下关系：

$$T = a + b\log_2(D/W + 1)$$

（17-2）

式中，a 和 b 是经验值。例如，鼠标位置离目标越远，需要移动的时间越长；同时，目标越小，花费的时间就越多。Windows 菜单和苹果 iOS 顶部工具栏的设计都运用了费茨定律。

17.5.2　互联网产品用户体验设计的注意事项

1）只有深入理解才能开始设计。任何互联网产品都需要对目标用户画像清晰之后再开始着手设计，如用户是怎么想的，是什么在驱动其做决策，有什么使用习惯，是什么促使其进行交互操作的……只有明白用户概念中的易用性究竟是怎么回事，什么样的设计能调动用户的情绪并使他们持续满意地使用产品之后，才能设计出真正具有良好体验的产品。

2）用用户熟知的语言来表达。充分借鉴和模拟之前的交互方式很有必要，这样人们会更快明白如何使用新产品。人容易养成习惯，喜欢模式化，乐于重复，甚至会迷恋重复模式并将这种经验转移到相似的东西上，这也是了解新产品的常见方式。因此，菜单条目要避免生僻和标新立异，否则会加重用户的认知负荷，降低体验度。

3）给用户可感知的直观反馈。互联网产品简单界面的背后，往往是庞杂的信息架构、程序逻辑、算法和数据库的支撑，前端控件轻轻地点击一下，系统可能已"飞越千里"，这很容易造成用户的困惑和迷茫。因此，适当的直观感知反馈很重要，应及时让用户知道操作是否奏效、所处境况、系统当前状态，以减少不确定性和不安全感。如提示声音、进度条、闪烁、微动效、指示灯、变色等的合理运用会大幅提升用户的交互控制感和信心。

4）尽早且频繁地进行产品迭代测试。应让真正的用户尽早参与测试，避免耗费大量资源之后积重难返。从早期概念设计到阶段性进展，不断进行频繁的微测试、小迭代，持续得到用户反馈，是及时发现问题的有效途径。因此，完善规范的测试计划很重要，同时测试点要恰如其分地安排在系统的关键节点。

5）小心假设的用户需求。以设计师的个人理解代替用户需求往往有偏离问题本质的风险，而把用户的想法想得过于简单则有使用户感到被愚弄、产生厌恶心理的可能。只有以脚踏实地、科学严谨的态度和作风开展用户研究、贴近真实用户，才能够真正了解其好恶、洞察其需要。

17.5.3　对严重影响互联网产品体验设计问题的思考

1）强调创造性、忽视易用性问题。具有创造性固然好，但若抛弃产品及目标用户的特性，为创造性而创造就是在拿用户的认知习惯来冒险，赌上的可能是最核心的体验价值。如图 17-16 是某种颇具创意感的导航方式，它或许适用于移动设备，但如果放在桌面端的 Web 页面上会如何呢？很可能导致用户发现自己曾经的认知一文不值，并由此产生迷茫、挫败感和懊恼。

2）过度设计问题。过度设计既包括过度复杂的风格化，也包括过度简约或是其他任何忽视产品特性及信息权重而一味追求视觉刺激的设计方式。如图 17-17 左上角提供了一个汉堡包图标（三条横线），整个首屏虽是一张漂亮的照片，但菜单难以发现、点击次数偏多、不直观。良好的界面应清晰、准确、一目了然，对设计不足和过度设计都应尽力避免。

图 17-16　某种具有创意感的导航方式示例

图 17-17　汉堡包图标页面导航示例

3）以为用户了解设计师所了解的东西。假设用户具有与设计师相同的处理问题的能力，假设他们具有怎样的特质，包括人生经验、教育背景、需求、所处情境等，都是设计师非常容易陷入的误区。这种误区会导致对用户行为的误判。解决的方法就是在开始设计之前在用户研究上做足功课，如使用人物角色、体验地图和用户访谈等方法。

4）强迫用户接受设计师的游戏规则。每个设计师心目当中都潜在地有一幅如何与产品交互的画面，但实际上用户极有可能会以一种其完全没有想过的方式去操作界面。这虽与设计师的期望相悖，但至少在用户看来是最省时、省事的操作路径。正如美国交互设计师马辛·特瑞德（Marcin Treder）在《交互设计最佳实践》一书中所说："永远不要低估最小阻力操作路径的力量。"强迫用户按照设计者"拍脑袋"设想出的"标准流程"去操作不符合易用性原则。应鼓励他们按照自己的方式继续任务流程，并去发现、剖析其背后的原因，探索出真正自然流畅的操作界面应该是什么样的。

5）缺乏实际用户的测试。早期 iOS 7 键盘的空格键太短、Shift 键状态表意不明等让很多用户感到十分懊恼。尽管苹果公司陆续更新修复了键盘方面的问题，但不良影响已经实实在在地造成了。其实，正式或非正式的实际用户可用性测试，都可以有效地侦测到这些潜在的问题，如通过关注能否容易地成功完成任务、导航机制是否高效、信息权重是否合理等。

17.6 移动互联网产品的用户体验设计

移动互联网是指将移动通信和互联网二者结合起来，成为一体，是互联网技术、平台、商业模式和应用与移动通信技术结合并付诸实践的活动的总称。移动互联网产品的用户体验设计可以看作是互联网的一个特例，包括移动端网站/网页、App、手机游戏软件等的设计。

17.6.1 移动互联网产品的定义

移动互联网产品是指以手机、平板电脑等可移动设备为平台，利用网络提供在线购物、新闻资讯、网络社交等服务的产品。移动互联网产品有着与互联网产品类似的特性，同时由于其移动性的特点，使用环境更加广泛、复杂化，如从室内逐渐扩展到户外，用户的输入方式也由鼠标键盘换成了单手操作、多点触摸等。

17.6.2 移动互联网产品的一般用户体验设计流程

移动互联网产品的用户体验设计流程和互联网产品的基本一致，包括产品定位、功能确定、交互设计、视觉设计、开发测试与优化、产品发布等步骤。在实施上，除显示屏大小、操作方式、使用场景等变化带来的影响外，二者无显著不同，这里不再赘述。

17.6.3 移动互联网产品用户体验设计的特殊性

由于移动互联网产品使用环境的复杂化及用户输入方式的变化等原因，其在具体的交互设计思考方面与传统互联网产品有着较大的差异。

1）屏幕尺寸缩小。移动端屏幕尺寸一般在 4 ~ 10in，分辨率多为 720P、1080P 或 2K。因此，设计师必须对信息与功能的展示有所取舍，包括分清主次、简洁元素、减少界面变换等。多平台适配是这方面应用的发展趋势，如流行的 Web App 和瘦客户端（Thin Client，即 BS+CS、客户端嵌套 WAP 站等）。

2）拇指/手指操作带来的尺度限制。移动端多采用触摸屏/手指交互的方式，设计师不得不考虑最小可交互尺寸的问题，太大或太小的界面元素、间距都会影响到交互性。因此，需要注意界面元素尺度、单手操作、信息交互、重要操作的确认等问题。

3）平台的设计规范和特性。设计师需要考虑移动设备的多样化带来的不同平台规范和标准，如 iOS Human Guideline 与 Google 的 Metro 等移动设计规范。这些可以帮助设计师快速方便地设计出一款可用且好用的移动产品。

4）使用时间碎片化。由于周围情况变化，移动应用随时可能中断，一段时间后再重新打开继续刚才的操作。类似这样的时间碎片化，导致移动互联网产品在体验设计上要特别注意任务的中断与继续、交互动作序列的长短、前后台时间的合理分配等问题。

5）使用场景多样化。用户使用移动终端时，可能是在地铁或公交车上、电梯中、无聊等待时或边走路边使用。针对众多场景，要考虑的因素也非常复杂。例如，在公交车上拥挤和摇晃时，如何才能顺畅地单手操作？在无聊等待、玩游戏或临睡前，又该如何处理深度沉浸的体验？这些都要求设计师深入思考，采取适当措施以确保用户使用场景切换时仍能保持良好的体验。

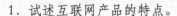

1．试述互联网产品的特点。

2．试述互联网产品用户体验设计的分类。

3．试述互联网产品用户体验的层次及其设计方法。

4．简述互联网产品用户体验设计的一般过程。

5．试述互联网产品用户体验设计的原则，并分析这些原则是否全面，试加以补充。

6．试述互联网产品用户体验设计的注意事项，并根据你自己的理解加以补充。

7．试述移动互联网产品用户体验设计的特殊性，并搜集资料加以补充完善。

8．试利用本章内容评价桌面端百度、必应网站用户体验设计的优劣，并根据自己对互联网产品用户体验设计的理解，提出改进建议，画出其改进的视觉信息架构图。

第 18 章 服务设计的用户体验

现代社会中服务无处不在。如果说 21 世纪是体验经济的时代，那么随着人们对消费预期的不断提高，服务质量便是决定最终体验的关键因素之一。消费者在售前、使用和售后服务中获得的全部体验，决定着一个品牌或企业在其心中的形象和地位。纵观历史，企业失败的原因千差万别，但成功的企业无一不是以优质产品和服务建立了良好的口碑。因此，好的服务设计既是良好体验的基础，也是企业成功的关键。

18.1 服务与服务设计的概念

18.1.1 服务

"服务"的字面意思是履行某一项任务或从事某种业务，也有为公众做事、替他人劳动的含义。服务的本质是本着诚恳的态度，为别人着想、为别人提供（有形的或无形的）便利或帮助。服务业也是英国经济学家科林·克拉克（Colin Grant Clark）的"斐帝-克拉克法则"中所谓的"第三产业"。1960 年，美国市场营销协会（American Marketing Association，AMA）最先给服务的定义为"用于出售或者是同产品连在一起进行出售的活动、利益或满足感"。1974 年，美国市场学家威廉姆·斯坦顿（William J. Stanton）提出："服务是一种特殊的无形活动。它向顾客或工业用户提供所需的满足感，它与其他产品销售和其他服务并无必然联系。"1990 年，芬兰市场学家克里斯琴·格罗路斯（Christian Gronroos）指出："服务是以无形的方式，在顾客与服务职员、有形资源等产品或服务系统之间发生的、可以解决顾客问题的一种或一系列行为。"当代市场营销学泰斗美国菲利普·科特勒（Philip Kotler）将服务定义为"一方提供给另一方的不可感知且不导致任何所有权转移的活动或利益，它在本质上是无形的，它的生产可能与实际产品有关，也可能无关"。

综上所述，服务是隶属于某一经济单元的人或产品状态，由于其他经济单元中个体活动而发生的改变。服务首先被强调是一个过程，而且是由三个主要元素组成的三角形结构，即（A）服务提供方、（B）客户/使用者/接受者、（C）传递的实体（见图 18-1）。与制造产品相比，服务具有无形性、异质性、生产和消费的同步性、易逝性等特性。一般来说，一个服务离不开显性服务、隐性服务、支持性设施和辅助物品这四个要素。一个完整的服务系统由客户、服务员工、服务流程、基础设施和信息监控与处理等部分组成。

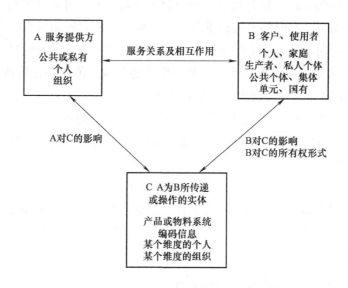

图 18-1 服务的定义

18.1.2 服务设计

服务设计是指有效地计划和组织一项服务中所涉及的人、基础设施、通信交流及物料等相关因素，以提高用户体验和服务质量的设计活动。它主要研究将设计学的理论和方法系统性地运用到服务的创造、定义和规划中。2008 年，荷兰 31Volts 服务设计公司的描述为："当你面前有两家咖啡店，且都以同样的价格卖一样的咖啡，服务设计就是决定你最终走进哪家咖啡店的因素。"这形象地说明了服务设计的内涵。2009 年，德国科隆国际设计学院的伯吉特·玛格（Birgit Mager）将其概括为："从客户观点看，服务设计致力于确保服务界面有用、可用且令人满意；而从服务提供者的观点看，则是有效、高效且与众不同。"她认为服务设计应从受众和服务提供者两方面考虑可用性问题。2010 年，英国设计协会（UK Design Council，UDC）的定义为："服务设计是关于使提供的服务有用、可用、有效、高效且令人满意的一切活动。"其强调服务品质和结果的整体策划。

可见，服务设计是以客户的某种需求为出发点，通过运用创造性的、以人为本的、客户参与的方法，有效地计划和组织一项服务中所涉及的人、设施、通信以及物料等相关要素，从而提高用户体验和服务质量的设计活动。它包括实体产品和非物质性服务设计两大类，主要考虑服务的标准化程度、服务传递中用户接触的程度和物质商品与非物质服务的混合三个维度，其关键价值体现在使用价值、响应价值和关怀价值。

18.1.3 服务设计的思维方式

服务设计是一种引导人们一起创造与改善服务体验的设计思维方式，这些体验随着时间的推移发生在不同的接触点（Touch Point）上。具体有以下几点。

（1）重构（Reframe） 这是指对一个对象的重新构造。可通过解构一个已有的服务模式，重新从头思考，有时候也可以重新定义。例如，面对校园里自行车到处乱停的状况，可以深挖问题的本质：学生是否有必要一定要有自行车？能否通过校园公共交通服务来满足学生的同类需求？诸如此类对现有模式的解构，能帮助迅速找到问题的本质，打开思维、另辟蹊径，从而发现更好的服务模式。

（2）让服务显而易见 这就是让服务可见、可感知。例如，宾馆服务中在厕纸头上叠了一个角，以告诉客人卷纸的开头，就是让服务"被看到"的一个好例子，彰显服务无微不至。

（3）场景氛围交换（Genre Mapping and Cross Fertilizing） 这是尝试迁移一种格调到不同的场景，探索新的服务模式的可能性。例如，为鼓励学生去图书馆，是否有可能让图书馆模拟咖啡店的环境，营造一种品位或享受的感觉？这也是大学图书馆设计目前正在探索的方向。

18.1.4 服务设计与用户体验的区别

服务设计与用户体验的区别主要体现在全局性上。体验的优先级一般可分为顾虑——不满——体验——感动。这是一个感受不断强化的过程，强调以达到用户期待值以上的方案来感动用户，其核心是在"用户"，带有一定片面性。相比之下，服务设计的受益者是双方（提供者和接受者），带有全局性，强调的是"幸福感"，这种幸福感应该是在服务提供方和接受方都愉悦的和谐氛围中发生的。如果任何一方心存怨言或带有不高兴的情绪，那么服务设计所追求的"幸福感"将无从谈起。

图 18-2 给出了交互设计、用户体验与服务设计所追求效果的抽象关系曲线。其中，交互设计关注的重点是产品的可用性，这似乎更依赖于"产品"这个对象的表现；用户体验强调的是用户的感受，这可以理解为重视"用户"即"人"这个对象；而服务设计所追求的幸福感，源自服务接受方（用户）和提供方双方面的满意。这种用全局性观点来考虑问题的思维方式，可以说是服务设计与用户体验设计及交互设计之间最根本的不同之处。

这里有一个例子，可以看出服务设计与体验设计结果的不同。很多餐厅都会有一些靠近门口或正对门口的座位。冬天里，很多顾客都不愿意坐在那个位置，因为门一开，一股冷风吹进来，让人感觉非常糟糕。这时，如果能给坐那个位置的顾客额外的补偿，不仅能让顾客感到好受点，同时还可能获得顾客的再次消费，达到双赢；相反，如果完全聚集于用户，纯粹为了提升用户体验，就应该取消这样的座位——

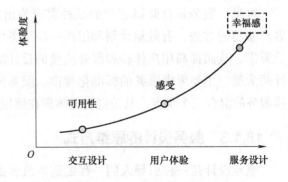

图 18-2 交互设计、用户体验与服务设计所追求的效果

因为它给顾客带来了不好的体验。其结果就会牺牲服务提供方的利益，无法实现双赢的目标。

18.1.5 服务设计的发展历程

服务设计是 20 世纪 80 年代在欧美国家率先发展起来的。1984 年，美国学者肖斯塔克·利恩（Shostack G. Lynn）在发表于《哈佛企业评论》上的论文《设计服务》中，首次将服务和设计结合起来，拉开了服务设计的发展序幕。1991 年，在比尔·黑林斯（Bill Hillins）夫妇合著的《全面设计》（*Total Design*）一书中，首次提出了"服务设计"一词。之后，IDEO、青蛙设计公司、欧洲的一些公共设计机构、科隆国际设计学院等前赴后继，促进了服务设计的蓬勃发展，一些欧美国家的高校也相继开设了服务设计专业。1994 年，英国标准协会颁布了世界上第一部关于服务设计管理的指导标准（BS 7000-3—1994），最新版为（BS 7000-3—2008）。我国的服务设计研究起步较晚，但发展迅猛，国内一些高校也相继开设了服务设计方面的相关课程，开展相关的研究，如清华大学美术学院从 2007 年就开始了服务设计相关的研究。图 18-3 给出了服务设计的发展历程。

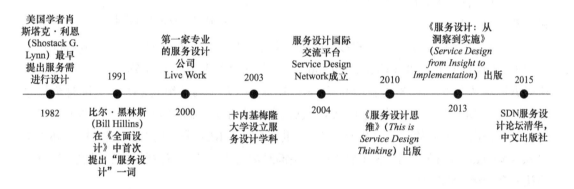

图 18-3 服务设计的发展历程

18.2 服务设计的要素与内容

18.2.1 服务设计的要素

服务设计的要素包括结构性要素、管理要素、接触点和关键时刻（Moments of Truth, MOT）等，如图 18-4 所示。这些要素分别向客户和员工传递了预期服务与实际得到服务的概貌。

（1）结构性要素 具体包括：环境要素，即设施设计；对象要素，即资源设计；流程要素，传递过程设计；人的要素，即能力设计。其中，关键客户是十分重要的人的要素之一。

（2）管理要素　具体包括服务情境、服务质量、服务能力和需求管理及信息设计等方面。其中，信息设计包括竞争性资源、基本数据收集、服务引导等内容。

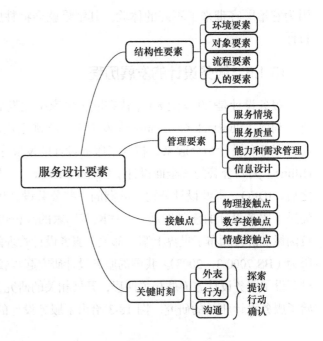

图 18-4　服务设计要素

（3）接触点　接触点即服务接受者和提供者的交互点。接触点是服务设计的核心要件之一，也是环境要素的主要内容，可分为物理接触点、数字接触点和情感接触点三类。其中，物理接触点是指用户与服务之间物质上的接触点；数字接触点是指用户与信息终端交互的场景；情感接触点是指人与人面对面服务的环节。接触点具有关键性、多态性、非单一性和动态性等特点。

（4）关键时刻　这是指与客户接触的每一个时间点，它是从人员的外表（Appearance）、行为（Behavior）和沟通（Communication）三个方面着手来改善服务的一种管理理念。这三方面给人的第一印象占比分别为外表 52%、行为 33%、沟通 15%。关键时刻概念最早是由原瑞典北欧航空公司（SAS）总裁詹·卡尔森（Jan Carlzon）于 1981 年提出的，他还提出了著名的"15 秒钟理论"。在此基础上，IBM 公司的 CEO 路易斯·郭士纳（Louis V.Gerstner Jr）于 1993 年提出了"关键时刻行为模式"，包括探索、提议、行动和确认四个步骤（见图 18-5）。

关键时刻概念的重要性体现在它是评价服务质量的视角之一，可以促进服务质量的改进。管理好关键时刻对于一个企业具有六大重要好处：不增加成本也能提高利润（解决实质利益问题）；让所有员工都能成为管理人才、具备全员管理理念（解决人力资源素质问题）；全球化思维、说变就变（解决观念问题）；给企业文化赋予灵魂（解决文化灵魂问题）；把复杂的问题简单化、实用化（解决可行性问题）；确立企业家的全球信心（解决企业家格局问题）。一般来说，接触点并非一定是关键时刻，但所有关键时刻一定都是接触点。

图 18-5　关键时刻行为模式

18.2.2　服务设计的内容与特点

　　不同行业服务设计的对象、范围和内容都会有所不同。设计范围一般包括：全新或变更的服务；服务管理系统和工具，尤其是服务组合，如服务目录；技术架构、管理系统及流程；测量方法与指标等内容。图18-6是一个IT行业服务设计内容示例，其中服务组合指向客户提供的一系列产品和服务要素的组合，包括支持性设施、辅助物品、显性服务和隐性服务等方面（见图18-7）。思维导图常用于对服务设计范围和内容的梳理。图18-8是一个关键客户服务思维导图示例，包含服务目标、关键人物、关键时刻、关键素质、关键行动和关键因素等方面。思维导图梳理得越详尽充分，相应服务设计的内容就越清晰明了。

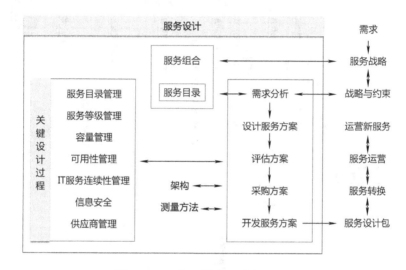

图 18-6　IT 行业服务设计内容示例

支持性设施	辅助物品	显性服务	隐性服务
地理位置特征 建筑物及 周边环境 服务设备 外部装饰 内部装修 设施布局	种类及 可选择余地 数量 缺货 质量一致性	服务效用 可靠性 质量的稳定性 和一致性 性价比 可接近性	服务态度 消费氛围 服务的等待 地位、身份 舒适感 保密性 安全性 便利性

图 18-7　服务组合及其内容

　　服务设计的特点是方便了解服务体验的"痛点"，涵盖极端使用者到一般使用者，且通过线上线下的体系丰富每一个接触点；它把接触点都联系起来，形成更大的服务生态系统，并想办法进行扩张和深化，最后给客户创造期望的价值。客户参与的服务生态，植根于良好的口碑和信任，是服务者与客户共同作用的结果，不仅为客户提供服务，同时也能为客户提供额外的价值。例如，邀请客户在购买使用商品之后现身说法，评价商品及服务并给予适当经济报偿，就是二者共生的服务生态的一个很好的例子。

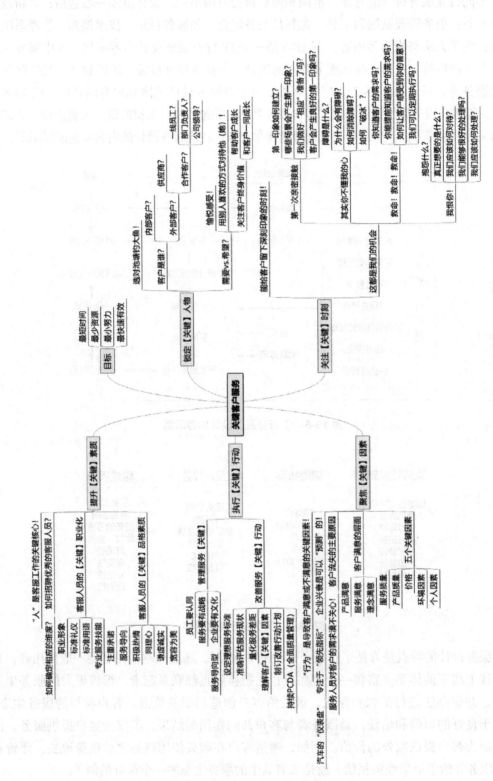

图 18-8 关键客户服务思维导图示例

18.3 服务设计的一般流程

由于各自服务的特点，不同行业、不同领域服务设计的流程会有所不同。这里给出一个服务设计一般流程框架，如图 18-9 所示。

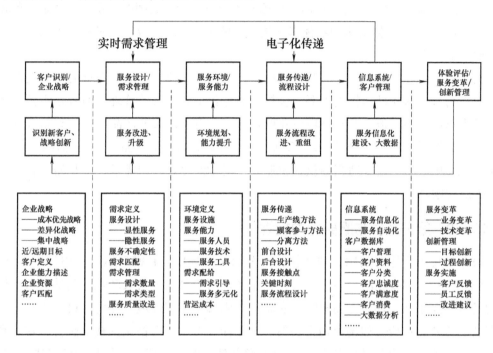

图 18-9 服务设计一般流程框架

18.3.1 客户识别与企业战略

企业发展战略和定位是服务设计的前提。按照竞争战略之父、美国经济学家迈克尔·波特（Michael E. Porter）的理论，企业要获得竞争优势一般有三种选择，即成本领先战略、差异化战略和集中战略。其中，前两个体现了"人无我有""人有我优"的思想；而第三个则体现了专业化思想，表现在为特殊的客户群体提供定制化的产品和服务上。服务业的首要选择也是组织的战略定位。通常基于市场宏观环境和微观的客户需要，结合自身能力，以实现组织目标利益最大化思想为依据，确定战略定位。具体理论可以参照 SWOT（Strength，Weakness，Opportunity，Threat）分析方法。

客户识别即客户需求识别，是服务设计的起点。任何组织里每一个流程的存在都是为了满足客户的最终需求，同时提升自身的价值，这也是价值链和流程链的一致性。识别客户需求要注意其多样和多变性。企业应寻找与自身能力适配的客户需求。此外，识别客户的隐性需求对服务业而言也很重要。

18.3.2 服务设计与需求管理

产品的服务设计主要涉及产品服务的显性和隐性两部分。对于前者，最终应实现产品的标准化。标准的制定不仅是质量的保障，而且也是流程标准化的基础；对于后者，重要的是客户个性化需求的满足。只有正确识别客户的"隐性"精神需求，才能提高"有形"服务的附加值。同时，也需要权衡服务质量和价格之间的关系，二者是"鱼和熊掌不可兼得"。针对具体的客户群体来平衡二者的关系，对于设计满足客户需求的服务产品是至关重要的。

服务的生产和消费往往是同时进行的，无法用"库存"来应对需求的不确定性。因此，加强需求管理就显得特别重要，包括对服务数量和类型的管理。前者是指预测客户对服务需求随时间、地点乃至环境变化的规律；后者涉及服务产品的分类和新服务的开发。"小马拉大车"会给客户带来一系列负面心理和感官影响，而"大马拉小车"则会造成服务资源的浪费。建立适当的反馈机制以及时动态更新客户需求，也是需求管理要考虑的关键问题之一。

18.3.3 服务环境与服务能力规划

服务环境关乎服务的感受与质量，可分为公共环境、私密环境和专用环境。例如，医疗服务机构、体育场所、商店以及餐饮服务场所等都属于公共环境；高端会所、休闲保健场所多属于私密环境；而教室、实验室等则属于专用环境。环境的设计应与客户参与消费的方式相适应。如场馆通常要给客户干净、卫生、有格调的视觉感受，带来宾至如归、经济实惠、有特色的体验，才会生意兴隆；而售卖高档化妆品的商场则要高端、大气，才会给客户物有所值的感觉。场所的位置也是服务选址时必须考虑的因素。如餐饮业选址应考虑顾客方便的"质点"位置；而医疗或者消防部门选址应考虑让最远的用户也能在最短的时间内接受服务；快件分拣中心关注的则是交通枢纽中心的位置，以方便物流，而不是用户的远近。

服务能力包括设施和人员能力，需求波动性对服务能力规划有显著的影响。例如，餐饮业中午、晚上就餐高峰和其他时段的"无人问津"形成明显的对照；电信业也有早8点到晚12点间的通话高峰和其他时段的低谷等。必须科学规划服务能力和需求的有效配给，避免服务能力的浪费或不足。服务能力规划与通信排队问题类似，因此可用纯阿罗华系统（ALOHA）随机接入、分槽阿罗华系统等算法计算。改善服务配给的途径有两个：一是通过主动的需求引导，降低波动性，如在不同时段提供不同的消费价格；二是能力补偿与多元化。前者是指按参与程度实现流程分类，尽量让参与程度不高的流程在需求不足的阶段完成；后者则是指利用不同产品消费时段的差异来平衡服务能力，前提是流程的差异不大且对人员能力的要求也不高。

18.3.4　服务传递流程设计

服务传递是指从原材料到客户需要的一系列服务活动。它一般分为以下三类。

（1）生产线方法　类似于产品制造系统，将制造业成熟的方法和技巧用于服务产品的开发，讲求规模化和标准化。此方法适用于客户参与程度低的服务。

（2）客户参与方法　此方法主要针对客户参与程度高的企业，注重客户个性化的服务需求，讲求服务员工处理的自主性和灵活性。

（3）分离方法　它整合前两种方法的优势，把服务分为"前台"和"后台"。"前台"与客户共同完成，采用客户参与方法；"后台"活动客户不参与，采用生产线方法。

服务传递应平衡好对服务水平、员工的授权和设施能力三者之间的关系。传递流程是对服务传递的细化，由于服务的无形性和个性化因素，在设计时既要关注标准化，又要重视柔性化。柔性的概念存在于流程内部和流程之间。前者需要给服务人员授予一定的自由裁处权限；后者则要求给予中层人员类似的权限，以调动流程之间的资源。

18.3.5　服务信息系统与客户管理

基于计算机的现代信息系统的出现，实现了组织日常事务处理操作的自动化和标准化，同时，它也成了保持和提高企业竞争力的重要保障。具体表现在：服务信息化能够提高行业进入壁垒；服务自动化能够创造效益、降低成本；客户数据库的建设，不仅能提供客户信息支持功能，而且能增加组织的知识资产。例如，对消费习俗数据的挖掘，可以了解客户的个性偏好，有的放矢地提供服务及提高广告投放的精准度。服务信息系统的建设，一般分为事务处理系统和辅助决策支持系统两部分，逐步建设完善。

客户管理是指对客户相关数据的综合应用，具体手段有基于客户资料的客户分类、客户忠诚度分析、满意度分析和消费模式分析等。此外，利用快速发展的大数据技术，还可深挖更大范围和更精细的客户消费特征信息，做到有的放矢，提升服务品质和企业竞争力。

18.3.6　服务变革与创新管理

服务变革通常源于两个层面的推动：一是业务变革的需求；二是技术变革的需求。随着时代的发展，服务变革已由被动方式转为主动方式，这也是企业保持竞争优势的必然选择。业务变革的依据主要是对客户消费内容和方式的观察和前瞻性预估，而技术变革则往往是由服务效率和效益问题引发的。

服务创新管理主要有两个方面，即目标创新和过程创新。目标创新意味着企业必须能够识别并引导服务发展的方向，如倡导绿色节能消费方式使个人、组织和社会三方受益；过程创新也包括两个层面的内容，一是改善具体服务操作细节的质量，二是采用更为先进的技术和服务方式来提高效率。

服务设计的根本目的是提升服务体验，其优劣通常通过服务体验评估来度量，具体有定性和定量两种评估方法。服务体验评估应融入服务设计的每个步骤、每个阶段中。服务设计本身也是一个不断迭代升级的创新过程，每个设计实施后的反馈都是更新和完善的动因，而且，每次迭代提升都是服务质量的一次改进和提高。

18.4　服务设计的方法

不同的服务设计类型有其相应的工具和方法。一般来说，现有的服务设计方法可以分为两大类，即以人为本的服务设计方法和建模与原型服务设计方法。

18.4.1　以人为本的服务设计方法

自 20 世纪 80 年代以来，以人为本的设计方法就成为许多设计实践的核心组成部分。服务设计则更加着重强调这一点，它要求真正地了解客户的期望和需求，将客户作为共同设计者，纳入整个设计过程的所有阶段中来；并作为共同制造者，纳入服务提供和发生的最终时刻。以人为本的服务设计从"人"的角度出发，考虑人们的目标、想法、行为内容、预期达到的效果及期望体验的感受，其核心是理解和体验客户接受服务的过程。整个设计过程是反复迭代的，客户的需求和状态决定了过程中的一切，包括渐进性的改变和突破式的创新。

（1）人种志用户研究（Ethnographic User Research）　人种志也译为民族志，其希腊文的字面解释是"对民族的描述"。人种志的理论基础本质上是现象学。人种志用户研究方法的基本特点是需要参与研究对象的日常生活，在自然情境下观察并收集数据，通过叙事的方式描述资料，从而得出研究结论。基于人种志的用户研究，可以使设计者对用户有深入细致的认识，包括生活方式、生活习惯、生活态度及在服务过程中的反应及其惯用行为模式。

人种志用户研究方法主要包括观察法、访谈法、比较法、个案描述法、归类法、虚拟角色法（Personas）和影形法（Shadowing）等（见图 18-10）。其优点包括：对用户行为的假设是动态的，结论是开放的；更容易获取新的见地与假设；确保所设计的服务切合实际；更容易有意外的收获；具有延续性。其不足包括：对研究人员要求高；常会有先入为主的观念；耗费大量的时间与金钱；记录冗长、不易量化；观察者会有感性和感情的投入等。

（2）质量功能部署（Quality Function Deployment，QFD）　质量功能部署也

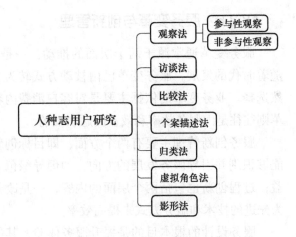

图 18-10　人种志用户研究方法

称质量功能配置，是指在深入研究和分析客户需求的基础上，将这些要求转换成最终产品的特征，并配置到制造过程的各工序上和生产计划中的过程。它标志着质量评价从"满足设计需求"到"满足客户需求"的根本性转变，是一种客户驱动的产品开发方法。质量功能部署利用质量屋（House of Quality）矩阵将客户的主要需求、详细内容和重要性等进行评分，再通过关联矩阵和相应的评估流程，转化为详细的设计制造要求和参数指标，以保证最终的产品符合客户需求。具体运行包括四个阶段，即将客户需求转化成产品特性、将产品特性转化成零件特性、将零件特性转化成关键工艺操作和将关键工艺操作转化成生产要求（见图 18-11）。类似地，也可以利用这种思想将客户需求更好地反映到服务设计的内容中，确保设计对象和服务模式让最终客户满意。特别是对以生产线方法实现的服务传递来说，这种方法具有天然的优势。

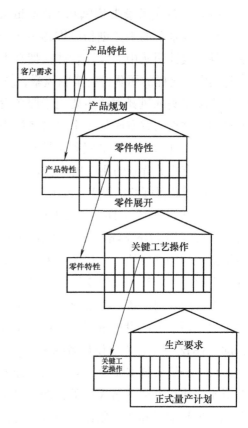

图 18-11　质量功能部署的四个阶段及其质量屋

（3）移情工具（Empathy Tools）　移情工具是指使设计者自己以不同类型需求的客户角色去体验服务的过程。这是一种定量分析方法，可以更好地观察和了解客户的真实想法。服务设计重点关注客户在想什么，而不只是在说什么，因为客户往往不会按照他们所说的那样去做事。使用移情工具可以帮助解决这一问题，同时还可以减少自身主观因素的过多渗入。在服务设计初期和服务原型阶段，移情工具都能发挥很大的作用。

（4）体验调查（Experience Survey）　体验调查也称差距分析，用于诊断客户需求和实际服务体验之间的差异，以发现提高和改进的空间。具体做法是：同时考察客户对服务质量的期望和客户对服务的实际体验；通过调查结果分析，找到问题和不足，为今后的设计提供方向。其结果不仅可作为设计人员内部讨论和交流意见的依据，也可以作为对设计绩效的一种评价。体验调查具有一定的真实性和客观性，其最大作用是可以帮助发现设计者主观臆想但实际客户并不买账的所谓"服务"，以客户的价值观去判断服务的优劣。

18.4.2　建模与原型服务设计方法

建模与原型是在不同的抽象层次将服务展现出来的重要方法，也是设计对象的直接实现方法。将客户需求和体验期望以模型化的服务体现出来，有利于保证服务的质量、满足客户的服务需求。主要方法如下。

（1）分布式场景头脑风暴（Distributed Scenario Brainstorm，DSB）　这种方法常用于对某一场景下的服务创新思维的生成。通过这一方法可以产生大量的想法、建议。在多学科的设计团队中，设计者往往拥有不同的背景和经历，而服务提供者和接受者也会参与其中，这样的团队进行头脑风暴，就能为不同场景的服务设计方案提供丰富的素材。分布式场景头脑风暴方法主要用于服务发现和生成阶段，其本质就是在有限空间内寻解的过程，这里的解空间是每个参与者能想到针对某一场景的服务的集合。这种做法可以克服单个设计师思考场景服务时带有局限性的不足，但同时它也受到参与者人数和质量的限制。有相关背景的典型用户、有经验的服务设计师和高素质的服务营销人员等组合，对头脑风暴获得好的结果无疑是有益的。

（2）TRIZ 理论（Theory of Inventive Problem Solving）　这是由俄罗斯科学家根里奇·阿奇舒勒（Genrikh Saulovich Altshuller）在研究了数十万份专利的基础上，于 1946年提出来的创新方法。他认为在发明创造的过程中存在一些基础性的原则，加以总结和抽象之后可使创新的过程变得更具有可预测性和可控性。TRIZ 理论有一套完整的流程和工具来帮助实现创新，在新产品的开发中得到了广泛的应用。因此，有学者提出将 TRIZ理论引入新服务的设计过程中，在概念设计和服务思维创新阶段能带给设计者以指导和帮助。TRIZ 理论在克服设计者的思维惯性、产生新思想、新概念方面具有很大的优势。

（3）分镜头脚本设计（Storyboarding）　该方法源于电影制作。在电影创作中，分镜头脚本的作用好似建筑大厦的蓝图，是摄影师进行拍摄、剪辑师进行后期制作的依据和蓝图，也是演员和所有创作人员领会导演意图、理解剧本内容、进行再创作的依据。利用分镜头脚本的概念可以帮助服务设计师像分镜头脚本那样设计特定场景的服务，创造出独特的服务体验。具体做法是通过将一系列服务活动按照一定的次序进行"预演"，观察其效果，记录并分析服务过程存在的不足，对服务活动进行改进设计，调整接触点和关键时刻，重组和优化服务流程，达到提供优质服务体验的目的。服务设计的很多阶段都可以应用这种方法。

（4）服务蓝图（Service Blueprinting）　服务蓝图也称服务流程图，是一种有效描述服务传递过程的可视化技术，它通过示意图来表现服务传递的全部处理过程。美国银行家利恩·肖斯塔克（G. Lynn Shostack）在其 1977 年发表的《超越产品营销》（*Breaking Free from Product Marketing*）论文中，首先提出了将有形组件（产品）与无形组件（服务）结合在一起的综合的服务设计思想。这种综合化、系统化的设计思想为服务蓝图法的发展做出了开创性的贡献。通常服务过程往往是高度分离、由一系列分散的活动组成的，这些活动又是由无数不同的员工完成的，因此顾客在接受服务过程中很容易"迷失"，感到没有人知道他们真正需要的是什么。服务蓝图是解决这一问题的有效工具，它将顾客行为、前台接触员工行为、后台接触员工行为和支持过程这四个主要行为用三条分界线分开（见图 18-12 中虚线）。其中，第一条是外部相互作用线，表示顾客与组织之间的直接互动。一旦有一条竖直线穿过相互作用线，即表明顾客与组织之间直接发生接触或一个服务接触产生。第二条分界线是可见性线，这条线把顾客能看到的服务行为与看不到的服务行为分开。看蓝图时，从分析多少服务在可见性线以上发生、多少在其以下发生入手，可以轻松地得知顾客被提供了多少可视服务（竖直线穿过可见性线）。这条线也把服务人员在前台与后台所做的工作分开。比如在就医时，医生既进行诊断和回答病人问题的可视或前台工作，也进行事先阅读病历、事后记录病情的不可视或后台工作；第三条线是内部相互作用线，用以区分服务人员的工作、其他支持服务的工作及工作人员。竖直线穿过内部相互作用线代表发生内部服务接触。

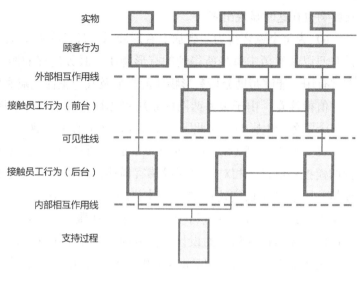

图 18-12　服务蓝图结构示例

　　服务蓝图描述了服务提供过程、服务遭遇（Service Encounter）、员工和顾客角色及物理实物（Physical Evidence）。结合关系图析方法（Relationship Mapping），有助于认清整个服务中人、产品和流程之间错综复杂的关系。服务蓝图绘制的基本步骤如下。

　　1）识别需要制定蓝图的服务过程。要对建立蓝图的意图做分析，以确定服务蓝图的绘制水平。例如，快递蓝图可在基本的概念水平上建立，几乎不需要什么细节；也可在详细水平上建立，如描述两天的快递业务或储运中心业务。详细描述中，如发现"货物分拣"和"装货"部分出现了问题，还可针对这两步绘制更为详细的子过程蓝图。

　　2）识别顾客（细分）对服务的经历。为某类具有不同需求的细分顾客开发蓝图非常有用。在抽象或概念的水平上，将各种细分顾客纳入一幅蓝图中是可能的；但如果需要不同水平上的描述，就必须开发详细的蓝图，避免含糊不清，同时使蓝图效能最大化。

　　3）从顾客角度描绘服务过程。描绘顾客在购物、消费和评价服务中执行或经历的选择和行为；如果描绘的是内部服务，那么顾客就是参与服务的员工。该步要求必须明确顾客是谁，有时还需要对顾客如何感受服务进行研究。如以不同方式感受服务，就要为每个细分部分绘制单独的蓝图。从顾客角度看到服务的起点并不容易，如顾客认为理发服务的起点是从打电话预约开始的，但理发师却基本不把预约当成服务的一个步骤。这时可录制或拍摄下来作为例证，因为经理和不在一线的人通常并不了解顾客在经历什么、看到的是什么。

　　4）描绘前台与后台服务人员的行为。首先画上相互作用线和可见性线，其次从顾客和服务人员的角度出发绘制过程、辨别前台和后台服务。对现有服务的描绘，可以向一线服务人员询问其行为及哪些行为顾客可以看到，哪些行为在幕后发生。

　　5）把顾客行为、服务人员行为与支持功能相连。接下来可以画出内部互相作用线，随后即可识别出服务人员行为与内部支持职能部门的联系，内部行为对顾客的直接或间接影响也在这时显现出来。

6）为每个顾客行为步骤加上有形展示。最后在蓝图上添加有形展示，说明顾客看到的东西以及经历中每步所得到的有形物质。服务过程的照片、幻灯片和录像在该阶段都非常有用，能够帮助分析有形物质的影响及其与整体战略和服务定位的一致性。

值得注意，由于服务蓝图的系统整体性，改变服务蓝图中的一个元素会对其他元素及整个服务产生影响，对此服务设计人员必须心中有数。

（5）服务原型（Service Prototyping）　服务原型是指在最终设计的服务正式发布之前的模拟和测试。相对于书面或感官描述，服务原型通过系统、道具、环境甚至员工的模拟，更能形象切实地反映服务体验的过程，可帮助设计师对服务的功能性、适用性、经济性及战略符合性等进行全面的了解。在服务设计的早期阶段（如生成和综合阶段），粗略的原型可以为后续的设计提供方向；在模型细化阶段，原型可提供修改性意见。美国学者安德鲁·鲍莱恩（Andrew Polaine）等在《服务设计：从洞察到实现》（*Service Design: From Insight to Implementation*）中提出了服务原型的四个层次，即讨论原型、参与原型、模拟原型和试点原型（见图 18-13）。

	讨论原型	参与原型	模拟原型	试点原型
时间跨度	6～8h	2～3天	1天	1周～1年
走访人数				
真实性				
效果	去除服务中最渺小的缺陷和问题避免主要的陷阱	改善真实场景中接触点长时间协同工作效果	改善真实体验，包括任何未知因素	探究如何运行一种满足人们需要的可持续服务
结果	十大洞察	+五大改进	+关键成功因素	+拓展时间

图 18-13　四种服务原型

1）讨论原型。讨论原型非常类似于深度访谈，可在 1h 的访谈中带入一系列的接触点模型，并按计划的用户旅程与他们展开讨论，目的是解决服务定位中最显著的问题或难题，避免出现重大错误。

2）参与原型。执行访谈时与讨论原型相似，但它是在服务预计发生的环境中完成的。例如，在为用户提供的真实的场景中，可能涉及服务的工作人员。参与原型的目的是了解如何改善接触点的联合运行才更有效。

3）模拟原型。模拟原型是结合了前两个类型的原型，但包含更多的细节。模拟原型需要完成度更高、可见性更好的接触点来提供一个全面服务的原型。这意味着可在接触点中使用真实的地理位置，如百货公司、信息中心或公共汽车、火车车厢内部等。开展模拟时可能需要数天或数周时间与用户一起，观察其在进行了一系列的交互行为后，体验是如何变化的，也可测试当他们在接触点之间移动时，是如何建立体验及如何逐渐熟悉所提供的服务的。模拟原型的作用是理解如何改进接触点，以及随着时间推移它们工作方式出现的变化。

4）试点模型。如果正在运作的服务达到了一定的水平，在可供使用的基础设施和人力资源都足够时，就可以发起一个试点。这种级别的原型是实实在在地投放给终端用户，通过试点可了解到当满足用户的真正需求时，哪些部分可行、哪些不可行。试点的目的是了解服务如何适用于大批量的用户，在比较长的时段该服务需要什么样的资源供给。

尽管每个模型所需的时间、预算及实物模型、道具、地点和用户对细节精细层次的要求都不相同，但对于每个层次来说，用户体验地图、用户和实物模型这三个关键因素都是必不可少的。而且，在实施时也要充分权衡模拟与测试的成本。

（6）行程地图（Journey Map） 行程地图是一个跟踪和描述用户遇到单一或一系列服务时的所有体验的过程。它不仅关注用户发生了什么，同时也关注其对体验的反应。该方法要求设计者去一步步地拆解一个用户在接受服务过程中行为的每个细节，并正确地定义他们行为的起点和终点。表 18-1 给出了创建行程地图关键步骤的示例。

表 18-1 创建行程地图的关键步骤

关键步骤	说明
步骤一： 确认行程和客户	• 现在开始进行深入的绘制过程，检查服务设置阶段以确认行程的类型（包括开始点和结束点）以及客户划分 • 确保相关定义清晰明了、每个人的理解都一致
步骤二： 识别行程关键步骤	• 记录人们走完行程所有的步骤。把这些写在即时贴上会方便来回移动 • 把这些步骤按时间顺序排列、并确保顺序正确。在立项情况下，一般有6~10 个行程关键步骤 • 确保清楚地知道在每个步骤用户使用什么途径
步骤三： 行为、感觉、想法和反应	• 从用户角度，写下在每个步骤他们做了什么及其想法和感觉 • 尽量用用户的日常用语记录——尽可能使用用户的实际用词 • 表明用户的心情以及其强烈程度 • 使用情绪化词汇——这会帮助看到生活中的用户
步骤四： 接触点	• 对行程中的每一步再一次写下其接触点是什么。接触点是服务过程中服务提供方与用户交互的点 • 考虑物理交互（如建筑物）、人员接触（面对面或远程）和通信交流
步骤五： 关键时刻	• 现在审视行程中的每一步，识别关键时刻 • 这些是行程中的关键点，用户可能在折线点上犹豫并评估体验，或是做出关键性的决定 • 目的是辨别——不要试图将所有步骤都标成关键时刻

行程地图与服务蓝图的区别是，行程地图可帮助记录上层的用户体验，而服务蓝图用于帮助"证明"组织的现实情况。

（7）情感地图（Emotional Map）　情感地图也称情绪地图，是根据人们在经历某些情绪时的反应绘制出来的一幅热度分布图。它描绘了不同情绪在人体各个部位呈现出的生理表征。当外界刺激致使人的情绪发生变化时，身体总能先一步做出反应，经由植物性神经系统，对血液流速、神经递质分泌量等进行调节，进而使身体产生变化。据此，芬兰学者于2015年提出了人体"情绪图"。图18-14给出了人在各种心情时的情绪图示例。根据行程地图，让用户在每一节点标注他们的心情状况，最后形成一张情绪变化表，然后再分析哪个接触点上的服务需要改进，并以此为依据来实现服务设计的优化。

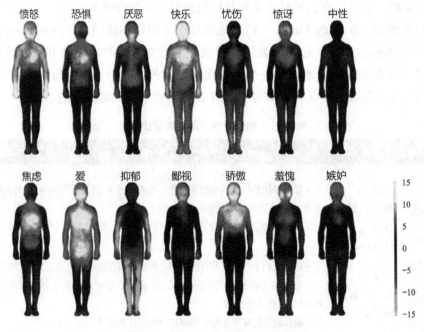

图 18-14　不同心情的情绪地图示例

（8）利益相关者映射表（Stakeholder Map）　这是一个用视觉来展现企业各利益相关者及其对企业感兴趣的程度与其对企业重要程度的工具。构建利益相关者映射表，首先必须知道所有的利益相关者。可根据行程地图中列出的每个环节，从系统设计的角度来考虑有哪些利益相关方存在于一个服务中，深入挖掘这个服务过程中的所有参与者。图18-15给出了某公司全部利益相关者及其利益分析示例。利益相关者映射表常用来分析、发现潜在的服务机会点。

（9）商业模式画布（The Business Model Canvas）　商业模式是指企业之间、企业部门之间乃至与用户之间、与渠道之间都存在的各种交易关系和联结方式。它描述了企业创造价值、传递价值和获取价值的基本原理。商业模式画布是会议和头脑风暴的工具，通常由9个方格组成，每个方格都代表着成千上万种可能性和替代方案，通过向这些方格里填充相应的内容（通常是权衡比较后最佳的那一个），来描绘商业模式或设计新的商业模式。

利益相关者	权力			利益		
	高低	具体表现		高低	具体表现	
股东	很高	技术创新战略制定与决策、创新资金投入、参与创新过程的管理		很高	股利分红长期发展受益的预期、成就、威望、社会地位等	
高管人员	很高	创新项目论证与决策、技术创新战略制定、技术创新管理		很高	股利分红长期发展受益的预期威信、荣誉、成就等	
员工	很高	技术创新的主体人力资本作用的发挥		较高	晋升、晋级等发展奖金、荣誉等	
用户	很高	直接参与实施过程，不断提出意见与建议		很高	需求尽可能被满足、特殊权益和资源保障	
代理商	较高	产品销售推广，不断反馈信息		较高	利润回报技术、管理等多方面得到总部支持	
竞争对手	较高	引导行业的创新发展方向，相互竞争的威胁作用		较低	技术、思想等方面的学习与借鉴，促进竞争对手不断地进行技术创新	
合作者	很高	掌握技术平台，决定技术标准，提供重要的人力、技术等资源		很高	丰厚的利益回报、市场拓展	
政府	较高	立项、评奖政策、资金支持		较高	推动行业及社会经济发展税收、就业等	

图 18-15　某公司全部利益相关者及其利益分析示例

商业模式画布提供了新的角度来思考服务设计的商业模式中各方的利益，将这一概念清晰化，并使得整个商业模式的制定更为生动。图 18-16 所示的商业模式画布包含用户细分、价值主张、分销渠道、用户关系、收入来源、核心资源、关键业务、重要伙伴和成本结构九个方格。具体操作时应注意：①理清九块内容之间的逻辑关联；②在系统设计、全局观念的思想下，对每一块内容进行优选；③最好在大的背景上投影出来，这样一群人就可以用便利贴或马克笔共同绘制、讨论商业模式的不同部分。图 18-17 给出了商业模式画布各元素之间的逻辑关联。

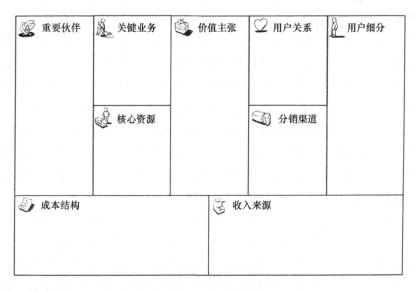

图 18-16　商业模式画布示例

（10）计算机辅助服务设计（Computer Aided Service Design，CASD）　日本学者下

村博文（Yoshiki Shimomura）等从计算机辅助设计的角度考虑利用计算机来帮助设计服务。他们将服务模型分为流程模型（Flow Model）、视觉模型（View Model）和范围模型（Scope Model），并在不同种类的模型中设置相应种类的参数，以实现对服务的计算机建模，还开发了基于知识的 Service Explorer 服务设计软件。计算机辅助服务设计可发挥计算机在优化算法上的优势，为服务设计者提供更多量化的设计参考。

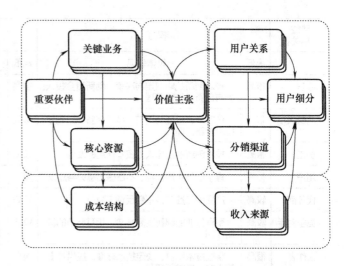

图 18-17　商业模式画布各元素之间的逻辑关联

18.5　服务设计用户体验的注意事项

服务设计中对用户体验的把握应注意以下几个方面。

（1）以人为本（User-centered）　以用户为中心，就是要用户的眼睛来看世界。在服务设计中，大部分服务都需要有用户的参与才能形成闭环，所以应以用户为服务设计的核心。在这点上服务设计和用户体验设计是相通的。例如，我是卖沙发的，可能我想的是赚钱、开发新产品拓展市场等，但是用户想要的是舒服、质量好的沙发，所以我会在产品设计过程中考虑做出舒服、优质的沙发来服务用户；进一步了解用户，我发现本地公寓住户居多，且年轻人多，用户们希望使用小一点、可以自由搭配组合、时髦一点的沙发，这些需求会成为我设计新款沙发的要点；而且我在销售方式上也会允许灵活搭配，而不是使用传统的、一整套沙发售卖的方式；我还发现本地居民开小货车的人少，大部分人开轿车，而轿车是装不下沙发的，所以我需要给用户提供优质的送货服务；最后我发现本地用户喜欢上网，于是建立了一个网站，收集用户对沙发的评价、意见，形成一个沙发粉丝论坛……最后我的沙发生意越做越好。这或许是处处为用户着想的必然结果，也正是服务设计的追求。

（2）共同创造（Co-creative）　这是指服务设计所有参与者都进入设计流程中，发挥每个人的创造力。在服务设计中，应激发用户、设计、服务和管理者等角色来合力设计服务。共同创造的结果会带来用户和服务者都感到满意的双赢体验。如在上面提到的沙发粉丝论坛中，用户可提出下一代智能沙发需要什么功能，也可以让送货人员想想在送货阶段能有什么精彩的创意。每个角色都进入了设计的流程，都有了参与感，整个服务就越来越好了。

（3）顺序化（Sequencing） 这是指条理性、逻辑性。好的服务要有逻辑、有节奏地适时通过视觉方式展现出来，让用户能看到。例如，在网店交易中，把服务脉络清晰表达出来，让用户知道每个进度，清楚自己处于哪个环节、在干什么、做什么操作会对自己有利、下一步操作是什么等，有掌控全局的控制感，这样的体验一般是会不错的。同样，服务设计在交付给业务方或用户的时候，也应有节奏、有逻辑、有策略地交付，要让用户了解设计的过程。

（4）显性化（Evidencing） 这是指将无形的服务适时地展现出来。与顺序化着重服务展示过程不同，显性化更关注服务展示的结果。通常很多服务都是在后台默默进行、用户无法接触和感知的，但无形的服务也可被有意识地展现出来，让用户显性地感受到。例如，如果给客户赠送印有酒店 Logo 的小礼物，就很可能会让他记住在这个酒店美好的居住体验。现在很多企业开始借鉴这一思路，变无形为有形，提升其产品的用户体验。例如，谷歌把自己软件界面制作的理念和过程分享出来，让用户看到一个优秀的界面/图标设计是怎样产生的，以展现自己的设计实力。这种开放的设计思想及让大家可以学习、借鉴、交流的做法，在为用户服务的同时，无疑会在提升企业信任度、品牌公信力等方面收到很好的体验效果。

（5）全局性（Holistic） 这是指服务设计过程中的全局思考。服务设计的全局性主要表现在两个方面：一是感受的全方位性，即要保证用户每一次与服务互动的瞬间都被考虑到，做到设计最优化；二是全局服务最优化，不仅要照顾到用户的所有感知和情绪，还要保证用户的大部分使用场景是流畅有效的。当需要以牺牲局部最优为代价时，应尽量让这种局部避开关键时刻所在的接触点上。从全局考虑，以局部代价换取全局最优，是提升服务体验的一个有效途径。

1. 试述服务和服务设计的概念。

2. 试分析体验设计与服务设计的异同，并说明其相互关系。

3. 试述服务设计的要素，并举例说明这些要素在服务流程中的位置。

4. 试述服务设计的一般流程，并结合自己的理解，为高校学生食堂设计一套服务系统。

5. 试简要描述服务设计的分类及其方法。

6. 试查阅相关资料，应用商业模式画布为自选产品设计一个新的商业模式。

7. 分组作业：按 3～5 人组成小组，选择某种服务，试设计其服务流程，画出其服务行程地图，指出其接触点和关键时刻，并分析评价服务设计结果的优缺点。

用户体验设计案例分析

"

纵观世界上知名的企业，几乎无一例外都具有重视用户需求、产品的用户体验优异并得到用户广泛认可的特点。从注重产品工业设计的苹果公司到笃信技术力量的谷歌，在成功光环的背后，其用户体验设计的逻辑也颇值剖析、思考和学习。

众多成功企业的实践表明，用户体验设计不只是一种单纯的设计方法，而应该是一种设计理念、一种思维方式。当针对具体的对象开展用户体验设计时，人–机–环境及交互这些直接影响用户体验的关键要素与产品独特的属性相互交织，要素的不确定性（如人的状态）、复杂性及其内在交叉关联的相互影响，往往会使设计任务变得异常庞杂、难于把握。一种方法、一个过程或许能帮助设计师厘清思路，但良好的用户体验设计所要求的远不止这些。这也是浩如烟海的文献从不同角度对用户体验设计进行的诠释，看上去都有道理，但又都不全面的原因。细审之，用户体验设计已然成为成功企业优秀文化的一部分。

他山之石，可以攻玉。以典型成功案例为素材，步入这些成功企业的设计过程，通过分析、解剖，学习其思维逻辑，理解其用户体验设计的成功之道，体会其法则和洞察，或许会带来更多的感悟。

"

第 19 章　苹果公司的产品体验与设计创新之道

苹果公司（Apple Inc.）是美国的一家高科技公司，2007 年由苹果电脑公司更名而来，其一体机、手机和音乐播放器及软件等产品曾创造了一个又一个业界奇迹。2014 年，苹果超越谷歌（Google），成为世界上最具价值品牌。苹果公司的产品深刻地改变了现代通信、娱乐及人们生活的方式，其产品体验与设计创新的思想为业界所推崇，在其商业成功背后的深层次逻辑更值得我们深思。

19.1　苹果公司及其产品简介

19.1.1　苹果公司简介

苹果公司由史蒂夫·乔布斯（Steve Jobs）、斯蒂芬·沃兹尼亚克（Stephen Gary Wozniak）和罗·韦恩（Ron Wayne）在 1976 年 4 月 1 日创立，总部位于加利福尼亚州的库比蒂诺（Cupertino）。1971 年，16 岁的乔布斯和 21 岁的沃兹尼亚克经朋友介绍而结识；1976 年韦恩加入，三人共同组建了苹果电脑公司，并推出了 Apple I 计算机☺；1977 年 1 月，苹果电脑公司正式注册成立。同年，沃兹尼亚克已成功设计出比 Apple I 更先进的 Apple II 计算机；1977 年 4 月，苹果公司在首届西海岸计算机展上推出 Apple II 计算机。公司于 1980 年 12 月 12 日在美国纳斯达克（NASDAQ）上市。

20 世纪 80 年代起，苹果公司的个人计算机业务遇到了新兴竞争对手，其中最具分量的就是计算机业的巨头 IBM，其个人计算机内装英特尔（Intel）的新型处理器 Intel 8088，运行微软的操作系统 MS-DOS。1981 年，IBM 推出的 IBM PC 及其兼容机席卷了个人计算机市场；与此同时，苹果公司推出了售价高昂但散热欠佳的 Apple III 产品，一度处于竞争劣势。1984 年 1 月 24 日，苹果公司的 Macintosh 新机型发布，人们争相抢购，苹果公司的市场份额也不断上升。Macintosh 延续了苹果公司的成功，但还没达到它最辉煌时

☺ 1969 年施乐帕洛阿尔托研究中心（PARC）成立，聘请了曾任美国国防部高级研究计划署（ARPA）的信息处理技术处长鲍勃·泰勒（Bob Taylor）负责组建这个中心，正是 ARPA 创立了 Internet 的前身 ARPANET。1973 年，他们成功开发了施乐公司的 Alto，它是真正意义上的首台个人计算机，有键盘和显示器，采用了许多奠定今天计算机基础的技术，如图形界面技术、以太网技术，当时已经实现了 Alto 计算机之间的联网功能。另外，它还配备了一种三键鼠标。乔布斯曾找到施乐公司，对相关负责人说："如果能让我们考察一下帕洛阿尔托研究中心，你们就可以在苹果公司投资 100 万美元。"结果乔布斯如愿以偿，此后更相继挖走了 15 位施乐公司的专家。

的水平。1985 年，乔布斯获得了由美国里根总统授予的国家级技术勋章。

1985—1996 年是苹果公司业务发展的一段艰难时期，由于受到 IBM 个人计算机的冲击，公司产品和经营节节败退，特别是微软 Windows 95 系统的诞生，使苹果公司的市场份额一落千丈，几乎处于崩溃的边缘。1985 年 4 月，苹果公司董事会决议撤销了乔布斯的经营权。乔布斯于 1985 年 9 月 17 日愤而辞去苹果公司董事长职位，卖掉了自己的股权，之后创建了 NeXT 电脑公司。

苹果公司的东山再起始自 1997 年，当时 NeXT 电脑公司被苹果公司所收购，乔布斯再次回到苹果担任公司董事长。此后，苹果公司便开始了长达 10 余年的设计创新之路，推出了大量富有革命性创新的产品和消费电子及软件系统，引领了世界工业设计的潮流。2011 年 8 月 24 日，乔布斯因健康原因辞去苹果公司首席执行官职位，董事会任命原首席运营官提姆·库克（Tim Cook）为公司的新任首席执行官，乔布斯当选为董事长。2011年 10 月 5 日，乔布斯逝世。库克接手后并未做出重大改变，基本按乔布斯过去的方向继续营运公司。

19.1.2　苹果公司的产品及其品牌战略

苹果公司产品设计与体验创新成功的脉络可从其发展历程窥见一斑。

1. 初创成长期（1976—1996 年）：思想独立的革命者

1976 年，乔布斯等组建了苹果公司，并开发了 Apple I 计算机的主板。1977 年 AppleII 计算机问世（见图 19-1），并带来 100 万美元的销售收入；同年，Apple 商标诞生。1984年，苹果公司革命性的产品 Macintosh 上市，首次将图形用户界面应用于个人计算机（见图 19-2），成为计算机工业发展史上的一个里程碑。与此同时，苹果公司结合产品宣传推出了广告《1984》，奠定了其反传统、个性化的革新者形象。该广告被誉为反抗权威的经典，也是高端品牌形象的成功尝试（见图 19-3）。1994 年，苹果公司推出第一代 PowerMacintosh。这是世界上第一台基于 Power PC 超快芯片架构的产品，从此苹果公司开始进入商用市场。其间，苹果公司也经历了失败产品的挫折，如于 1983 年推出以乔布斯女儿名字命名的新型计算机 Apple Lisa，由于价格昂贵和缺少软件支持，市场遭遇了滑铁卢，被视为苹果公司失败的产品之一，也被认为是导致 1985 年乔布斯被剥夺公司经营权的诱因之一。此后直到 1997 年，苹果度过了 10 余年漫长的低潮时期。

图 19-1　Apple II 计算机

图 19-2　世界上首台 Macintosh 计算机

图 19-3　广告《1984》画面

2. 复兴时期（1997—2006 年）：引领风尚的创新者

1997 年乔布斯重返苹果，为了振奋精神，也许是针对 IBM 的"Think"系列计算机，推出了"Think Different"（"非同凡想"）广告（见图 19-4），以传递苹果的品牌价值观。

图 19-4　"Think Different"广告画面

1998 年 8 月 15 日，苹果推出"Bondi Blue"一体式计算机 iMac（见图 19-5），将视觉艺术审美引入计算机设计领域，从此个人计算机进入了色彩缤纷的年代。2001 年推出了 Mac OS X，一个基于乔布斯的 NeXTStep 的操作系统。它最终整合了 UNIX 操作系统的稳定性、可靠性、安全性和 Macintosh 界面的易用性，以专业人士和消费者为目标市场。同年，苹果公司又推出了第一款 iPod 数码音乐播放器 iPod G1（见图 19-6），并大获成功，配合其独家的 iTunes 网络付费音乐下载系统，一举击败了索尼公司的 Walkman 系列，成为全球占有率第一的便携式音乐播放器。随后推出的 iPod 系列产品进一步巩固了苹果公司在商业数字音乐市场不可动摇的地位。苹果公司在这一时期成功的原因可归结为质量支撑体系、它营造出的创新流行文化氛围及其巨大的品牌效应，具体反映在硬件创新、科学定价、整合价值链和成为时尚风向标等方面。

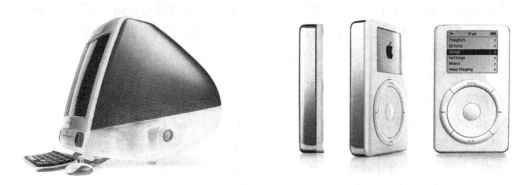

图 19-5 Bondi Blue 一体式 iMac 计算机   图 19-6 iPod G1 音乐播放器

3. 成熟时期（2006 年至今）：数字时代的王者

2006 年，乔布斯发布了使用英特尔处理器的 iMac 和 MacBook Pro（见图 19-7），产品开始使用英特尔公司的 CPU（Intel Core 酷睿™）。之前，苹果公司的 CPU 和操作系统（OSX、iOS）都是自己的产品。这一变化被认为是苹果公司走向开放、兼容的开端。2007 年，苹果公司推出了 iPhone（见图 19-8），其革命性的工业设计、时尚外观和优秀的用户体验，引爆了人们对移动通信的需求。不到 3 个月，苹果公司便成了世界第三大移动手机的出产公司。iPhone 也被认为是导致当时的手机巨头——诺基亚崩溃的关键诱因之一。2008 年，苹果公司发布了 MacBook Air，这款当时世界上最薄的笔记本计算机创造了工业设计的又一个经典。2010 年 1 月 27 日，苹果推出了 iPad 平板计算机，被认为是一个很独特新颖的划时代产品，但市场反响并没有想象中的那么狂热。

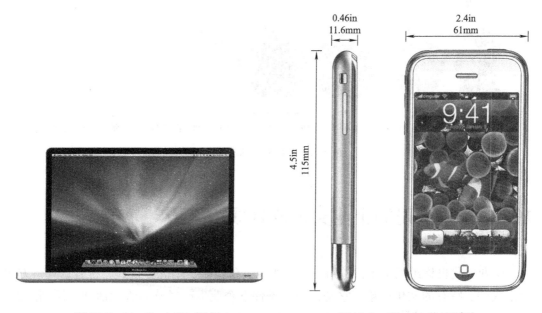

图 19-7 MacBook Pro 示例   图 19-8 iPhone（2007 年）

这个时期，苹果公司着重从高端化、神圣化、符号化、个性化、强化群体意识、打造苹果信徒等方面树立品牌形象，其本质是整合政治、道德最高端，依靠稀有材质、限量传播和供应、优质高价、奢侈包装等手段，提升了产品的符号价值。例如，2008年3月，"足球金童"大卫·贝克汉姆（David Beckham）完成了他代表英国国家队的第100次出赛，赛后队员们送给他一台镀金的iPod touch，价值600欧元，上面不仅刻着他的名字和第100次出赛纪念文字，还有英国国家队的队徽；2009年4月1日，时任美国总统奥巴马在英国白金汉宫出席了二十国集团金融峰会招待会，并把一个存有伊丽莎白二世2007年访美的照片和录像的iPod播放器作为礼物送给了女王；2010年9月1日上午，苹果公司通过现场直播向公众展示了装有Mac OS X 10.6 Snow Leopard系统的Mac机及在配有iOS 3.0以上系统的iPhone、iPod touch和iPad上Safari浏览器的使用。

苹果公司的成功也记录在其公司标志设计的演变上（见图19-9）。"一个咬了一口的苹果"的标志有很多传说，除最早的标志外，其他的都是在罗勃·简诺夫（Rob Janoff）设计基础上的演化，体现与时俱进的创新理念。苹果的公司标志已随其业界"王者"的地位而早已深入人心。

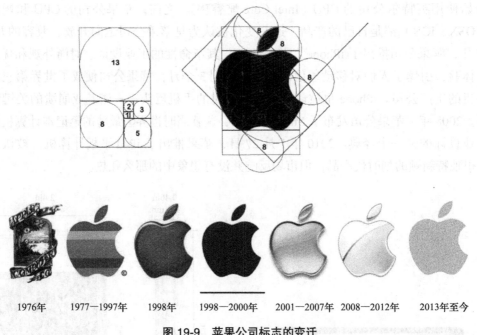

| 1976年 | 1977—1997年 | 1998年 | 1998—2000年 | 2001—2007年 | 2008—2012年 | 2013年至今 |

图19-9　苹果公司标志的变迁

19.2　苹果公司的企业文化及其成功之道

企业文化也称组织文化，是指一个组织由其价值观、信念、仪式、符号、处事方式等组成的、特有的文化形象。它是在一定条件下企业生产经营和管理活动中所创造的、具有该企业特色的精神财富和物质形态的总和。价值观是企业文化的核心。

19.2.1 苹果公司的企业文化

苹果公司的企业文化带有深刻的乔布斯的烙印。乔布斯将他的旧式战略贯彻于新的数字世界之中，采用高度聚焦的产品战略、严格的过程控制、突破式的创新和持续的市场营销方法，创造了独特的苹果企业文化。

1）专注设计。每个员工都必须牢记，苹果公司比其他任何公司都更加注重产品设计。真正地做设计意味着真正了解消费者，懂得如何满足消费者的需求。虽然做起来并不容易，但苹果公司似乎每次都能恰到好处地完成。依靠员工的努力来造就公司的成功是苹果公司制胜的法宝。

2）信任乔布斯。回归后的乔布斯一直是苹果公司的"救星"。他曾带领苹果公司进行革新，从而创造了前所未有的成就。这也造成了苹果公司对乔布斯的无限信任。这种信任作为企业文化的一部分，从员工一直延伸到消费者身上。乔布斯经常把本人进而是员工的期望看作是消费者的期望。

3）从头开始。苹果公司希望所有员工忘掉曾经了解的技术，树立所做的事情与其他公司都不一样的信念。无论是产品的设计、创新理念，还是公司独具一格的运营方式，只要是在苹果公司，所有事情就会有所不同。公司要求员工坚信，苹果公司是不同寻常的。

4）坚信苹果。乔布斯相信苹果公司是世界上最强的公司，有特立独行的做事方式。虽然苹果公司的对手无法忍受这一点，但对粉丝和员工而言，这一信条已经成了一种号召力。

5）聆听批评。尽管带有自负的本性，苹果公司也会用心聆听人们对自己产品的批评。这样做的背后是苹果对自身的不断锤炼和对产品与技术的精益求精。

6）永不服输。这是苹果公司最具魅力的特点之一。就算被批评得体无完肤，乔布斯总能在关键时刻凭借正确的策略成功扭转局面，使公司产品不断打破纪录。

7）关注细节、聚焦体验。如果说苹果有什么经营之道，那就是知道关注细节意味着长远回报。如苹果在 iOS 操作系统细节上的努力使其在用户体验上保持领先，直到今天，iPhone 的快速响应所带来的良好体验依然是被用户津津乐道的亮点。

8）不可替代。如果马克·佩珀马斯特（Mark Papermaster）的离职暗示了苹果内部是如何运作的，那么只有乔布斯是不可替代的人物。除了乔布斯，还有谁能让 iPhone 团队像佩珀马斯特领导时那样高效地工作呢？这一点的确值得每一个人思考。2011 年蒂姆·库克（Timothy Donald Cook）担任公司 CEO 后，尽管苹果也有不少优秀的产品问世，但迄今为止仍难以超越乔布斯时代的辉煌。

9）保密至高无上。这是苹果公司企业文化的要点之一。1977 年，当苹果公司还是创业公司时，在办公楼大厅就写着"Loose lips sink ships"（祸从口出，言多必失）这样的警句。

10）主导市场。这是乔布斯对待技术的态度：不仅仅是击败竞争对手，而且要彻底摧毁他们。

11）发扬特色。乔布斯素来重视用户体验。如 1998 年 6 月上市的 iMac 拥有半透明的果冻般圆润的蓝色机身，共售出 500 万台。抛开外形的时尚魅力，这款产品的配置与上一代计算机如出一辙。可见设计特色的价值所在。

12）开拓销售渠道。苹果公司让在美国领先的技术产品与服务零售商 CompUSA 成为其在全美的专卖商，此举使 iMac 销量大增。

13）调整结盟力量。苹果公司同"宿敌"微软和解，不仅获得了微软 1.5 亿美元的投资，而且使其能继续为苹果硬件开发应用软件。同时，收回了对兼容厂家的技术使用许可，使其不能再靠苹果公司的技术赚钱。这一策略使苹果公司摆脱了应用程序不丰富的困扰。

在这样的企业文化指引下，乔布斯以用户个人化来引导产品和服务，以员工个人化来塑造企业文化和创新能力，以自身个人化获得了一种自由和惬意的人生。在后乔布斯时代，这种曾经引领苹果公司走向成功的企业文化还在不断演化中继续。

■ 19.2.2 苹果公司的成功之道

苹果公司看重的是流畅的用户体验，简单、注重细节、用户至上或许能勾勒出其产品设计理念的轮廓。虽然苹果公司的产品不能算是最美观的，但它总是恰当的、能激发内心愉悦的。苹果公司的成功有其深层次的必然性，这就是其成功之道。

（1）永不停滞的创新精神——苹果核　如今，"苹果"已成了创新和创意的代名词，它所推出的任何一款产品都使全球为之疯狂，这当中的秘诀便是"创新"二字。设计创新保持了苹果的"新鲜度"。如每一项新设计都要求拿出 10 个完全不同的备选方案，并且必须都有充足的创新空间；然后再从中挑选出 3 个，最终决定一个最优秀的设计方案。此外，对每种新产品还有两次重要的会议：第一次是头脑风暴，进行自由创新；第二次则将重心转移到应用开发，挖掘更多的潜在发展可能。商业模式创新保持了苹果公司的行业主导地位，"苹果公司成功的秘密在于把最好的软件装在最好的硬件里"——这句话道破了苹果公司的创新商业模式。苹果公司的商业模式包括：将先进的技术、合适的成本和出众的营销技巧相结合；软硬件与内容服务相结合，形成良性循环；有一批业界领先、执着创新、追求完美的设计和开发人员；鼓励创新的制度、企业文化和研发管理；创新的营销方式和生产策略；保持用户体验的微创新等。

（2）视觉极致的产品美学——苹果皮　苹果公司一直以其极简设计理念及唯美产品美学让用户发出由衷的赞叹。《乔布斯传》中说："他没有直接发明很多东西，但是他用大师级的手法，把理念、艺术和科技融合在一起。"苹果公司的产品总是体现出一种令人惊叹的设计美学。被"伯乐"乔布斯发现的"千里马"——苹果公司的设计总监英国人乔尼·艾维（Jony Ivy）已成为苹果传奇的一部分，正在以全新的姿态向世人展示新一代苹果产品的扁平化设计理念。

（3）以人为本的产品体验——苹果味　苹果公司不仅纯粹强调技术，也懂得如何将技术和人文科学完美地结合。以人性化的触摸屏设计为例，小孩子都会的拉伸、缩小、滑动等操作完全替代了鼠标与键盘，成为被广泛采纳的业界规范。这就是人性化，是方便的用户体验。

（4）丰富多彩的产品阵列——苹果树　从 i 系列到 Mac 系列、从硬件到软件，苹果公司通过构建面向个人数字生活的产品体系，引领整个互联网产品的发展。而且，从推出 iPhone 5 开始，人们就发现苹果公司也开始关注其他厂商的态度了。在尺寸、颜色、规格等方面，苹果正在去掉"骄傲"的光环，小心地调整着自己的策略，不断地满足日益变化的用户需求。

（5）高瞻远瞩的产业生态——苹果林　苹果公司如何使其平台吸引了无数第三方开发者？答案就是打造平台和生态系统。这是苹果公司独有且无法被复制的优势，在成全他人的同时成就了自己。如 App Store 模式多样、发展迅猛，成了苹果公司制胜之道的另一张王牌。

（6）令人着迷的品牌文化——苹果标　当产品有一定知名度后，消费者再次购买时会考虑品牌感知、美誉度等属性。苹果公司通过对其产品内、外在属性的整合，使其转化为可感知的一系列利益，变成对品牌的认知。单一物质层面的产品变成了积极的精神层意识——品牌价值。产品可以被模仿，但品牌却不能，是企业真正的竞争壁垒。苹果独特的品牌魅力和文化感染力，在其走向成功的道路上发挥了极大的作用。

（7）难以企及的经营智慧——苹果道　"智"和"慧"是大不相同的。智是"急中生智"，慧则是"定能生慧"。苹果公司的"智"体现在对移动互联网有所洞见的情况下，适时推出革命性产品 iPhone 和 iPad；而其"慧"则是坚守产品底线，不以降低技术换取销量。这种策略成功地招揽了大批高端用户，也通过价格壁垒有效地区分出了低端市场。

（8）改变世界的人与梦想——苹果魂　人们常说"时势造英雄"，而在 IT 行业经常是"英雄造时势"。乔布斯说过："活着就是为了改变世界，难道还有其他原因吗？"这正在激励着所有苹果公司的员工和粉丝们，不断通过改变世界来实现梦想。这也造就了苹果公司的辉煌。

不论做什么，只要全心投入、聚精会神、用志不分，当工作做到精彩绝伦时，就能获得一份无上的尊严，产品就会有一种异乎寻常的美感。这正是苹果的成功之道。

19.3　苹果公司的产品与体验设计原则

19.3.1　苹果公司的产品设计七大原则

美国 LUNAR 设计公司总裁约翰·埃德森（John Edson）曾深入苹果公司内部，与大量设计师和管理层进行了深度访谈，总结出了苹果公司在产品设计方面所遵循的七大原则。

1）设计改变一切。纵观苹果公司的产品线，无不反映了这样的一个事实：产品的美观、创新和魅力造就了苹果公司独一无二的竞争优势（见图 19-10）。

图 19-10 苹果公司产品设计示例

2）设计三要素。这里的三要素是指设计品位、设计才华和设计文化。设计手法和出发点的多样性会折射出不同的设计品位；设计才华是设计师表现出的个人才能，不仅是设计师的表现和构思能力，更包括对创新的执着和对产品的洞见，乔布斯就是一个很好的榜样；而一个成功企业的设计文化，需要有良好的服务用户的基因、对优秀设计执着追求的意识及不断反省自我、突破传统的"敢为天下先"的气势。

3）产品即是营销。好的产品也需要好的营销战略相适配。像乔布斯那样，通过建立特立独行的产品身份特征，结合名人效应、新闻发布、饥饿营销、体验店等方式，不断向用户传递产品的正面信息、强化高品位认知，并不断重复，使产品的高端品牌形象深入人心。

4）设计是体系化的思考。从小的方面来看，产品设计包括系统各部分的协调、构型整体性、材料工艺、使用环境、成本、用户体验等；从大的方面来看，包括供应链、生命周期、可持续性及公司战略等。这些都需要以系统化、体系化的观念统筹解决，这就是系统化设计的思想。苹果公司不仅生产消费电子、个人计算机，还是开发商、互联网交易平台的服务提供商，如 Apple App Store、在线音乐商店、在线开发平台等，都是系统化思维成功的例子。

5）大声设计。这是指要将产品的设计思路大声讲给别人听，以获得其反馈。这里就是通过对可感知的原型与实物的测试，使相关方，特别是用户能够参与到产品的设计过程中，从而及时获得各方面的意见，获得贴近生活的产品体验。

6）设计应以人为本。即人本设计思想。有所不同的是，乔布斯认为自己就代表了用户，苹果员工也被认为是典型用户。这就是精英设计思想，即通过对典型用户的研究，采用移情等手段专注为目标群体而不是为每个人设计。这也是苹果公司 iPod 产品成功的经验。

7）怀揣信念做设计。就像乔布斯那样，怀揣改变世界的欲望，通过创新造出独特的产品，创立自己的设计理念，坚守简约、高端、精品的定位，这造就了苹果公司的业界品牌神话。

19.3.2 苹果公司的用户体验设计原则

如果深究苹果公司不断创造商业奇迹的原因，其优秀的用户体验必定居于首位，这不仅体现在产品上，还延伸到营销、服务及品牌认知上。苹果公司的用户体验设计原则有以下几个方面。

1）卓越体验的革命性产品。产品是用户体验的首要载体，在苹果公司内部，产品永远是第一位的。为追求卓越的体验，苹果公司的产品设计遵从两个基准：一是在设计过程中引入用户交互的五个目标，即了解目标客户、分析用户的工作流程、构造原型系统、观察用户、测试和制定观察用户准则；二是做设计决定时避免功能泛滥，遵从二八原则。例如，苹果公司认为优秀软件应符合的标准有高性能、易于使用、吸引人的界面、可靠、灵活、互操作性和移动性等；为保证软件的体验，苹果公司提出了人机接口设计的13项准则，即隐喻、反映用户的心智模型、隐式和显式操作、直接操作、用户控制一切、反馈和交互、一致性、所见即所得、容错性、感知的稳定性、整体美学、避免"模式"对话框的使用和管理程序的复杂性。此外，苹果公司还制定了设计的优先级原则以保证产品的体验效果，包括满足最低要求、发布用户期望功能和让产品与众不同等原则。这些奠定了苹果公司产品卓越体验的基础。

2）用新技术、新工艺提升体验。苹果公司产品的独特性也反映在其更多地采用最新技术、创造出新的生产方法以适应产品的设计要求。如人们熟知的多点触摸技术、重力感应系统，甚至 USB 和 Wi-Fi 等，都是苹果公司突破当时的工艺限制在产品上率先使用的。

3）体验源自对细节的一丝不苟。为实现更好的体验，苹果公司对产品细节的要求近乎苛刻。例如，苹果公司产品的底色之上都有一层透明的塑料，能够带来一种纵深感，这被称为"共铸"（Co-molding）。为了达到这种效果，苹果团队与营销人员、工程师甚至跨洋的生产商合作，最终采用了新材料和新流程，使之得以在产品上大规模实施。又如，苹果公司的平台体验负责人还专门配了一副钟表修理工使用的高倍双目放大镜，用来反复检查屏幕上的每一个微小像素可能的瑕疵。

4）卖产品，更卖体验。保持公司优势的做法通常有两种：一种是微软模式，即技术不断升级；另一种是 IBM 模式，即服务不断升级。苹果采用的则是第三种——用户体验升级模式。这种模式基于产品的卓越设计，也包括企业与用户的每个接触点、接触面的体验上，如在苹果体验店独特的购物感受。如果说在选择其他手机或 IT 产品时，用户是在购买功能，那么在购买苹果公司的产品时，用户则是在为自己的情感共鸣和自我实现而付费。

5）"一站式"人性化服务。良好体验的基础是围绕产品端到端的全面解决之道。从终端、资费、音乐、广播、电视、电影、游戏、App 到照片管理，苹果公司提供了一站式服务；同时，用户购买的资源还可以在任何苹果的设备上重复使用，极富人性化。

6）精英创造体验的企业战略。苹果设计团队并不热衷于做大量的用户调研，因为乔布斯认为许多体验的设计并不是随机抽样的用户能够想象出来的。"你觉得达·芬奇在创作蒙娜丽莎时征求了观众的意见吗？"据说乔布斯早年曾经这样提问。苹果公司体验设计的依据是设计精英对用户的洞察力，对体验的升级建立在对现有体验充分分析的基础上。设计人员问自己最多的不是"我们应当设计什么样的功能"，而是"我们需要服务于用户的哪些目标"。苹果体验设计团队奉行精英文化，甚至偏执到只雇用精英。其在苹果公司内部被称为 A 团队，领导层的核心工作之一就是不断地打造 A 团队、淘汰 B/C 团队。在流程和体制上，苹果公司力求为精英文化扫除一切障碍，使设计师、工程师、管理者等不同角色能够在一起办公。例如，当设计师有优秀的创意产生时，哪怕是在深夜也可以立刻拨通所有人的电话，马上动手将创意变成产品。

7）奉行"精英创造一切"的文化。苹果公司坚信体验的产生是一个艺术的过程，而并非机械化规模制造；产品可以由代工装配，但体验必须由精英生产。对于用户，体验是一种情感；对于苹果公司，体验绝不是被动地满足用户需求，而是洞悉一代人、一个时代，敢于且能够引导用户的一种创造力，是一种精神、一种文化，唯精英不能胜任。正是这种文化，让人们期待着苹果公司在用户体验的宏大舞台上继续推出震撼人心的经典作品。

19.4　苹果公司的产品设计流程

每个成功企业的背后都有一部值得学习的成长秘籍。从宝洁的产品经理制、摩托罗拉的六西格玛（6σ）、IBM 的 IPD 到微软的软件开发模式，都曾在业界产生过很大的影响，苹果公司也不例外。美国《财富》杂志高级编辑亚当·拉辛斯基（Adam Lashinsky）在其 2012 年出版的《探寻苹果内幕：美国最受尊敬、最神秘的公司是如何运作的》（*Inside Apple：How America's Most Admired-and Secretive-Company Really Works*）一书中披露了苹果公司研发过程的细节，包含以下 8 个方面。

1）设计驱动产品。在苹果公司，设计师就是上帝，所有的产品都需要符合他们的要求。与其他公司设计依附于生产部门不同的是，苹果公司的财务和生产部门都要满足设计部门的要求。苹果公司的设计团队中，有一个十五六人的核心集团，几乎所有产品都孕育自他们的工业设计工作室。这一点与社会上许多公司所奉行的"需求驱动""技术驱动"甚至"利益驱动"的产品立项、设计与开发有很大的区别，值得深思。

2）以产品项目为单位的团队式作业。一旦某个新产品的开发方案被确定，苹果公司便会迅速组建一个专门的团队（Start-up），签署保密协议，有时也会采取网络物理隔离方法将团队与其他部门隔离开，新项目团队所属的大楼也有可能被封锁或用警戒线隔开。这样就有效地在企业内部创建了一个保密且执行力强的团队，直接向高层汇报，且只对高层负责。

3）执行苹果新产品进程（Apple New Product Process，ANPP）。ANPP 是一个详细描述新产品开发每个步骤的执行文档（也称可用性清单）。它从开始设计便进入执行阶段，最早在 Macintosh 开发时就开始采用了。早在第二次世界大战中，美国空军就提倡使用可用性清单，并予以重新定义，这方面的研究后来发展成为工业和组织心理学。美国学者阿图尔·葛文德（Atul Gawande）的《清单大纲：如何正确做事》（*The Checklist Manifesto: How to Get Things Right*）一书中列出了 ANPP 的详细步骤，以避免关键步骤的疏漏。与可用性清单类似，ANPP 详细筹划了开发的各个阶段，包括个人在每个阶段负责什么内容及在什么时候完成等。

4）每周一进行产品评估。执行团队（Executive Team，ET）会在每周一对每个正在研发及生产中的产品进行仔细评估。对苹果公司来说，无论何时都只有少数产品在生产，评估不通过的将顺延至下周一。这意味着任何一项产品的关键性决策都会最迟在两周内做出。

5）工程项目经理绝对控制生产。在产品生产时，需要一个工程项目经理（Engineering Program Manager，EPM）和一个全球采购经理（Global Supply Manager，GSM）负责管理，直至完成。前者在生产过程中拥有绝对的控制权。因其权力很大，所以也被戏称为"EPM 黑帮"。这两个职位一般都由公司高层担任。全球采购经理和工程项目经理需相互合作，也经常因抉择"什么最适合产品生产"而倍感压力。

6）对产品原型进行反复设计、生产及测试。苹果公司制作好产品原型后，会再次进行修改、完善，然后再将其投入生产。这个过程一般会持续 4～6 周，最后经各部门负责人参加的公司集体议会通过才算结束。通常工程项目经理会带着测试版返回总部接受测试和评估，然后再返回工厂监督下一个产品。这意味着很多版本的产品实际上都已经"完成"了，而非部分原型。这是一种极其昂贵又苛刻的新产品开发方式，但在苹果公司这就是标准模式。

7）独立的包装设计区域。在苹果公司的营销大楼里，还有一片完全专注于产品包装设计的区域，其安全性和保密级别与新产品设计专区相当，其任务是为公司将要发布的产品设计并确定包装的材料、样式等。例如，在某新款 iPod 发布前，会有一名员工在数月中每天花费数个小时打开数百个包装原型，以此提炼并不断完善其拆箱过程的用户体验。

8）绝密的产品发布计划。在苹果公司内部，产品的发布计划被称作交通规则（The Rules of the Road）。这是一个机密文档，上面罗列了从产品研发到发布的每个关键步骤，且都标明了直接负责人（Directly Responsible Individual，DRI）。同时也注明，任何遗失或泄露这份文件的员工将被立即解雇。这样做就是为了不破坏苹果用户看到包装第一眼时的惊喜。

苹果公司产品设计流程的核心可简单地归纳为：致力于好的产品是第一位。上述过程也反映出苹果公司把产品的用户体验融入设计流程的每一个环节。也许苹果公司的设计流程看上去并非完美，但十余年财富神话的事实说明，这套流程适合该公司的发展要求。但是，对试图完全照搬苹果公司设计流程的公司来说，应特别需要注意与其具体现状的结合。

19.5　苹果公司的产品创新创意之源

苹果公司的成功绝不是偶然的，其光鲜华丽的外表下有一系列必然因素，那就是"相信设计的力量"。深入探究苹果公司的创新思维，可以发现其创意之源与生活、模仿、用户体验、颠覆性和市场缺口等方面的关联密不可分。

（1）生活　创意源于生活。乔布斯的创新意识已渗透到生活中的点点滴滴，当看到跑车时，他会联想到苹果的产品；当使用电话时，他会联想到苹果的手机……这也许就是最大的创意来源。善于观察生活，其实也是每一个创新设计人员的基本素质。乔布斯不仅去观察生活，摄取创意的灵感，还践行用设计去改变生活、改变世界的梦想。在苹果公司的专利组合中，有313项将乔布斯列为主要发明人或共同发明人，有超过200项是由乔布斯与设计主管伊夫共同发明的。乔布斯的一句名言就是："活着就是为了改变世界。"时任美国总统奥巴马评价说："乔布斯是美国最伟大的创新家之一。他改变了我们的生活，改变了我们看待世界的方法。"而乔布斯用来改变世界的创意和灵感恰恰正是来源于生活。

（2）模仿　在模仿中创新，这是苹果公司产品创新的另一来源。乔布斯曾说过："优秀的艺术家复制别人的作品，伟大的艺术家窃取别人的灵感。"乔布斯可谓是一个成功的模仿者，因为他的模仿引来了更多的模仿。乔布斯的模仿完全不同于他人的生搬硬套，而是有自己的思想与创新的。与其说这是模仿，不如说是观察，乔布斯也是在观察，只是观察对象不是其他，而是他人成功的作品。

（3）用户体验　苹果公司成功的根源在很大程度上是对用户体验细节的关注与对完美的追求。例如，iPad和iPhone的多点触摸操控，彻底颠覆了用户对以往消费电子产品的陈旧体验，也彻底打破了个人计算机和消费电子市场的竞争格局。这就是苹果公司用户体验创新的精妙之处，也是其不断追求完美产品的结果。与许多公司通过用户反馈和焦点小组来进行体验创新不同，乔布斯是把自己作为第一用户，亲自观察、使用新技术和新产品，并记录下自己的感受，将其反馈给设计师以改进体验。

（4）颠覆性　乔布斯领导下的苹果公司的成功是颠覆性创造的最佳示例之一。iPod、iPhone及iPad，在统一的生态圈里，不断颠覆产品的定义、颠覆自身，从中产生新的产品，体现了苹果信奉颠覆性创造的理念。正如乔布斯所说："创新无极限！只要敢想，没有什么不可能，立即跳出思维的框框吧。如果你正处于一个上升的朝阳行业，那么尝试去寻找更有效的解决方案，更受消费者喜爱、更简洁的商业模式；如果你处于一个日渐萎缩的行业，那么赶紧在自己变得跟不上时代之前抽身而出，换个工作或者转换行业。不要拖延，立刻开始创新！"颠覆性是创造力的重要表现，也是一个人感性的一面。

（5）市场缺口　从创业初期苹果公司便密切关注市场缺口，这也是乔布斯创新远见的来源。面对虎视眈眈的IBM、惠普、微软、谷歌等商业巨头，现实告诉苹果公司，要想在竞争中胜出，就必须实施差异化战略。成立之初，苹果公司就在其办公楼里悬挂了一幅海盗的画像，以彰显其差异化、个性化的文化理念。就像乔布斯的著名口号"Think Different"一样，与众不同在苹果公司内部已深入人心。差异化的前提就是发现市场缺口。对苹果公司来说，市场缺少的正是它要去创新的地方，创新其实是一种完善产品和用户体验的方式。

19.6　细节的作用——苹果产品的体验设计案例剖析

对细节的关注，是苹果产品以良好用户体验赢得市场的关键。正如美国投资银行资深分析师保罗·诺格罗斯（Paul Noglows）在一篇文章中所写："近乎变态地注重细节才是乔布斯的成功秘诀。"细节决定成败，为了重新设计 OS X 系统的界面，乔布斯几乎把鼻子贴在计算机屏幕上，对每一个像素进行认真比对。他说："要把图标做到让我想用舌头去舔一下。"下面通过 10 个设计案例来说明苹果公司是如何通过细节设计将产品的体验做到极致的。

1）iOS 电筒开关的变化。在 iOS 的控制中心，开启和关闭电筒的时候，按钮会随开关而变化（见图 19-11）。

图 19-11　iOS 电筒开关的变化

2）触控笔（Apple Pencil）重量分布均匀。为了避免触控笔滚落，苹果公司的设计师将触控笔的重量设计为均匀分布，以保证触控笔可以停在任何指定的位置，而且可以避免其从平滑的桌面跌到地上（见图 19-12）。

3）MacBook 开盖凹槽。苹果公司的设计师特别在 MacBook 上设计了一个凹陷，以使用户能方便地单手掀开屏幕（见图 19-13）。

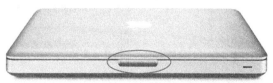

图 19-12　苹果触控笔示例　　　　　　　　　图 19-13　MacBook 的开盖凹槽

4）实时苹果地图。苹果地图的卫星模式方便好使，特别是在显示整个地球的时候，与自然环境一致的地球表面真实光照情况可实时显示，这可以让用户清楚地知道某地是处于白天还是晚上（见图 19-14）。

5）MacBook 也有"心跳"。心跳指示灯也称呼吸灯，能让用户随时了解计算机当前的状况、指示休眠状态。在 MacBook 的设计中，保留了像 Windows 计算机那样的指示灯，当指示灯闪烁时，代表计算机正在休眠。更为神奇的是，iMac 和 eMac 上的电源指示灯闪烁的频率其实是在模拟一个成年人的心跳频率（见图 19-15）。这也是很多人不知道的一个小秘密。

图 19-14　苹果地图上的昼夜实时显示

图 19-15　MacBook 的心跳指示灯

6）数百人团队研发的 iPhone 镜头。为提升 iPhone 镜头的照相品质，苹果公司曾动用超过 800 个员工，精心设计、开发、制造。iPhone 镜头由 200 个不同的部件组成，但体积很小（见图 19-16）。正是这样执着于品质的精神，使 iPhone 具备了极高质量和拍照体验。这些精益求精的幕后工作曾被美国哥伦比亚广播公司（CBS）的《60 分钟》电视时事杂志报道过。

7）包装尽量简约。苹果产品的包装相当简约，如一个白色盒子印上 iPhone 的名字和正面外观，干脆利落（见图 19-17）。其实不少苹果官方配件，允其是会在 Apple Retail Store 上架的那些产品，基本都会以白色为底的包装出售。这样在传达苹果公司简约、环保、可持续设计理念的同时，也令用户获得了一致的良好视觉体验。

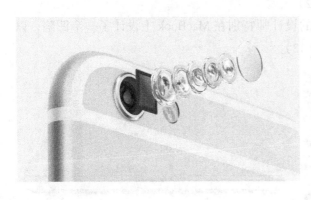

图 19-16　iPhone 镜头示例

图 19-17　iPhone 的简约包装

8）精美的图片。在视觉体验上，苹果公司可谓费尽了心思。例如，为追求 Apple Watch 显示的盛开的花朵、水母浮游等场景的高画质，苹果公司动用了大量人力和高清摄影器材。仅仅为拍摄图 19-18 中的花朵，用户界面组的负责人艾伦·戴（Alan Dye）曾带领团队拍摄了超过 24000 张照片；而且还专门买了鱼缸，以获取水母的 4K 图片和 300FPS 的高清影像。

图 19-18　Apple Watch 上显示的鲜艳欲滴的花朵

9）精心调配的色彩。为适应个性化，苹果公司设计了不同色彩的 Apple Watch。这些色彩不是随机选择的，苹果公司在不同产品的配色上从不马虎，不仅是 iPhone 6s 的金、银、灰色设计，Apple Watch 的配色也十分讲究。据美国《60 分钟》电视时事杂志报道，乔尼·艾维曾带领团队就手表的表带进行过上千次调色工作，务求做到最满意、最好（见图 19-19）。

图 19-19　Apple Watch 表带的配色

10）产品讲求对称。传统的审美观认为对称即是美，对称的产品也符合大部分人的审美习惯。苹果产品的对称程度就很高。例如，iPhone 6 底部无论是 3.5mm 插口、雷电（Lightening）接口或扬声器，都正好放在中间，讲究居中对称，透着让人赏心悦目的平衡美（见图 19-20）。

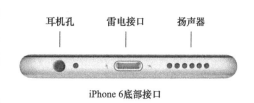

iPhone 6底部接口

图 19-20　iPhone 6 底部视觉元素的对称性

除了上述外在的细节，苹果产品的内部零部件也都追求细节上的极致——不仅仅是好用。说来奇怪，甚至很多苹果产品的忠实粉丝也常常忽略这些细节的存在。但正是这些常常被人忽略、一旦被发现即刻令人好感"爆棚"的细微之处，诠释了苹果公司追求完美的设计理念，持续带给用户无与伦比的感动。

1. 试举出几款你喜爱的苹果产品，了解其营销过程，并分析其品牌战略。

2. 试述苹果公司的企业文化。

3. 试根据自己的理解，介绍苹果公司的成功之道，并分析其成功背后的必然性。

4. 试述苹果公司的设计流程，并据此说明苹果公司是怎样保证其产品的用户体验的。

5. 试述苹果公司的产品创新创意之源，并根据自己的理解分析书中所述内容是否全面。如不全面，试补充。

6. 有人说"苹果公司的产品从内到外都透着某种艺术气息"，根据你的了解，试分析是什么因素赋予了苹果产品的艺术性。

7. 尝试模仿苹果公司的某款产品，应用其创新思维和追求完美品质、做到极致的设计理念，设计一款自己的"橙子"产品，并以小组讨论的形式分析每个人设计的优缺点。

第 20 章　谷歌公司的用户体验设计策略

　　每当提到全球第一大互联网品牌、第一的搜索引擎、市场份额第一的移动操作系统……很多人都会联想到谷歌（Google）。这家 1998 年才成立的高科技公司，到 2016 年已是市值全球第一，这本身就是奇迹。而谷歌公司之所以能够创造这样的奇迹，与其产品与服务创造的良好使用体验是分不开的。

20.1　谷歌公司简介

20.1.1　谷歌公司的创立与发展

　　谷歌公司于 1998 年 4 月 4 日由斯坦福大学学生拉里·佩奇（Larry Page）和谢尔盖·布林（Sergey Brin）在美国加利福尼亚州圣克拉拉县山景市创立，它致力于互联网搜索、云计算、广告技术等领域，主要利润来自 AdWords 等广告服务。谷歌名字的来源很有意思，"Google"一词源自斯坦福大学的 BackRub 搜索项目，它的排名原理是对大量的外链（Backlinks）进行分析。据说当时佩奇和同学肖恩·安德森（Sean Anderson）坐在办公室，试图想出一个能够和海量数据索引有关的名字。安德森建议了"googol"一词，是指 10 的 100 次幂（方）。但他在搜索该名字是否被注册时误打成了"google[○]"，后来这就成了公司的名字。Google 网站于 1999 年下半年正式启用。2006 年 4 月 12 日，Google 全球 CEO 施密特来到中国，并宣布了 Google 的中文名称为"谷歌"，自此 Google 结束了没有中文名称的历史。

　　2001 年 9 月，谷歌的网页评级机制（PageRank）获得了美国专利；2004 年 8 月 19 日，公司的股票在美国纳斯达克上市。谷歌提供丰富的线上软件服务，如 Gmail 电子邮件、Google+ 社交网络服务等；谷歌的产品同时也以应用软件的形式进入用户桌面，如 Chrome 浏览器、Picasa 图片编辑软件、Google Talk 即时通信工具等。此外，谷歌还进行了移动设备的安卓（Android）及上网本 Chrome OS 操作系统的开发。2007—2010 年，谷歌连续四年蝉联 BrandZ 全球品牌价值榜首；2016 年 6 月 8 日，《2016 年 BrandZ 全球最

具价值品牌百强榜》公布，谷歌再次以 2291.98 亿美元的品牌价值重新超越苹果公司成为百强第一。

谷歌公司的使命是整合全球信息，使人人皆可访问并从中受益，它也是全球最大的搜索引擎。美国时间 2015 年 8 月 10 日，谷歌公司宣布对企业架构进行调整，创办一家名为 Alphabet 的"伞形公司"（Umbrella Company），谷歌公司成为 Alphabet 旗下的子公司。

20.1.2 谷歌公司的品牌建设

很多设计师可能认为谷歌的品牌标志不够美观，然而，谷歌让它成了世界上最知名的企业标志之一。有学者总结了谷歌在品牌建设方面的五个秘诀，详述如下。

1）保持品牌标志一致，但并不偏执。尽管谷歌的标志一直保持显著的一致性，但有时也喜欢在保持原有标志风格的基础上引入一些变化。例如，庆祝美国知名儿童文学作家希奥多·苏斯（Theodor Seuss Geisel）的生日，或纪念宝莱坞推出印度第一部有声电影的日子，以及面向全球少年的绘画创意大赛（Doodle 4 Google）。此举传达了谷歌的想法，即不惧在"品牌方针"指引下的创新。谷歌标志的"混搭"不仅没有削弱其品牌力量，反而增强了亲和力和趣味性。图 20-1 是谷歌在 2010 年 10 月 1 日我国国庆节时使用的标志。

图 20-1　我国国庆节的谷歌标志（2010 年 10 月 1 日）

2）确保企业目标明确。在与雅虎（Yahoo!）和微软的竞争中，谷歌用简单的品牌标志告诉人们，企业要很好地运用自然的语言。虽然要将所有出版物都电子化的计划受挫，然而谷歌的品牌任务一直没有变，即"整合信息，使人人皆可访问"。2015 年 3 月中旬，谷歌推出非营利项目"新谷歌"时传递的信息仍然非常清晰："你正在改变世界。我们想帮助你。没有任何诳语或是含糊其词——只要你清楚地了解自己的使命。"

3）强化品牌"套路"。现在，谷歌的产品已经远不止互联网产品了，还包括硬件、无人驾驶汽车甚至航天器。谷歌会在每款产品上标明谷歌标志，久而久之，给用户形成了这样的一种看法，即谷歌设计的所有产品都是配套的，只有配套才能发挥最大优势。用户一旦使用了谷歌的某款新产品，那么他们便会考虑使用配套的其他谷歌产品。

4）对于收购的品牌不改头换面。谷歌曾进行了几次品牌大收购，最大的几家包括博客平台 Blogger、照片共享平台 Picasa、视频分享平台 YouTube 及 Nest。这几个品牌至今都保持自己原有的品牌建设方法以及品牌标志，而谷歌一直也没有按照"谷歌作风"来"格式化"这些品牌。谷歌的这种做法，既维护了品牌信誉，又能留住用户群，确实值得其他企业学习。

5）品牌简洁化。谷歌一直保持着自己简洁化设计的特色。比如，为了不干扰用户，主页坚持只有搜索框和几个简单的按钮；谷歌浏览器（Chrome）标志的简化等。"简洁化"已经深入谷歌的企业文化中。谷歌之所以成功，或可部分归因于其简洁化策略。

20.2 谷歌公司的企业文化与创新

20.2.1 谷歌公司的企业文化

谷歌创始人之一拉里·佩奇曾说："完美的搜索引擎需要做到正确理解用户之意，且返回用户之需。"尽管已是业界领先的搜索技术公司，但谷歌仍在为"给所有信息搜寻者提供更高标准的服务"而努力，也正是这种责任感和使命感，造就了谷歌独特的企业文化。

1）自下而上的文化。谷歌不仅非常鼓励创意创新，而且视其为工作的重要环节。不是只有经理或领导才去想要做什么，而是发挥每个个体的能动性，让创意来自每一个人；任何人有一个好想法都可以召集一些同事，然后开发出一个有创意的产品。例如，谷歌用户体验设计团队曾发起过一个叫作"Double Days"的活动，鼓励工程师在一两个星期内放下所有的工作，把自己平时积累的创意、念头予以真正执行或实施，做成一个作品。结果在短短的时间内就出现了100多个非常具有独创性的创意，其中很多被投入实施而成了真正的产品。

2）基于数据的方法。谷歌非常重视数据和信息，如对用户有关某产品的看法，他们可以找到很多影响设计因素的数据；谷歌的体验设计部门还很看重"为什么"，会因此对一些看法进行定性分析。另外就是为某一产品设计多个方案，有不同的形式、不同的设计，这种系列化的设计能得到很多用户的直观反馈，收集到第一手可靠的数据信息。

3）快速的网络开发流程。谷歌产品开发流程的一个重要特点就是快。从概念到雏形，直至实际设计，在开发过程中，谷歌体验设计团队会与工程技术及研究团队紧密合作，以了解设计是否存在技术或使用层面上的问题；再通过不断迭代、改进，最终才投入市场。按谷歌传统，在投放市场之前会把体验团队当成真正使用产品的用户，通过亲身体验提出改进建议，最终投向市场的应该是经过反复测试、修正、完善的高品质商品。

4）全球性用户群。谷歌的每个产品都是以全球性用户群为出发点开发的。谷歌的主要部门里几乎都有体验设计师，总人数超过200人，这些都是应对全球用户群所必需的，注重整体性而不是枝节性体验是他们的责任。

谷歌企业文化的形成不仅仅源于宏伟的想法，更得益于一套完整的机制。在谷歌，有四个核心机制来确保好的想法得以实现，即创新机制、协作机制、开放机制和沟通机制。例如，沟通渠道包括向任意一位主管直接发送邮件、TGIF（Thank God It Is Friday）[⊖]、各种内部讨论群、Google+、GUTS（Google Unified Ticketing System）[⊜]、FixIts[⊜]等。应该说，谷歌的企业文化造就了以人为本、崇尚自由、鼓励创新、改变世界的谷歌精神，成

　　⊖ TGIF 是谷歌每周一次的全体大会，让员工可直接向最高层发问，可以提问涉及公司的任何问题。
　　⊜ GUTS 项目可以提供一个渠道让员工提交任何问题，然后对问题的状态进行评估。
　　⊜ FixIts 是一个历时 24h 的项目，其间员工可以放下一切工作，集中所有精力来解决某个特定问题。

就了其今天的辉煌。

■ 20.2.2　谷歌公司的创新项目

Alphabet 公司整合了原谷歌的业务，离互联网业务较远的公司都被归入 Alphabet 公司旗下，也包括健保业务，如 Life Sciences 和 Calico。此外，Alphabet 公司还包括 X-lab 和 Wing，其中 Wing 的业务是开发无人机递送服务。Alphabet 公司新的架构为谷歌实现其雄心勃勃的、改变世界的抱负扫清了管理架构上的障碍。Alphabet 公司将大量资金投入到被称作 "Moonshot" [⊖] 的创新项目中，这些都是致力改变世界的项目。这里通过借鉴 Alphabet 公司最有代表性的 12 个 Moonshot 项目，或许也能为你的创新思维打开一扇新的大门。

（1）Deepmind　谷歌早在 2014 年就收购了人工智能技术公司 Deepmind，后者可利用神经网络造出具备学习能力的机器。2016 年 3 月，Deepmind 的阿尔法狗（AlphaGo）在与围棋世界冠军、职业九段棋手李世石的人机大战中 4∶1 获胜，这是之前的人工智能技术不能及的。未来，AlphaGo 还将被投入如第一人称射击类游戏 Quake 中对抗人类玩家。

（2）Nest　Nest 是一家致力于智能家居控制的高科技公司（见图 20-2）。谷歌于 2014 年收购了这家公司。对 Alphabet 公司而言，Nest 代表着其在家庭自动化和清洁能源市场的存在。

（3）Google Fiber　Google Fiber 是一个已盈利的 Moonshot 项目，可为政策性住房提供免费宽带接入，并希望通过鼓励其他宽带运营商参与的方式来降低宽带成本。这对谷歌的搜索和广告两大核心业务显然有所帮助。

（4）Calico　Calico 是一个颇具野心、想要 "治愈死亡" 或至少延长人类的寿命的项目。这个项目和制药公司联手开发新型药物来对抗与衰老相关的疾病，如阿兹海默症等。

（5）Project Ara　Project Ara 把智能手机变成模块化，可自由定制（见图 20-3）。它并非让手机更智能，而是为了降低成本，从而使更多人能用上安卓（Android）和其他谷歌服务。

图 20-2　Nest 智能家居控制器

图 20-3　Project Ara

⊖　"Moonshot" 是指一个疯狂的想法或者不大可能实现的项目，它被解决的科学概率可能只有百万分之一。谷歌特别将 Moonshot 描述为一个需要激进解决方案和突破性技术来解决的巨大难题。

（6）Verily　2015 年 12 月 8 日，谷歌生命科学更名为 Verily。其目标是收集所有人体可用信息，并用来改善人们的生活质量。Verily 目前正在开发智能健康设备，如监测和感知血糖水平的智能隐形眼镜、可穿戴传感器以及帮助帕金森症患者控制颤抖的设备等。

（7）Project Loon　该项目通过高纬度气球将网络连接带给偏远地区。谷歌计划打造覆盖撒哈拉以南非洲和东南亚的巨大网络，帮助约 10 亿人连接到无线网络。为此其已组装了一款廉价的智能手机，能以低功耗微处理器运行安卓，信号将通过气球和汽艇进行高空传输。目前在南非开普敦进行的小规模测试取得了良好的结果。Project Loon 是谷歌 X 的项目之一。

（8）Google X　Google X 部门所研究的都是最疯狂的项目，如自动驾驶汽车和谷歌眼镜。Google X 还尝试考虑过其他设备，如喷气背包、悬浮滑板、太空电梯甚至瞬间移动设备。遗憾的是，大多项目都因为太不切实际而被取消。其中，谷歌无人驾驶汽车（见图 20-4）和谷歌眼镜已经有测试产品面世。2012 年 5 月 8 日，美国内华达州允许无人驾驶汽车上路 3 个月后，其机动车驾驶管理处为谷歌的无人驾驶汽车颁发了第一张合法红色车牌。

（9）谷歌风投　这是一个负责投资新兴业务的部门，当前侧重点为机器学习、人工智能和生命科学，包括 Uber、Medium（内容发行平台）、Cloudera（大数据）和 Slack 聊天软件等。

（10）Project Wing　这是一个源于 Google X 的项目（见图 20-5），计划于 2017 年在美国推出无人机送货业务，亚马逊也在进行类似的测试。不过它们都面临着法律法规方面的限制。

图 20-4　谷歌无人驾驶汽车

图 20-5　Project Wing

（11）能源风筝　Makani Power 是由美国能源部高级项目研究局（U.S. Department of Energy Office of ARPA-E）和 Google X 项目共同支持的一家清洁能源公司，在 2013 年被谷歌所收购。其所研发的能量风筝，实际上是一种新型的机载风力发电系统，与传统风力发电机相比，它的体积更小，但所生成的电能却大幅提高（见图 20-6）。

图 20-6　能源风筝——机载风力发电系统

（12）机器人　Alphabet 公司在 2013 年收购了美国机器人公司波士顿动力（Boston Dynamics）[⊖]，后者也帮助谷歌建立了自己的机器人部门。目前正开发"Replicant"项目，旨在于 2020 年之前制造出面向普通消费者的机器人。

■ 20.2.3　谷歌公司推崇的体验创新观点

埃里克·施密特（Eric Schmidt）和乔纳森·罗森伯格（Jonathan Rosenberg）合著的《重新定义公司：谷歌是如何运营的》一书较为深刻地总结了谷歌公司的体验创新观点。具体如下。

1）独立自主的思维方式。谷歌推崇用与众不同、异想天开的思维方式来实现足够远大的目标。这种完全自主的思维方式能产生意想不到的设计结果，以革新的方式去解决既有问题，也很有可能开拓出一片全新的事业。公司组织里的设计模式也一样，也应该鼓励跳出既定框架来思考的创新思维。这样虽然不是每次都能做到革新，但至少能保证有一定的局部突破。任何公司都不要只求渐变、不求突破，设计也是如此。

2）公司文化。每个公司都有其独特的文化，每个员工不仅要符合公司大文化，同时还要有团队特色的小文化。谷歌的每个员工都对公司的文化和口号耳熟能详，对每个团队里的工作文化难以忘怀，它们伴随着每份工作的回忆给人带来温暖的感觉，让员工感觉有统一的文化在牵引着，再困难的问题都能克服，再不可能的创新也能做到。这就是公司文化的力量，它能帮助员工一扫繁重开发工作的劳累，并在一次次的突破前行中留下美好的回忆。

3）一成不变的计划是错误的。"永远不变的是变化。"谷歌的设计师同时也是项目经理，需要时刻把控进度。项目控制有两个阶段：首先是制订合理计划，如评估工作量、排期等；其次是执行计划，推动各环节遵循设计开发流程进行。但是，很多时候突如其来的变化可能会让计划漏洞百出。这时项目管理不仅需要随变化灵活调整，而且还要能挤出时间和精力做创新和反思。谷歌应对变化靠的是"信赖技术洞见，而非市场调查"。革新的技术和解决方案往往是最有竞争力的，但真能做到或者说有机会做到这一点的公司并不多。

4）招聘是最重要的工作。硅谷的大部分公司都信奉 A 类人才能带来 A 类人才，B 类人才会带来 B、C、D、E、F、G 类人才，谷歌也不例外。但通常很难通过招聘去组建全是 A 类人才的团队，因此应该在总体思路明确、文化统一的情况下，让 A 类人才作为标杆带动其他同事一起进步。人是"雇用学习型动物"，谷歌认为，招聘有人格魅力的顶尖 A 类人才与有学习发展潜力的其他类人才同等重要。

5）决策，达成共识。创新过程中争论不可避免，决策必须存在。决策过程和结果的本质是集中统一。谷歌决策的约束一是时间限制，二是执行力。谷歌认为，数据更能反映客观的内在本质，"用数据做决策"也是其信条。谷歌把数据的收集、整理、归纳、总结贯彻到设计过程的每个环节，随时都能有理有据地说出设计的理由，凭借的就是可靠

⊖　Alphabet 公司已于 2016 年将 Boston Dynamics 出售给了日本丰田公司，据说原因是 Alphabet "不知道怎么用这个看起来很酷的机器人赚钱"。

的数据。

6）创新。谷歌不惧创意"想的足够大"，也不怕"制定遥不可及的目标"，认为只要敢想敢做，就有可能做出很酷的创新。无人驾驶汽车就是一个例子。谷歌的 20% 创意时间就是让员工放飞创意思维，X 项目也孕育了无数 Moonshots 项目。这些做法给谷歌带来了很多"异想天开"的奇思妙想，丰富了公司创新的源泉。

7）想象无止境。想象力是人在已有认知的基础上，在头脑中创造出新形象的能力，是人类创新的源泉。因为有想象力，人类才能发现、创造发明新的事物、新的规律，如牛顿（Isaac Newton）和爱因斯坦（Albert Einstein）的成功部分就归因于其保持丰富的想象力。想象力是谷歌保持创新领先的动力，同时谷歌也不断采取措施保护和激励员工创新创意的想象力。

8）面向新的时代。世界终将是年轻人的，用户体验的世界也一样。所以，设计师要保持年轻、学习的心态，多向年轻人学习，坦然面对挑战。谷歌对未来的专注和对年轻人的重视，使其在面临更年轻、更有活力、更聪明的一代带来的挑战时，"有人或许会不寒而栗，但我们却热血沸腾"。

这就是谷歌的用户体验观，一种不断进化、与时俱进的体验观。

20.3　谷歌公司的用户体验设计准则与衡量指标体系

20.3.1　谷歌公司的用户体验设计十大准则

谷歌的用户体验团队总结了其体验设计的十大准则，具体如下。

1）以用户为中心——他们的生活、工作和梦想。谷歌的目标是改善人们的生活，因此设计师要认真地了解用户，洞悉其需求甚至梦想，聚焦用户，去挖掘那些本质的需要，并将其与先进的科技完美结合，改变数千年来人类社会生活缓慢进化的过程。这才是谷歌真正的梦想。谷歌的产品讲究实用性，不靠花哨的视觉或技术来打动用户。谷歌从不强迫用户，但是会引导用户的兴趣。

2）重视每一毫秒的价值。珍惜用户的时间，反映在谷歌的产品体验上，就是要不遗余力、最大限度地为用户节省时间。例如，谷歌网站页面的快速加载；为了方便用户使用，将最重要的功能放在最显眼的位置；去除一些不必要的点击、输入和其他操作等。

3）简单就是力量。简单造就了良好设计的许多元素，如易用性、速度、视觉效果和可访问性。谷歌认为，产品设计应该力求保持简单。例如，谷歌一般不会创建功能繁复的产品，即使真的需要，也要尽量简单而强大。当以牺牲简单为代价去换取功能时，谷歌总会三思而后行。关于这一点业内专家曾有过共鸣，即设计并实现一个功能或许并不难，学会克制才是最难的。

4）引导新手和吸引专家。为多数人设计并不意味着降低标准。谷歌的目标是为新用户提供美妙的初始体验，同时也吸引经验丰富的用户。这需要对产品架构、信息架构和视觉表现层次进行精心的设计。例如，谷歌产品通常可以通过简单直接的操作实现大多数功能，让新用户很快熟悉，然后才逐步披露高级功能；有时也提供智能或快捷功能来吸引资深用户。

5）敢于创新。谷歌鼓励创新、冒险的设计，只要它们符合用户的需求；团队鼓励新的想法并设法发展它们。谷歌的产品和创新并不是为了去适应现有的需求，而更着眼于改变整个游戏规则。

6）为全世界设计。谷歌致力于为世界各民族、不同文化提供产品和服务，产品已涵盖上百个国家和地区，甚至在非洲也能享受谷歌的免费服务。为此，谷歌体验团队研究了众多民族用户体验的根本差异，为每个用户、每台设备和每种文化设计出更合适的产品，向包括有身体和认知缺陷的残障用户提供愉悦的产品使用体验。

7）洞察今天和明天的业务。谷歌的用户体验追求双赢的策略，始终慎重把握公司与用户利益的冲突。如果某个产品增加收入但会减少用户量，那么谷歌就绝对不会去做它；竭力做到以有助于用户的方式赚钱；同时兼顾保护广告客户和其他靠谷歌谋生者的利益。

8）愉悦用户的眼睛，但不分散其注意力。带给用户愉悦感是谷歌追求的目标，带给用户积极的第一印象，进而使之信任产品的专业性，也包括鼓励用户做自己的产品。谷歌相信，一个干净、清爽、加载迅速且不会分散注意力的设计，将是符合用户需求的。

9）值得信任。取得用户的信任很难，它要求产品不能夹带私欲、不能试图胁迫用户，要坦坦荡荡、一是一二是二。谷歌从基础就重视可靠性的建立，如界面高效和专业、动作易撤销、广告易识别、术语的一致性及令用户惊喜而非惊诧。此外，谷歌的产品是向全世界开放的，也包容指向竞争对手的链接。在信息共享方面，谷歌对用户是完全透明的。

10）有人情味。谷歌产品不仅包容各种人格特质，而且也讲究人性化。例如，文本和设计元素都是友好、机灵且智能的，而不是枯燥、古板或傲慢的。谷歌的文本直接与用户对话，就像一个人回答邻居的提问一样，同时也不会让有趣或个性干扰其他元素的设计。

■ 20.3.2　谷歌公司衡量用户体验的指标体系

网站常用的用户体验度衡量指标有 PULSE、HEART 框架及目标－信号－指标体系等，这些也都是谷歌内部用来衡量用户体验的指标体系。

（1）传统的网站衡量指标 PULSE　PULSE 是基于商业和技术的传统网络产品评估系统，它包括 Page View（页面浏览量）、Uptime（响应时间）、Latency（延迟）、Seven Days Active Users（7 天活跃用户数）、Earning（收益）等指标。这些指标的缺点是要么太表面化，要么只是间接与体验相关，很难用来评估交互对用户的影响。比如，某页面的浏览量高可能是由于功能好，但也可能是用户由于迷惑而不断地点击尝试离开，对此 PULSE 指标无法区别。此外，7 天活跃用户数也无法区分新老用户群体。

（2）以用户为中心的指标体系 HEART 框架　为了弥补 PULSE 存在的问题，谷歌的体验师提出了 HEART 框架（见图 20-7），具体包括 Happiness（愉悦度）、Engagement（参与度）、Adoption（接受度）、Retention（留存率）和 Task Success（任务完成度）指标。其中，愉悦感可结合满意度来度量，任务完成度则可结合完成的效果和效率来度量；参与度、接受度、留存率一般通过行为数据来确定。通常，

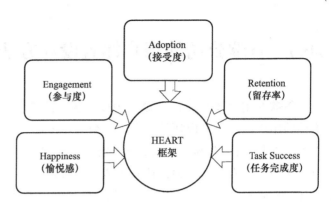

图 20-7　HEART 框架

在一个评估中并不一定要用到所有维度。

（3）目标 – 信号 – 指标评价体系　这是谷歌提出的一个简单的体验评价指标体系：先明确产品或功能的目标，然后定义转化的信号，最终建立适用的指标。目标是指定义产品或功能的目标是什么，用户需要完成什么任务，重新设计试图达到什么。可使用 HEART 框架来明确相关的目标。信号即行为或态度是如何体现成功或失败的，什么行动表示目标已经达到，什么感受或看法能联系到成功或失败，这个阶段信号的数据源可能是什么。例如，对基于日志的行为信号，相关的行为有记录或能被记录吗？关于态度的信号——能定期投放问卷吗？是否只考虑可转换为特定指标的信号？可否被方便地持续跟踪？如将原始统计数据转化为常态、确保日志记录所有重要的用户行为、是否要增加额外指标以和其他产品对比等。

谷歌花费了数年来定义好的用户体验指标体系，HEART 框架和目标 – 信号 – 指标体系也已在超过 20 个产品和项目中得到应用。实践表明，这些指标都能有效地帮助产品团队来做出恰当、正确的决定。

20.3.3　谷歌公司提升用户体验的三大原则

谷歌的用户体验团队制定了安卓的提升用户体验的三大原则。具体如下。

1）第一条原则：让人着迷。内容包括以意想不到的方式让人眼前一亮、实际对象要比按钮和菜单更有趣、我的应用我做主和让应用了解我等。

2）第二条原则：让我的生活更轻松。内容包括语言简洁、图片比文字更直观、为用户做决定、仅显示所需要的、让用户始终清楚自己在哪里、确保用户成果的安全、外观相同行为也应相同和只在必要时才打断用户等。

3）第三条原则：给我惊喜。内容包括让用户摸索使用的诀窍、增强自信心（后台修复错误、礼貌提醒）、多鼓励用户、为用户处理繁杂的琐碎事务和让重要事项能更快地完成等。

实践中，谷歌将提升用户体验的三大原则与用户体验设计十大准则相结合，创造了用户体验的良好口碑。可以看到，每个产品的背后都凝聚着谷歌用户体验团队的辛勤劳动和集体智慧。

20.4　谷歌公司的用户体验设计方法与流程

谷歌的用户体验设计可概括为以"服务用户"为中心，但并非"用户至上"，因为单纯的用户至上会出现阿兰·库珀（Alan Cooper）在《交互设计之路》一书中所提出的"用户驱动的死亡螺旋"效应，导致整个产品的"慢性死亡"。谷歌致力于在不知不觉中改变用户的旧有不良习惯，让谷歌成为一种现代生活方式。其用户体验设计是作为一种设计理念或基本的指导思想而存在的，已经融入了设计的方方面面。

20.4.1　五天设计冲刺方法及过程

设计和时间都很重要。设计冲刺（Design Sprint）就是设计和时间兼得的一种群体设计方法，它是由谷歌内部梳理的，在美国旧金山湾区比较流行。具体日程包括：第一天组建团队（Team Building）；第二天理解挑战（Understanding the Challenge）；第三天设计和原型（Design and Prototype）；第四天用户验证（Validate with Users）；第五天最终报告（Final Presentation）。

（1）冲刺导师及其工作流程　设计团队可以是 5 ~ 10 人的小团队，也可是超过 100 人的大团队。冲刺导师（Sprint Master）是团队的灵魂人物，一般可由项目组长或资深体验设计师担任。冲刺导师需要做好三件事情：制定冲刺的设计主题，这在接下来的五天时间里是开展设计所围绕的核心；凝聚、挑选不同背景的人组成团队，成员一般包括设计师、工程师、原型师、产品经理和研究员；引领冲刺团队顺利推进，协调解决出现的矛盾和问题，确保方向不偏离设计主题等。对冲刺导师的要求包括有较全面的用户体验设计基础、有推进事情顺利进展的策略、有较高的谈判技巧和较强的解决复杂问题的能力。冲刺导师的工作有三个阶段，即冲刺前、冲刺中和冲刺后（见图 20-8）。

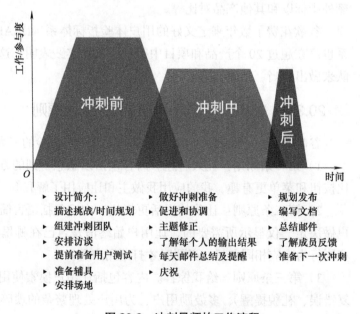

- ▸ 设计简介；描述挑战/时间规划
- ▸ 组建冲刺团队
- ▸ 安排访谈
- ▸ 提前准备用户测试
- ▸ 准备辅具
- ▸ 安排场地

- ▸ 做好冲刺准备
- ▸ 促进和协调
- ▸ 主题修正
- ▸ 了解每个人的输出结果
- ▸ 每天邮件总结及提醒
- ▸ 庆祝

- ▸ 规划发布
- ▸ 编写文档
- ▸ 总结邮件
- ▸ 了解成员反馈
- ▸ 准备下一次冲刺

图 20-8　冲刺导师的工作流程

1）冲刺前。主要任务有：写设计挑战任务的简介，包括如何描述挑战任务，以及具体的时间规划（写一个故事发展的脚本）；组建冲刺团队；安排快速访谈，以理解任务背景；提前准备用户测试内容；提前准备好纸笔、投票器等物品；安排场地。

2）冲刺中。主要任务有：检查前期工作，做好冲刺准备；在冲刺中起到促进和协调的作用；必要时做主题修正；及时了解团队每个人的输出结果；每天发邮件总结当天工作进度、存在的问题及解决方法，提醒明天的任务内容；待冲刺后带领大家进行庆祝。

3）冲刺后。主要任务有：规划冲刺后续的发布；编写相关冲刺文档；发本次冲刺总结邮件；了解本次冲刺团队成员的反馈；准备下一次冲刺。

（2）冲刺前导师的核心任务　图20-9给出了冲刺前导师的四个核心任务，即制定主题；选择团队成员，组建5～8人团队；审查当前的产品设计，确认所选主题的正确性；为本次冲刺做好时间计划，准备必要的工具。

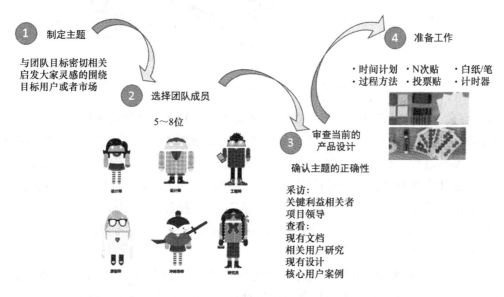

图20-9　冲刺前导师的核心任务

（3）冲刺中的重要环节　冲刺中的设计发散和实施通常被分成六个环节，即理解→定义→发散→抉择→原型→验证。具体如下：

1）理解：如何理解你要做的设计挑战？首先要清楚理解什么，如用户需求、商业需求、技术能力等。能帮助理解这三个方面内容的方法一般有五种（见图20-10），即商业目标/技术能力的快速访谈、竞品分析、用户访谈、实地走访和利用利益相关者图。最后，总结发现并进行初步的思路汇总（见图20-11）。具体做法是用N次贴记录所有要点、想法和观点，将这些内容聚类并赋予一个主题。这个过程也称综合理解，目的就是寻找机会点。

图20-10　理解的内容及方法

总结发现和初步思路
(Summarize the learnings and first ideas)

‣ 用N次贴总结
‣ 一开始的想法和观点来结束理解环节
‣ 将内容聚类
‣ 并非最终决定

综合理解，寻找机会点

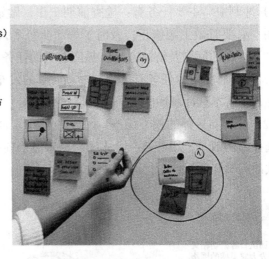

图 20-11　总结发现和初步思路汇总

2）定义：如何定义设计的机会点？包括设计中的关键策略及要聚焦的内容是什么，具体方法有主要用户旅程、设计原则及第一条 Tweet（推特）。主要用户旅程是指让用户思考经过了哪些过程，有什么发现，是否第一次使用，是否是专家用户，接触点都是什么等。定义设计原则的做法是通过让用户描述产品的三个关键词，据此列出重要的设计原则，做出原型后让用户体验原型并试着再描述几个关键词，看是否与当初的设计原则匹配，以此验证设计原则是否有效。第一条 Tweet 即用 140 个字描述产品的核心策略，让核心更加聚焦、清晰。

3）发散：如何发散你的设计想法？发散一般有头脑风暴法、5 分钟 8 个点子法、5 分钟 1 个大点子法及 5 分钟 1 个故事板法四种方法，后面三种属于关联递进的方法。发散过程中要遵守不许质疑，追求数量，鼓励奇思妙想，可以在他人的基础上发散，以及重视过程可视化等规则。

4）抉择：如何抉择最终的设计方案？抉择是在发散的基础上选出最好的方案，具体有投票、团队复查和思考帽等方法。例如，思考帽法是分给每个成员一顶代表一个观点或视角的帽子，如持乐观／悲观态度的、从技术／用户角度等，角度越多、观点越全越好，最终选出公认的好点子作为下一步工作的基础（见图 20-12）。

5）原型：需要制作什么程度的原型？根据上述抉择的结果制作测试原型，用于后续的用户验证，具体方法有线框原型、Demo、视频原型、物理原型、低保真／高保真原型等。对原型制作的要求是足够真实、可感知、可交互，同时在原型改进中要重视用户反馈。

‣ 新团队/容易偏见
‣ 分给每人一顶思考帽
‣ 不同观点或视角的讨论
‣ 辅助做决定

6）验证：如何做设计

图 20-12　思考帽

验证？最后，基于完善后的原型验证用户感受、商业价值、技术可行性等，具体方法有用户测试、商业利益相关者确认、技术可行性确认等。原型验证的目的包括发现用户不喜欢的点，对设计方案改进空间的考虑，对解决方法是否满足需求的评判，对技术可行性的评估，以及为企业管理层提出资源分配的依据。

至此，设计冲刺圆满结束。谷歌的设计冲刺方法展示了短时间快速实现一个想法的基本过程。尽管参与者都来自内部，但这与闭门造车有本质的区别。当然，适时邀请真正的用户参与评估，有时也是十分必要的。

20.4.2　谷歌虚拟现实交互体验设计七原则

虚拟现实技术自20世纪80年代中期就出现了，随着智能手机和移动网络的发展，正在迅速普及到人们生活的方方面面，其交互体验也理所当然地成了设计界关注的焦点。谷歌Cardboard是一款廉价的虚拟现实体验设备。在2015年的谷歌I/O大会上，Cardboard团队发布了"Cardboard设计实验室：基于虚拟现实的交互式应用指南"，把虚拟现实体验设计原则分成"基础"和"沉浸"两部分。其中，前者关注头部追踪、加速度和利用十字星三项内容；后者更具探索性，具体关注运用比例、空间音效、注视提示和赋予美感四项内容。

（1）头部追踪　虚拟现实设计最重要的就是时刻保持对头部的追踪。这连同"使用恒定的低速率"和"让用户在虚拟环境中脚踏实地"都是虚拟体验中必备的基本原则。例如，在风车下环顾时，使用户的视野与头部的姿态相适配，更容易令其产生身临其境的真实感。

（2）加速度　加速度无处不在，即使站着不动也有重力加速度。忽略加速度或明显匀速的接轨都会给人不自然的感觉。这里挑战在于，要么找到正确的加速度数值，要么完全用某种其他事物代替加速度的感觉。Cardboard团队实验了83ms的加速度，之后大概3m/s匀速运动，接着是266ms的减速，取得了较强真实感的效果。

（3）利用十字星　多数虚拟现实系统无法准确追踪眼球位置，无法告诉程序用户视线聚焦在哪里。十字星可帮助标示当前眼睛聚焦的中心点，创造更好的虚拟交互体验，有时也能让用户轻松地意识到哪些物体是可选的。例如，在引爆气球的游戏中，没有十字星就很难点中。有趣的是，这些灵感都来自美国旧金山北部的Muir Woods国家森林公园，是穿行在独一无二的森林中的那种体验让谷歌Cardboard设计者领悟到有关沉浸感的真谛。

（4）运用比例　用户和周遭环境的比例变化所产生的视觉冲击能强化虚拟现实特殊的体验。例如，在构建设计实验室虚拟现实环境中，USTWO⊖最终选定的视角画面让人感觉到渺小甚至卑微（见图20-13），通过对比强化了视觉刺激，让用户体验到周围世界的宏大和广袤，有助于启发想象力。

（5）空间音效　在3D和虚拟现实中，空间的音效在用户周围环境中确定了声源的位置。所以，从位于用户左侧的物体所发出的声音听起来也像是从左边耳机出来的，这能帮助强化空间感。在虚拟现实沉浸感的创造中，音效有着无尽的可能。

⊖　USTWO是知名的美国游戏开发商，全称是USTWO Game Ltd.。

（6）注视提示（Gaze Cues） 注视提示是指当用户注视某个地方时，被注视的地方会做出反应，使用户体验到相应的反馈，这给虚拟环境体验带来了更细微的感受。例如，当注视满天星辰时，会激活悬浮状态的注视提示，显示出注视区域中一系列的星座（见图 20-14）。

图 20-13　比例带来的视觉冲击

图 20-14　注视提示

（7）赋予美感 终极的沉浸感原则就是让虚拟场景变得更加美丽。如穿过森林，在荆棘遍布的旅行终点，呈现在眼前的是登高望远、俯瞰大海的壮丽景色（见图 20-15），目睹日出日落，在开始自己的虚拟现实之旅前，有片刻的喘息，让灵感涌现，让身心沉浸其中。

这就是谷歌 Cardboard 团队给出的部分虚拟现实体验设计原则，相信还有更多的等待每个设计师去挖掘、贡献。正如 USTWO 的经理托夫·布朗（Toph Brown）所说："我们的目的并非创造虚拟现实领域的'圣经'。虚拟现实正在高速发展……行业中的每个人都在一起努力，使得虚拟现实更易用、更有用。正因如此，画一条分界线并声明'就得这么做'是愚蠢的……在虚拟现实的征程上，永远不变的是变化，只有不断进取，才有可能最终创造出人们真正想要使用和体验的应用。"

图 20-15　赋予美感

20.5　相信技术的力量——谷歌涂鸦的体验创新

尽管谷歌和苹果公司都是以创新引领的业界巨头，但二者却奉行两种截然不同的创新文化。谷歌相信技术可以改变未来，而苹果则将产品创新视为一种艺术再创造。如 X 实验室创始人塞巴斯蒂安·特伦（Sebastian Thrun）发明了世界上首辆无人驾驶汽车，人工智能专家吴恩达（Andrew Ng）则专门研究如何让机器像人一样运作，谷歌语音（Google Voice）、谷歌涂鸦（Google Doodle）等产品都是技术驱动的创新与用户体验完美融合的例证。

20.5.1 谷歌涂鸦的基本功能

谷歌涂鸦是为向用户传递谷歌精神和提升互动体验而开发的。谷歌涂鸦团队负责人瑞恩·吉麦克（Ryan Germick）认为，能够通过科技的力量将艺术创作表达出来，为用户带来乐趣，就是谷歌涂鸦存在的价值。谷歌涂鸦的基本功能如下。

1）提醒用户重要节日。

2）提醒用户重要纪念日。

3）向用户提供一些日常生活小知识。

4）让用户从涂鸦中获得乐趣。

5）潜在功能：不断向用户提供参与式体验。

不可思议的是，这些简单的功能给用户留下了深刻的印象，让人流连忘返，以至于人们频繁地查看谷歌搜索主页，看看有没有新的涂鸦版本发布。

20.5.2 谷歌涂鸦的一致性原则

"一致性是图标的重要因素"是设计师公认的原则。这意味着企业应长时间保持相同或类似图标视觉的稳定性，以便让用户记住它。但谷歌似乎打破了该规则，因为涂鸦的关键词是变化。当然，涂鸦的变化也遵循了某种一致性原则，具体原因如下。

1）谷歌是一家大公司，品牌形象非常强大。尽管涂鸦的趋势变得越来越抽象，但这个过程是逐步的，对用户识别的影响是微弱的。

2）人们只有在特殊场合才会看到涂鸦，而且这些场合多与庆典、纪念等有关，这时涂鸦的内容往往会被用户的联想所取代。

3）涂鸦的位置是固定的。通常人们根据其位置就会知道这就是图标，即使视觉上出现了较大变化，也会自然联想到谷歌的标志。

图 20-16 分别给出了纪念爱因斯坦和挪威画家爱德华·蒙克（Edvard Munch）名画《呐喊》的涂鸦。这些都出自用户之手，后台却是谷歌团队强大的技术支持。涂鸦不仅没有削弱谷歌图标的一致性，而且给用户的每一次搜索带来了常用常新的体验。

图 20-16 纪念爱因斯坦涂鸦（上）和纪念名画《呐喊》涂鸦（下）

20.5.3 谷歌涂鸦体验带来的启示

谷歌涂鸦的成功不是偶然的，它既反映了谷歌的个性及对技术创新的热爱，又依靠小小的改变极大地延伸了新鲜的体验。涂鸦团队主要通过以下五个原则来保持这种参与式创作的体验。

　　1）不断改变大纲。

　　2）讲故事的技巧。

　　3）文化多样性。

　　4）交互式技术。

　　5）多样化和富有成果的体验。

　　这些原则都间接保证了交互的趣味性。另外，涂鸦系统的运行也是组织有序的，用户可以很自然地将这些原则与其个性化的绘画风格相结合，动漫、插画甚至游戏都能成为其表现形式。在表象背后，技术是驱动谷歌涂鸦不断演变并始终保持强大吸引力的关键。这也为其他互联网产品的体验设计提供了有益的借鉴。

　　1. 试述谷歌的文化及其体验创新观点。

　　2. 试述谷歌的用户体验设计十大准则。

　　3. 试查阅相关资料，给出详细的谷歌衡量用户体验的指标体系。

　　4. 试述谷歌提升用户体验的三大原则。

　　5. 试述五天冲刺方法的内容及过程，并针对某个自选体验设计任务，给出其五天冲刺工作计划。

　　6. 试分析谷歌与苹果公司在体验创新策略上的异同与关联，并以具体产品为例加以说明。

　　7. 针对本章介绍内容，试分析谷歌在用户体验设计方面有哪些优势与不足，并提出改进建议。

　　8. 小组作业：试自愿组成小组，针对选定的主题，在有限的时间里（如一天内，可按小时规划各冲刺阶段）完成设计冲刺，并通过实践评价冲刺方法的优点与不足。

第 21 章　IDEO 的设计理念与"阿西乐快线"的服务体验

美国的 IDEO 是一家全球顶尖的设计咨询公司，以产品开发及创新见长，它从只有 20 多名设计师的小公司做起，一路成长为拥有数百名员工的超人气企业。IDEO 坚持以人为本的理念，通过设计帮助企业和公共部门进行创新并取得发展；观察人们的行为，揭示潜在需求，以全新的方式提供服务；设计商务模式、产品、服务和体验，呈现企业发展的新方向并提升品牌；帮助企业打造创新文化，培养创新能力。可以说，IDEO 的创新设计理念是其迅速发展、成长为国际有影响力的设计咨询公司的根本驱动力。美国美铁（Amtrak）的阿西乐快线（Acela Express）就是 IDEO 服务设计成功实践的案例之一。

21.1　IDEO 的设计理念

设计理念是指设计师在空间作品构思过程中所确立的主导思想，它赋予作品文化内涵和风格特点。对一家公司来说，好的设计理念不仅是设计的精髓所在，而且能令作品具有个性化、专业化，取得与众不同的效果。

21.1.1　IDEO 简介

IDEO 最初由一群斯坦福大学毕业生所创立，1991 年与三家设计公司合并，成立了今天的 IDEO，位于美国硅谷所在地帕罗奥图市（Palo Alto）。这三家公司分别是大卫·凯利（David M. Kelley）设计室、ID TWO 设计公司（由英国设计师比尔·莫格里奇（Bill Moggridge）于 1979 年创立）和 Matrix 产品设计公司（由英籍设计师麦克·纳托（Mike Nuttall）于 1983 年创立）。

IDEO 曾连续 14 年获得美国《商业周刊》的产品设计大奖，获得过 19 次德国红点（Red Dot）奖[⊖]和超过 15 次的德国 iF 设计奖（iF Design Award）[⊖]。创始人大卫·凯利是

⊖　红点奖：拥有 60 多年历史，建于"促进环境和人类和谐的设计"原则之上的著名的德国红点奖是代表杰出设计质量的标志，其设计概念奖着重产品成型前的概念创意。

⊖　iF 设计奖：主办单位为德国汉诺威工业设计论坛（Industrial Forum Design Hanover Germany），每年 10 月评选，申请资格为已上市 3 年内产品或即将商品化之设计作品，类别有产品设计、生态设计、交互设计等，包括软体及多媒体，得奖产品可与 CeBIT 同步展出，并收录于 iF 年鉴。

斯坦福大学教授，曾创立了斯坦福设计学院，他同时也是美国工程院院士；莫格里奇设计了世界上第一台笔记本计算机 GRiD Compass，也是率先将交互设计发展为独立学科的

人之一。IDEO 专注于不同
的领域，如人因研究、商
业咨询、工业设计、交互
设计、结构设计、品牌沟
通和服务设计等，客户群
分布在世界各行各业和各
国政府部门。IDEO 在 1982
年为苹果公司设计了世界
上第一只鼠标、第一台笔
记本计算机（见图 21-1）和
Palm 的个人掌上电脑等。

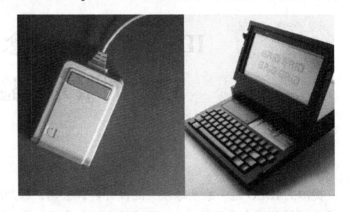

图 21-1　IDEO 设计的苹果公司 Lisa 鼠标（1982 年）和笔记本计算机

　　IDEO 的成功与其与时俱进、不断变革、重塑自身的努力是分不开的。它最初只是一家普通的工业设计公司，专注于大众消费品。从 2001 年开始，IDEO 意识到服务行业已逐渐成为发达国家经济的主体，因此开始进行服务和用户体验的设计，并取得了出色的成绩。IDEO 率先认识到，为了有效提供新的服务和用户体验，企业必须重新设计自身的组织机构、文化、流程及商业模式。因此，它开始进行商业模式、组织机构及企业文化的设计，正式进入主流管理咨询领域，与麦肯锡公司（McKinsey&Company）、波士顿咨询集团（The Boston Consulting Group，BCG）和贝恩公司（Bain&Company）等世界上著名的管理咨询公司展开竞争。

21.1.2　IDEO 的创新设计思维

　　IDEO 总裁兼首席执行官蒂姆·布朗（Tim Brown）曾说过："设计思维是一种以人为本的创新方式，它提炼自设计师积累的方法和工具，将人的需求、技术可能性及对商业成功的要求整合在一起。"换言之，设计思维是一种使用设计师的感性和科学方法以满足人们的需要、把技术和商业战略可行性转化为客户价值和市场机会的方法。IDEO 在早期致力于产品设计开发，从了解终端用户开始，聆听他们的个人体验和故事，观察他们的行为，从而揭示潜藏的需求和渴望，并以此为灵感踏上设计之旅。因此，在很长时间内，IDEO 一直被称为世界一流的工业设计公司。但现在几乎每一名 IDEO 的员工都会纠正这个说法，他们现在更喜欢"商业创新咨询公司"这个称呼。

　　如何才能创新？蒂姆·布朗的答案是，以人为本并运用设计思维（Design Thinking）。20 多年前，刚完成工业设计学业的蒂姆·布朗接手了他的第一个设计项目：为一家老牌的英国机械制造商改进木工机床。他觉得自己做得很不错，但不久以后这家公司就倒闭了。蒂姆·布朗当时并没有意识到，前景堪忧的不是木工机床的设计，而是木制品工业的未来。自此以后，他开始逐渐领悟，以技术为中心或以产品为核心的创新并非正确的观念。当众多企业为了了解用户还在采用大样本做市场调研、数据分析，从而抽象出用

户的需求时，IDEO 已经开始采取以人为中心的设计思维，并整合了不少直觉、感性甚至是灵感的成分。可以说，IDEO 所走的是理性与感性相结合的"第三条道路"。

IDEO 设计思维模式下的创新由"3I"空间构成，即启发（Inspiration）、构思（Ideation）和实施（Implementation）。"启发"是指刺激寻找解决方案的机会与需求；"构思"是指想法的催生、发展和验证；"实施"则是指研究通往市场的步骤。在研究小组不断琢磨想法、探寻新方向的过程中，每个案例都会在这三个空间里来回不止一次。IDEO 的创新设计思维还强调来自用户的需求性、商业的延续性及科技的可行性三个方面的最佳结合（见图 21-2），这也是成功创意的三大准则。它具备换位思考、实验主义、跨界合作、乐观主义等特点。同时，IDEO 的创新设计思维还包含跨领域整合团队、"创新始于眼睛"、发散性和聚敛性思维交错、"用手思考"的原型制作及讲动听的故事五个基本元素。

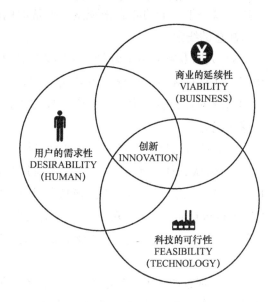

图 21-2　IDEO 设计思维模式下创新的内涵

21.1.3　IDEO 的设计思维过程

IDEO 的创新设计思维过程包括以人为本开展研究、信息整合和快速建模与实施三个阶段。

1. 第一阶段：以人为本开展研究

其核心的立场是"人的视角"，不是上帝视角，也不是创意大腕的天赋。它主要解决的是与"人"的感观、感受和行为相关的问题。以人为本的创新是从"人"的角度而不是从商业价值、技术实现或其他角度去考虑问题，这也是 IDEO 创新设计思维最重要的特征。

（1）最特殊的角色："人因专家"　人因专家是 IDEO 各个项目的"眼睛"。

1）在问题焦点中，"人"处于核心地位。"人因学"一词已不仅限于功能性因素，而是更广泛地着眼于围绕着"人"的一切因素，包括情感、思维模式、文化习惯等。构思任一想法都要考虑其中所涉及的"人"的因素，此时设计创新已不再是设计师个人想象的表达，而是围绕用户面临的问题或基于其思维和行为模式因势利导给出的解决方案。例如，首先问的是"人们需要这个吗？会喜欢、接受吗？这与他们的想法行为一致吗？"而不是"这在技术上可行吗？能实现吗？"当掌握用户真正需求的时候，整个产品设计的过程就会发生质的变革。

2）像"一张白纸"般去调研。在 IDEO，人因学研究的目的是通过揭示尚未被明确表达的潜在需求来为创新提供灵感。在设计团队中，人因专家是连接用户和设计者的桥梁，是将表象（如用户的行为和话语）翻译成想法、行为模式和核心潜在需求的解码者。一旦人因专家进入现场，他们会抛开头脑中先入为主的观点，把所"知道"的一切放在一边，以一张白纸的心态来观察。通常他们能在他人习以为常的现象中看到始终存在却没人注意的线索。

3）人因专家的多重背景。人因研究团队应该有多样化的背景，其学术背景或工作经历与人文社科和自然科学有着紧密的联系。这也源于他们的一些共通特质，即对人的行为和情感的直觉感受力。人因学工作非常强调个人对其他人、其他文化的好奇心及沟通和感知能力。

（2）项目流程：带着问题去量身定制　IDEO项目流程的第一步是内部研究（Looking in），即确认具体要解决的问题。面对用户问题，IDEO首先会访问用户内部的相关部门，确认及修正真正要解决的问题，同时也计划下一步访谈的对象；第二步是外部研究（Looking out），访问对象通常包括用户、经销商、竞争对手、行业专家等。对于每个不同的项目，IDEO都会"量身定制"最合适的研究方法，且从不列出每个问题，照本宣科。

（3）观察的艺术：生活不具有代表性　IDEO相信，当面对问题时，好的做法不是马上去动手做方案，而是先要通过观察洞悉问题在哪里。观察依赖于质量，而非数量。企业熟悉的是主流市场用户的购买习惯，这只是确认已知的事实，不会带来全新的发现。观察的目的是要关注人们没有做的，倾听人们没说出来的，有时关注边缘地带，发现一些"极端"的与普通人生活、思维和消费方式不一样的用户，或许能有全新的洞察。通过无数的观察经历，IDEO意识到，"生活不具有代表性"，要像"一张白纸"般去观察、去倾听，发现背后的真相，才是观察的根本。亲身接触是改进或创造突破性产品的关键一步。

（4）访谈的技巧：太极推手般的互动　这是IDEO调查的重要环节，常用的方式如下。

1）"漏斗式"的切入方式。例如，在对一个关于女性健康的项目进行访谈时，不要开门见山地问："你有什么方面的健康问题？"而应从一些宽泛的、生活化的、相对"简单"的问题入手，如目前的生活状态、生活重心、工作、家庭、期望、计划、焦虑等，然后逐步引申到要讨论的话题。这样做的目的是建立信任，消除戒备心理，从而让对方打开心扉。

2）避免提有倾向性的问题，要选择更多开放性的问题。这也是为了营造自然的谈话环境，而不是对被访者强行操控。

3）倾听，倾听，再倾听。做一个好的"倾听者"，抓住被访者谈话中的一些要素进一步展开话题，就像太极中的推手。成功的访谈是一个互动的过程，讲求的是双方的交互、流动，而不是一方压倒性的牵制。

总之，访谈的目的是寻求用户内心真实的、深层的需求。然而，哪怕再深入的访谈都可能只是在特定情境下用户真实想法的部分表达。有时也需要通过其他方法，如在真实使用环境下的观察等，来达到挖掘潜在需求的目的。

（5）换位思考：体验才能找到改善的途径　换位思考是通过他人的眼睛来看世界、

通过他人的经历来理解、通过他人的情绪来感知的一种努力。对设计师来说，同理心（Empathy）和好奇心同等重要，它要求学会"换位思考"，通过用户的感官来感知世界。有时甚至由设计师"扮演"用户的角色，去亲历他们的场景，以深刻理解设计对象的困惑。

（6）开放的创新心态：突破答案范围的约束　设计活动的实质是以新的方式解决问题，以弥合现状和目标之间的空隙（Gap）。开放的心态是创新实现的前提，不能只是沿习惯从答案 A1 跳到 A2 再跳到 A3，而要考虑为什么答案不能是 B？为什么不能是 Z 或其他东西？要跳出圈外（Jump out of the Box），从问题以外寻找答案。创新几乎是不可传授的，传授就会产生旧有的模式，创新的思维应该是内生的。开放的思维就是要留一个口，让更多的信息和可能性进来，让自己能从当下的空间、维度、坐标跳出去，通过主动思考、想象、关联、突破、趣味等，让创新的思想自然生长，而不是从他处移植。

2. 第二阶段：神秘的信息整合过程

在外人看来，IDEO 的信息总结与提炼是项目流程中最为神秘的部分：一方面，它是透过表象更深入地挖掘其中真正的洞察；另一方面，在杂乱无章、看似没有关联的事实之间建立起必然的联系，挖掘出规律和共性，使之成为可以指导团队设计解决方案的规则。通常在一个 12 ~ 14 周的项目中，信息整合过程差不多要占 2 ~ 3 周，这是衔接前期原始信息收集和后期创新机会点及设计原则形成的重要部分，是一个原始材料经过发酵，直到酿酿出美酒的过程。在 IDEO，信息整合由整个团队共同完成，具体有"梭"型整合、便利贴"蝴蝶测试"、视觉思维和头脑风暴法等方法。

（1）"梭"型整合　观察、调研得来的资料一般有图片、文字、录像，设计师每拐过一个街角，又会萌生一个新的点子。这些林林总总的信息所产生的点子在发散之后需要汇聚，这个过程就像一个"梭子"，从多到少地收敛。从一个问题开始发散，收集现象和观点，探索范围更广的初始可能性，在达到一定广度后又重新开始萃取汇聚，直到最后凝练成解决方案。数据仅仅是数据，从来不会替自己说话。设计团队必须安下心来，组织、诠释数据，将数据整合到前后一致的故事中，创造出完整的想法。这时，设计师会被看成是故事大师，从数据中演绎出可信的叙事。在这一过程中设计师通常需要与作家、记者、机械工程师和文化人类学家协同工作。一旦"原始资料"被整合到前后一致让人饶有兴味的叙事中，下一步整合才能发挥作用。

（2）便利贴"蝴蝶测试"　一般在头脑风暴中，设计团队可能无休止地发散下去。便利贴可以帮助团队捕捉到范围极广的洞察，然后再将洞察以有意义的方式排列起来，汇聚人们的想法，这在 IDEO 被称为"蝴蝶测试"。具体做法是，当项目室的一整面墙都被有前景的想法所覆盖时，把便利贴"选票"发给每个参与者，然后要求他们将选票贴在他们认为应当继续推进的想法上，不久就能看清哪些想法吸引了最多的"蝴蝶"。当然，给予与索取、妥协与创造性组合，所有这些在最后的结果中都发挥了作用。这无关民主，只是使团队的合力最大化，汇聚到最佳方案上，虽然看上去有些混乱，但很管用。

（3）视觉思维　这是 IDEO 的"秘密武器"之一。"一张图片胜过千言万语"，文字和数字虽可表达想法，但只有画图才能同时表达出想法的功能特征和情绪内涵，展现比文字表述更丰富的结果。当精确的数学计算都无法描述或解决问题时，视觉与图形可以帮助人们思考问题，做出正确决定。例如，IDEO 的设计师在为上海益民食品一厂设计光明牌冰砖的包装时，研究了我国的礼仪习俗、传统送礼习惯，尝试让光明牌冰砖成为一种时尚礼物。他们通过视觉手段，描绘了光明牌冰砖这一有着悠久历史的品牌作为礼品的新用途，成功地把一个大众品牌变成了一款时尚礼品。

（4）头脑风暴法　在信息整合中，IDEO 提出了头脑风暴的"三不五要"八项原则，即不跑题、不打断、不批评，要延续他人想法、要暂缓评论、要画图、要奇思妙想、数量要多。这一原则可保证每个参与者都对提出的想法有所贡献。就创造想法来说，没有比头脑风暴更好的方法了。通常 IDEO 的头脑风暴只进行 1h，但要生成 100 个创意，强度很大。

3. 第三阶段：快速建模与实施

快速建模（Rapid Prototyping）是指在最短的时间内、以最具象的形式表现脑海中的想法。越具体、越具象的东西越方便交流讨论，得到的反馈也越具体。建模的方法多种多样，不必是实物，可以是录像，也可以是图画，有时用情节板也能说明一个流程；建模所用的材料可以是硬纸板、泡沫塑料、木头以及任何可以粘贴或钉在一起的东西。IDEO 希望"以尽量低的成本犯错，尽早地犯错"。因此，在设计中会反复执行"设计—建模—反馈"的过程，将研究人员、用户和设计有机地结合在一起，不断地测试、纠正，快速地循环往复，真正保证随时调整方向，不偏离用户的真正需求。同时，通过对模型的测试还可以帮助理解用户的情感反应，建立设计与用户的情感关联。一般快速建模与实施可从快速原型建模和优化用户体验两个方面着手。

（1）快速原型建模　快速原型建模是一个通过动手来思考、用实物激发想象力、从具体到抽象再回到具体的过程。需要注意以下几点。

1）模型不求精细，胜在快速。IDEO 的信条是"失败越早，成功就越早"。初始模型即使粗糙也没关系，因为它会经历一个反复改进的过程。如果初始想法一经验证不是用户想要的，就马上更换，以此保证设计和创新的周期。

2）适可而止、恰到好处的模型。这个模型不是能当产品使用的原型，而是赋予想法具体的外形，了解这个想法的优点和弱点，并找到新方向来搭建更详细、更精密的下一代模型。"恰到好处的模型"意味着选取需要了解的东西，做出能反映这些要素的模型，并将其作为关注的焦点，为验证设计思想的发展所用且够用。

3）为组织和商业模式建模。不仅是产品原型，也可以为组织和商业模式建模。在 IDEO 看来，想法要经由适当的媒介表达出来、化抽象为具象，并展示给别人以获得反馈。例如，2004 年因制作《欲望都市》而闻名的美国 HBO 项目团队为各种播放平台制作了模型，走过模型就能体验到效果，让公司高管看到用户如何从不同设备上获得电视节目并互动，帮他们直观地看到将要面临的机遇和挑战，在解决战略层面的问题时发挥了重要作用。

（2）测试与优化用户体验　优化用户体验是指借助测试，从全局来把握体验的效果，平衡局部因素，以确保全局最优化。这也包括让用户参与使用各种原型，即所谓身体风暴，通过观察用户使用的实际情况获得反馈。IDEO 拥有的高水准作坊可以生产各种实物模型，这也是其快速创新的一个秘密。

人们不只需要装在漂亮包装中的产品具有可靠的性能，还要求覆盖全生命周期的各个部分形成一个整体，从而创造出全面的使用体验，这比解决产品功能问题要复杂得多。相对于制造业来说，服务业的要求会更高，难就难在要能激发用户情感上的共鸣。例如，丽思－卡尔顿酒店（The Ritz-Carlton Hotel）请 IDEO 帮助考虑如何在其旗下的酒店中大规模地创建体验文化，既把个性化体验贯彻到每个酒店，又不失人情味和自身的特色。IDEO 的设计师开发了名为"场景图片"的项目，旨在为总经理配备一种工具来预测并满足顾客的期望。在第一阶段，设计团队制作了一个工具包，包含启发性案例，用来展示出色的体验文化是什么样子，还采用艺术和戏剧的视觉语言，包括场景、小道具以及原创摄影，以捕捉精确的情绪氛围等；第二阶段，设计团队重塑酒店管理者的角色，不仅是业务经理，还有能够设计与创造丰富顾客体验的艺术总监，使之与酒店的体验文化相适应。"场景图片"开发了一个模板，帮助酒店经理自行判断是否达到了设想的场景所描绘的高标准，甚至允许从头开始描绘自己的场景（见图 21-3）。由此使酒店内外兼修，带给顾客别具一格的服务体验。

图 21-3　不同的酒店体验风格

可见，IDEO 的设计思维不是艺术，不是科学，也不是宗教，而是整合思维的能力。与传统思维不同，IDEO 的设计思维过程应视为一个由彼此重叠的空间构成的体系，而不是一串秩序井然的步骤。它经历了三个空间：灵感、构思和实施。这里，灵感是那些激发人们找寻解决方案的问题或机遇；构思是产生、发展和测试创意的过程；而实施则是将想法从项目阶段推向人们生活的路径。IDEO 创新设计的具体方法包括定性和定量调研、信息的具体呈现、创新战略、企业组织架构设计及商务模式的设计和验证。尽管 IDEO 创新设计思维并非一成不变的教条，但理解其精髓对帮助设计师灵活应对不同的问题和挑战依然十分有效。

21.1.4　IDEO 的创意方法

在长期的设计实践中，IDEO 总结了一套行之有效的产生好创意的方法。具体如下。

（1）暂缓评论（Defer Judgment）　先不要急于对别人观点做是非对错的评论，保护出点子人的积极性，避免打断群体思维的联想和延展。同时，这也是对提出点子人的尊重。

（2）异想天开（Encourage Wild Ideas）　有的人很怕说错话，这导致其在别人发言时，自己脑中总是在想"我要怎么讲才是对的""要怎么讲才能体现我的水平"等。这是因为缺乏异想天开的环境。只有让奇思妙想大行其道，才能让每个人真正去思考设计，而不是考虑水平和对错。

（3）借"题"发挥（Build on Ideas of Others）　有时候别人会提出来很疯狂的点子，虽然你自己是专家，知道行不通，但在座很多不是专家的成员，说不定听到后会得到启发、产生灵感，在这个疯狂点子的基础上，或许能提出更切合实际的方案。

只有在"暂缓评论"的环境下，才能让更多的人借"异想天开"的点子发挥。因此，这三个方法是鼓励提出好点子的环境基础。

（4）不要离题（Stay Focused on Topic）　每一次讨论都要制定一个明确的题目，避免异想天开而导致一堆杂乱无章的想法无法收敛。

（5）一次一人发挥（One Conversation at a Time）　讲话的时候，要一次由一个人讲，不要七嘴八舌，否则就没办法做记录。

（6）图文并茂（Be Visual）　鼓励大家在想点子时，最好用图案的方式画出来。不善画图也没关系，能说明问题就行。这是因为有时收集了很多点子贴在墙壁上，过几天再回去看，如果只有文字，就可能会想不起来内容到底是什么。画图可以帮助记忆。

（7）多多益善（Go for Quantity）　在 1h 之内，鼓励大家尽量多讲，要讲究速度。IDEO 公司内部一般 1h 可以汇集 100 个点子。如果与用户一起合作进行头脑风暴，因为企业文化和习惯的不同，这个数字会相对小一些。

所谓知易行难，乍看上去 IDEO 产生创意的方法并不神奇，但是如果坚持照此去做，收获往往是巨大的。

21.2　IDEO 的创新设计流程

相比商业思维的结果导向，设计更强调过程——通过好的过程得到好的产出。IDEO认为，适宜的解决方案是一个系统的方法，而不仅仅是重新设计某一部分；IDEO 的设计流程实质上是对无穷尽的可能性做逐步收敛，最后得到唯一的最终方案，即发散→收敛的过程，如图 21-4 所示。

图 21-4　IDEO 的设计流程

◾ 21.2.1 启发

启发（Inspiration）是指通过一定的方式阐明事例，促使对方思考、领悟。启发是对设计任务的深入理解和深刻洞察，得到的是对任务的清晰定义，包括理解（Understand）、观察（Observe）和综合（Synthesize）三个方面。

1. 理解

理解的哲学概念是由每个人的大脑对事物分析所决定的对事物本质的一种认识，即知其然，知其所以然。在这里，理解是指利用设计师或分析师对用户行为和心理的敏锐洞察能力，明辨服务或产品的需求及用户的目标、深层动机、行为、想法、态度和价值观等，了解真正的设计挑战是什么，也包括对市场、用户、技术及有关问题已知局限的分析。很多时候用户对问题的描述多停留在表象，不足以说明其本质所在。理解问题就是为了挖掘深层次动因，更清晰地定义问题、识别机会，提炼设计价值和意义。

成员与方式：在这个阶段，创新团队由一群来自不同专业的人组成，如心理学、建筑学、语言学、生物学等专业；组织是扁平的，没有上下级之分，人人都是参与者，都有自由发表意见的权利。具体可采用故事表达需求和问题、焦点小组等方式。

2. 观察

IDEO 通过观察场景中的人来获得灵感，把握设计"痛点"。观察的内容包括：现实生活中人们想的是什么？他们的困惑是什么，喜欢和讨厌什么？哪些需求是现有产品和服务所不能满足的？此外，换位思考也是观察过程中常用的方法。观察重质量而非数量。

成员与方式：所有团队成员一起到现场去观察，了解用户的需求、困惑和满意的地方，倾听用户的声音。与其做市场调研，不如亲身观察体验用户的需求；具体方式可以是观察或对话、访谈、亲身体验等。

在观察和理解中，IDEO 常采用小组访谈、一对一上门访谈、自我记录、类比观察、深入式情景观察及专家访谈等独特的定性调研方法。这些方法之所以奏效，是因为用户通常无法直接告诉你需要什么，并且说的和做的也经常不同，这是调研时的障碍。就像老福特（Henry Ford）所说，用户不会告诉你他需要汽车，而是需要更快的马车。同样，iPhone 推出之前也不会有人说需要 iPhone。所以，用沉浸式的观察和类比研究常常会带来突破性的创新。有时观察和理解经常交错进行或同时使用，对弄清楚问题的本质来说，这二者也有互为补充的作用。

3. 综合

综合是在分析理解的基础上对观察结果的总结，是一个典型的信息整合过程。可以通过对观察理解中收集信息的编辑、提炼和分析总结，让创新团队形成一个全新的视角，明确创新的机会点。IDEO 设计思维中的信息整合方法都可以应用到这里。具体步骤如下：

1）步骤一：分享所见。根据之前的观察记录下受访者所说的话，尽可能具体地讲述发现。可以用在白板上贴小纸条的方式把信息连接起来，提供直接的视觉感观，形成一个完整的故事，与大家分享，试试你会看到什么。

2）步骤二：发现共有的规律和模式，找出重要的主题。对调研结果进行重要性排序，找到层级关系。这需要寻找共通性与主题，思考不同主题之间的关系，尝试不同的组合，讨论分析不同组合及其差异。

3）步骤三：提炼关键洞察。洞察是一种独到的观点，可以在复杂的设计挑战中带来清晰的理解，揭示隐藏的意义。它是在细致研究后得到的要点，让设计有明确的方向。洞察有直觉的因素，若要防止直觉走得太远，还要进行反思，综合各种看法，让思考围绕创新的目标展开，最后产生称为洞察的成果。

启发是提炼洞察行之有效的方法之一。这里有个办法，能帮助在讨论中快速"放大"（Zoom in）和"缩小"（Zoom out）。具体是将当前对问题的描述作为起点，连续提问 5 个 Why（为什么）和 5 个 How（怎样做）（见图 21-5）。例如，要做一个手机外放音量增强的功能，提问的 5 个 Why 是：为什么用户需要音量增强？因为不够大声；为什么要大声？因为不大声听不清楚（大声就可以听清楚吗）；为什么要听清楚？因为这样才能更好地欣赏到歌曲（更好地欣赏歌曲还需要什么）；为什么要欣赏歌曲？因为想打发时间 / 放松心情；为什么想打发时间 / 放松心情？因为空闲无聊 / 排解压力……追问下来，发现音量增强背后深层次的需求还是离不开听音乐的目的。那么在音量太小的情境下，增大音量是否唯一的做法？或者说做了是否对目的有帮助？接着提问 5 个 How：怎样让用户增大手机外放音量？（从 n 个方案中挑选出）提供一个调节音效的功能；怎样调节音效？（从 n 个方案中挑选出）给一个类似音量的控制条，可以左右拖动；怎样做出控制模块？（从 n 个方案中挑选出）有一根长条形的进度显示，加一个当前位置的句柄；长条形要有多长？多高？什么颜色？……5 个 Why 追根溯源，5 个 How 深入细节，将原本只有二维的平面问题拉出一条 Z 轴，让人们能快速地从宏观到微观走一遍，更好地定位问题、提炼洞察。

4）步骤四：当提炼出关键洞察后，需要找到最好的方式，分享最有价值的理解与观察信息。具体方法可以尝试：考虑如何将不同的洞察组成一个有意思、吸引人的信息；尝试用不同的文字语句或结构替代理解与观察调研结果，找出最好的表达方式；从听众的角度考虑哪些描述是不需要的，哪些是要避免的；尝试从不同的切入点与框架表达理解观察的结果。

5）步骤五：发现机会点。机会点是创意和解决方案的跳板。发现机会点需要重新清楚地说明问题所在和需求。可以用"我们如何"这样一句话开头，来启发对可能性的思考，从而探索机会点。例如，在英语学习的案例中，发现用户学英语是想改变个性，这就是机会点。提到这个机会点时，可以这样说："我们如何帮助人们从学英语转变为自我成长？"这里，机会点不是简单地教英语，而是在教学过程中影响人，据此可以做进一步的创新。

成员与方式：本阶段的成员主要是参与观察的所有团队成员；过程涉及大量的小组讨论、头脑风暴等方式。

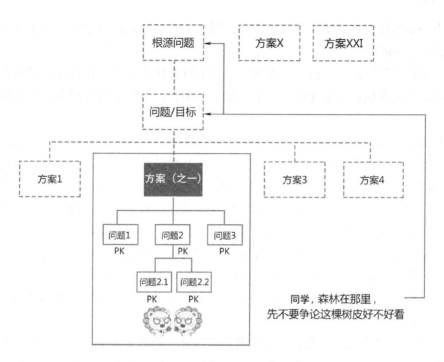

图 21-5　如何发现问题的根源

21.2.2　构思

构思（Ideation）过程包含头脑风暴、制作模型、测试和完善等步骤。它是一个快速迭代循环，也是创新过程中团队集体讨论最密集的阶段。通常用计算机或物理模型来模拟构想，进而设想用户的体验，有时甚至在新产品诞生之前就制作了关于这种未来产品表现的生活录像。

（1）头脑风暴　头脑风暴是为了针对机会点获得更多的产品创意，方案探索则帮助从众多可能性中找到最优方案，做出更好的概念设计。为什么不直接得到唯一最优的方案？因为单一的方案限制了可能性，也缺乏对比。另外，如果过早敲定一个方案，到了中途再想到其他可能性时修改成本就非常高。及时建立模型，在较早的阶段发现错误，用低成本的方式进行筛选，再确定最终方案，这也是构思过程中模型制作、测试和完善等步骤的作用。

（2）制作模型（Prototype）　头脑风暴之后，不要把创意停留在抽象阶段，测试创意的最佳方式是通过动手制作模型来尝试体验、启发思考。对头脑风暴的结果需要进行较为深入的方案评估，这是从技术、商业、文化等多维度对创意可行性的考量，并引入目标用户进行测试、筛选方案、提炼模型、调整方案或重新设计。模型制作可以是一种粗糙、迅速的制作过程，低成本地呈现创意，获得一些有形的实物来与他人沟通，以期获得有效的反馈，方便进一步完善。模型的类型可以是空间和服务，如搭建简易的饭店模型或模拟服务的流程，也可以是数字交互，通过一些草图来示例，另有一些是视觉素材，还可以是体验模型、角色扮演等。早期可以做草模或功能原型用于测试，中后期可制作细节更为完整的高保真原型或手板。此外，制作不同精细度的模型也有利于在较早的阶段发现设计中的错误。

快速制作模型时，需注意以下方面：要制造可操作的模型；什么都可以用来制作原型；善用摄影机表现；追求速度，不求细致、花哨；善于创造情节和应用角色模拟切身体会等。

（3）测试和反馈　测试就是让目标用户在实际场景中使用产品模型，以获得反馈来修改和调整模型或重新设计。测试和反馈要始终贯穿设计流程的各个阶段，最重要的是对模型的评估和快速改进。在这个阶段，IDEO 会将诸多选项过滤到只剩几个可能的解决方案。具体做法有：脑力激荡，即以非常快速的议程，剔除不可行的构想，锁定剩余的最佳选项；专心制作原型，即就少数几个重要的构想，专注打造原型，以期能最好地呈现设计方案；加入用户观点，即主动邀请用户参与这个流程，以帮助过滤选项；展现纪律，即对看准的方案，要毫不犹豫地做出选择；专注于流程的结果，达到最佳解决方案；达成协议，即取得利益关系人的大致认可，越多高级主管拍板敲定的那项解决方案，成功的概率就越大。

（4）完善　完善是针对模型测试发现的问题进行的修正和提高，也是对产品概念的反复优化。在改进中可以从企业内部、目标用户及与计划无关的学者那里获取信息，对起作用和不起作用的、让人困惑的和似乎喜欢的因素都要全面关注，接着在下一轮工作中逐渐改进。

成员及方式：本阶段的主要参与成员是产品设计团队；具体方式有头脑风暴、情景模拟、概念设计、思维可视化、快速制作模型和测试评估等。

构思是一个快速迭代的有限循环，其结果应该是相对完善的产品方案（见图 21-6）。重复在 IDEO 构思流程中经常用到，即遇到难以克服的问题时，尝试返回上一级或开始阶段，不断地重复这个流程以获取新的灵感和想法，直至发现

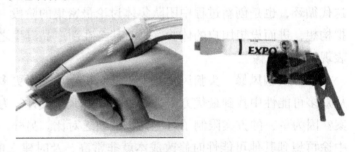

图 21-6　从模型到产品的不断完善

并解决问题。IDEO 的构思过程十分强调不同学科背景的人之间的合作，一个设计团队通常由 3 ~ 5 人组成，他们来自各个领域，以不同的视角观察和讨论，最后形成比较全面的观点和创意。

■ 21.2.3　实施

完成了构思的过程之后，就进入了将概念打造为成品的最后阶段——实施（Implementation）。它是对最终设计的表达，包括实施的沟通和执行。

（1）沟通　实施层面的沟通是广泛的，一方面是将产品设计方案与工艺、生产、供应部门进行的沟通，以确保产品可以顺利地投入生产，另一方面是与市场营销部门、用

户之间进行的沟通。为了确保解决方案是有效可行的，通常会向市场投放一些原型产品进行测试。这种沟通针对样机或小批量投放市场的产品，通过分析市场数据和用户反馈获取更多的用户意见、建议和需求。为了尽可能多地掌握新产品、新服务目标用户的情况，需要与用户积极沟通，用热情的态度打动用户。

（2）实施　沟通阶段之后是产品的规模化部署、生产及上市，以及持续的跟踪和改进完善产品体验。在这一阶段 IDEO 所做的工作包括：集结工程、设计、社会科学专家，发挥所长，创造出实际产品或服务；选择制造伙伴；广泛测试成品；必要时还可协助进行用户宣传、市场推广等产品上市活动。执行不仅是从任务到概念直至产品上市的最后阶段，也是产品更新、改进优化及使用体验迭代的新的开始。

成员与方式：本阶段的成员主要有项目涉及的企业设计、生产和销售人员、典型用户等；具体方式有内部建议、用户反馈、市场调查、统计等。

IDEO 创新设计流程是历经多年探索才形成的体系。IDEO 提供服务时，并不是从产品设计开始，而是先将创新的思维方法教给用户，与用户共建项目小组、一同工作，直到确保用户掌握这一方法论，双方的合作才能实现无缝衔接。例如，IDEO 在俄亥俄州辛辛那提市为宝洁总部建立的名为"体育馆"的创新中心，便是这样合作的成果。更为难能可贵的是，通过这种方式的项目合作，用户不仅仅获得了产品，更是习得了支撑企业永续发展的创新机制。

21.3 "阿西乐快线"的服务设计

阿西乐快线是由美铁经营的沿美国东北走廊的一条高速铁路，从华盛顿特区至波士顿，途经巴尔的摩、费城和纽约，全长 734km，采用摆式列车技术，最高时速达 240km，是美国真正意义上的第一条高速铁路（见图 21-7）。1998 年，美铁同意做一个彻底的关于全部服务体验的概念重构，由此成就了 IDEO 服务设计成功的典范，创造了最受欢迎的火车线路。

图 21-7　美国阿西乐快线地图

■ 21.3.1　IDEO 的服务设计认知

IDEO 进入服务设计领域的理由是扩大应用服务，而其真正涉足服务设计则是一个偶然的机会。1997 年，美铁客运公司找到 IDEO，希望他们能为从华盛顿哥伦比亚特区到波士顿的火车专线——阿西乐快线做一个设计评估，改善车厢内座位的乘坐体验。IDEO 意识到，要想做一个成功的服务设计，公司需要考虑整体的乘客体验，车厢的座位只是其中需要考虑的一个部分。时任 IDEO 公司项目经理的理查德·艾瑟曼（Richard Eisermann）回忆说："当我们接手这个项目时，帕罗奥图（Palo Alto）的工程师们彼此之间有很多意见冲突。记得当时我把大卫·凯利（David Kelley，时任 IDEO 公司总裁）拉到一边向他征求意见。他说，我们所要做的就是专注于用户，挖掘出用户背后的故事，最后得到一个解决方案——尽我们最大的努力去做，最终就会得到一个令人满意的结果。"

IDEO 认为，服务设计和产品设计都是基于相同的原则，遵循基本的步骤，即观察、分析、设计概念生成，直至细化、实现。"服务设计并非从根本上不同于产品设计。我们在服务设计中使用的基本设计方法并没有什么不同，它们只是量身定做的。"时任 IDEO 设计师劳拉·维斯（Laura Weiss）说。当然，由于不同项目的性质也不同，与产品设计相比，服务设计项目往往对人员素质的要求也有所不同。虽然本质上也是以用户为中心的，但由于大量的服务本身存在于一个组织内，因此，服务设计还需要一种面向系统的方法和"大图片"的思维。

■ 21.3.2　IDEO 的服务设计研究策略

当对阿西乐快线做服务市场研究时，美铁公司发现，尽管人们仍然喜欢乘坐火车，但讨厌被当作货品（运输）。据美铁执行副总裁芭芭拉·理查森（Barbara Richardon）说："人们喜爱长途旅行的观念，从窗口望出去，让人感觉放松。但令我们失望的是，这些都没有转化到美铁（具有的属性）。我们被当成了一个工具。"IDEO 最初的任务只是设计火车的扶手椅，这本身也并非微不足道，因为大多数人认为旅程舒适性是乘火车旅行时最重要的指标。但 IDEO 觉得这种说法只是试图解决表面症状，而不是问题的根源。座椅只是整体用户体验的一个组成部分，如果美铁的新服务要成功，那么整体用户体验必须得到解决。

作为研究的一部分，IDEO 在其移情观察阶段采用了多种不同的策略。

首先，IDEO 人因专家"全程跟随"了广泛的铁路旅客群体，如退休的祖父母去探访他们的孙子；一个商人的出差之旅；一对年轻夫妇带孩子们去度假等。对于每组乘客，IDEO 都试图了解哪些现有的服务不合适以及这些服务的哪些方面可以改进。为此，他们甚至全程跟踪了一个坐轮椅的乘客，从起始车站到旅途全过程，以得到其上下车及乘坐中的感受。

其次，IDEO 的移情观察不只停留在用户层面，还调查了火车员工——从指挥调度、火车司机到高级管理人员和车站操作员，以期获得更多的信息。

最后，IDEO 的用户研究不仅考虑局部对象，也考虑系统设计，专注于把各种因素关联起来。在阿西乐快线项目中，就把乘客、铁路工作人员、铁路管理人员以及火车车厢、站台等硬件设施一起，作为一个系统整体来考虑。

经过深入研究，IDEO 发现，对用户来说，火车旅行事实上早在他们实际登上火车之前就已经开始，并且在他们下车后还会延续一段时间。

21.3.3 阿西乐快线的服务设计流程

在设身处地深入观察的基础上，IDEO 和其合作伙伴斯迪尔凯思公司（Steelcase）决定把旅行体验作为一个综合系统来对待。为了更好地了解旅行的不同阶段，IDEO 创建了一个"用户旅程地图"（Customer Journey Map，CJM）（见图 21-8）。这是在用户服务中必须经历的所有步骤的蓝图，对记录服务的行为是非常有用的。用户旅程地图并无定式，可以使用任何能够清晰表达出整个故事的形式。

IDEO 为阿西乐快线创建的用户旅程地图清楚描述了人们乘坐美铁火车经历的 10 个步骤。具体如下。

1）学习（关于路线、时间、价格表等）。

2）规划。

3）开始。

4）进站。

5）票务。

6）等待。

7）登车。

8）行程。

9）到达。

图 21-8　用户旅程地图示例

10）继续（在旅程结束后）。

IDEO 意识到，为了向用户提供他们寻求的服务，必须全面设计用户旅程中的所有 10 个步骤，而不仅仅是改善乘车旅行或改进座位的舒适度。IDEO 的阿西乐快线项目主管理查德·艾瑟曼说："我们希望创造一个无缝的旅程。乘坐火车实际上是第 8 步，这 10 步成为我们试图去做的核心，我们想看看设计的影响。"在这 10 个步骤中，每一步都被认为是一个设计的机会，对整体的成功都至关重要。而最初的设计要求——乘车的体验，只是整体系统中的一小部分。在 IDEO 的方法中，用户旅程地图是一个非常成功的工具，它能使服务设计者看到隐形的服务。

最先提出"服务设计"一词的英国学者比尔·霍林思（Bill Hollins）在其 1991 年出版的设计管理学著作《完全设计》（*Total Design*）中写道："不同于制造业组织，在服务设计领域的规范……往往没有被记录下来。"用户旅程地图使得服务设计师能够思考用户获取服务的每一个步骤，并能充分考虑对所有不同服务的"接触点"。另一位在伦敦的 IDEO 服务设计实践主管康瑟斯·撒玛林尼斯（Concurs Fran Samalionis）说："服务设计的一大组成部分就是试图使提供服务期间发生的相互作用具体化。"通过使用用户旅程地图，收集了全面的用户旅行信息、用户接触点和关键时刻，在此指导下，IDEO 形成了三个主要的成果。

1）火车车厢的布局和设计。

2）一套车站概念设计（处理用户旅程的其他方面）。

3）品牌战略和形象平台（与品牌战略公司合作完成）。

项目实施期间，为了实现对服务的各种组件进行原型设计，IDEO 在波士顿的工作室内甚至搭建了半截车厢，用来模拟乘客区、服务区甚至洗手间。作为原型的一部分，IDEO 还让来自美铁的实际服务人员和潜在乘客亲自走上模拟车厢，使用并提出意见和建议。事实上，IDEO 及其设计伙伴最后重新设计了整个阿西乐铁路系统，从网站订票到候车室，再到客车和餐车的内饰，包括火车站的信息亭甚至工作人员的制服。

重新设计的结果大大提升了阿西乐快线的乘坐体验，增加了乘客的数量，并将阿西乐快线打造成了全美国最受欢迎的火车线路之一，至今依然魅力不减（见图 21-9）。

图 21-9　美国阿西乐快线

思考题

1. 试述 IDEO 的创新设计思维内涵。

2. 试述 IDEO 的创意方法，并根据你的理解加以补充。

3. 简述 IDEO 的服务创新设计流程。

4. 在美国阿西乐快线的设计中，十分重视各种因素的"关联"。根据你的理解，试分析这种关联的含义，并给出服务设计中几种关联的例子。

5. 试分析用户旅程地图与服务蓝图的异同。

6. 通过本章的学习，试以某公交系统为例，参照阿西乐快线服务设计过程，尝试画出用户旅行地图，找出服务"接触点"及"关键时刻"，并通过设计改善系统的用户体验。

用户体验设计的未来

发展篇

"

　　日新月异的新技术正在重塑人类社会的业态。"互联网+"、大数据、人工智能、虚拟现实、物联网、机器人技术……世界上的传统企业都正在经历着新技术大潮带来的巨大冲击。通信巨头诺基亚商业帝国轰然崩塌，亚马逊（Amazon）、Facebook、阿里巴巴（Alibaba）等互联网公司飞速崛起，无数鲜活的实例无不昭示着新技术的威力。21世纪是"体验为王"的时代，纵观风起云涌、异彩纷呈的新的技术突破，发展和成功应用，用户体验设计在其中扮演了重要的角色，起着不可忽视的作用。

　　那么，用户体验设计未来将向何方发展？未来的用户体验设计将会是怎样的？大数据、人工智能等新技术会带给用户体验设计哪些变革？这些正是广大设计师共同的关注点。来自一线有影响力的专家，在自己长期实践经验的基础上对用户体验设计未来发展的展望，或许能在一定程度上帮助解答这些疑问。

　　当然，作为一种在实践中发展起来的新技术，用户体验设计自身也在随科学与技术的日新月异而不断演变。以开放的思维、动态的眼光、综合的观念去观察、研究，以不变应万变，或许是把握用户体验设计未来的最佳方法。

"

第 22 章 用户体验设计的发展与未来

人们对未来总是充满了期待和幻想。那么，用户体验设计的发展趋势和未来会是怎样的？对此，业界开拓者们有很多畅想。这或多或少能大致勾勒出用户体验设计未来的轮廓，对工作在一线的体验设计师或致力成为体验设计师的从业者来说不失其启迪意义。

22.1 用户体验设计的发展趋势

用户体验设计在不远的未来会有怎样的发展呢？回顾历史，会发现这个领域的很多变化，据此或可以展望未来的发展。下面将从可用性、热门词汇、对话、交互维度、无缝体验、虚拟现实、UX（User Experience）设计师身份、自动化设计和 UX 设计师使命共 9 个方面，来探讨用户体验设计的发展趋势，如图 22-1 所示。

1. 可用性已成 UX 的标配

设计模式依然很重要。越来越多的设计师开始依赖强健而完善的模式化交互来解决常见的用户需求和用例。现在基本的问题大多已有现成的方案，那么还要向什么方向努力呢？不要为了创新而创新，而是要在需要创新的时候，有目的、有针对性地开拓。就像试图为网站或者 App 创建一套完全颠覆性的导航系统，从长远来看，这种做法可能会带来可用性方面的风险。这时就需要静下来思考一下，当试图引入全新的交互模式的时候，真的符合用户的预期和需求吗？幸运的是，现有的交互模式库和设计准

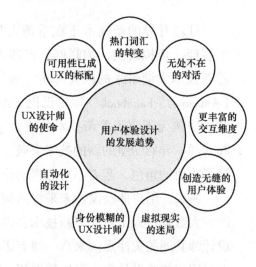

图 22-1　用户体验设计的发展趋势

则（Guidelines）都会鞭策设计师专注于用户真正需要的、重要的东西。优秀的设计需要时间来验证。反观当前任何成功的产品，它们大都符合基本的可用性标准和规则。例如，尽管有人会质疑 Snapchat 已经没有了最"直观"的体验，但它仍然是成功的产品。

专注细节、夯实基础。如今，产品可以很快满足用户对可用性的要求，竞品之间

可用性上的差距会很快被缩小，而真正能够区分数字产品高下的是其相关性和令人愉悦的体验。"可用性"自身的重要性正在降低，人们对它的要求已经很少了。在功能特征99%趋同的情况下，用户是选择 Gmail 还是雅虎邮箱、Medium 还是 Blogger 呢？这绝不是可以靠可用性标准选择的。真正区分彼此的是更为深层、更为复杂的东西，当投入足够多的时间和精力去揣摩其中最细小的细节、微妙的动画和优雅的过渡效果，才会明白个中差异——这不是一个异想天开的小样所能做到的。所以，在未来，设计师应当勇于以现有的设计模式为基础，投入更多时间去揣摩那些与体验感受更相关、令人愉悦的细节——创造真正使人难忘的设计。

2. 热门词汇的转变

词汇承载着很多意义，观察其意义随着时间的推移如何变化也很有趣。比如，使用"对移动端友好""直观"来描述用户体验时，它们的语义到底发生了什么样的变化？回顾 2011 年，几乎所有人都在探讨"响应式设计"，流动式的布局让前端一次性地编写网站代码，就能流畅地兼容多个不同尺寸的屏幕。如今，瀑布流布局和响应式设计已经是 HTML 的基本功能了——可是这些年，当谈及 Web 用户体验的时候，绝大多数时候还是说的大屏幕、桌面端屏幕分辨率的体验。回归基础，人们创造了"响应式设计"这一概念。在过去的几年中，这是每个人写作、学习和发微博的话题。快进几年，"响应式"网站会成为新规范（见图 22-2）。现在，人们只需要关注异常，因为对很多团队、项目和公司来说，响应式设计已经成了每个人从一开始就应该达成的共识。

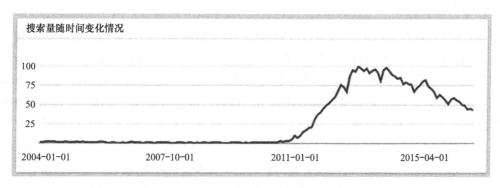

图 22-2　谷歌上"响应式设计"搜索逐年变化情况

词汇的含义随时间而变迁，"响应式设计"只是这些热门词随时间改变的一个缩影。类似的情况还有：人们不再使用"直观"来描述体验了——通过用户测试和用户反馈来了解是否"直观"；已经越来越少讨论内容是否要置于"上半屏"或"下半屏"，多种屏幕尺寸已快速地使这样的概念都彻底过时了；已经不再说"点两下就可以看到"，额外的点击在低网速时对鼠标和超文本链接来说是额外的负担；不再使用"以人为本"来表述一个过程，如今成功的、有能力的公司都会在开发过程的特定的阶段或项目的特定时点引入用户。例如，谷歌甚至在 2016 年将"移动端友好"的标签从搜索结果中移除，因为 85% 的移动搜索结果都已经符合"移动端友好"的标准，所以这个标签自然就毫无意义了。如今，几乎所有的网站都应该是对"移动端友好"的，所以在交付设计稿的时候，已经不需要反复强调这一点了。可见，"热门词汇"会随所面临的挑战与问题而快速更替。在未来，当谈到用户体验的时候，哪些词汇会从日常用语中消失，又会增添什么新词呢？

3. 无处不在的对话

"Chatbot"（聊天机器人）是时下热门的词汇之一，如果某产品／服务中还没有这么个模块，相信很快就会做一个。那么，未来的"对话界面"看上去应该是怎样的呢？uxdesign.cc 网站发表了《设计对话的技术和社会挑战》一文来帮助设计师开展这方面的工作，其中就有"原型机器人体验"，甚至给出了在 2016 年见到的"最好的 Chatbot 体验"。

从本质上来讲，所有模仿真实的人类对话的界面都是对话式界面。换个角度来审视现在的 UI 界面，本质上它们不就是用户和机器之间的对话吗？想想我们每天所用的 App，如打车应用优步（Uber）。首先你告诉优步要打车；之后优步会询问你想要去哪儿，然后帮你找一个驾驶人，并且告诉你将会等待多久；当行程结束的时候，它会询问你这趟行程到底如何；接下来，你以打分的形式告知系统你对这次行程的体验。传统的界面和对话非常相似——只不过这种对话是通过按钮、菜单和其他交互控件来实现的。而语音对话式的 UI 在结构上与传统的 UI 几乎没有区别，只不过用语言和对话替换了按钮、菜单。

"Chatbot"是下一个设计界的热门词汇——行业里有大量的创业公司将它作为着眼点，而大型科技企业也对 Chatbot 保持着高度的兴趣与探索的热情。自然地，对于企业和品牌而言，自动而智能化的对话体验，使得随时随地以更灵活的方式激励用户、与用户对话和通过服务建立信任成为可能。以我国的现象级应用微信为例，它已经是多种服务的集成，用户数量已经超过 5 亿人，从基础的聊天和沟通、到社交内容分享、购物、支付、游戏、约会，几乎覆盖了生活的方方面面。所有的这些都是通过一个又一个的对话来实现的——这些会话内运行着多个小程序（Mini-apps）。而像 Massenger、kik、Slack 这样的服务，也都在尽可能地强化对话式的用户体验。至于诸如 Siri、Alexa、Google Home 这样的语音界面的聊天机器人，在不久的将来，将会彻底改变信息服务和界面交互的模式。未来的交互界面将不再是由按钮构成的了。关于对话式界面，可以参考这篇文章：《图形界面的末路？聊聊未来可能会流行的"对话式交互"》。在未来，公司会将它们软件产品的主要体验转移到语音聊天风格吗？人们已经找到了真正具有良好体验的语音聊天的用例，还是只是在炒作？

4. 更丰富的交互维度

设计师已习惯了设计按钮、菜单、屏幕界面，而随着技术的发展，开始进入新的、不熟悉的领域，真的准备好了吗？屏幕是有限制的，它是二维的，也是冰冷的。但是设计师通过设计，模仿人类的行为、识别常见手势、发明隐喻等，让基于屏幕的交互拥有了真实感。然而，当让虚拟的服务走向现实的时候，情况就开始发生改变了。比如，基于语音的交互，需要系统能够理解人类，不仅仅要理解其所说的内容，还要能够理解是如何进行表述的（语气）。同时，在与机器进行交互的过程中，用户说话的节奏、间隔、停顿、语调、文化背景、年龄、口音等，都会对整个体验产生直接的影响。在虚拟现实的设计当中，同样也要注意类似的问题。想要给用户带来沉浸式体验，所要识别的不仅仅是用户的手势本身，还需要能够分辨其微妙的肢体语言，了解用户的习惯、姿势变化的含义、用户的个性以及文化背景和年龄等因素的影响。

完善专家团队很重要。人类总是期待与机器的沟通能像与人沟通一样自然而简单。然而，现在的机器并不足以提供这样的体验，所以需要专门的人训练机器来理解语调、手势和功能区分。企业需要的不仅局限于界面，因而需要设计师做的事将更多。人种学和人类学对于网页设计的重要性越来越明显，现在已成为将创建的交互的核心，因为世界范围内不同文化背景下行为和手势的识别都需要这门学科的支持。必须有人关注、理解这些，并将其转化为数字交互。更重要的一点在于，懂得这些知识的人并不一定非得是你自己，你可以和真正的专家合作。在未来，期待看到更多的设计团队聘用专业的心理学家、行为学家、人类学家、生理学家等专业人士，与他们一道参与到这些新体验的设计工作中来。

5. 创造无缝的用户体验

Apple Watch 和 Alexa 都能让用户无须打开手机，就能直接用优步叫车。这样的技术听起来并不复杂，但是它指明了技术发展的方向：全连通的网络和无处不在的体验。作为设计师，应当明白如何将各种功能、服务和设备都打通。

对于用户体验设计师而言，设计全连通又无所不在的体验其实是一个双重挑战。如果你供职于一个硬件开发公司，所研发的是类似 Apple Watch 和 Alexa 这样的硬件设备，对你而言最大的挑战是理解用户是如何同这些硬件进行交互的，如语音、手势、地理位置信息以及显示的内容，并且以此为基础，建立合理的模型，设计正确的交互。然而，如果你是为类似优步这样的服务型企业而工作的话，就需要为不同的设备来设计体验了。这时需要思考的问题就不仅仅是单纯为现有的设备而设计，还需要考虑逐渐增长、日渐庞大的整个通道和接触点生态系统。这种日渐碎片化的生态系统是每个设计师都需要面对的残酷现实。相对于"设计一个 App"或者"做一个网站"来说，设计师对整个系统的掌控力是有限的。

那么，能通过 Alexa 来预约优步，在 Apple Watch 上查看预约时间，通过 Messenger 同好友平摊车费，然后在手机 App 上打分吗？作为设计师，如何让这些碎片化的流程保持一致的体验，如同源自同一个产品、同一个品牌呢？这样的用户体验设计的挑战在于如何尽可能地将交互最小化，并且真正专注于用户的行为，而不是让已经很复杂的生态体系更加冗杂。为了解决这些问题，用户旅程、生态地图及实体化原型都成了重要的设计工具。

应当牢记，用户不是仪表板上的刻度，他们是鲜活易变的。应该研究交互的相关性，而不是去强求用户的记忆力。用户不再只是单纯的交互设计的度量，而已经是整个复杂的生态系统中不断变化的组成部分。作为设计师，可能不会去构建生态系统，但是需要帮助用户搭建横跨不同设备、场景、需求的桥梁，打通不完整、不顺滑的流程，让体验更加无缝、平滑。未来可能不会去无谓地设计这一完整生态系统，但是必须考虑人们从一个接触点转换到另一个接触点的方式。

6. 虚拟现实的迷局

从《黑客帝国》到《她》，再到《黑镜》系列，人类对虚拟现实的着迷从来都没有减弱——唯一不同的是虚拟化的程度。数字化的世界越来越真实，面对这样的世界，设计师应该做些什么来展示这种体验？在开始探讨虚拟现实之前，先熟悉一下"Virtual Reality"这个看上去似是而非的词本身。实际上，"虚拟现实"这个叫法已经存在很长一段时间了，而它真正伟大的地方在于以沉浸式的体验将现实的疆域扩张到更远的边界。但是，2D 的界面已经如此费神了，设计一个全新的虚拟世界到底意味着什么呢？"设计虚拟现实并不意味着简单地将 2D 的动作转换为 3D 的，而是找到一个全新的范式。"乔纳森·拉瓦茨（Jonathan Ravaz）说。好，让我们推倒重来。

（1）新的交互词汇　首先，设计全新类型的交互界面肯定是设计师所面临的首要挑战。诸如谷歌、Facebook 这些局内"玩家"，已经开始为虚拟现实制定新的设计标准，其中许多都是源自现实世界的、自然的手势，让用户在虚拟世界当中也能使用手势传递相似的感情。对话式界面在其中也扮演着同样重要的角色，毕竟这是人们在屏幕之外的主要沟通方式。

（2）设计新的范式　第二点挑战来自现实世界。在虚拟的界面之外，人们的身体和所处的物理空间之间的交互所确定的沉浸式体验，也是需要考虑的。真实的身体和虚拟的身体之间是怎样的关系？声音、建筑、光照、物理环境等，这些仅仅是需要考虑的部分元素。用户是否期望虚拟体验与物理世界的体验一样真实？还是期望同现实完全割裂开来、充满想象力的虚拟世界呢？模拟现实，还是反现实？这些都是需要考虑的事情。

（3）与自己的新关系　最后一点最为重要，而这也是人们最不了解的。人们自身无法脱离社会而存在，人们的世界观、心理世界时刻受到社会文化的影响。在这种语境下探讨人们的身体与整个世界的关系才有意义。然而，虚拟现实会重新界定人们所处的世界、个人的形象（如阿凡达）和社会关系。所以，在进行虚拟现实设计之前，需要考虑自身的偏见以及这种沉浸式体验带给用户的负面影响。针对虚拟和现实之间的关系，以及所牵涉的伦理关系上的转变都值得探讨，甚至有可能因此而引入新的社会模式（见图 22-3）。眼下还不足以称作是虚拟现实元年，虚拟现实还有很长的路要走，真正成熟的沉浸式体验还需要足够的打磨才能逐步成型。但是，现在的期望将会决定虚拟现实的走向。

7. 身份模糊的 UX 设计师

人们在很长时间里被这样的问题围绕着：设计师是否要写代码？是否要设计原型？是否要写文案？太多的文章对此进行了讨论，并且已经有确定的答案：这

图 22-3　HBO 电视《西部世界》中的人物

些都不重要，因为工作的领域又要变化了。许多 UX 设计师最初是以信息架构师、视觉设计师、文案、策略师等身份入行的，随后工作的内容和性质随着技术和时代的发展一次又一次地发生改变，而头衔也随着团队的变化、对行业的认知和市场的变化而发生变化。如今，用户体验设计师通常身兼数职。考虑到如今 UX 设计所涉及的内容基本还只限于屏幕范围内，让一人来统筹用户研究、内容策略和视觉设计还能应对。但随着不同维度的交互、更为庞杂的内容和海量数据的涌入，多种多样的设备介入整个交互生态当中来，用户体验设计师所需要的知识就必须更加专业化了，整个设计流程当中也需要引入更多的多面手。

（1）更多的专业人才　在不久的将来，人们将会看到更多的限定范畴的专业职位描述，"UX 设计师"这种涉及范畴广泛、界定模糊的职位将会被"人工智能设计师""经验设计师"和"语言设计师"这样的带有明显技术特征、更加专业化的职位所替代。

（2）新型的统筹者　在新的团队格局中，将不同的专家统筹到一起的全新统筹者将会出现，可以是经理，也可以是参谋者、战略顾问或作为设计整个体系的设计者而存在。这样的统筹者并不是"包揽所有的这些工作"，而是起到一个"连接所有事物的作用"。

（3）逐渐模糊的角色分工　你想成为什么角色？随着整个用户体验设计领域的发展，设计流程会在协作中不断迭代变化。专家和统筹者需要在这个过程中通力合作，混合不同的技能和背景，推动产品和整个领域的发展。人们总是期望能够以一己之力完成所有的工作，包括从研究到代码实现；但在现实中，设计是一个团队工作，UX 不只是一个职位，更是一个系统化的工作方式。尽管每个人最终只能在团队中扮演一个角色，但由于学科交叉，每个人的角色身份其实正逐渐变得模糊，多面手、全才或许更有用武之地。

8. 自动化的设计

受限于所掌握的资源，在设计的过程中需要反复衡量时间、工具、人员等，需要考虑很多因素。将自动化流程引入设计当中，能够很大限度地缓解资源的限制，让设计流程更上一层楼。设计自动化常常会被理解为借助未来的人工智能来完成网站和 App 的设计。现在说这些似乎还不太现实，但是，自动化的设计已经以一种微妙的方式出现了。例如，Sketch 的插件能够为设计原型赋予真实的数据，轻松创建多个不同的版本；Zeplin 这样的工具能够帮助生成设计规范；InVision 是一个现实无缝协作的平台，而 Figma 和 Subform 也多少带有一些智能的影子。与传统的工作流程相比，未来的设计中到处都穿插着这些微小的工作流自动化工具。按照这个趋势，可以想象 5 年之后一切会是怎样的不同。

（1）用户研究的机遇　招募测试者并且收集用户反馈，一直都是一项艰巨的任务。除了极少数特殊的情况，在过去的 10 年当中，所有的用研从工具到流程都没有什么本质上的改变。而设计自动化对于用研而言，就是机会。许多知名团队已经开始实践：IDEO 已经在他们的设计团队中引入了机器人，帮助进行数据收集和研究；Amber Cartwright

和 Airbnb 也已经开始将机器人引入设计中，流程的这部分被称为"看不见的设计"。自动化的设计并没有想象的那么远。想想 Slackbots 是如何帮助收集各种类型的信息吧，而 Intercom 和 ZenDesk 也通过数据收集，让用户关系管理更加便捷，Pocket 和 IFTTT[⊖] 对于研究的帮助就更不用说了。许多半自动化的工具已经有了，接下来就要看如何将它们串联起来使用了。当人们开始设计自己自动化的生活时，需要首先使工作自动化。人们将与机器人一起设计。

（2）自动化设计让人们更加自由　　将自动化设计引入设计流程，并不会让人在下个财季被机器所取代。但这将让人们从琐碎繁重的工作中解脱出来，可以专注于战略性的思考。当人们不再像机器一样工作，就能够更好地专注于协同和合作。

9. UX 设计师的使命

多元化和道德大概是过去一年用户体验设计中最重要的两个主题。许多设计师开始进入用户体验的领域，是为了通过更好地设计来改变人们的生活现状。此刻真的站在改变世界的十字路口了吗？设计师所设计的产品被成百上千的用户使用，极个别怪兽级别的产品甚至被上十亿用户所使用。它们创造出全新的市场，开拓全新的领域，改善生活、塑造新的交流方式。也许愉悦的动效和漂亮的设计能够让用户感到快乐，但是产品或者说塑造产品的人还需要承担更大的责任。越来越多的科技企业开始意识到，不仅需要为当前的社会传递更多的正能量，还要捍卫社会道德、为不公发声，而这些关乎社会变革的事情最终会体现在产品设计上。例如，Airbnb 开始聘请具有跨文化背景的设计总监，帮助其多元化的产品在世界各地开花结果；NextDoor 开始针对平台的信息发布流程进行优化，最终对种族歧视现象进行了有效的遏制。

设计并非产品的附属品，它真实地影响着人们的生活。作为设计师，同样要对自己负责。每一个决策都可能会影响他人对世界的看法和观点，然而，这样的决定很少是基于设计师的假设而做出的。从一个简单的关于种族问题的表格到在虚拟现实中设计一个完整的世界，如不仔细推敲，就可能会错过打破成见和误解的机会。想要做好用户体验并不是一件简单的事情。首先，要明白偏见是如何出现的，敢于反思和质疑现有的设计方案，尽可能让它公正。有时即使这样，也很难拿出真正公平合理的设计，规避所有的错误。所以，当错误发生时，应该明白错误是怎么出现的，应该怎样解决它。设计可以失败，但是设计师不能失败。其次，需要明白设计会带来怎样的影响，以及它是如何给社会带来正面回馈的。设计不是请客吃饭，它要让利益相关者从中获得收益，如果不积极行动，什么都不会被改变。"如果你所服务的公司仅仅只是为了赚钱而存在，或许你应该找个更好的公司。这并不是你的错，但这是你的责任。"阿兰·库珀（Alan Cooper）这样说。

22.2 未来的用户体验设计

在未来，当对微小细节的关注渗入用户体验设计的方方面面，当对像素级完美的追求已成为设计的基本要求，当将简单便捷的设计理念融入用户的日常生活，那么就能够帮助用户体验全新的生活。在过去很长的一段时间里，用户体验设计的传播者、数字大神以及交互设计师们，在创意层面上都已经达到了很高的水准，并力求在科技、设计以及用户愉悦体验方面有所突破。在体验设计师托拜比亚·范·施耐德（Tobias van Schneider）、詹妮弗·奥尔德里奇（Jennifer Aldrich）以及蔡斯·巴克利（Chase Buckley）这些先行者的探索与引领下，用户体验设计的前景越发明朗。未来的用户体验设计应该是什么样的？有哪些方面值得我们去思考？相信每个体验设计师都有很多类似的疑惑。来自业界对未来用户体验设计的畅想，或能为开拓设计师的视野有所裨益。图 22-4 给出了未来可能的用户体验设计发展方向。

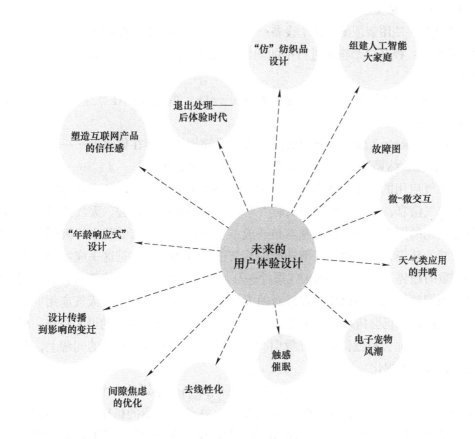

图 22-4　未来的用户体验设计

（1）故障图　在用户体验设计中，流程图（设计框架）之于用户使用流程就如同面包之于黄油，它在产品或服务的整个交互流程中，为理解用户接触点提供基本的设计框架与结构。但问题出现了，这些框架与流程的设计都基于理想中的用户模型，可是如果遇上一个不理想的用户呢？不久的将来，超过半数的世界人口将会上网，而大量新用户的涌入将带来无数如老年人或数码新手，设计师有责任专门为他们进行设计。

如同使用流程图（设计框架）一样，使用故障图将帮助用户体验设计师更好地理解、参与并模拟非理想的使用场景，使产品或服务的使用错误变得更加可控。

（2）微 - 微交互　2016 年，人们在互联网上疯狂地讨论微交互——适用于基于单任务目的的交互设计，如设定闹铃、为某评论点赞、点击登录按钮等。在美国，每当打开 Facebook 或是登录领英（我国常用微信或微博），我们其实都已经有意无意地参与了数十个潜藏的、难以察觉的微交互。交互应用与服务的内容正日益细分与具体——人们使用"Yo"（一款名为 Yo 的应用，只能收发"Yo"这一个单词）来打招呼；使用 Vine（微软公司开发的基于地理位置的 SNS 系统，类似于 Twitter 服务）来分享 6 秒的视频；使用 Knock Knock（一款在线社交应用）来结识新朋友。在微交互的路上人们正越来越原子化，一些单独的交互行为被进一步分解成为拥有更强交互性的微小碎片，这些多样的、细小的、根植于微交互的交互被称作微 – 微交互。未来，每当拿出手机时人们将会被动地使用数以千计的微 – 微交互。

1）微交互：使用蓝牙配对两个设备←→微 – 微交互：开启蓝牙模式。

2）微交互：控制一个正在进行中的动作，如调整音量←→微 – 微交互：向右滑动以增大音量。

3）微交互：在领英上与某人建立联系←→微 – 微交互：在某个用户资料页点按"Connect"按钮。

在 Knock Knock 上敲击两下的微交互可以得知周围有谁在你附近——但如果只敲击一次呢（会有什么结果）？一个微交互基础上的更小的交互。

（3）天气应用的井喷　天气应用已是生活不可或缺的一部分。不论雨天或是晴天，人们遵循天气信息，计划一整天的行程并享受其中的乐趣。过去，天气预报为了实现对气候信息变化的同步更新，模式基本是一成不变的，但在不久的将来，极端天气变化将会带来极端的环境，导致更具警醒功能的天气追踪应用——这是这一应用的开发者刚刚才开始注重的趋势。各类反常的天气事件——从 12 级的飓风到极度潮湿，会让用户更频繁地使用他们的智能设备以便获取最新的天气信息。2016 年是属于天气应用的一年，而对此类应用的需求仍会持续飞速上涨。如同 2016 年冬天横扫硅谷的厄尔尼诺一样，越来越多的体验设计师会将他们的目光投向"气候变化"这个迫在眉睫的问题上，并借助手机应用将其过程可视化。

（4）电子宠物风潮　赛博朋克之父（赛博朋克是科幻小说的一个分支，以计算机或信息技术为主题）威廉·吉普森（William Gibson）在谈到昂贵的机械表时，借用了电子宠物魅力之处的描述："它们是种异常必要的无谓存在，它们因为需要被呵护而带给人恰到好处的慰藉。"随着产品的产业化、自发化、自动化和同质化程度的加深，人们开始感觉到一些用户的抗拒。许多用户体验社区开始留意到大家对早期机械表时代的呼唤，一个即使牺牲一定的功能与精度也要让产品保有个性并百花齐放的时代。倡导用户至上的设计师们有责任听取他们的意见。

越来越多的产品设计师别出心裁地在自己的作品中借鉴了电子宠物哲学，通过赋予产品一种陈旧、残缺、脆弱的特质来雕琢他们的个性与魅力。Twitter 和亚马逊就是这种实践的成功案例。它们各自的服务都回溯到一种更简约的时代，产品不见得完美，却为用户提供了舒适与愉悦的体验，事实证明用户确实很受用。未来用户体验设计师们会将电子宠物哲学应用到作品的方方面面，给未来的产品带来更多的生活化、人性化体验。

（5）触感催眠　触觉反馈是指触摸技术在用户界面中的使用，比如每个按键都能提供触觉反馈的虚拟键盘。随着高端移动设备的普及，触觉技术也发展得愈加成熟。得益于电活性聚合物致动器（EAPS）（一类能够在电场作用下，改变其形状或大小的聚合物材料，常应用在执行器和传感器上）成本的降低，触觉技术在未来两年有望变得更为先进。

这些进步使交互技术人员得以通过开发细微的触觉提示来改变用户的行为，这些方法非常新奇又令人激动。比如，当用户在某个产品展示页面犹豫不决时，就可以利用微脉冲和振动的顺序将用户定向到一个"立即购买"按钮，或创造一种愉快感让用户不愿离开界面。交互设计师把修改用户的行为比作微催眠的一种形式，这个新的触觉界面元素被称为 Hapnotic 反馈（触觉 + 催眠 =Hapnotic）形式，如图 22-5 所示。尽管 Hapnotic 反馈背后的心理学研究还仅仅处于设想阶段，但在接下来的时间里，随着设计人员对其非凡的潜力的开发，这项技术一定会引起关注。

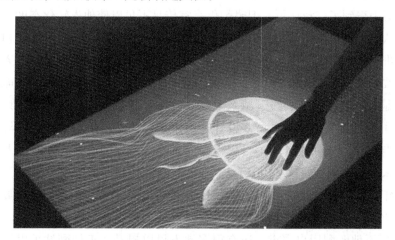

图 22-5　迪士尼开发的可以把虚拟界面上的信息转换成动态触感体验的算法

（6）去线性化　用户体验设计师每年都会推出新的可用性标准，如 2016 年是简约。但更简约并不能与更高的可用性画等号。不论怎样，2016 年已成为应用程序和服务的简化年：导航菜单被收起，交互被划分成一步步的流程，用户被限制在固定的线性的交互轨迹上、依照固定顺序进行交互。

例如，尽管有着良好的执行性，但 Uber 仍是制约用户的一个很好的例子：设置搭乘地点→预计到达时间→付费→评分。Instacart（一小时快速送货上门的杂货电商）则是另一个线性设计的例子，它的操作流程是：选择商店→选择商品→购买商品→评价物流。用户可能现在还享受这些被过分简化的系统，但借用一位 UX 传道者伊恩·芬恩

（Ian Fenn）的话来说："差劲的设计团队提供用户要求的 UX，伟大的设计团队提供用户需要的 UX。"人们已经感到了用户对这些线性体验的抗拒——用户不愿意像牛一样被从这个页面赶到下个页面。给予用户最大限度的帮助，才是未来用户至上的倡导者必须做到的。未来设计师将通过去线性设计来体现和推崇用户的理解力，用户将被赋予更多的选择权，在整个过程中被赋予更多的决策权，拥有更多不同的方式来完成每一个交互体验。

（7）间隙焦虑的优化　间隙焦虑是交互设计师之间的常用语，是指操作（单击一个按钮）和响应（移动到下页）之间一种瞬间性紧张的用户体验。行动与反应之间的高延迟和加载时间可以引发焦虑，在此瞬间，用户仿佛被滞留在黑暗的裂缝中，感到无力又困惑。这种焦虑如果不加以解决，很快会导致糟糕的用户体验，这无疑会将用户推离你的产品。

但是聪明的设计师会转而学习往有利于他们的方向引导这种焦虑或升华这种情绪状态。通过创建暗示序列中的下一个屏幕的过渡元素，设计师使用户能够即时预览从而预测、而不是担心接下来屏幕上会发生什么。幻灯片之间的过渡动画有助于提供行动与反应之间的无缝衔接，这种模式中的临时暂停和弹跳手势，会帮助用户下意识地在页面转换时调整状态。

（8）设计传播到影响的变迁　设计传道者在理论上和实践中都提倡优秀设计的有用之处，最终目标是将非专业人士转变为设计思考者。他们都向非设计从业者颂扬设计思维的优点，使其也有机会在他们的个人生活和职业生涯中去追求这样的最佳实践。虽然设计传道者的努力得到了广泛认可，但恐怕仅靠宣传是不足以使他人转化态度、真正实践设计思维的。从技术到营销、销售传道者等，这之中夹杂着许多平行行业之间相互矛盾的信息，使人们难以真正交流和传达信息、并在大众生活中实现。更糟糕的是，人们的信息变得更抽象，被简化成了要点和幻灯片，人们的想法仅仅成了百度、谷歌中的词条。

幸运的是，如今的线上和线下越来越多的设计师开始为自己和用心打磨产品站出来说话，形成了一种良好的趋势。这些设计师不只是倡导，还面向世界拥护与捍卫设计所拥有的力量与格调。这些设计师不再仅仅是向世界展示好的设计，还向世人强调自己的设计思维。未来有理由相信这些声音会更响亮并更具说服力。

（9）"年龄响应式"设计　响应式设计（通常指响应式网页设计）最重要的一点就是可变性——网页内容可以根据用户使用的设备不同而进行相应的重新排版。其实这只是第一步，要真正地匹配用户需求，还有很多地方可以提升。正如网站可以针对各式各样的设备随时调整格式，它们也将可以根据各式各样的年龄来调整内容与排版，根据不同消费者群体的兴趣差异来"定制"内容。网页广告已经在这方面试水了一段时间，是时候轮到网站内容本身了。例如，一个 8 岁的孩子和一位 80 岁的老人很难对同一本书、同一块表感兴趣，也不太会看同一栏电视节目，那么为什么要让他们拥有完全一致的上网体验呢？网站应该告别一成不变的"成衣"，走向"私人定制"。

未来，大量的元数据将成为"年龄响应式网站"的基本特征：导航目录的长短可以根据用户的理解能力进行伸缩，那些接收大量信息相对困难的人将会看到简约的交互界面，从而更方便地从有限但更为熟悉的信息入手；网站字体、字号与间距能够为了照顾老年人的视力而自然变大；配色方案也会自适应调整，年轻人会体验到饱和度更高的色彩，而老年人则会看到相对柔和的颜色。

（10）塑造互联网产品的信任感　"对于一个优秀的 UX 设计师来说，最大的责任就是使用户在使用产品的时候能产生信任感。"如果问任何一个 CEO、经销商、销售员或设计师，一个成功的商业关系链中最重要的因素是什么？估计都会给出相同的答案：信任。这放到用户与产品的关系中也适用。对于一个优秀的 UX 设计师来说，最大的责任就是使用户在使用产品的时候能产生信任感。但目前数字化产品领域还没有充分认识到这种信赖的重要性。

随着人们对数据隐私安全的担忧日盛，互联网世界里的信任变得越来越脆弱——大多数的美国人不信赖任何互联网产品，这让企业老板们进退维谷。特别是随着信息泄露越来越严重地威胁到了用户与产品之间的关系，寻找新的、建立信任的渠道对提升品牌辨识度与企业成功来说越来越重要。未来互联网产品的信任建设竞赛或将全面展开，而新一代的设计师将挑起这一重任。

（11）退出处理——后体验时代　"一件好产品就如一部伟大的电影。"登录处理是指通过给新用户提供必不可少的前期体验从而锁定用户。在很长一段时间以来，这都是产品设计关注的焦点。然而，登录处理的反面，即退出处理，一直都被很多设计师所忽略。但这种情况将很快会得到改善，因为一件好产品应该像一部伟大的电影。

首先，它要有一个漂亮的开场白（登录处理）、一个噱头吸引用户。可以是一个互动的动画或一个简单到令人心情愉悦的界面，甚至是一小箱免费的宝石。

然后就是情节本身（产品用户体验）。主人公战胜所有的曲折和挑战——用户找到了他们想要购买的产品——可能已经卖完了——也可能已经被加入了购物车，然后等待支付。

接下来是故事的高潮部分（成果）。主人公反败为胜拯救了世界或者最终得到了他们想要的东西——用户最终购买了他 / 她车里的一双靴子。

最后到了结局。主人公与心爱的人幸福快乐地生活在了一起，或者缓缓地朝着日落的方向走去——这就是最关键的退出处理时刻——这发生在购买行为已经完全结束以后——就像一条信息被发送并成功送达，一篇推送被赞并被转发了以后。随着设计师们开始为创造更全面、更完整的、看电影式的体验而努力，相信将花更多时间研究这些退出时刻，关注用户的后续体验。

（12）"仿"纺织品设计　独立 UX 设计师巴克利曾说："材料设计（Material Design）将会目睹它所倚仗的'笔'与'纸'之间的枪战——它会发现它的立身之本在面对未来强大、多元的互联网时不堪一击。"谷歌推出的 Material Design（这是谷歌创造的全新设计语言，旨在为手机、平板电脑、台式机和其他平台提供更一致、更广泛的"外观和感觉"）自 2013 年起就立志于成为引领全平台设计潮流的设计语言，但直到 2015 年，它才真正被世人所注意，成为网页设计的标杆。而这一切又将很快被颠覆。

谷歌的 Material Design 又叫"量子纸"（Quantum Paper），从一张纸出发，吸收了纸所蕴含的许多视觉隐喻。主管设计的谷歌副总裁马提亚斯·杜阿特（Matias Duart）这样解释："与真实的纸不同的是，我们的数字材料可以随意伸缩与变形。纸质材料有物理表面与边界。是那些缝隙与阴影告诉你这一切，赋予了你能触碰到的东西的意义。"然而，尽管 Material Design 含有的视觉隐喻让一大批东欧设计师找到了自我，也是时候让它被时代淘汰了，因为无论在实际生活中、还是在虚拟互联网里，纸并不是一种可以让人一劳永逸的媒介。

在不久的将来，人们会看到仿实物纹理界面设计元素（Skeuomorphism）的回归，随之而来的还有远高于单薄狭窄的、纸片的视觉隐喻。随着增强现实（AR）与虚拟现实（VR）成为时代主流，设计师已开始将设计隐喻、美学、科技与不同维度交织于一体的多维设计理念称为 Textile Design——互联网的"织物"将被重新编织、着色并重生。

（13）组建人工智能大家庭 完全意义上的人工智能（Artificial Intelligence，AI）暂时还是只存在于科幻片中的东西，不过稍微简单实用一些的人工智能技术、虚拟数字管理小助手等都已近在咫尺，知名的如 Siri（苹果）、Alexa（亚马逊）、Cortana（微软）、GoogleNow（谷歌）、Jibo、Clara（ClaraLabs）、Amy（X.ai）、SVoice（三星）等。这些数字智能小助理正在以惊人的速度占领人们的日常生活，几乎每个有智能手机的人都可以享受至少一种人工智能服务。必须承认，人工智能已经扎根在人们的世界里。当人们接触到越来越多的人工智能产品时，逐渐发现这些小助手之间的合作能力或许并没有想象中那么强大。诸如设置闹铃、安排提醒、回答问题或遥控智能开关等简单、基础的功能已经泛滥了，各种智能助手都在这些相同的功能上互相竞争。它们并没有被设计成能够互相协商、合理分工的样子。这就导致了智能机器人过剩、功能紊乱、相互抵牾的局面——而它们诞生的初衷却是简化人机交互。在这个竞争激烈的市场里，各家 AI 公司显然不太可能放弃自身利益而相互合作，因此全权让设计师来厘清这些人工智能产物之间的混乱关系是困难的。

在不远的将来，设计师们或许会开始致力于改变 AI 产品之间的这种紧张的关系，用一种有着明确分工与合作规则的系统来终结各种"智能小助手"之间的恶性厮杀。特别是随着各国"脑计划"的推进，有理由期待更具人性化的 AI 助手的出现，或许一个崭新的、超乎人类想象的智能时代的未来正在开启大幕。

思考题

1. 试述用户体验设计的发展趋势，并阐述理由。

2. 试用头脑风暴方法，畅想用户体验设计的未来。

3. 根据本章内容，试分析未来用户体验设计与技术融合最可能的突破口在哪里，给出理由。

4. 试针对某款产品，应用本章所述的一种未来将出现的用户体验设计方法进行改良设计，比较改进前后用户体验指标的变化。

5. 试收集人工智能技术相关素材，并分析未来人工智能技术对用户体验的影响。

第 23 章　智能技术带来的体验设计变革

物联网、大数据、人工智能、区块链……新技术的滚滚大潮正冲击着社会生活的方方面面，颠覆着人们的传统认知。特别是以机器学习为核心的智能技术的快速发展，为新时期的用户体验设计带来了挑战，同时也注入了新的活力。

23.1　数字设计：未来人工智能在用户体验设计中的作用

在这个时代，每个人都可能会在互联网上遇到过关于人工智能（Artificial Intelligence，AI）的话题，也许不可避免地曾在一些商业网站上与聊天机器人进行过互动。然而，人工智能并不仅仅局限于台式计算机和笔记本计算机，也可以在智能手机上或家里使用，如苹果的 Siri 及亚马逊的 Alexa。此外，它们还被用于门禁、智能家居、空气净化器以及自动驾驶汽车和交付的无人机上。

23.1.1　人工智能融入数字设计

随着人工智能核心技术的日渐成熟，它正在快速地扩展到不同的行业。那么，它能对用户体验或 UX（用户体验）设计做些什么呢？人工智能好处很多，改善人们通常执行任务的方式是其应用之一。它也已经被部署在数字设计领域，用来提升用户体验。下面是 AI 如何将自己融入 UX 设计中的一些案例。

（1）TheGrid.io　TheGrid 的概念是在 2014 年提出的，在 2016 年正式发布之前，花了几年的时间进行测试。Molly 是该网站建设者背后的人工智能，让用户建立自己既美观又高度优化的网站。对于不知道如何编码或管理网站的用户来说，不需要编码和网页设计技能是一种额外的好处。通过与 Molly 合作，任何知识和能力背景的用户都可以立即动手建立他们自己的、具有相当水准的网站。

（2）Chatbots　在互联网上使用人工智能的流行方式之一就是聊天机器人（Chatbots）。之前聊天室自 2013 年以来一直被微信所使用，但为什么聊天机器人现在越来越受欢迎了呢？这是因为，尽管 2013 年已经有了聊天机器人，但它们并不像现在那么复杂。近年来，聊天机器人变得越来越智能，它们已开始承担更复杂的工作，而不再仅仅是与用户之间进行基于脚本的对话聊天。

（3）ReFUEL4　自动化和预测是人工智能可以提供给用户的便捷帮助之一。ReFUEL4 是一种众包服务，能帮助广告商和营销商为各种平台创建广告，如 Facebook 等。

ReFUEL4有助于重新设计和修改广告以保持高水准的广告效果。通过人工智能分析广告，帮助创意人员预测媒体最适宜的表现是什么。在确定相应规则之后，人工智能自动化就会发生，自主决策并用它认为更新鲜的东西来替换或改变直播广告。

23.1.2 人工智能辅助拓展设计能力

近年来，世界各国相继开展的人类大脑计划，试图从更深的层次理解人类的认知和意识产生的机理。例如，欧盟于2013年提出了"人脑计划"（Human Brain Project，HBP）；美国人脑研究从"大脑的十年"［Decade of the Brain(1990—1999)］到2013年的"白宫大脑计划"（The White House BRAIN Initiative）；日本始于2014的"脑/思维计划"（Japan Brain/minds Project）；以及我国于2017年落地的"中国脑计划"。

那么，AI会取代UX设计师吗？或者更好的提问是，人工智能和机器人会在工作和劳动力方面取代人类吗？虽然没有人确切知道未来会怎样，但答案是否定的，至少目前是这样，因为AI还在学习中。例如，当任务是画一只猫时，它们可以通过对其他人画的数据的学习来画一只猫。人们可以看到人工智能是如何从过去的人类绘画中学习并完成快速绘画的。它们在模仿人类所做的事情，但至少目前它们还不理解自己在做什么。因此，当前AI还没有能力处理复杂的工作，它们的智力还很初级，仍然需要人类的投入才能正常运作。虽然人工智能还无法取代人类UX设计师，但已经可以帮他们做一些事情了。下面是一些具体应用。

1）为人类设计师节省时间和精力。现代社会人们总有无尽的工作要做，尤其是与互联网相关的工作。Netflix只是利用人工智能的力量使他们的工作更快更容易的公司之一。不仅如此，他们还发现人工智能帮助他们节省了更多的钱。此外，诸如翻译和为不同设备放置横幅等烦琐的任务都是人工智能所擅长的。这节省了员工的时间和精力，将员工从琐碎繁杂的简单劳动中解放出来，使之能够为公司去完成更高级、更复杂的任务。

2）协助管理客户服务。互联网在不同时区、地域服务着数十亿人，不分昼夜地永远都不停歇。与互联网不同，人们不能一直工作，他们需要离线休息和睡眠。从当前的应用情况来看，很多企业在线营销人员已经受益于人工智能的发展，如聊天机器人和自动化程序。聊天机器人常用来在客户服务人员无法在线时解答客户的问题，而自动化程序则主要用来完成自动发布系统更新和通知等工作。

3）帮助实现个性化用户体验。AI也可用于定制用户数据的收集，以便有针对性地提供用户感兴趣的个性化内容。这方面一个很好的例子是谷歌搜索及其RankBrain的实现。通过对用户的搜索历史的分析，谷歌能够在理解用户意图的基础上提供答案。不仅谷歌，现在很多网站都已经认识到人工智能对监控用户网络互动的重要性，并能根据用户的特征为他们提供较为匹配的结果。

人工智能还远未达到完美无缺的程度。因此，明智的做法是不要仓促下结论认为人工智能是人类UX设计师的替代者。例如，即使人工智能可以很容易地实现消费者更喜欢的个性化，但在客户服务方面，人们仍然倾向于让人类参与其中。由于目前人工智能还无法自我思考，所以它们最擅长的还是帮助人们完成既定的任务，帮助人们更容易地提高生产力及生产率。尽管有大量的理论和专家预测声称人工智能可以塑造世界，但这一定还有很长的路要走。

23.2 Design Mind：人工智能提升用户体验的方式与途径

虽然人们一直在大胆猜测人工智能的未来，但却很容易忽略一个事实，即 AI 并非天生，而是设计的产物。时下最流行的智能产品似乎都是针对某些特定用途开发的一次性创新。例如，亚马逊的 Alexa 只是一个通过语音激活的扬声器，帮你播放音乐或购买生活用品；苹果的 Siri 不过是一个帮助你呼叫亲朋好友的虚拟语音助手；而谷歌的 DeepMind（AlphaGO）则仅仅是一个所向披靡的围棋冠军而已。

23.2.1 人工智能提升用户体验的方式

尽管各种 AI 技术都有其专门的用途，但它们却都象征着用户和产品之间的新型交互及关系。公司和用户正围绕 "AI 在产品和服务中可以做什么，应该做什么" 这样一个话题展开持续对话，而这些技术的应用则仅仅是对话的开始，很快便会涉及诸如隐私、数据管理和所有权等问题，也包括就智能产品和服务的机遇与限制展开的各种讨论。对于这些问题，各个行业、整个市场甚至是立法机构目前依然还在不断梳理，尚无定论。一般地，如果一款数据产品能提供真实、个性化的服务，那么用户就会对它产生一定的信任，进而愿意与其分享信息。但是，一旦智能系统了解的信息超出了其理应知晓的范围，人们自然会感到怀疑、恐惧甚至厌恶抵触。对数据分享的文化意愿，还有数据源的透明度，都会影响人们接受智能产品的方式，这也决定着它们能否在市场上获得成功。

为智能进行设计即寻找平衡仍是有待解决的人类问题。有一点是可以肯定的，即秉承 "以人为本" 的理念并真正运用人工智能来推进人的体验的改善，应成为所有智能系统开发的核心。在某种意义上，设计结果的不同归根结底就是因同理心差异而产生的不一样的情境，而这往往受思考范围的影响。在与客户合作开发智能系统以及具有 AI 功能产品的体验时，也有必要在一个确定范围内对其进行思考。

一般来说，AI 可以通过下述方式提升用户的体验。

（1）自动体验　寻求复制人类逻辑的模式。

（2）增强体验　以某种形式为人类提供智能协助或引导。

（3）环境体验　用机器智能将数字世界和现实世界融为一体，就像混合现实（Hybrid Reality）所做的那样。

了解这些之后，AI 是如何帮助提升用户体验这一问题的答案就明朗了。

23.2.2 人工智能提升用户体验的途径

苹果公司人工智能研究的主要科学家、苹果公司高级副总裁菲尔·席勒（Phil Schiller）曾表示："人工智能的目的，是让用户在悄无声息里感受到体验的提升。"用户甚至都感觉不到其存在，直到有一天，用户才突然意识到，并发出感叹："这一切到底是怎么发生的？"这或许给出了人工智能提升用户体验途径的形象的解释，就像我们常说的"润物细无声"。下面是人工智能提升用户体验的三种途径。

（1）下一代交互　借助语音、图像和模式识别、机器学习及手势控制等技术手段，人类与机器的交互方式正在不断地升级。图23-1给出了部分智能技术的体系构成。将这些不同的AI功能任意组合便意味着全新的体验。这种升级也允许设计团队与客户开展合作，共同发现未来AI的商业机会。

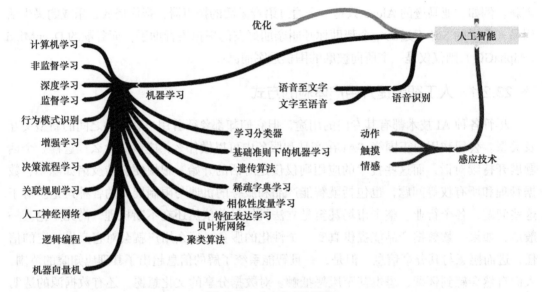

图23-1　人工智能树状图

由于企业都在利用自己的数据集来满足特定需求，因此当前的AI环境十分依赖通用化的工具。如果利用机器学习的优势来加快智能产品开发速度，那么通过试验确定特定客户群体需求的做法便有了广阔的空间。一个不争的事实是，随着AI技术与产品结合的深入，更多的智能成分渗入了交互过程，带给用户的体验也五花八门，程序员的编程思维和工程师的技术逻辑也在无形中左右着体验的结果。为了保持每位客户对单一AI体验效果的相关性和一致性，业内正在开发下一代用户体验设计策略规范，以便对千差万别的智能产品和AI功能组合的体验设计形成指导，让用户、企业及其内部各部门在目标方向上的期待达成一致。

（2）适应性设计　在产品和服务设计中实现AI往往是在一个范围内进行的，而非单一的固定焦点，这也是灵活、智能的系统不断推出的前提。这些系统能够通过每次的交互不断学习和进化，这给体验设计带来了巨大的挑战，同时也注入了新的活力。由于智能系统通常具备处理十分复杂数据的能力，因此在设计中可以采取快速分层设计线索（Layered Design Cues）的模式来简化对错综复杂、相互交织的数据逻辑的处理。"适应性设计"具有随用户个性化而改变（Personalization in Action）的特点。这意味着在不久的将来，家用汽车能根据家中不同成员在驾驶时对待自己的方式就能学会自行改变面板界面，针对每个人的驾驶水平和偏好做出最佳匹配。

在另一个不同的应用案例中，适应性设计可能意味着流媒体服务上的推荐编程（Recommended Programming）。该服务能反映出所处区域中用户的历史信息、总体用户趋势、文化转变、交互模式历史，还有隐藏在内容中不太可能被意识到的模式。这使得通过数据分层来方便理解并为机器学习算法提供有用信息的做法拥有了广阔的应用机会。

（3）自我学习的组织机构　一个智能的公司体现在会不断学习，能够根据对 AI 的洞察和机遇采取行动。借助公司的力量来激活对智能服务的需求，可以帮助客户评估他们现有的数据集和内部能力，让客户了解自己在部署 AI 方面准备的程度。此外，AI 技术还能帮助公司设计师团队与客户合作，共同发现消费者真实而未被满足的需求，或发现能够为公司创造价值的潜在的机遇。利用智能技术对现有的产品和流程进行迭代，更能让公司的每位员工摆脱重复性事物的羁绊，以良好的状态全身心地去创造价值。所有这一切都意味着未来一个具有自我学习、自我进化能力的新型组织机构的诞生。

23.3　如何利用人工智能设计更好的用户体验

在科技领域工作的人对人工智能或用户体验都不陌生。随着技术的不断进步，人工智能已越来越不再局限于开发者或数据科学家的范畴。作为设计师、技术爱好者、企业家或创业者，需要重新审视目前所使用的技术或装备。为了改善生活，设计师更不应该安于现状，而应从每件事物中寻找灵感，把生活看作是一个界面，去发现 AI 应用的适宜场景。从目前来看，人工智能是被控制的、有限制的、有事实依据的和一种形式的代码，而不是有生命的、有意识的、类似天网系统的、有创造力的、有野心的或者有同情心的对象。人工智能应用对行业的渗透很快，用户体验设计也不例外。一些创新型公司已经开始利用 AI 技术来帮助提升其产品的质量和改善其用户体验。

对设计师来说，最关心的可能是究竟如何利用人工智能来设计更好的用户体验。这里结合对一些应用案例的剖析，来厘清各式各样的人工智能技术是如何被用来改善产品的用户体验的。

（1）Airbnb　当提到人工智能时，你第一个联想到的应用可能不是出租房间或公寓。但事实是随着人工智能和数据驱动文化的发展，Airbnb 不仅改变了酒店行业，也重新定义了该行业与人工智能的关系。当去度假时，不管住在何处或住宿类型如何，客户都极有可能按照 Airbnb 提供的供求关系模型来确定支付价格。Airbnb 的"价格指南"是一款人工智能工具，"让 Airbnb 的房东知道，他们应该根据每天的情况确定房屋价格，以使其更有可能被租出去"。有了这个技术，房东就能看到一个日历，显示他们每天为房屋设定的价格。如果房东对房屋的价格设定是合理的，日期呈现出绿色，如果价格太高，呈现出红色。使用这些信息，房东可以使用滑块快速调整价格并找到"最佳位置"——价格太低被出租的概率就会很高，价格太高出租的概率较低，这都会影响到可能的整体盈利水平。

价格指南模型的人工智能算法是基于 Airbnb 开放式人工智能工具收集并处理的大数据。模型中有很多影响因素，包括列表类型、位置、价格、可用性，以及每个日期与当前时间的距离。通过这些数据，Airbnb 价格指南模型能够自动为用户计算并思考，从而使体验更加自然和透明（见图 23-2）。

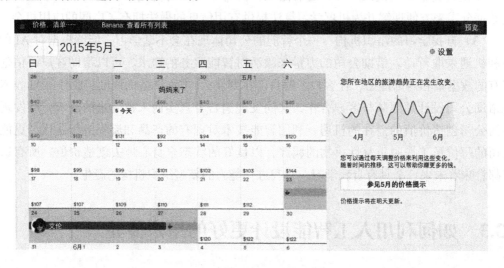

图 23-2　Airbnb 价格指南

（2）聊天机器人　聊天机器人和其他现代界面每天都在变得越来越人性化，至少它们给人的感觉是这样的，这部分归因于"好莱坞公式"（The Hollywood Formula）。好莱坞公式是由荷兰科幻作家马丁·史泰林加（Martin Stellinga）总结的美国好莱坞用来创造有意义的电影故事的套路。想想迪士尼人物是如何与他们的用户建立关系的，他们设法与不同的人群构成了这些大规模的关系，每一个迪士尼角色都有其独特的个性，在不同的媒介（应用、书籍、电影等）中得以展现。想象一下，是否能够成为在界面上创建这些角色的专家，并与用户建立类似的连接。

如果人工智能意味着新的 UI（用户界面），那么个性化体验可能就是新的 UX。许多网站为客户提供了在浏览时与聊天机器人聊天的机会。虽然它们感觉上像真人，但并不是每个公司都有一个真人在另一端。通常你是在和原始的 AI 进行交流。有趣的是，这些聊天机器人需要熟练地解释自然语言——这是一个很难验证的假设。

（3）Netflix　在一个充满各种终端设备的世界里，设计人员必须想出大量的内容 / 图形来满足众多不同媒体的需求。这个过程需要时间，很多时间——但对于 Netflix 却不是这样。Netflix 和许多其他公司已经将这个创意阶段交给了人工智能。Netflix 最先发现了视觉效果是如何影响用户群体，以及他们是如何对观看的特定内容进行决策的。为了利用这一结论，Netflix 开发了一种人工智能算法，从图片中抓取元素，并应用样式化的电影标题来创建一个与用户兴趣、语言和位置对应的海报——够酷吧？与此同时，该算法还能对每一种设计效果进行 AB 测试，进而优化其内容。当人工智能处理这样的任务时，设计团队可以更专注于理解用户思维路径的变化并细化这些发现。图 23-3 给出了以面部和全身特征来确定图像焦点的一个例子。

（4）RealEyes 人工智能不仅局限于大玩家，像 RealEyes 这样的小公司也在利用科技的进步。RealEyes 是一个 2007 年于伦敦的创立的公司，专注于利用图像处理、人工智能、计算机视觉等技术，通过使用网络摄像头或智能手机，监测追踪人的面部表情数据，以进行人的情绪识别和行为反应分析。

图 23-3　以面部和全身特征来确定图像焦点的例子

（资料来源：Netflix）

驱动人类决策的往往不是理性，而是情感。通常，人类是被他们的情绪所激发的，而情感刺激大脑的速度要比认知思维快 3000 倍。为了客观、准确地帮助组织测量人类情感，RealEyes 提供了通过面部识别算法读取人类表情的技术（见图 23-4）。RealEyes 软件通过获取网络摄像头数据来记录人的情绪，并利用底层人工智能算法对其进行分析理解。这一技术对于像可用性测试这样的东西非常有用——当进行一个产品测试时，在软件的帮助下，你可能会发现用户能够使用并理解它（很好），但是当看到某种信息后她/他们变得愤怒（不太好）。如果不是涉及用户情绪反应的测量，该产品可能已经发布，主要是考虑到涉及情绪隐私可能会导致客户的不安。该技术的其他用途还包括通过高效分析和编码视频/图像数据等方式实现工作流程的自动化。

前面的案例展示了如何利用人工智能来改善用户体验。下面再给出一个有点不同的例子，它是关于人工智能如何改变、也必将改变人们构建产品的方式的，同时它也有可能被用来改善人和产品的关系。

（5）Pix2code 人工智能可能成为新的前端开发人员——很棒吧？Pix2code 就是这样一

图 23-4　RealEyes 表情识别

种智能工具，可以从界面截图中生成代码。这样的工具尽管还不能替代 UI/UX 设计和前端开发人员，但可以帮助缩小二者之间的差距。虽然这样生成的代码现在还不够完美，但是理解这一概念是很重要的。随着类似数据的积累，当人工智能得到更多训练时，它就会变得更聪明、更有效率。从这一刻起，它就会变得更好。

数据＝智能，没有数据＝没有智能。图 23-5 给出了一个将学习材料（数据）提供给算法的反馈循环。在 UX 中运用 AI 和这个反馈循环没有什么难度，这意味着利用人工智能技术来提升用户体验为时不远了。然而，重要的是要记住，它提供给用户的结果是依据大数据的，数据的质量对 AI 来说很重要。信息越复杂，AI 了解得越详细，结果就越好。向人工智能提供未处理的信息带来的结果可能是灾难性的——大的、高质量的整体数据集是必需的。

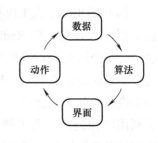

图 23-5　从数据到反馈的循环

利用 AI 提升体验设计质量是一个大胆的想法，有时还可能需要采取一些激励措施来鼓励人们参与体验，从而帮助改进/训练 AI 系统。在这种情况下，通常可能需要优先考虑的是 AI 而不是用户，即 AI 的优先级比 UX 高。体验越难以预测，人工智能就会变得越聪明。为了训练 AI，常常需要对用户发布不够成熟完善的系统以收集使用反馈数据。作为设计师，需要解决的问题是如何顺利获取人工智能训练所需要知道的且用户愿意提供的数据。图 23-6 中所示的流程给出了人工智能与人之间的对话反馈循环，"啊哦"代表出现异常。

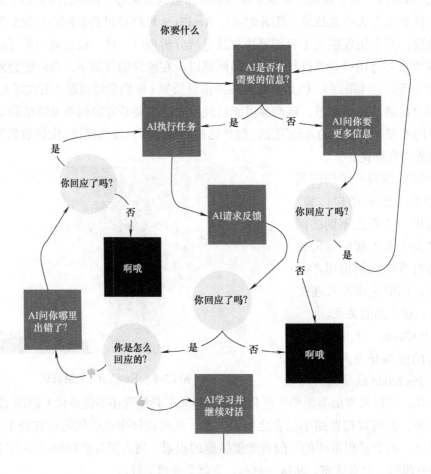

图 23-6　人工智能与人之间的反馈循环

（资料来源：eBay）

　　人类正在快速步入人工智能的世界。作为设计师，有机会定义人与人工智能的关系将如何发展。这是所有人与数据科学家（及其他利益相关者）合作创新的机会，能创造出令人兴奋的有意义的体验，这终将有益于用户和 UX 的未来。请牢记，对 AI 来说，系统所获得的数据是设计更好的用户体验的基础。可以期待，未来大数据、机器学习算法与用户体验设计的融合将会为用户触发更加难忘的体验。

思考题

　　1．试述大数据对人工智能的作用。

　　2．试述人工智能提升用户体验的三种方式，并试根据个人理解进行补充。

　　3．试述如何利用人工智能提升用户体验。

　　4．根据对人工智能技术的了解，选定一款产品，尝试应用人工智能技术改进其用户体验，并给出设计过程。

1. 国内篇

UCD 大社区：http://ucdchina.com/

腾讯 CDC：http://cdc.tencent.com/

腾讯游戏官方设计团队：http://tgideas.qq.com/

网易用户体验设计中心：http://uedc.163.com/

阿里巴巴用户体验设计部博客：http://www.aliued.cn/

百度 MUX：http://mux.baidu.com/

携程 UED：http://ued.ctrip.com/blog/

2. 国外篇

52 weeks of UX：http://52weeksofux.com/

Logic + Emotion：http://darmano.typepad.com/logic_emotion/

Wireframes Magazine：http://wireframes.linowski.ca/

Pure Caffeine：http://www.purecaffeine.com/

UX matters：http://www.uxmatters.com/index.php

Leen Jones：http://www.leenjones.com/

Everyday UX：http://www.everydayux.com/

Inspire UX：http://www.inspireux.com/

Notebook Konigi：http://konigi.com/notebook/latest

Graphpaper：http://www.graphpaper.com/

Putting people first：http://www.experientia.com/blog/

UIE brain sparks：http://www.uie.com/brainsparks/

Pleasure and pain：http://whitneyhess.com/blog/

Montparnas UED blog：http://www.montparnas.com/articles/

UX magazine：http://www.uxmag.com/

UX booth：http://www.uxbooth.com/

Boxes and arrows：http://www.boxesandarrows.com/

UIE：http://www.uie.com/

Usability Post：http://www.usabilitypost.com/

90% of everything：http://www.90percentofeverything.com/

Johnny holland：http://johnnyholland.org/

Nform：http://nform.ca/blog/

Viget UED：http://www.viget.com/advance

Bobulate：http://bobulate.com/archive

Use log：http://www.uselog.com/

Church of the customer：http://customerevangelists.typepad.com/blog/

Design for service：http://designforservice.wordpress.com/

参 考 文 献

[1] 鸿影 Akiko. 消失的界面：对用户体验设计师未来竞争力的思考 [DB/OL]. （2015-11-21）[2018-02-05]. http://www.jianshu.com/p/3bf2eda24780.

[2] 阿米里奥，西蒙. IT 帝国：苹果公司转型中的管理风波 [M]. 孟详成，译. 北京：中国建材工业出版社，2002.

[3] DE ANGELI A，SUTCLIFFE A，HARTMANN J. Interaction, usability and aesthetics: what influences users' preferences ？ [C]. Proceedings of the 6th conference on Designing Interactive systems，University Park：ACM，2006：271-280.

[4] BAKER S，THOMPSON K E，ENGELKEN J，et al. Mapping the values driving organic food choice: Germany vs the UK [J]. European Journal of Marketing，2004，38（8）：995-1012.

[5] 北村崇. 从零开始学设计：平面设计基础全教程 [M]. 杨扬，译. 北京：中国青年出版社，2016.

[6] 贝尔，格林，费希尔，等. 环境心理学：第 5 版 [M]. 朱建军，吴建平，等译. 北京：中国人民大学出版社，2009.

[7] BERGER C，BLAUTH R，BOGER D，et al. Kano's methods for understanding customer-defined quality [J]. Center for Quality Management Journal，1993，2（4）：3-36.

[8] 贝格尔. 像设计师一样思考 [M]. 李馨，译. 北京：中信出版社，2011.

[9] 博克. 重新定义团队：谷歌如何工作 [M]. 宋伟，译. 北京：中信出版社，2015.

[10] BOWLES C，BOX J. 潜移默化：用户体验设计行动指南 [M]. DE DREAM，译. 北京：机械工业出版社，2011.

[11] 布罗克曼. 第三种文化：洞察世界的新途径 [M]. 吕芳，译. 北京：中信出版社，2012.

[12] 布朗. IDEO，设计改变一切：设计思维如何变革组织和激发创新 [M]. 侯婷，译. 沈阳：万卷出版公司，2011.

[13] BUCKLEY C. The future is near: 13 design predictions for 2017 [EB/OL]. （2016-03-27）[2018-05-04]. http://uxmag.com/articles/the-future-is-near-13-design-predictions-for-2017.

[14] 曹阳，刘娟. 浅析设计师与用户间心智模型匹配 [J]. 装饰，2011（6）：98-99.

[15] 长町三生. 感性工学：一种新的人机学顾客定位的产品开发技术 [J]. 国际人机工程，1995（15）.

[16] 茶山. 服务设计微日记 [M]. 北京：电子工业出版社，2015.

[17] 程定稆. 产品设计中基于心智模型的符号指向研究 [D]. 无锡：江南大学，2009.

[18] 陈荣虎. 心智模型及其管理学意义 [J]. 现代管理科学，2006（6）：36-37.

[19] 陈晓平. 关于科学理论的可接受性：归纳和反归纳之争 [J]. 华南师范大学学报（社会科学版），2007（1）：3-6.

[20] 陈亚锋. 浅议用户体验的量化分析 [J]. 中国电子商务，2012（22）：58-59.

[21] COON D，MITTERER J O. 心理学导论：思想与行为的认识之路 第 13 版 [M]. 郑钢，等译. 北京：中国轻工业出版社，2014.

[22] COOPER A. About Face 4：交互设计精髓 [M]. 倪卫国，等译. 北京：电子工业出版社，2015.

[23] 克拉姆. 关键客户：如何与最有价值的客户建立有活力的关系 [M]. 孙静，译. 北京：中国人民大学出版社，2005.

[24] 圣鲁库. 苹果电脑案例 [M]. 李芳龄，译. 北京：中国财政经济出版社，2007.

[25] 戴忠恒. 情感目标的分类及其测量方法 [J]. 心理科学，1992（8）：35-41.

[26] DESMET P M A，HEKKERT P. Framework of Product Experience [J]. International Journal of Design，2007（1）：13-23.

[27] DIETSCH G，BERGER H. Fourier Analyse von Elektroenzephalogrammen des Menschen [J]. Pflügers Arch Ges Physiol.，1932，230：106-112.

[28] 丁俊武，杨东涛，曹亚东，等. 情感化设计的主要理论、方法及研究趋势 [J]. 工程设计学报，2010，17（1）：12-18.

[29] 丁玉兰. 人机工程学 [M]. 北京：北京理工大学出版社，2011.

[30] 德莱福斯. 为人的设计 [M]. 陈雪清，于晓红，译. 南京：译林出版社，2013.

[31] 埃德森. 苹果的产品设计之道：创建优秀产品、服务和用户体验的七个原则 [M]. 黄喆，译. 北京：机械工业出版社，2013.

[32] 冯绍群. 行为心理学 [M]. 广州：广东旅游出版社，2008.

[33] 加瑞特. 用户体验的要素 [M]. 范晓燕，译. 北京：机械工业出版社，2008.

[34] GAWANDE A. The Checklist Manifesto: How to Get Things Right [M]. New York：Picador，2011.

[35] 顾嘉. 全方位解析苹果的成功之道 [J/OL]. 通信企业管理，2013（10）.（2013-10-26）[2018-03-04]. https://www.jianshu.com/p/FQz2yJ.

[36] GUTMAN J. A Means-End Chain Model Based on Consumer Categorization Processes [J]. Journal of Marketing，1982，46（2）：60.

[37] 何灿群，王松琴. 感性工学的方法与研究探讨 [J]. 装饰，2006(10)：16.

[38] HEKKERT P. Design aesthetics: principles of pleasure in design [J]. Psychology Science，2006，48：157-172.

[39] HEKKERT P，SCHIFFERSTEIN H N J. Product Experience [M]. Amsterdam：Elsevier Ltd.，2008.

[40] 海勒，塔拉里科. 美国视觉设计学院用书：破译视觉传达设计 [M]. 姚小文，译. 南宁：广西美术出版社，2014.

[41] 何立. 心智模型四剑客之凯利方格法 [DB/OL].（2012-06-05）[2018-01-10]. https://blog.csdn.net/sagacity789/article/details/7633253.

[42] 何立. 心智模型四剑客之 MEC 与攀梯术 [DB/OL].（2012-06-07）[2018-01-20]. https://blog.csdn.net/sagacity789/article/details/7641303.

[43] ROBERT H JR. 瞬间之美：Web 界面设计如何让用户心动 [M]. 向怡宁，译. 北京：人民邮电出版社，2009.

[44] HOPKINS C. Designing for Virtual Reality [DB/OL].（2015-05-30）[2018-03-20]. https://ustwo.com/blog/designing-for-virtual-reality-google-cardboard/.

[45] 侯智，陈世平. 基于 KANO 模型的用户需求重要度调整方法研究 [J]. 计算机集成制造系统，2005，11（12）：1785-1789.

[46] 黄蒙，舒风笛，李明树. 一种风险驱动的迭代开发需求优先级排序方法 [J]. 软件学报，2006，17(12)：2450-2460.

[47] 艾萨克森. 乔布斯传：修订版 [M]. 管延圻，魏群，译. 北京：中信出版社，2014.

[48] 贾俊平. 统计学 [M]. 北京：中国人民大学出版社，2010.

[49] JOHNSON J. 认知与设计：理解 UI 设计准则　第 2 版 [M]. 张一宁，王军锋，译. 北京：人民邮电出版社，2014.

[50] KANO N，SERAKU N，TAKAHASHI F，et al. Attractive Quality and Must-Be Quality [J]. Journal of the Japanese Society for Quality Control，1984，4(2)：147-156.

[51] KETYKÓ I，MOOR K D，JOSEPH W，et al. Performing QoE-measurements in an actual 3G network [C]. IEEE International Symposium on Broadband Multimedia Systems and Broadcasting，2010：1-6.

[52] 考夫卡. 格式塔心理学原理 [M]. 李维，译. 北京：北京大学出版社，2010.

[53] 科尔科. 交互设计沉思录 [M]. 方舟，译. 北京：机械工业出版社，2012.

[54] 科特勒. 营销管理：分析、计划、执行和控制　第 9 版 [M]. 梅汝和，译. 上海：上海人民出版社，1999.

[55] KOSKINEN I，MATTELMAKI T，BATTARBEE K. 移情设计：产品设计中的用户体验 [M]. 孙远波，姜静，耿晓杰，译. 北京：中国建筑工业出版社，2011.

[56] 克鲁格. 点石成金：访客至上的网页设计秘笈 [M]. DE DREAM，译. 北京：机械工业出版社，2006.

[57] 库涅夫斯基. 用户体验面面观：方法、工具与实践 [M]. 汤海，译. 北京：清华大学出版社，2010.

[58] 拉曼. 敏捷迭代开发 [M]. 张承义，译. 北京：电子工业出版社，2004.

[59] LASHINSKY A. Inside Apple：How America's Most Admired and Secretive-company Really Works [M]. New York：Grand Central Publishing，2012.

[60] LEDER H，BELKE B，OEBERST A，et al. A model of aesthetic appreciation and aesthetic judgments [J]. British Journal of Psychology，2004，95：489-508.

[61] LEVY S. In the Plex: How Google Thinks，Works，and Shapes Our Lives [M]. New York：Simon & Schuster，Inc.，2011.

[62] 李冬，明新国，孔凡斌，等. 服务设计研究初探 [J]. 机械设计与研究，2008，24（6）：6-12.

[63] 李梦婕. 基于 Kano 模型的移动阅读服务质量影响因素研究 [J]. 科技情报开发与经济，2011，21（6）:124-128.

[64] 林闯，胡杰，孔祥震. 用户体验质量（QoE）的模型与评价方法综述 [J]. 计算机学报，2012，35（1）：1-15.

[65] 李世国，顾振宇. 交互设计 [M]. 北京：中国水利水电出版社，2012.

[66] 柳冠中. 设计文化论 [M]. 哈尔滨：黑龙江科技出版社，1995.

[67] 刘洪珍. 人类遗传学 [M]. 北京：高等教育出版社，2009.

[68] 李砚祖. 设计新理念：感性工学 [J]. 新美术，2003，24（4）：20-37.

[69] 李永锋，朱丽萍. 基于模糊逻辑的产品意象造型设计研究 [J]. 工程图学学报，2011（1）：124-128.

[70] LLER S，ENGELBREEHT K P，KUHNEL C，et al. A taxonomy of quality of service and Quality of Experience of multimodal human—machine interaction [C]. Proceedings of the International Workshop on Quality of Multimedia Experience（QoMEx 2009），2009：7-12.

[71] 洛克伍德. 设计思维：整合创新、用户体验与品牌价值 [M]. 李翠荣，译. 北京：电子工业出版社，2012.

[72] 龙玉玲. 基于 Kano 模型的个性化需求获取方法研究 [J]. 软科学，2012，26（2）：127-131.

[73] 栾玲. 苹果的品牌设计之道 [M]. 北京：机械工业出版社，2014.

[74] 罗旭祥. 精益求精：卓越的互联网产品设计与管理 [M]. 北京：机械工业出版社，2010.

[75] 吕晓峰. 环境心理学：内涵、理论范式与范畴述评 [J]. 福建师范大学学报（哲学社会科学版），

2011（3）：141-147.

[76] 吕潇，吴超英，王倩. 迭代开发中需求管理技术的研究与应用 [J]. 微计算机信息，2008，24（3）：191-193.

[77] MAGNUSSON D，STATTIN H. Person-Context Interaction Theories [M]//LERNER R M. Handbook of child psychology: vol.1. 5th. New York：Wiley，1998：685-759.

[78] MAHLKE S. Understanding users' experience of interaction [D]. Acropolis：University of Athens，2005.

[79] MAHLKE S，THÜRING M. Studying antecedents of emotional experiences in interactive contexts [C]. ACM CHI 2007 Proceedings • Emotion & Empathy，2007.

[80] 马丁. 敏捷软件开发：原型模式与实践 [M]. 邓辉，译. 北京：清华大学出版社，2003.

[81] 麦克康纳尔. 人类行为心理学 [M]. 李维，译. 福州：福建科学技术出版社，1989.

[82] 米勒. 用户体验方法论 [M]. 王雪鸽，田士毅，译. 北京：中信出版社，2016.

[83] 迈尔斯. 社会心理学：第 8 版 [M]. 张智勇，乐国安，侯玉波，译. 北京：人民邮电出版社，2006.

[84] NAKAJO T. A Value Index Considering Attractive Quality and Must-be Quality [J]. Journal of the Japanese Society for Quality Control，2013，43.

[85] 宁平，罗峥. 用户体验中的情感优势 [J]. 心理技术与应用，2014（4）23-26.

[86] 诺曼. 设计心理学 [M]. 梅琼，译. 北京：中信出版社，2010.

[87] 诺曼. 情感化设计 [M]. 付秋芳，译. 北京：电子工业出版社，2005.

[88] O'NELL T M. Quality of experience and quality of service, For IP video conferencing [EB/OL]. Director of Technical Marketing of Polycom Video Communications. White Paper by Polycom，2005.

[89] 派恩，吉尔摩. 体验经济 [M]. 毕崇毅，译. 北京：机械工业出版社，2012.

[90] 宝莱恩，乐维亚，里森. 服务设计与创新实践 [M]. 王国胜，译. 北京：清华大学出版社，2015.

[91] PLOMINR，et al. 行为遗传学：第四版 [M]. 温暖，等译. 上海：华东师范大学出版社，2008.

[92] 波普尔. 猜想与反驳：科学知识的增长 [M]. 傅季重，译. 上海：上海译文出版社，1986.

[93] 秦军昌，张金梁，王刊良. 服务设计研究 [J]. 科技管理研究，2010（4）：151-153.

[94] REICHL P，EGGER S，SCHATZ R，et al. The Logarithmic Nature of QoE and the Role of the Weber-Fechner Law in QoE Assessment [C]//Proceedings of 2010 IEEE International Conference on Communications，2010.

[95] 瑞宁，克洛林，库伯. About Face 3：交互设计精髓 [M]. 刘松涛，译. 北京：电子工业出版社，2008.

[96] REYNOLDS T J，GUTMAN J. Laddering theory，method，analysis，and interpretation [J]. Journal of Advertising Research，1988，28：11-35.

[97] RUBINOFF R. How to quantify the user experience [EB/OL].（2004-04-21）[2018-03-05]. https://www.sitepoint.com/quantify-user-experience/.

[98] RUTHERFORD Z. UX Patterns of the Future: Anticipatory Design [M/OL]. https://www.uxpin.com/studio/ui-design/ux-patterns-of-the-future-anticipatory-design/.

[99] RUSSELL J A. A Circumplex Model of Affect [J]. Journal of Personality and Social Psychology，1980，39（6）：1161-1178.

[100] RUSSELL J A. Core affect and the psychological construction of emotion [J]. Psychological Review，2003，110（1）：145-172.

[101] 桑德斯，麦克考迈克. 工程和设计中的人因学：第 7 版 [M]. 于瑞峰，卢岚，译. 北京：清华大

学出版社，2002.

[102] SAURO J，LEWIS J R. 用户体验度量：量化用户体验的统计学方法 [M]. 殷文婧，等译. 北京：机械工业出版社，2014.

[103] 施密特. 体验式营销 [M]. 张愉，译. 北京：中国三峡出版社，2001.

[104] 施密特，罗森伯格. 重新定义公司：谷歌是如何运营的 [M]. 靳婷婷，译. 北京：中信出版社，2015.

[105] 申永胜. 机械原理教程 [M]. 2 版. 北京：清华大学出版社，2006.

[106] SILLER M，WOODS J. QoE improvement of multimedia transmission [C]//Proceedings of the IADIS International Conference，2003（2）：821-825.

[107] 上海质量科学研究院. 顾客满意的测量、分析与改进 [M]. 北京：中国标准出版社，2009.

[108] 斯帕克. 设计与文化导论 [M]. 钱凤根，于晓红，译. 南京：译林出版社，2012.

[109] STICKDORN M，SCHNEIDER J. This is Service Design Thinking：Basics，Tools，Cases [M]. New York:Wiley，2012.

[110] 施耐德，斯迪克多恩. 服务设计思维 [M]. 郑军荣，译. 南昌：江西美术出版社，2015.

[111] 孙美兰. 艺术概论 [M]. 北京：高等教育出版社，2008.

[112] 汤军. 产品设计综合造型基础 [M]. 北京：清华大学出版社，2012.

[113] TEIXEIRA F. The State of UX in 2017 [DB/OL].（2016-12-05）[2018-04-06]. http://www.tuicool.com/articles/feUFFvQ.

[114] 田馨. 浅谈产品设计中用户体验的设计方法 [J]. 金田，2015（12）：437.

[115] 托夫勒. 未来的冲击 [M]. 蔡伸章，译. 北京：中信出版社，2006.

[116] TUILLS T，ALBERT B. 用户体验度量 [M]. 周荣刚，等译. 北京：机械工业出版社，2009.

[117] UK Design Council. Eleven lessons. A study of the design process [DB/OL]. [2016-11-09] [2018-04-06]. http://www.designcouncil.org.uk.

[118] VINK P. Comfort and design - Principles and good practice [M]. Boca Raton：CRC Press，2005.

[119] 怀斯，马西德. 撬动地球的 Google [M]. 张岩，译. 北京：中信出版社，2006.

[120] 王晨升. 工业设计史：新一版 [M]. 上海：上海人民美术出版社，2016.

[121] 王晨升. 用户体验与系统创新设计 [M]. 北京：清华大学出版社，2018.

[122] 王莲芬，许树柏. 层次分析法引论 [M]. 北京：中国人民大学出版社，1990.

[123] 王雯. 基于迭代开发的软件性能评价平台的研究与实现 [D]. 青岛：中国石油大学（华东），2012.

[124] 温斯切克. 网页设计心理学 [M]. 崔玮，译. 北京：人民邮电出版社，2013.

[125] 韦斯. 商业伦理：利益相关者分析与问题管理方法 第 3 版 [M].符彩霞，译. 北京：中国人民大学出版社，2005.

[126] WILSON J R，RUTHERFORD A. Mental models：Theory and Application in human factors [J]. Human Factors，1989，31（6）：617-634.

[127] 吴琼. 西方美学史 [M]. 上海：上海人民出版社，2000.

[128] 邬烈炎. 视觉体验 [M]. 南京：江苏美术出版社，2008.

[129] 吴宗泽. 机械结构设计 [M]. 北京：机械工业出版社，1988.

[130] LINA Y C，LAIB H H，YEH C H. Consumer-oriented product form design based on fuzzy logic：A case study of mobile phones [J]. International Journal of Industrial Ergonomics，2007，37：531-543.

[131] 叶浩生. 西方心理学的历史与体系 [M]. 2 版. 北京：人民教育出版社，2014.

[132] 尹志博，杨颖. 用户体验的量化研究方法 [C]// 第四届和谐人机环境联合学术会议论文集，2008.

[133] 余永海，周旭. 视觉传达设计 [M]. 北京：高等教育出版社，2006.

[134] GERALD Z. Using the Zaltman Metaphor Elicitation Technique to Understand Brand Images [J]. Journal of Advances in Consumer Research，1994，21：501-507.

[135] 张法，王旭晓. 美学原理 [M]. 北京：中国人民大学出版社，2005.

[136] 章剑林. 互联网产品用户体验 [M]. 北京：清华大学出版社，2013.

[137] ZHANG P，LI N. The importance of affective quality [J]. Communications of the ACM，2005，48（9）：105-108.

[138] 赵艺. 论心智逻辑理论与心智模型理论融合的可能途径 [J]. 自然辩证法研究，2005，21（6）：48-50.

[139] 周辉. 产品研发管理 [M]. 北京：电子工业出版社，2012.

[140] 周津慧，王宗，杨宗奎. 基于模糊评价方法的软件质量评价研究 [J]. 系统工程与电子技术，2004，26（7）：988-991.

[141] 周荣刚. IT 产品用户体验质量的模糊综合评价研究 [J]. 计算机工程与应用，2007，43（31）：102-105.

[142] 朱立元. 美学：修订版 [M]. 北京：高等教育出版社，2008.